"十二五"职业教育国家规划教材
经全国职业教育教材审定委员会审定
高等职业教育制冷与空调技术专业系列教材

热工与流体力学基础

主　编　蒋祖星
副主编　周　丽
参　编　徐　涛　宋　博　王前进　张丽清
主　审　刘晓红

机械工业出版社

本书是"十二五"职业教育国家规划教材,经全国职业教育教材审定委员会审定。

本书共分三篇。第一篇为工程流体力学部分,主要讲述了流体基本特性,流体静力学和动力学的基本理论,并结合专业领域的实际工程应用介绍了流动阻力及管路水力计算等相关知识;第二篇为工程热力学部分,主要讲述了热力学的基本概念和基本定律,以及热力学理论在制冷、空调、压气机、喷管与扩压管等方面的应用;第三篇为传热学部分,主要讲述了三种基本传热方式及复合换热的基本理论知识,并以换热器为例讨论了综合传热过程的分析方法,从热绝缘、传热强化和换热污垢等几方面介绍了传热学理论的工程应用。

本书可作为制冷与空调专业、制冷与冷藏专业、供热通风与空调工程技术和能源类相关专业的专业基础课教材,也可作为相关工程技术人员的参考用书。

本书配有电子课件,凡使用本书作为教材的教师可登录机械工业出版社教育服务网 www.cmpedu.com 注册后下载。咨询邮箱:cmpgaozhi@sina.com。咨询电话:010-88379375。

图书在版编目(CIP)数据

热工与流体力学基础 / 蒋祖星主编. —北京:机械工业出版社,2011.11
(2025.7重印)
高等职业教育制冷与空调技术专业系列教材
ISBN 978-7-111-36441-2

Ⅰ.①热… Ⅱ.①蒋… Ⅲ.①热工学—高等职业教育—教材 ②流体力学—高等职业教育—教材 Ⅳ.①TK122 ②O35

中国版本图书馆 CIP 数据核字(2011)第 232275 号

机械工业出版社(北京市百万庄大街22号　邮政编码100037)
策划编辑:张双国　责任编辑:张双国
版式设计:张世琴　责任校对:刘良超　陈延翔
封面设计:马精明　责任印制:单爱军
北京盛通数码印刷有限公司印刷
2025年7月第1版第9次印刷
184mm×260mm　20.5印张·1插页·510千字
标准书号:ISBN 978-7-111-36441-2
定价:49.80元

封底无防伪标均为盗版

电话服务
客服电话:010-88361066
　　　　　010-88379833
　　　　　010-68326294

网络服务
机　工　官　网:www.cmpbook.com
机　工　官　博:weibo.com/cmp1952
金　　书　　网:www.golden-book.com
机工教育服务网:www.cmpedu.com

前 言

根据高等职业技术教育职业性和实践性的要求,国内许多高职高专院校均根据各自的专业方向对专业课程体系和课程教学内容进行了大胆的改革。在基础知识适度、够用,突出专业实践技能培养的高职教育思想指导下,将原有的三门专业基础课"工程流体力学"、"工程热力学"和"传热学"的内容整合成"热工与流体力学基础"一门课。本教材正是为了满足专业教学需要,按机械工业出版社组织的高职高专院校制冷与空调技术专业系列教材的要求而编写的。

"热工与流体力学基础"属于专业基础课,因此本书在内容的编排上主要考虑了后续专业课程学习对基础知识的需要,重点介绍一些最基本的概念、原理及其工程应用,本着基础知识适度、够用的原则,避开一些繁琐的理论推导和数学运算,突出基本概念和基本规律的理解与应用;并结合专业特点,通过大量的工程案例分析,将课程内容进行了适当的知识拓展,介绍了大量最新工程应用技术成果和发展方向。为了强化学生分析和解决问题的能力,书中结合专业需要引入了大量涉及专业领域的工程实例,提供了大量与专业和工程问题有关的例题和习题。

本书由广东交通职业技术学院蒋祖星任主编,武汉商业服务学院周丽任副主编,广州航海高等专科学校徐涛、宋博,南通航运职业技术学院王前进,河北农业大学海洋学院张丽清为本书参编。其中,第一、二章由宋博编写,第三、四章由周丽编写,第五、六、七、八、十、十一章及附录由蒋祖星编写,第九、十二章由张丽清编写,第十三、十四、十五章由王前进编写,第十六章由徐涛编写。广东轻工职业技术学院刘晓红教授任本书主审,并提出了许多宝贵的修改意见,在此对其表示诚挚的感谢。

由于编者水平有限,书中难免存在一些疏漏之处,希望读者批评指正。

本书配有电子课件,凡使用本书作为教材的教师可登录机械工业出版社教材服务网www.cmpedu.com 注册后下载。咨询邮箱:cmpgaozhi@sina.com。咨询电话:010-88379375。

编 者

主要符号表

A：面积
c：比热容
c_p：质量定压热容
c_v：质量定容热容
E：辐射力，体积模量
G：重量流量
g：重力加速度
H：焓，高度
h：比焓
k：传热系数
M：摩尔质量
n：多变指数，物质的量
p：绝对压力
p_b：大气压力
p_i：分压力
p_s：饱和压力
p_v：真空度
p_w：湿空气中水蒸气分压力
Q：热量，体积流量
q：单位换热量
R：气体常数
R_m：摩尔气体常数
S：熵
s：比熵
s_g：熵产
s_f：熵流
T：热力学温度
t：摄氏温度
t_s：饱和温度
t_w：湿球温度

U：热力学能
u：比热力学能
V：体积
v：比体积，平均速度
W：体积功
W_s：轴功
W_t：技术功
w：比体积功
w_g：流速
w_s：比轴功
w_t：比技术功
x：干度
x_i：质量分数
α：体积膨胀系数
β：体积压缩系数
γ：比汽化热
δ：厚度，余隙比
ε：制冷系数，黑度
η_t：循环热效率
η_v：容积效率
η_f：肋片效率
κ：比热容比，等熵指数
λ：导热系数，沿程阻力系数
μ：动力粘度
ν：运动粘度
ξ：局部阻力系数
ρ：密度
τ：切应力
φ：相对湿度

目　　录

前言
主要符号表

第一篇　工程流体力学　　1

第一章　流体的基本特性　　1
第一节　流体的主要物理性质　　1
第二节　作用在流体上的力　　8
【案例分析与知识拓展】　　9
【本章小结】　　10
【思考与练习题】　　10

第二章　流体静力学基础　　12
第一节　流体静压力及其特性　　12
第二节　流体静力学基本方程　　14
第三节　流体静力学基本方程的应用　　16
【案例分析与知识拓展】　　21
【本章小结】　　22
【思考与练习题】　　22

第三章　流体动力学基础　　24
第一节　流体流动的基本概念　　24
第二节　稳定流动的连续性方程　　27
第三节　伯努利方程　　28
第四节　伯努利方程的工程应用　　33
【案例分析与知识拓展】　　39
【本章小结】　　40
【思考与练习题】　　41

第四章　流动阻力与管路水力计算　　44
第一节　流动阻力与水头损失　　44
第二节　流体流动的基本形态　　45
第三节　管流沿程水头损失计算　　48
第四节　局部水头损失计算　　56
第五节　管路水力计算　　59
【案例分析与知识拓展】　　62
【本章小结】　　64
【思考与练习题】　　64

第二篇　工程热力学　　67

第五章　工程热力学的基本概念　　67
第一节　工质与热力系统　　67
第二节　热力学状态及基本状态参数　　70
第三节　热力过程　　74
【案例分析与知识拓展】　　77
【本章小结】　　78
【思考与练习题】　　78

第六章　热力学第一定律　　80
第一节　热力学第一定律的实质　　80
第二节　过程功与热量　　80
第三节　热力学能与焓　　83
第四节　热力学第一定律能量方程　　85
【案例分析与知识拓展】　　88
【本章小结】　　89
【思考与练习题】　　90

第七章　理想气体的热力性质及其热力过程　　92
第一节　理想气体及其状态方程　　92
第二节　理想气体的比热容　　95
第三节　理想气体的热力学能与焓　　99
第四节　理想气体的基本热力过程　　101
第五节　理想气体的多变过程　　108
【案例分析与知识拓展】　　112
【本章小结】　　112
【思考与练习题】　　114

第八章　热力学第二定律　　116
第一节　自然过程的方向性　　116
第二节　热力循环　　117
第三节　热力学第二定律的表述　　120
第四节　卡诺循环和卡诺定理　　121
第五节　熵方程和熵增原理　　124
【案例分析与知识拓展】　　128
【本章小结】　　130
【思考与练习题】　　131

第九章　水蒸气与湿空气 ………… 134
第一节　水蒸气的饱和状态 ………… 134
第二节　水的定压加热汽化过程 ………… 135
第三节　水蒸气的表和图 ………… 139
第四节　理想混合气体的性质 ………… 141
第五节　湿空气的基本概念 ………… 144
第六节　湿空气的参数与 h-d 图 ………… 148
第七节　湿空气的典型过程 ………… 151
【案例分析与知识拓展】 ………… 154
【本章小结】 ………… 156
【思考与练习题】 ………… 157

第十章　气体和蒸汽的流动 ………… 159
第一节　稳定流动基本方程 ………… 159
第二节　喷管与扩压管的选型分析 ………… 161
第三节　喷管流速与流量计算 ………… 163
第四节　绝热节流 ………… 168
【案例分析与知识拓展】 ………… 169
【本章小结】 ………… 171
【思考与练习题】 ………… 172

第十一章　压气机的热力过程 ………… 174
第一节　单级活塞式压气机的工作过程 ………… 174
第二节　多级活塞式压气机的工作过程 ………… 178
第三节　叶轮式压气机的工作过程 ………… 181
【案例分析与知识拓展】 ………… 183
【本章小结】 ………… 184
【思考与练习题】 ………… 185

第十二章　制冷与热泵循环 ………… 187
第一节　蒸汽压缩制冷循环 ………… 187
第二节　其他制冷循环简介 ………… 194
第三节　热泵循环 ………… 197
【案例分析与知识拓展】 ………… 198
【本章小结】 ………… 200
【思考与练习题】 ………… 201

第三篇　传热学 ………… 202

第十三章　稳态导热 ………… 202
第一节　导热的基本概念 ………… 202
第二节　导热的基本定律 ………… 204
第三节　平壁和圆筒壁的稳态导热 ………… 206
【案例分析与知识拓展】 ………… 212
【本章小结】 ………… 213
【思考与练习题】 ………… 214

第十四章　对流换热 ………… 216
第一节　对流换热及其影响因素分析 ………… 216
第二节　求解表面传热系数的方法 ………… 221
第三节　圆管受迫对流换热 ………… 227
第四节　自然对流换热 ………… 235
第五节　沸腾换热 ………… 238
第六节　凝结换热 ………… 243
【案例分析与知识拓展】 ………… 245
【本章小结】 ………… 247
【思考与练习题】 ………… 249

第十五章　辐射换热 ………… 250
第一节　热辐射的基本概念 ………… 250
第二节　热辐射的基本定律 ………… 253
第三节　物体间的辐射换热计算 ………… 257
第四节　遮热板原理 ………… 262
【案例分析与知识拓展】 ………… 263
【本章小结】 ………… 265
【思考与练习题】 ………… 266

第十六章　传热过程与换热器 ………… 268
第一节　传热过程的分析和计算方法 ………… 268
第二节　通过肋壁的传热 ………… 272
第三节　换热器 ………… 280
第四节　热绝缘 ………… 290
第五节　换热污垢及其处理方法 ………… 292
第六节　传热强化技术 ………… 295
【案例分析与知识拓展】 ………… 299
【本章小结】 ………… 300
【思考与练习题】 ………… 301

附录 ………… 303
附录 A ………… 303
附录 A-1　饱和水与饱和蒸汽性质表（按温度排序） ………… 303
附录 A-2　饱和水与饱和蒸汽性质表（按压力排序） ………… 304
附录 A-3　未饱和水和过热蒸汽性质表 ………… 305
附录 A-4　R12 饱和液体及蒸汽的热力性质表 ………… 311
附录 A-5　R22 饱和液体及蒸汽的热力性质表 ………… 313

附录 A-6　R134a 饱和液体及蒸汽的热力性质表 ……………… 315
附录 A-7　R134a 过热蒸汽性质表 ……… 315
附录 A-8　干空气的热物理性质表（$p=1.013\times10^5\text{Pa}$） …………… 316
附录 A-9　饱和水的热物理性质表 ……… 317
附录 A-10　饱和水蒸气的热物理性质表 …………………… 318
附录 A-11　几种饱和液体的热物理性质表 …………………… 319

附录 B　水蒸气的 $h\text{-}s$ 图（见书后彩插）

参考文献 …………………………………… 320

第一篇　工程流体力学

物质是由分子组成的。在一定的外界条件下，根据组成物质的分子间的距离和相互作用的强弱不同，物质的存在状态可分为气态、液态和固态。在标准状态下，气态物质分子间的平均距离大于分子直径的十倍，分子间的相互作用微弱，不能保持一定的体积和形状；当外部压力增大时，其体积按一定的规律缩小，具有较大的可压缩性。液态物质分子间平均距离约等于分子直径，分子间相互作用较大，通常可以保持其固有体积，但不能保持其形状。固态物质则具有固定的形状和体积。

根据物质受力和运动的特性的不同，物质可分为两大类：一类物质不能承受切应力，在切应力的作用下可以无限地变形，这种变形称为流动，这类物质称为流体，其变形速度（即流动速度）与切应力的大小有关，气体和液体都属于流体；另一类是固体物质，它能承受一定的切应力，其切应力与变形的大小呈一定的比例关系。

工程流体力学是研究流体的平衡和运动规律及其工程应用的科学。流体力学的基本理论包括两个基本部分，即流体静力学和流体动力学。前者研究流体在静止（或相对平衡）状态下的力学规律；后者研究流体流动时的运动规律。

制冷装置中的制冷剂、载冷剂、冷却介质及空调系统中的空气都在不停地流动，这些流体流动所涉及的最佳流速的确定、输送通道的断面尺寸设计、流动阻力计算与输送机械的选型、管道相关附件的选择与布置以及介质流速、流量和压力的控制等都与流体的流动规律密切相关。

第一章　流体的基本特性

【知识目标】理解流体的重度、密度、膨胀性与压缩性、粘滞性、表面张力、空气分离压、粘温性、理想流体等基本概念；掌握流体内摩擦力定律，流体粘度的种类及其影响因素，流体上作用力的特点。

【能力目标】具备区分不同性质流体的初步能力，在后续的学习中，能根据流体性质的不同选择分析研究方法。

第一节　流体的主要物理性质

流体是处于相对静止状态还是处于运动状态，除了与外力作用有关外，更重要的还取决于流体本身的内在物理性质。流体的主要物理性质包括其密度、重度、压缩性、膨胀性、粘滞性、表面张力、含气量及空气分离压等。

一、流体的密度和重度

1. 流体的密度和比体积

流体的密度以单位体积流体所具有的质量来表示,它代表了流体在流动空间的密集程度。在流体内部取包围某点的微小体积 ΔV,若其中所包含的流体质量为 Δm,则比值 $\Delta m/\Delta V$ 即为流体的平均密度;当 $\Delta V \to 0$ 时,即为流体在该点处的密度。

$$\rho = \lim_{\Delta V \to 0} \Delta m / \Delta V$$

对空间各点密度相同的匀质流体,其密度为

$$\rho = m/V \tag{1-1}$$

式中,ρ 为流体密度,单位为 kg/m^3;m 为流体质量,单位为 kg;V 为流体体积,单位为 m^3。

单位质量流体所占有的体积称为流体的比体积。流体比体积与密度互为倒数,即

$$v = 1/\rho$$

2. 重度

单位体积流体的重量称为重度,用 γ 表示,其单位为 N/m^3。匀质流体的重度为

$$\gamma = \frac{G}{V} = \rho g \tag{1-2}$$

式中,γ 为流体的重度,单位为 N/m^3;G 为流体的重量,单位为 N;V 为流体的体积,单位为 m^3;$g=9.81 m/s^2$,为重力加速度。

对于非匀质流体,定义流体体积 ΔV 中某质点的重度为

$$\gamma = \lim_{\Delta V \to 0} \frac{\Delta G}{\Delta V} \tag{1-3}$$

式中,ΔV 为微小流体的体积(m^3);ΔG 为微小体积 ΔV 内的流体重量(N)。

流体的密度和重度均为其压力和温度的函数,即同一种流体的密度和重度将随温度和压力而变化。表1-1列出了1atm下,水在不同温度时的密度和重度值。从表中可看出,在温度低于4℃时,水的体积随温度的升高而减小;在温度高于4℃时,水的体积随温度的升高而增大,故通常将4℃称为水在1atm下的转回温度。表1-2中列出了几种常见流体的密度。

在工程上一般认为水的密度 ρ 和重度 γ 变化不大,常取4℃蒸馏水的 $\rho=1\,000 kg/m^3$ 和 $\gamma=9\,800 N/m^3$ 作为其日常计算值。

表1-1 1atm下不同温度时水的密度和重度值

$t/℃$	0	4	10	20	40	60	80	100
$\rho/(kg/m^3)$	999.87	1 000.00	999.75	998.26	992.35	983.38	971.94	958.65
$\gamma/(N/m^2)$	9 798.73	9 800.00	9 797.54	9 782.95	9 725.03	9 637.12	9 525.01	9 394.77

表1-2 几种常见流体的密度

流体名称	空气	酒精	四氯化碳	水银	汽油	海水
温度/℃	0	15	20	0	15	15
密度/(kg/m^3)	1.293	790~800	1 590	13 600	700~750	1 020~1 030

二、流体的压缩性和膨胀性

当温度保持不变,流体所受的压力增大时,流体体积缩小的特性称为流体的压缩性。当压

力保持不变,流体的温度升高时,流体体积增大的特性称为流体的膨胀性。压缩性和膨胀性是所有流体的共同属性。

1. 压缩性

流体压缩性的大小用体积压缩系数 β 来度量。它表示当流体温度不变时,增加一个单位压力所引起的体积相对缩小量,即

$$\beta = -\frac{1}{V}\left(\frac{dV}{dp}\right)_T \tag{1-4}$$

式中,β 为流体体积压缩系数,单位为 m^2/N;V 为流体原有体积,单位为 m^3;dV 为流体体积的缩小量,单位为 m^3;dp 为流体压力增加量,单位为 N/m^2。负号是考虑到压力增大,流体体积减小,所以 dV 与 dp 始终是符号相反的,为保持 β 为正数,加了一个负号。

体积压缩系数 β 的倒数 $1/\beta$ 称为流体的体积模量,用 E 来表示,单位为 N/m^2。β 值越大,E 值越小,则流体压缩性越大。由实验得知,液体的体积压缩系数非常小,例如水在 0℃ 时,压力增加 0.1MPa,$\beta=1/2000 \approx 0$。因此,在工程实际中,常将液体当作不可压缩流体处理。只有在某些特殊情况下,如研究高压液体传动、水下爆炸及管路中的水击时,才考虑液体的压缩性。

由于气体的压缩性很大,一般只能当作可压缩流体对待。但在流速低于 50~70m/s,其压力和温度变化不大时,体积或密度的变化可忽略不计,例如室内通风管系中的空气就可当作不可压缩流体处理。因此,不可压缩流体得出的规律不仅适用于液体流动,也适用于低速气体的流动。在工程流体力学的分析中,认为不可压缩流体的密度 ρ 为常数。

2. 膨胀性

流体膨胀性的大小用体积膨胀系数 α 来度量。它表示当流体压力不变时,温度升高 1K 所引起的体积相对增加量,即

$$\alpha = \frac{1}{V}\left(\frac{dV}{dT}\right)_p \tag{1-5}$$

式中,α 为流体体积膨胀系数,单位为 K^{-1};V 为流体原有体积,单位为 m^3;dV 为流体体积的增加量,单位为 m^3;dT 为流体温度的增加量,单位为 K。

由实验得知,液体的体积膨胀系数非常小。例如 1atm 下的水,温度在 0~10℃ 范围内变化时,其体积膨胀系数 $\alpha=14 \times 10^{-6} K^{-1}$;当温度在 10~20℃ 范围内变化时,其体积膨胀系数 $\alpha=150 \times 10^{-6} K^{-1}$。其他液体的体积膨胀系数也很小,液体的体积膨胀系数在大多数工程问题中都可忽略不计。气体的体积膨胀系数较大,气体的体积随温度和压力的变化规律可通过气体状态方程来反映。对于理想气体,其体积膨胀系数为 $1/T$(T 为气体的热力学温度)。

三、流体的粘滞性

凡是流体都具有流动性,流动的实质是流体内部发生了切向变形。用一根棍棒搅动盆中的水,水在盆中沿一个方向作旋转流动,将棍棒取出,水的旋转速度将变慢直至停止。这说明在水的运动过程中,在水内部及水与盆壁间有阻滞水运动的因素。

流体在运动状态下具有的抵抗剪切变形的物理特性称为流体的粘滞性,它反映了流体抵抗剪切变形的能力。粘滞性的大小随流体的种类及所处的外界条件的变化而变化。例如,从瓶中倒水的速度比倒油的速度快;从瓶中往外倒油,夏天比冬天容易些。

1. 流体粘滞性实验

假定两块平行平板,其间充满液体,下板 A 静止不动,上板 B 以匀速度 w_{g0} 向右移动,如

图 1-1 所示。由于粘滞作用,与上、下两板相邻的极薄液体层将粘附在板上,与板保持相同的运动状态,即最上层液体以 w_{g0} 的速度向右移动,最下层液体则静止不动;而这两层液体在运动中影响相邻液体层,也就是说第一层液体将通过粘滞作用影响第二层液体的流速,第二层液体又通过粘滞作用影响第三层液体,如此各流层逐渐影响下去,中间的液体层分别以不同的速度分层运动。可见平板通过液体的粘滞性而对液体运动起阻滞作用。如果某层液体以速度 w_g 运动,则相距 dy 处的上层液体以 w_g+dw_g 的速度流动,既然速度不同,就产生了相对运动,相邻接触面上有内摩擦力出现,相互阻滞,相互制约,流得快的液体层对流得慢的液体层起拖动作用,且快层作用于慢层的摩擦力与流向一致;反之,慢层对快层起阻滞作用,且慢层作用于快层的摩擦力与流向相反。这种内摩擦力就是粘滞摩擦力,单位面积上的粘滞摩擦力称为粘滞切应力。粘滞内摩擦力和粘滞切应力分别用 T 和 τ 来表示。

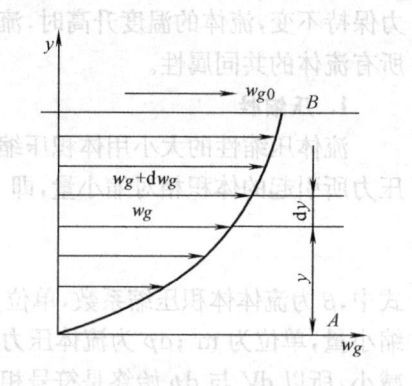

图 1-1 平行平板流体层流速度分布图

2. 牛顿内摩擦力定律

根据牛顿研究的结果,流体作层流运动时,各流层间产生的内摩擦力与接触面法线方向的速度梯度成正比,与接触面的面积成正比,与流体的物理性质有关,而与接触面上的压力无关。此即牛顿内摩擦力定律,其数学表达式为

$$T = \mu A \frac{dw_g}{dy} \tag{1-6}$$

或用粘滞切应力表示为

$$\tau = \mu \frac{dw_g}{dy} \tag{1-7}$$

式中,T 为流体层接触面上的内摩擦力,单位为 N;A 为流层间的接触面积,单位为 m^2,dw_g/dy 为接触面法线方向的速度梯度单位为 $1/s$;μ 为反映流体物理性质的比例系数,称为动力粘度单位为 $Pa \cdot s$;τ 为粘滞切应力单位为 N/m^2。

在流动的流体中,内摩擦力总是成对出现的,它们大小相等、方向相反、分别作用在对方流层上。流体静止时,速度梯度为零,其内摩擦力或切应力等于零,即流体在静止时不能呈现出内摩擦力或切应力。这说明流体的粘滞性只有在流体发生运动或变形时才能呈现出来,而流体的运动或变形一停止,阻碍流体运动的内摩擦力或切应力也随之消失,流体就不再呈现粘滞性。但不能说静止不动的流体就不具有粘滞性,实际上粘滞性是一切流体的基本属性,只不过流体只有在运动或变形时其本身的粘滞性才能表现出来。

必须强调的是,牛顿内摩擦力定律只适用于流体作层流运动的情况。某些特殊液体(如泥浆、胶状液体、接近凝固的石油等)是不适用于牛顿内摩擦力定律的。为了区别,通常将符合牛顿内摩擦力定律的流体称为"牛顿流体",不符合的流体称为"非牛顿流体"。

3. 流体的粘度

粘度是反映流体粘滞性大小的参数,根据用途和测量方法的不同,常用的粘度有以下几种。

(1) 动力粘度 μ　即粘性动力系数,其物理意义是在相同的速度梯度 dw_g/dy 下,表征流体粘滞性的大小。由式(1-7)可知,当速度梯度等于1时,在数值上 μ 等于接触面上的粘滞切应力。动力粘度的国际单位为 $N\cdot s/m^2$ 或 $Pa\cdot s$。

(2) 运动粘度 ν　即粘性运动系数,它是流体动力粘度 μ 与流体密度 ρ 的比值。其国际单位为 m^2/s 或 cm^2/s,表达式为

$$\nu = \mu/\rho \tag{1-8}$$

运动粘度不能像动力粘度一样可直接表示流体粘滞性的大小,只有对密度相近的流体才可用来大致比较它们的粘滞性。在液压系统计算及液压油的牌号表示上常用运动粘度。润滑油的牌号就是根据这种油在一定温度下的运动粘度的平均值来编号的。

(3) 相对粘度　直接测定动力粘度 μ 与运动粘度 ν 都很困难的,只能间接测量。对于液体,如液压系统中的液压油,实际上都是用粘度计来测量的。用各种粘度计测得的流体粘度统称为相对粘度。由于测量流体粘度的方法不同。各国采用的相对粘度单位有所不同,如美国用赛氏粘度(SSU),英国用雷氏粘度(Red),我国用恩氏粘度(°E)。

恩氏粘度是利用恩氏粘度计测定的,如图1-2所示。它由两个同心安装的黄铜容器1和2组成。中间容器的球形底部中心有一个小管嘴3,管嘴的孔口用具有锥形顶部的针杆塞住。在两个容器1和2之间的空间内充水,并通过电热器保持一定的温度。

测量之前先关闭管嘴,再将 $200cm^3$ 的待测液体注入中间容器内,然后用电热器将水槽中的水加热,使恒温槽中的水保持一定的温度,并用温度计测量槽内水的温度。当稳定在规定温度后,开启针杆4,则待测液体自管嘴3滴入量筒内。这时测出 $200cm^3$ 待测液体在规定温度下流完所需的时间 t_1,然后以同样的办法测定 $200cm^3$ 蒸馏水在20℃的恒温下流完所需的时间 t_0(一般为50～53s,取平均值为51s),则 t_1 与 t_0 之比称为恩氏粘度,即

$$°E = t_1/t_0$$

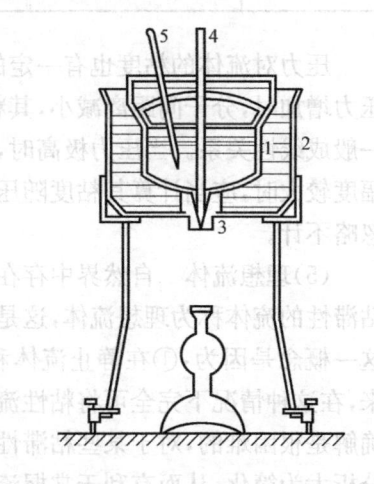

图1-2　恩氏粘度计
1、2—黄铜容器　3—管嘴　4—针杆
5—温度计

显然,恩氏粘度无量纲,工业上一般以20℃、50℃、100℃作为测定恩氏粘度的标准温度,并以符号 $°E_{20}$、$°E_{50}$、$°E_{100}$ 表示。

(4) 流体的粘温性　流体粘度随温度的变化而变化的特性称为粘温性。温度对流体粘度的影响较大,但它对液体和气体却有相反的影响。温度升高时,液体的粘度降低,而气体粘度反而增大。这是由于液体分子的间距较小,相互吸引的内聚力起主要作用,而切应力主要取决于内聚力。当温度升高时,分子间距增大,液体的内聚力减小,因而切应力随之减小。而气体的分子间距较大,内聚力极微小。根据分子运动理论,分子的动量交换率随温度升高而加剧,因而切应力也随之增加。相对地说,温度的影响对液体较气体更为明显。油液的粘温性对液压元件性能有较大的影响,温度升高时由于粘度下降,使流量发生波动,工作不平衡,所以液压系统中要求采用粘温性较好的油液,即粘度随温度变化越小越好。但润滑油的粘温性对压缩机、风机等转动机械轴承的润滑性能会有不利的影响,在温度超过60℃时,由于润滑油粘度下降,妨碍润滑油膜的形成,造成轴承温度升高,甚至发生"烧瓦"现象。因此,轴承温度一般都保

持在60℃以下。表1-3给出了正常压力下水的运动粘度与温度的关系。

表 1-3　正常压力下水的运动粘度与温度的关系

温度/℃	运动粘度 ν/(cm²/s)	温度/℃	运动粘度 ν/(cm²/s)	温度/℃	运动粘度 ν/(cm²/s)
0	0.017 9	15	0.011 4	65	0.004 36
2	0.016 7	20	0.010 0	70	0.004 06
3	0.016 2	25	0.008 94	75	0.003 80
4	0.015 7	30	0.008 01	80	0.003 57
5	0.015 2	35	0.007 23	85	0.003 36
6	0.014 7	40	0.006 60	90	0.003 16
7	0.014 3	45	0.005 99	95	0.002 99
8	0.013 9	50	0.005 49	100	0.002 85
9	0.013 5	55	0.005 06		
10	0.013 1	60	0.004 69		

压力对流体的粘度也有一定的影响。一般液体的粘度随压力的升高而增大。因为当液体压力增加时,分子间距离减小,其粘度增加。当压力在30MPa以下时,液体粘度随压力的变化一般成线性关系。当压力极高时,粘度会急剧增加。所以当液压油压力在20MPa以上且变化幅度较大时,应当计算其粘度随压力的变化。当液压油压力在10MPa以下时,其粘度变化可忽略不计。

(5)理想流体　自然界中存在的流体都具有粘滞性,统称为粘性流体或实际流体。不具有粘滞性的流体称为理想流体,这是客观世界中并不存在的一种假想流体。在流体力学中引入这一概念是因为:①在静止流体和速度均匀且作直线运动的流体中,流体的粘滞性表现不出来,在这种情况下完全可将粘性流体当作理想流体来对待;②在许多场合,求解粘性流体的精确解是很困难的,对于某些粘滞性不起主要作用的问题,可以先不计粘滞性的影响,使问题的分析大为简化,从而有利于掌握流体流动的基本规律,至于粘性的影响可通过试验加以修正。

【例 1-1】　某输油管直径 $d=5$cm,管中速度分布方程式为 $w_g=0.5-800y^2$,已知靠近管壁处的粘滞切应力 $\tau=43.512\text{N/m}^2$,试求该油种的动力粘度(y 为管子轴心至管壁的距离,以 m 计)。

解: 以管子中心轴为横坐标表示流速 w_g,以垂直中心轴沿管径方向的轴为纵坐标表示长度 y,绘制流速分布图,得"w_g-y"曲线,如图1-3所示。

管壁处的速度梯度为

$$\left.\frac{\mathrm{d}w_g}{\mathrm{d}y}\right|_{y=\pm0.025}=-1\,600y|_{y=\pm0.025}=\mp40\text{s}^{-1}$$

取管壁处速度梯度为正值,由于管壁处 $\tau=43.512\text{N/m}^2$,则根据牛顿内摩擦力定律由式(1-7)得

$$\mu=\frac{\tau}{\left.\frac{\mathrm{d}w_g}{\mathrm{d}y}\right|_{y=0.025}}=43.512\times\frac{1}{40}\text{Pa}\cdot\text{s}=1.0878\text{Pa}\cdot\text{s}$$

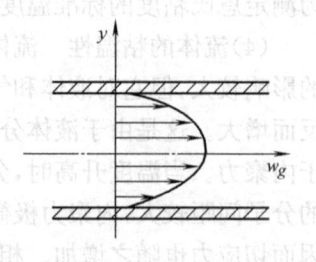

图 1-3　例 1-1 图

【例1-2】 图1-4所示为某轴和滑动轴承组成的运动副,间隙 $\delta=0.1\text{cm}$,轴的转速 $n=180\text{r/min}$,轴的直径 $D=15\text{cm}$,轴承宽度 $b=25\text{cm}$,求所消耗的功率(润滑油的动力粘度 $\mu=0.245\text{Pa}\cdot\text{s}$)。

解: 轴表面的圆周速度为

$$w_g = \frac{\pi D n}{60} = \frac{3.14 \times 0.15 \times 180}{60}\text{m/s} = 1.413\text{m/s}$$

因油层很薄,故可以取

$$\frac{dw_g}{dy} = \frac{w_g}{\delta} = \frac{1.413}{0.001}\text{s}^{-1} = 1\,413\text{s}^{-1}$$

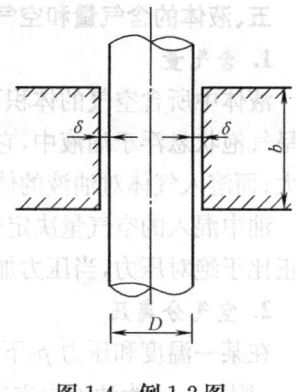

图1-4 例1-2图

则内摩擦力为

$$T = \mu A \frac{w_g}{\delta} = 0.245 \times 3.14 \times 0.15 \times 0.25 \times 1415\text{N} = 40.76\text{N}$$

滑动轴承所消耗的功率为

$$N = M\omega = T \times \frac{D}{2} \times \frac{2\pi n}{60} = 40.76 \times \frac{0.15}{2} \times \frac{2\pi \times 180}{60}\text{W} = 57.59\text{W}$$

四、液体的表面张力

1. 表面张力

在液体的自由液面上,由于液体分子两侧分子吸引力的不平衡,使自由表面上液体分子受有极其微小的拉力,这种仅存于液体自由表面上的拉力称为表面张力。

液体与固体壁面接触时,其间存在着附着力。若附着力大于液体分子间的内聚力,就产生液体能润湿固体壁面的现象,如图1-5a所示;若附着力小于内聚力,就产生液体不能润湿固体壁面的现象,如图1-5b所示。对于能润湿壁面的液体,接触角(液体表面的切面与固体壁面所构成的角)为锐角;对于不能润湿固体壁面的液体,接触角为钝角。例如,水与玻璃的接触角 $\theta=8°\sim 9°$,水银与玻璃的接触角 $\theta=139°$。

2. 毛细现象

将毛细管插入液体内,管内、外的液面产生高度差的现象称为毛细现象。如果液体能润湿壁面,则管内液面升高;如果液体不能润湿壁面,则管内液面下降。图1-6所示为毛细玻璃管插入水和水银中的毛细现象。液面高度差主要取决于流体的性质和毛细管的直径。

对于20℃的水,毛细玻璃管中水面高出容器内水面的高度约为 $h=29.8/d$;对于水银,毛细玻璃管中水银面低于容器内水银面的高度差约为 $h=10.15/d$。这里 d 为毛细玻璃管的内径。

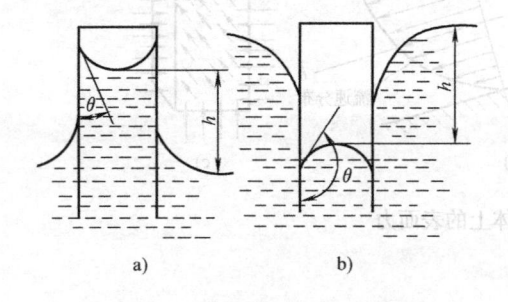

图1-5 液体与固体壁面的接触情况

图1-6 毛细现象

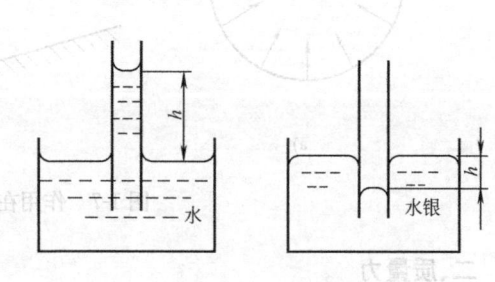

五、液体的含气量和空气分离压

1. 含气量

液体中所含空气的体积百分数称为含气量。油液中的空气有混入和溶入两种。混入的气体呈气泡状悬浮于油液中，它对油液的体积模量和粘滞性均产生影响，尤其对体积模量的影响极大；而溶入气体对油液的体积模量和粘滞性影响极小。

油中混入的空气量决定于油液的性质及其与空气接触和搅动的情况；而油中溶入的空气量正比于绝对压力，当压力加大后部分混入的空气会溶入油液中。

2. 空气分离压

在某一温度和压力 p_0 下，设油液中空气溶解量为 a_0，当压力降为 p_1 时，相应的空气溶解量为 a_1，则 a_0-a_1 为油液中空气的过饱和量。当压力继续下降到某一压力 p_e 时，过饱和空气将从油液中析出而产生气泡，这个压力 p_e 称为该温度下的空气分离压。空气分离压与油液的种类、温度、空气溶解量和混入量有关。通常是油温高、空气溶解量或混入量越大，则空气分离压越高。

第二节　作用在流体上的力

流体总是在一定的固定边界内运动的，流体与固体边界之间的相互作用，就是力的体现。要研究这些力，首先应以流体为讨论对象，研究流体所受的力，其中包括边界对流体的作用力；然后再以边界为研究对象，通过作用力与反作用力原理，得出流体对边界的作用力。从前面讨论的流体物理性质来看，作用于流体上的力有重力、惯性力、弹性力、摩擦力、表面张力等。按其作用的特点不同，可分为表面力和质量力两大类。

一、表面力

表面力是指作用在流体表面上的力，其大小与作用面表面积成正比。例如，固体边界对流体的摩擦力、边界对流体的反作用力、相邻两部分流体在接触面上所产生的压力等。表面力还可按其对被作用面的方向不同，分为法向表面力（如压力）和切向表面力（如摩擦力或内摩擦力），如图 1-7 所示。

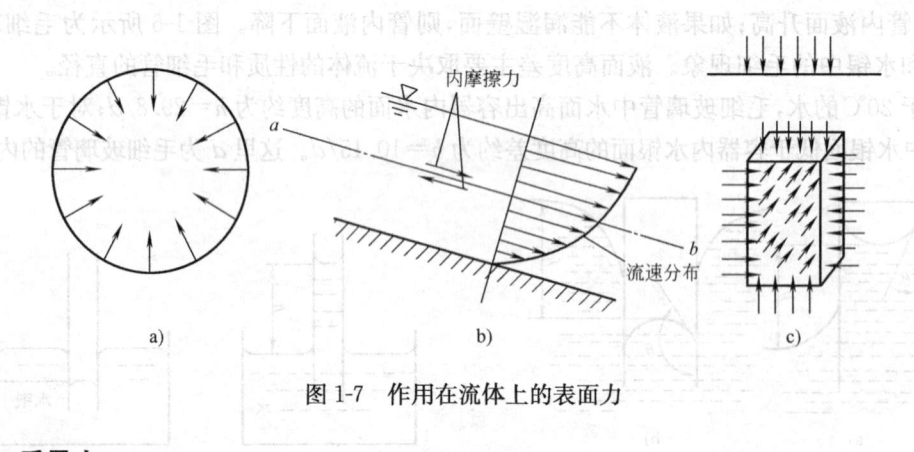

图 1-7　作用在流体上的表面力

二、质量力

质量力是指作用在流体体积内所有流体质点上的力，其大小与流体的质量成正比。就匀质流体来说,质量与体积成正比,所以质量力又称为体积力。常见的质量力有重力和惯性力两种。重力是地球对流体每一个质点的吸引力。惯性力是流体质点受外力作用后作变速运动时,由于惯性而在流体质点上体现的一种力;其大小等于该质点质量与其加速度的乘积,方向和加速度的方向相反。

由于质量力与流体的质量成比例,故一般采用单位质量力的方法表示,即表示为单位质量流体的质量力。设所讨论的流体总质量为 m,所受的质量力合力为 F,其沿3个坐标轴上的分量为 F_x、F_y、F_z,则沿3个坐标轴向的单位质量力可以表示为

$$X = F_x/m, Y = F_y/m, Z = F_z/m$$

可见,单位质量力及其分量的单位与加速度的单位相同,为 m/s^2。

【案例分析与知识拓展】

案例1:毛细现象

在自然界和日常生活中有许多毛细现象的例子。植物茎内的导管就是植物体内的极细的毛细管,它能把土壤里的水分吸上来。砖块吸水、毛巾吸汗、粉笔吸墨水都是常见的毛细现象,在这些物体中有许多细小的孔道,起着毛细管的作用。在构筑冷库等地面或地下建筑物时,在夯实的地基中毛细管又多又细,它们会把土壤中的水分引上来,使得室内潮湿。因此,构筑冷库建筑物时,常在地基上面敷设油毡作为防湿层,就是为了防止毛细现象造成的潮湿。水沿毛细管上升的现象,对农业生产的影响也很大。土壤里有很多毛细管,地下的水分经常沿着这些毛细管上升到地面上来;若要保存地下的水分,就应当锄松地面的土壤,破坏土壤表层的毛细管,以减少水分的蒸发。

液体在毛细管内之所以能上升或下降,是因为在表面张力作用下的液体表面类似张紧的橡胶膜,如果液面是弯曲的,它就有变平的趋势。凹液面对下面的液体施以拉力,凸液面对下面的液体施以压力。能润湿壁面的液体在毛细管中的液面是凹形的,它对下面的液体施加拉力,使液体沿着管壁上升;当向上的拉力与管内液柱所受的重力相等时,管内的液体停止上升,达到平衡。同样的分析也可以解释不能润湿壁面的液体在毛细管内下降的现象。

案例2:滑动轴承的动压润滑原理

在高速旋转运动的机械上广泛使用的滑动轴承的润滑减摩性能与润滑油的粘度大小密切相关。静止状态下,轴颈与轴瓦的内孔是偏心安装的,使轴颈的外表面与轴瓦内孔间形成了上大下小的楔形空间,此空间内充满了具有一定压力的润滑油,如图1-8所示。在轴开始作旋转运动时,由于润滑油具有一定的粘度,高速旋转着的轴将润滑油不断地从轴的一侧经轴的上方沿旋转方向带到轴的另一侧,轴在外载荷和润滑油的共同作用下,其轴心将沿某一方向偏移一个距离,在轴和轴承工作面之间形成一个由大到小的间隙,通常称为油楔。旋转的轴使油不断地从间隙的大端挤入小端,从而产生使轴抬升的压力与外载荷相平衡,轴颈和轴承的工作表面被一层油膜隔开,即实现液体动压润滑。

图1-8 滑动轴承动压润滑原理图

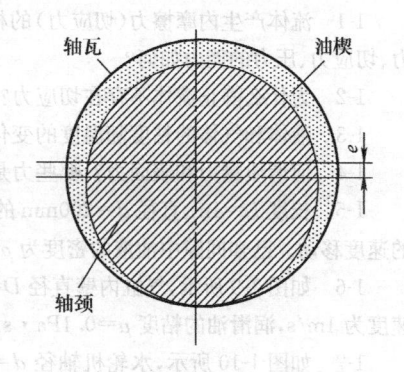

滑动轴承能否形成将轴颈与轴瓦分离的动压油膜,取决于润滑油的压力、滑润油的粘度和轴的转速三个基本条件。由于摩擦发热作用,轴承工作温度会升高,由于润滑油具有粘温性,势必导致润滑油粘度下降。若温升过大,润滑油粘度下降到一定程度时,将导致动压油膜的破坏,所以必须严格控制轴承的工作温度,使润滑油保持一定的粘度。

【本章小结】

本章主要介绍了流体的主要物理性质及作用于流体上的力的特性。

一、流体的主要物理性质

流体的主要物理性质参数有重度和密度、膨胀性和压缩性、粘滞性、表面张力、含气量与空气分离压等。对膨胀性和压缩性主要应弄清可压缩与不可压缩流体的区别。对粘滞性要求了解流体产生粘滞性的原因,掌握粘性内摩擦力定律,知道影响流体粘滞摩擦力大小的主要因素。结合表面张力的概念,弄清毛细现象产生的原因。

二、流体的粘度及其影响因素

国际单位制使用的流体粘度有运动粘度和动力粘度两种,它们之间的关系为 $\nu=\mu/\rho$。根据粘度的测量方法不同,有赛氏粘度、雷氏粘度、恩氏粘度等多种,统称为相对粘度。我国使用的是恩氏粘度,它是以在恒温下滴完一定体积的流体所需要的相对时间长短来表示粘度大小的。

影响流体粘度的因素主要是温度和压力,其中最主要的是温度的影响。对于不同的流体,温度对粘度影响的程度是不同的。例如温度对液体粘度的影响比对气体的影响要大,且对气体和液体的影响效果是相反的。

三、作用在流体上的力

作用在流体上的力主要有质量力和表面力两种。所谓质量力是指其大小与流体质量有关,均匀作用在整个流体内部各质点上的力,如重力、惯性力等。所谓表面力是指其大小与流体质量无关,均匀作用在流体表面的力,如压力、摩擦力等。质量力垂直于流体内部的等压面,而表面力沿着作用表面的法线方向指向流体内部。

【思考与练习题】

1-1 流体产生内摩擦力(切应力)的根本原因是什么?内摩擦力的大小与哪些因素有关?液体承受拉力、切应力、压力的能力如何?

1-2 为什么静止流体不存在切应力?静止的流体是否具有粘滞性?

1-3 液体和气体的粘度随温度的变化有何不同?为什么?

1-4 何谓质量力和表面力?哪些力是质量力?哪些力是表面力?

1-5 长度 $L=1m$,直径 $d=200mm$ 的水平放置的圆柱体,置于内径 $D=206mm$ 的圆管中以 $w_g=1m/s$ 的速度移动。已知间隙中油液的密度为 $\rho=920kg/m^3$,运动粘度 $\nu=5.6\times10^{-4}m^2/s$,求所需拉力 F 为多少?

1-6 如图1-9所示,气缸内壁直径 $D=12cm$,活塞直径 $d=11.96cm$,活塞长度 $l=17cm$,活塞往复运动的速度为 $1m/s$,润滑油的粘度 $\mu=0.1Pa\cdot s$。试求作用在活塞上的粘滞力。

1-7 如图1-10所示,水轮机轴径 $d=0.36m$,轴承长 $l=1m$,同心缝隙 $\delta=0.23mm$,润滑油的动力粘度 $\mu=0.072Pa\cdot s$,试求水轮转速 $n=200r/min$ 时,消耗在轴承上的摩擦功率。

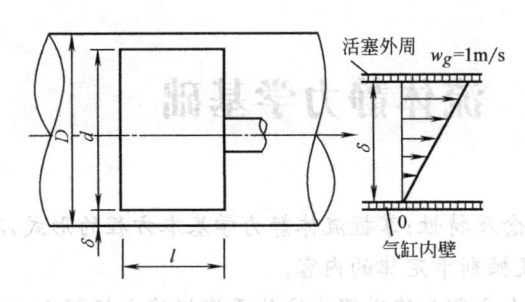

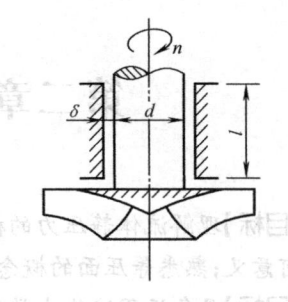

图 1-9　题 1-6 图　　　　　图 1-10　题 1-7 图

1-8　已知管内液体质点的轴向速度 w_g 与质点所在半径 r 成抛物线分布，如图 1-11 所示。当 $r=0$ 时，$w_g=W$；当 $r=R$ 时，$w_g=0$。1) 试建立 $w_g=w_g(r)$ 和 $\tau=\tau(r)$ 的函数关系；2) 如果 $R=6$mm，$W=3.6$m/s，$\mu=0.1$Pa·s，试求 $r=4$mm 处的切应力。

1-9　为测量某一种流体的动力粘度，将相距 0.4mm 的可动平板与不可动平板浸没在该流体中，可动平板以 0.3m/s 的速度移动，为了维持这个速度需要在单位面积上施加 2N/m² 的作用力，求流体的粘度。

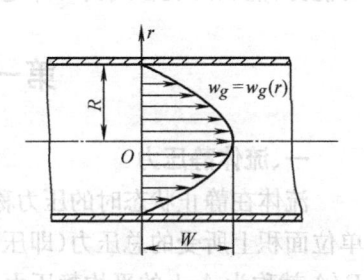

图 1-11　题 1-8 图

第二章 流体静力学基础

【知识目标】理解流体静压力的概念及特性;掌握流体静力学基本方程的形式,准确理解其物理和几何意义;熟悉等压面的概念及帕斯卡定律的内容。

【能力目标】具备运用流体力学基本方程和连通器内液体平衡规律分析解决工程实际问题的能力;能应用液柱式测压计进行液体静压力的测量和计算。

第一节 流体静压力及其特性

一、流体静压力

流体在静止状态时的压力称为流体静压力。在流体力学中,为衡量压力的大小,常用流体单位面积上所受的总压力(即压力强度)来表示静压力。如果受压面 A 上作用有总压力 P,则 P/A 就称为 A 上的平均静压力,以符号 p 表示,表达式为

$$p = P/A \tag{2-1}$$

一般来说,与流体相接触的受压面上所受的静压力不是均匀分布的,所以用式(2-1)计算出的平均静压力不能代表受压面上各处的真实受力情况,因此还需建立点的静压力的概念。

如图 2-1 所示,在分离体表面 ab 上取含 K 点在内的微小面积 ΔA,设作用在此面积上的总压力为 Δp,那么 ΔA 面上的平均静压力应为 $\Delta p/\Delta A$。如果让面积 ΔA 无限缩小至趋近于 K 点,此时 $\Delta p/\Delta A$ 的极限值称为 K 点的静压力,即

$$p = \lim_{\Delta A \to 0} \frac{\Delta p}{\Delta A}$$

点的静压力简称为静压力。静压力的单位为 kPa 或 MPa。

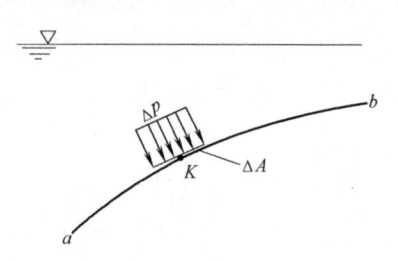

图 2-1 点的静压力的概念

二、流体静压力的基本特性

流体静压力具有两个极其重要的特性。

1. 流体静压力的方向垂直并指向受压面

某处于静止状态的流体 M,如图 2-2a 所示,如用 $N\text{-}N$ 面将流体 M 分成 Ⅰ、Ⅱ 两部分,当取第 Ⅱ 部分流体为分离体作受力分析时,在分割面 $N\text{-}N$ 上,第 Ⅰ 部分对第 Ⅱ 部分流体将有静压力。设分割面上某点 k 处所受的静压力为 p,现讨论该静压力 p 的方向。在 p 的方向未定之前,暂且认为在点 k 处 p 与作用面并不垂直,而与切线方向成角度 α,如图 2-2b 所示。这样就可将压力 p 分解为两个作用力,一个是垂直于 k 点表面的 p_n,一个是平行于 k 点表面的 p_τ。如果存在 p_τ,势必使相邻流体受到剪切力。由流体的物理性质可知,流体在剪切力作用下必将产生很大的变形(流动),使静止状态遭到破坏。要保持静止状态,必须使 $p_\tau = 0$,所以静压力 p 只能与 k 点处表面垂直。又由于处于静止状态的流体是不能承受拉力的。所以,在静止

状态下,静压力的唯一可能方向是垂直并且指向受压面,也就是说,静压力只能是垂直压力。流体这一特性明确了流体静压力的方向要素。

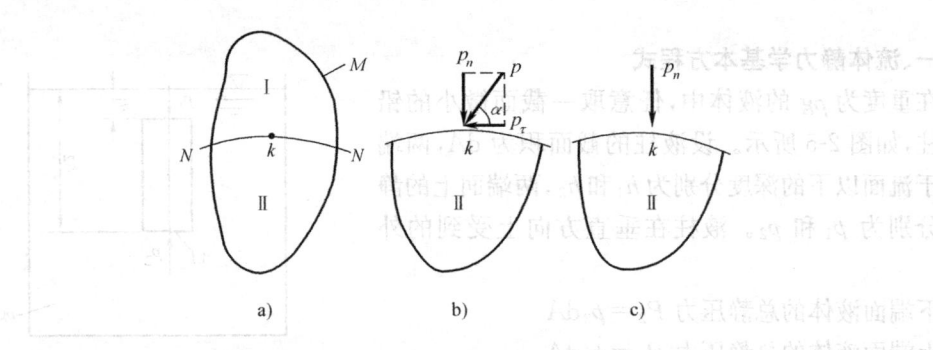

图 2-2 流体静压力的方向

2. 静止流体内部任意点处的流体静压力在各个方向上是相等的

设在平衡流体内分割出一块无限小的四面体 $O'DBC$(见图 2-3),斜面 DBC 的法线方向为 n。为简单起见,让四面体的三个棱边与坐标轴平行,各棱边长度为 Δx、Δy、Δz,并让 z 轴与重力方向平行。

作用于平面 $O'BD$、$O'DC$、及 $O'BC$ 上的压力分别为 p_x、p_y、p_z,而作用于斜平面 CDB 上的压力为 p_n,因为斜截面 CDB 是任意选取的,所以 p_n 具有普遍性。按流体静力学平衡条件可以证明:$p_x = p_n$,$p_y = p_n$,$p_z = p_n$。当四面体无限缩小至一点时,有 $p_x = p_y = p_z = p_n$,即静止流体内任一点各个方向上的静压力是相等的。

流体静压力的第二个特性表明在连续介质的平衡流体中,任一点的静压力是空间坐标的函数,而与受压面的方向无关,即

$$p = p(x, y, z) \qquad (2-2)$$

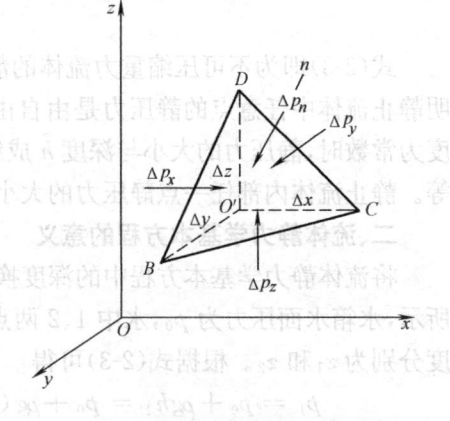

图 2-3 平衡流体中的微小四面体

上式表明静止流体中任一点,无论从何方向去考察它,其静压力大小不变。根据流体静压力的基本特性,在实际工程中进行受力分析时,可画出不同受压面上流体静压力的方向,如图 2-4 所示。

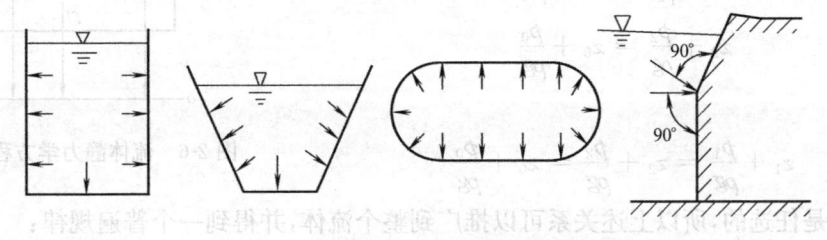

图 2-4 承压面上流体静压力的方向

第二节 流体静力学基本方程

一、流体静力学基本方程式

在重度为 ρg 的液体中,任意取一截面微小的铅直液柱,如图 2-5 所示。设液柱的截面积为 dA,两端面位于流面以下的深度分别为 h_1 和 h_2,两端面上的静压力分别为 p_1 和 p_2。液柱在垂直方向上受到的外力有:

下端面液体的总静压力 $P_2 = p_2 dA$
上端面液体的总静压力 $P_1 = p_1 dA$
重力 $G = \rho g dA(h_2 - h_1)$

图 2-5 静止液体内部微小液柱的受力分析

由于液体处于静止状态,根据力的平衡条件有
$$p_2 dA - p_1 dA = \rho g dA(h_2 - h_1)$$

化简后得到
$$p_2 - p_1 = \rho g(h_2 - h_1)$$

若将上端面取在液面上,并设液面上压力为 p_0,则液面以下某点(深度为 h)的静压力为
$$p = p_0 + \rho g h \tag{2-3}$$

式(2-3)即为不可压缩重力流体的静压力计算公式,通常称为流体静力学基本方程。它说明静止流体中任意点的静压力是由自由表面压力 p_0 与流体柱重量 $\rho g h$ 两部分组成的。当密度为常数时,静压力的大小与深度 h 成线性变化,即自由表面下深度相同的各点的静压力都相等。静止流体内部任一点静压力的大小与容器的形状无关。

二、流体静力学基本方程的意义

将流体静力学基本方程中的深度换成相对高度时,可得到该方程的另一种形式。如图 2-6 所示,水箱水面压力为 p_0,水中 1、2 两点到基准面 o-o 的高度分别为 z_1 和 z_2。根据式(2-3)可得
$$p_1 = p_0 + \rho g h_1 = p_0 + \rho g(z_0 - z_1)$$
$$p_2 = p_0 + \rho g h_2 = p_0 + \rho g(z_0 - z_2)$$

将上两式除以 ρg,经整理得到:
$$z_1 + \frac{p_1}{\rho g} = z_0 + \frac{p_0}{\rho g}$$
$$z_2 + \frac{p_2}{\rho g} = z_0 + \frac{p_0}{\rho g}$$

两式联合有
$$z_1 + \frac{p_1}{\rho g} = z_2 + \frac{p_2}{\rho g} = z_0 + \frac{p_0}{\rho g}$$

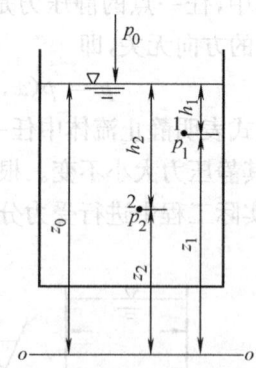

图 2-6 流体静力学方程示意图

因为 1、2 点是任选的,所以上述关系可以推广到整个流体,并得到一个普遍规律:
$$z + \frac{p}{\rho g} = 常数 \tag{2-4}$$

这就是流体静力学方程的另一种形式。

如果在式(2-4)两侧各乘以流体重量 mg，则有

$$mgz + pv = 常数$$

由物理学知识可知，mgz 为流体相对基准面的位能；pv 为流体的压能。所以 z 代表单位重量流体的位能，称为比位能；$p/\rho g$ 代表单位重量流体的压能，称为比压能；比位能与比压能之和称为比总能。

这样式(2-4)的物理意义可表述为：静止流体中比位能与比压能之和（即比总能）处处相等，在不同的位置两部分能量可以相互转换，但两者的总和保持不变。式(2-4)实质上是能量守恒定律的具体应用。

基准面到流体中某点的高度 z 具有长度的量纲，而 $p/\rho g$ 也具有长度的量纲，可见式(2-4)的各项均具有长度的量纲，而且是可以直接测量的高度。如图 2-7 所示，若在静止流体中任意两点 1 和 2 压力分别为 p_1' 和 p_2'，则在其压力作用下，两闭口测压管中的流体相应上升的高度各为 $p_1'/\rho g$ 和 $p_2'/\rho g$。

z_1 和 z_2 表示点 1 和点 2 所在位置距基准面的垂直高度，称为位置水头。$p_1'/\rho g$ 和 $p_2'/\rho g$ 表示点 1 和点 2 的压力水头，又称为静压力高度，它是以绝对真空作为基准测得的压力高度。

$z_1 + p_1'/\rho g$ 和 $z_2 + p_2'/\rho g$ 表示点 1 和点 2 处流体质点位置水头和压力水头的总和，即闭口测压管液面距离基准面的垂直高度，称为静力水头，分别以符号 H_1 和 H_2 表示。对于不可压缩的连续匀质流体，必有

$$z_1 + p_1'/\rho g = z_2 + p_2'/\rho g$$

上式说明不可压缩的静止流体中各点位置水头和压力水头可以相互转换，但各点静力水头却是相同的，即闭口测压管最高液面处在同一水平线 1-1 上。图中 1-1 称为静力水头线。

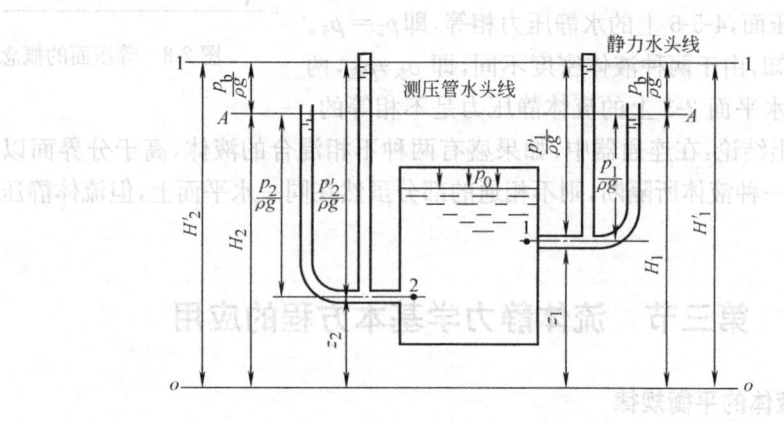

图 2-7　静力水头与测压管水头

将测压管上端抽成完全真空，既麻烦又不可能，因此实际工程上测压管不是闭口而是开口的。图 2-7 中左、右两外侧的测压管上端与大气相通，点 1 和点 2 流体在开口测压管中上升的高度为 $p_1/\rho g$ 及 $p_2/\rho g$，相应的比 $p_1'/\rho g$ 和 $p_2'/\rho g$ 低，即

$$\frac{p_1}{\rho g} = \frac{p_1'}{\rho g} - \frac{p_b}{\rho g}, \quad \frac{p_2}{\rho g} = \frac{p_2'}{\rho g} - \frac{p_b}{\rho g}$$

式中，p_b 为大气压力。由于 1at 相当于 10m 水柱，故开口测压管流体高度比闭口测压管高度低 10m 水柱。

$p_1/\rho g$ 及 $p_2/\rho g$ 称为压力水头，又称为测压管高度，它是以 1at 为基准而量得的压力高度。$z_1+p_1/\rho g$ 和 $z_2+p_2/\rho g$ 称为测压管水头，以 H_1 和 H_2 表示。从图中可看出

$$z_1+p_1/\rho g = z_2+p_2/\rho g$$

连接各开口测压管最高点所得到的水平线 A—A 称为测压管水头线。在不可压缩的静止流体中，各点的测压管水头是一个常数。

三、等压面

在静止流体中，流体静压力相等的各点所组成的面称为等压面。等压面的典型例子是液体的自由表面，其上各点的压力均等于液面上气体的压力。等压面上各点的压力 p=常数，即 $dp=0$。等压面的重要性质是：作用于静止流体中任意点的质量力必然垂直于通过该点的等压面。或者说等压面永远与质量力正交。

由式(2-3)可知，位于液面下同一深度的各点流体静压力都相等。因此，在重力作用下的静止流体中，任意一个水平面必是等压面。如果两种互不掺混的液体储存在同一容器中，重液体在下，轻液体在上，分界面一定是水平面，也是等压面。

必须指出，式(2-3)和等压面的概念只适用于容器相互连通的同一种液体。对于中间被气体或另一种液体隔断的不相连通的液体就不适用了。图 2-8 中，1-2、4-5-6 面是等压面，都在相连通的同种液体上。2-3 面距 4-5-6 面的高度为 h，根据流体静力学基本方程可以列出

$$p_5 = p_2 + \rho_\text{油} gh$$
$$p_6 = p_3 + \rho_\text{水} gh$$

式中，p_5 和 p_6 是等压面，4-5-6 上的水静压力相等，即 $p_5=p_6$。

比较上两式可知，由于两种液体密度不同，即 $\rho_\text{水} \neq \rho_\text{油}$，两容器中作用在同一水平面 2-3 上的流体静压力是不相等的，即 $p_2 \neq p_3$。由此得出结论：在连通器中，如果盛有两种不相混合的液体，高于分界面以上的水平面由于中间被另一种液体所隔断，则不相通的部分虽然在同一水平面上，但流体静压力是不相等的。

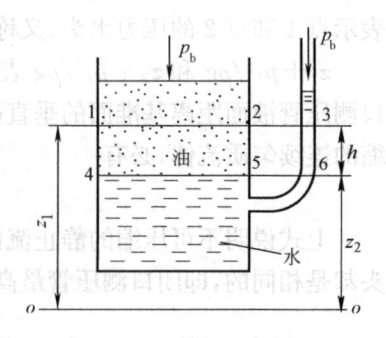

图 2-8 等压面的概念

第三节 流体静力学基本方程的应用

一、连通器内液体的平衡规律

所谓连通器是指底部（液面以下）互相连通的两个或几个容器。下面利用流体静力学基本方程来分析连通器内液体的平衡规律。

图 2-9 所示的连通器内部装有密度为 ρ 的匀质液体，作用于两端面上的压力分别为 p_1 和 p_2，在两端产生高度差为 h 的情况下处于平衡状态。设等压面 a-a 处的压力为 p，由式(2-3)得

$$p = p_1 + \rho g h_1, \quad p = p_2 + \rho g h_2$$

两式相减并移项得

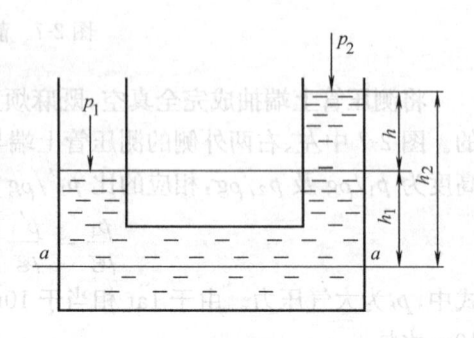

图 2-9 连通器示意图

$$h = h_2 - h_1 = \frac{p_1 - p_2}{\rho g}$$

从上式可知,当两部分容器自由表面上的压力相等即 $p_1 = p_2$ 时,或自由液面上只有大气压力时,两液面处于同一水平面。这说明在静止的、连续的、同种液体内部,同一水平面上各点的静压力值相等。此即连通器内液体平衡的规律。

利用连通器原理可制成锅炉水位计。在锅炉侧壁上装一个玻璃管,其下端与锅炉内液体空间相连,其上端与锅炉的汽空间相连通,则玻璃管内的液面高度即可代表锅炉中的水位高度。

如果在图 2-10a 所示的左边容器中注入另一种密度为 $\rho_1(\rho_1 < \rho)$ 的液体,它在原自由表面上产生了附加压力,因而左边交界面下降,如图 2-10b 所示;而右边容器中自由表面则上升,重新建立新的平衡。

设两种液体分界面为 cd 并向右延长至 e。令左右两容器中液体新的自由表面到 cde 线的深度分别为 h_1 和 h_2,在两容器 cde 线上分别取 A 点和 B 点,由于分界面是一个水平的等压面,则 A、B 两点液体静压力分别为

$$p_A = p_{01} + \rho_1 g h_1$$
$$p_B = p_{02} + \rho g h_2$$

于是
$$p_{01} + \rho_1 g h_1 = p_{02} + \rho g h_2$$

如果在两容器中,液体自由表面上压力相等,即 $p_{01} = p_{02}$,则
$$\rho_1 g h_1 = \rho g h_2$$

或写成
$$\rho/\rho_1 = h_1/h_2 \tag{2-5}$$

由此可知,从液体分界面(及其延长线)至自由表面的高度与两种液体的密度成反比。这样,利用连通器内已知液体的密度 ρ,再测出 h_1 和 h_2,就可求出未知液体的密度 ρ_1。

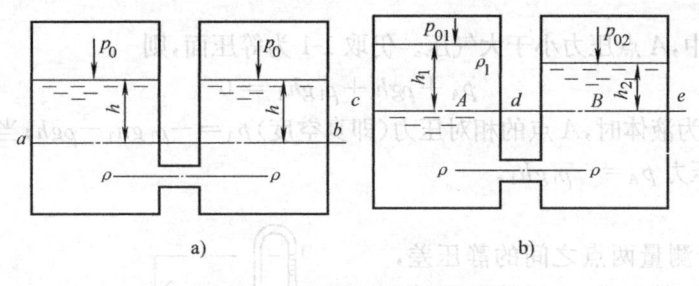

图 2-10 连通器内的液体平衡

二、液柱式测压计

根据连通器内液体平衡规律,下面讨论几种流体静压力的测量方法。

1. 测压管

测压管是一根内径不小于 5mm(避免出现毛细管现象)的细长玻璃管或 U 形玻璃管,其一端与大气相通,另一端通入被测点,如图 2-11 所示。

测压管用于测量液体内部某点的相对静压力值。由于相对压力的作用,液体在管中会上升或下降一定的高度。与大气相通的液面相对静压力为零,根据液柱高度,就可得到被测点的相对静压力值。

用测压管测量流体静压力时,采用直管还是 U 形管、管内是否需装入一定量的工作流体以及装什么流体合适,应以能较准确、方便地读取液柱高度值为原则,视具体情况而定。

当被测介质为液体且压力值不是很大时,一般采用直管,如图 2-11a 所示。这时被测点 A 的相对压力值即为液柱高度产生的静压力,即 $p_A = \rho g h$。

当测量气体或液体压力较大时,宜采用 U 形管测压计,且 U 形管内需装入一定量工作流体 ρ_1,如图 2-11b、c 所示。常用工作流体有水和水银。一般测量较小压力时用水,测量较大压力时用水银。

在图 2-11b 中,A 点压力大于大气压。取 1-1 为等压面,则

$$p_A + \rho g h = \rho_1 g h_1 \tag{2-6}$$

当被测流体为液体时,A 点的相对压力(即表压力)$p_A = \rho_1 g h_1 - \rho g h$;当被测流体为气体时,$A$ 点的相对压力 $p_A = \rho_1 g h_1$。

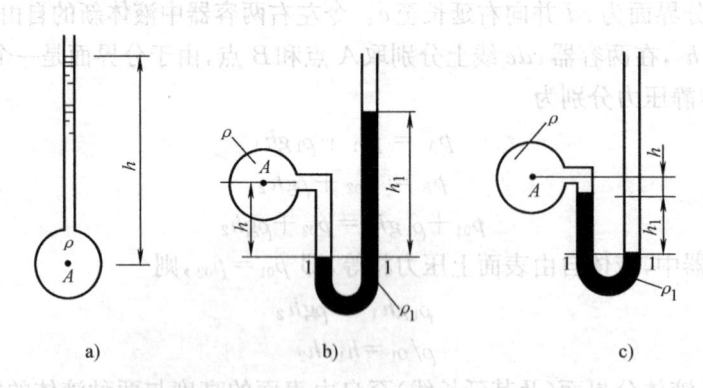

图 2-11 测压管
a)直管 b)、c)U 形管

在图 2-11c 中,A 点压力小于大气压。仍取 1-1 为等压面,则

$$p_A + \rho g h + \rho_1 g h_1 = 0 \tag{2-7}$$

当被测流体为液体时,A 点的相对压力(即真空度)$p_A = -\rho_1 g h_1 - \rho g h$;当被测流体为气体时,$A$ 点的相对压力 $p_A = -\rho_1 g h_1$。

2. 压差计

压差计用于测量两点之间的静压差,常用 U 形管制成,故又称 U 形管压差计。U 形管压差计与 U 形管测压计不同的是,其两端分别与两个被测点相通,如图 2-12 所示。

U 形管压差计中需装有一定的工作流体。当被测介质为气体时,工作流体为液体;当被测介质为液体时,工作流体可以是液体也可以是气体,但工作流体与被测流体不能相同或相混合。在使用时,仍然是根据等压面的规律进行压差计算。

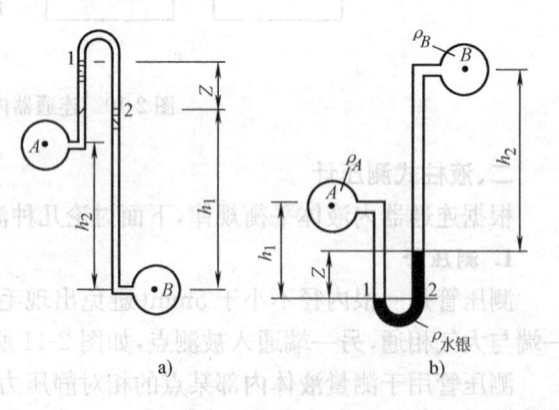

图 2-12 压差计
a)空气压差计 b)水银压差计

图 2-12a 所示为测量 A、B 两点压力差的空气压差计。由于气柱高度不大,可认为 1、2 两液面为等压面,则

$$p_A - (Z + h_1 - h_2)\rho g = p_B - \rho g h_1$$

故
$$p_A - p_B = (Z - h_2)\rho g \tag{2-8}$$

图 2-12b 所示为测量较大压差时采用的水银压差计。由于 1、2 两点为等压面,则

$$p_A + h_1\rho_A g = p_B + h_2\rho_B g + Z\rho_{水银} g$$

$$p_A - p_B = h_2\rho_B g + Z\rho_{水银} g - h_1\rho_A g$$

若 A、B 两处为同种液体时,即 $\rho_A = \rho_B = \rho$,则

$$p_A - p_B = Z\rho_{水银} g + (h_2 - h_1)\rho g \tag{2-9}$$

若 A、B 两处为同种气体时,式(2-9)可进一步简化为

$$p_A - p_B = Z\rho_{水银} g \tag{2-10}$$

3. 倾斜式微压计

当被测压力(压差)值较小(如只有几毫米水柱)时,为了得到较准确的数值,常使用倾斜式微压(差)计(也称为便携式微压计)测量,其结构如图 2-13 所示。

微压(差)计一般用于测量气体压力(压差)。由于测压杯的截面面积远大于测压管的截面面积,因而,可忽略测压杯内液面的下降值。当测量两点压差时,测压杯接入压力较大点,测压管接入压力较小点。根据 1、2 两点为等压面,有

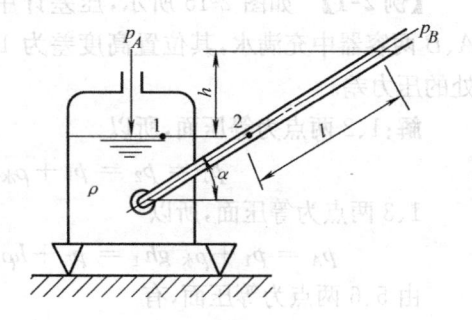

图 2-13 倾斜式微压(差)计

$$p_A = p_B + \rho g l \sin\alpha$$
$$p_A - p_B = \rho g l \sin\alpha \tag{2-11}$$

当测量某点压力时,测压杯与被测点相通,测压管敞口端与大气相通,这时被测点的相对压力为

$$p = \rho g l \sin\alpha \tag{2-12}$$

三、帕斯卡定律

由流体静力学基本方程式 $p = p_0 + \rho g h$ 可知,对于同一种连续液体中任意确定点来说,h 为定值,则 p 将随液面压力 p_0 而变化。当 p_0 增加 Δp 时,只要液体原有的平衡情况未受到破坏,则 p 也必将随着增加 Δp,即

$$p + \Delta p = (p_0 + \Delta p) + \rho g h$$

这个规律可表述为:在平衡液体内,其液面或任意一点的压力或压力变化,将均匀地传递到液体中的每一点上去,而且其值不变。这就是帕斯卡定律。

帕斯卡定律是液压传动的基本原理。利用这个原理,可以计算液压千斤顶、水压机中力的比例关系,如图 2-14 所示。

在两个互相连通的封闭容器中盛满了液压油,构成封闭的液压传动系统。设小活塞和大活塞的承压面积分别为 A_1 和 A_2,若在小活塞上作用一个外力 F_1,小活塞对它底面接

图 2-14 静压力传递规律

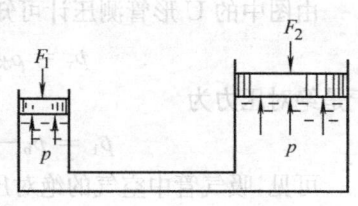

触液体所产生的表面压力为 $p=F_1/A_1$。根据帕斯卡定律,这个表面压力 p 将均匀地传递到液体中的每一点上,因此,在大活塞的底面上产生同样的压力 p。如果不计活塞与壁面的摩擦力,则大活塞所受到的总压力为

$$F_2 = pA_2 = F_1 \frac{A_2}{A_1} \qquad (2\text{-}13)$$

或

$$\frac{F_2}{F_1} = \frac{A_2}{A_1} \qquad (2\text{-}14)$$

由于大活塞面积 A_2 比小活塞面积 A_1 大,因此,作用在大活塞上的总压力 F_2 比作用在小活塞上的总压力 F_1 要大得多。这里大小活塞构成的液压传动系统相当于起到了一个力的放大作用。

注意,帕斯卡定律只适用于不可压缩的液体,如各种液压油和水,不适用于可压缩的气体。

【例2-1】 如图2-15所示,压差计中水银高度差 $h=200\text{mm}$,A、B 两容器中充满水,其位置高度差为 1m,试求 A、B 两容器中心处的压力差。

解:1、2两点为等压面,所以

$$p_1 = p_2 = p_5 + \rho_{水银} g h$$

1、3两点为等压面,所以

$$p_A = p_1 + \rho_水 g h_1 = p_5 + h\rho_{水银} g + h_1\rho_水 g$$

由5、6两点为等压面,有

$$p_B = p_5 + (h + h_1 + 1)\rho_水 g$$

联立上两式,可得

$$p_A - p_B = h\rho_{水银} g - (h+1)\rho_水 g = [0.2 \times 13.6 - (0.2+1)] \times 9.81\text{kPa} = 14.9\text{kPa}$$

图2-15 例2-1图

【例2-2】 如图2-16所示,在某空调系统中,通风机排风管接U形管测压计,测得 $h_2=250\text{mmH}_2\text{O}$,吸气管接U形管测压计,测得的真空度为 $h_1=100\text{mmH}_2\text{O}$。设大气压力为 $p_b=10^5\text{Pa}$,试求排风管和吸气管中空气的绝对压力。

解:1)求排风管中空气的绝对压力:
用U形管测压计得到表压力为

$$p_g = \rho_水 g h_2 = 10^3 \times 9.81 \times 0.25\text{Pa} = 2\,452\text{Pa}$$

于是绝对压力

$$p_2 = p_b + p_g = 1.024\,5 \times 10^5\text{Pa}$$

图2-16 例2-2图

2)求吸气管中空气的绝对压力:
由图中的U形管测压计可知,吸气管中空气的绝对压力比大气压力低 $100\text{mmH}_2\text{O}$,即

$$p_v = \rho_水 g h_1 = 10^3 \times 9.8 \times 0.1\text{Pa} = 980\text{Pa}$$

于是绝对压力为

$$p_1 = p_b - p_v = (100\,000 - 980)\text{Pa} = 99\,020\text{Pa}$$

可见,吸气管中空气的绝对压力比大气压力低,这样通风机才能将空气吸入。通风机吸入口一般装有过滤装置,若刚清洗后测得 $h_1=100\text{mmH}_2\text{O}$,运转一段时间后,过滤器会逐渐被灰

尘所阻塞，h_1 会逐渐增大，当 h_1 增大到某一数值时，就应清洗过滤器。

【案例分析与知识拓展】

案例1：玻璃管式锅炉水位计

锅炉水位计是静力学基本方程的典型工程应用之一，按工作压力的不同，常用的锅炉水位计有玻璃管式和平板式两种。

玻璃管式锅炉水位计主要由玻璃管、汽旋塞、水旋塞和放水旋塞等组成，如图 2-17 所示。玻璃管通常用耐热玻璃钢制成，其直径有 15mm 和 20mm 两种，内径不宜过小，否则易造成毛细现象，影响指示水位的准确性。汽、水旋塞用铸铁、铸钢或铸铜制成。水位计与锅筒之间一般用法兰连接。为防止玻璃管破碎时发生人身伤害事故，玻璃管水位计还要用耐热钢化玻璃板制成防护罩。

水位计的上、下汽水旋塞是为了清洗及检修水位计而设置的。水位计必须定时冲洗，以防止堵塞造成假水位。对于蒸汽锅炉，假水位会引起锅炉缺水干烧而产生爆炸。

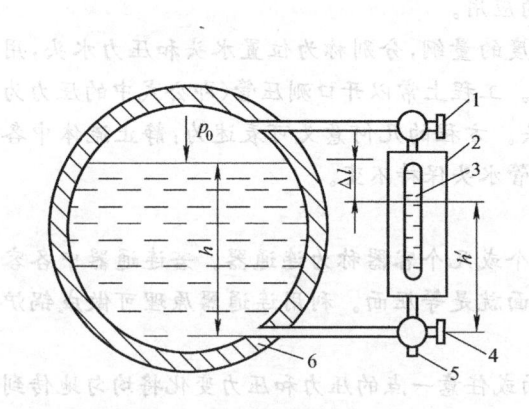

图 2-17　玻璃管式锅炉水位计
1—汽旋塞　2—玻璃管　3—防护罩
4—水旋塞　5—放水旋塞　6—锅筒

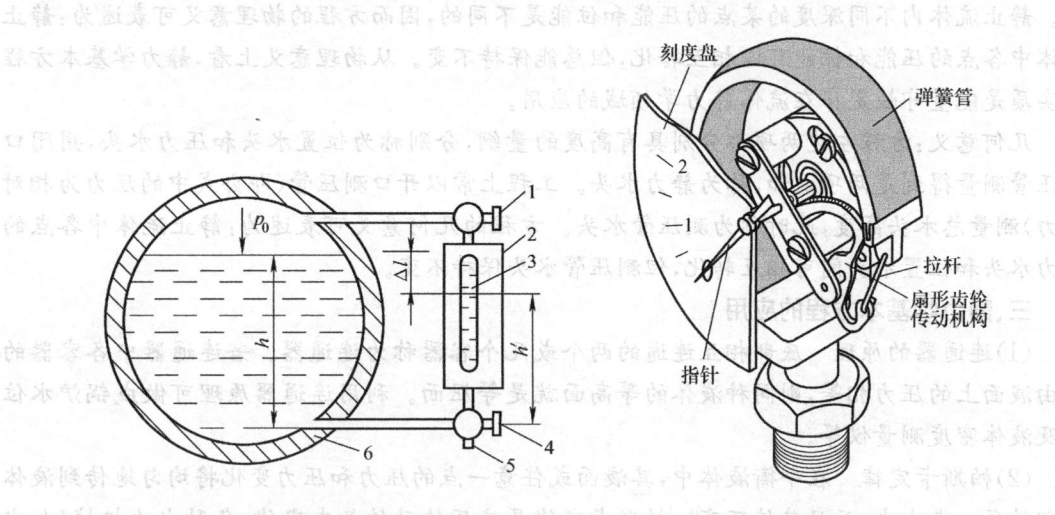

图 2-18　弹簧管式压力表

案例2：弹簧管式压力表

流体压力的测量除了本章所介绍的各种液柱式测压仪表外，还有弹性式、负荷式、电测式和波纹管式等多种形式。

弹簧管式压力表是工业生产中应用较为广泛的一种流体压力测量仪表，如图 2-18 所示。其核心元件是弯成 C 形的弹簧管。常见的弹簧管横截面形状有椭圆形、扁形和圆形几种。其中，扁管适用于低压，圆管适用于高压。弹簧管的封闭自由端是可移动的，开口端固定，管中通入待测压力的流体，在流体压力作用下，弹簧管发生变形，自由端产生线位移或角位移。其位移量与被测流体压力成正比，通过扇形齿轮传动机构使指针偏转，在刻度盘上指示出压力值。如果表壳内通有大气，压力表测出的压力为相对压力；如果将表壳密封并抽真空，压力表测出的压力就是绝对压力。弹簧管式压力表带有隔离装置时，可测量温度较高或腐蚀性、粘稠状、易结晶和粉尘状介质的压力。

【本章小结】

本章主要介绍了流体静力学基本方程及其工程应用。重点要求掌握静力学基本方程形式、物理及几何意义、连通器的原理及工程应用。

一、流体静力学基本方程

静力学基本方程说明了静止流体内某点的压力为自由液面上的压力 p_0 与液柱高度产生的压力 $\rho g h$ 两项之和。静止液体内的压力沿深度按线性规律分布。

二、静力学基本方程的意义

取基准面后,可将流体静力学基本方程改写成

$$z+\frac{p}{\rho g}= 常数$$

物理意义:方程左边两项分别代表单位重量流体的比位能和比压能,两项之和称为比总能。静止流体内不同深度的某点的压能和位能是不同的,因而方程的物理意义可表述为:静止流体中各点的压能和位能可以相互转化,但总能保持不变。从物理意义上看,静力学基本方程的实质是能量守恒定律在流体静力学领域的应用。

几何意义:方程左边两项都分别具有高度的量纲,分别称为位置水头和压力水头,用闭口测压管测量得到是两项之和,称为静力水头。工程上常以开口测压管(即公式中的压力为相对压力)测量总水头高度,此时称为测压管水头。方程的几何意义可表述为:静止流体中各点的压力水头和位置水头间可相互转化,但测压管水头保持不变。

三、静力学基本方程的应用

(1)连通器的原理 底部相互连通的两个或几个容器称为连通器。若连通器中各容器的自由液面上的压力相等,则同种液体的等高面就是等压面。利用连通器原理可做成锅炉水位计及液体密度测量仪等。

(2)帕斯卡定律 在平衡液体中,其液面或任意一点的压力和压力变化将均匀地传到液体内部的每一点上去,而且其值不变。帕斯卡定律是液压传动的基本定律,各种水力机械(如水压机、油压传动等)都是根据这一定律制成的。但帕斯卡定律不适用于可压缩的气体。

【思考与练习题】

2-1 写出流体静力学基本方程式,说明各项的物理和几何意义。

2-2 何谓静力水头和测压管水头?两者有何区别?

2-3 如图 2-19 所示,在水平桌上放置 4 个形状不同的容器,当水深 h 及容器底面积 A 都相等时,底面上水的静压力是否相等?总静压力是否相等?为什么?

2-4 一封闭容器盛有 ρ_2(水银)>ρ_1(水)的两种不同液体,如图 2-20 所示。试问同一水平线上的 1、2、3、4、5 各点的压力哪点最大?哪点最小?哪些点相等?

图 2-19 题 2-3 图

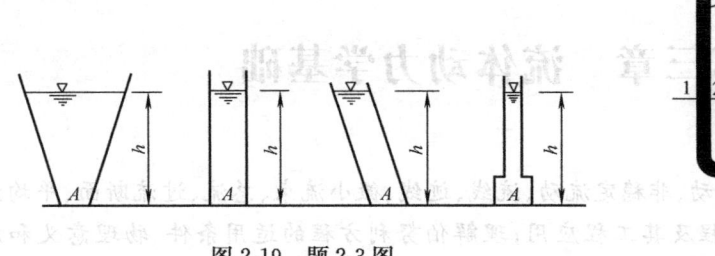

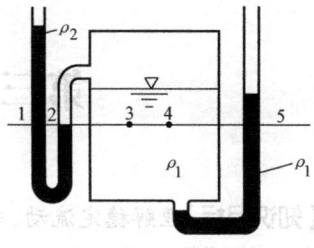

图 2-20 题 2-4 图

2-5 图 2-21 所示灭火器内装有液体,从水银差压计上读得 $h_1=26.5\text{mm}, h_2=40\text{mm}, a=100\text{mm}$,试求灭火器中液体的装液高度 H。

2-6 图 2-22 所示的汽化器喉部真空度用 U 形管水银测压计测得 $h=70\text{mmHg}$,如果空气温度为 15℃,外部压力为 1atm,试求汽化器喉部空气的绝对压力。

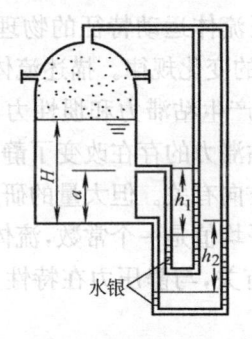

图 2-21 题 2-5 图

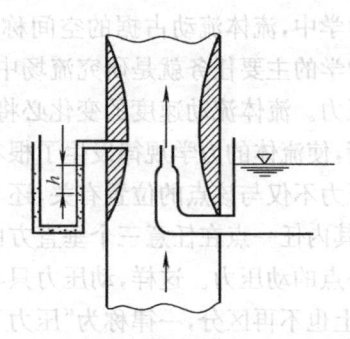

图 2-22 题 2-6 图

2-7 如图 2-23 所示,水流过等截面管道,管道上装有一个水银压差计,其读数为 $h=200\text{mmHg}$,1 与 2 两截面中心垂直距离为 $H=0.5\text{m}$,试计算两截面间的压差。

2-8 二级液压放大器如图 2-24 所示,两个柱塞直径均为 $D=2\text{cm}, d=1\text{cm}$。已知 $p_1=10^4\text{Pa}$,$p_2=10^6\text{Pa}$,忽略摩擦力,试计算每个柱塞的重量。

图 2-23 题 2-7 图

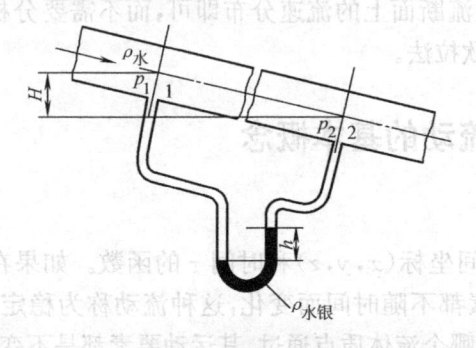

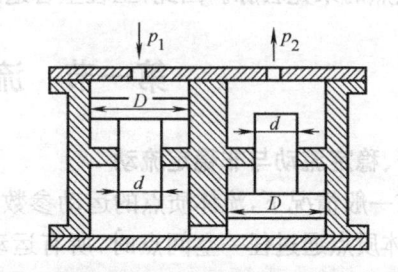

图 2-24 题 2-8 图

第三章　流体动力学基础

【知识目标】理解稳定流动、非稳定流动、流线、迹线、微小流束、总流、过流断面、平均流速等基本概念；掌握连续性方程及其工程应用；理解伯努利方程的适用条件、物理意义和几何意义。

【能力目标】具备应用流体连续性方程与伯努利方程分析解决工程实际问题的基本能力。

在自然界或工程实际中，流体的静止或平衡状态都是暂时的、相对的，是流体运动的特殊形式，运动才是绝对的。流体最基本的特征就是它的流动性，流体动力学主要研究流体的运动规律及其工程应用。

在流体力学中，流体流动占据的空间称为流场；表征流体运动特征的物理量称为流动参数。流体动力学的主要任务就是研究流场中各流动参数的变化规律。描述流体流动的主要参数是流速和压力。流体流动速度的变化必将在流体内部产生粘滞力和惯性力，破坏了质量力和压力的平衡，使流体的力学规律发生了根本的改变。粘滞力的存在改变了静压力特性，使流体内某点的压力不仅与该点的位置有关，还与作用面的方向有关。但大量的研究结果证明，流体在流动时，其内任一点在任意三个垂直方向上的压力平均值是一个常数，流体力学中将该平均值作为这一点的动压力。这样，动压力只与点的位置有关，与静压力在特性上不再有区别。因此，在叫法上也不再区分，一律称为"压力"。

研究流体运动规律有两种方法，一种是以流场中的流体质点为研究对象，通过跟踪每个质点的运动来确定整个流场的运动规律；另一种是以流场中的空间位置点作为研究对象，通过分析流场中每个位置点的运动来确定整个流场内的运动规律。前者称为拉格朗日法，后者称为欧拉法。由于流体质点的运动极其复杂，加之工程上的许多问题都不需要知道每个质点的运动过程，而只需要知道流场内某些特定位置或空间点上的流动情况。例如在管道输送问题中，我们最关心的是流量，要得到流量，只需知道过流断面上的流速分布即可，而不需要分析每个流体质点的来龙去脉。因此，工程上普遍采用欧拉法。

第一节　流体流动的基本概念

一、稳定流动与非稳定流动

在一般情况下，流体质点的运动参数是空间坐标(x,y,z)和时间τ的函数。如果在流场中，流体质点通过任一空间点时，所有运动要素都不随时间而变化，这种流动称为稳定流动。在稳定流动情况下，流场的任一空间点上，无论哪个流体质点通过，其运动要素都是不变的，运动要素仅仅是空间坐标的函数，而与时间无关。其速度w_g和压力p可用下列函数表示

$$w_g = w_g(x,y,z)$$
$$p = p(x,y,z)$$

例如，当水柜水位保持不变时侧壁孔口的出流；离心泵以稳定不变的转速输送液体时，管中各点的速度和压力不随时间而变，这些流体的流动都是稳定流动。

若流体流动时,在流场中的各点上,流体质点的运动要素全部或部分随时间而改变,即质点的各运动要素不仅随空间坐标而改变,也随时间而发生变化,这种流动称为非稳定流动,可用下列函数式表示:

$$w_g = w_g(x,y,z,\tau)$$
$$p = p(x,y,z,\tau)$$

例如,液面高度不断变化时水柜的侧壁孔口流体的出流;往复泵抽水时,由于活塞作不等速运动,水管内各点压力和速度大小随时间作周期性变化。这些流动都是非稳定流动。

二、迹线和流线

1. 迹线与流线的概念

某一流体质点在运动过程中的不同时刻所占据的空间点所连成的线称为迹线。或者说迹线是流体质点运动所走过的轨迹线。因拉格朗日法是研究个别流体质点在不同时刻的运动情况的,因而可以说,迹线是从拉格朗日法中引出的。此研究方法正是通过流体运动的迹线来获得流体的运动要素的。

流线是某一指定时刻,在流场中所画的一条曲线,且该曲线上的各个流体质点的速度矢量均与该曲线相切。流线在某一时刻被众多的流体质点所占据,所以可以表示流体瞬间的流动方向。欧拉法是考察同一时刻流体质点在不同空间位置的运动情况的,因而可以说,流线是从欧拉法中引出的。它是通过流体运动的流线来获得流体运动要素的。流线是欧拉法分析流体运动的基础。

根据流线的定义可以这样来描绘流线:在流体运动的空间里,任意取一个空间点 0,在某一瞬时 τ,该点的流体质点的流速为 w_{g0}(见图 3-1)。因流速是矢量,按其大小和方向作速度矢量 w_{g0},在矢量 w_{g0} 上相距 0 点为 ΔL_1 处取点 1。该点也为同一流场中的一个位置,这个位置同样有一个流体质点,这个质点在同一瞬间 τ 时具有流速 w_{g1}。由点 1 处作速度矢量 w_{g1},再在矢量 w_{g1} 上相距点 1 为 ΔL_2 处取另一点 2,该点的位置上的流体质点在同一瞬间 τ 时的速度矢量为 w_{g2}。依此类推,可得一条折线 0-1-2-3…。若让各点距离 ΔL 趋近于零,则折线变成一条曲线,这条曲线就是瞬间 τ 时通过空间点 0 的一条流线。如果能在流场中得到一簇流线,这簇流线就反映了瞬间 τ 时整个流场内的流动情况。

流线的概念是比较抽象的,可以通过图 3-2 来理解。水从水箱侧壁小孔流出,假定将一根丝线放在 A 点,则丝线受水冲动,形成 ABC 这样的曲线,而为什么不形成 ABC' 这样的曲线呢?道理很简单,因为曲线 ABC 的形成必须符合丝线上流体质点的运动方向,这就是流体的运动规律。

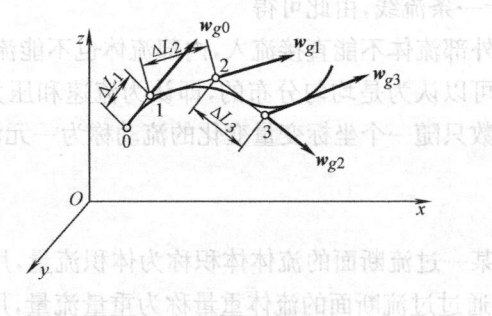

图 3-1 流线的画法　　图 3-2 流线的实例

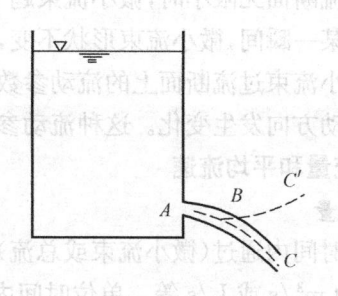

2. 流线的基本特性

根据流线的概念,可得到流线的几个基本特性。

1)稳定流动时,流线的形状和位置不随时间而变。因为稳定流动时其运动要素是不随时间改变的,流速矢量也不随时间改变,所以不同时刻所作的流线形状和位置也不会改变。

2)稳定流动时,迹线与流线相重合;而非稳定流动时,迹线与流线一般不会重合。

3)流线不能相交。若流线相交,则交点处的流速矢量应同时与这两条流线相切,而一个流体质点在同一时间只能有一个流动方向而不能有两个流动方向,所以流线不能相交。

4)流线不能有转折。流体是连续介质,流速矢量沿空间的变化亦应是连续的。如果流线发生转折,则在转折处,将出现同时有两个流动方向的矛盾现象,所以流线只能是一条光滑的连续曲线。

三、流管、流束与总流

1. 流管与流束

如图 3-3 所示,在流场中任意画一封闭的曲线(不与流线重合),经过曲线上的所有点作流线,由这些流线组成的管状流道称为流管。流管内部流动的流体称为流束。

2. 微小流束与总流

垂直于流束的断面称为过流断面。沿流束方向可作无数过流断面。过流断面可能为平面(或近似平面),也可能为曲面,如图 3-4 所示。

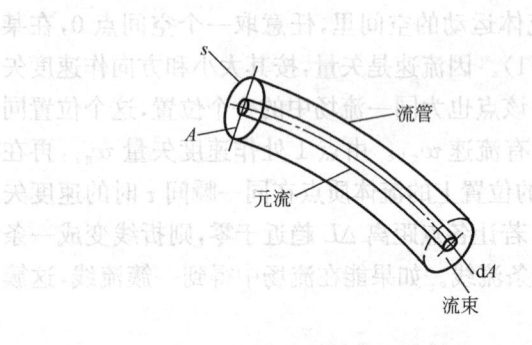

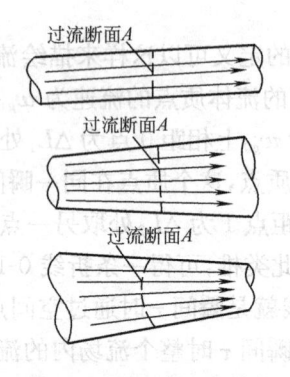

图 3-3 流管和流束

图 3-4 过流断面的形状

过流断面为无限小(dA)的流束称为微小流束。具有一定的过流断面(A),即无数微小流束的总和称为总流。工程上的管道流动均属于总流。

当过流断面无限小时,微小流束趋于一条流线,由此可得

1)在某一瞬间,微小流束形状不变,外部流体不能直接流入,内部流体也不能流出。

2)微小流束过流断面上的流动参数可以认为是均匀分布的,即认为流速和压力等运动参数只沿流动方向发生变化。这种流动参数只随一个坐标变量变化的流动称为一元流动。

四、流量和平均流速

1. 流量

单位时间内通过(微小流束或总流)某一过流断面的流体体积称为体积流量,用符号 Q 表示,单位为 m^3/s 或 L/s 等。单位时间内通过过流断面的流体重量称为重量流量,用符号 G 表示,其单位为 KN/s 和 t/h 等。

设在总流中任取一个微小流束,其过流断面面积为 dA,因断面上各点流速可以认为相等,如果 dA 面上各点的流速均为 w_g,而且过流断面又与流动方向垂直,则经过时段 dt,通过过流断面 dA 的流体体积为 $w_g dA dt$,将它除以时间 dt,即得到微小流束的体积流量 $dQ = w_g dA$。通过总流过流断面 A 的体积流量应为无限多个微小流束的体积流量之和,即沿断面 A 对 dQ 积分:

$$Q = \int_A w_g dA \tag{3-1}$$

2. 平均流速

从式(3-1)可知,要计算总流的流量,需要确定在总流过流断面上的速度分布规律。当流速 w_g 在断面上的分布不容易确定或不需要确定时,可以引入断面平均流速 v 来代替式(3-1)中的点的流速 w_g。

过流断面上各点流速的平均值就是断面的平均流速。这实际上是一个假想的流速,即假定过流断面上各点都以相同速度 v(即平均流速)流动时所得到的流量,与各点以实际速度流动时所得到的流量相等,则 v 就是断面平均流速,如图 3-5 所示。流体的体积流量按平均流速计算时,则有

$$Q = \int_A w_g dA = vA \tag{3-2}$$

图 3-5 平均流速的含义

此式说明流体的体积流量等于过流断面面积与断面平均流速的乘积。从式(3-2)可知

$$v = Q/A \tag{3-3}$$

也就是说,断面平均流速等于总流的体积流量除以过流断面面积。

第二节 稳定流动的连续性方程

自然界一切物质的运动都遵循质量守恒原理,流体运动也不例外。连续性方程就是质量守恒原理在流体力学中的具体应用。

如图 3-6 所示,在流体总流中任选两个断面 1-1 和 2-2,取一段微小流束,它在两断面处的面积分别为 dA_1 和 dA_2;两断面处的流速分别为 w_{g1} 和 w_{g2},对于不可压缩流体来说,密度 ρ 为常数。

由于微小流束内、外的流体互不穿流,所以流体只能从 dA_1 流入,从 dA_2 流出。设时间 dt 内,流入 dA_1 的质量为 dm_1,体积为 dV_1,则 $dm_1 = \rho dV_1$,而 $dV_1 = w_{g1} dA_1 dt$,所以,$dm_1 = \rho w_{g1} dA_1 dt$。同样在同一 dt 时间内,流出 dA_2 的质量为 $dm_2 = \rho w_{g2} dA_2 dt$。根据质量守恒原理,同一时间内流入 dA_1 的流体质量 dm_1 应与流出 dA_2 的质量 dm_2 相等,即

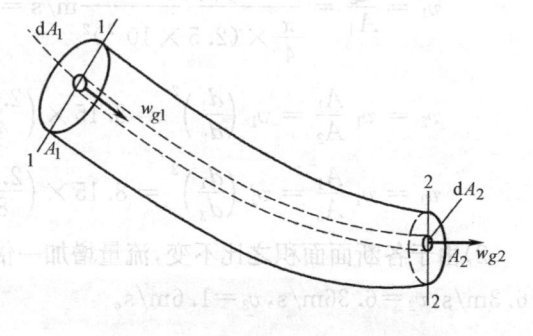

图 3-6 稳定流动连续性方程分析

$$\rho w_{g1} dA_1 dt = \rho w_{g2} dA_2 dt$$

将等式两边同除以 $\rho \mathrm{d}t$，就有

$$w_{g1}\mathrm{d}A_1 = w_{g2}\mathrm{d}A_2 \tag{3-4}$$

此即为不可压缩流体稳定流动时微小流束的连续性方程。由于流速与流道断面积的乘积即为体积流量，1-1、2-2 断面是任意选取的，对于其他任何一个过流断面都应有

$$\mathrm{d}Q_1 = \mathrm{d}Q_2 = \mathrm{d}Q = 常数 \tag{3-5}$$

总流是无限多个微小流束的总和，只要将总流中无数多个微小流束在某断面的流量加起来，也就是沿断面对微小流束积分，就可得到总流的流量。设总流在 1-1、2-2 两断面处的面积分别为 A_1 和 A_2，断面平均流速分别为 v_1 和 v_2，则由式(3-5)可得

$$\int_{A_1} w_{g1}\mathrm{d}A_1 = \int_{A_2} w_{g2}\mathrm{d}A_2$$

依据平均流速的概念，可用断面平均流速代替点的流速，这样可得到

$$v_1 A_1 = v_2 A_2 \text{ 或 } \frac{v_1}{v_2} = \frac{A_2}{A_1} \tag{3-6}$$

这就是不可压缩流体稳定流动时总流的连续性方程式。式(3-6)还可写成

$$Q_1 = Q_2 = Q = 常数 \tag{3-7}$$

从式(3-6)可以看出，不可压缩流体总流中任意两过流断面通过的体积流量相等或断面平均流速与过流断面面积成反比。即流道断面面积越小，其流速越大。必须注意的是，这一结论只对不可压缩流体才成立，对可压缩流体上述结论则不一定正确。可压缩流体在进、出口断面上的密度可能不相等，这时连续性方程式应写成

$$\rho_1 v_1 A_1 = \rho_2 v_2 A_2 \tag{3-8}$$

【例 3-1】 图 3-7 所示输水管道 $d_1 = 2.5\mathrm{cm}$，$d_2 = 4\mathrm{cm}$，$d_3 = 8\mathrm{cm}$。1) 当流量为 4L/s 时，求各管段的平均流速；2) 若流量增至 8L/s，平均流速如何变化？

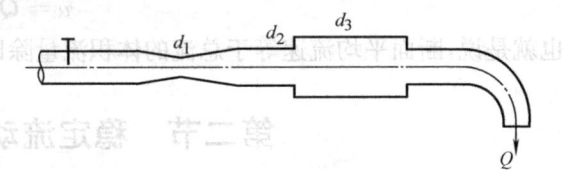

解： 1) 根据连续性方程可得

$$Q = v_1 A_1 = v_2 A_2 = v_3 A_3$$

图 3-7 例 3-1 图

$$v_1 = \frac{Q}{A_1} = \frac{4 \times 10^{-3}}{\frac{\pi}{4} \times (2.5 \times 10^{-2})^2} \mathrm{m/s} = 8.15\mathrm{m/s}$$

$$v_2 = v_1 \frac{A_1}{A_2} = v_1 \left(\frac{d_1}{d_2}\right)^2 = 8.15 \times \left(\frac{2.5}{4}\right)^2 \mathrm{m/s} = 3.18\mathrm{m/s}$$

$$v_3 = v_1 \frac{A_1}{A_3} = v_1 \left(\frac{d_1}{d_3}\right)^2 = 8.15 \times \left(\frac{2.5}{8}\right)^2 \mathrm{m/s} = 0.8\mathrm{m/s}$$

2) 由于各断面面积之比不变，流量增加一倍时，各断面的流速也应相应增大一倍。即 $v_1 = 16.3\mathrm{m/s}$，$v_2 = 6.36\mathrm{m/s}$，$v_3 = 1.6\mathrm{m/s}$。

第三节 伯努利方程

伯努利方程又称为稳定流动能量方程，它是能量守恒定律在流体力学中的具体应用。不可压缩流体一元稳定流动能量方程反映了流体在管道中流动时流速、压力和位置高度之间的

变化关系，在工程上有广泛的实用价值。下面从功能原理出发，建立不可压缩流体一元稳定流动时的能量方程。

一、不可压缩流体稳定流动微小流束的伯努利方程

1. 不可压缩理想流体稳定流动微小流束的伯努利方程

如图 3-8 所示，在理想流体稳定流动的流场中取一微小流束，并截取其中 1-1 断面与 2-2 断面之间的流段来研究。设 1-1 断面和 2-2 断面的过流断面面积为 dA_1 和 dA_2，断面形心点距某一水平基准面 0-0 的垂直距离分别为 z_1 和 z_2，两断面上压力分别为 p_1 和 p_2，流速分别为 w_{g1} 和 w_{g2}。若经过 dt 时段，微小流束段由原来的 1-1 与 2-2 移动到新的位置 $1'$-$1'$ 与 $2'$-$2'$，两断面所移动的距离分别为 $ds_1=w_{g1}dt$ 和 $ds_2=w_{g2}dt$。根据理论力学中的动能定律，微小流束内的流体在 dt 时段内动能的增量，应等于作用于该流段的各种外力所做的功。外力所做的功包括表面力和质量力两部分所做功之和。

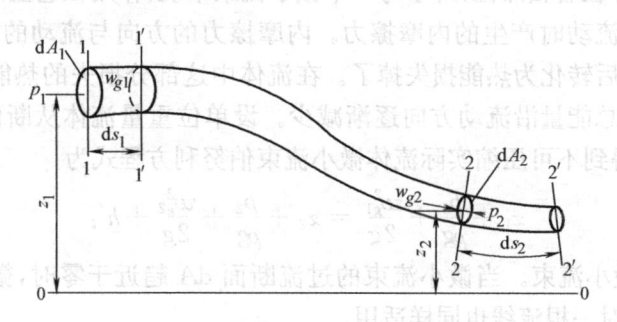

图 3-8 微小流束伯努利方程的推导

(1) 表面力做功　作用于微小流束流段上的表面力包括两部分，一部分是微小流束的侧面上的流体动压力，另一部分是微小流束两端过流断面上的流体动压力，其中侧面动压力的方向与流体流动的方向垂直，其做功量为零。两端断面上动压力所做的功为

$$p_1 dA_1 ds_1 - p_2 dA_2 ds_2 = p_1 dA_1 w_{g1} dt - p_2 dA_2 w_{g2} dt$$
$$= p_1 dQ dt - p_2 dQ dt = (p_1 - p_2) dQ dt$$

由于所研究的运动流体假定为理想流体，因而在微小流束的侧面上没有摩擦力存在，计算表面力做功时，没有考虑摩擦作用。

(2) 质量力做功　设作用于流体上的质量力只有重力。当 1-1 与 2-2 断面间流体移动到新的位置 $1'$-$1'$ 与 $2'$-$2'$ 时，其中间部分，即 $1'$-$1'$ 与 2-2 之间的流体，虽然其内部流体质点发生了移动和部分交换，但在不可压缩流体稳定流动条件下，该部分流体的体积和质量在 dt 时段内均保持不变，从重力做功的角度来说，可以将该部分流体当作没有移动，即该部分流体没有做功。参与重力做功的仅有 1-1 与 $1'$-$1'$ 之间的液体移动至 2-2 与 $2'$-$2'$ 位置时重力作的功。由不可压缩流体稳定流动微小流束的连续性方程可知，在 1-1 与 $1'$-$1'$ 之间的流体体积与 2-2 与 $2'$-$2'$ 之间的流体体积是相等的，即

$$dA_1 w_{g1} dt = dA_2 w_{g2} dt = dQ dt$$

该部分流体的重量为 $\rho g dQ dt$，重力做功为 $\rho g dQ dt (z_1 - z_2)$。

(3) 动能增量。与计算重力做功同样的道理，当考察微小流束在 dt 时段的动能改变时，可以认为 $1'$-$1'$ 与 2-2 之间的流体没有移动，其动能改变量为零，全部动能的增量可当作是 2-2 与

$2'$-$2'$ 之间流体的动能和 1-1 与 $1'$-$1'$ 之间流体动能之差,即

$$\frac{1}{2}\rho dA_2 w_{g2} w_{g2}^2 dt - \frac{1}{2}\rho dA_1 w_{g1} w_{g1}^2 dt = \rho dQ dt \frac{1}{2}(w_{g2}^2 - w_{g1}^2)$$

按前述动能定理,有

$$\rho g dQ dt(z_1 - z_2) + dQ dt(p_1 - p_2) = \rho dQ dt\left(\frac{w_{g2}^2}{2} - \frac{w_{g1}^2}{2}\right)$$

将上式各项同除以 $\rho g dQ dt$ 并移项可得

$$z_1 + \frac{p_1}{\rho g} + \frac{w_{g1}^2}{2g} = z_2 + \frac{p_2}{\rho g} + \frac{w_{g2}^2}{2g} \tag{3-9}$$

此式就是不可压缩理想流体稳定流动微小流束的伯努利方程式。

2. 不可压缩实际流体稳定流动微小流束的伯努利方程

由于实际流体存在着粘滞性,对于每一个微小流束来说,作用在它上面的外力除了流体压力与重力之外,还有流动时产生的内摩擦力。内摩擦力的方向与流动的方向平行,它也要做功,不过这部分功最后转化为热能损失掉了。在流体中这部分损失的热能不可能再转化为机械能。因此,流体的总能量沿流动方向逐渐减少。设单位重量流体从断面 1-1 到断面 2-2 的能量损失为 h_l',则得到不可压缩实际流体微小流束伯努利方程式为

$$z_1 + \frac{p_1}{\rho g} + \frac{w_{g1}^2}{2g} = z_2 + \frac{p_2}{\rho g} + \frac{w_{g2}^2}{2g} + h_l' \tag{3-10}$$

式(3-10)只适用于微小流束。当微小流束的过流断面 dA 趋近于零时,微小流束变成为一根流线,所以式(3-10)对一根流线也同样适用。

二、均匀流过流断面上的压力分布

将微小流束能量方程式中各项在断面上积分,便可得到总流的能量方程。为此,首先分析均匀流的概念及其过流断面上的压力分布。

流速大小和方向沿流向不发生变化的流动称为均匀流动。反之,称为非均匀流动。均匀流的流线是相互平行的直线,因而它的过流断面是平面。可以证明,均匀流过流断面上的压力分布规律与静压力的分布规律相同,即在同一过流断面上各点的测压管水头值 $z + p/\rho g$ 相等。

严格来说,工程上所遇到的流动都是非均匀流动。非均匀流动中,流速大小或方向沿流动方向变化显著的流动称为急变流,而变化缓慢的流动称为渐变流(或缓变流)。如图 3-9 所示,流体在变径管或弯管内的流动为急变流,在直管段内的流动为渐变流。

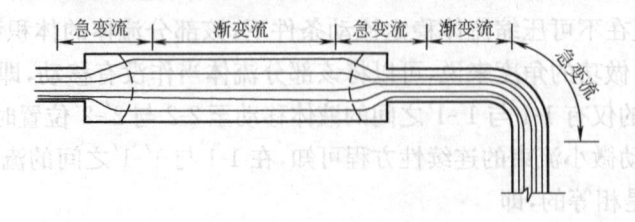

图 3-9 渐变流和急变流

渐变流的流线接近为平行的直线,断面可视为平面。因此,在工程上可将其作为均匀流处理,即渐变流过流断面上的压力分布可以认为服从静压力的分布规律。

三、实际流体总流的伯努利方程

在图 3-10 所示的总流中,取渐变流断面 1-1 和 2-2。设 1-1 断面的面积为 A_1,2-2 断面的面积为 A_2。根据总流与微小流束之间的关系,即实际总流的能量应是微小流束的能量在过流断面上的积分,可得到总流能量的平衡方程式

$$\int_{A_1}(z_1+\frac{p_1}{\rho g}+\frac{w_{g1}^2}{2g})\rho g \mathrm{d}Q = \int_{A_2}(z_2+\frac{p_2}{\rho g}+\frac{w_{g2}^2}{2g})\rho g \mathrm{d}Q + \int_Q h_l'\rho g \mathrm{d}Q \tag{3-11}$$

下面讨论上式中各项的积分

(1) $\int_{A_1}(z+\frac{p}{\rho g})\rho g \mathrm{d}Q$

由前述可知,对于渐变流,同一过流断面上不同点的测压管水头值相等,因此

$$\int_{A_1}(z_1+\frac{p_1}{\rho g})\rho g \mathrm{d}Q = (z_1+\frac{p_1}{\rho g})\rho g Q$$

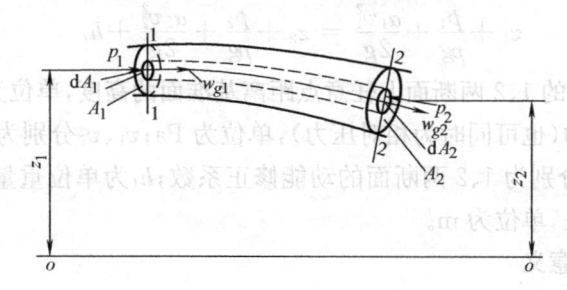

图 3-10 稳定流动总流能量方程的推导

(2) $\int_A \frac{w_g^2}{2g}\rho g \mathrm{d}Q$

$$\int_A \frac{w_g^2}{2g}\rho g \mathrm{d}Q = \frac{\rho g}{2g}\int_A w_g^2 \mathrm{d}Q = \frac{\rho}{2}\int_A w_g^3 \mathrm{d}A$$

如前所述,总流过流断面上的流速分布只有在少数情况下才能用数学公式表示出来,为此引入了平均流速 v 的概念,但 v 是从计算流量的目的出发定义的,即

$$Q = vA = \int_A w_g \mathrm{d}A = \int_A v \mathrm{d}A$$

而 $\int_A w_g^3 \mathrm{d}A \neq \int_A v^3 \mathrm{d}A = v^3 A$。为了能用平均流速 v 代替实际流速 w_g 表示动能项,引入动能修正系数 α,并定义

$$\alpha = \frac{\int_A w_g^3 \mathrm{d}A}{\int_A v^3 \mathrm{d}A} = \frac{\int_A w_g^3 \mathrm{d}A}{v^3 A}$$

这样便有 $\frac{\rho g}{2g}\int_A w_g^3 \mathrm{d}A = \frac{\rho g}{2g}\alpha v^3 A = \frac{\alpha v^2}{2g}\rho g Q$

因此有 $\int_{A_1}\frac{w_{g1}^2}{2g}\rho g \mathrm{d}Q = \frac{\rho g}{2g}\int_{A_1}v^3 \mathrm{d}A = \frac{\alpha_1 v_1^2}{2g}\rho g Q$

$\int_{A_2}\frac{w_{g2}^2}{2g}\rho g \mathrm{d}Q = \frac{\rho g}{2g}\int_{A_2}v^3 \mathrm{d}A = \frac{\alpha_2 v_2^2}{2g}\rho g Q$

由 α 的定义可知,α 值的大小实际上反映了流速在断面上分布的不均匀程度。流速均匀分布

时，$\alpha=1.0$，流速分布越不均匀，α 值越大。

(3) $\int_Q h_l' \rho g \, dQ$

此项积分表示单位时间内，总流从 1-1 断面流到 2-2 断面克服流动阻力产生的能量损失。由于各微小流束从 1-1 断面流到 2-2 断面时产生的能量损失不一定相同，为了计算方便，设各微小流束的单位质量流体平均能量损失为 h_l，则

$$\int_Q h_l' \rho g \, dQ = h_l \rho g Q$$

将以上各式代入式(3-11)便得到稳定流动总流伯努利方程式：

$$(z_1 + \frac{p_1}{\rho g})\rho g Q + \frac{\alpha_1 v_1^2}{2g}\rho g Q = (z_2 + \frac{p_2}{\rho g})\rho g Q + \frac{\alpha_2 v_2^2}{2g}\rho g Q + h_l \rho g Q$$

上式两边同除 $\rho g Q$，便得稳定流动总流能量方程(或称稳定总流伯努利方程)：

$$z_1 + \frac{p_1}{\rho g} + \frac{\alpha_1 v_1^2}{2g} = z_2 + \frac{p_2}{\rho g} + \frac{\alpha_2 v_2^2}{2g} + h_l \tag{3-12}$$

式中，z_1、z_2 分别为选定的 1、2 两断面上任意点距离基准面的高度，单位为 m；p_1、p_2 为与 z_1、z_2 相对应的点的绝对压力(也可同时为相对压力)，单位为 Pa；v_1、v_2 分别为 1、2 两断面的平均流速，单位为 m/s；α_1、α_2 分别为 1、2 两断面的动能修正系数；h_l 为单位重量流体从 1 断面流到 2 断面所产生的能量损失，单位为 m。

四、伯努利方程的意义

1. 总流伯努利方程的物理意义

实际流体总流伯努利方程式(3-12)中各项的物理意义为

z：单位重量流体相对基准面所具有的位置位能，简称为比位能。

$\frac{p}{\rho g}$：单位重量流体所具有的压力位能，简称为比压能。

$\frac{\alpha v^2}{2g}$：重量流体所具有的平均动能，简称为比动能。

$z + \frac{p}{\rho g} + \frac{\alpha v^2}{2g}$：单位重量流体所具有的总能量，简称为比总能。

h_l：单位重量流体从断面 1 流到断面 2 产生的能量损失，简称为能量损失。

由上述各项的含义可知，实际流体总流的伯努利方程的物理意义为：流体沿流道流动时，不同断面上的位能、压能和动能可以相互转换，但后一个断面上的总能与前一个断面上的总能之差总是等于该两断面间的能量损失。对于理想流体，由于不计能量损失，总能将保持不变。

2. 总流伯努利方程的几何意义

流体力学中，习惯将单位重量流体所具有的能量称为"水头"。按照这一习惯，伯努利方程式(3-12)中各项的几何意义为

z：位置水头或位置高度。

$\frac{p}{\rho g}$：压力水头或测压管高度。

$\frac{\alpha v^2}{2g}$：速度水头。它表示所研究的流体在位置 z 时，以速度 v 沿垂直方向向上喷射(不计空气阻力)时所能达到的高度。

$z + \dfrac{p}{\rho g} + \dfrac{\alpha v^2}{2g}$：总水头(可用 H 表示)。

h_l：水头损失。

上述各项都具有高度的量纲,因此可用以基准面为起点的垂直几何线段的长度来形象地表示沿流动方向能量转化的情况,如图 3-11 所示。

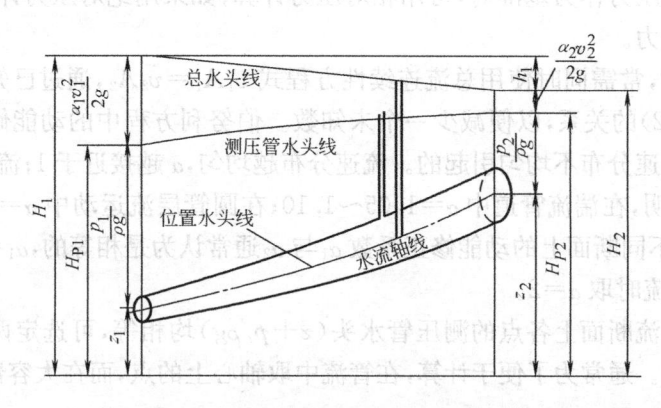

图 3-11　稳定总流伯努利方程几何意义

由上述分析可知,伯努利方程的几何意义为:流体沿流道流动时,不同断面上的位置水头、压力水头和速度水头可以相互转换,但后一个断面上的总水头与前一个断面上的总水头之差等于该两断面间的水头损失。

对于实际流体,总水头线必定是一条沿程逐渐下降的线(直线或曲线),因为总水头总是沿程减小的。而测压管水头线可能是下降的(直线或曲线),也可能是上升的线,甚至可能是一条水平线,具体情况要视总流的几何边界变化情况而定。对理想流体,由于它没有水头损失,总水头线一定是平行于基准线的水平直线。

第四节　伯努利方程的工程应用

一、伯努利方程的适用条件与应用注意事项

1. 伯努利方程的适用条件

稳定流动的伯努利方程是在一定条件下推导出来的,方程式(3-12)的适用范围可归纳为以下几点。

1)流体的运动必须是稳定流动,并且流体既不能压缩又不能膨胀,即密度 ρ=常数。

2)所取的两个过流断面必须符合渐变流的条件。但在所取两个过流断面之间,可以是急变流,也可是渐变流。

3)作用在流体上的质量力只有重力,在所讨论的两个过流断面之间,没有能量的输入或输出。

4)伯努利方程在推导过程中流量是沿程不变的,所以总流所取的两断面之间,应当没有流体的汇入或分出。

5)流体为不可压缩的粘性流体,一般只适用于液体。当气流速度 $v < 50 \text{m/s}$ 时,其密度变化不大,可以按不可压缩流体处理,如舱室通风系统等。

2. 应用伯努利方程的注意事项

1)不同的基准面有不同的水头值,分析各断面的位置水头时,必须选取同一基准面,但基准面的水平高度是任意的。为了避免 z_1 和 z_2 出现负值,一般选取两断面之下或穿过较低断面的形心。如果总流是水平的,将基准面取在中心线上,使 $z_1=z_2=0$ 以方便计算。对于压力水头 $p/\rho g$,在以大气压力作为基准时,可用相对压力计算;如果用绝对压力计算时,则等号两边必须同时用绝对压力。

2)在解方程时,常需同时使用总流连续性方程式 $v_1 A_1 = v_2 A_2$,通过已知管道过流断面找出伯努利方程(3-12)的关系,以便减少一个未知数。伯努利方程中的动能修正系数 α 是由过流断面上的实际流速分布不均匀引起的。流速分布越均匀,α 越接近于1;流速分布越不均匀,α 值越大。实验表明,在湍流管道中 $\alpha=1.05\sim1.10$;在圆管层流运动中 $\alpha=2.0$。在实际工程中,伯努利方程中不同断面上的动能修正系数 α_1 与 α_2 通常认为是相等的,$\alpha_1=\alpha_2=\alpha$;在湍流计算中取 $\alpha=1$,在层流时取 $\alpha=2$。

3)由于所取过流断面上各点的测压管水头 $(z+p/\rho g)$ 均相等,可选定两个断面上任意一点列出伯努利方程。通常为了便于计算,在管流中取轴心上的点,而在大容器中取自由表面上的点。

4)在应用实际流体总流伯努利方程时,关键在于确定水头损失。在下一章中将专门讨论水头损失的计算方法。

二、有机械功输入或输出的伯努利方程

实际流体总流伯努利方程式(3-12)只适用于两断面间没有机械功输入或输出的流体运动。如果在两过流断面间安装水泵(或风机)输入机械功,或安装水轮机(或汽轮机)输出机械功,这时应采用有机械功输入或输出的伯努利方程。

下面以水泵输入机械功为例进行讨论。设在管道 1-1 及 2-2 过流断面间装有水泵,如图 3-12a 所示。由于水泵对液体做功,即传给液体机械能,而增加液体总流。假定水泵传给单位重量液体的机械功为 H,则在出口断面 2-2 上液体的能量比入口断面 1-1 上的能量增加了机械功 H,也称为管路所需的水泵扬程。如果再考虑两断面间的水头损失 h_l,则稳定总流伯努利方程应写为

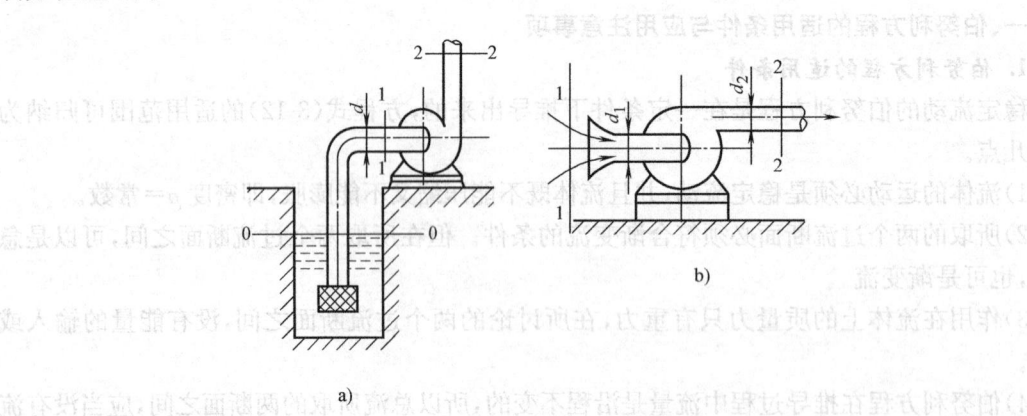

图 3-12 水泵(或风机)输入机械功
a)水泵   b)风机

$$z_1 + \frac{p_1}{\rho g} + \frac{\alpha_1 v_1^2}{2g} + H = z_2 + \frac{p_2}{\rho g} + \frac{\alpha_2 v_2^2}{2g} + h_l \tag{3-13}$$

同理,如有机械功输出,则伯努利方程写为

$$z_1 + \frac{p_1}{\rho g} + \frac{\alpha_1 v_1^2}{2g} - H = z_2 + \frac{p_2}{\rho g} + \frac{\alpha_2 v_2^2}{2g} + h_l \tag{3-14}$$

式中,h_l 是两断面间的水头损失,但不包括水泵内的水头损失。

单位时间内原动机对水泵做的功称为轴功率。单位重量液体从水泵获得的能量是 H(称为高度或扬程),而每秒钟通过水泵的液体重量是 $\rho g Q$,所以液体在每秒钟内实际获得的总能量为 $\rho g Q H$。考虑到液体通过水泵时有泄漏等损失,水泵还有机械摩擦损失,用水泵效率 η_P 来反映这些影响,则水泵轴功率为

$$N_P = \rho g Q H / \eta_P \tag{3-15}$$

【例 3-2】 某制冷装置如图 3-13 所示,高压储液罐内的氨液制冷剂经节流降压后直接送到 145kPa(表压)的低压系统。已知储液罐内液面压力为 $p_o = 685$kPa(表压),供液管内径 $d = 50$mm,管内限定流量为 $q_v = 0.002$m³/s,供液管的能量损失 $h_l = 2.5$m(氨柱),氨液密度为 636kg/m³。试确定氨液被压送的最大高度 H。

解:如图 3-13 所示,以储液罐液面为基准面。在 1-1 和 2-2 断面列伯努利方程

$$z_1 + \frac{p_1}{\rho g} + \frac{v_1^2}{2g} = z_2 + \frac{p_2}{\rho g} + \frac{v_2^2}{2g} + h_l$$

移项得

$$z_2 - z_1 = \frac{p_1 - p_2}{\rho g} + \frac{v_1^2 - v_2^2}{2g} - h_l$$

其中

$$v_2 = \frac{4q_v}{\pi d^2} = \frac{4 \times 0.002}{\pi \times 0.05^2} \text{m/s} = 1.02 \text{m/s}$$

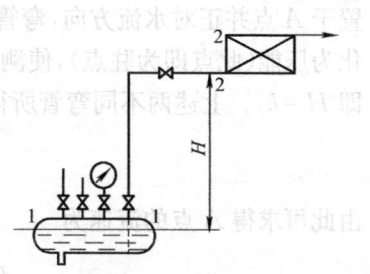

图 3-13 例 3-2 图

将 $z_1 = 0, z_2 = H, v_1 = 0, v_2 = 1.02$m/s, $p_1 = 685 \times 10^3$Pa, $p_2 = 145 \times 10^3$Pa, $h_l = 2.5$m 代入上式,可得

$$H = \frac{p_1 - p_2}{\rho g} - \frac{v_2^2}{2g} - h_l = \left[\frac{(685-145) \times 10^3}{636 \times 9.81} - \frac{1.02^2}{2 \times 9.81} - 2.5\right]\text{m} = 84\text{m}$$

三、伯努利方程的工程应用

1. 毕托管测流速

流场中,流体受到迎面物体的阻碍,被迫向两边(或四周)分流时(见图 3-14),在物体表面上受水流顶冲的点 A 处,水流速度等于零,这点称为驻点。驻点上,流体的动能全部转化为压力。实际工程上,有时需要测量液流中某点的流速,目前广泛采用一种称为毕托管的仪器,其基本原理如下。

如图 3-15a 所示,将一根弯管的前端封闭,弯管侧面开多个小孔,将弯管正对水流方向,将侧面开孔处置于欲测点 A 位置。此时,弯管(相当于测压管)中水面上升到某一高度 h_1,测压管所量得的高度 h_1 代表了 A 点的动压力,即 $h_1 = p_A/\rho g$。设 A 点水流速度为 w_g,若以通过 A 点的水平面为基准面,则 A 点处的水流总比能 $H = h_1 + w_g^2/2g$。

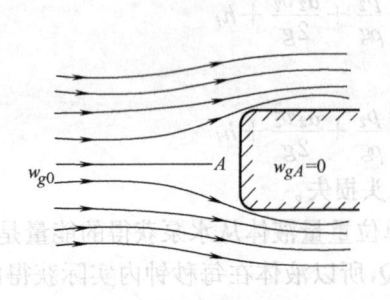

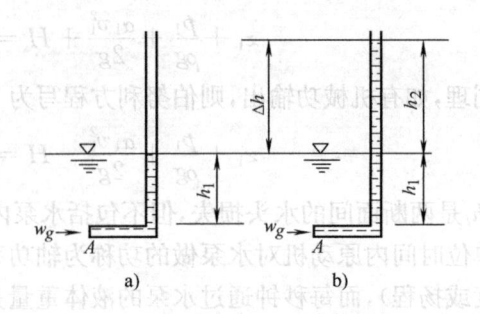

图 3-14 驻点的概念　　　　　图 3-15 毕托管测流速原理

再以另一根同样的弯管,如图 3-15b 所示,侧面不开孔,在其前端开一个小孔,将弯管前端置于 A 点并正对水流方向,弯管放入后,由于 A 点水流受弯管的阻挡,速度为零,动能全部转化为压能(此点即为驻点),使测压管中水面上升至高度 h_2,此 h_2 代表了 A 点处水流的总比能,即 $H=h_2$。上述两不同弯管所得的 A 点总能量应相等,故

$$h_1 + \frac{w_g^2}{2g} = h_2$$

由此可求得 A 点的流速为

$$w_g = \sqrt{2g(h_2 - h_1)} = \sqrt{2g\Delta h} \tag{3-16}$$

2. 文丘里流量计

文丘里流量计由一段渐缩管、一段喉管和一段扩压管组成,如图 3-16 所示。将其装在管道上,由于喉段断面较小,流速较大,压力较低,因此 1-1 断面和 2-2 断面处的测压管呈现一个液柱差。根据该液柱差即可得知管道内流体的流量。

取通过管轴线的水平面作为基准面,忽略流体的粘滞性,在 1-1、2-2 两断面上列伯努利方程

$$\frac{p_1}{\rho g} + \frac{v_1^2}{2g} = \frac{p_2}{\rho g} + \frac{v_2^2}{2g}$$

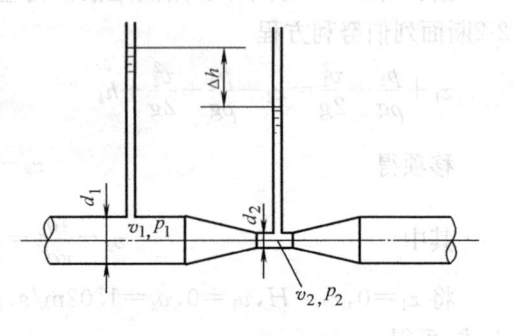

图 3-16 文丘里流量计原理

移项后

$$\frac{v_2^2}{2g} - \frac{v_1^2}{2g} = \frac{p_1 - p_2}{\rho g} = \Delta h$$

由连续性方程 $\frac{v_1}{v_2} = \frac{A_2}{A_1} = \frac{d_2^2}{d_1^2}$,得 $v_2^2 = v_1^2 \left(\frac{d_1}{d_2}\right)^4$,将其代入上式,得

$$\Delta h = \frac{v_1^2}{2g}\left[\left(\frac{d_1}{d_2}\right)^4 - 1\right] \qquad v_1 = \sqrt{\frac{2g\Delta h}{\left(\frac{d_1}{d_2}\right)^4 - 1}}$$

因此

$$Q = v_1 A_1 = \frac{\pi d_1^2}{4}\sqrt{\frac{2g\Delta h}{\left(\frac{d_1}{d_2}\right)^4 - 1}}$$

对于一个既定的流量计,$\dfrac{\pi d_1^2}{4}\sqrt{\dfrac{2g}{\left(\dfrac{d_1}{d_2}\right)^4-1}}$ 是一个常数,为简单起见,以 K 表示之,则

$$Q = K\sqrt{\Delta h}$$

由于在推导过程中没有考虑流体的粘滞阻力损失,因此通过上式计算出的流量较实际流量要大。为此,用一个修正系数 μ 修正,即

$$Q = \mu K \sqrt{\Delta h} \tag{3-17}$$

式中,Q 为实际流量,单位为 m^3/s;K 为流量计仪器常数,单位为 $m^{2.5}/s$;μ 为流量系数,该值通过实验确定,一般在 0.95~0.98 之间;Δh 是 1-1 和 2-2 两断面间的流柱高度差,单位为 m。

文丘里流量计中的测压管可以根据需要换成 U 形压差计,如图 3-17 所示。这时,应先将 1、2 断面间的压差折算成被测液体的液柱高度差,再按上式计算流量。

【例 3-3】 如图 3-17 所示,图中 $d_1=150\text{mm}$,$d_1=75\text{mm}$,水银 U 形压差计读数 $\Delta h_1=0.25\text{m}$,该流量计的流量修正系数 $\mu=0.98$,求管内水的流量。

解:3-3 为等压面,$p_1+\rho g h_1 = p_2 + \rho g h_2 + \rho_{Hg}\Delta h_1$

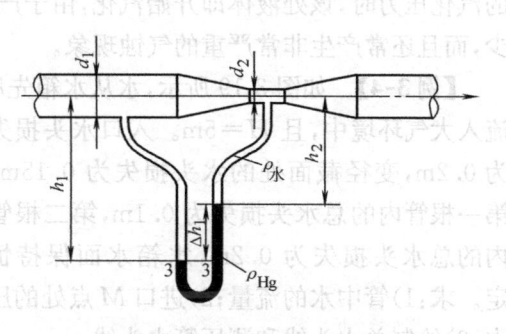

图 3-17 U 形管测流量装置

$$p_1 - p_2 = \rho_{Hg} g \Delta h_1 - \rho g(h_1 - h_2) = (\rho_{Hg} - \rho) g \Delta h_1$$

将 1、2 两断面压力差折合成水柱高度

$$\Delta h = \frac{p_1-p_2}{\rho g} = \left(\frac{\rho_{Hg}}{\rho} - 1\right)\Delta h_1 = \left(\frac{13\,600}{1\,000} - 1\right)\times 0.25\text{m} = 3.15\text{m}$$

又仪器常数 $K = \dfrac{\pi d_1^2}{4}\sqrt{\dfrac{2g}{\left(\dfrac{d_1}{d_2}\right)^4-1}} = \dfrac{\pi}{4}\times 0.15^2 \times \sqrt{\dfrac{2\times 0.981}{(0.15/0.075)^4-1}} = 0.02\text{m}^{2.5}/\text{s}$

所以流量为

$$Q = \mu K \sqrt{\Delta h} = 0.98 \times 0.02 \times \sqrt{3.15}\text{m}^3/\text{s} = 0.035\text{m}^3/\text{s}$$

3. 喷射泵原理

喷射泵主要由收缩喷嘴、混合室以及扩压管所组成,并与吸入流体的进口管路相连接,如图 3-18 所示。

设喷管进口断面 1-1 的压力为 p_1,通过的流量为 Q。试求在断面 2-2 处所形成的真空度。又设通过喷射泵的水流是稳定流动,所取断面符合渐变流条件。基准面选在管轴线上,忽略管段的能量损失,并取绝对压力进行计算,则伯努利方程为

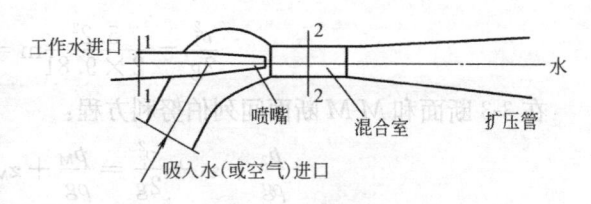

图 3-18 喷射泵

$$\frac{p_1}{\rho g} + \frac{v_1^2}{2g} = \frac{p_2}{\rho g} + \frac{v_2^2}{2g}$$

引用不可压缩流体的连续性方程式,经数学推导可得混合室的真空度为

$$h_r = \frac{p_b}{\rho g} - \frac{p_1}{\rho g} - \frac{8Q^2}{g\pi^2}\left(\frac{1}{d_1^4} - \frac{1}{d_2^4}\right) \tag{3-18}$$

式中,p_1 可由压力表测得,Q 可由流量计测出,d_1 和 d_2 对固定装置为已知,这样就可求出混合室的真空度。

从增加被抽吸的流体(包括气体和液体)的观点来看,应该尽可能提高混合室的真空度。但是,喷射泵的真空度提高有一定的限度。实际上,当混合室处的绝对压力低于对应该温度下的汽化压力时,该处液体即开始汽化,由于产生的蒸汽占据一定的容积,不但使被抽流体量减少,而且还常产生非常严重的气蚀现象。

【例 3-4】 如图 3-19 所示,水从水箱先后经直径 $d_1 = 20\text{mm}$ 和直径 $d_2 = 15\text{mm}$ 的变径管流入大气环境中,且 $H = 5\text{m}$。入口水头损失为 0.2m,变径截面处的水头损失为 0.15m,第一根管内的总水头损失为 0.1m,第二根管内的总水头损失为 0.2m,水箱水面保持恒定。求:1)管中水的流量;2)进口 M 点处的压力;3)绘制总水头线和测压管水头线。

解: 1)取过管轴心线的水平面为基准面,在 3-3 和 2-2 断面列流体的伯努利方程为

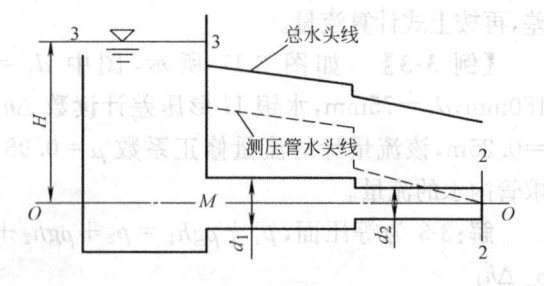

图 3-19 例 3-4 图

$$\frac{p_3}{\rho g} + z_3 + \frac{v_3^2}{2g} = \frac{p_2}{\rho g} + z_2 + \frac{v_2^2}{2g} + h_{l3-2}$$

将 $z_2 = 0, z_3 = H, p_2 = p_3 = 0$(相对压力),$v_3 = 0, h_{l3-2} = (0.2+0.15+0.1+0.2)\text{m} = 0.65\text{m}$ 代入上式,得

$$H - h_{l3-2} = \frac{v_2^2}{2g}$$

$$v_2 = \sqrt{2g(H - h_{l3-2})} = \sqrt{2 \times 9.81 \times (5 - 0.65)}\text{m/s} = 9.24\text{m/s}$$

$$Q = v_2 A_2 = 9.24 \times \frac{\pi}{4} \times 0.015^2 \text{m}^3/\text{s} = 1.63 \times 10^{-3} \text{m}^3/\text{s}$$

2)由连续性方程 $v_2 A_2 = v_1 A_1$,有

$$v_1 = v_2 \frac{d_2^2}{d_1^2} = 9.24 \times \left(\frac{15}{20}\right)^2 \text{m/s} = 5.2\text{m/s}$$

$$\frac{v_1^2}{2g} = \frac{5.2^2}{2 \times 9.81}\text{m} = 1.38\text{m}$$

在 3-3 断面和 M-M 断面间列伯努利方程:

$$\frac{p_3}{\rho g} + z_3 + \frac{v_3^2}{2g} = \frac{p_M}{\rho g} + z_M + \frac{v_M^2}{2g} + h_{l3-M}$$

将 $z_3 = H, v_3 = 0, p_3 = 0, z_M = 0, v_M = 5.2\text{m/s}, h_{l3-M} = 0.2\text{m}$ 代入上式,得

$$H = \frac{p_M}{\rho g} + \frac{v_M^2}{2g} + h_{l3-M}$$

则 $$p_M = \rho g\left(H - h_{l3-M} - \frac{v_1^2}{2g}\right) = 9.807 \times (5 - 0.2 - 1.38)\text{kPa} = 33.5\text{kPa}$$

3)将按各断面总水头值所描绘的点连线得总水头线,将按各断面测压管水头值所描绘的点连线得测压管水头线,如图3-19所示。

【例3-5】 如图3-20所示,水泵将$1.2\text{m}^3/\text{min}$的水由水箱抽出经水管流入大气。已知$h_1 = 3\text{m}, h_3 = 16\text{m}$,出水管截面面积为$0.01\text{m}^2$,总水头损失假定为$3\frac{v_3^2}{2g}$,求水泵扬程$H$。

解:列出1-1断面与3-3断面间的伯努利方程:

$$\frac{p_1}{\rho g} + z_1 + \frac{v_1^2}{2g} + H = \frac{p_3}{\rho g} + z_3 + \frac{v_3^2}{2g} + h_{l1-3}$$

用相对压力计算时,$p_1 = p_3 = 0$,且$z_1 = h_1, z_3 = h_3$,这样有

$$h_1 + H = h_3 + \frac{4v_3^2}{2g}$$

$$H = h_3 + \frac{4v_3^2}{2g} - h_1$$

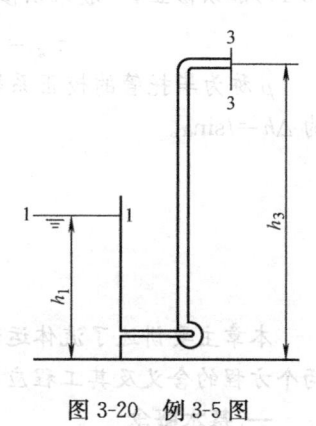

根据体积流量的定义有

$$v_3 = \frac{Q}{A_3} = \frac{1.2}{0.01 \times 60}\text{m/s} = 2\text{m/s}$$

于是 $$H = (16 + 2 \times 2^2/9.81 - 3)\text{m} = 13.82\text{m}$$

图3-20 例3-5图

【案例分析与知识拓展】

案例1:通风与空调系统中气流的伯努利方程

在通风空调系统中的气流因高度差往往不大,系统内、外气体的重度差也很小,所以式(3-12)中的位能项z_1和z_2可以忽略不计。同时考虑到气流的水头概念不像液流那样具体明确,因此将式(3-12)的各项都乘以气体重度ρg,变成具有压力的量纲。这样可得出

$$p_1 + \frac{\rho v_1^2}{2} = p_2 + \frac{\rho v_2^2}{2} + p_l \tag{3-19}$$

式中,$p_l = \rho g h_l$,为两断面间的压力损失。由于气流的过流断面上流速分布比较均匀,所以取式(3-12)中的$\alpha_1 = \alpha_2 = 1$。

气流能量方程与液流的相比较,除各项单位为压力,表示单位体积气流的平均能量外,对应项也有基本相近的意义。

p:一般采用相对压力,习惯称为静压,但不能误解为静止气体的压力,它与液流中的压力水头相对应。

$\rho v^2/2$:习惯上称为动压,它与液流中的流速水头相对应。它表征断面流速在没有能量损失的情况下降至零所能转化成的压力。

$p + \rho v^2/2$:习惯上称为全压,用符号p_q来表示。相应于总水头线和测压管水头线,气流系统有全压线和静压线。

案例2:基于毕托管原理的流速测量装置

真实的毕托管并不是要用两根弯管进行两次测量,而是将两根管子纳入一根弯管当中,只

是将前端的小孔和侧面的小孔,分别由不同的通道接到一个倾斜式测压计上,如图3-21所示。由于两个小孔的位置不同,因而测得的不是同一点处的能量,加之考虑毕托管放入水流中所产生的扰动的影响,需要对式(3-17)加以修正,一般乘以修正系数 μ,即

$$w_g = \mu \sqrt{2g\Delta h} \quad (3-20)$$

μ 称为毕托管的校正系数,一般 μ 约为 $0.98 \sim 1.0$;这里的 $\Delta h = l\sin\alpha$。

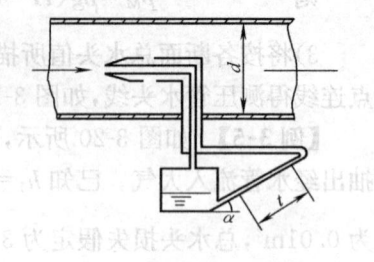

图 3-21 毕托管流速测量装置

【本章小结】

本章主要讲述了流体运动学的一些基本概念及流体动力学的两个基本方程,应重点掌握两个方程的含义及其工程应用。

一、基本概念

1. 迹线和流线

迹线是运动流体的同一质点在不同时刻的运动轨迹。流线则是同一时刻流动空间内不同流体质点所处的位置。两者的主要区别在于:迹线代表同一点在不同时刻在流动空间内所处的位置;流线代表同一时刻不同流体质点所在的空间位置。流线是瞬时的概念,对于非稳定流动,流线的形状随时间发生变化;对于稳定流动,流线的形状不随时间发生变化,且流线与迹线重合。

2. 平均流速

流体沿一定的流道流动时,其过流断面上各点的速度大小是不同的,工程上为计算流体流量的方便,引入了平均流速的概念。即假想有一个沿流道过流断面不变的流速,该流速与过流断面面积的乘积正好等于流体的流量,或者说平均流速为沿流道过流断面的流速平均值。工程通常所说的流道流速均应是指平均流速。

二、连续性方程

建立流体连续性方程的依据是质量守恒定律,即当流体作连续稳定流动时,其各截面上的质量流量相等。对于不可压缩的流体,可表示成体积流量守恒,即 $Q = A_1 v_1 = A_2 v_2$,说明对不可压缩流体而言,平均流速与过流断面面积成反比。对可压缩流体只能表示成质量流量守恒,即 $A_1 \rho_1 v_1 = A_2 \rho_2 v_2$。

三、伯努利方程

1. 理想流体的伯努利方程

当不计流体的流动损失时,理想流体总流的伯努利方程为

$$Z + \frac{p}{\rho g} + \frac{\alpha v^2}{2g} = 常数$$

从物理意义上讲,方程左边的三项分别代表单位重量流体的比位能、比压能和比动能,三者之和称为比总能。伯努利方程表示稳定流动流体各截面上的动能、位能和压能间可相互转化,但总能保持不变。

2. 实际流体的伯努利方程

$$z_1 + \frac{p_1}{\rho g} + \frac{\alpha_1 v_1^2}{2g} = z_2 + \frac{p_2}{\rho g} + \frac{\alpha_2 v_2^2}{2g} + h_l$$

式中，h_l 为所取两过流断面间水头损失的总和。α_1 和 α_2 为过流断面速度不均匀修正系数，对层流近似取为 2；对湍流近似取为 1。

3. 伯努利方程的应用

（1）伯努利方程的适用条件　伯努利方程是在一定的条件下推导出来的，主要适用于不可压缩流体的稳定流动过程，且所取两过流断面处为缓变流，两过流段面间无流体的分支与汇流。

（2）工程应用　对有能量输入输出的管路，应在方程的左边加上或者减去所加入或输出的能量，即

$$z_1 + \frac{p_1}{\rho g} + \frac{\alpha_1 v_1^2}{2g} \pm H = z_2 + \frac{p_2}{\rho g} + \frac{\alpha_2 v_2^2}{2g} + h_l$$

对有泵或风机的管路，H 即为泵或风机的扬程。

利用伯努利方程可分析流体静压（U 形管）、总压与流速（毕托管）、流量（文丘里管）的测量原理，还可分析喷射泵的基本工作原理。

【思考与练习题】

3-1　什么是迹线？什么是流线？流线和迹线有何区别？流线有哪些特性？

3-2　过流断面上的平均流速是如何定义的？引入断面平均流速有何意义？

3-3　伯努利方程反映了什么规律？方程式中各项的物理意义和几何意义是什么？

3-4　如图 3-22 所示，有一等径的直立圆管，取断面 A-A 及 B-B，若两断面的间距为 20m，水头损失为 5m，断面 A-A 处的压力 $p=49.1$kPa，在下列情况下，试求断面 B-B 处的压力。1）水向上流动；2）水向下流动。

3-5　如图 3-23 所示，有一虹吸管，管径 $d=15$cm，高度 $h_1=2$m，$h_2=4$m，若不考虑能量损失，试求虹吸管出口的流速、流量及最高点的压力。

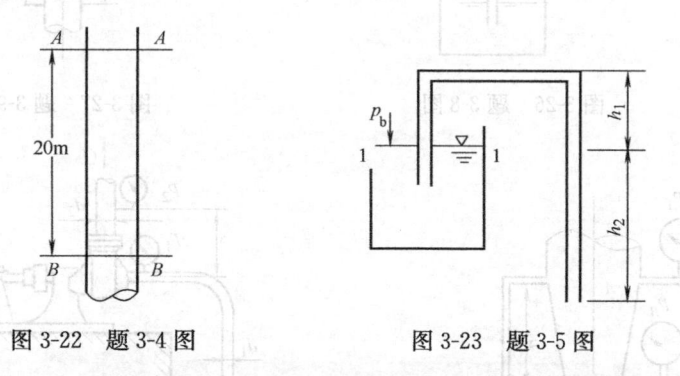

图 3-22　题 3-4 图　　　　图 3-23　题 3-5 图

3-6　如图 3-24 所示，水箱中水面稳定，水面高出管道出口部分 $H=3$m，管径 $d=24$cm，管长 $l=5$m，倾角 $\alpha=30°$。若不计水头损失，试求管内的水流量和管道中点 3 的压力。

3-7　如图 3-25 所示，水箱内的水通过三段不同直径的管道组成的水平管，再由喷嘴流入大气。已知 $H=8$m，且稳定不变，管径分别为 $d_1=26$mm，$d_2=16$mm，$d_3=10$mm。试求不计能量损失时 AB 和 BC 段的平均流速 v_1 和 v_2。

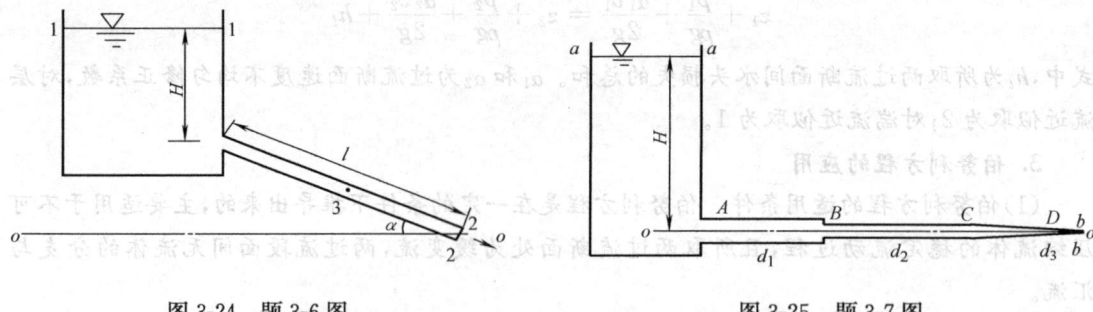

图 3-24 题 3-6 图   图 3-25 题 3-7 图

3-8 图 3-26 所示为测量风机流量用的集流管装置，若风管直径 $d=12\text{cm}$，空气密度 $\rho=1.2\text{kg/m}^3$，水柱吸上高度为 $h_0=12\text{cm}$，不计损失，求空气流量。

3-9 如图 3-27 所示，在铅直管道中有密度 $\rho=900\text{kg/m}^3$ 的原油流动，管道直径 $d=20\text{cm}$，在相距 $l=20\text{m}$ 的两处读得 $p_1=0.196\ 2\text{MPa}$，$p_2=0.588\ 6\text{MPa}$，试问流动方向如何？损失水头为多少？

3-10 如图 3-28 所示，已知 $d_A=150\text{mm}$，$d_B=75\text{mm}$，$a=2.4\text{m}$，水的流量 $Q=0.02\text{m}^3/\text{s}$，且 $p_B-p_A=11\ 772\text{Pa}$。1)如果 AB 之间的水头损失表示为 $\xi\dfrac{v_A^2}{2g}$，试求 ξ 值；2)求水银差压计的读数 h。

3-11 如图 3-29 所示，在离心水泵的实验装置上测得吸水管上的表压力 $p_1=-0.004g\text{MPa}$，压水管上的表压力为 $p_2=0.028g\text{MPa}$（g 为重力加速度），$d_1=300\text{mm}$，$d_2=250\text{mm}$，$a=1.5\text{m}$，流量 $Q=0.1\text{m}^3/\text{s}$。试求水泵的理论输出功率。

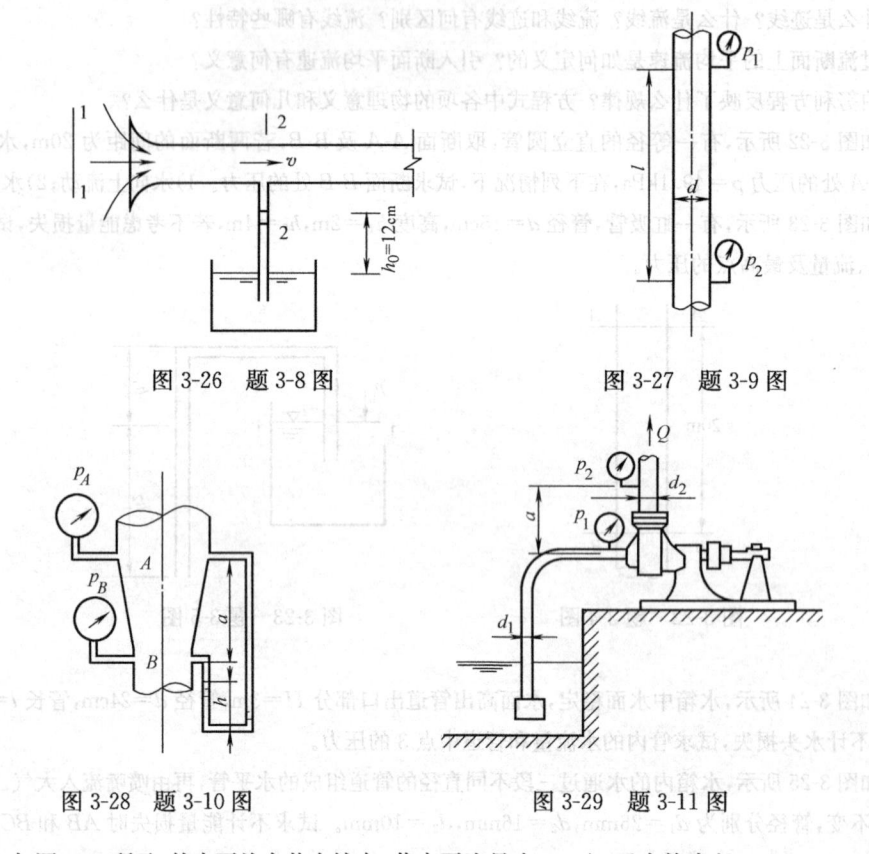

图 3-26 题 3-8 图   图 3-27 题 3-9 图

图 3-28 题 3-10 图   图 3-29 题 3-11 图

3-12 如图 3-30 所示，某水泵从水井中抽水，若水泵流量为 30L/s，吸水管直径 $d=150\text{mm}$，吸水口真空

表读数 $h_v=500$mmHg,吸水管总能量损失 $h_l=1.0m$ 水柱,试求水泵的最大安装高度 H_g。

3-13 如图 3-31 所示,两异径水管相连接,A 处直径 $d_A=0.25m$,压力 $p_A=78.5$kPa,B 处直径 $d_B=0.5m$,压力 $p_B=49.1$kPa,断面 B 的流速 $v_B=1.2$m/s,A、B 两断面中心的垂直间距 $z_0=1m$,试求 A、B 两断面间的水头损失和水流方向。

3-14 如图 3-32 所示,某制冷系统中用水泵将冷却水送到楼顶的冷凝器中经喷头喷出作冷却介质使用。已知泵的吸水管和排水管直径均为 $d=100$mm,冷却水池液面距喷头的高差 $Z=18m$,输送管路中的能量损失 $h_l=3m$ 水柱,冷却水在喷头前的压力为 30kPa(表压)。求输水量为 $q_v=12$L/s 时,泵的扬程应为多少。

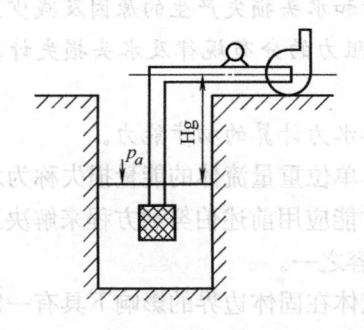

图 3-30 题 3-12 图   图 3-31 题 3-13 图

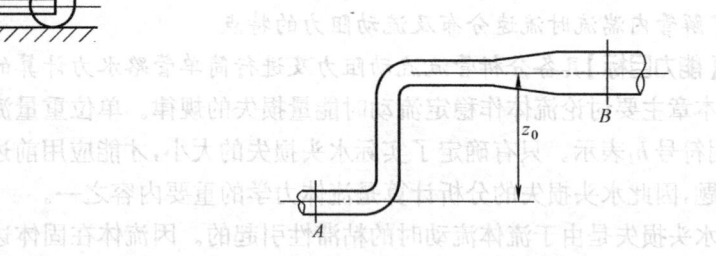

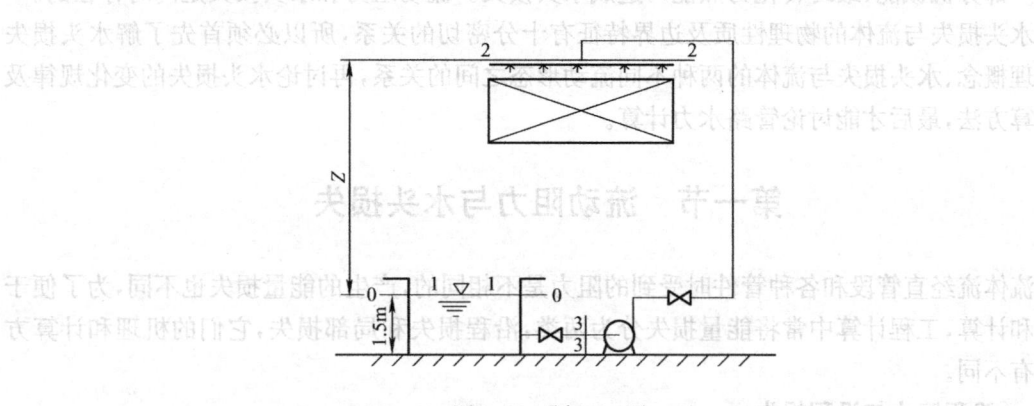

图 3-32 题 3-14 图

第四章 流动阻力与管路水力计算

【知识目标】掌握流体流动的两种基本形态及其判断方法;理解雷诺数、临界雷诺数的定义及物理意义;了解产生层流和湍流的原因;掌握流动阻力和水头损失产生的原因及减少流动阻力和水头损失的方法;掌握管内层流状态下流速、流动阻力的分布规律及水头损失计算的方法;了解管内湍流时流速分布及流动阻力的特点。

【能力目标】具备分析管流流动阻力及进行简单管路水力计算的初步能力。

本章主要讨论流体作稳定流动时能量损失的规律。单位重量流体的能量损失称为水头损失,用符号 h_l 表示。只有确定了实际水头损失的大小,才能应用前述伯努利方程来解决工程实际问题,因此水头损失的分析计算是流体力学的重要内容之一。

水头损失是由于流体流动时的粘滞性引起的。因流体在固体边界的影响下具有一定的流速分布,并在相邻流层间出现粘滞切应力(即流动阻力),这就使流体在流动时必须克服阻力而消耗一部分机械能(最终转化为热能),造成水头损失。流动阻力和水头损失是同时存在的。

水头损失与流体的物理性质及边界特征有十分密切的关系,所以必须首先了解水头损失的物理概念、水头损失与流体的两种不同流动形态之间的关系,再讨论水头损失的变化规律及其计算方法,最后才能讨论管路水力计算。

第一节 流动阻力与水头损失

流体流经直管段和各种管件时受到的阻力是不相同的,产生的能量损失也不同,为了便于分析和计算,工程计算中常将能量损失分为两类:沿程损失和局部损失,它们的机理和计算方法各有不同。

一、沿程阻力与沿程损失

流体在管径、管壁形状沿程不变的流道上(过流断面的大小和形状都不随流程而变)流过时,其所受到的阻力将沿程不变,这种流动阻力称为沿程阻力。流体克服这一阻力产生的能量损失称为沿程损失。单位重量流体的沿程损失称为沿程水头损失,用符号 h_f 来表示。在图 4-1 中,h_{fAB}、h_{fBC}、h_{fCD} 分别是 AB、BC、CD 管段的沿程水头损失。

由于沿程损失是发生在流体流动的一段管路上,沿管段均匀分布,其大小与管段长度成正比。因此,流体在直管段中流动时,流体的总水头线是一条沿程逐渐向下倾斜的直线。

工程上用于计算沿程水头损失的一般公式为

$$h_f = \lambda \frac{l}{d} \frac{v^2}{2g} \tag{4-1}$$

式中,l 为管长,单位为 m;d 为管径,单位为 m;v 为过流断面平均流速,单位为 m/s;g 为重力加速度(取为 9.81m/s^2);λ 为沿程阻力系数。

二、局部阻力与局部损失

当流道边界发生急剧变化时,过流断面的大小和形状以及流道中流体速度的分布都会发生急剧变化,造成局部的阻力损失。这种阻力称为局部阻力。由此引起的能量损失称为局部损失。单位重量流体的局部损失称为局部水头损失,以符号 h_j 表示。在图 4-1 中,h_{jA}、h_{jB}、h_{jC} 分别为 A、B、C 三个管道截面突变处的局部水头损失。

局部损失主要集中于流道局部装置处,其损失的能量主要用于维持旋涡运动,其数值大小与管长无关,主要取决于流道的边界形状。

工程上用于计算局部损失的一般公式为

$$h_j = \xi \frac{v^2}{2g} \tag{4-2}$$

式中,ξ 为局部阻力系数。

两种水头损失的外因是有差别的,但内因都是相同的,即实际流体本身是有粘滞性的,流体质点间有相对运动时,必然会产生粘滞切应力(即流动阻力)而引起水头损失。而边界的影响只是区分沿程损失和局部损失的依据。通过以上分析可知,流体在流动过程中产生水头损失的两个必备条件是①流体具有粘滞性;②由于固体边界的影响,流体内部质点之间产生相对运动。前者是主要的,起决定作用的。

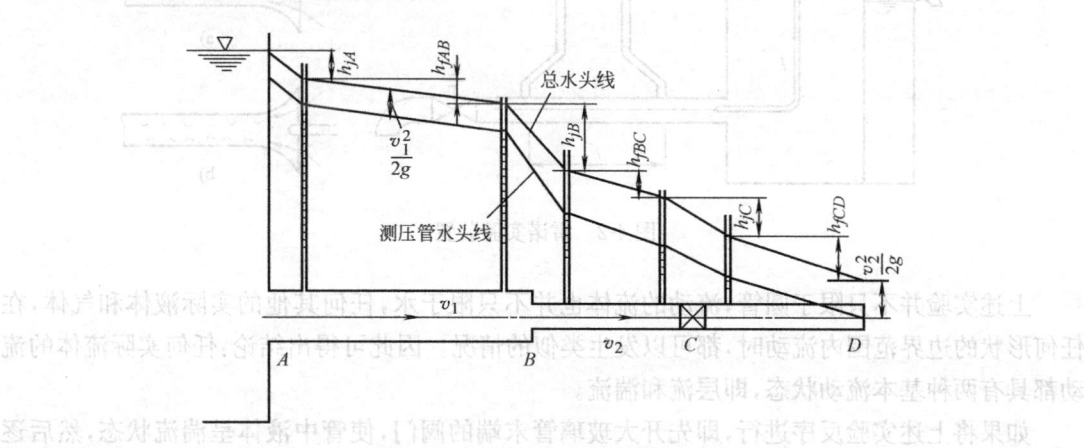

图 4-1 沿程损失与局部损失

如果某段管路由若干直管段和若干局部装置组成(见图 4-1),则整个管路的损失应等于各段沿程损失和各个局部损失之和,即

$$h_l = \sum h_f + \sum h_j \tag{4-3}$$

由式(4-1)和式(4-2)可知,计算能量损失的关键是确定沿程阻力系数 λ 和局部阻力系数 ξ,这也是本章的核心,下面将逐一对其进行讨论。

第二节 流体流动的基本形态

实践表明,管道中流体流动的速度不同,流体的流动状态不同。1883 年英国学者雷诺通过大量实验发现,流体运动存在两种不同的形态,即层流和湍流。

一、雷诺实验和流态

雷诺实验装置如图 4-2 所示,在水箱 A 的侧壁连接一根玻璃管 B,玻璃管末端装有一个阀

门 C，用以调节玻璃管中水的流量，在水箱的上方放置一个小容器 D，其中盛有密度与水箱内液体密度相近的有颜色的液体。从小容器引出一根细管 E，细管下端弯向玻璃管的进口，有颜色液体的流量由装在细管上的小阀 F 调节，使有颜色的液体也流入玻璃管中。

实验表明，当玻璃管中流速较小时，有颜色的液体在无色的水流中形成一条鲜明的直线，如图 4-2a 所示。这说明此时管中水流质点的轨迹是有条不紊的，各流层的质点互不混杂，这种流动状态称为层流。

如果逐渐开大阀门 C，则玻璃管中液体流速逐渐增大，于是有颜色液体的直线流束微微颤抖，发生弯曲。当阀门 C 继续开大，水流速度达到某一数值时，有颜色液体碎裂成一种紊乱状态，最后与水相混合，如图 4-2b 所示。说明此时管中水质点的轨迹极为混乱，这样的流动称为湍流。

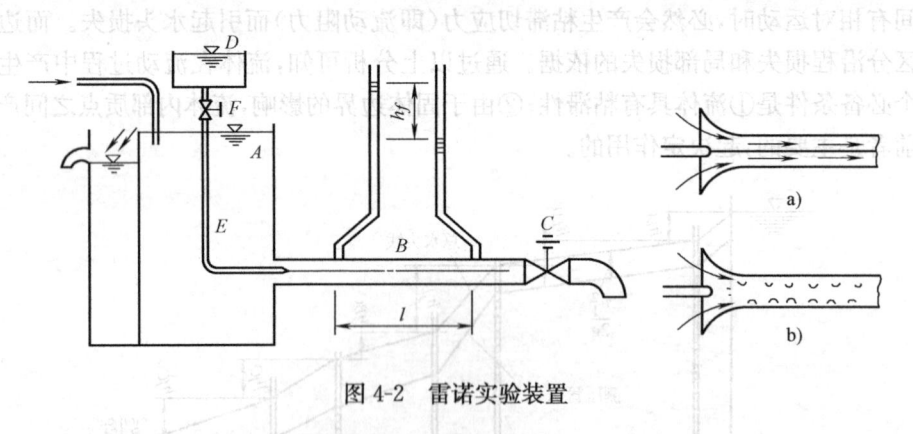

图 4-2 雷诺实验装置

上述实验并不只限于圆管，流动的流体也并不只限于水，任何其他的实际液体和气体，在任何形状的边界范围内流动时，都可以发生类似的情况。因此可得出结论：任何实际流体的流动都具有两种基本流动状态，即层流和湍流。

如果将上述实验反序进行，即先开大玻璃管末端的阀门，使管中液体呈湍流状态，然后逐渐关小阀门，降低管内流速，当流速降低到某一数值后，有颜色液体又会恢复为直线流束，此时管中流体呈层流状态。

通常将流动状态转化时，流过圆管过流断面的平均流速称为临界流速。实验表明，由层流转变为湍流时的临界流速大于由湍流转变为层流时的临界流速。前者称为上临界流速，用 v_c' 表示；后者称为下临界流速，用 v_c 表示。这是由于流动惯性影响的结果，当流速从小到大时，由于管中液体具有保持原有运动的惯性，即使流速已经较大，仍可能保持层流状态；反之，当流速由大减小时，由于管中液体具有保持原有运动的惯性，即使流速较小，流动仍然出现湍流状态。

综合上述的试验结果，可以用临界流速来判别圆管中液体的流动状态。$v > v_c'$ 时，流动属于湍流形态；当流体的平均流速 $v < v_c$ 时，流动属于层流形态。当流体的平均速度介于上、下临界流速之间，即 $v_c < v < v_c'$ 时，流动形态可能是层流，也可能是湍流，流动形态是不稳定的。这主要取决于圆管中流速的变化规律。如果开始时作层流运动，则当流速增加到超过 v_c 而未达到 v_c' 时，仍有可能保持其层流状态。如果开始时是湍流运动，当流速逐渐减小到低于 v_c' 但仍大于 v_c 时，仍有可能保持其湍流状态。但是必须指出，上述条件下的两种流动形态都是不稳定的。如果原来是层流，在某些偶然因素（如机械振动，固体表面的粗糙度等扰动）的影响下，

易于转变为湍流。在工程上,扰动是普遍存在的,因此上临界流速 v_c' 没有实际意义。所以,一般认为圆管中流速 $v > v_c$ 时,流动属于湍流。因此临界流速可用下临界流速 v_c 值表示。

二、流态判别准则——临界雷诺数

雷诺通过大量的实验发现:用同一种流体在不同直径的 B 管内进行实验,所得的临界流速值是各不相同的;用不同的流体在同一直径的 B 管中进行实验,所得的临界流速值也是各不相同的。这说明流体的流动状态不仅与流速有关,还与流体的种类、管道的直径有关。而且进一步的实验表明,无论流体的种类和管道的直径如何变化,流体的密度 ρ 和粘度 μ、管的直径 d、流体的临界流速 v_c,这 4 个物理量按下列方式组合的无量纲数 Re_c 不变,而且其值约为 2320,即

$$Re_c = \frac{\rho v_c d}{\mu} = \frac{v_c d}{\nu} = 2320 \tag{4-4}$$

Re_c 称为临界雷诺数。将上式中的临界流速换为流体的实际平均流速,可得到流体流动的一般雷诺数 Re,即

$$Re = \frac{\rho v d}{\mu} = \frac{v d}{\nu} \tag{4-5}$$

Re 在 2 320~4 000 是从层流向湍流转变的过渡区。工程上,为简便起见,假设当 $Re > Re_c$ 时,流动处于湍流状态。因此,可得圆管内流动流态的判断准则。

层流 $Re = \dfrac{\rho v d}{\mu} = \dfrac{v d}{\nu} \leqslant 2\,320$

湍流 $Re = \dfrac{\rho v d}{\mu} = \dfrac{v d}{\nu} > 2\,320$

流体的流动为什么会存在层流和湍流两种状态呢?为什么临界雷诺数可以作为流态判定标准呢?这是因为在流体运动中总是存在着维持流体运动的惯性力和阻碍流体运动的粘滞力。在流速很小的情况下,粘滞力对流体质点的运动起主导作用,控制质点不作湍流运动,于是出现了层流。当流速很大时,维持流体质点运动的惯性力起着主导作用,使粘滞力失去对流体质点运动的控制,这时就会出现湍流。从层流到湍流的转变决定于惯性力和粘滞力大小的比值。而临界雷诺数就是流体内部这两种力的对比达到使流态起质变的临界值。

在工程问题上,经常给定的条件是流量 Q 而不是流速 v,这种情况下,流经圆管时的雷诺数可用下式表示

$$Re = 21.23 \frac{Q}{d\nu} \tag{4-6}$$

式中,Q 为流体的流量,单位为 L/min;d 为圆管的直径,单位为 cm;ν 为流体的运动粘度,单位为 cm²/s。

三、当量直径

对于明渠水流和非圆形断面管流,同样可以用雷诺数来判别流态。只不过要引用一个综合反映断面大小和几何形状对流动影响的特征尺寸,代替圆管雷诺数中的直径 d。这个特征尺寸称为当量直径,用符号 de 来表示,其计算公式为

$$de = \frac{4A}{X} \tag{4-7}$$

式中,de 为当量直径,单位为 m;A 为过流断面面积,单位为 m²;X 为过流断面上流体与固体

接触的周界,称为湿周,单位为 m。如长和宽分别为 a 和 b 满流矩形管的当量直径为 $de=2ab/(a+b)$;边长为 a 的满流正方形管的当量直径为 $de=a$。

【例 4-1】 某低速送风管道,内径 $d=200\text{mm}$,风速 $v=3\text{m/s}$,空气温度为 40℃,运动粘度为 $17.6\times10^{-6}\text{m}^2/\text{s}$。求 1)风道内气体的流动状态;2)该风道内空气保持层流的最大速度是多少?

解: 1)管中的雷诺数 Re 为

$$Re=\frac{vd}{\nu}=\frac{3\times0.2}{17.6\times10^{-6}}=3.41\times10^4>2\,320$$

故管中空气为湍流运动状态。

2)空气保持层流的最大流速为

$$v_{\max}=\frac{Re_c\nu}{d}=\frac{2\,320\times17.6\times10^{-6}}{0.2}\text{m/s}=0.2\text{m/s}$$

第三节 管流沿程水头损失计算

实际工程中大多数流体处于湍流状态,但在粘性较大的润滑油系统和输油管路中,也会出现层流状态。因此,研究层流运动的沿程阻力损失,仍然具有一定的实际意义,同时也有助于进一步分析湍流的沿程损失。

一、圆管层流运动沿程损失计算

1. 均匀流动方程式

均匀流动是指流速大小和方向均沿流程不变的流动。由于这种流动只能发生在壁面(截面形状、大小、表面粗糙度等)不发生任何变化的直管段上,所以在均匀流动时,只有沿程损失,没有局部损失。为了寻找沿程损失的变化规律,需要先建立沿程损失和沿程阻力之间的关系式,又称为均匀流动方程式。

在图 4-3 所示的均匀流动中,取 1-1、2-2 断面间半径为 r 的圆柱形流段进行受力分析。设流段的长度为 l,断面积为 A,流段侧面上的切应力为 τ,则流段沿流动方向所受的外力有:1-1、2-2 断面上的压力 p_1A、p_2A;重力分量 $G=\rho glA\cos\alpha$;管壁阻力 $2\pi lr\tau$。

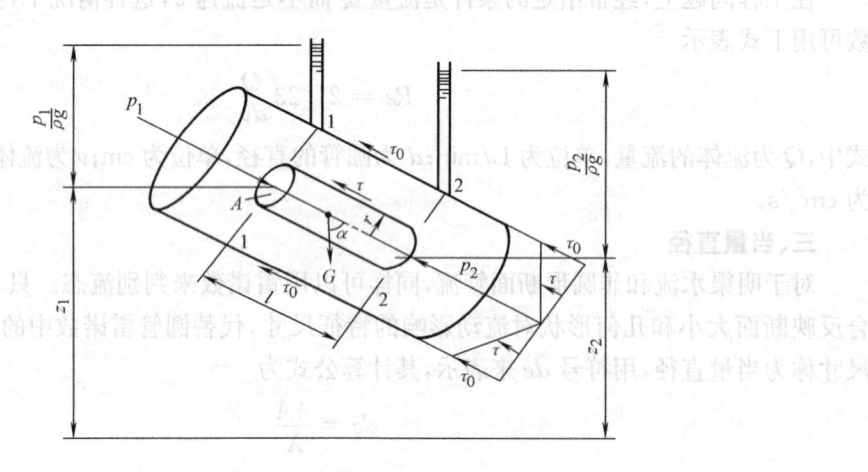

图 4-3 圆管均匀流动

由于均匀流动为等速运动,所以上述各外力的代数和为零,即

$$p_1 A - p_2 A + \rho g l A \cos\alpha - 2\pi r l \tau = 0$$

由几何关系知,$l\cos\alpha = z_1 - z_2$,代入上式并将上式两边同除 $\rho g A$,得

$$\left(z_1 + \frac{p_1}{\rho g}\right) - \left(z_2 + \frac{p_2}{\rho g}\right) = \frac{2\pi r l \tau}{\rho g A} = \frac{2\tau l}{\rho g r} \tag{4-8}$$

在1-1和2-2断面列伯努利方程有

$$z_1 + \frac{p_1}{\rho g} + \frac{\alpha_1 v_1^2}{2g} = z_2 + \frac{p_2}{\rho g} + \frac{\alpha_2 v_2^2}{2g} + h_l$$

由均匀流动的定义有:$\alpha_1 = \alpha_2, v_1 = v_2, h_l = h_f$,代入上式得

$$h_f = \left(z_1 + \frac{p_1}{\rho g}\right) - \left(z_2 + \frac{p_2}{\rho g}\right) \tag{4-9}$$

比较式(4-8)和式(4-9)得

$$h_f = \frac{2\tau l}{\rho g r} \quad \text{或} \quad \tau = \rho g \frac{r h_f}{2l} = \rho g \frac{r}{2} J \tag{4-10}$$

式中,$J = h_f/l$ 为单位长度上的沿程损失,表征沿程损失的强度,也称为水力坡度。

式(4-10)就是反映沿程损失与沿程阻力之间关系的均匀流动方程式。

2. 圆管层流过流断面上的切应力与流速

(1) 切应力分布 对于均匀流,J 不随 r 变化。由式(4-10)可知,在圆管层流中,过流断面上的切应力与半径成线性规律变化,如图4-4a所示。在管轴心($r=0$)处,切应力 $\tau=0$;在管边壁($r=r_0$)处,切应力为最大,其值为 $\tau = \tau_0 = \rho g r_0 J/2$。

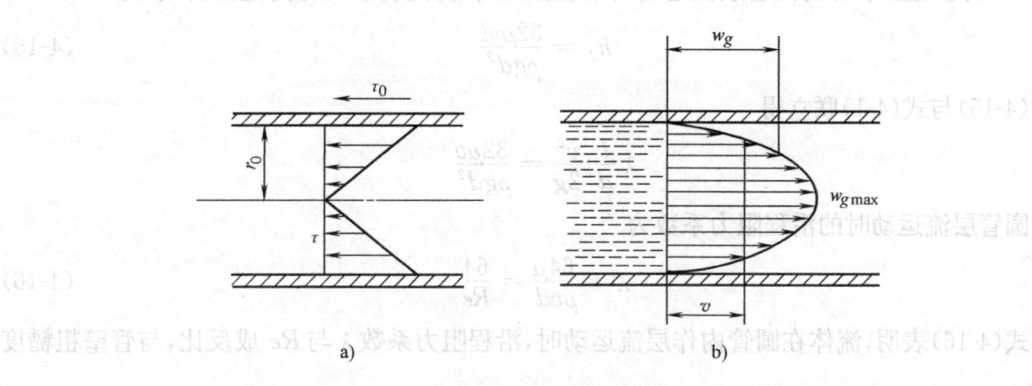

图4-4 圆管层流过流断面上的切应力和速度

(2) 速度分布 在层流状态下,流体所受到的切应力只有粘滞切应力,其大小可通过牛顿内摩擦力定律得到

$$\tau = -\mu \frac{\mathrm{d} w_g}{\mathrm{d} r}$$

将此式与式(4-10)联立,得

$$\rho g \frac{r}{2} J = -\mu \frac{\mathrm{d} w_g}{\mathrm{d} r}$$

即

$$\mathrm{d} w_g = -\frac{\rho g J}{4\mu} r \mathrm{d} r$$

在均匀流动中 J 不随 r 变化，因此对上式积分有

$$w_g = -\frac{\rho g J}{4\mu}r^2 + C$$

式中，C 为积分常数。将边界条件：$r=r_0$ 时，$w_g=0$ 代入上式有 $C=\frac{\rho g J}{4\mu}r_0^2$。因此，圆管层流的流速分布方程为

$$w_g = \frac{\rho g J}{4\mu}(r_0^2 - r^2) \tag{4-11}$$

式(4-11)表明，流体在圆管内作层流运动时，过流断面上的流速按抛物线规律变化，如图 4-4b 所示。在管壁($r=r_0$)处，流速 $w_g=0$；在管轴心($r=0$)处，流速最大，其值为

$$w_{g\max} = \frac{\rho g J}{4\mu}r_0^2 \tag{4-12}$$

将式(4-11)代入断面平均流速的定义：$v=\int w_g \mathrm{d}A/A$，可得圆管层流运动的断面平均流速为

$$v = \frac{\rho g J}{8\mu}r_0^2 \tag{4-13}$$

将式(4-13)与式(4-12)比较可知，平均流速正好为最大流速的一半，即

$$v = \frac{1}{2}w_{g\max} \tag{4-14}$$

3. 圆管层流运动时的沿程阻力系数

改写式(4-13)，有

$$J = \frac{h_f}{l} = \frac{8\mu v}{\rho g r_0^2}$$

将 $d=2r_0$ 代入上式，即得圆管层流运动时沿程损失的计算公式(又称为达西公式)为

$$h_f = \frac{32\mu v l}{\rho g d^2} \tag{4-15}$$

将式(4-15)与式(4-1)联立得

$$\lambda \frac{l}{d}\frac{v^2}{2g} = \frac{32\mu v l}{\rho g d^2}$$

可得圆管层流运动时的沿程阻力系数为

$$\lambda = \frac{64\mu}{\rho v d} = \frac{64}{Re} \tag{4-16}$$

式(4-16)表明，流体在圆管内作层流运动时，沿程阻力系数 λ 与 Re 成反比，与管壁粗糙度无关。

【例 4-2】 某制冷系统中，用内径 $d=10\mathrm{mm}$，长 $l=3\mathrm{m}$ 的输油管输送润滑油。已知该润滑油的运动粘度 $\nu=1.802\times10^{-4}\mathrm{m}^2/\mathrm{s}$，求流量为 $Q=75\mathrm{cm}^3/\mathrm{s}$ 时，润滑油管道上的沿程损失。

解：$v = \dfrac{Q}{A} = \dfrac{4Q}{\pi d^2} = \dfrac{4\times75\times10^{-6}}{\pi\times0.01^2}\mathrm{m/s} = 0.96\mathrm{m/s}$

$Re = \dfrac{vd}{\nu} = \dfrac{0.96\times0.01}{1.802\times10^{-4}} = 53.3 < 2\,320$，故为层流运动。

所以 $\lambda = \dfrac{64}{Re} = \dfrac{64}{53.3} = 1.2$

$h_f = \lambda\dfrac{l}{d}\dfrac{v^2}{2g} = 1.2\times\dfrac{3}{0.01}\times\dfrac{0.96^2}{2\times9.81}\mathrm{m} = 16.91\mathrm{m}$(油柱)

二、圆管湍流的沿程损失计算

实际工程中，除少数流动为层流外，绝大多数都属于湍流运动，因此湍流的特征和运动规律在解决工程实际问题中有重要的作用。

1. 湍流脉动现象与时均法

湍流运动时，流体质点的运动轨迹非常复杂，不同流层间的质点相互碰撞、掺混，使质点的运动速度随时间不规则地变化，进而导致流场中各空间位置点的速度、压力等运动参数也随时间作无规则的变化，这给湍流的研究带来了一定的难度。但实践证明，某一空间位置质点的流速、压力等运动参数，虽然每时每刻都在发生变化，但在一个较长的时间内，这种变化并不是漫无边际的，而是围绕某一平均值上下波动，如图 4-5 所示。这一现象称为湍流脉动现象，这一个平均值称为时间平均值，简称时均值。

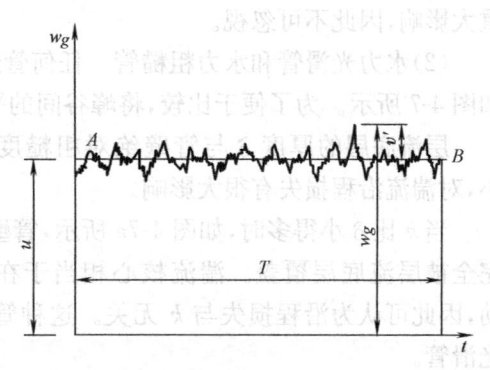

与断面平均流速的定义相似，速度的时间平均值（时均流速）即是流速对时间段 T 的积分平均，其数学表达式为

图 4-5 湍流速度的脉动

$$u = \frac{1}{T}\int_0^T w_g \mathrm{d}t$$

由图 4-5 可见，瞬时流速 w_g 是时均流速 u 和脉动流速 v' 的代数和，即

$$w_g = u + v'$$

按照时均流速的定义，脉动速度 v' 的时均值为

$$\overline{v'} = \frac{1}{T}\int_0^T v \mathrm{d}t = \frac{1}{T}\int_0^T (w_g - u)\mathrm{d}t = u - u = 0$$

即脉动速度时均值恒为零。

用类似的方法，可得时均压力 p_0 和脉动压力 p' 为

$$p_0 = \frac{1}{T}\int_0^T p \mathrm{d}t \qquad p = p_0 + p' \qquad \overline{p'} = 0$$

有了时均值的概念，湍流可以简化为时均流动和脉动流动的叠加。由上述分析可知，脉动是暂时的，它对流体的运动特性不起决定作用；而时均流动才是主要的，它反映了流动的基本特征。因此，工程上常将运动参数的时均值作为湍流的运动参数，此时的湍流又称为时均湍流。当运动参数的时均值不随时间变化时，时均湍流可以认为是稳定流动。对于这种湍流，前述的连续性方程、伯努利方程均适用。本部分后面的讨论均为时均湍流，且为稳定流动。但为了简便，运动参数上不再冠以时均符号。

2. 湍流结构、水力光滑管和水力粗糙管

(1) 湍流结构 实验证明，流体在管内作湍流运动时，并非整个过流断面上都为湍流（见图 4-6）。在贴近管壁的地方，总有非常薄的一层流体由于管

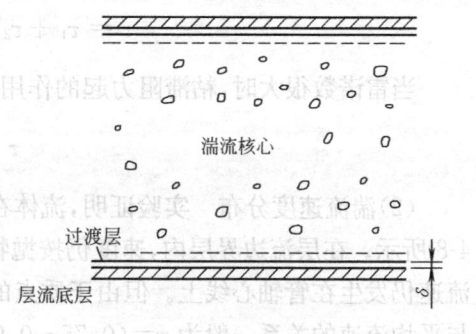

图 4-6 湍流结构

壁的阻碍作用,速度很小,而处于层流运动,该流层称为层流底层。管中心部分由于受边壁的影响较小,流体质点相互掺混,碰撞频繁,表现出明显的湍流特征,该部分称为湍流核心。湍流核心与层流底层之间是一层很薄的不完全湍流区,该区域又称过渡层。

层流底层厚度 δ 随 Re 的增大而减小,即湍流越强烈,雷诺数越大,层流底层越薄。层流底层厚度一般只有几十分之一到几分之一毫米,但它的存在对管壁粗糙度的扰动和传热性能有重大影响,因此不可忽视。

(2) 水力光滑管和水力粗糙管　任何管道的内壁都不可能绝对光滑,总有凹凸不平现象,如图 4-7 所示。为了便于比较,将峰谷间的平均距离 k 称为管壁的绝对粗糙度。

层流底层的厚度 δ 与管壁绝对粗糙度 k 的相对大小,对湍流沿程损失有很大影响。

当 k 比 δ 小得多时,如图 4-7a 所示,管壁的粗糙表面完全被层流底层覆盖。湍流核心相当于在光滑管内流动,因此可认为沿程损失与 k 无关。这种管道称为水力光滑管。

当 k 远大于 δ 时,如图 4-7b 所示,管壁的粗糙表面完全暴露于湍流核心区中,这时湍流中速度较大的流体质点就会冲击凸起部位,形成旋涡,从而使能量损失急剧增大。此时 k 成为沿程损失的主要影响因素,这种管道称为水力粗糙管。

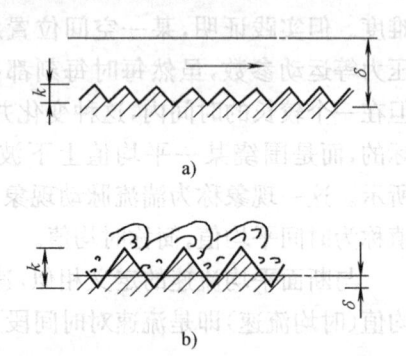

图 4-7　水力光滑管和水力粗糙管

3. 湍流阻力与流速分布

(1) 湍流阻力　在湍流中,流体内部不仅存在着因流层间的时均流速不同而产生的粘滞切应力 τ_1,而且还存在着由于脉动使流体质点之间发生动量交换而产生的惯性切应力 τ_2。根据普朗特的混合长度理论,τ_2 可表示为

$$\tau_2 = \rho l^2 \left(\frac{\mathrm{d}w_g}{\mathrm{d}y}\right)^2 \tag{4-17}$$

式中,ρ 是流体的密度,单位为 kg/m^3;$\mathrm{d}w_g/\mathrm{d}y$ 为速度梯度,单位为 s^{-1};l 为流体质点因脉动而由一层移动到另一层的径向距离,也称混合长度,单位为 m;其值与质点到管壁的距离成正比,即 $l = \beta y$,这里 β 为比例系数。

湍流中的总切应力为粘滞切应力与惯性切应力之和,即

$$\tau = \tau_1 + \tau_2 = \mu \frac{\mathrm{d}w_g}{\mathrm{d}y} + \rho l^2 \left(\frac{\mathrm{d}w_g}{\mathrm{d}y}\right)^2 \tag{4-18}$$

当雷诺数很大时,粘滞阻力起的作用很小,可以忽略,因此

$$\tau = \rho l^2 \left(\frac{\mathrm{d}w_g}{\mathrm{d}y}\right)^2 \tag{4-19}$$

(2) 湍流速度分布　实验证明,流体在管道中作湍流运动时,过流断面上的速度分布如图 4-8 所示。在层流边界层内,速度仍按抛物线分布;在湍流核心区,流速按对数规律分布,最大流速仍发生在管轴心线上。但由于质点的相互碰撞,流速趋于均匀,速度梯度减小,最大流速与平均流速的关系一般为 $v = (0.75 \sim 0.9) w_{gmax}$。

湍流的流速分布规律也可借助一些假设,由湍流切应力公式(4-19)导出,其结果为

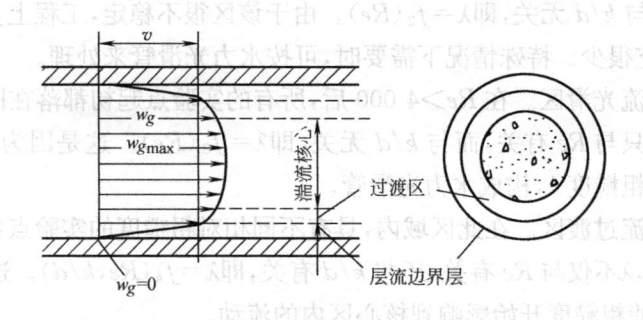

图 4-8 湍流速度分布

$$w_g = \frac{1}{\beta}\sqrt{\frac{\tau_0}{\rho}}\ln y + C \tag{4-20}$$

式(4-20)表明,湍流过流断面上的速度按对数规律分布。式中 C 和 β 由边界条件确定。

4. 湍流沿程阻力系数的确定

由于湍流的复杂性,至今还不能完全通过理论推导的方法确定湍流沿程阻力系数 λ,只能借助实验研究总结一些经验或半经验公式。

(1)尼古拉兹实验 为了得到 λ 的变化规律,尼古拉兹在类似图 4-2 所示的实验台上,采用人工粗糙管(管内壁上均匀敷有粒度相同的砂粒)进行了大量实验。实验时,先测定管中的平均流速 v 和管段 l 上的水头损失 h_f,然后根据式(4-1)和(4-5),由 v 和 h_f 算出 λ 和 Re,即

$$Re = \frac{vd}{\nu}, \lambda = \frac{d}{l}\frac{2g}{v^2}h_f$$

尼古拉兹先后用相对粗糙度在 $\frac{k}{d} = \frac{1}{1\,014} \sim \frac{1}{30}$ 之间的 6 种不同管子进行了实验,实验结果如图 4-9 所示。由该图可知,λ 的变化规律分为 5 个区域。

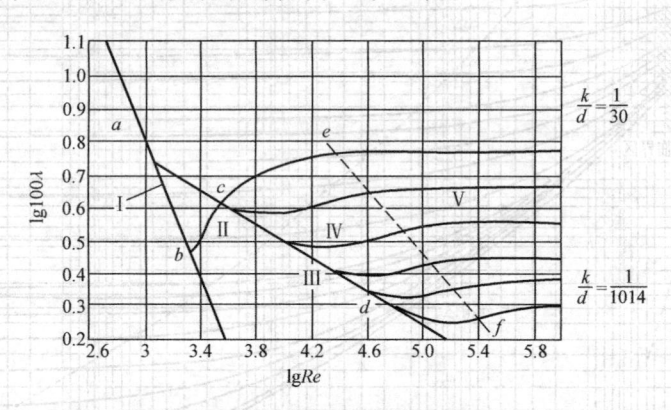

图 4-9 尼古拉兹实验曲线

1)第 Ⅰ 区为层流区。当 $Re \leqslant 2\,320$ 时,所有的实验点都落在同一直线 Ⅰ 上。这说明 λ 与 k/d 无关,只与 Re 有关,即 $\lambda = f_1(Re)$。并且 λ 与 Re 的关系符合式(4-16),这也证实了理论分析得出的层流计算公式是正确的。

2)第 Ⅱ 区为层流与湍流的临界区。在 $2\,320 < Re \leqslant 4\,000$ 范围内,实验点较分散。但 λ 随

Re 的增大而增大,与 k/d 无关,即 $\lambda = f_2(Re)$。由于该区很不稳定,工程上实用意义不大,因此对此区 λ 的计算研究很少。特殊情况下需要时,可按水力光滑管来处理。

3)第Ⅲ区为湍流光滑区。在 $Re > 4\,000$ 后,所有的实验点起初都落在同一条曲线Ⅲ上,在该曲线范围内,λ 仍只与 Re 有关,而与 k/d 无关,即 $\lambda = f_3(Re)$。这是因为在该区层流底层的厚度 δ 远大于绝对粗糙度 k,构成水力光滑管。

4)第Ⅳ区为湍流过渡区。在此区域内,具有不同相对粗糙度的实验点各自分开,形成一条条的曲线。这表明,λ 不仅与 Re 有关,还与 k/d 有关,即 $\lambda = f_4(Re, k/d)$。这是因为随着 Re 的增大,δ 变小,使管壁粗糙度开始影响到核心区内的流动。

5)第Ⅴ区为湍流粗糙区(也称为阻力平方区)。在这个区域,相对粗糙度 k/d 不同的实验点各自分布在不同的水平线上。这表明 λ 与 Re 无关,而只与 k/d 有关。这是因为随 Re 的进一步增大,层流底层厚度 δ 变小,使管壁完全暴露于湍流核心区中,成为影响流动阻力的主要因素,而 Re 的影响已微不足道了。

尼古拉兹实验的意义在于它概括地反映了各种情况下,λ 随 Re、k/d 变化的规律从而说明了 λ 的变化规律是与区域有关的。由实验可知,对于实际管道,除 k/d 外,凸起的多少、形状、排列方式等对 λ 都会产生影响。但尼古拉兹是用人工粗糙管道进行实验的,其实验结果并不完全与实际管道的相同。

(2)莫迪实验 为了得到实际管道的 λ 值,莫迪在1848年用天然粗糙的工业管道做了与尼古拉兹相类似的实验。图4-10为根据实测资料绘制的曲线图,称为莫迪图。该图反映了实际管道 λ 值的变化规律,知道 Re 和 k/d 值,可在图中直接查出相应的 λ 值。

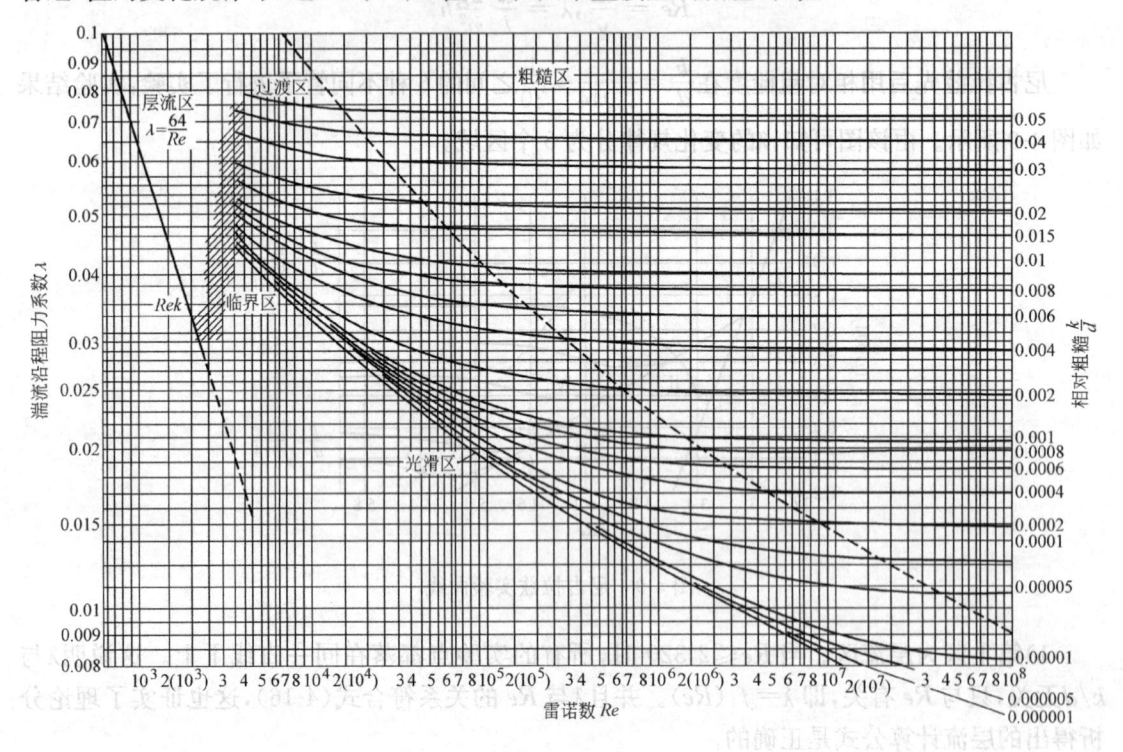

图4-10 莫迪图

实际管道影响λ的管壁因素除粗糙度外，还有粗糙的排列方式、粗糙的形状等。因此，无论是莫迪图还是下述公式中的 k 值，对于工业管道都指当量粗糙度。所谓当量粗糙度，就是指与实际管道λ值相等的同直径人工粗糙管的粗糙度。各种工业管道的λ值，可通过将其实验数据与人工粗糙管的实验数据相比较得到。常用工业管道的当量粗糙度见表 4-1。

表 4-1 常用工业管道的当量粗糙度(k)

管道材料	k/mm	管道材料	k/mm
新氯乙烯管	0～0.002	镀锌钢管	0.15
铅管、铜管、玻璃管	0.01	新铸铁管	0.25～0.42
钢管	0.046	旧铸铁管	1～1.5
涂沥青铸铁管	0.12	混凝土管	0.3～3.0

(3) 湍流λ的计算公式　除了莫迪图外，很多学者还根据资料总结出了关于实际管道λ值的计算公式和区域划分方法。其中应用较普遍的包括：

① $2\,320 < Re \leqslant 0.32\,(d/k)^{1.28}$ 时为湍流光滑区。在该区域内，计算λ值的常用公式有

布拉修斯公式
$$\lambda = \frac{0.316\,4}{Re^{0.25}} \quad (2\,320 < Re \leqslant 10^5) \tag{4-21}$$

尼古拉兹公式
$$\frac{1}{\sqrt{\lambda}} = 2\lg \frac{Re\sqrt{\lambda}}{2.51} \tag{4-22}$$

② $Re > 1\,000 d/k$ 时为湍流粗糙区。在该区，计算λ值的常用公式有

尼古拉兹公式
$$\frac{1}{\sqrt{\lambda}} = 2\lg \frac{3.7d}{k} \tag{4-23}$$

希弗林松公式
$$\lambda = 0.11\,(k/d)^{0.25} \tag{4-24}$$

③ $0.32\,(d/k)^{1.28} < Re \leqslant 1\,000 d/k$ 时为湍流过渡区。在该区，计算λ值的常用公式有

莫迪公式
$$\lambda = 0.005\,5[1 + (20\,000k/d + 10^6/Re)^{1/3}] \tag{4-25}$$

阿里特苏里公式
$$\lambda = 0.11\,(k/d + 68/Re)^{0.25} \tag{4-26}$$

科列勃洛克公式
$$\frac{1}{\sqrt{\lambda}} = -2\lg\left(\frac{2.51}{Re\sqrt{\lambda}} + \frac{k}{3.7d}\right) \tag{4-27}$$

以上讨论的是圆管内的沿程损失计算问题。在工程上除圆形管道外，还有非圆形管道（如空调装置中常用矩形管道）。一般情况下，非圆形管道的沿程损失也可用以上公式计算，但由于非圆形管道不存在真实半径，因此公式中的 d 采用其当量直径 d_e。

【例 4-3】　水在直径 $d = 0.1$ m 的钢管内流动，钢管的当量粗糙度 $k = 0.2$mm，水的运动粘度 $\nu = 1.31 \times 10^{-6}$ m^2/s，水的流速 $v = 5$m/s，试求 50m 管长的沿程损失。

解： $Re = \dfrac{vd}{\nu} = \dfrac{5 \times 0.1}{1.31 \times 10^{-6}} = 3.8 \times 10^5$，故为湍流。

根据阿里特苏里公式有
$$\lambda = 0.11\,(k/d + 68/Re)^{0.25} = 0.11 \times \left(\frac{0.2}{100} + \frac{68}{3.8 \times 10^5}\right)^{0.25} = 0.023\,8$$

如果查莫迪图，当 $Re = 3.8 \times 10^5$，$k/d = 0.002$ 时，$\lambda = 0.024$，与计算结果相近。管路的沿

程损失为

$$h_f = \lambda \frac{l}{d} \frac{v^2}{2g} = 0.0238 \times \frac{50}{0.1} \times \frac{5}{2 \times 9.81} \text{m} = 15.2 \text{m}(水柱)$$

第四节　局部水头损失计算

一、局部损失产生的主要原因

局部损失主要是由下面两个原因引起的。

1）管壁形状的急剧变化使流体在惯性力的作用下与壁面发生脱离，形成旋涡区。旋涡区内流体的回旋需要一定的能量，这些能量来自主流流体，从而使主流流体的能量减少，产生能量损失。

2）管壁形状变化使流体的流动速度重新分布。在流速重新分布过程中，流体质点间必然要发生更多的摩擦和碰撞，从而消耗一定的能量，产生能量损失。

二、影响局部损失的主要因素

实验研究表明，局部损失同样与流体的流动状态有关。但由于流体经过局部阻碍后很难保持层流状态，除非在雷诺数很小的情况下才有可能。因此，工程上主要研究湍流状态下的局部损失。

大量实验结果表明，湍流状态下的 ξ 值决定于局部阻碍的形状、壁面的相对粗糙度和雷诺数 Re，即

$$\xi = f(局部阻碍形状, 相对粗糙度, Re)$$

不同情况下，各因素所起的作用不同，但局部边界形状始终是一个最主要的因素。

三、局部阻力系数

局部阻碍的种类很多，形状各异，边界变化非常复杂。除个别情况外，大多数局部阻碍的局部阻力系数不能通过理论推导得到，只能借助实验给出经验公式或数值。因此，这里只对几种典型的局部阻碍的阻力系数给出经验公式或数值。

1. 管径突然扩大

管径突然扩大时会形成局部的旋涡，造成局部损失。
局部阻力系数计算及所取速度分别如下（见图4-11）：

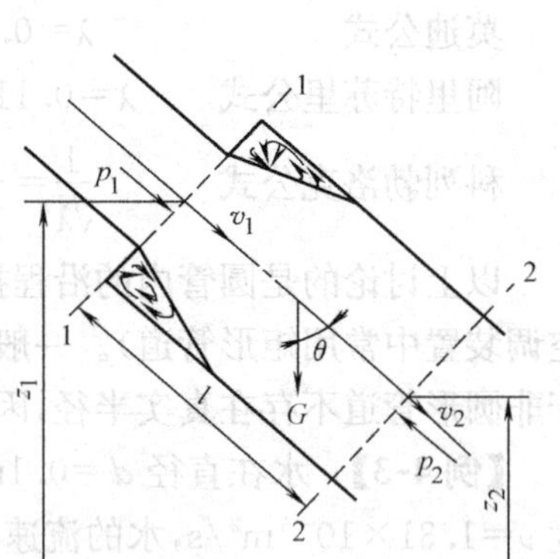

当用小管段流速计算时

$$h_j = \xi_1 \frac{v_1^2}{2g}, \xi_1 = \left(1 - \frac{A_1}{A_2}\right)^2$$

当用大管段流速计算时

$$h_j = \xi_2 \frac{v_2^2}{2g}, \xi_2 = \left(\frac{A_2}{A_1} - 1\right)^2$$

式中，A_1 与 A_2 分别为小管段和大管段的横截面面积，单位为 m^2。可见，针对不同的流速，有不同的局部阻力系数计算公式。

图4-11　突然扩大管

2. 管径逐渐扩大

由于管径突然扩大的能量损失较大，一般均采用渐扩管。渐扩管较长，能量损失包括沿程

损失和局部损失两部分,相对于 v_1 的阻力系数公式为

$$\xi_1 = \frac{\lambda}{8\sin(\theta/2)}\left[\left(1-\frac{A_1}{A_2}\right)^2\right] + k\left(\mathrm{tg}\frac{\theta}{2}\right)^{1.25}\left(1-\frac{A_1}{A_2}\right)^2 \tag{4-28}$$

式中,λ 为沿程阻力系数;θ 为管的扩张角,如图 4-12 所示;k 是与 θ 有关的系数,当 $\theta=10°\sim40°$ 时,圆锥管 $k=4.8$,方形锥管 $k=9.3$;$\theta<10°$ 时,等号右边第二项可以略去不计。

3. 管径突然收缩

$$\xi = 0.5\left(1-\frac{A_2}{A_1}\right) \tag{4-29}$$

可见,ξ 主要取决于面积比,参见图 4-13。

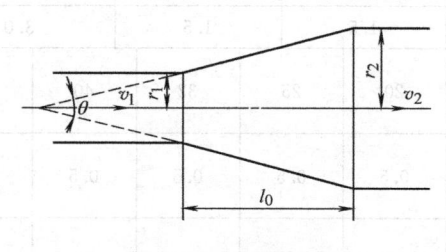

图 4-12 逐渐扩大管

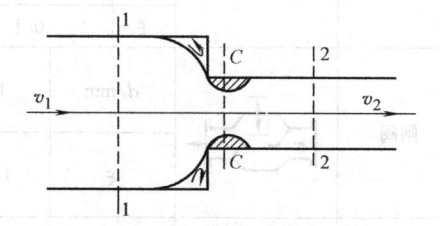

图 4-13 突然收缩管

4. 管径逐渐减小

如图 4-14 所示,当 $\theta<30°$ 时,沿程阻力损失是主要的,阻力系数计算公式为

$$\xi = \frac{\lambda}{8\sin(\theta/2)}\left[\left(1-\frac{A_1}{A_2}\right)^2\right] \tag{4-30}$$

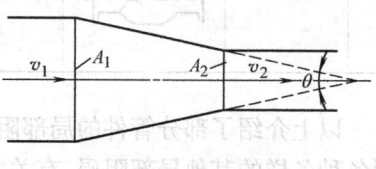

图 4-14 逐渐收缩管

5. 管道出口

若管道出口直接流入大容器,由突然扩大局部阻力系数的计算公式知,当 A_2 远大于 A_1 时,$\xi=1.0$。

6. 管道入口

管道入口的阻力系数与进口边缘的形状有关。不同情况下的局部阻力系数如图 4-15 所示。

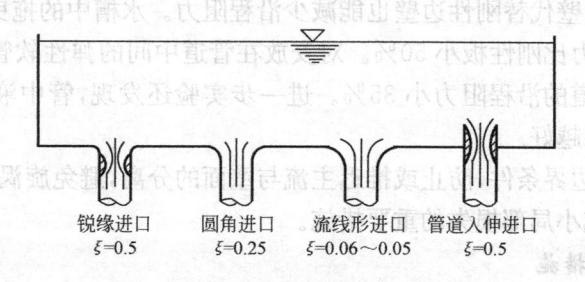

锐缘进口 $\xi=0.5$ 圆角进口 $\xi=0.25$ 流线形进口 $\xi=0.06\sim0.05$ 管道入伸进口 $\xi=0.5$

图 4-15 管道入口

7. 常用弯头、三通和阀门的局部阻力系数

常用弯头、三通和阀门的局部阻力系数见表 4-2。

表 4-2 常用弯头、三通和阀门的 ξ 值

序号	管件名称	示意图	局部阻力系数						
1	90°弯头(零件)		d/mm	15	20	25	32	40	≥50
			ξ	2.0	2.0	1.5	1.5	1.0	1.0
2	三通(零件)			直流	旁流		分流		合流
			流向	②→③ 或 ②←③	① ↓ ②←或→③		① ↑ ②→或←③		① ↑ ②←→③
			ξ	0.1	1.5		1.5		3.0
3	闸阀		d/mm	15	20	25	32	40	≥50
			ξ	1.5	0.5	0.5	0.5	0.5	0.5
4	截止阀		d/mm	15	20	25	32	40	≥50
			ξ	16.0	10.0	9.0	9.0	8.0	7.0

以上介绍了部分管件的局部阻力系数计算公式或数值。应该说明的是,在工程上还会遇到各种各样的其他局部阻碍,有关它们的局部阻力系数在专业手册或规范中均可查到。

四、减小流动阻力的措施

减小管路中流体运动的阻力有两条完全不同的途径:一是改进流体外部的环境,改善边界对流动的影响;二是在流体内部加入极少量的添加剂,使其影响流体运动的内部结构来实现减阻。本节主要介绍改善边界的减阻措施。

要降低粗糙区或过渡区内的湍流沿程阻力,最容易想到的减阻措施是减小管壁的粗糙度。例如在实际工程中对钢管、铸铁管等进行内部涂塑,或者采用塑料管道、玻璃钢管道代替金属管道。此外,用柔性边壁代替刚性边壁也能减少沿程阻力。水槽中的拖曳实验表明,高雷诺数下柔性平板的摩擦阻力比刚性板小 50%。对安放在管道中间的弹性软管进行阻力实验,结果比同样条件的刚性管道的沿程阻力小 35%。进一步实验还发现,管中液体的粘性越大,软管的管壁越薄,减阻效果越好。

改变流体外部的边界条件,防止或推迟主流与壁面的分离,避免旋涡区的产生或减小旋涡区的大小和强度,是减小局部损失的重要措施。

1. 管道进口减阻措施

由图 4-15 可以看出,将管道进口由锐缘进口改成圆角进口时,局部阻力系数可减少一半;若进一步改成流线型进口,其局部损失系数可减少 90% 以上。

2. 渐扩管和突扩管减阻

扩散角大的渐扩管阻力系数较大,通常采用图 4-16a 所示的形式使阻力系数减半,或采用图 4-16b 所示的台阶形式减小阻力。

a)   b)

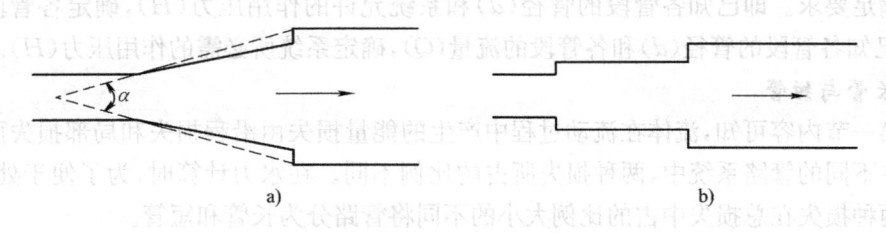

图 4-16　渐扩管和突扩管的边壁改善措施

3. 弯管的减阻措施

弯管的局部阻力系数在一定范围内随曲率半径 R 的增大而减小。表 4-3 给出了 90°弯管在不同 R/d 时的局部阻力系数值。

表 4-3　不同 R/d 时的 ξ 值（$Re=10^6$）

R/d	0	0.5	1	2	3	4	6	10
ξ	1.14	1.00	0.246	0.159	0.145	0.167	0.20	0.24

由表 4-3 可以看出，弯管的 R 最好取在 $(1\sim4)d$ 的范围内。断面大的弯管，往往只能采用较小的 R/d，可通过在弯管内部布置导流叶片的方法达到减阻的目的，如图 4-17 所示。

4. 三通减阻措施

尽可能地减小支管与合流管之间的夹角，或将支管与合流管连接处的折角改缓，都能减小三通的阻力系数。如图 4-18 所示，将 90°的 T 形三通的折角改成 45°，则合流时的 ξ_{1-2} 和 ξ_{2-3} 约减小 30%～50%，分流时的 ξ_{3-1} 约减小 20%～30%，但对分流的 ξ_{3-2} 的影响不大。如果将切割的三角形加大，阻力系数还能显著下降。

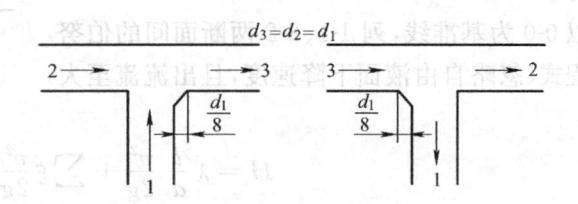

图 4-17　装有导叶的弯管　　　　图 4-18　切割折角的 T 形三通

第五节　管路水力计算

一、概述

1. 管路水力计算的任务

工程上将确定管路流量、水头损失和管道几何尺寸之间相互关系的计算过程称为管路的水力计算。管路水力计算可以分为设计计算和校核计算两类。

设计计算是根据流量设计管路系统的形式，确定管道的几何尺寸，选择合适的动力设备。即已知各管段的流量（Q）和系统作用压力（H），确定各管段的管径（d）。

校核计算是对现有的管路系统进行流量或能量损失的计算，以校核现有的流量或动力设备是否满足要求。即已知各管段的管径(d)和系统允许的作用压力(H),确定各管段的流量(Q);或已知各管段的管径(d)和各管段的流量(Q),确定系统所必需的作用压力(H)。

2. 长管与短管

由第一节内容可知,流体在流动过程中产生的能量损失由沿程损失和局部损失两部分组成。但在不同的管路系统中,两种损失所占的比例不同。在水力计算时,为了便于处理,常将管路按两种损失在总损失中占的比例大小的不同将管路分为长管和短管。

所谓长管就是流体在管道中的速度水头与局部水头损失之和小于沿程损失5%的管路。在水力计算时,其局部水头损失可按沿程损失的某一百分数估算,甚至可以忽略不计。

所谓短管就是流体在管道中的速度水头与局部水头损失之和大于沿程损失5%的管路。在水力计算时,其局部损失不能估算,更不能忽略。

按上述定义判断长管与短管需事先估算各种损失,比较麻烦。为方便起见,工程上经常将$l/d \geqslant 1\,000$的管路按长管处理;将$l/d < 1\,000$的管路按短管处理。

3. 标准管径与限定流速

各种工业管道的管径均按统一标准制造,因此都有一定的规格。在进行设计计算时,管道的管径应按规格选取,即应标准化;各种工业管道的规格可在有关手册中查得。

当流量一定时,不可压缩流体的流速与管径平方成反比;管径大,流速低,损失小,消耗的能量少,运行费用低,但管道造价高;反之,管径小,流速增加,运行费用高,但管道造价低。所谓限定流速,是工程中根据技术经济要求所规定的合适流速,即管道造价和运行费用之和相对较低的流速。在水力计算时,应使管道内流体的流速在限定流速范围内。

二、简单管路水力计算

简单管路是指具有相同管径d、相同流量Q的管段,它是组成各种复杂管路的基本单元,如图4-19所示。

以0-0为基准线,列1-1、2-2两断面间的伯努利方程式(忽略自由液面下降速度,且出流流至大气)。

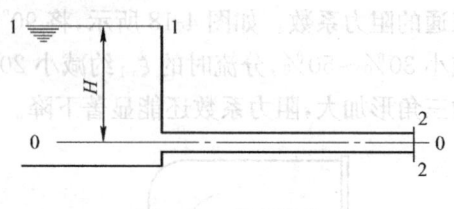

图4-19 简单管路

$$H = \lambda \frac{l}{d} \frac{v^2}{2g} + \sum \xi \frac{v^2}{2g} + \frac{v^2}{2g}$$

$$H = (\lambda \frac{l}{d} + \sum \xi + 1) \frac{v^2}{2g}$$

因出口局部阻力系数$\xi_0 = 1$,若用ξ_0代替1计入到$\sum \xi$中去,则上式可简化为

$$H = (\lambda \frac{l}{d} + \sum \xi) \frac{v^2}{2g}$$

用$v = \dfrac{4Q}{\pi d^2}$代入上式,得

$$H = \frac{8(\lambda \frac{l}{d} + \sum \xi)}{g \pi^2 d^4} Q^2 \tag{4-31}$$

令

$$S = \frac{8(\lambda \frac{l}{d} + \sum \xi)}{\pi^2 d^4 g} \tag{4-32}$$

则
$$H = SQ^2 \tag{4-33}$$

对于一定的流体(即密度 ρ 一定),在 d、l 已给定时,S 只随 λ 和 $\Sigma\xi$ 变化。从前面章节知道,λ 值与流动状态有关,当流动处在阻力平方区时,λ 仅与 k/d 有关,所以在管路的管材已定的情况下,λ 值可视为常数。$\Sigma\xi$ 项中只有进行调节的阀门的 ξ 可以改变,而其他局部构件已确定,局部阻力系数是不变的。S 对已给定的管路是一个定数,它综合反映了管路上的沿程阻力和局部阻力的情况,故称为管路阻抗。

式(4-33)用阻抗表达了简单管路的流动规律,即简单管路中总阻力损失与体积流量平方成正比。这一规律在管路计算中广为应用。

图 4-20 是水泵向水箱送水的简单管路(d 及 Q 不变)。以 0-0 为基准面,列 1-1、2-2 两断面间的能量方程式,移项后得

$$H = (z_2 - z_1) + \frac{p_0 - p_b}{\rho g} + \frac{\alpha_2 v_2^2 - \alpha_1 v_1^2}{2g} + h_{l1-2}$$

略去液面速度水头,水泵扬程为

$$H = (z_2 - z_1) + \frac{p_0}{\rho g} + SQ^2 \tag{4-34}$$

式(4-34)说明水泵扬程不仅用来克服流动阻力,还用来提高流体的位置水头、压力水头,使之流到高位压力水箱中。

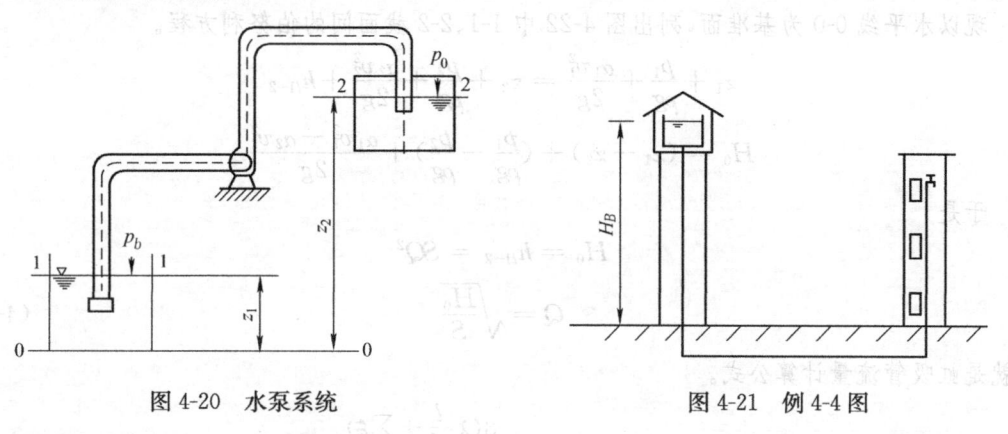

图 4-20 水泵系统

图 4-21 例 4-4 图

【例 4-4】 如图 4-21 所示,从水塔引水供给三层住宅。已知管长 $l = 1250\text{m}$,管径 $d = 200\text{mm}$,流量 $Q = 25\text{L/s}$,采用钢管,$\lambda = 0.035$,各用户需要的自由水头均为 $H_z = 12\text{m}$。求水塔需要的高度 H_B 为多少?

解:因 $\dfrac{l}{d} = \dfrac{1250}{0.2} = 6\,250 > 1\,000$,所以按长管计算,忽略局部损失和速度水头。

$$S = \frac{8\lambda \dfrac{l}{d}}{\pi^2 d^4 g} = \frac{8 \times 0.035 \times 1\,250}{3.14^2 \times 0.2^5 \times 9.81}\text{s}^2/\text{m}^5 = 11\,308\,\text{s}^2/\text{m}^5$$

$$H = SQ^2 = 11\,308 \times (25 \times 10^{-3})^2\,\text{m} = 7\,\text{m}$$

根据能量方程 $H_B = H + H_z$,所以水塔的高度 H_B 为

$$H_B = 7\text{m} + 12\text{m} = 19\text{m}$$

【案例分析与知识拓展】

案例1：虹吸管

所谓虹吸管即管道中一部分高出上游供水液面的简单管路(见图4-22)。工作时先将虹吸管内抽成真空，在压差的作用下，高位水流通过虹吸管引向低位水流。只要管内真空不被破坏，并使高、低位保持一定的水位差，虹吸作用就将保持下去，水流会不断地流向低位。由于利用虹吸管输水具有节能、跨越高地、便于操作等优点，因此在工程中广泛应用。但当真空度达到某一限值时，会将使溶解在水中的空气分离出来，随真空度的加大，空气量增加，大量气体集结在虹吸管顶部，缩小有效过流断面阻碍流动，严重时造成气塞，破坏液体连续输送。为了保证虹吸管正常流动，必须限定管中最大真空度不得超过允许值$[h_v]=(7\sim8.5)\text{mH}_2\text{O}$。虹吸管中存在真空区段是它的流动特点，控制真空度则是虹吸管的正常工作条件。

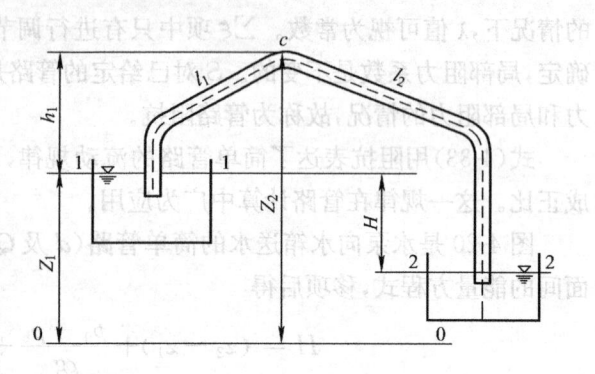

图4-22 虹吸管

现以水平线0-0为基准面，列出图4-22中1-1、2-2截面间的伯努利方程。

$$z_1 + \frac{p_1}{\rho g} + \frac{\alpha_1 v_1^2}{2g} = z_2 + \frac{p_2}{\rho g} + \frac{\alpha_2 v_2^2}{2g} + h_{l1-2}$$

$$H_0 = (z_1 - z_2) + \left(\frac{p_1}{\rho g} - \frac{p_2}{\rho g}\right) + \frac{\alpha_1 v_1^2 - \alpha_2 v_2^2}{2g}$$

于是

$$H_0 = h_{l1-2} = SQ^2$$

$$Q = \sqrt{\frac{H_0}{S}} \tag{4-35}$$

这就是虹吸管流量计算公式。

式中，

$$S = \frac{8(\lambda \frac{l}{d} + \sum \xi)}{\pi^2 d^4 g}$$

在图4-22条件下：$l = l_1 + l_2$，$\sum \xi = \xi_e + 3\xi_b + \xi_0$

其中，ξ_e为进口阻力系数；ξ_b为弯头阻力系数；ξ_0为出口阻力系数。

式(4-35)中H_0在图4-22条件下：$p_1 = p_2 = p_b$，$v_1 = v_2 = 0$，$H_0 = (z_1 - z_2) = H$。将以上数值代入式(4-35)中，得到流量为

$$Q = \frac{\pi d^2/4}{\sqrt{\xi_e + 3\xi_b + \xi_0 + \lambda \frac{l_1 + l_2}{d}}} \tag{4-36}$$

所以

$$v = \frac{\sqrt{2gH}}{\sqrt{\xi_e + 3\xi_b + \xi_0 + \lambda \frac{l_1 + l_2}{d}}} \tag{4-37}$$

式(4-36)、式(4-37)即是图 4-22 情况下虹吸管的速度及流量计算公式。

为计算最大真空度,取 1-1 及最高断面 C-C 列伯努利方程:

$$z_1 + \frac{p_1}{\rho g} + \frac{\alpha_1 v_1^2}{2g} = z_C + \frac{p_C}{\rho g} + \frac{\alpha v^2}{2g} + (\xi_e + 2\xi_b + \lambda \frac{l_1}{d}) \frac{v^2}{2g}$$

在图 4-22 条件下,$p_1 = p_b$,$v_1 \approx 0$,$\alpha \approx 1$ 代入上式得出

$$\frac{p_b - p_C}{\rho g} = (z_C - z_1) + (1 + \xi_e + 2\xi_b + \lambda \frac{l_1}{d}) \frac{v^2}{2g}$$

用式(4-37)的 v 代入上式中得出

$$\frac{p_a - p_0}{\rho g} = (z_C - z_1) + \frac{1 + \xi_e + 2\xi_b + \lambda \dfrac{l_1}{d}}{\xi_e + 3\xi_b + \xi_0 + \lambda \dfrac{l_1 + l_2}{d}} H \tag{4-38}$$

为了保证虹吸管正常工作,由上式计算所得的真空度应小于最大允许值$[h_v]$。

案例 2:管路水击现象

在有压管路中,由于某些外界原因(例如阀门的突然启闭、水泵机组突然停车等)使管中流速突然发生变化,从而导致压力急剧升高和降低,这种交替变化的水力现象称为水击,又称为水锤。水击发生时所产生的升压值可达管路正常工作压力的几十倍,甚至上百倍。这种大幅度的压力波动具有很大的破坏性,往往会引起管路系统强烈振动,严重时会造成阀门破裂、管路接头脱落,甚至管路爆裂等重大事故。

管路内水流速度突然变化是产生水击的外界原因,而水流本身具有惯性及压缩性则是产生水击的内在原因。由于水与管壁均为弹性体,因而当水击发生时,在强大的水击压力的作用下,水与管壁都将发生变形,即水的压缩与管壁的膨胀。在水及管壁弹性变形力、管路进口处水池水位恒定水压力以及水流惯性的作用下,管中水流会发生周期性减速增压与增速减压的振荡现象。如果没有能

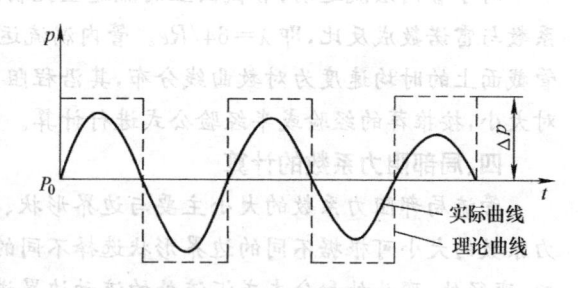

图 4-23 水击强度随时间变化

量损失,则这种振荡现象将一直周期性地传播下去,如图 4-23 所示。

由于水击而产生的弹性波称为水击波。水击波的传播速度 C 可按下式计算

$$C = \frac{C_0}{\sqrt{1 + \dfrac{E_0}{E} \cdot \dfrac{d}{\delta}}} = \frac{1425}{\sqrt{1 + \dfrac{E_0}{E} \cdot \dfrac{d}{\delta}}} \tag{4-39}$$

式中,C_0 为声波在水中的传播速度,单位为 m/s;E_0 为水的弹性模量,$E_0 = 2.07 \times 10^5 \text{N/cm}^2$;$E$ 为管壁的弹性模量,单位为 N/cm²;d 为管路直径,单位为 m;δ 为管壁厚度,单位为 m。

对于普通钢管 $d/\delta = 100$,$E/E_0 = 1/100$,代入式(4-39)中得 $C = 1\,000 \text{m/s}$。如果 $v_0 = 1 \text{m/s}$,则由于阀门突然关闭而引起的直接水击产生的水击压力 $\Delta p = 1 \text{MPa}$。由此可见,直接水击压力是很大的,足以对管道造成破坏。

【本章小结】

本章主要讲述了流体流动的两种基本形态,流动阻力产生的原因及管流阻力的计算方法。重点要求掌握的内容如下。

一、沿程阻力和局部阻力损失

沿程阻力损失是因流体运动时的摩擦引起的,其损失的能量主要用于克服粘滞摩擦力,其大小与流程长度成正比。局部阻力损失是因局部流动边界形状的变化引起的,其损失的能量主要用于维持局部的旋涡运动,其大小与管长无关,只发生于流道局部阻碍处,主要取决于流道的边界形状。

二、雷诺实验与流态

通过雷诺实验分析得到了层流和湍流的特征。流体作层流运动时,流线相互平行,流体质点间无横向对流混合作用,流动较平稳。流体流速较大时,由于流动惯性力的增大,流体会作湍流运动,此时流动出现旋涡扰动,流体质点出现横向对流混合运动。

区别流体运动状态的依据是临界雷诺数。它代表流体运动的惯性力与粘滞力之比,对管流,当 $Re=vd/\nu \leqslant 2320$ 时流体将维持层流运动;雷诺数大于 2 320 时,流动将向湍流过渡。

三、沿程阻力系数的计算

对于管内层流运动,管截面上的流速呈抛物线分布,粘滞切应力呈线性分布,其沿程阻力系数与雷诺数成反比,即 $\lambda=64/Re$。管内湍流运动可简化为时均流动与脉动流动的叠加。其管截面上的时均速度为对数曲线分布,其沿程阻力系数可根据管壁相对粗糙度及雷诺数的相对大小,按推荐的经验或半经验公式进行计算。

四、局部阻力系数的计算

管流局部阻力系数的大小主要与边界形状、壁面相对粗糙度及雷诺数有关。管流局部阻力系数的大小可根据不同的边界形状选择不同的计算公式或实验数据来确定。通过对管道进口、变径处、弯头处和分支或汇流处的流动边界进行处理,使其过渡尽量平缓,这样能有效减少管流局部阻力系数。

五、管路水力计算

管路水力计算一般分为设计计算和校核计算。进行管路水力计算时应注意区别管路属于长管还是短管,并对其局部阻力进行简化处理。水力计算的基本公式还是实际流体总流的伯努利方程。

【思考与练习题】

4-1 流动阻力损失有几种形式?产生损失的物理原因是什么?其大小主要与哪些因素有关?

4-2 流体有哪两种基本流态?它们的主要区别是什么?如何判断流体的流动状态?

4-3 何谓湍流脉动现象?工程上是如何处理湍流运动的?

4-4 管路水力计算中,何谓短管和长管?它们的水力计算有何不同?

4-5 某低速送风管道,内径 $d=200\text{mm}$,风速 $v=2\text{m/s}$,空气温度为 $40℃$,运动粘度为 $17.6\times10^{-6}\text{m}^2/\text{s}$。求:1)风道内气体的流动状态;2)该风道内空气保持层流的最大速度。

4-6 水在直径 $d=0.2$m 的钢管内流动,管长为 200m,钢管的当量粗糙度 $k=0.2$mm,水温 $t=5$℃,试求通过流量 $Q=24$L/s 时的沿程损失是多少。

4-7 试分别定性画出图 4-24 所示两管路系统在有粘性损失时的总水头线和测压管水头线。如果流动粘性损失不计,总水头线和测压水头线又如何?

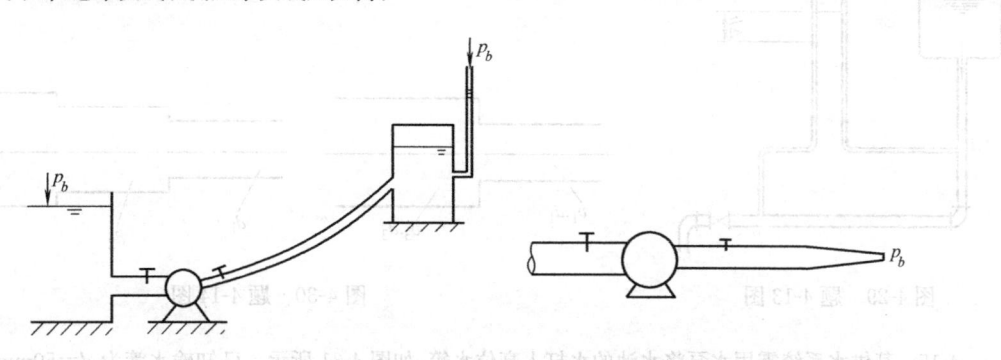

图 4-24 题 4-7 图

4-8 变径管道如图 4-25 所示,有相同流体,以相同速度自左向右或自右向左流动,试问两种情况下局部水头损失是否相同? 为什么?

4-9 弯管内装导流片,可降低弯管局部阻力系数,如图 4-26 所示,试问能降低局部阻力损失的原因,并指出 a、b 两种情况哪一种正确。

4-10 有一钢制矩形风道,断面尺寸为 550mm×300mm,长度为 50m,风量为 70m³/s,空气的温度为 $t=20$℃,空气运动粘度为 $\nu=15.7\times10^{-6}$m²/s,重度 $\rho g=11.77$N/m³,试求该风道内气流的沿程损失。

4-11 利用毛细管测定油液粘度的装置如图 4-27 所示,已知毛细管直径 $d=4$mm,长度 $l=0.5$m,流量 $Q=1$cm³/s 时,测压管的落差 $h=15$cm,试求油液的运动粘度。

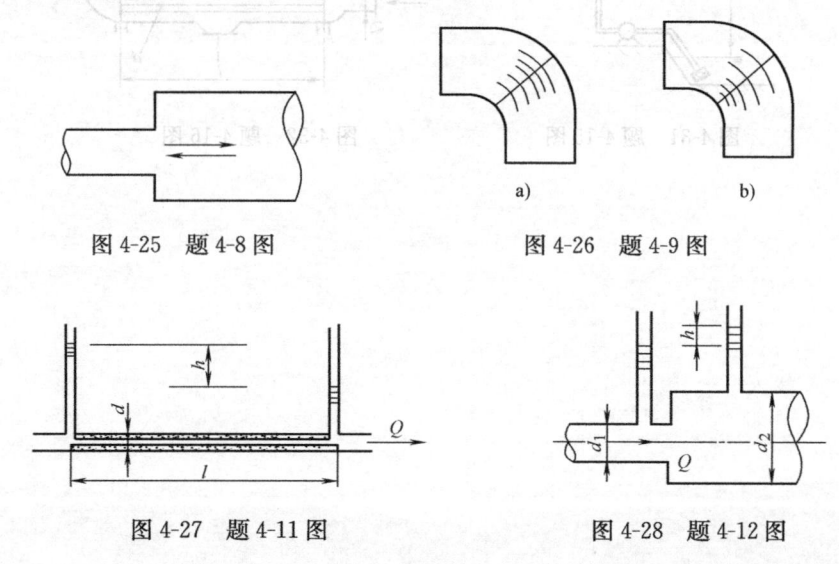

图 4-25 题 4-8 图   图 4-26 题 4-9 图

图 4-27 题 4-11 图   图 4-28 题 4-12 图

4-12 水平管路直径由 $d_1=24$cm 突然扩大为 $d_2=48$cm,如图 4-28 所示,在突然扩大断面的前、后各装一个测压管,读得局部阻力后的测压水柱比管局部阻力前的测压管水柱高出 $h=1$cm,试求管中的水流量。

4-13 为测定 90°弯头的局部阻力系数 ξ 值,可采用如图 4-29 所示的装置。已知 AB 段管长 $l=10$m,管径 $d=50$mm,该管段的沿程阻力系数 $\lambda=0.03$。今测得实验数据:①A、B 两测压管的水头差 $\Delta h=0.629$m;②经2min 流入水箱的水量为 0.329m³。试求弯管的局部阻力系数 ξ 值。

4-14 如图4-30所示,将直径$d_1=100$mm的管子突然扩大至$d_3=300$mm,已知$v_1=2$m/s,求局部损失。若分两次扩大,先扩大到$d_2=200$mm,再扩大到$d_3=300$mm,忽略两次扩大间的相互干扰,求其局部损失。比较两次结果可得出什么结论?

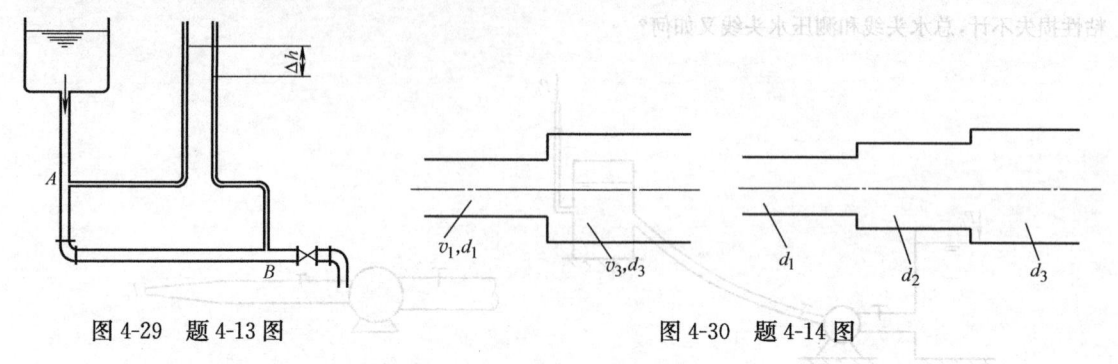

图 4-29 题 4-13 图

图 4-30 题 4-14 图

4-15 某供水系统需用水泵将水池的水打入高位水箱,如图4-31所示。已知输水管为$d=50$mm的镀锌钢管,每秒钟输水量为2.6L,管路上的全部局部阻力系数$\sum\xi=14.9$(含出口阻力系数),管长$l=50$m,水的运动粘度$\nu=1.52\times10^{-6}$m^2/s,水箱液面距水池液面的高度差$H=30m$,求泵所需提供的供水压力。

4-16 如图4-32所示,某蒸汽冷凝器中的冷却水经过两个串联的区段,每个区段由250根并联的黄铜管组成,每根黄铜管长度为$l=5$m,$d=16$mm,入口和出口的局部阻力损失系数分别为0.5和1.0,并考虑沿程损失。水的运动粘度为0.009cm^2/s,水的流量$Q=360$m^3/h,试求水头损失。

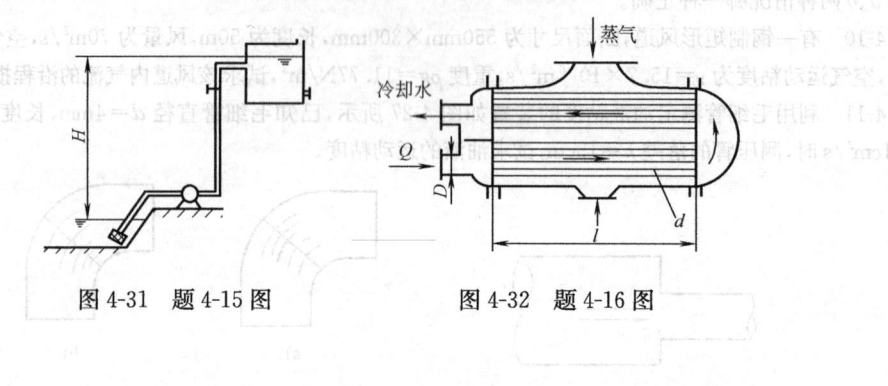

图 4-31 题 4-15 图

图 4-32 题 4-16 图

第二篇 工程热力学

工程热力学这一学科名词中的"热"是指热能,"力"是指动力(即机械能);也就是说工程热力学是研究热能和机械能相互转化的规律及其工程应用的科学。其基本任务是探讨热能有效转换和利用的途径和方法。

工程热力学以从无数实践中归纳总结出来的热力学第一定律和第二定律作为理论基础,把物质当作连续的整体,对其宏观现象和宏观过程进行研究。由于宏观分析不涉及物质内部的结构,因此分析推理的条理清晰,其研究结果具有高度的可靠性和普遍性,适用于工程应用。

工程热力学是对各种动力装置、制冷装置、热泵空调机组、锅炉及各种换热器进行分析和计算的理论基础。其主要内容大致分为两大部分:基本理论部分和工程应用部分。基本理论部分包括工质的性质、热力学第一定律、热力学第二定律等内容;工程应用部分包括制冷空调装置中的制冷循环、空气调节过程、介质热力状态变化情况等的热力分析和计算,并探讨影响能量转换效果的因素以及提高能量利用效率的途径和方法等。

第五章 工程热力学的基本概念

【知识目标】准确理解工质、热源、热力系统、热力学平衡状态等基本概念;掌握状态参数的基本性质、三个基本状态参数的相关知识及状态参数坐标图;准确理解准静态过程和可逆过程的含义及两者之间的区别和联系。

【能力目标】具备各种压力单位和温度单位的换算能力。

第一节 工质与热力系统

一、工质

实现热能和机械能相互转换的条件之一是要有媒介物质作为能量转换的载体。例如内燃机中用燃料与空气混合燃烧获得高温高压的燃气,推动活塞而做功,实现热能向机械能的转化;蒸汽动力装置中用水从燃气中吸收热量获得高温高压的水蒸气,推动蒸汽机的活塞或汽轮机的叶轮而做功;在蒸汽压缩制冷装置中,压缩机通过对制冷剂蒸气的压缩将机械功转变为制冷剂蒸气的热能。这些实现热能和机械能相互转换的媒介物质称为工质。能量转换必须以工质为媒介是由于运动和物质两者是不可分割的。能量是物质运动的量度,它表明物质运动的形式和运动的强烈程度。热能是组成物质的大量微观粒子做无规则热运动所具有的能量(称为无序能),而机械能是物质整体做规则运动所具有的能量(称为有序能)。要实现有序能和无序能之间的相互转换必须以工质作为媒介。

热工设备中一般以气态物质作为工质,这是由于在压力和温度的变化量相同的条件下,与固态物质和液态物质相比，气态物质具有良好的流动性和膨胀压缩性。热工设备一般都是按循环工作的，工质在热工设备中都是循环流动的。燃气在内燃机中或水蒸气在汽轮机中都只有通过工质的膨胀才能实现热能向机械能的转变；空气压缩机中的空气和制冷压缩机中的制冷剂蒸气只有通过压缩才能实现机械能向热能的转变。故要求工质必须具有良好的流动性和膨胀压缩性。

二、热源

内燃机中的工质（燃气）必须经历吸热、膨胀做功、放热、压缩等一系列变化，才能实现热能向机械能的转化；制冷装置中的工质（制冷剂）也必须经历吸热汽化、压缩、冷凝放热、节流膨胀等一系列变化才能实现机械能向热能的转化，达到将热量由低温逆向传给高温的目的。对于工质而言，所吸收的热能从何而来无关紧要，或从燃烧或从其他物体传入，效果相同，故完全可以用一个温度恒定的高温物体来代替燃烧或冷媒对工质的加热，而不考虑燃烧反应或冷媒状态的变化。这样做既不影响热能和机械能之间的转换关系，又可使研究趋于简单。同理，热工设备中的工质必须放热给大气或冷凝器，而大气或冷凝器也可抽象为温度恒定的低温物体。

在热功转换过程中，工质从中吸取热量的高温恒温物体称为高温热源（或简称热源）；接受工质放出热量的低温恒温物体称为低温热源（或简称为冷源）。高、低温热源的特点是在吸热或放热过程中其温度恒定不变，这样的物体其热容量必定为无穷大，即质量或体积为无穷大，故从严格意义上讲，高、低温热源是实际中并不存在的理想体。实际工程中有比较接近这种理想体的情况，例如内燃机向大气环境排气放热，大气温度不会因此而发生明显的变化；制冷装置中冷凝器内制冷剂蒸气的凝结过程本身就是一个恒温过程。

有了高、低温热源和工质的概念，可将热力发动机中热能向机械能的转换关系归纳为：工质从高温热源吸取热能，将其中一部分转换为机械能，而将热能的剩余部分传给低温热源。此关系可用图 5-1a 表示，称为热机模型。制冷装置中机械能向热能的转换关系可归纳为：工质从低温热源吸热汽化，并连同压缩机中由机械功转化过来的热量一起带入冷凝器，转变成冷凝放热量，达到将热量由低温热源传送到高温热源的目的。此关系可用图 5-1b 表示，称为制冷机模型。

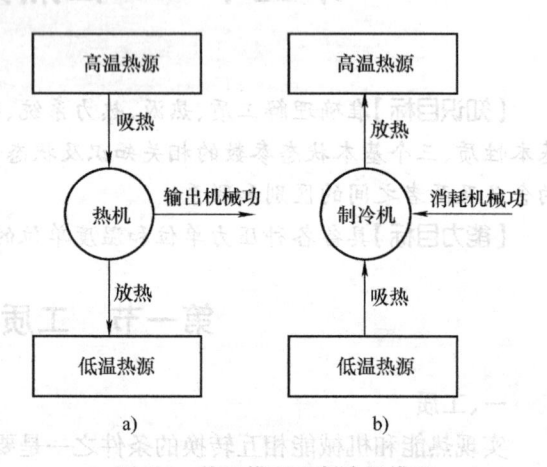

图 5-1 热机模型和制冷机模型

三、热力系统

1. 热力系统的概念

工程热力学是通过对工质状态变化的宏观分析来研究能量转换规律的。为了便于分析，需要在相互作用的各种热工设备中划分出某些确定的物质或某个空间中的物质作为研究对象。这种在研究热功转换过程中所选定的具体研究对象称为热力系统（或简称系统）；系统之外与能量转换过程有关的一切物质系统称为外界。系统与外界的分界面称为边界。边界可以是实际存在的，也可是假想的。例如，当取汽轮机中的工质（水蒸气）为热力系统时，工质与气缸壁间存在着实际边界，在工质的进、出口处可人为设想一个边界将系统中的工质与外界分开,如图 5-2b 所示。另外,系统和外界之间的边界可以是固定不动的,也可以有位移或变形的。例如,当取制冷压缩机气缸中的制冷剂蒸气作为热力系统时,制冷剂蒸气和气缸壁间的边界是固定不动的,但制冷剂蒸气与活塞间的边界却是可以移动而不断改变位置的,如图 5-2a 所示。当热力系统与外界发生相互作用时,必然有能量和物质穿越边界,因而可以在边界上判定热力系统与外界之间传递能量和物质的形式及数量。

2. 热力系统的分类

热力系统在热力学中的作用相当于理论力学中的分离体。理论力学中的分离体与其他物体间的相互作用只有一种,就是力的作用。但在进行热力学分析时,既要考虑热力系统内部的变化,也要考虑热力系统通过边界和外界发生的能量交换和物质交换,但不描述外界的变化。一般来说,热力系统与外界之间的相互作用有三种形式,即系统与外界的物质交换、功交换和热交换。按照系统与外界相互作用的不同,在热力学中将热力系统分为以下几类:

(1) 开口系统　与外界之间有物质交换的系统。例如,将汽轮机气缸中的工质选作系统时,它有工质的流入和流出,这就是开口系统,如图 5-2b 所示。开口系统与外界可以有功和热交换,也可以没有。由于开口系统所占据的空间体积是固定不变的,所以也称开口系统为控制容积。

(2) 封闭系统　与外界没有物质交换的系统。例如,将制冷压缩机气缸中正在被压缩的制冷剂蒸气选作系统,在忽略活塞与气缸壁缝隙泄漏的情况下,这就是封闭系统,如图 5-2a 所示。封闭系统中物质的质量恒定不变,故又称为控制质量。

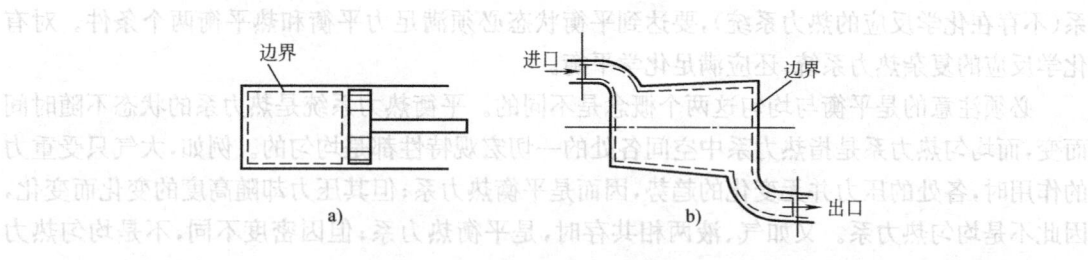

图 5-2　开口系统和封闭系统示例

(3) 绝热系统　与外界没有热量交换的系统。如果在汽轮机的外表面包以绝热材料,当工质流过汽轮机时的散热量相对于传输给外界的功量小到可忽略不计时,则此系统可认为是绝热系统。

(4) 孤立系统　与外界既没有物质交换,也没有功和热量交换的系统。将所有发生相互作用的各种设备和物质作为一个整体(包括工质、热源、冷源、耗功设备等),并将这个整体选定为研究对象时,则这个系统就是孤立系统。孤立系统的一切相互作用都发生在系统的内部,作为一个整体它与外界无任何相互作用。

热力系统的划分是相对的,系统的类型要根据具体划分情况而定。例如,将整个蒸汽动力装置划作一个热力系统,计算它在一段时间内从外界投入的燃料、向外界输出的功以及冷却水带走的热量时,整个蒸汽动力装置中工质的质量不变,是一个封闭系统。若只分析其中某个设备,如取汽轮机或锅炉中的工质为研究对象时,则同时存在功和热的交换以及物质的交换,就成了开口系统。

第二节 热力学状态及基本状态参数

一、热力学状态

在热工设备中，必须通过工质的压缩、吸热、膨胀、放热等变化过程，才能实现热能和机械能的相互转换。在这些过程中，工质的压力、温度等宏观物理状况随时在改变。工质在热功转化过程中的某一瞬间所表现出来的宏观物理状况称为热力学状态，或简称为状态。从微观的角度解释，状态是气态工质微观物理特性的宏观统计表现。

两端温度不同的物体或容器内密度不均匀的气体在不受外界影响时，由于物体各部分之间的热量传递和质量传递，它们的状态一定会随时间的变化而变化，并逐渐达到一种相对静止的状态，即整个系统不再存在热量传递和相对位移。此种相对静止状态已处于平衡。所谓热力学平衡状态是指热力系统在不受外界影响的条件下，宏观特性不随时间的变化而变化的状态。

对于没有外界影响的封闭热力系统，只要系统中存在压力差或温度差，系统就会自发地产生相对位移或热量传递，系统状态就会发生变化，而使系统处于非平衡状态。压力差和温度差是系统发生状态变化的推动力，在热力学中称为不平衡势。可见，系统处于平衡状态的条件是系统内部不存在不平衡势。当系统内部压力均匀一致时，则系统处于力学或机械平衡状态；当系统内部温度均匀一致，且等于外界的温度时，则系统处于热平衡状态。因而，对于简单热力系（不存在化学反应的热力系统），要达到平衡状态必须满足力平衡和热平衡两个条件。对有化学反应的复杂热力系统，还应满足化学平衡。

必须注意的是平衡与均匀这两个概念是不同的。平衡热力系统是热力系的状态不随时间而变，而均匀热力系是指热力系中空间各处的一切宏观特性都是均匀的。例如，大气只受重力的作用时，各处的压力并无变化的趋势，因而是平衡热力系；但其压力却随高度的变化而变化，因此不是均匀热力系。又如气、液两相共存时，是平衡热力系；但因密度不同，不是均匀热力系。对于气态或液态的单相热力系，当略去重力场的影响时，则处于均匀的平衡状态。

工程热力学只对平衡状态进行研究。这是因为处于不平衡状态的热力系统各部分的性质不尽相同，且随时间的变化而变化，还常伴有热量传递和相对位移，无法用共同的宏观特性来简单描述其所处的状态。研究平衡态热力系最大的方便是它不涉及时间因素，且分析所得结果与实际变化相差不大，可使研究热力系的状态和状态变化规律的工作得到大大简化。对非平衡态热力系，目前的研究已取得了较大的进展，已发展成为热力学的一个新兴学科分支——非平衡态热力学。

二、状态参数的概念及特性

用以描述热力系统状态的宏观物理量称为热力学状态参数，简称状态参数。状态参数的数值由系统的状态唯一确定。当系统从初态变化为终态时，状态参数的变化量只与系统的初、终状态有关，而与变化的路径无关。因此，状态参数是系统状态的单值函数或点函数，状态参数的微分变量是全微分。这就是判断一个参数是否为状态参数的充要条件。热力学中，将参数的变化量只与初、终状态有关，而与中间过程无关的量统称为状态量。热力学中还有一些参数，它们的变化量不仅与系统的初、终状态有关，而且与变化路径有关，这类参数称为过程量。它们不是状态参数，其微分也不是全微分，体积功和热量就是典型的过程量。

在工程热力学中,常用的状态参数有压力、温度、比体积、热力学能、焓和熵等。其中,压力、温度和比体积三个状态参数是可通过仪器或仪表直接观察和测量的参数,且是具有明显物理意义的参数,称为基本状态参数。

三、热力学基本状态参数

1. 温度

温度是物体冷热程度的宏观量度。若将冷热程度不同的两个物体相互接触,它们之间就会发生热量交换。在不受外界影响的条件下,两个物体的冷热程度将同时发生变化,热的物体逐渐变冷,冷的物体逐渐变热,经过一段时间后,它们将达到相同的冷热程度,达到一种动态热平衡状态,称为热平衡,也称温度平衡。从微观的角度看,温度反映了物质内部微观粒子热运动的剧烈程度。对于气体,它是大量分子平均动能的量度,热传递的方向总是由温度高的物体传向温度低的物体。这种热量的传递将持续不断地进行,直到两物体的温度相等时为止。

温度可利用温度计进行测量,若将温度计分别与各被测物体接触,则在达到热平衡时,由温度计的读数即可知各被测物体的温度。使用温度计来测量温度的原理可用热力学第零定律来说明。即无论多少个物体相互接触都能达到热平衡,当物体 A 同时与物体 B 和物体 C 接触而达到热平衡时,若物体 B 和 C 接触,它们也一定处于热平衡之中。这样,比较两个物体的温度时无需让它们接触,只要用另外一个物体分别与它们接触就可以了,这个另外的物体就是温度计。热力学第零定律为温度的测量及温度计量标尺的建立提供了理论基础。

测量温度的标尺称为温标。工程上常用的温标有摄氏温标、华氏温标和热力学温标等。摄氏温标规定在标准大气压下纯水的冰点是 $0℃$,沸点是 $100℃$;华氏温标规定标准大气压下纯水的冰点是 $32℉$,沸点是 $212℉$。它们分别将相应的两个基准点间分成 100 等份和 180 等份,分别称为 $1℃$ 和 $1℉$,显然,两者的刻度大小是不同的。摄氏温度 t 与华氏温度 θ 之间的换算关系是

$$\frac{t}{℃} = \frac{5}{9}\left(\frac{\theta}{℉} - 32\right) \tag{5-1}$$

由选定任意一种测温物体的某种物理特性、采用任意一种温度标定规则所得到的温标称为经验温标。由于经验温标依赖于测温物质的性质,因此当选用不同测温物质的温度计、采用不同的物理量作为温度的标志来测量温度时,除选定为基准的温度(如冰点和沸点)外,其他的温度都有微小的差异。因而任何一种经验温标都不能作为度量温度的共同标准。

根据热力学第二定律的基本原理所制定的热力学温标与测温物质的性质无关,可以成为度量温度的共同标准。国际上规定以热力学温标作为测量温度的最基本温标。

热力学温标的单位是开尔文,符号为 K(开)。热力学温标的基准点采用水的三相点,即水的固相、液相和气相平衡共存的状态点。将水的三相点温度作为单一基准点,并规定该点温度为 273.16K。摄氏温度 t 与热力学温度 T 之间的关系是

$$\frac{t}{℃} = \frac{T}{K} - 273.15 \tag{5-2}$$

由此可知,摄氏温标和热力学温标的温度间隔完全相同,只是零点的选择不同。摄氏温度 $0℃$ 相当于热力学温度的 273.15K。显然,水的三相点温度就是摄氏温度 $0.01℃$。

【例 5-1】 已知华氏温度为 $167℉$,若换算成摄氏温度和热力学温度各为多少?

解:摄氏温度为:$t = \frac{5}{9}\left(\frac{\theta}{℉} - 32\right)℃ = \frac{5}{9}(167 - 32)℃ = 75℃$

热力学温度为:$T = \left(\frac{t}{℃} + 273.15\right)K = (75 + 273.15)K = 348.15K$

2. 压力

物体单位面积上所受到的垂直作用力称为压力。分子运动学中将气体的压力看作是分子撞击容器内壁的结果。由于气体分子数目极多，撞击频繁，所以压力反映了大量分子在一段时间内对容器壁面的平均碰撞力的大小。气体压力的方向总是垂直于容器内壁的。

气体压力的测量常用弹簧管式压力计、U 形管压力计等仪表进行测量。由于这些测压仪表本身处于大气压力作用下，故所测得的压力是工质的真实压力 p 与大气压力 p_b 之差，称为表压力 p_g。工质的真实压力称为绝对压力 p。

当绝对压力大于大气压力时(见图 5-3a)有

$$p = p_g + p_b \tag{5-3}$$

当工质的绝对压力小于大气压力时(见图 5-3b)有

$$p = p_b - p_v \tag{5-4}$$

式中，p_v 表示绝对压力低于大气压力的差值，称为真空度。此时测量工质压力的仪表称为真空计。

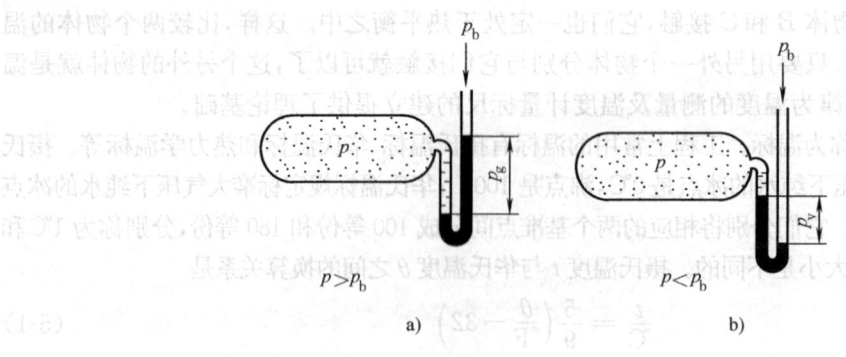

图 5-3 U 形管压力计

作为工质状态参数的压力应该是绝对压力。大气压力是地面上空气柱的重量所造成的，它随着各地的纬度、高度和气候条件的不同而有所变化，可用气压计测量。因此，即使工质的绝对压力不变，表压力和真空度仍有可能变化。在用压力计进行热工测量时，必须同时用气压计测定当地大气压力，才能得到工质绝对压力的精确值。

在法定计量单位中，压力的单位为牛顿/米^2，即 $1m^2$ 的面积上作用有 $1N$ 的力，称为帕斯卡，符号为 Pa(帕)。工程应用上因 Pa 的单位太小，常用兆帕(MPa)和千帕(kPa)表示。

$$1MPa = 10^3 kPa = 10^6 Pa$$

暂时与法定计量单位并用的压力单位还有巴(bar)：

$$1bar = 10^5 Pa$$

工程上表示压力的单位还有标准大气压(atm)、工程大气压(at)、毫米汞柱(mmHg)和米水柱(mH$_2$O)等。所谓标准大气压是指纬度为 45°的海平面上的常年大气压的平均值，其数值为 760mmHg。这些压力单位之间的换算关系为：

$$1atm = 760mmHg = 1.013\ 25 \times 10^5 Pa = 1.013\ 25 bar \tag{5-5}$$

$$1at = 1kgf/cm^2 = 735.6mmHg = 0.981bar = 10mH_2O \tag{5-6}$$

【例 5-2】某热电厂新蒸汽的表压力为 100at，冷凝器的真空度为 94 620Pa，送风机表压力为145mmHg,当时气压计读数为755mmHg。试问以Pa为单位的绝对压力各为多少？

解：大气压力 $p_b=755\text{mmHg}\times133.3\text{Pa/mmHg}=100\ 642\text{Pa}$

新蒸汽的绝对压力为

$$p_1 = p_b + p_g = 100\ 642\text{Pa} + 100\text{at}\times 98\ 100\text{Pa/at} = 9\ 910\ 642\text{Pa}$$

冷凝器中蒸汽的绝对压力为

$$p_2 = p_b - p_v = 100\ 642\text{Pa} - 94\ 620\text{Pa} = 6\ 022\text{Pa}$$

送风机出口空气的绝对压力为

$$p_3 = p_b + p_g = 100\ 642\text{Pa} + 145\text{mmHg}\times 133.3\text{Pa/mmHg} = 119\ 971\text{Pa}$$

3. 比体积

单位质量物体所占有的体积称为比体积,用符号 v 表示。法定计量中用 m^3/kg 作单位,如质量为 m 的物质,占有 V 的容积,则

$$v = V/m$$

反之,单位体积内物体的质量称为密度(kg/m^3),若用符号 ρ 表示,则

$$\rho = m/V$$

显然,v 与 ρ 互成倒数关系,即 $\rho v=1$,它们不是互相独立的参数,可任选其中之一,热力学中常用 v 作为独立状态参数。对于固定质量的工质,其体积 V 也可作为状态参数。气体的比体积反映了气体分子的空间密集程度。

四、状态方程和状态参数坐标图

对于由气态工质组成的热力系统,当系统处于平衡状态时,各部分具有相同的压力、温度和比体积等参数。经验表明,这些参数并不是彼此独立,互不相关的。当一定质量的气体在固定体积内被加热时,压力随温度的升高而升高。如果体积和压力都保持一定的数值,则温度也一定保持不变,即 p 和 v 一定时,T 一定,状态即被确定。对于由气态工质组成的无化学反应的简单热力系统,已知两个相互独立的状态参数就可确定状态,即只要已知两个相互独立的状态参数,则系统的其他参数也就被确定了。用数学式表示为

$$T = f(p,v) \qquad p = f(T,v) \qquad v = f(p,T)$$

可见,p、v、T 三个基本参数之间总存在着一定的关系。这种关系称为状态方程,用隐函数形式可表示为

$$F(p,v,T) = 0$$

两个独立状态参数可确定简单热力系统平衡状态的事实说明,只要用三个基本状态参数中的任意两个作为一个平面直角坐标系的纵、横坐标而构成状态参数坐标图,就可清晰地表示出系统所处的热力学状态。工程上应用最多的是以压力 p 为纵坐标,比体积 v 为横坐标的 p-v 坐标图,如图5-4所示。例如,具有压力 p_1、比体积 v_1 的气体,它的状态可用 p-v 图中点1来表示。显然只有平衡状态才能用图上的一个确定的点来表示,不平衡状态没有确定的参数,在坐标图上无法用一个确定的点来表示。在以后的学习中,将会看到 p-v 图还具有示功图的意义。

图5-4 p-v 图

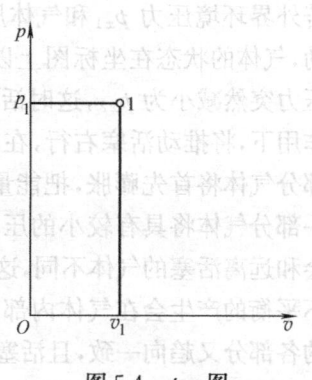

第三节 热 力 过 程

一、热力过程

所谓"热力过程"是热力系统按照一定规律进行连续变化所经历的全部状态的总称。或者说，热力过程是实现热能与机械能相互转换的过程，热能与机械能的相互转换只能通过工质的膨胀或压缩来实现，因而在热力过程中必然伴随热力系统状态的变化。

当热力系统受到外界影响时，例如外界对系统加热，热力系统所处的平衡状态将遭到破坏，状态发生变化，从一个平衡状态经过连续的中间状态变至另一个新的平衡状态。热力系统的平衡状态本身不会发生变化，只有在外界条件发生改变，使系统与外界之间存在温差、压力差等不平衡势时，才会引起热力系统状态的变化，直到与外界达到一个新的平衡。热力过程实质上是热力系统在温差、压力差等不平衡势差的作用下发生的系统热力状态的变化过程。温差的存在必然导致系统与外界之间发生热交换，压力差的存在必然导致系统内气态工质体积的改变，使气体产生膨胀或压缩现象，引起机械功的交换。即热力系统在发生状态变化的热力过程中，必然伴随着能量的传递或转换。实际上各种热工设备就是通过不同热力过程的组合来实现热能、机械能相互转换和传递的目的的。

二、准平衡过程

热力系统之所以会发生热力状态的变化，都是由于一定的不平衡势引起的，而一切不平衡状态都会自发地向平衡状态过渡。若系统状态变化的速度（即平衡被破坏的速度）远远小于热力系统内部分子运动的速度（即恢复平衡的速度），则平衡状态的每一次破坏都偏离平衡状态非常近，而且很快又会恢复到新的平衡状态，可认为状态变化过程的每一瞬间，系统都处于平衡状态。即认为热力系统可由一个平衡状态连续过渡到另一个平衡状态，状态变化过程由一连串的平衡状态所组成。也就是说，热力系统内部的压力和温度随时都是均匀一致的，即随时都处于内部平衡状态。这种由无限多个非常接近于平衡状态的状态所组成的热力过程就称为准平衡过程（或称准静态过程）。若状态变化过程中某一瞬间，热力系统的状态与平衡状态有一定的偏离，则整个过程就称为非准静态过程。

下面观察由于力的不平衡而进行的气体膨胀过程。如图 5-5 所示，气缸中有 1kg 气体，其参数为 p_1、v_1、T_1，若外界环境压力 p_{x1} 和气体压力 p_1 相等，则活塞静止不动，气体的状态在坐标图上以点 1 表示。如果外界环境压力突然减小为 p_{x2}，这时活塞两边压力不平衡，在压差作用下，将推动活塞右行，在右行过程中，接近活塞的一部分气体将首先膨胀，把能量传递给了活塞。因此这一部分气体将具有较小的压力和较大的比体积，温度也会和远离活塞的气体不同，这就造成了气体内部不平衡。不平衡的产生会在气体内部引起传热和位移，最终气体的各部分又趋向一致，且活塞终止于某一位置，气体的压力与外界又重新建立平衡。此时，外界环境压力 $p_{x2} =$

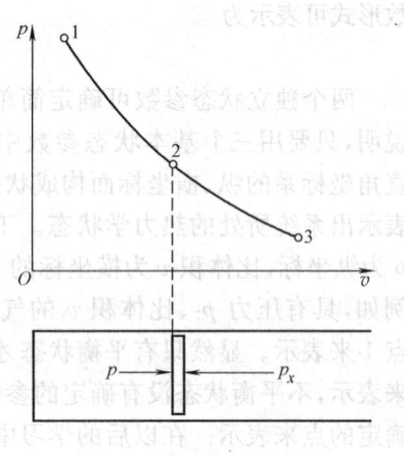

图 5-5 气体膨胀过程

p_2，其状态如图中点 2。如果再减小外界压力到 p_{x3}，则活塞继续右行，达到新的平衡状态 3。气体在点 1、2、3 是平衡状态，而当气体从状态 1 变化到状态 2 和从状态 2 变化到状态 3 时，中间经历的状态则是不平衡的，这样的过程就是不平衡过程。外界环境压力的每次改变量越大，则造成气体内部的不平衡性越明显。但若外界环境压力每次只改变一个微量，而且在两次改变间有大于恢复平衡所需时间的时间间隔，则系统每次偏离平衡状态极少，而且很快又恢复了平衡，在整个状态变化中好像系统始终没有离开平衡状态，这样的过程就是准平衡过程。由此可见，气体工质在压差作用下实现准平衡过程的条件是系统和外界之间的压力差为无限小，即 $\Delta p = (p - p_x) \to 0$。

上述例子只说明了力的平衡。其实在准平衡过程中还需要热的平衡，即系统内的温度也必须随时均匀一致，这要求在过程中气体的温度也必须与气缸壁和活塞一致。如果气缸壁与温度较高的热源相接触，则接近气缸壁的一部分气体温度将首先升高，同样引起压力和比体积的变化，导致气体内部的不平衡，随着分子的热运动和气体的宏观运动，这种影响再逐渐扩大到整个工质内部各处。此时，若外界环境压力未变，则由于气体压力的增大将推动活塞右行，其现象同上。这一变化将进行到气体各部分都达到热源温度，压力则达到和外界压力相平衡，体积则对应于新的温度和压力下的数值，而后处于新的平衡。显然中间经过的各状态是不平衡的，这样的过程也是不平衡过程。只有当传热时热源和气体的温度始终保持相差为无限小时，其过程才是准平衡的。由此，气体工质在温差作用下实现准平衡过程的条件是系统和外界的温差为无限小，即 $\Delta T = (T - T_x) \to 0$。

热平衡和力平衡是相互关联的，只有系统与外界的压力差和温差均为无限小的过程才是准平衡过程。若在过程中还有其他不平衡势存在，实现准平衡过程还必须加上其他相应条件。只有准平衡过程才可用状态参数坐标图上的一条连续曲线来表示，也只有准平衡过程才能用工程热力学的方法进行分析和计算。由于实际过程都是在有限温差和压差作用下进行的，因而都是不平衡过程，准平衡过程是实际过程的理想化。但是在适当的条件下可将实际设备中进行的热力过程当作准平衡过程处理。这是因为不平衡态的出现常常是短暂的。例如活塞式柴油机中，燃气与外界一旦出现不平衡，燃气也有足够的时间得以恢复平衡。实际上，活塞运动的速度（平衡被破坏的速度）通常不足 10m/s，而气体分子的运动速度（恢复速度）极大，气体内的压力波的传播速度接近声速，即使气体内部存在某些不平衡性，也可以迅速得以消除，使气体变化过程比较接近准平衡过程。

三、可逆过程

进一步观察准平衡过程，可以看到它有一个重要特性。图 5-6 表示一个由工质、机器和热源组成的系统。工质沿 1→3→4→5→6→7→2 进行准平衡的膨胀过程，同时自热源吸热。因在准平衡过程中工质随时都和外界保持热与力的平衡，热源与工质的温度是随时相等的，或只相差一个无限小的温差和压力差，则过程随时可以无条件地逆向进行，使外力压缩工质的同时向热源放热。若过程是不平衡的，则当进行膨胀过程时工质的作用力一定大于反抗力，这时若不改变外力的大小就不能用这个较小的反抗力来压缩工质回行。

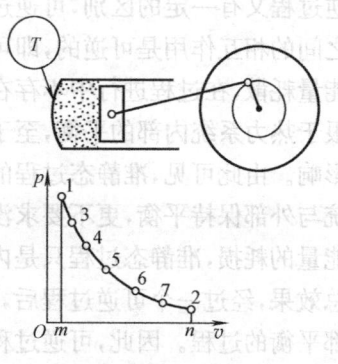

图 5-6 可逆过程示意图

同样,当工质自热源吸热时,热源温度高过工质,当然也不能让温度较低的工质向同一热源放热而使过程逆行。

由此可见,在上述准静态的膨胀过程中,工质对活塞做了一份机械功。若工质及整个系统中不存在摩擦等耗散效应(摩擦使功变成热的现象),则机械功以动能的形态全部储存于飞轮中。此时利用飞轮的动能来推动活塞逆行,使工质沿 2→7→6→5→4→3→1 压缩,则压缩工质所消耗的功正好与膨胀所产生的功相等。此外,在压缩过程中工质同时向热源放热,所放出的热量与膨胀时所吸收的热量相等。当工质又回复到原来状态点 1 时,柴油机与热源也都回复到原来的状态。工质及过程所牵涉到的外界全部回复到原来状态而不留下任何变化。

当系统经历某一过程后,如果能使系统沿与原来相同的路径返回到原态,且不对外界留下任何影响,这种过程就称为可逆过程。相反,不满足上述条件的过程就是不可逆过程。

不平衡过程一定是不可逆过程。在图 5-6 所示的系统中,若工质进行的是不平衡的膨胀过程,则飞轮所获得的动能一定小于工质所作的机械功。利用这一动能显然将不足以压缩工质沿原来的路径回复到原态。为了压缩工质回复原态,必须由外界供给额外的机械能。此时,由于热的不平衡工质在吸热时温度随时低于热源的温度,故当逆向进行时,温度较低的工质就不可能将热量交还给此热源,而只能向另一温度更低的热源放热。可见,工质进行了一个不平衡过程后必将产生一些不可逆复的后遗效果,也不可能使过程所涉及的外界环境全部回复到原来的状态,或者说要使系统回复原态,必对外界留下一定的影响。所以,这样的一个不平衡过程必定是不可逆过程。

另外,若存在任何种类的摩擦,必然会引起耗散效应。无论在正向过程还是逆向过程中都必将因摩擦引起机械功部分变成热量,而这部分热量是不可能再自发地转变为功的,这就会留下不可逆复的后遗效果。所以,有摩擦的过程都是不可逆的。在工程上常见的不可逆因素,除摩擦外,还有有限温差下的热传递、自由膨胀、不同工质的混合等因素。

综上所述,要实现可逆过程必须同时满足以下两个条件:

1)在过程进行中,系统内部以及系统和外界不存在不平衡势差,即同时保持热平衡和力平衡,或者说过程应为准静态过程。

2)在过程进行期间,无任何引起能量损失的耗散效应存在。

对于热力系统而言,准静态过程与可逆过程都是由一系列平衡状态所组成,都能在热力状态参数坐标图上用一条连续曲线来描述,并用热力学方法对之进行分析。但准静态过程与可逆过程又有一定的区别,可逆过程不仅要求热力系统内部是平衡的,而且要求热力系统与外界之间的相互作用是可逆的,即可逆过程必须要保持系统内、外的力平衡与热平衡,且又无任何能量耗散,在过程进行中不存在任何引起能量损失的不可逆耗散效应。而准静态过程只是着眼于热力系统内部的平衡,至于外部有无摩擦等不可逆因素存在,对热力系统内部的平衡并无影响。由此可见,准静态过程的条件仅限于热力系统内部的力平衡和热平衡,并不要求热力系统与外部保持平衡,更不要求没有摩擦等损失。也就是说,准静态过程进行时,外界可能发生能量的耗损,准静态过程只是内部平衡过程。而可逆过程则是分析热力系统与外界所产生的总效果,经过一个可逆过程后,要求系统的内部和外界均回到原态,即可逆过程是内部和外部都平衡的过程。因此,可逆过程必然是准静态过程,而准静态过程只是可逆过程的条件之一。只有无任何耗散效应的准静态过程才是可逆过程。

实际过程都是不可逆的,只是不可逆程度不同而已。有些过程虽是不可逆的,但热力系统内部却接近于准静态过程,因而热力系统的状态变化可在状态参数坐标图上描述。热力学中有时将一些与过程有关的不可逆因素推之于系统之外,用一准静态过程代替不可逆过程,来研究热力系统状态变化的基本规律。可逆过程虽不能实现,由于过程中能量损耗为零,理论上其热功转换效率应最高,也就是说它代表实际过程中可能获得的最大有用功。在工程热力学中,常引用可逆过程的概念来研究热力系统与外界所产生的总效果,以此作为改进实际过程的方向和准绳,并可以帮助人们识别造成不可逆的各种实际因素,判断其不利影响,以便抓住主要矛盾,提出最合理的工程方案。

【案例分析与知识拓展】

案例1:简单蒸汽压缩制冷装置

图5-7所示为目前广泛使用的蒸汽压缩制冷循环装置原理图。在此装置中,压缩机将已吸收了热量而成为气态的制冷剂抽回气缸内,随即压缩成高温高压的气体,在这里实现机械功向热能的转换。气态制冷剂排放到冷凝器中,进行散热而液化,液化后的液态制冷剂由膨胀阀节流减压,经过毛细管变成低温低压气液混合物进入蒸发器。在蒸发器中制冷剂吸热(维持冷却空间的低温)而完全汽化,然后再次被压缩机吸回。只要压缩机不断地工作,给制冷剂压缩功,该装置就能不断地将热量由低温冷却空间(冰箱)移到高温环境(通过冷凝器向环境散热),并连续地进行制冷,使冰箱空间内实现冷藏、冷冻。

图5-7 简单蒸汽压缩制冷循环装置原理图

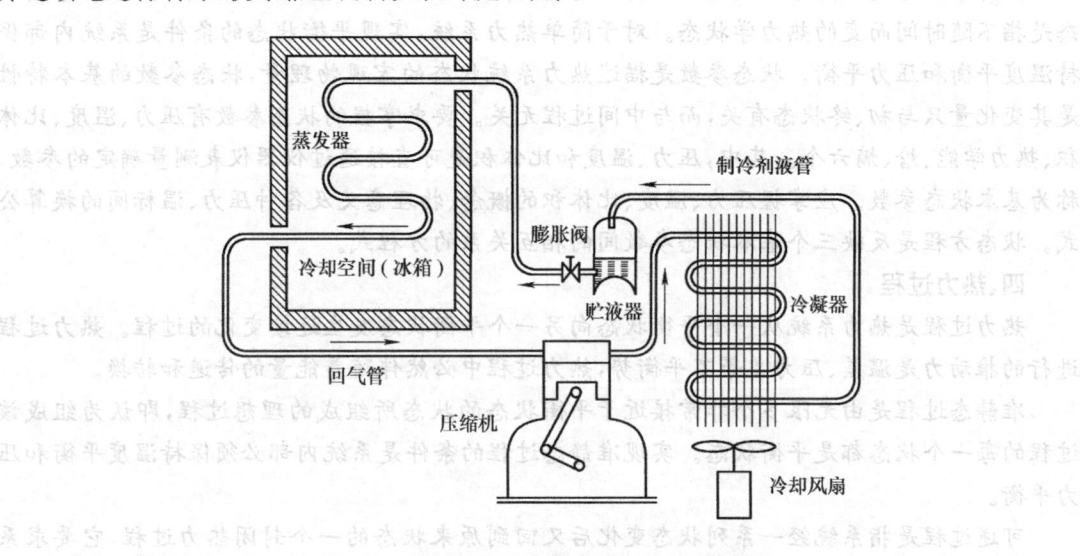

该装置中制冷工质被完全封闭(不考虑泄漏时)在系统内进行周而复始地循环,若取制冷工质为热力系统,显然这是一个封闭热力系统。尽管在循环过程中制冷剂发生了相态的变化,但实现热功转换过程中(压缩机内的压缩过程),制冷工质仍为气态。

案例2:典型不可逆过程分析(自由膨胀过程)

刚性绝热容器中间用隔板分为两部分,A空间存有高压气体,B

图5-8 自由膨胀过程

空间保持真空,如图 5-8 所示。若将隔板抽去,A 空间的气体必定自动地向 B 空间膨胀,占据整个容器。由于 B 空间为绝对真空,这里气体进行的是一个无阻力自由膨胀过程,不对外做机械功。显然气体不会自动压缩、升压返回到 A 侧。若要求气体一定要回到原态,则必须由外界提供一定的机械功对气体实施压缩,这样尽管系统内部恢复了原态,但势必在系统外部留下了影响(消耗了外部机械功)。所以,气体自由膨胀过程是一个典型的不可逆过程。

【本章小结】

一、工质

工质是实现热能和机械能相互转换的媒介物质,它是热功转换过程中的能量载体。因气态物质具有良好的膨胀压缩性和流动性,所以热工设备中一般以气态物质作工质。热源和冷源是指吸、放热过程中温度恒定不变的物体,这样的物体的热容应为无穷大,故冷、热源都是理想体。

二、热力系统

热力系统是研究热功转换过程中所选定的具体研究对象。按热力系统与外界相互作用的不同,可将热力系统相对地划分为封闭系统、开口系统、绝热系统和孤立系统四大类。

三、状态及基本状态参数

热力学状态是热力系统宏观物理特性的总标志。工程热力学主要研究平衡状态,平衡状态是指不随时间而变的热力学状态。对于简单热力系统,实现平衡状态的条件是系统内部保持温度平衡和压力平衡。状态参数是描述热力系统状态的宏观物理量,状态参数的基本特性是其变化量只与初、终状态有关,而与中间过程无关。要求掌握的状态参数有压力、温度、比体积、热力学能、焓、熵六个。其中,压力、温度和比体积是可直接通过仪器仪表测量确定的参数,称为基本状态参数。应掌握压力、温度、比体积的概念、物理意义及各种压力、温标间的换算公式。状态方程是反映三个基本状态参数间的相互关系的方程式。

四、热力过程

热力过程是热力系统从一个平衡状态向另一个平衡状态发生连续变化的过程。热力过程进行的推动力是温差、压力差等不平衡势,热力过程中必然伴随着能量的传递和转换。

准静态过程是由无限多个非常接近于平衡状态的状态所组成的理想过程,即认为组成该过程的每一个状态都是平衡状态。实现准静态过程的条件是系统内部必须保持温度平衡和压力平衡。

可逆过程是指系统经一系列状态变化后又回到原来状态的一个封闭热力过程,它要求系统内部和外界都回到原来的状态,不对外界留下任何影响。可逆过程的最大特点是过程中无任何能量损失,它是实现能量转换的最理想过程,尽管实际过程都是不可逆的,但理想的可逆过程可作为改进实际过程的方向和准绳。

【思考与练习题】

5-1 说明下列实际热力设备或装置各属于何种系统。

1)内燃机压缩冲程中的燃气。

2) 运行中的蒸汽锅炉。

3) 备用的充有压缩空气的空气瓶中的压缩空气。

4) 包括热源、冷源和功的接受装置在内的整套蒸汽动力装置。

5-2 实现热力学平衡状态的条件是什么？平衡状态与均匀状态有何区别？

5-3 用华氏温度计和摄氏温度计测量同一物体的温度，什么时候两温度计的读数相同？

5-4 准静态过程和可逆过程的热力学定义是什么？在工程热力学中讨论这两个过程有什么重要意义？准静态过程和可逆过程有何联系和区别？

5-5 某水银气压计中混进了一些空气泡，使读数比实际的数值小，若精确的气压计读数为 768mmHg 时，它的读数只有 748mmHg，这时管内水银面到管顶的距离为 80mm。假定大气温度保持不变，求当该气压计的读数为 734mmHg 时，实际气压值为多少？

5-6 锅炉烟道中的烟气压力常用倾斜式微压计测量，如图 5-9 所示。若已知斜管倾角 $\alpha=30°$，微压计中使用密度 $\rho=1\text{g/cm}^3$ 的水，斜管中液柱长度 $L=160\text{mm}$，当时当地大气压力 $p_b=740\text{mmHg}$，求烟气的真空度（用 mmH_2O 表示）及绝对压力（用 at 表示）

5-7 用刚性壁将容器分隔成两部分，在容器不同部位安装有压差计，如图 5-10 所示。压力表 B 上的读数为 $1.75\times10^5\text{Pa}$，表 C 上的读数为 $1.10\times10^5\text{Pa}$。如果大气压力为 $0.97\times10^5\text{Pa}$，试确定表 A 上的读数，并确定两部分容器内气体的绝对压力为多少。

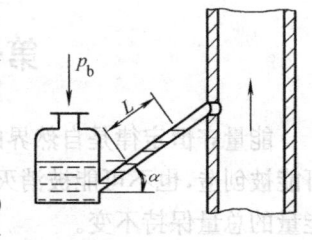

图 5-9 题 5-6 图

5-8 如图 5-11 所示，已知大气压力 $p_b=101\,325\text{Pa}$，U 形管中水银柱高度差 $H=300\text{mm}$，压力表 B 读数为 0.2543MPa，求 A 室绝对压力 p_A 及压力表 A 的读数。

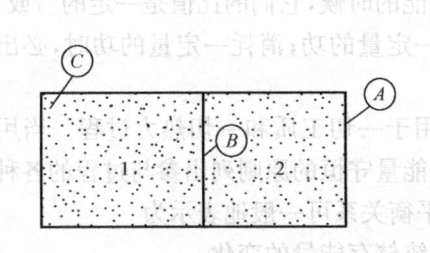

图 5-10 题 5-7 图

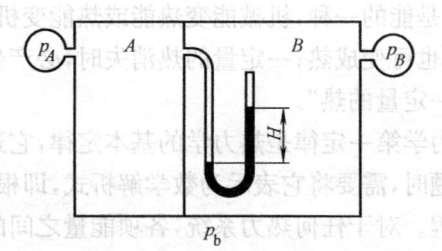

图 5-11 题 5-8 图

第六章 热力学第一定律

【知识目标】准确理解热力学第一定律的内容和实质；掌握热量和体积功的基本计算公式；了解热量和体积功之间的区别和联系；理解气体热力学能和焓的定义；熟练掌握封闭系统热力学第一定律的能量方程，熟悉开口系统稳定流动能量方程的意义。

【能力目标】具备运用热力学第一定律分析解决实际工程问题的能力。

第一节 热力学第一定律的实质

能量守恒定律是自然界的基本规律之一，它指出：自然界中一切物质都具有能量，能量不可能被创造，也不可能被消灭；但能量可从一种形态转变为另一种形态，在能量的转化过程中，能量的总量保持不变。

热力学第一定律是能量守恒定律在热现象上的具体应用。它指出了热能与其他形态的能量，诸如机械能、化学能和电磁能等在相互转化时其数量上的守恒关系。在工程热力学的范围内则主要是热能和机械能之间的相互转化和守恒，它可表述如下：

"热是能的一种，机械能变热能或热能变机械能的时候，它们的比值是一定的"，或"热可变成功，功也可变成热；一定量的热消失时，必产生一定量的功；消耗一定量的功时，必出现与之对应的一定量的热"。

热力学第一定律是热力学的基本定律，它适用于一切工质和一切热力过程。当用于分析具体问题时，需要将它表示为数学解析式，即根据能量守恒的原则列出参与过程的各种能量的平衡方程。对于任何热力系统，各项能量之间的平衡关系可一般地表示为

进入系统的总能量－离开系统的总能量＝系统储存能量的变化 (6-1)

热力学第一定律确定了热能和机械能可以相互转换，并在转换时存在着确定的数量关系，所以热力学第一定律也称为当量定律。

根据热力学第一定律，为使热力发动机输出机械功，必须以花费热能为代价。历史上曾有人企图制造一种不消耗能量而连续不断做功的所谓第一类永动机。实践证明，第一类永动机是不存在的。因为这种机器从根本上违反了热力学第一定律所描述的能量守恒规律。因此，热力学第一定律也可表述为"第一类永动机是不存在的"。

第二节 过程功与热量

一、体积功

在理论力学中，将力和沿力作用方向的位移的乘积定义为力所做的功。若在力 F 作用下物体发生微小位移 dx，则力 F 所做的微元功为 $\delta W = F dx$。现设物体在力 F 作用下由空间某点 1 移动到点 2，则力所做的总功为

$$W_{12} = \int_1^2 F dx$$

下面研究气态工质在可逆过程中所做的功。设质量为 $m\mathrm{kg}$ 的气态工质在气缸中作可逆膨胀,其变化过程以图 6-1 中连续曲线 1-a-2 表示。设工质的压力为 p,由于膨胀过程是可逆的,气缸内工质压力应随时与外界对活塞的反作用力相差无限小。工质推动活塞移动距离 dx 时,反抗外力所做的膨胀功为 $\delta W = F dx = pA dx = p dV$,这里 A 为活塞面积,dV 是工质体积变化量。

在工质从状态 1 到状态 2 的膨胀过程中,所做的膨胀功为

$$W_{12} = \int_1^2 p dV \tag{6-2}$$

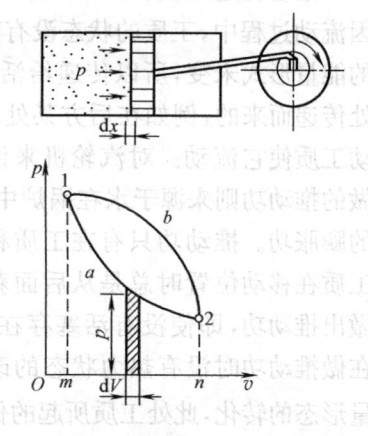

由式(6-2)可见,可逆过程中工质所做的功只决定于工质的状态参数及其变化规律,而无需考虑外界情况。如果已知过程 1-a-2 的过程方程式 $p = f(V)$,即可由积分求得膨胀功的数值。膨胀功 W_{12} 在 p-V 图上可用过程线下方的面积 1-a-2-n-m-1 来表示。因此,p-V 图又称为示功图。

图 6-1 气体膨胀作功示意图

如果工质质量为 1kg,体积可用比体积 v 代替,则单位质量工质所做的功为

$$\delta w = p dv \tag{6-3}$$

或

$$w_{12} = \int_1^2 p dv \tag{6-4}$$

如果过程按反向 2-a-1 进行时,同样可得

$$w_{21} = \int_2^1 p dv$$

此时 dv 为负值,故所得的功也是负值。正值代表气体膨胀对外做功,而负值代表外力压缩气体所消耗的功,即膨胀功为正,压缩功为负。

膨胀功或压缩功都是通过工质体积的变化而与外界交换的功,因此统称为体积功。从体积功的计算式可看出,体积功只与气体体积的变化量有关,而与体积形状无关,无论气体是由气缸和活塞包围的,还是由任一假想的界面包围,只要被界面包围的气体体积发生了变化,同时过程是可逆的,则在边界上克服外力所做的功,都可用式(6-2)和式(6-4)来计算。这两式是体积功的基本计算式。

从图 6-1 还可看出,如果工质沿另一曲线 1-b-2 进行膨胀,显然曲线下面的面积不同,亦即做出的体积功不同。由此可得出结论:体积功的数值不仅取决于工质的初、终状态,还与过程中间经过的路径有关。或者说,体积功是过程参数,而不是状态参数。从数学意义上讲,它不具有全微分,因而用 δw 来代表微元功。

二、推动功(或流动功)

除了体积功这类与系统的界面移动有关的功外,还有因工质在开口系统中流动而传递的功,称之为推动功或流动功。对开口系统进行功的计算时需要考虑这种功。

图 6-2 所示为工质经管道进入气缸的过程。设工质状态参数是 p、v、T,用 p-v 图中点 O 表示,移动过程中工质的状态参数不变。工质作用在面积为 A 的活塞 B 上的力是 pA,当工质流入气缸时推动活塞移动了距离 ΔS,所做的功为 $pA\Delta S = pV = mpv$(J),式中 m 表示进入气

缸的工质质量,此即推动功。1kg 工质的推动功等于 pv(J/kg),如图 6-2 中矩形面积所示。

推动功是工质在开口系统中流动时所传递的功,因流动过程中,工质的状态没有改变,工质本身所具有的能量形式未变,所以传递给活塞的能量只能是由别处传递而来的,例如在后方某处有另一个活塞 A 在推动工质使它流动。对汽轮机来说,蒸汽进入汽轮机所做的推动功则来源于水在锅炉中定压吸热汽化所产生的膨胀功。推动功只有在工质移动位置时才起作用,工质在移动位置时总是从后面获得推动功,而对前面做出推动功,即使没有活塞存在时也完全一样。工质在做推动功时没有热力状态的改变,当然也不会有能量形态的转化,此处工质所起的作用只是单纯的传输能量,就像传动带一样。

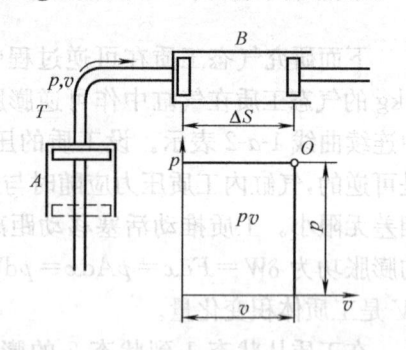

图 6-2 工质流动过程中所传递的推动功

【例 6-1】 2kg 温度为 100℃的水,在 0.1MPa 的压力下完全汽化为水蒸气。若水和水蒸气的比体积分别为 0.001m³/kg 和 1.673m³/kg,汽化过程为可逆,试求水因汽化膨胀而对外做的功。

解:因为是可逆定压过程,2kg 水汽化过程中所做体积功可由体积功的基本计算式(6-4)计算:

$$W = m\int_{v_1}^{v_2} pdv = mp(v_2 - v_1) = 2 \times 0.1 \times 10^6 \times (1.673 - 0.001)\text{J} = 334.4\text{kJ}$$

由上述计算可看出,功为正值,表示热力系统对外界做功,即水汽化时体积膨胀对外做出膨胀功。

三、热量与温熵图

在热力学中,热量的定义为:"通过热力系统边界所传递的除功以外的能量"。只有当热力系统与外界或热力系统内各部分之间存在温差时,才发生热能的传递。

既然热量和体积功都是传入或传出热力系统的一种能量形式,因此热量也是过程函数,而不是状态参数。热量以 Q 表示,单位质量的传热量以 q 表示,即 $q=Q/m$。用 δq 或 δQ 表示微元热量,热量不存在全微分。在我国法定计量单位中,热量 Q 和功 W 的单位均采用焦耳(J)表示,q 的单位为 J/kg。热力学中规定传入热力系统的热量为正值,传出热力系统的热量为负值。

做功和传热是能量传递和转换的两种基本方式。功是由压差作用而传递的能量,热量则是温差的作用而传递的能量。它们都是能量传递过程的一种量度,且能相互转换,只是传递形式不同而已。可逆过程中,热力系统与外界交换的功量可用两个状态参数 p 和 v 描述,即

$$\delta w = pdv \text{ 或 } w_{12} = \int_1^2 pdv$$

式中,压力 p 是做功的推动力,只要系统与外界存在微小的压力差就能做功。比体积 v 的改变标志有无做功。$dv>0$,标志系统对外做膨胀功;$dv<0$,标志系统被压缩而获得功;$dv=0$,标志未做任何体积功。在 p-v 图中,可用图形面积表示系统与外界所交换的功量。显然,图示法给分析研究热工问题带来极大的方便。对比做功量,热量的传递理应有两个类似的状态参数来描述。在传热过程中,温度 T 是传热的推动力,只要系统与外界存在微小的温差就能传热。

相应的也应另有一个状态参数，它的改变标志有无传热，这个状态参数为"熵"，以符号 s 表示。对比体积功的表达式，在可逆过程中的传热量 q 可用下面的数学式表示

$$\delta q = Tds \text{ 或 } q_{12} = \int_1^2 Tds \tag{6-5}$$

由此得熵的数学定义式

$$ds = \frac{\delta q}{T} \text{ 或 } \Delta s = \int_1^2 \frac{\delta q}{T} \tag{6-6}$$

式中，s 为热力系统单位质量工质的熵，称为比熵，单位是 J/(kg·K)。任意质量工质的熵用 S 表示，单位为 J/K。

式(6-6)中的 $ds=\delta q/T$ 为热力系统发生微元可逆变化时，从外界传给系统的微小热量 δq 除以当时的热力学温度 T 所得的商，即系统熵的微小增量；而 Δs 则为系统自状态 1 可逆地变化至状态 2 时，整个过程中系统比熵的总增量。

图 6-3 为以热力学温度 T 为纵坐标，熵 s 为横坐标组成的 T-s 图，或称温熵图。图上每一点表示一个平衡状态，每条曲线表示一个可逆过程，而曲线下的面积（见图中 1-2-s_2-s_1-1）则表示过程 1-2 中热力系统与外界通过边界所交换的热量。在热力学中，T-s 图和 p-v 图具有同样重要的价值。

因为热力学温度是正值，而 $\delta q=Tds$，故 $ds>0$，则 $\delta q>0$，说明过程中热力系统的熵增加，表示外界对系统加热，在 T-s 图中过程线向右延伸；若 $ds<0$，则 $\delta q<0$，说明系统的熵减小，表示系统向外放热，在 T-s 图中过程线向左延伸；若 $ds=0$，则 $\delta q=0$，表示系统与外界无热量传递，即为绝热热力系统，此时系统状态变化过程在 T-s 上应为一条垂直线。由此可见，根据系统的熵有无增减，可以判断系统是吸热、放热或是绝热。

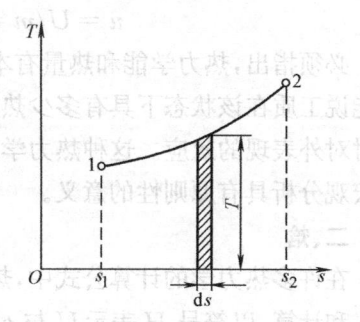

图 6-3 可逆过程热量在 T-s 图上的表示

第三节 热力学能与焓

一、热力学能

能量是物质运动的量度，运动有各种不同的形态，相应的就有各种不同的能量。"热能"是组成物质的分子、原子等微观粒子作无规则运动时所具有的能量。宏观静止的物体，其内部的分子、原子等微粒仍在不停地运动着，这种运动称为热运动。物体因热运动而具有的能量称为内热能。除此之外，还有原子结合为分子而具有的化学能、原子核能等。在热力过程中，物质的分子结构和原子结构都不发生变化，化学能和原子核能都不起做用，可以不考虑。在热力学中将物体的内热能称为热力学能。热力学能是储存于物体内部的能量，其量值取决于物体内部微观粒子的热运动状态。

根据分子运动理论，气体分子可做平移运动和旋转运动，分子内部原子还可在某一平衡位置附近振动。因而，气体分子具有平动动能、旋转动能和振动动能，它们都是热力学温度的单值函数。由于实际气体的分子之间还有内聚力（尽管气体分子间的内聚力很微小），所以分子又具有内聚力所形成的位能。当分子之间的平均距离改变时，即气体所占的体积改变时，分子

间的位能也随之改变。可见,气体分子位能的大小主要取决于分子之间的平均距离,即决定于比体积。由于温度升高时,分子间碰撞的频率增加,分子间相互作用增强,因而在一定程度上位能也和温度有关。综上所述,气体的热力学能包括

1) 分子的平动动能
2) 分子的旋转动能 ⎫ 分子的内动能,是热力学温度的函数
3) 分子内部原子的振动动能 ⎭
4) 分子间的位能——分子的内位能,是比体积和温度的函数。

由此可见,气体的热力学能决定于系统的温度 T 和比容 v,即气体热力学能取决于热力系统所处的状态,因此热力学能也是个状态参数。在热力学中,用符号 U 表示热力系统的热力学能,其单位为 J;用 u 表示单位质量气体的热力学能,称为比热力学能,单位为 J/kg。不论是热力学能或比热力学能通常统称为热力学能,并可写成

$$u = U/m = f(T,v) \text{ 或 } u = U/m = f(p,v)$$

必须指出,热力学能和热量有本质的区别。在给定状态下,工质具有一定的热力学能,但不能说工质在该状态下具有多少热量,因为热量和功量都不是热力状态参数,而是工质状态改变时对外表现的效应。这种热力学能、传热量和做功量之间的严格区分,对运用热力学理论进行宏观分析具有原则性的意义。

二、焓

在许多热力学的计算公式中,热力学能 U 和压力与体积之积 pV 总是一起出现。为简化公式和计算,以符号 H 表示 U 与 pV 之和,并称之为"焓",其单位与热力学能的单位相同,即

$$H = U + pV$$

对于单位质量的物质有

$$h = u + pv \tag{6-7}$$

式中,h 称为比焓。因为在任一平衡状态下,u、p、v 都是状态参数,都有确定的值,故它们的组合量 h 也必有确定的值,也必为状态参数,而与达到这一状态的路径无关,可写成任意两独立状态参数的函数,如 $h = f(T,p)$。

$u + pv$ 的组合出现并不是偶然的。u 是 1kg 工质所具有的热力学能,是储存于 1kg 工质内部的能量;pv 是 1kg 工质的推动功,即 1kg 工质移动时所传输的能量。当 1kg 工质经过一定的界面流入热力系统时,储存于它内部的热力学能 u 也随之被带进了系统,同时还将从后面获得的推动功 pv 带进了系统,因此系统中因引进了 1kg 工质而获得的总能量是热力学能与推动功之和。所以在工质处于流动状态的特定情况下,焓代表工质发生迁移时所携带的总能量,其大小取决于工质所处的热力学状态。

至此已对描述热力系统的几个常用的状态参数做了介绍。不难看出,温度、压力两个物理量与系统所含的物质数量无关,而且当系统处于非平衡状态时,系统内各点将具有不同的数值,这种物理量称为强度量。而比体积、热力学能、焓、熵等物理量与系统所含物质数量有关,这些物理量称为尺度量。尺度量具有可加性,系统所含物质数量越多,其量值就越大,即与系统所含物质的质量成正比。强度量则不具有可加性,而且只有在平衡状态下,系统内各点才具有相等的数值。由此可见,只有当封闭系统处于平衡状态时,尺度量和强度量的数值才有确定的值,才可做为描述热力系统状态的状态参数。

第四节 热力学第一定律能量方程

热力学第一定律的一般能量方程式说明系统在热力过程中的能量平衡关系,是分析热力过程的基本方程。热力系统在状态变化过程中的各项能量的变化应符合式(6-1)。

对于封闭系统,进入和离开系统的能量只包括热量和功量两项;对于开口系统,因有物质进、出系统边界,所以进入和离开系统的能量除上述两项外,还有随同物质带进、带出系统的能量。由于这些区别,将热力学第一定律应用于不同热力系统时可得到不同的能量方程。

一、封闭系统的能量方程

热力学第一定律所研究的能量转换,其实现的途径主要是依靠工质的吸热膨胀或压缩放热,因此要考察工质在状态变化过程中的能量及其转换,所选择的闭口系统就是一定质量的工质。

现设气缸内有 1kg 工质,当工质从外界吸收热量 q 后,从状态 1 膨胀到状态 2,并对外界做功 w。由于是封闭系统,工质质量恒定不变,系统与外界只有热量和功量的交换而无物质交换;若忽略工质的宏观动能和位能,则工质的储存能即为热力学能。

根据式(6-1),对于 1kg 工质,进入系统的能量为 q,离开系统的能量为 w,系统储存能的增量为 Δu,则

$$q - w = \Delta u = u_2 - u_1$$

或

$$q = \Delta u + w \tag{6-8}$$

式(6-8)即为热力学第一定律应用于封闭系统所得到的能量方程,是最基本的能量方程式,称为热力学第一定律的解析式。它表明加给系统的热量一部分用于增加系统的热力学能,仍以热能的形态储存于系统内部,余下的一部分以做功的方式传递给外界转化为机械能。在状态变化过程中转化为机械能的部分为 $q-w$。

对于一个微元过程有

$$\delta q = du + \delta w \tag{6-9}$$

这就是第一定律解析式的微分形式。

对于任意质量工质有

$$Q = \Delta U + W \tag{6-10}$$

式(6-10)是直接从能量守恒定律导出的,没有做任何假定,因此它对封闭系统是普遍适用的,可适用于可逆或不可逆过程,对工质的性质也没有限制。为了确定工质初态和终态热力学能的值,要求工质初态和终态都是平衡状态。式中,热量 Q、热力学能变化量 ΔU 和体积功 W 都是代数值,可正可负。如前所规定,系统吸热 Q 为正,系统对外做功 W 为正;反之,则为负。系统热力学能增大时,ΔU 为正,热力学能减少时,ΔU 为负。

若过程是可逆的,就可在 p-v 图上以一条连续曲线来表示,且有 $\delta w = p dv$,所以

$$\delta q = du + p dv \tag{6-11}$$

【例 6-2】 某封闭系统沿 a-c-b 途径由状态 a 变化到状态 b 时,吸收热量 84kJ,对外做功 32kJ,如图 6-4 所示。

1)若沿途径 a-d-b 变化时,对外做功 10kJ,则进入系统的热量是多少?

2)当系统沿着曲线途径 ba 从 b 返回到初始状态 a 时,外界对系统做功 20kJ,求系统与外

界交换热量的大小与方向。

3)若 $U_a=0$,$U_d=42kJ$ 时,过程 $a\text{-}d$ 和 $d\text{-}b$ 中系统与外界交换的热量是多少?

解: 对途径 $a\text{-}c\text{-}b$,由封闭系统的能量方程式得
$$U_b-U_a=Q_{acb}-W_{acb}=84kJ-32kJ=52kJ$$

1)对途径 $a\text{-}d\text{-}b$,由于热力学能是状态参数,其变化量只与初、终状态有关,而与中间过程无关,所以过程 $a\text{-}c\text{-}b$ 和 $a\text{-}d\text{-}b$ 的热力学能变化量是相同的,均为 U_b-U_a。这样由封闭系统的能量方程式得
$$Q_{adb}=(U_b-U_a)+W_{adb}=52kJ+10kJ=62kJ$$

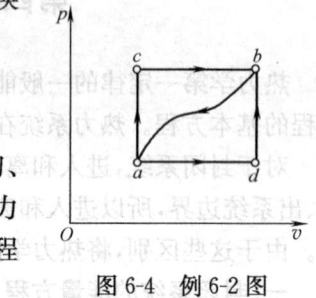

2)对曲线 $b\text{-}a$ 途径,由封闭系统能量方程式得
$$U_b-U_a=Q_{ba}-W_{ba}$$
或
$$Q_{ba}=-(U_b-U_a)-W_{ba}=-52kJ+(-20)kJ=-72kJ$$
即系统对外放出热量 72kJ。

3)当 $U_a=0$、$U_d=42kJ$ 时,因 $W_{adb}=W_{ad}+W_{db}$,而 $d\text{-}b$ 为定容过程,其做功量为零,则
$$W_{ad}=W_{adb}=10kJ$$
由封闭系统能量方程式得
$$U_d-U_a=Q_{ad}-W_{ad}$$
或
$$Q_{ad}=(U_d-U_a)+W_{ad}=(42-0)kJ+10kJ=52kJ$$
即系统从外界吸入 52kJ 的热量。

同理同法,对 db 过程,有
$$U_b-U_d=Q_{db}-W_{db}$$
而
$$U_b-U_d=(U_b-U_a)-(U_d-U_a)=52kJ-42kJ=10kJ$$
则
$$Q_{db}=(U_b-U_d)+W_{db}=10kJ+0kJ=10kJ$$
即系统从外界吸入 10kJ 的热量。

二、开口系统稳定流动能量方程式

在实际的热力设备中实施的能量转换过程常常是较复杂的。工质要循环不断地流经各相互衔接的热工设备,完成不同的热力过程,才能实现热功转换。分析这些热工设备的能量转换情况时,常将它们当做开口系统处理。若工质流经热工设备的单位时间内与外界交换的热量和功量随时间的变化而变化,各固定点的流速及工质的状态参数亦随时间的变化而变化,则这种流动称为不稳定流动。不稳定流动的分析较为困难,需要掌握流动随时间变化的规律才能进行。将实际的流动过程视为稳定流动过程可使分析研究大为简化。

所谓稳定流动,是指热力系统在任何流动截面上工质的一切参数都不随时间的变化而变化。要使流动达到稳定,必须满足下述条件:

1)进、出口处工质的状态不随时间的变化而变化。

2)进、出口处工质质量流量相等且不随时间的变化而变化,满足质量守恒条件。

3)系统和外界交换的热量和功量等一切能量不随时间的变化而变化,满足能量守恒条件。

图 6-5 所示为某热工设备的示意图,虚线以内的空间区域为控制体。截面 1-1、2-2 为有物质进出的控制面,以此做为被研究的开口系统。研究开口系统的能量平衡不仅要考虑系统与外界交换的热量和功量,也要考虑随同工质流动而带进、带出系统的能量。

为简化起见，设流进、流出系统的工质为 1kg（如图 6-5 中阴影部分所示）。p_1、v_1、w_{g1}分别为进口 1-1 截面处流动工质的压力、比体积和流速；p_2、v_2、w_{g2} 分别为出口 2-2 处流动工质的压力、比体积和流速。

1kg 工质流入系统带进的能量包括工质所具有的热力学能 u_1；动能 $w_{g1}^2/2$；外界对流入工质所做的推动功 p_1v_1；工质流入系统时相对基准面的位能 gz_1。1kg 工质流出系统带出的能量包括工质所具有的热力学能 u_2；动能 $w_{g2}^2/2$；外界对流入工质所做的推动功 p_2v_2；工质流入系统时相对基准面的位能 gz_2。

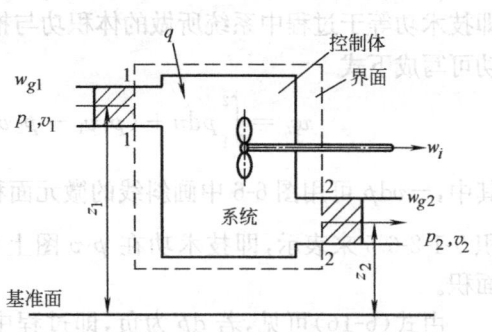

图 6-5 稳定流动能量分析示意图

设 1kg 工质流经系统时从外界吸入的热量为 q，对机器设备做的功为 w_i。w_i 表示每千克工质在机器内部（如蒸汽轮机中蒸汽冲击汽轮机叶片）所做的功，称为内部功（若机器设备无摩擦损失，内部功就是机器轴上向外输出的轴功）。

引用能量平衡方程式(6-1)，得到

$$(u_1 + \frac{1}{2}w_{g1}^2 + gz_1 + q) - (u_2 + \frac{1}{2}w_{g2}^2 + gz_2 + w_i) = 0 \tag{6-12}$$

式(6-12)前一括号中各项代表进入系统的总能量，后一括号中各项表示离开系统的总能量。因为所研究的开口系统内工质的流动是稳定流动，所以系统储存能保持不变，等号右边为零。将式(6-12)移项整理，并引入焓的定义式 $h=u+pv$，可得

$$q = (h_2 - h_1) + \frac{1}{2}(w_{g2}^2 - w_{g1}^2) + g(z_2 - z_1) + w_i \tag{6-13}$$

式(6-13)称为稳定流动能量方程式。式(6-13)和式(6-8)并不矛盾，具体分析 w_i 的组成可证实这一点。为易于比较，将式(6-13)改写成

$$w_i = (q - \Delta u) + (p_1v_1 - p_2v_2) + \frac{1}{2}(w_{g1}^2 - w_{g2}^2) + g(z_1 - z_2) \tag{6-14}$$

可见系统对机器所做的功或过程中向机器传出的机械能是由四部分组成的：①$q-\Delta u=w$；②进、出口推动功之差；③进、出口动能差；④进、出口位能差。其中，后三项本身就是机械能，在过程中由工质传给机器；只有第一项 $q-\Delta u$ 原来是热能，在过程中通过工质的膨胀才转化为机械能，与后三项一起传递给了机器。所以，在此过程中从热能转化而来的机械能仍等于 $q-\Delta u$，即膨胀功 w。由此可得出结论：热力系统只有在做膨胀功时才能实现热能向机械能的转变；反之，热力系统只有在做压缩功时才能实现机械能向热能的转变。

在式(6-13)中，气体进、出系统的位能差往往非常小，可略去不计。令 $w_t = w_i + \frac{1}{2}\Delta w_g^2$，即内部功与进、出口动能增量之和，称为技术功。这样式(6-13)可表示成

$$q = \Delta h + w_t \tag{6-15}$$

式(6-15)称为用焓表示的第一定律的解析式，也称为热力学第一定律的第二解析式。

稳定流动能量方程式和第一定律的第二解析式都是从能量守恒定律直接推出的，因此能普遍适用于可逆和不可逆过程，也普遍适用于各种工质。

在不计工质进、出系统位能差的情况下，将技术功 w_i 的表达式代入(6-14)还可得到

即技术功等于过程中系统所做的体积功与推动功的代数和。对可逆过程 1-2（见图 6-6），技术功可写成下式

$$w_t = \int_1^2 p\mathrm{d}v + (p_1 v_1 - p_2 v_2) = \int_1^2 p\mathrm{d}v - \int_1^2 \mathrm{d}(pv) = -\int_1^2 v\mathrm{d}p \tag{6-16}$$

其中，$-v\mathrm{d}p$ 可用图 6-6 中画斜线的微元面积表示，$-\int_1^2 v\mathrm{d}p$ 可用面积 5-1-2-6-5 来表示，即技术功在 p-v 图上可表示成过程线左边的面积。

由式(6-16)可见，若 $\mathrm{d}p$ 为负，即过程中工质压力是降低的，则技术功为正，此时系统对机器做功；反之，若 $\mathrm{d}p$ 为正，即过程中系统的压力是升高的，则技术功为负，此时机器对系统做功。蒸汽轮机和燃气轮机属于前一种情况，制冷压缩机和压气机属于后一种情况。

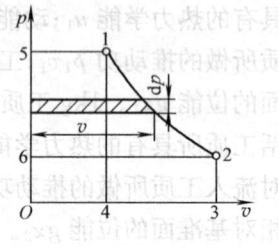

图 6-6 技术功的图示

对可逆微元过程，热力学第一定律的第二解析式还可表示为

$$\delta q = \mathrm{d}h - v\mathrm{d}p \tag{6-17}$$

【案例分析与知识拓展】

案例 1：稳定流动能量方程的工程应用

热力学第一定律的能量方程在工程上应用很广泛，理论上可用于计算任何一种热工设备中能量的传递和转化。在应用能量方程分析具体问题时，应根据具体问题的不同条件做出某种假定和简化，使能量方程更加简单明了，下面举例说明。

工质流经汽轮机、燃气轮机等动力机械时（见图 6-7），压力降低，对机器做功，进口和出口的速度相差不多，动能差很小，可以不计；对外界略有散热损失，q 是负的，但数量通常不大，也可忽略；位能差极微，可以不计。将这些条件代入稳定流动能量方程式(6-13)，可得 1kg 工质对机器所做的功为 $w_i = h_1 - h_2$。

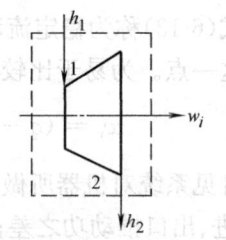

工质流经截面突然收缩的阀门时（见图 6-8），流速加快，这种流动称为节流。由于存在摩擦和涡流，流动是不可逆的。在

图 6-7 工质流经动力机械示意图

离阀门不远的前、后两个截面处，工质的状态趋于稳定。设流动是绝热的，前、后两截面间动能差和位能差忽略不计，又不对外做功，则对两截面间工质应用稳定流动能量方程式(6-13)，可得节流前、后焓值相等，即 $h_1 = h_2$。

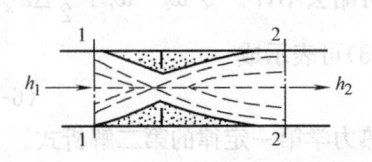

图 6-8 工质流经阀门的示意图

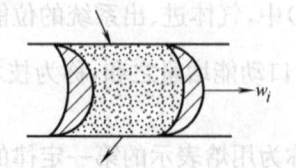

图 6-9 工质流经涡轮机叶轮叶栅时的示意图

工质流经涡轮机叶轮上的动叶栅时，推动叶轮对外做功（见图 6-9）。因工质流速较大，流

经叶栅时散热量较小可忽略,位能差也可忽略,又设工质冲击叶栅时不发生热力状态变化,即焓差也可不计,应用稳定流动能量方程式(6-13)得1kg工质所做的功为 $w_i=(w_{g1}^2-w_{g2}^2)/2$。

案例2:非稳定流动热力过程的特点

工程上许多开口系统中的热力过程可当做稳定过程,但也有许多变质量热力过程,如向制冷剂钢瓶充入制冷剂或自压缩空气瓶放出气体起动柴油机等都是非稳定流动过程工程应用的典型例子。又如制冷压缩机的压缩过程,或多或少总有漏气,这时以气缸内制冷工质为研究对象的热力系统也是一个变质量系统。这种有工质参数变化的压缩过程,在参数间的关系以及功量和热量的计算上与定质量系统有较大差别。在分析变质量系统时,应特别注意变质量系统与外界除有功量及热量的交换外,还有质量的交换。通常,迁移的质量在离开系统时的状态为该时刻系统所处的状态,但进入系统的工质的状态则是由外界条件决定的。变质量热力系统开口边界处流入工质与流出工质的质量流量不相同,流动工质做出机械功率或与外界交换的热流量不一定是常数,这时热力系统的总能量往往是时间的函数,但任意时刻系统内的状态仍可做为均匀态处理。

【本章小结】

一、热力学第一定律

热力学第一定律实质上是能量守恒定律在工程热力学领域的应用,具体表现为热能和机械能之间的相互转化和守恒。第一定律说明了热能和机械转化时所遵循的数量平衡规律。

二、功与热量

系统体积变化时所做的功称为体积功(包括膨胀功和压缩功),体积功不是状态参数,而是一个过程量。

体积功的基本计算式为 $w=\int_{v_1}^{v_2}pdv$,在 p-v 图上可表示成过程曲线下面的面积,因而 p-v 图也称为示功图。

做功和传热是自然界中能传递和转化的两种基本方式,根据它们之间的类似性可得出熵的概念。熵是可逆过程中的吸热量与当时的热力学温度的比值。根据可逆过程熵的定义,热量的基本计算式为 $q=\int_{s_1}^{s_2}Tds$,在 T-s 图上可表示成过程曲线下的面积,因而 T-s 图又称为示热图。体积功和热量的上述两个基本计算式均只适用于可逆过程。

三、热力学能与焓

热力学能是储存于物质内部的能量,气体热力学能包括气体分子的内动能(分子平动、转动和振动动能)和内位能两部分。一般情况下,气体内能是比体积和温度的函数。焓表示流动工质所携带的总能量,它包括气体本身所具有的热力学能和流动时所传递的推动功(或流动功)。

四、热力学第一定律能量方程

封闭系统热力学第一定律表达式为 $q=\Delta u+w$,它适用于封闭系统任何工质任何过程,其可逆过程微元表达式为 $Tds=du+pdv$,此式适用于封闭系统任何工质可逆过程。

开口系统稳定流动的能量方程为 $q=h_2-h_1+\frac{1}{2}(w_{g2}^2-w_{g1}^2)+g(z_2-z_1)+w_i$,引入技

功的概念后,开口系统的第一定律表达式为 $q=\Delta h+w_t$。

技术功是膨胀功与进、出开口系统工质流动功的代数和,其基本计算式为 $w_t=-\int_{p_1}^{p_2}vdp$,技术功可表示成 p-v 图中过程线左边的面积。

热力系统只有做膨胀功时才能实现热能向机械能的转变;反之,系统只有做压缩功时才能实现机械能向热能的转变。

【思考与练习题】

6-1 什么是热力学能?什么是焓?它们两者之间有何区别和联系?

6-2 体积功、推动功、技术功、内部功有何差别?又有何联系?

6-3 图6-10中,过程1-2与过程1-a-2有相同的初态和终态,试比较 W_{12} 与 W_{1a2}、ΔU_{12} 与 ΔU_{1a2}、Q_{12} 与 Q_{1a2} 的大小。

6-4 指出下述说法是否正确。
1)气体膨胀时一定对外做功。
2)气体压缩时一定消耗外功。

6-5 某绝热静止气缸内装有无摩擦的不可压缩流体。试问:
1)气缸中活塞能否对流体做功?
2)流体的压力会改变吗?
3)假定用某种方法使流体的压力从 2×10^5 Pa 提高到 40×10^5 Pa 时,流体的热力学能和焓有无变化?

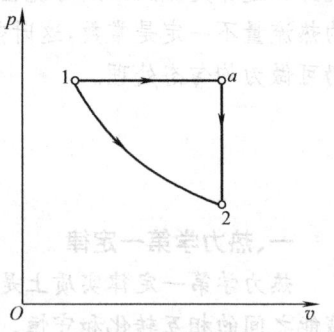

图6-10 题6-3图

6-6 气体在某一过程中吸热54kJ,同时热力学能增加94kJ,此过程是膨胀过程还是压缩过程?系统与外界交换的体积功是多少?

6-7 某气体从初态 $p_1=0.1$MPa,$V_1=0.3$m^3 可逆压缩到终态 $p_2=0.4$MPa,设压缩过程中 $p=aV^{-2}$,式中 a 为常数。试求压缩过程所必须消耗的功。

6-8 某系统经历了四个热力过程组成的循环,试填写下表所缺的数据。

热力过程	Q/kJ	W/kJ	ΔU/kJ
1-2	1210	0	
2-3	0	250	
3-4	−980	0	
4-1	0		

6-9 某闭口系统沿 a-c-b 途径由状态 a 变化到状态 b 时,吸收热量90kJ,对外做功32kJ,如图6-4所示。
1)若沿途径 a-d-b 变化时,对外做功10kJ,则吸收的热量是多少?
2)系统由 b 经曲线途经 ba 过程返回到 a 时,若外界对系统做功23kJ,吸收热量为多少?
3)若 $U_a=5$kJ,$U_d=45$kJ 时,过程 a-d 和 d-b 中系统与外界交换的热量各为多少?

6-10 某蒸汽动力装置,蒸汽流量为40t/h,汽轮机进口处压力表的读数为9MPa,进口比焓为3 440 kJ/kg,汽轮机出口比焓为2 240kJ/kg,真空表读数为95.06kPa,当时当地大气压为98.66kPa,汽轮机对环境放热为 6.3×10^3kJ/h。试求:
1)汽轮机进、出口处蒸汽的绝对压力各为多少?
2)单位质量蒸汽对外输出的功为多少?

3）汽轮机的功率为多少？

4）当进、出口蒸汽的流速分别为 60m/s 和 140m/s 时，对汽轮机输出功有多大影响？

6-11　空气在某压缩机中被压缩，压缩前空气的参数是 $p_1=10^5$ Pa, $t_1=27$℃；压缩后的参数为 $p_2=5\times10^5$ Pa, $t_1=150$℃，压缩过程中空气比热力学能变化为 $\Delta u=0.716(t_2-t_1)$，压气机消耗的功率为 40kW。假定空气与环境无热交换，进、出口的宏观动能差和位能差可以忽略不计，求压气机每分钟生产的空气量。

6-12　某绝对刚性的容器，用隔板分成两部分，左边储存有高压气体，右边为真空。抽去隔板时，气体充满整个容器。问气体的热力学能和温度将如何变化？如果该刚性容器是绝对导热的，气体的热力学能和温度又如何变化？

第七章 理想气体的热力性质及其热力过程

【知识目标】理解理想气体的定义及其物理模型；熟悉理想气体状态方程、气体常数与摩尔气体常数的区别及迈耶方程；掌握理想气体比热容的概念及其影响因素；熟练掌握理想气体热力学能、焓的变化量的计算方法；熟练掌握定容、定压、定温和绝热过程的特点、过程方程式、过程功和热量的计算方法以及过程中状态变化的规律；掌握多变过程的特点、在 p-v 和 T-s 图上的表示及热量、功量的计算方法。

【能力目标】具备利用气体比热容计算气体热量的能力和进行典型热力过程及一般热力过程能量计算的能力，能利用 p-v 图和 T-s 图进行热力过程分析。

第一节 理想气体及其状态方程

一、理想气体的概念

在热工设备中，热能转变为机械能是借助于工质在设备中的吸热、膨胀做功等状态变化过程来实现的。为研究和计算工质经过这些过程吸收的热量和做出的功，除了以热力学第一定律做为主要的工具外，还需要用到有关工质热力性质方面的知识。热能转变为机械能只能通过工质的膨胀实现，采用的工质应具有显著的胀缩能力，即工质的体积随其温度、压力能有较大的变化。在物质的固、液、气三态中，只有气态物质具有这种特性，因而热机中使用的工质一般都是气态物质。由于气态物质的分子数目非常巨大，运动又是不规则的，其运动在任意方向都没有显著的优势，宏观上表现为气态物质各向同性，压力各处各向相等，密度到处相同。实际上气体分子本身占有一定的体积，分子之间是有相互作用的引力和排斥力的，性质很复杂，分子在两次碰撞之间进行的是非直线运动，很难找出其运动规律。为方便分析、简化计算，人们提出了理想气体的概念。

理想气体是一种实际上并不存在的假想气体，其分子是弹性的、不占体积的质点；分子之间没有相互作用力。在这两个假设条件下，气体分子的运动规律将大大简化。因为分子间距离远大于分子本身的尺寸，分子除碰撞外相互间无其他作用，所以两次碰撞间为直线运动，只有在分子相互碰撞或与容器壁碰撞时才改变方向，且碰撞为弹性的，没有动能损失。做了这些假设，不但可以定性地分析气体的热力学现象，而且可以定量地得到状态参数之间的简单函数关系式。

实际气体分子并非弹性的质点，本身也占有一定的体积，分子之间也有一定的相互作用力。但当气体处于压力低、温度高、比体积很大的状态时，由于分子浓度小，分子本身所占的体积与它的活动空间相比要小得多，这时，分子平均距离大，相互吸引力很弱，处于这种状态的实际气体就很接近理想气体。所以理想气体实质上是实际气体在压力趋近于零（$p\rightarrow 0$），比体积趋近于无穷大（$p\rightarrow\infty$）时的极限状态。自然界中实际存在的气体，例如 H_2、O_2、N_2、CO_2 等，常压下它们的液化温度都很低，在通常的压力和温度下，都符合上述条件，可近似当做理想气体处理。但是对于那些离液态不远的气态物质，例如制冷装置的制冷剂蒸汽，情况就不同了，它们与理想气体的差别很大。蒸汽的比体积较普通气体小得多，其分子本身的体积占全部体积的比例是不可忽略的，而且随着分子间平均距离的减小，分子间内聚力急剧增大，也不能忽略不计。这些不能当做理想气体的工质，称为实际气体。实际气体分子运动规律极其复杂，状态参数之间的函数表达式也很繁杂，用于分析计算相当困难。热工计算中往往借助于为各种蒸汽专门编制的图或表来确定其状态参数。

在热工计算中究竟哪些工质可以作为理想气体处理呢？工程上常用的气体，如 H_2、O_2、N_2、CO_2、CO 等及其混合物（空气、燃气、烟气等）在通常使用的温度和压力下都可看作理想气体。对于包含在大气或燃气中少量的水蒸气，因其分压力甚小，分子浓度很低，也可当作理想气体处理；而蒸汽动力装置中作为工质的水蒸气，压力较高，比体积甚小，离液态不远，因而不能将它作为理想气体；还有，在制冷装置中所用到的工质，如氨（NH_3）、氟利昂等也离液态不远，显然也不能当作理想气体来对待。

二、理想气体状态方程

通过大量的实验发现，在平衡状态下，理想气体的三个基本状态参数压力、温度、比体积之间存在着一定的函数关系，从而建立了一些经验定律。例如，波义尔—马略特定律指出："在温度不变的条件下，气体的压力与比体积成反比"，即

$$p_1 v_1 = p_2 v_2 = \cdots = pv = 常数$$

盖·吕萨克定律指出："在压力不变的条件下，气体的比体积与热力学温度成正比"，即

$$\frac{v_1}{T_1} = \frac{v_2}{T_2} = \cdots = \frac{v}{T} = 常数$$

综合上述两个定律可得出，在一般情况下，p、v、T 三个参数都可能变化时，有

$$\frac{p_1 v_1}{T_1} = \frac{p_2 v_2}{T_2} = \cdots = \frac{pv}{T} = 常数$$

或写做

$$pv = RT \tag{7-1}$$

式中，R 称为气体常数。由于在同温同压下，同体积的各种气体质量各不相同，因而 R 随气体种类而异，各种气体都有一定的 R 值。式(7-1)表明了理想气体在任一平衡状态时 p、v、T 之间的关系，称作理想气体状态方程式。它表明理想气体只有两个状态参数是独立的，可根据任意两个已知状态参数确定另一个参数。

在使用理想气体状态方程式时要特别注意式中各项的度量单位：

p 为气体的绝对压力，单位为 N/m^2（或 Pa）；

v 为气体的比体积，单位为 m^3/kg；

T 为气体的热力学温度，单位为 K；

R 为气体常数，单位为 $J/(kg \cdot K)$。

若气体的质量为 m，将式(7-1)两边同乘以 m，则得

$$pV = mRT \tag{7-2}$$

式中，$V = mv$，为质量为 m kg 的气体所占的总体积。

在应用式(7-1)、式(7-2)计算三个基本状态参数之间的关系时，关键在于如何用简单的方法确定气体常数 R 的值。R 随气体种类而异，应用时虽可查物性表，但极不方便。气体常数 R 的值之所以随气体种类而异，其原因是同温同压下单位质量的不同气体，其体积各不相同之

故。例如，同处于标准大气压和0℃下的空气和氧气，由于空气比体积为 $0.7735\text{m}^3/\text{kg}$，氧气的比体积为 $0.6998\text{m}^3/\text{kg}$，因此根据式(7-1)算出空气的 R 值比氧气的 R 值大。

阿佛伽德罗定律指出："在同温同压下，1mol 的任何气体所占的体积都相等"。由实验测得，在标准状态(压力为 $1.013\ 25\times10^5\text{Pa}$，温度为 0℃)时，任何气体的摩尔体积为

$$V_{\text{m0}} = 22.414\times10^{-3}\text{m}^3/\text{mol}$$

式中，V_m 为摩尔体积，脚标"0"指标准状态。将式(7-1)两边同时乘以摩尔质量 M，得到

$$pMv = MRT \tag{7-3}$$

令 $R_\text{m}=MR$，又因 $Mv=V_\text{m}$，则式(7-3)可写成

$$pV_\text{m} = R_\text{m}T \tag{7-4}$$

这里的 R_m 与气体种类无关，称为摩尔气体常数。式(7-4)表明，任何理想气体不论在什么状态下，摩尔气体常数 R_m 的值皆相等，即

$$R_\text{m} = \frac{p_1V_{\text{m}1}}{T_1} = \frac{p_2V_{\text{m}2}}{T_2} = \frac{pV_\text{m}}{T}$$

如果取标准状态的值代入，则得

$$R_\text{m} = \frac{1.013\ 25\times10^5\times22.414\times10^{-3}}{273.15} = 8\ 314.3\text{J}/(\text{kmol}\cdot\text{K})$$

这样气体常数可写成

$$R = R_\text{m}/M \tag{7-5}$$

利用式(7-5)可由摩尔质量推算得各种气体的气体常数，它是确定气体常数的基本公式。

式(7-1)、(7-2)和(7-4)是理想气体状态方程的三种表达式，分别描述 1kg、$m$kg 和 1mol 气体的状态变化规律。在热工计算中，式(7-1)应用最广。

【**例7-1**】 体积为 $0.028\ 3\text{m}^3$ 的钢瓶内装有氧气，压力为 $6.865\times10^5\text{Pa}$，温度为 294K。发生泄漏后，压力降低到 $4.091\times10^5\text{Pa}$ 才被发现，而温度未变，问至发现泄漏为止共漏掉多少千克氧气。

解：泄漏前瓶内原有氧气质量为

$$m_1 = \frac{p_1V_1}{RT_1}$$

泄漏后瓶内剩余的氧气质量为

$$m_2 = \frac{p_2V_2}{RT_2}$$

根据摩尔气体常数的计算式得氧气的气体常数为

$$R_{\text{O}_2} = R_\text{m}/M_{\text{O}_2} = 8\ 314.3/32\text{J}/(\text{kg}\cdot\text{K}) = 259.8\text{J}/(\text{kg}\cdot\text{K})$$

因此，漏掉的氧气质量为

$$\Delta m = m_1 - m_2 = \frac{p_1V_1}{RT_1} - \frac{p_2V_2}{RT_2} = \frac{(p_1-p_2)V}{RT_1}$$

$$= \frac{(6.865-4.901)\times10^5\times0.028\ 3}{259.8\times294}\text{kg} = 0.072\ 8\text{kg}$$

第二节　理想气体的比热容

一、比热容的定义

向热力系统加热（或放热）使其温度升高（或降低）1K 所需的热量称为该热力系统的热容量。若热力系统在一微小过程中吸热 δQ，温度变化 dT，则热力系统的热容量为

$$C = \delta Q/dT$$

工质单位质量的热容量称为该工质的质量热容，即 $c=C/m$，单位为 $J/(kg \cdot K)$。将工质单位体积的热容量称为体积热容，以符号 c' 表示，单位为 $J/(m^3 \cdot K)$；当工质以摩尔数做为物量单位时，则相应地称为摩尔热容，以符号 c_m 表示，其单位为 $J/(mol \cdot K)$。三种比热容之间的关系为

$$c_m = M \times c = 22.4 c' \tag{7-6}$$

二、比热容与过程特性的关系

热工设备中最常用的加热过程是保持压力不变或体积不变，其比热容相应分别为质量定压热容与质量定容热容，分别以符号 c_p 和 c_v 表示。其物理意义为在定压（或定容）下使单位质量的气体温度升高（或降低）1K 所需加入（或放出）的热量。同样，c'_p 和 c'_v 分别称为体积定压热容和体积定容热容，而 $c_{p,m}$ 和 $c_{v,m}$ 分别表示摩尔定压热容和摩尔定容热容。

对于理想气体而言，由于其分子之间没有相互作用力，只有分子运动的动能，而分子动能仅取决于温度。另外，根据焓的定义式 $h=u+pv$，可得 $h=u+pv=f_1(T)+RT=f(T)$，所以，理想气体的热力学能和焓都仅是温度的单值函数。对于可逆过程，热力学第一定律封闭系统能量方程可写成 $\delta q=du+pdv$，当过程体积不变时，$pdv=0$，故 $\delta q=du$；而热力学第一定律开口系统稳定流动能量方程可写成 $\delta q=dh-vdp$，当过程压力不变时，$vdp=0$，故 $\delta q=dh$。这样，由质量定容热容和质量定压热容的定义有

$$c_v = \left(\frac{\delta q}{dT}\right)_v = \frac{du}{dT} \tag{7-7}$$

$$c_p = \left(\frac{\delta q}{dT}\right)_p = \frac{dh}{dT} \tag{7-8}$$

可见理想气体的 c_v 值和 c_p 值也都只是温度的单值函数。

根据焓的微分定义式得 $\quad dh=du+d(pv)$

将式(7-8)、(7-7)和(7-1)代入上式，得

$$c_p dT = c_v dT + RdT$$

则得

$$c_p = c_v + R \tag{7-9}$$

此式称为迈耶方程，它建立了理想气体质量定压热容与质量定容热容之间的关系。可见，在一定的温度下，同一种气体的 c_p 与 c_v 的值彼此互不相同，c_p 总大于 c_v，且两者之差等于气体常数 R。对于 1mol 理想气体，式(7-9)又可写成

$$c_{p,m} - c_{v,m} = R_m = 8\ 314.3 J/(mol \cdot K) \tag{7-10}$$

有了上述关系式后，在质量定压热容和质量定容热容两者中，只要由实验测得其中之一，就可算出另一个。实际上，因质量定容热容实验测试较困难，一般测定的都是质量定压热容。

在热力学中，除 c_p 与 c_v 之差外，c_p 与 c_v 之比也是一个重要参数，令 $\kappa = c_p/c_v$，κ 称为等熵指

数。κ 值永远大于1,且也是温度的函数。这样对于理想气体,κ 与 c_p、c_v 的关系为

$$c_p = \frac{\kappa R}{\kappa - 1} \tag{7-11}$$

$$c_v = \frac{R}{\kappa - 1} \tag{7-12}$$

在近似计算中,将比热容当做定值时,可采用表 7-1 所列数值。

表 7-1 气体的定值摩尔定压热容

原子数 摩尔热容	单原子气体	双原子气体	多原子气体
$c_{v,m}/\text{J}\cdot(\text{mol}\cdot\text{K})^{-1}$	12.6	20.9	29.3
$c_{p,m}/\text{J}\cdot(\text{mol}\cdot\text{K})^{-1}$	20.9	29.3	37.7
$\kappa = c_p/c_v$	1.667	1.4	1.29

综上所述,影响理想气体比热容的因素有以下几个:

1) 气体的物理性质。不同的气体,由于其物理性质不同,其比热容数值也不同。比热容随着组成气体分子的原子数增加而增加。例如,在同样条件下,三原子气体 CO_2 的质量比热容要比双原子的 O_2 的质量比热容大。

2) 气体传热过程的性质。气体的传热过程可在不同的条件下进行,因而,其比热容值不同。例如,上述定压过程气体的比热容要比定容过程的气体比热容大。

3) 气体的温度。气体的比热容随温度的升高而增大。

下面将讨论气体比热容与温度的关系。

三、理想气体比热容与温度的关系

在精确计算中,应考虑气体比热容随温度的变化关系,不宜采用定值比热容。这时热量可利用平均比热容图表或比热容计算式进行计算。实验表明,理想气体的比热容与温度间的函数关系甚为复杂,但总可表达为

$$c = a + bt + et^2 + \cdots \tag{7-13}$$

式中,a、b、e 等是与气体性质有关的实验常数。这种由多项式定义的比热容能够较真实地反映气体比热容与温度的关系,称为真实比热容。图 7-1 中画出了 $c = f(t)$ 的曲线,由于气体比热容随温度的变化而发生变化,所以在给出比热容的数值时,必须同时指明是哪一个温度下的比热容。根据比热容的定义,气体在温度 t 时的比热容等于气体从温度 t 升高至 $t + dt$ 时所需热量 δq 除以 dt,即 $c = \delta q/dt$。当温度间隔 dt 为无限小时,即为某一温度 t 时气体的真实比热容。若已得出 $c = f(t)$ 的函数关系,温度由 t_1 至 t_2 的过程中所需的热量即可按下式求得:

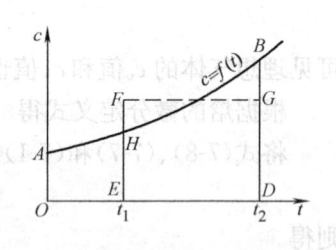

图 7-1 气体比热随温度的变化

$$q = \int_1^2 c\mathrm{d}t = \int_1^2 (a + bt + et^2 + \cdots)\mathrm{d}t = \text{面积 } E\text{-}H\text{-}B\text{-}D\text{-}E$$

这样的积分运算繁琐而不便,工程上为计算方便,引入了平均比热容的概念。

若在图 7-1 上做一个以 $(t_2 - t_1)$ 为宽的矩形,令其面积等于面积 $E\text{-}H\text{-}B\text{-}D\text{-}E$,则

$$q = \int_{t_1}^{t_2} f(t)\,\mathrm{d}t = FE(t_2 - t_1)$$

式中,FE 是矩形的高度,表示在 t_1 至 t_2 的范围内的平均比热容 $c_{\mathrm{m}}|_{1}^{2}$,即

$$c_{\mathrm{m}}|_{1}^{2} = \frac{q_{12}}{t_2 - t_1} = \frac{\int_{t_1}^{t_2} f(t)\,\mathrm{d}t}{t_2 - t_1}$$

下面介绍两种用平均比热容计算气体热量的方法。

1. 平均比热容表法

如果预先将气体的平均比热值编制成表,热量就可按下式进行计算

$$q_{12} = c_{\mathrm{m}}|_{1}^{2}(t_2 - t_1) \tag{7-14}$$

但这种与 t_1、t_2 都有关的平均比热 $c_{\mathrm{m}}|_{1}^{2}$ 的制表十分复杂困难,再做一些演化,可得出

$$q_{12} = q_{02} - q_{01} = \text{面积 } OABDO - \text{面积 } OAHEO = \int_0^{t_2} f(t)\,\mathrm{d}t - \int_0^{t_1} f(t)\,\mathrm{d}t = c_{\mathrm{m}}|_{0}^{2} t_2 - c_{\mathrm{m}}|_{0}^{1} t_1 \tag{7-15}$$

该式表明气体从 t_1 加热到 t_2 所需热量 q_{12} 在数值上等于从 0℃ 加热到 t_2 所需要的热量与从 0℃ 加热到 t_1 所需要的热量之差。式中,$c_{\mathrm{m}}|_{0}^{2}$、$c_{\mathrm{m}}|_{0}^{1}$ 分别代表温度自 0℃ 到 t_2 和自 0℃ 到 t_1 的平均比热容。这种平均比热容的起始温度都是 0℃,这样可简化数据表的编制。

表 7-2 列出了几种常用气体的 $c_{p,\mathrm{m}}$ 和 $c'_{p,\mathrm{m}}$ 值,精确计算时可供查用。如果需质量定容热容,可由表中查出质量定压热容后再根据迈耶公式求得。在表中查得 0℃ 到 t℃ 间的平均比热容 $c_{\mathrm{m}}|_{0}^{t}$ 后,可利用式(7-15)计算 t_1 到 t_2 过程的加热量。

表 7-2 气体平均定压热容(曲线关系)

$t/℃$	O_2		N_2		CO_2		H_2O		空气	
	$c_{pm}/$ kJ·(kg·K)$^{-1}$	$c'_{pm}/$ kJ·(m³·K)$^{-1}$	$c_{pm}/$ kJ·(kg·K)$^{-1}$	$c'_{pm}/$ kJ·(m³·K)$^{-1}$	$c_{pm}/$ kJ·(kg·K)$^{-1}$	$c'_{pm}/$ kJ·(m³·K)$^{-1}$	$c_{pm}/$ kJ·(kg·K)$^{-1}$	$c'_{pm}/$ kJ·(m³·K)$^{-1}$	$c_{pm}/$ kJ·(kg·K)$^{-1}$	$c'_{pm}/$ kJ·(m³·K)$^{-1}$
0	0.915	1.307	1.309	1.300	0.815	1.601	1.859	1.495	1.004	1.295
100	0.923	1.319	1.040	1.301	0.866	1.701	1.873	1.506	1.006	1.301
200	0.935	1.336	1.043	1.305	0.910	1.788	1.894	1.523	1.012	1.309
300	0.950	1.357	1.049	1.312	0.949	1.865	1.919	1.543	1.019	1.318
400	0.965	1.379	1.057	1.322	0.983	1.931	1.948	1.567	1.028	1.330
500	0.979	1.399	1.066	1.333	1.013	1.990	1.978	1.591	1.039	1.343
600	0.983	1.419	1.076	1.346	1.040	2.043	2.009	1.616	1.050	1.358
700	1.005	1.436	1.086	1.360	1.064	2.090	2.042	1.642	1.061	1.372
800	1.016	1.451	1.097	1.372	1.085	2.132	2.075	1.669	1.071	1.385
900	1.026	1.466	1.108	1.385	1.104	2.169	2.110	1.697	1.081	1.398
1 000	1.035	1.479	1.118	1.398	1.122	2.204	2.144	1.724	1.091	1.411

(续)

$t/℃$	O₂ c_{pm}/ kJ·(kg·K)⁻¹	O₂ c'_{pm}/ kJ·(m³·K)⁻¹	N₂ c_{pm}/ kJ·(kg·K)⁻¹	N₂ c'_{pm}/ kJ·(m³·K)⁻¹	CO₂ c_{pm}/ kJ·(kg·K)⁻¹	CO₂ c'_{pm}/ kJ·(m³·K)⁻¹	H₂O c_{pm}/ kJ·(kg·K)⁻¹	H₂O c'_{pm}/ kJ·(m³·K)⁻¹	空气 c_{pm}/ kJ·(kg·K)⁻¹	空气 c'_{pm}/ kJ·(m³·K)⁻¹
1 100	1.043	1.490	1.127	1.410	1.138	2.236	2.177	1.750	1.100	1.432
1 200	1.051	1.501	1.136	1.421	1.153	2.265	2.211	1.778	1.108	1.433
1 300	1.058	1.511	1.145	1.432	1.166	2.291	2.243	1.804	1.117	1.445
1 400	1.065	1.521	1.153	1.443	1.178	2.314	2.274	1.829	1.124	1.454
1 500	1.071	1.530	1.160	1.451	1.189	2.336	2.305	1.854	1.131	1.463
1 600	1.077	1.539	1.167	1.460	1.200	2.358	2.335	1.878	1.138	1.472
1 700	1.083	1.547	1.174	1.469	1.209	2.375	2.363	1.901	1.144	1.480
1 800	1.089	1.556	1.180	1.476	1.218	2.393	2.391	1.923	1.150	1.487
1 900	1.094	1.563	1.186	1.484	1.226	2.409	2.417	1.944	1.156	1.495
2 000	1.099	1.570	1.191	1.490	1.233	2.423	2.442	1.964	1.161	1.502

2. 平均比热容直线关系式

工程上,没有比热容表时,常用平均比热容的直线关系式计算比热容和热量,由此得出的比热容较之定值比热容有较高的精确度,一般可以满足工程上的要求。若取式(7-13)右侧的前两项,即可得真实比热的直线关系式

$$c = a + bt \tag{7-16}$$

这里,近似地将比热容看做与温度成直线关系,如图7-2所示,即以一条近似的直线代替实际上的曲线。此时热量

$$q_{12} = \int_{t_1}^{t_2} c \, dt = \int_{t_1}^{t_2} (a+bt) \, dt = a(t_1 - t_2) + b\frac{t_2^2 - t_1^2}{2}$$
$$= \left[a + \frac{b}{2}(t_1+t_2)\right](t_1 - t_2)$$

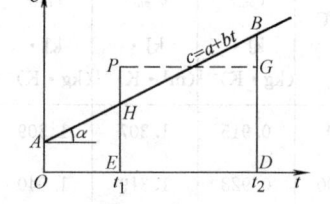

图7-2 比热容与温度的直线关系

该式与式(7-14)比较,可得出 t_1 到 t_2 间的平均比热容

$$c_m|_{t_1}^{t_2} = a + \frac{b}{2}(t_1 + t_2) \tag{7-17}$$

若使 $t_1 = 0℃, t_2 = t℃$,则可得 0℃ 到 $t℃$ 间的平均比热容

$$c_m|_0^t = a + \frac{b}{2}t \tag{7-18}$$

式(7-18)称为平均比热容直线关系式,与式(7-16)比较可见,差别仅在于平均比热容直线关系式中 t 项系数是 $b/2$,而真实比热容直线式中 t 项系数是 b。

表7-3为几种常用气体的平均定压热容和平均定容热容直线关系式,用它们计算气体热量非常方便。欲求得 t_1 到 t_2 间平均比热容 $c_m|_{t_1}^{t_2}$,只需将 (t_1+t_2) 代替式(7-18)中的 t 即可,热量

按式(7-14)计算。

表 7-3　气体的平均定压热容和平均定容热容(直线关系)(适用范围:0～1 500℃)

气体	c_{pm}和c_{vm} /kJ·(kg·K)$^{-1}$	c'_{pm}和c'_{vm} /kJ·(m^3·K)$^{-1}$
O$_2$	$c_{pm}=0.919\ 0+0.000\ 106\ 5t$ $c_{vm}=0.659\ 4+0.000\ 106\ 5t$	$c'_{pm}=1.313\ 0+0.000\ 157\ 7t$ $c'_{vm}=0.943\ 4+0.000\ 157\ 7t$
N$_2$	$c_{pm}=1.032\ 0+0.000\ 088\ 6t$ $c_{vm}=0.730\ 4+0.000\ 088\ 6t$	$c'_{pm}=1.306\ 0+0.000\ 106\ 6t$ $c'_{vm}=0.913\ 1+0.000\ 106\ 6t$
CO	$c_{pm}=1.035\ 0+0.000\ 096\ 9t$ $c_{vm}=0.733\ 1+0.000\ 096\ 9t$	$c'_{pm}=1.291\ 0+0.000\ 121\ 0t$ $c'_{vm}=0.917\ 3+0.000\ 121\ 0t$
空气	$c_{pm}=0.995\ 6+0.000\ 093\ 0t$ $c_{vm}=0.708\ 8+0.000\ 093\ 0t$	$c'_{pm}=1.287\ 0+0.000\ 120\ 1t$ $c'_{vm}=0.915\ 7+0.000\ 120\ 1t$
H$_2$O	$c_{pm}=1.833\ 0+0.000\ 311\ 1t$ $c_{vm}=1.372\ 0+0.000\ 311\ 1t$	$c'_{pm}=1.473\ 0+0.000\ 249\ 8t$ $c'_{vm}=1.102\ 1+0.000\ 249\ 8t$
CO$_2$	$c_{pm}=0.872\ 5+0.000\ 240\ 6t$ $c_{vm}=0.683\ 7+0.000\ 240\ 6t$	$c'_{pm}=1.713\ 2+0.000\ 472\ 3t$ $c'_{vm}=1.342\ 3+0.000\ 472\ 3t$

【例 7-2】 100kg 空气在定压下从 900℃加热到 1 300℃,试分别用比热容的曲线关系和直线关系计算所需热量,并进行比较。

解: 由表 7-2 查得

$$c_{pm}\big|_0^{900}=1.081\text{kJ/(kg·K)} \qquad c_{pm}\big|_0^{1\ 300}=1.117\text{kJ/(kg·K)}$$

按式(7-15),所需加热量为

$$Q_p=m(c_{pm}\big|_0^{1\ 300}\times 1\ 300-c_{pm}\big|_0^{900}\times 900)=47\ 920\text{kJ}$$

由表 7-3 查得空气平均质量定压热容与温度的直线关系为

$$c_{pm}=0.995\ 6+0.000\ 093t$$

以 $t=900℃+1\ 300℃=2\ 200℃$ 代入上式,得从 900℃到 1 300℃间空气的平均定压质量热容为

$$c_{pm}\big|_{900}^{1\ 300}=(0.995\ 6+0.000\ 093\times 2\ 200)\text{kJ/(kg·K)}=1.200\ 2\text{kJ/(kg·K)}$$

所需热量为

$$Q_p=mq_p=m\cdot c_{pm}\big|_{900}^{1\ 300}(1\ 300-900)=48\ 008\text{kJ}$$

按曲线关系和直线关系所得热量之差为 47 920kJ－48 008kJ＝－88kJ,相对误差为 0.184％,小于 1％,说明按比热直线关系计算热量的方法在实际计算中有足够的精度。

第三节　理想气体的热力学能与焓

理想气体的状态方程及比热容确定后,利用热力学第一定律就可方便地求得理想气体的热力学能和焓的计算式。

由于理想气体的热力学能和焓都只是温度的函数,而与压力和比体积无关,所以无论经历

什么过程,只要初、终状态的温度相同,则在任何状态变化过程中理想气体的热力学能变化量相同,焓的变化量也应相同。根据此特点,可任选比体积不变的过程来计算热力学能的变化量,选压力不变的过程来计算焓的变化量。由式(7-7)、式(7-8)有

$$\delta q_v = du = c_v dT \tag{7-19}$$

$$\delta q_p = dh = c_p dT \tag{7-20}$$

可见,理想气体无论经历什么过程,其热力学能变化量在数值上总等于定容过程中的加热量,而焓的变化量在数值上总等于定压过程中的加热量。因而,在理想气体作可逆变化时,热力学第一定律的数学表达式也可写成

$$\delta q = c_v dT + p dv \tag{7-21}$$

$$\delta q = c_p dT - v dp \tag{7-22}$$

当理想气体经历某一过程 1—2 时,其热力学能和焓的变化量为

$$\Delta u = c_v \Delta T = c_v (T_2 - T_1) \tag{7-23}$$

$$\Delta h = c_p \Delta T = c_p (T_2 - T_1) \tag{7-24}$$

当考虑气体比热容随温度的变化关系时,式(7-23)、式(7-24)中的质量定容热容和质量定压热容应分别取初、终温度间的平均比热容。

式(7-23)、式(7-24)虽然是在定容过程和定压过程两种特殊情况下得出的,但由于热力学能和焓都是热力系统的状态参数,它们的变化量只与初、终状态有关,而与中间过程无关,所以,式(7-23)、式(7-24)并不只是适用于定容过程和定压过程,它适用于理想气体的任何过程,它们是计算理想气体热力学能变化量和焓的变化量的基本公式。

【例 7-3】 一绝热刚性容器,用隔板分成两部分,使 $V_A = 2V_B = 3m^3$,如图 7-3 所示。A 部分储存有温度为 30℃,压力为 $6 \times 10^5 Pa$ 的空气,B 部分为真空,抽去隔板时,空气充满整个容器,最后达到平衡状态。试求:1)空气的热力学能、温度、焓的变化量;2)压力变化量。

解:取容器内的定量空气为封闭热力系统,此过程实质上是一个绝热自由膨胀过程。

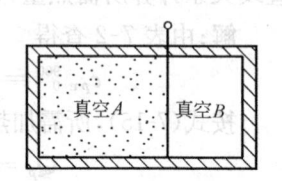

图 7-3 例 7-3 图

1)计算 ΔU、ΔT、ΔH。由于是绝热刚性容器,所以 $Q=0$、$W=0$,由封闭系统热力学第一定律解析式可得 $\Delta U = 0$。将空气当作理想气体,而理想气体的热力学能和焓都只是温度的单值函数,所以当 $\Delta U = 0$ 时,$\Delta T = 0$、$\Delta H = 0$。

2)计算压力变化量 Δp。根据理想气体状态方程,自由膨胀前空气各参数间的关系为 $p_1 V_1 = mRT_1$,自由膨胀后空气状态参数间的关系为 $p_2 V_2 = mRT_2$,因为膨胀前后温度不变,所以

$$p_2 = \frac{p_1 V_1}{V_2} = \frac{p_A V_A}{V_A + V_B} = \frac{2 \times 6 \times 10^5}{3} Pa = 0.4 MPa$$

$$\Delta p = p_2 - p_1 = -0.2 MPa$$

即自由膨胀过程中,系统的压力下降了 2MPa。

讨论:理想气体的绝热自由膨胀过程是一个热力学能不变的过程,因此其温度、焓都不变。工质经自由膨胀,体积增大,压力下降,但未做功,造成功的耗损,是一个典型的不可逆过程。

第四节 理想气体的基本热力过程

一、研究热力过程的目的和一般方法

分析和计算热力过程的目的在于揭示过程中工质状态参数的变化规律以及该过程中热能与机械能之间的转化情况，进而找出影响能量转化效果的主要因素。

热工设备中的实际过程都是很复杂的。首先，实际过程都是不可逆的。其次，工质的各种状态参数都在变化，不易找出其规律，故实际过程不易分析。但仔细观察热工设备中常见的一些过程，发现它们往往近似地具有某一些简单的特征。例如，汽油机气缸中工质的燃烧加热过程，燃烧速率很快，压力急剧上升而体积几乎保持不变，接近定容过程；燃气轮机动力装置燃烧室中的燃烧加热过程，燃气压力波动甚微，近似定压过程；制冷装置中冷凝器和蒸发器中制冷剂的冷凝和汽化过程近似于定温过程；燃气流过燃气涡轮的喷嘴和叶片，或空气流过叶轮式压气机时，流速很快，流量较大，经机壳向外散失的热量相对来说极少，可近似当做绝热过程。工程热力学中将热工设备的各种过程近似地概括为几种典型的过程，即本节将要讨论的定容、定压、定温、绝热过程。同时，为使问题简化，这里不考虑实际过程中能量的耗损，而将其做为可逆过程对待。这些典型的可逆过程都可用较简单的热力学方法进行分析计算，所以称其为基本热力过程。

分析研究理想气体热力过程的一般步骤如下：

1) 根据过程进行的条件导出过程方程式，即 $p=f(v)$ 及 $T=f(s)$ 形式的方程式。

2) 将过程方程式描绘在 p-v 图和 T-s 图上，分析过程中工质状态变化规律。

3) 计算热力过程中的能量转换情况。

(1) 热力学能和焓的计算 由于理想气体的热力学能和焓都是温度的单值函数，对于比热容为定值的理想气体的任何过程都可用下式计算其热力学能和焓的变化量：

$$\Delta u = c_v \Delta T \qquad \Delta h = c_p \Delta T$$

对于变比热容的情况，应将上两式中的质量定容热容和质量定压热容以平均比热容代替。

(2) 体积功的计算 按式(6-4)结合过程方程式确定体积功的大小，即

$$w = \int_{v_1}^{v_2} p \mathrm{d}v = \int_{v_1}^{v_2} f(v) \mathrm{d}v$$

(3) 确定热力过程中系统与外界所交换的热量 计算时可用热力学第一定律的解析式

$$q = \Delta u + w$$

也可根据比热容的公式

$$q = c(T_2 - T_1)$$

或者，根据可逆过程中熵的定义式

$$q = \int_{s_1}^{s_2} T \mathrm{d}s = \int_{v_1}^{v_2} f(s) \mathrm{d}s$$

若对质量为 m kg 的工质求上述各参数的总量，只需再乘以 m 即可。

二、四个基本热力过程分析

1. 定容过程

定容过程是指在状态变化中工质体积保持不变的过程，通常为一定量的气体在体积固定

的容器内进行定容加热(或放热),故比体积保持不变,即 $dv=0$。显然其过程方程为

$$v = 常数$$

初、终状态参数的关系根据 $v=$ 常数及 $pv=RT$,可得

$$v_1 = v_2, \frac{p_2}{p_1} = \frac{T_2}{T_1} \tag{7-25}$$

式(7-25)表明,定容过程中工质的压力与热力学温度成正比。

因 $v=$ 常数,故定容过程在 p-v 图上应是垂直于 v 轴的直线,如图 7-4a 所示。定容加热时,压力随温度的升高而增加,过程曲线如 1-2 所示;定容放热时,压力随温度的降低而减小,过程曲线如 1-2′所示。

由熵的定义式和热力学第一定律有

$$ds = \frac{\delta q}{T} = \frac{c_v dT + p dv}{T}$$

对于定容过程 $dv=0$,因而 $ds = c_v \dfrac{dT}{T}$,取比热容为定值时,对上式取不定积分得

$$s = c_v \ln T + C$$

式中,C 为不定积分的积分常数,其具体取值可根据取定的计算基准来确定。对上式求反函数得

$$T = e^{\frac{s-C}{c_v}}$$

所以定容过程在 T-s 图上为一条指数曲线,如图 7-4b 所示,且其斜率为

$$\left(\frac{\partial T}{\partial s}\right)_v = \frac{T}{c_v}$$

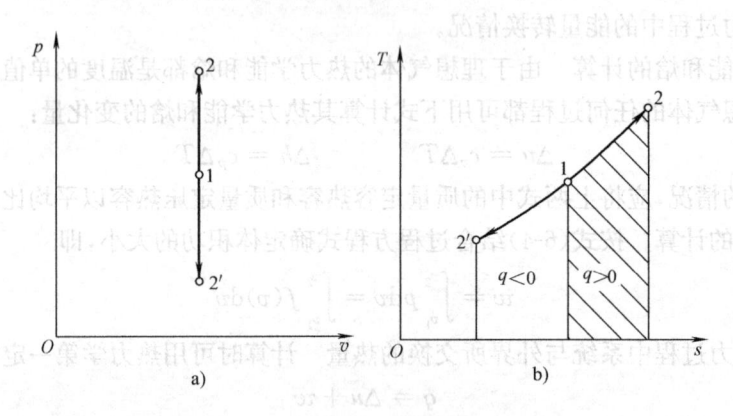

图 7-4 定容过程在 p-v、T-s 图上的表示

给工质加热,则温度升高,熵增加,过程曲线向右上方延伸,如图 7-4b 中 1-2 线所示,过程曲线与 s 轴间的面积为定容加热量。工质放热,则温度下降,熵减小,过程曲线向左下方延伸,如 1-2′线所示,过程曲线下的面积相应为定容放热量。

由于比体积不变,$dv=0$,所以定容过程的体积功为

$$w = \int_{v_1}^{v_2} p dv = 0$$

可见,封闭系统经历定容过程时系统与外界无体积功的交换。若为开口系统,工质除做体

积功外，还做流动功。当不考虑工质的宏观动能和位能时，工质所做的总功（技术功）为

$$w_t = -\int_{p_1}^{p_2} v \mathrm{d}p = v(p_1 - p_2) \tag{7-26}$$

再根据热力学第一定律解析式可得到定容过程中热交换量为

$$q_v = \Delta u = u_2 - u_1 \tag{7-27}$$

由此可见，定容过程中系统不做体积功，加给系统的热量未转变为机械能，而是全部用于增加系统的热力学能；反之，系统放出的热量全部来自于系统热力学能的减少。式(7-27)是直接根据热力学第一定律得出的，而未涉及工质的种类，因此，无论理想气体或实际气体均适用。

对于气态工质，定容过程中的热量或热力学能的差还可按比热容计算，当取比热容为定值时，则有

$$q_v = \Delta u = c_v(T_2 - T_1) \tag{7-28}$$

当考虑温度对气体比热的影响时，应将式(7-28)中的 c_v 换成平均比热 $c_{vm}\big|_1^2$。

2. 定压过程

定压过程是工质在状态变化过程中压力保持不变的过程。过程方程为

$$p = 常数$$

初、终状态参数的关系可由 $p=$ 常数和 $pv=RT$ 得出

$$p_2 = p_1 \qquad \frac{v_2}{v_1} = \frac{T_2}{T_1}$$

即定压过程中工质的比体积与热力学温度成正比。

定压过程在 p-v 图上是一条平行于 v 轴的水平线，如图 7-5a 所示。1-2 线表示温度升高时，比体积增大，工质膨胀；1-2′线表示温度降低时，比体积减小，工质被压缩。

定压过程曲线在 T-s 图上的表示可仿照定容过程的方法来确定。由于

$$\mathrm{d}s = \frac{c_p \mathrm{d}T - v \mathrm{d}p}{T}$$

因为 $\mathrm{d}p = 0$，故

$$T = e^{\frac{s-C}{c_p}} \qquad \left(\frac{\partial T}{\partial s}\right)_p = \frac{T}{c_p}$$

式中，C 为积分常数。因 T 与 c_p 都不会为负值，即曲线斜率$(\partial T/\partial s)_v > 0$，所以定压线在 T-s 图

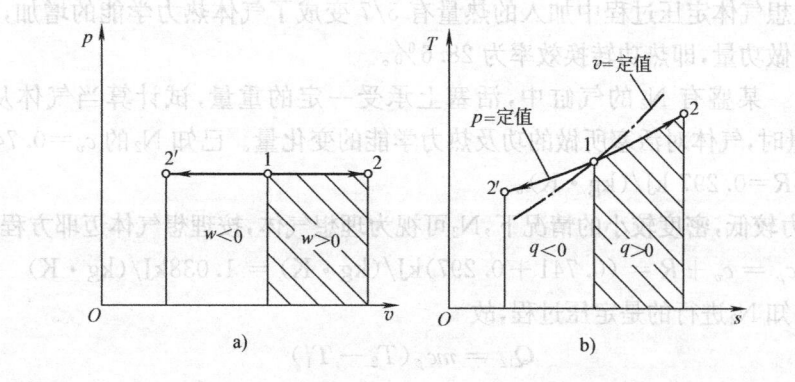

图 7-5 定压过程在 p-v、T-s 图上的表示

上是一条斜率大于零的指数曲线，如图 7-5b 所示。T-s 图上的定容线和定压线都是指数曲线，但两者的斜率是不同的。对同一理想气体，由于 $c_p > c_v$，所以有

$$\left(\frac{\partial T}{\partial s}\right)_p = \frac{T}{c_p} < \left(\frac{\partial T}{\partial s}\right)_v = \frac{T}{c_v}$$

即 T-s 图上定压线的斜率较定容线的斜率小，或者说定容线比定压线陡，如图 7-5b 所示。

由于过程中压力保持不变，工质所做的体积功为

$$w = \int_{v_1}^{v_2} p dv = p \int_{v_1}^{v_2} dv = p(v_2 - v_1)$$

对于理想气体，由于 $pv = RT$

故
$$w = p(v_2 - v_1) = R(T_2 - T_1) \tag{7-29}$$

$$R = \frac{w}{T_2 - T_1}$$

即气体常数 R 数值上等于 1kg 理想气体在定压过程中温度升高 1K 所做的功，故其单位为 J/(kg·K)。对于开口热力系统，工质所做的技术功为

$$w_t = -\int_{p_1}^{p_2} v dp = 0$$

根据热力学第一定律解析式可得定压过程的热量为

$$q_p = u_2 - u_1 + p(v_2 - v_1) = h_2 - h_1 \tag{7-30}$$

即任何工质在定压过程中吸入的热量等于其焓增，或放出的热量等于其焓降。

对于理想气体，式(7-30)还可演化为

$$q_p = \Delta h = c_p(T_2 - T_1) \tag{7-31}$$

从上述定压过程的能量分析计算中可看出，定压过程中加给系统的热量将分为两部分，一部分用来增加系统的热力学能，另一部分用来对外做功。热力学能增量与吸热量之比为

$$\frac{\Delta u}{q} = \frac{c_v \Delta T}{c_p \Delta T} = \frac{1}{\kappa} \tag{7-32}$$

可见，绝热指数 κ 代表了理想气体定压过程中能量的分配情况。例如，对双原子理想气体，$\kappa = 1.4$，则有

$$\frac{\Delta u}{q} = \frac{1}{\kappa} = \frac{5}{7} \qquad \frac{w}{q} = 1 - \frac{1}{\kappa} = \frac{2}{7}$$

这说明理想气体定压过程中加入的热量有 5/7 变成了气体热力学能的增加，2/7 转变成了系统的对外做功量，即热功转换效率为 28.6%。

【例 7-4】 某盛有 N_2 的气缸中，活塞上承受一定的重量，试计算当气体从外界吸入 3 349kJ 的热量时，气体对活塞所做的功及热力学能的变化量。已知 N_2 的 $c_v = 0.741$kJ/(kg·K)，气体常数 $R = 0.297$ kJ/(kg·K)。

解：在压力较低，密度较小的情况下，N_2 可视为理想气体，按理想气体迈耶方程有

$$c_p = c_v + R = (0.741 + 0.297) \text{kJ/(kg·K)} = 1.038 \text{kJ/(kg·K)}$$

按题意可知 N_2 进行的是定压过程，故

$$Q_{12} = mc_p(T_2 - T_1)$$

得
$$m(T_2 - T_1) = Q_{12}/c_p = (3\,349/1.038) \text{kg·K} = 3\,226.4 \text{kg·K}$$

理想气体的热力学能变化量为

$$\Delta U_{12} = mc_v(T_2 - T_1) = 0.741 \times 3\,226.4 \text{kJ} = 2\,391 \text{kJ}$$

按闭口系统能量方程式,可得气体对活塞所做的膨胀功为

$$W = Q - \Delta U = (3\,349 - 2\,391) \text{kJ} = 958 \text{kJ}$$

3. 定温过程

工质在状态变化过程中温度保持不变的过程称为定温过程。用数学式表示为

$$T = 常数$$

将这一关系结合理想气体状态方程式 $pv = RT$,可得理想气体定温过程的过程方程式为

$$pv = 常数 \tag{7-33}$$

该式说明,理想气体定温过程中,压力与比体积成反比。

定温过程在 p-v 图上是一条等边双曲线,如图 7-6a 所示。由于温度不变,当工质膨胀,即比体积增加时,压力下降,过程曲线(图中 1-2 线)向右下方延伸;当工质被压缩,即比体积减小时,压力增加,过程曲线(图中 1-2′线)向左上方延伸。由过程方程取微分可得该等边双曲线的斜率为

$$\left(\frac{\partial p}{\partial v}\right)_T = -\frac{p}{v}$$

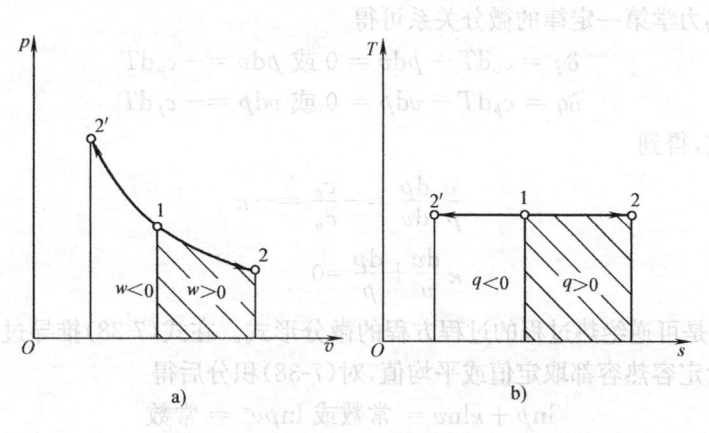

图 7-6 定温过程在 p-v、T-s 图上的表示

定温线在 T-s 图上应是一条平行于 s 轴的水平线,如图 7-6b 所示。熵增加时,工质吸热;熵减少时,工质放热。

由于定温过程中 $pv = $ 常数,故体积功为

$$w = \int_{v_1}^{v_2} p \mathrm{d}v = \int_{v_1}^{v_2} pv \frac{\mathrm{d}v}{v} = pv \int_{v_1}^{v_2} \frac{\mathrm{d}v}{v} = pv \ln \frac{v_2}{v_1} = RT \ln \frac{p_1}{p_2} \tag{7-34}$$

技术功为

$$w_t = -\int_{p_1}^{p_2} v \mathrm{d}p = -pv \int_{p_1}^{p_2} \frac{\mathrm{d}p}{p} = pv \ln \frac{p_1}{p_2} = RT \ln \frac{p_1}{p_2} \tag{7-35}$$

由式(7-34)、式(7-35)可见,在定温过程中,理想气体的体积功与技术功相等。

由于理想气体的热力学能只是温度的单值函数,因而对理想气体定温过程必有 $\Delta u = 0$,由热力学第一定律可得热量计算公式为

$$q_T = w = RT \ln \frac{v_2}{v_1} = RT \ln \frac{p_1}{p_2} = p_1 v_1 \ln \frac{p_1}{p_2} \tag{7-36}$$

式(7-36)表明：在定温过程中，加给理想气体的热量全部转变为对外的膨胀功；反之，在压缩时，外界所消耗的机械功，全部转变为气体的放热量。即理想气体定温过程的热功转换效率为100%。

在已知定温过程的熵变Δs时，其热量也可根据可逆过程熵的定义式求得，即

$$q_T = \int_{s_1}^{s_2} T ds = T(s_2 - s_1) = T \cdot \Delta s \tag{7-37}$$

4. 绝热过程

绝热过程是状态变化的任何一段微元过程中，系统与外界都不发生热量交换的过程，即过程进行的每一瞬时都有$\delta q = 0$。整个过程与外界交换的热量亦等于零，即$q=0$。

绝对绝热的物体是不存在的，系统无法与外界完全隔热，所以理想化的绝热过程是不能实现的。但当实际热机中的某些膨胀或压缩过程进行得很快时，系统与外界来不及交换热量或热交换量很少时，可将其近似当成是绝热过程来对待。近似于绝热的过程在热机中是很多的，例如内燃机和蒸汽机气缸中工质的膨胀过程、制冷压缩机气缸中的压缩过程、汽轮机喷管中的膨胀过程等。

绝热过程的过程方程式可根据热力学第一定律解析式及绝热过程的特征导出。由闭口系统和开口系统热力学第一定律的微分关系可得

$$\delta q = c_v dT + p dv = 0 \text{ 或 } p dv = -c_v dT$$

$$\delta q = c_p dT - v dp = 0 \text{ 或 } v dp = -c_p dT$$

将后式除以前式，得到

$$\frac{v}{p} \frac{dp}{dv} = -\frac{c_p}{c_v} = -\kappa$$

或

$$\kappa \frac{dv}{v} + \frac{dp}{p} = 0 \tag{7-38}$$

式(7-38)即是可逆绝热过程的过程方程的微分形式。在式(7-38)推导过程中已假设质量定压热容和质量定容热容都取定值或平均值，对(7-38)积分后得

$$\ln p + \kappa \ln v = \text{常数 或 } \ln p v^\kappa = \text{常数}$$

即

$$p v^\kappa = \text{常数} \tag{7-39}$$

由式(7-39)可得到绝热过程中初、终两态参数之间的关系，即

$$\frac{p_2}{p_1} = \left(\frac{v_1}{v_2}\right)^\kappa \tag{7-40}$$

以$pv = RT$代入上式，消去p_1、p_2，则得

$$\frac{T_2}{T_1} = \left(\frac{v_1}{v_2}\right)^{\kappa-1} \tag{7-41}$$

若消去v_1、v_2，则得

$$\frac{T_2}{T_1} = \left(\frac{p_2}{p_1}\right)^{\frac{\kappa-1}{\kappa}} \tag{7-42}$$

由$pv^\kappa = $常数可见，绝热过程线在$p$-$v$图上是一条不等边双曲线。由式(7-38)可得其斜率为

$$\left(\frac{\partial p}{\partial v}\right)_s = -\kappa \frac{p}{v}$$

前述定温过程在p-v图上为一条等边双曲线，将上式与前述定温过程的斜率$\left(\frac{\partial p}{\partial v}\right)_T = $

$-\dfrac{p}{v}$ 比较,由于 $\kappa>1$,所以,$|(\partial p/\partial v)_s|>|(\partial p/\partial v)_T|$,且它们的斜率均为负值。因此,定温线和绝热线在 p-v 图上都是双曲线,但绝热线的斜率大于定温线的斜率,或者说 p-v 图上绝热线比定温线陡,如图 7-7a 所示。

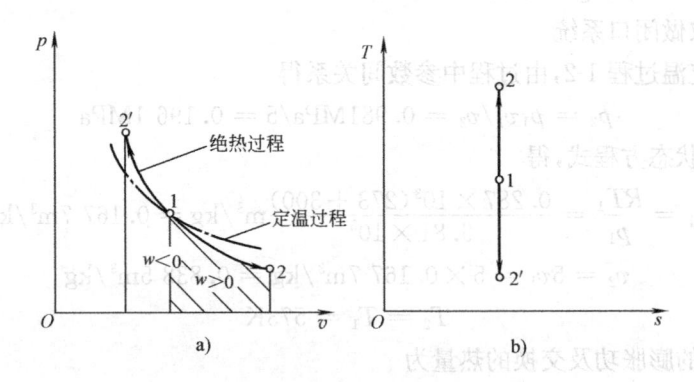

图 7-7 绝热过程在 p-v、T-s 图上的表示

由熵的定义式 $ds=\delta q/dT$ 可知,对可逆的绝热过程,$\delta q=0$,$ds=0$ 或 $s_1=s_2$,即熵不变,所以可逆的绝热过程又称为定熵过程,在 T-s 图上是一条垂直于 s 轴的直线,如图 7-7b 所示。

由 $\dfrac{T_2}{T_1}=\left(\dfrac{p_2}{p_1}\right)^{\frac{\kappa-1}{\kappa}}$ 可见,温度与压力的 $(\kappa-1)/\kappa$ 次方成正比,所以气体绝热膨胀时($dv>0$),p 和 T 均降低,如图 7-7a 中曲线 1-2 所示;反之,气体被压缩时($dv<0$),p 和 T 均升高,如图 7-7a 中曲线 1-2′所示。

将绝热过程特征式 $q=0$ 代入热力学第一定律解析式中得

$$w=-\Delta u=u_1-u_2 \tag{7-43}$$

该式表明:系统在绝热过程与外界无热量交换,体积功只能来自系统本身的能量。绝热膨胀时,膨胀功等于系统热力学能的减少量;绝热压缩时,系统所消耗的压缩功等于系统热力学能的增加量。式(7-43)直接由热力学第一定律导出,故普遍适用于可逆和不可逆的绝热过程、理想气体和实际气体。

对于理想气体,取比热容为定值时有

$$w=c_v(T_1-T_2) \tag{7-44}$$

将 $c_v=\dfrac{R}{\kappa-1}$ 代入,还可得到

$$w=\dfrac{R}{\kappa-1}(T_1-T_2)=\dfrac{1}{\kappa-1}(p_1v_1-p_2v_2)=\dfrac{RT_1}{\kappa-1}\left[1-\left(\dfrac{p_2}{p_1}\right)^{\frac{\kappa-1}{\kappa}}\right]=\cdots \tag{7-45}$$

将绝热过程特征式 $q=0$ 代入开口系统热力学第一定律解析式,可得到绝热过程的技术功为

$$w_t=-\Delta h=h_1-h_2 \tag{7-46}$$

该式表明:系统在绝热过程所做的技术功等于焓变量。式(7-46)对理想气体和实际气体,可逆和不可逆的绝热过程都普遍适用。

对于理想气体,取比热容为定值时,还有

$$w_t=c_p(T_1-T_2) \tag{7-47}$$

对照(7-44)和式(7-47)可看出,绝热过程中的技术功是容积功的 κ 倍,即 $w_t=\kappa w$。

【例 7-5】 2kg 空气分别经过定温膨胀 1-2 和绝热膨胀 1-2′ 两个可逆过程,从初态 $p_1 = 0.981\text{MPa}, t_1 = 300℃$ 膨胀到终态体积为初态体积的 5 倍。试计算不同过程中空气的终态参数、对外界所做的功和交换的热量以及过程中热力学能、焓的变化量。设空气 $c_p = 1.004\text{kJ/(kg·K)}, R = 0.287\text{kJ/(kg·K)}, \kappa = 1.4$。

解: 将空气取做闭口系统。

(1) 对可逆定温过程 1-2,由过程中参数间关系得

$$p_2 = p_1 v_1/v_2 = 0.981\text{MPa}/5 = 0.1961\text{MPa}$$

按理想气体状态方程式,得

$$v_1 = \frac{RT_1}{p_1} = \frac{0.287 \times 10^3 (273+300)}{9.81 \times 10^5} \text{m}^3/\text{kg} = 0.1677 \text{m}^3/\text{kg}$$

$$v_2 = 5v_1 = 5 \times 0.1677 \text{m}^3/\text{kg} = 0.8385 \text{m}^3/\text{kg}$$

$$T_2 = T_1 = 573\text{K}$$

气体对外做的膨胀功及交换的热量为

$$W_T = Q_T = mp_1 v_1 \ln\frac{v_2}{v_1} = (9.81 \times 10^5 \times 2 \times 0.1677 \times \ln 5)\text{J} = 529380\text{J} = 529.4\text{kJ}$$

过程中热力学能和焓的变化量为 $\Delta U_{12} = 0; \Delta H_{12} = 0$

(2) 对可逆绝热过程 1-2′,由可逆绝热过程参数间关系可得

$$p_{2'} = p_1 \left(\frac{v_1}{v_2}\right)^\kappa = 0.981 \times \left(\frac{1}{5}\right)^{1.4} \text{MPa} = 0.103\text{MPa}$$

$$T_{2'} = \frac{p_{2'} v_{2'}}{R} = \frac{1.03 \times 10^5 \times 0.8385}{0.287 \times 10^3}\text{K} = 301\text{K} \text{ 或 } t_2 = 28℃$$

气体对外做的膨胀功为

$$W = \frac{m}{\kappa-1}(p_1 v_1 - p_2 v_2) = \frac{mR}{\kappa-1}(T_2 - T_1) = \frac{2 \times 0.287 \times 10^3}{1.4-1}(573-301)\text{J} = 390.3\text{kJ}$$

过程中热力学能和焓的变化量为

$$\Delta U_{12'} = mc_v(T_{2'} - T_1)$$

其中 $c_v = c_p - R = (1.004 - 0.287)\text{kJ/(kg·K)} = 0.717\text{kJ/(kg·K)}$

故 $\Delta U_{12'} = 2 \times 0.717(301-573)\text{kJ} = -390.3\text{kJ}$

或 $\Delta U_{12'} = -W = -390.3\text{kJ}$

$$\Delta H_{12'} = mc_p(T_{2'} - T_1) = 2 \times 1.004(301-573)\text{kJ} = -546.2\text{kJ}$$

第五节 理想气体的多变过程

一、多变过程的特点

前面讨论的四种典型的理想气体热力过程是几个特殊的过程,即在状态变化过程中某一个状态参数保持不变或系统与外界没有热量交换。现将四种典型过程中状态参数之间的变化关系归纳入表 7-4。

从表 7-4 可看出,四种典型热力过程中 p、v 间的关系具有共同特征,可统一表示成如下形式:

$$pv^n = 常数 \tag{7-48}$$

式中，指数 n 称为多变指数。工程热力学中将工质状态按 $pv^n=$ 常数变化的热力过程称为多变过程。理论上讲，多变指数 n 可在 $-\infty \sim +\infty$ 之间变化。而四种典型过程可当成是多变过程的四种特殊情况。

表 7-4　四种典型过程状态参数间的关系

过程	过程方程	p、v 的关系	指数
定压过程	$p=$ 常数	$pv^0=$ 常数	0
定温过程	$pv=$ 常数	$pv=$ 常数	1
绝热过程	$pv^\kappa=$ 常数	$pv^\kappa=$ 常数	κ
定容过程	$v=$ 常数	$pv^{\pm\infty}=$ 常数	$\pm\infty$

由于多变过程的过程方程式的数学形式与绝热过程相同，因此多变过程中初、终状态参数之间的关系在形式上均与绝热过程的公式完全相同，只是以 n 值代替各式中的 κ 值，故不做重复推导，只将公式的结果分列如下：

$$\frac{p_2}{p_1}=\left(\frac{v_1}{v_2}\right)^n \quad \frac{T_2}{T_1}=\left(\frac{v_1}{v_2}\right)^{n-1} \quad \frac{T_2}{T_1}=\left(\frac{p_2}{p_1}\right)^{\frac{n-1}{n}} \tag{7-49}$$

二、多变过程中的能量计算

多变过程的体积功为

$$w=\int_{v_1}^{v_2}p\mathrm{d}v=p_1v_1^n\int_{v_1}^{v_2}\frac{\mathrm{d}v}{v^n}=\frac{1}{n-1}(p_1v_1-p_2v_2)$$

$$=\frac{1}{n-1}R(T_1-T_2)$$

$$=\frac{1}{n-1}RT_1\left[1-\left(\frac{p_2}{p_1}\right)^{\frac{n-1}{n}}\right]$$

$$=\frac{k-1}{n-1}c_v(T_1-T_2) \tag{7-50}$$

对于开口热力系统，还要考虑气体流入和流出机器时的推动功，则气体流经机器时总共做出的是技术功。多变过程的技术功为

$$w_t=-\int_{p_1}^{p_2}v\mathrm{d}p=p_1v_1+\int_{v_1}^{v_2}p\mathrm{d}v-p_2v_2$$

$$=\frac{n}{n-1}(p_1v_1-p_2v_2)=\frac{n}{n-1}R(T_1-T_2)$$

即

$$w_t=\frac{n}{n-1}RT_1\left[1-\left(\frac{p_2}{p_1}\right)^{\frac{n-1}{n}}\right] \tag{7-51}$$

显见

$$w_t=nw \tag{7-52}$$

即多变过程的技术功是体积功的 n 倍。

取比热容为定值时，理想气体多变过程的热力学能变化量可表示成 $\Delta u=c_v(T_2-T_1)$，所以多变过程的热量为

$$q=\Delta u+w=c_v(T_2-T_1)+\frac{R}{n-1}(T_1-T_2)$$

$$=c_v(T_2-T_1)-\frac{k-1}{n-1}c_v(T_2-T_1)=\frac{n-k}{n-1}c_v(T_2-T_1) \tag{7-53}$$

根据比热容的定义式,比热容取定值时,热量可按 $q=c_n(T_2-T_1)$ 计算,将它与式(7-53)比较,显然,多变过程的比热容为

$$c_n = \frac{n-k}{n-1}c_v \tag{7-54}$$

可见,当 n 取不同数值时,c_n 有不同的数值。以四个基本热力过程为例:

当 $n=0$ 时为定压过程,$c_n=kc_v=c_p$。

当 $n=1$ 时为定温过程,$c_n=\infty$(无意义)。这是因为在定温过程中,外界无论与系统交换多少热量,气体的温度均不发生变化。

当 $n=k$ 时为绝热过程,$c_n=0$。这是因绝热过程中,气体温度的升高仅是外界做功的结果。

当 $n=\pm\infty$ 时为定容过程,$c_n=c_v$。

下面考察多变过程中能量分配规律,即过程中体积功和热量的比值 w/q。由式(7-50)和式(7-53)可知:

$$\frac{w}{q} = \frac{\frac{k-1}{n-1}c_v(T_1-T_2)}{\frac{n-k}{n-1}c_v(T_2-T_1)} = -\frac{k-1}{n-k} \tag{7-55}$$

由式(7-55)可得到多变过程中热功转换的程度。若已知某双原子理想气体($\kappa=1.4$)多变过程的多变指数 $n=0.4$,则有 $w/q=0.4$,相当于热功转换效率为 40%。

三、多变过程在 $p\text{-}v$ 图和 $T\text{-}s$ 图上的表示

将前述 4 种典型热力过程绘在同一个 $p\text{-}v$ 图和 $T\text{-}s$ 图上,如图 7-8 所示。不难发现多变指数 n 在坐标图上的分布是有规律的,由 $n=0$ 开始沿顺时针方向看,n 由 $0\to 1\to\kappa\to\infty$,是逐渐增大的,因而,对于任意一个多变过程,只要知道其多变指数的值,就能确定该过程在 $p\text{-}v$ 图和 $T\text{-}s$ 图上相对位置。原则上 n 可为 $-\infty\sim+\infty$ 之间的任意实数,但 n 处于 $-\infty$ 和 0 之间(即膨胀时压力升高,压缩时压力下降)的情况在实际工程上较少见。

根据过程线在 $p\text{-}v$、$T\text{-}s$ 图上所处的位置,可从坐标图上判断过程中 w、q、Δu(或 Δh)的正负(见图 7-8)。

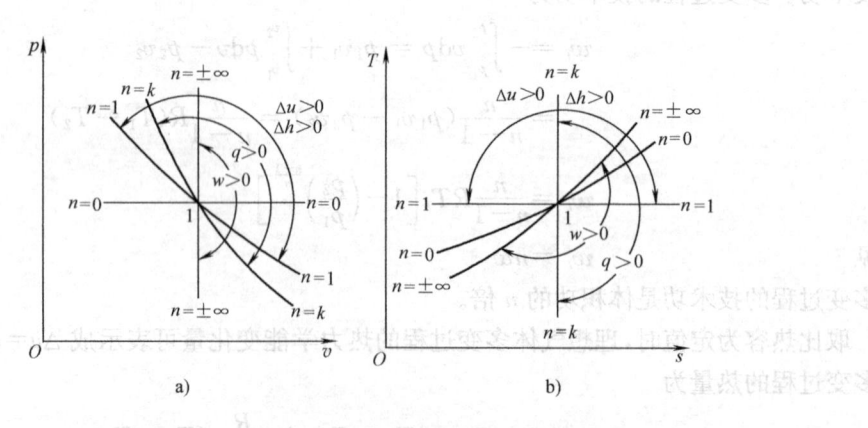

图 7-8 多变过程在 $p\text{-}v$ 图和 $T\text{-}s$ 图上的表示

过程体积功的正负以定容线为分界,位于定容线右侧区域($p\text{-}v$ 图)或右下方区域($T\text{-}s$ 图)

的各过程，$w>0$ 为膨胀过程；反之，$w<0$ 为压缩过程。

过程热量 q 的正负以定熵线（即可逆绝热过程线）为分界，位于定熵线右上方区域（p-v 图）或右侧区域（T-s 图）的各过程，$\Delta s>0$，$q>0$ 为吸热过程；反之，$\Delta s<0$，$q<0$ 为放热过程。

热力学能（或焓）的增减以定温线为分界线，因为理想气体 ΔT 的正负也就是 Δu（或 Δh）的正负。位于定温过程线右上方区域（p-v 图）或上方区域（T-s 图）的各过程，$\Delta T>0$，则有 $\Delta u>0$（或 $\Delta h>0$），是热力学能（或焓）增大的过程；反之，则 $\Delta T<0$，故 $\Delta u<0$（或 $\Delta h<0$），是热力学能（或焓）减小的过程。

根据上述规律，对某个已知 n 的过程，就可大致确定它在 p-v 图和 T-s 图上的位置，且不必经过计算，即可定性地指出过程中能量转换的关系。例如，已知某个过程的多变指数取值范围为 $\kappa>n>1$，则在 p-v 图和 T-s 图上对应的曲线位置应在定熵线 $n=\kappa$ 与定温线 $n=1$ 之间。若又知该过程中工质的终态压力低于初态，则该过程曲线位置必然自左向右延伸。因此，不难看出该过程中能量转换关系应为 $w>0$，$\Delta u<0$，$q>0$，则工质经历该过程时，不仅由外界吸热，同时又降低本身的热力学能，全部转变为对外膨胀所做的功。

在已知热力过程中能量交换的方向时，利用多变过程的 p-v 图和 T-s 图也可确定多变指数的取值范围。例如，若已知理想气体某多变过程中，气体膨胀且放热，则根据 $w>0$ 可知该过程应在定容线的右侧（p-v 图上）或右下方（T-s 图上），再根据 $q<0$ 可知该过程曲线应在定熵线的左上方（p-v 图上）或左侧（T-s 图上）。两者的交叉区域即为多变指数的取值范围，即有 $\kappa<n$。

【例 7-6】 1kg 空气在多变过程中吸收 418.7kJ 的热量时，其体积增大到原来的 10 倍，压力降低为原来的 1/8。设空气 $c_v=0.716\text{kJ}/(\text{kg}\cdot\text{K})$，$\kappa=1.4$。求：1) 过程中空气的热力学能变化量；2) 空气对外所做膨胀功及技术功。

解：1) 空气的热力学能变化量。由理想气体状态方程式 $PV=RT$ 得

$$\frac{T_2}{T_1}=\frac{p_2}{p_1}\frac{v_2}{v_1}=\frac{10}{8}$$

多变指数

$$n=\frac{\ln(p_1/p_2)}{\ln(v_2/v_1)}=\frac{\ln 8}{\ln 10}=0.903$$

多变过程中气体吸取的热量为

$$q_n=c_n(T_2-T_1)=c_v\frac{n-\kappa}{n-1}(T_2-T_1)$$

$$=c_v\frac{n-\kappa}{n-1}\left(\frac{10}{8}T_1-T_1\right)=\frac{1}{4}c_v\frac{n-\kappa}{n-1}T_1$$

故

$$T_1=4\frac{n-1}{n-\kappa}\frac{q_n}{c_v}=\frac{4\times(0.903-1)\times 418.7}{(0.903-1.4)\times 0.716}\text{K}=457\text{K}$$

$$T_2=\frac{10}{8}T_1=571\text{K}$$

气体内能变化量为

$$\Delta u_{12}=c_v(T_2-T_1)=0.716\times(571-457)\text{kJ/kg}=81.6\text{kJ/kg}$$

2) 气体对外所做的膨胀功及技术功。

由闭口系统能量方程可得膨胀功为

$$w_{12}=q_n-\Delta u_{12}=418.7\text{kJ/kg}-81.6\text{kJ/kg}=337.1\text{kJ/kg}$$

技术功为

$$w_t = mw = 0.903 \times 337.7 \text{kJ/kg} = 304.4 \text{kJ/kg}$$

【案例分析与知识拓展】

案例1：制冷压缩机的压缩过程

热工设备中实际进行的热力过程均是多变过程，且通常要比理论的多变过程更为复杂。例如，制冷压缩机气缸中制冷剂蒸汽的压缩过程，在整个过程中指数 n 是变化的。压缩开始时，工质温度低于缸壁温度，工质是吸热的，随着对工质不断地压缩，温度升高，高于缸壁温度后开始放热，瞬时多变指数约从1.4左右变化到1.0左右。制冷压缩机压缩过程的多变指数大小还与制冷剂的种类、制冷剂蒸汽与气缸壁的热交换情况、活塞与气缸壁的密封情况等因素有关。通常，制冷压缩机压缩多变指数要小于活塞式空气压缩机压缩多变指数。对多变指数 n 是变化的实际过程，热工计算中为简便起见常常这样处理：若 n 的变化范围不大，则用一个不变的平均多变指数近似地代替实际变化的 n；如果 n 的变化较大，可将实际过程分段，每段近似为 n 值不变，各段的 n 值可不相同。实际制冷压缩机的压缩过程的平均多变指数，对于氨压缩机 $n=1.1\sim1.15$；对于氟利昂压缩机 $n=1.0\sim1.05$。

案例2：高温烟气热量的计算

在化工、钢铁、大型火电厂等热能消耗较大的企业，为了节能降耗，通常可利用烟气余热加热锅炉中的给水，产生蒸汽用以驱动吸收式、吸附式或喷射式制冷装置来进行车间或房间的温度调节。此类系统设计首先必须知道可利用的烟气的热量，以便进行可行性、经济性分析和设计计算。例如，某大型柴油机增压器后的排气流量为53 856kg/h，排气温度为380℃，为防止废气锅炉尾部发生低温腐蚀，废气流出废气锅炉的温度应为150℃，试求废气流经废气锅炉时可利用的热量有多少。

考虑到燃气比热容随温度的变化，采用平均比热容进行计算，并认为燃气的性质与空气相近。由表7-2查得 $c_{pm0}^{380}=1.026\text{kJ/(kg·K)}$，$c_{pm0}^{150}=1.009\text{kJ/(kg·K)}$，根据式(7-15)可求得锅炉可利用的热量为3 568.4kW。考虑锅炉热效率、锅炉给水温度及所需蒸汽压力（或温度），即可由此求得废气锅炉的蒸汽产量。

【本章小结】

一、理想气体的热力性质

理想气体是指忽略气体分子本身所占有的体积和分子间相互作用力的气体。实质上是实际气体在 $p \to 0, v \to \infty$ 时的极限情况。实际工程处理上将不易液化、离液态较远的气体（如燃气、空气等）均当做理想气体来处理。理想气体基本状态参数之间的关系可用状态方程 $pv=RT$ 来表示，式中气体常数 R 与气体状态无关而与气体性质有关，R 可通过摩尔气体常数 R_m 来计算。

理想气体比热容的影响因素包括气体的种类、气体的温度、气体所经历的热力过程。工程上最常用的是质量定压热容和质量定容热容，两者间的基本关系式为 $c_p - c_v = R$（迈耶方程）。考虑气体比热容随温度的变化后，气体热量的精确计算应用气体在一定温度范围内的平均比热容来计算。

理想气体热力学能和焓的变化量的基本计算公式为 $\Delta u = c_v \Delta T$ 和 $\Delta h = c_p \Delta T$，此两式适用于理想气体的任何过程。

二、理想气体基本热力过程分析

理想气体基本热力过程包括定容、定压、定温和绝热四个过程，这部分计算公式繁多，见表7-5。

表7-5 四个基本热力过程的相关计算公式

过程	定容过程	定压过程	定温过程	绝热过程
多变指数	$\pm\infty$	0	1	κ
过程方程	$v=$定值	$p=$定值	$pv=$定值	$pv^\kappa=$定值
状参间的关系	压力与温度成正比	比体积与温度成正比	压力与比体积成反比	$\dfrac{T_2}{T_1}=\left(\dfrac{v_1}{v_2}\right)^{\kappa-1}=\left(\dfrac{p_2}{p_1}\right)^{\frac{\kappa-1}{\kappa}}$
Δu、Δh	$\Delta u=c_v\Delta T$ $\Delta h=c_p\Delta T$	$\Delta u=c_v\Delta T$ $\Delta h=c_p\Delta T$	$\Delta u=0$ $\Delta h=0$	$\Delta u=c_v\Delta T$ $\Delta h=c_p\Delta T$
体积功 w	0	$w_p=p(v_2-v_1)$ $=R(T_2-T_1)$	$w_T=RT\ln v_2/v_1$ $=RT\ln p_1/p_2$	$w_s=-\Delta u$ $=\dfrac{1}{\kappa-1}R(T_1-T_2)$
技术功 w_t	$v(p_1-p_2)$	0	w	κw
热量 q	$q_v=\Delta u$	$q_p=\Delta h$	$q_T=T\Delta s=w$	0
比热容	c_v	c_p	∞	0
p-v 图过程斜率	$\pm\infty$	0	$-p/v$	$-\kappa p/v$
T-s 图过程斜率	T/c_v	T/c_p	0	$\pm\infty$

三、多变过程分析

凡状态参数的变化规律满足 $pv^n=$ 常数的热力过程均称为多变过程，$n=0$、1、κ 及 $\pm\infty$ 的过程分别为定压、定温、定熵（可逆绝热过程）及定容过程。

可逆多变过程中状态的变化规律为

$$\frac{p_2}{p_1}=\left(\frac{v_1}{v_2}\right)^n;\quad \frac{T_2}{T_1}=\left(\frac{v_1}{v_2}\right)^{n-1};\quad \frac{T_2}{T_1}=\left(\frac{p_2}{p_1}\right)^{\frac{n-1}{n}}$$

体积功和技术功的计算式为

$$w=\int_1^2 p\mathrm{d}v=\frac{R}{n-1}(T_2-T_1)=\frac{p_1v_1}{n-1}\left[1-\left(\frac{p_2}{p_1}\right)^{\frac{n-1}{n}}\right]$$

$$w_t=-\int_1^2 v\mathrm{d}p=nw$$

热量的计算式为

$$q_n=\frac{n-\kappa}{n-1}c_v(T_2-T_1)=\frac{n-\kappa}{n-1}\Delta u$$

多变过程的比热容

$$c_n=\frac{n-\kappa}{n-1}c_v$$

多变过程 p-v 图上定温线和定熵线右上方区域分别是热力学能增加和吸收热量的区域；T-s 图上定压线的左上方区域是压力升高的区域，定容线的右下方是做膨胀功的区域。在 p-v 和 T-s 图上，沿顺时针方向 n 值增大。不同 n 的多变过程线可按上述原则及各种状态参数变化关系确定相对位置。

【思考与练习题】

7-1 工程上，下列哪些气体可当做理想气体对待？
1）锅炉汽锅筒中的水蒸气。
2）制冷装置中的氨蒸气。
3）空气中的水蒸气。

7-2 理想气体的 c_p 与 c_v 哪个大？为什么？c_p 与 c_v 之差和 c_p 与 c_v 之比值是否在任何温度下均为常数？

7-3 如果理想气体的真实比热容是温度的单调增函数，当 $t_1 < t_2$ 时，则平均比热 $c_m|_0^{t_1}$、$c_m|_0^{t_2}$ 和 $c_m|_{t_1}^{t_2}$ 三者中哪个最大？哪个最小？

7-4 与一般工质比较，理想气体的热力学能和焓有什么特点？如何计算理想气体的热力学能和焓的变化量？

7-5 某单位从气温为 $-23℃$ 的仓库领来一瓶容积为 $0.04m^3$ 的氧气，氧气瓶上压力表的指示为 15MPa。该氧气瓶长期未经使用，检查时发现氧气瓶上压力表所示压力升到 15.2MPa，当时储气室的温度为 $17℃$，当时当地的大气压为 760mmHg。问该氧气瓶是否漏气？如果漏气，试计算漏掉的氧气量。

7-6 某活塞式压气机向体积为 $9.5m^3$ 的储气箱中充入压缩空气。压气机每分钟从压力为 $p_0 =760$ mmHg、温度为 $t_0 = 15℃$ 的大气中吸入 $0.2m^3$ 的空气。若充气前储气箱压力表的读数为 0.05MPa，温度为 $t_1 = 17℃$。问经过多少分钟后压气机才能将储气箱内气体的压力提高到 $p_2 = 0.7$ MPa，温度升为 $t_2 = 50℃$。

7-7 某种理想气体，初始时 $p_1 = 520$ kPa，$V_1 = 0.142m^3$，经过某种状态变化过程，终态时 $p_2 = 170$ kPa，$V_2 = 0.274m^3$，过程中焓值降低了，$\Delta H = -67.95$ kJ，设质量定容热容为定值，$c_v = 3.123$ kJ/(kg·K)。求：1）过程中热力学能的变化量；2）质量定压热容；3）气体常数 R。

7-8 氧气在体积为 $0.5m^3$ 的容器中，从温度为 $27℃$ 被加热到 $327℃$，设加热前氧气压力为 0.6MPa，求加热量 Q_v。1）按定值比热容计算；2）按比热容直线关系式进行计算；3）按平均比热容曲线关系进行计算。

7-9 在 T-s 图上，当比体积和压力增加时，定容线和定压线分别向什么方向移动？为什么？

7-10 在 T-s 图上，如何用图形来表示理想气体某可逆过程的焓差？

7-11 设氮气在压气机中可逆地从初态 $p_1 = 0.1$ MPa、$t_1 = 27℃$，压缩到终态 $p_2 = 0.8$ MPa、$t_2 = 227℃$。求过程的多变指数，并确定过程在 p-v 图和 T-s 图上的相对位置。

7-12 如图 7-9 所示，今有某理想气体经历两个任意过程 a-b 及 a-c，b 点及 c 点在同一条可逆绝热线上，试问 Δu_{ab} 与 Δu_{ac} 哪个大？若设 b 点及 c 点在同一定温线上，结果又如何？

7-13 如图 7-10 所示，1-2、4-3 为定容过程，2-3、1-4 为定压过程。试画出相应的 T-s 图，并确定 q_{123} 和 q_{143} 哪个大。

7-14 试讨论 $1 < n < k$ 的多变膨胀过程中，气体温度的变化方向以及气体与外界的热传递方向，并用热力学第一定律加以解释。

7-15 试分别在 p-v 图和 T-s 图上画出下列几个热力过程的相应过程曲线，并注明多变指数的取值范围。1）工质膨胀又升压；2）工质受压缩、升温又放热；3）工质受压缩、升温又吸热；4）工质受压缩、降温又降压；5）工质放热、降温又降压。

7-16 定容过程中的热量等于过程终态与初态的热力学能之差，定压过程中的热量等于过程终态与初态的焓差，这些结论适用于什么工质？与过程的可逆与否有无关系？为什么？

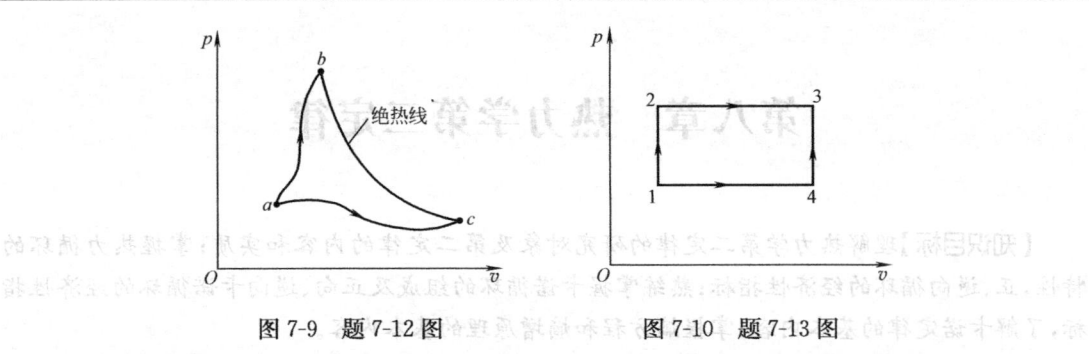

图 7-9　题 7-12 图　　　　图 7-10　题 7-13 图

7-17　将温度为 200℃ 的空气定温压缩到原来容积的 1/2，再使它可逆绝热膨胀到定温压缩前的压力。求最终的温度，并画出 $p\text{-}v$ 图和 $T\text{-}s$ 图。

7-18　在多变指数 $n=0.4$ 的多变过程中，空气吸收的热量有多少转化为对外所做的机械功？

7-19　某理想气体在气缸内进行可逆绝热膨胀，当比体积变为原来的 2 倍时，温度由 40℃ 下降到 −36℃，同时气体对外做功 60kJ/kg。设比热容为定值，试求质量定压热容 c_p 与质量定容热容 c_v。

7-20　在以空气为工质的某热力过程中，加入的热量有一半转换为机械功，试求该过程的多变指数 n。

7-21　体积 $V=6\text{m}^3$ 的压缩空气瓶内装有表压力 $p_g=9.9\text{MPa}$、温度 $t_1=27℃$ 的压缩空气。打开空气瓶上的阀门用以起动柴油机，假定留在瓶内的空气参数变化过程为绝热过程。1）求瓶中压力降到 $p_2=7\text{MPa}$ 时，用去多少空气，这时瓶中空气的温度是多少；2）过一段时间后，瓶中空气从室内吸热，温度又恢复至室温 300K，问这时压力表的读数是多少。设空气的质量热容为定值，气体常数 $R=287\text{J/(kg·k)}$，气瓶容积不随气体的温度、压力的变化而变化，当地大气压力为 $p_b=0.1\text{MPa}$。

7-22　2kg 的某理想气体，压力 $p_1=0.1\text{MPa}$、温度 $t_1=5℃$，经过某多变过程之后，压力变为 0.7MPa。已知该气体的气体常数 $R=287\text{J/(kg·k)}$，质量定压热容 $c_p=1.005\text{kJ/(kg·K)}$，过程的多变指数 $n=1.3$，试求：1）初态和终态的体积；2）终态的温度；3）热力学能的变化量；4）焓的变化量；5）过程所做的体积功；6）过程所吸收的热量。

7-23　空气初压 $p_1=4\text{MPa}$，初温 $t_1=527℃$，先在定容下被加热到 $t_2=927℃$，然后再在定压下被加热到 $t_3=1\,227℃$，最后绝热膨胀到 $p_4=0.4\text{MPa}$。试求 1kg 的空气在整个过程中的热交换量和体积功。

7-24　压力为 0.425MPa，质量为 3kg 的某种理想气体按可逆多变过程膨胀到原有体积的三倍，压力和温度分别下降到 0.1MPa、27℃。膨胀过程中做功 339.75kJ，吸热 70.50kJ，求该气体的质量定压热容 c_p 与质量定容热容 c_v。

第八章 热力学第二定律

【知识目标】 理解热力学第二定律的研究对象及第二定律的内容和实质;掌握热力循环的特性,正、逆向循环的经济性指标;熟练掌握卡诺循环的组成及正向、逆向卡诺循环的经济性指标,了解卡诺定律的基本内容;掌握熵方程和熵增原理的基本内容。

【能力目标】 具备应用热力学第二定律分析热量传递和转换过程的方向、条件和深度等方面的工程实际问题的能力。

热力学第一定律说明了能量在传递和转化时的数量关系。两温度不同的物体间有热量传递时,第一定律说明了某一物体所失去的热量等于另一物体所得到的热量,但并未说明究竟热量将从哪一物体传至哪一物体、在什么条件下方能传递以及过程进行到何时为止,即并未说明能量传递的方向、条件和深度。当热能和机械能相互转化时,第一定律也只说明了在能量形式变化时相互间有一定的当量关系,而并未说明转化的方向、条件和深度。热力学第二定律就是反映热量传递和转换过程进行的方向、条件和深度等问题的规律,其中最根本的问题是过程方向性问题。它和热力学第一定律一起构成了热力学的基本理论。只有同时满足热力学第一定律和热力学第二定律的热力过程才能实现。

第一节 自然过程的方向性

人们从长期的生活实践中认识到自然现象的进行是有一定方向的,并将不需要外界付出任何代价、可自发进行的过程称为自发过程,将不能自发进行的过程称为非自发过程。要使非自发过程得以进行,必须由外界给予一定的补充条件,即必须以自发过程同时伴随其进行为条件,这种伴随着非自发过程一起进行而使非自发过程得以实现的自发过程称为补偿过程。下面将以几个实例来说明自然过程的方向性及补偿过程的概念。

一、温差传热过程

经验指出,温度不同的两物体相互接触时,热量总是自动地由高温物体传给低温物体,这是一个自发过程。而要使热量由低温物体传给高温物体是不可能自发实现的,必须由外界消耗一定的机械功(如制冷装置必须消耗一定的电功率)才能将热量从低温物体传给高温物体,制冷装置中消耗的电功率(最终转变为热量)是热量从低温物体传向高温物体的必要条件,即补偿条件。由于温差传热过程的逆向进行必须要有一定的附加条件,即不可避免地要对外界留下影响,故自发的传热过程一定是不可逆的,是有方向的。

二、摩擦过程

图 8-1 所示的刚性、绝热、密闭容器中盛满了水。重物下降做功,带动搅拌器,由于摩擦而使水温升高,这一过程可无条件自发进行。但其逆过程,即让水温下降,使搅拌器反转,带动重物上升到原来的位置,却是不可能自发进行的;尽管只要水放出的热量等于重物上升时位能的增加,它就不违反热力学第一定律。若在热水与环境之间设置热机,热水放出的热量中的一部分可转变为功,而另一部分热量不可逆地传向环境,这个自发的传热过程是热变成功这个非自

发过程的补偿过程。因此，摩擦过程是不可逆的。

三、自由膨胀过程

一个绝热的刚性容器被隔板分成两部分，如图 8-2 所示。左边部分盛有一定压力的空气，右边部分为真空。若抽去隔板，则空气迅速膨胀，以极大的速度从容器左边流向右边，充满整个容器，直到容器内部压力均匀一致为止。在此膨胀过程中，虽然空气压力降低，体积增加，但由于空气流入没有压力的空间，所以也就未做任何机械功。欲使空气由容器的右边回到左边而恢复初态，不消耗外界的压缩功是不可能的，故而自由膨胀过程是不可逆的。这里消耗一定的外界压缩功（转变为气体热量）的过程就是自由膨胀过程逆向进行的补偿条件。

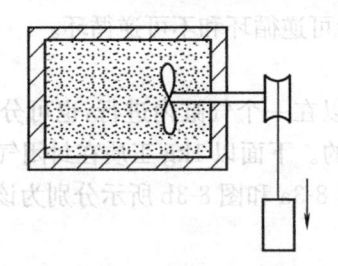

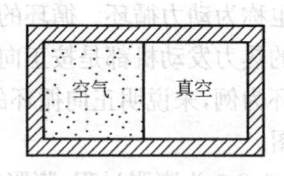

图 8-1 摩擦耗散　　　　　图 8-2 气体的自由膨胀

这样的例子还可以举出许多，例如不同物质的混合过程、电阻的热效应等。所有这些例子都说明了自发过程是有方向的，自发过程是不可逆的。自发过程的逆过程必须伴随有补偿过程才能进行。这种过程方向性可以从能量在传递和转换过程中能量品质的降低来说明。

涉及热过程的能量分为三种：第一种是机械能、电能，它们几乎可以 100% 地转换成任何其他形式的能量，称为无限可转换能；第二种是有限可转换能，如温度不同于环境温度的物质系统的热能，它们只能部分转变为机械能，而且随温度的降低，转换的份额也下降；第三种是不可转换能，如环境介质的热量，它们不可能转变为机械能。热量从高温物体传向低温物体，虽然能量的数量没变，但可转换为机械能的份额降低，所以能量的品质下降；而热量从低温物体传向高温物体，可以转换为机械能的份额增大，所以能量的品质上升。使能量品质降低的过程可自发地进行，而使能量品质上升的过程则属于非自发过程，必须要有补偿过程才能进行。通过摩擦，机械能可变成热能，虽然数量没变，但是无限可转换能量变成了有限可转换能量，能量的品质下降，故可自发进行。其逆过程将使能量品质上升，必须另外花费代价（即有补偿过程）才能进行。其他的自发过程也有同样的特性。由此可见，在热能的传递和转换过程中仅考虑能量的数量是不全面的，还应同时考虑能量的品质。

第二节　热力循环

一、热力循环的概念及分类

在工质的热力状态变化过程中，通过工质的体积膨胀可以将热能转化为机械能而做功。但是任何一个热力膨胀过程都不可能一直进行下去，而且连续不断地做功。因为工质的状态将会变化到不适宜继续膨胀做功的情况。例如，通过定温膨胀过程或绝热膨胀过程做功时，工质的压力将降低到不能做功的水平。此外，机器设备的尺寸总是有限的，也不允许工质无限制地膨胀下去。为使连续做功成为可能，工质在膨胀做功后还必须经历某些压缩过程，使它回复到原来的状态,以便重新进行膨胀做功的过程。这种使工质经历一系列的状态变化后,重新回复到原来状态的全部过程称为热力循环。在状态参数平面坐标图上,热力循环的全部过程一定构成一个闭合曲线,整个循环可看作一个闭合过程,所以也称为循环过程。工质完成一个循环后,可以重复进行下一次循环,如此周而复始,就能连续不断地将热能转化为机械能。工质在完成一个循环之后,状态又回到了原来的状态,所有状态参数的变化量为零,这是热力循环的基本特征之一。

根据循环效果和进行方向的不同,可以将热力循环分为正向循环和逆向循环。将热能转化为机械能的循环称为正向循环,它使外界得到功;将机械能转化为热能的循环称为逆向循环,其效果为将热量从低温物体传给高温物体,这时必须消耗外功。

根据循环的组成过程不同,热力循环还可分为可逆循环和不可逆循环。

二、正向循环及其循环热效率

正向循环也称为动力循环。循环的全过程可以在一个气缸内进行,也可分别在几个设备中进行。所有的热力发动机都是按正向循环工作的。下面以 1kg 工质在封闭气缸内进行一个任意的正向循环为例,来说明正向循环的性质。图 8-3a 和图 8-3b 所示分别为该循环的 p-v 图及相应的 T-s 图。

图 8-3a 中,1-2-3 为膨胀过程,膨胀功用面积 1-2-3-n-m-1 表示。为使工质能继续做功,必须通过较低的压缩线使工质回到原来的状态点 1。例如图中压缩过程 3-4-1,该过程消耗的压缩功可以用面积 3-4-1-m-n-3 表示,这样就构成循环 1-2-3-4-1。工质完成一个循环对外做的净功称为循环净功,以 w_0 表示。显然,循环净功等于膨胀功减去压缩功,它总等于 p-v 图中循环曲线所包围的面积,即面积 1-2-3-4-1。根据前述已做出的规定:工质膨胀做功为正,压缩耗功为负,可见循环净功 w_0 就是工质沿一个循环过程所做功的代数和。由于正向循环中膨胀线在压缩线之上,膨胀功大于压缩功,所以有 $w_0 > 0$。

同一循环的 T-s 图(见图 8-3b)中,5-6-7 是工质从热源吸热的过程,所吸热量为面积 5-6-7-f-e-5,以 q_1 表示;为使工质回复到原来状态,还必须有某些放热过程。相应于 p-v 图上净功为正值的循环,工质放热量需小于吸热量,故放热过程线必须位于 5-6-7 之下,即需向温度较低的冷源排热。例如图中 7-8-5 过程,此过程放出的热量为面积 7-8-5-e-f-7,以 q_2 表示。循环中吸热量减去放热量即为循环的净热量,以 q_0 表示,即 $q_0 = q_1 - q_2$(这里 q_2 应取绝对值)。在 T-s 图上,净热量以过程封闭曲线所包围的面积 5-6-7-8-5 表示。

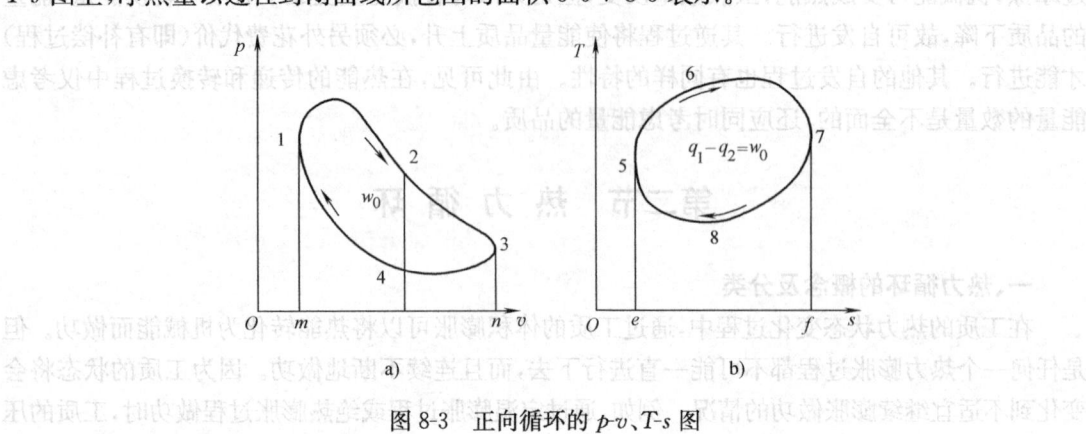

图 8-3 正向循环的 p-v、T-s 图

完成一个循环之后,工质的状态恢复原态,工质的热力学能以及其他所有状态参数也一定

回到原值，即热力学能不变 $\Delta u=0$。根据热力学第一定律，对于封闭系统循环过程，可得 $q_0=w_0$。这说明循环的净功量等于净热量。净热量 q_0 是转化成机械能的那部分热量，也称为有用热。同时，可得到循环净功的基本公式：

$$w_0 = q_1 - q_2 \tag{8-1}$$

由图 8-3 可见，正向循环在 p-v 图及 T-s 图上都是按顺时针方向进行的。完成一个正向循环后全部效果为：①高温热源放出热量 q_1；②低温热源获得热量 q_2；③将 $(q_1-q_2)=q_0$ 的热量转化为有用功。工质与机器设备则回到原来的状态，没有变化。于是，可得出如下结论：从高温热源得到的热能 q_1，其中只有一部分可以转化为有用功，在这部分热能转化为有用功的同时，必有一部分 q_2 传向低温热源，后者是使热能经过循环转化为有用功的必要条件，或称补偿条件。因而，一切热力发动机都只能将自热源得到的热量中的一部分转化为有用功，这是动力循环共有的根本特征。

正向循环的经济性用热效率 η_t 来衡量。循环经济性指标是指一个循环全过程中，得到的收获与付出的代价的相对大小，根据正向循环的效果可得到其热效率的公式为

$$\eta_t = \frac{w_0}{q_1} = \frac{q_1-q_2}{q_1} = 1 - \frac{q_2}{q_1} \tag{8-2}$$

η_t 越大，即吸入同样的热量 q_1 时得到的循环净功 w_0 越多，表明循环的经济性越好。式(8-2)是分析计算循环热效率的最基本公式，它普遍适用于各种类型的动力循环，包括可逆的和不可逆的循环。

p-v 图上只能表示循环净功的大小，但 T-s 图上则可看出 q_1、q_2 和 $w_0=q_1-q_2$ 的大小，因而能间接看出热效率 η_t，它等于面积 5-6-7-8-5 与 5-6-7-f-e-5 的比值，故在分析和比较各种动力循环热效率时，用得更多的是 T-s 图。

三、逆向循环及其经济性指标

如图 8-4a 所示，如果工质沿 1-2-3 膨胀到状态 3，然后沿较高的压缩线 3-4-1 压缩回状态 1，这时压缩过程消耗的功大于膨胀过程做的功，完成全部循环过程消耗的净功 w_0 必小于零。因工质状态复原，故 $\Delta u=0$，同样由热力学第一定律解析式可得出与式(8-1)相同的关系式，即 $w_0=q_1-q_2$，这里的 q_1、q_2 和 w_0 都应是绝对值。

逆向循环净热量也等于净功量，完成图 8-4a 中 1-2-3-4-1 这样的循环所消耗的机械能，只可能转化为热能，与工质吸入的热量一起排出，因而工质向外排出的热量一定大于吸入的热量。反映在 T-s 图上放热线必位于吸热线之上，如图 8-4b 所示，5-6-7 为吸热过程，工质从低温热源吸入热量 q_2，7-8-5 为放热过程，工质向高温热源放出热量 q_1。

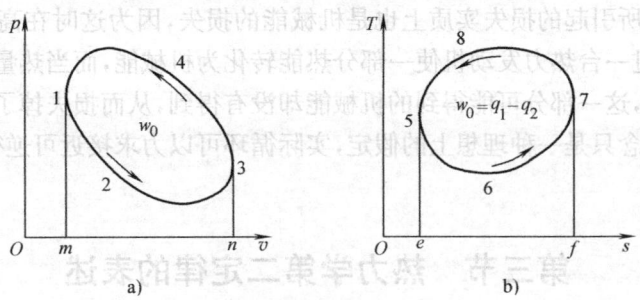

图 8-4 逆向循环的 p-v、T-s 图

为此,在吸热过程前,可先进行一个膨胀降温过程(如绝热膨胀),以使工质的温度降低到能自低温热源吸取热量;而在放热过程之前,先进行一个压缩过程(如绝热压缩),使其温度升高到能向高温热源放热。实际制冷装置、供热装置正是这样工作的。

可见,逆向循环在 p-v 图和 T-s 图上都按逆时针方向进行,完成这样一个循环之后的全部效果为:①低温热源放出热量 q_2;②消耗的机械能 w_0 转化为热量,$q_0=w_0$;③高温热源获得热量 q_1,且 $q_1=q_2+w_0$。工质与机械设备也同样回到原来状态,没有变化。于是,可以得出结论:伴随着低温热源将热量传送到高温热源的同时,必须有一机械能转化为热能的过程,这是使热能从低温物体传至高温物体的代价,即补偿条件。没有一定的补偿条件,热能就不可能从低温传向高温。

这种消耗一定量的机械能使热量从低温热源传送至高温热源的循环称为逆向循环。它主要用于制冷装置,由功源(如电动机)供给一定的机械能使低温冷藏库或冰箱中的热量排向温度较高的大气。另外,热泵也是按逆向循环工作的,它消耗机械能使室外大气中的热量排向温度较高的室内,目的是使高温热源获得热量。制冷循环和热泵循环的经济性分别以制冷系数 ε 和热泵系数 ε_p 衡量:

$$\varepsilon=\frac{q_2}{w_0}=\frac{q_2}{q_1-q_2} \tag{8-3}$$

$$\varepsilon_p=\frac{q_1}{w_0}=\frac{q_1}{q_1-q_2} \tag{8-4}$$

两者的关系为 $\varepsilon_p=\varepsilon+1$。从式(8-2)、式(8-3)、式(8-4)可以看出,热效率 η_t 总是小于 1 的;热泵系数 ε_p 总是大于 1 的;而制冷系数 ε 则可能大于、小于或等于 1。上述三种经济指标虽然具有不同的表示形式,但所遵循的原则是一致的,即

$$经济指标=\frac{得到的收获}{花费的代价}$$

四、可逆循环和不可逆循环

全部由可逆过程组成的循环称为可逆循环,它可以是正向,也可以是逆向的。经过一个正向的可逆循环和一个相应的逆向可逆循环之后,整个系统(包括工质、高温热源和低温热源)都回复到原来状态,而不留下任何改变。

部分或全部由不可逆过程组成的循环称为不可逆循环,经过一个不可逆循环后,运用任何方法都不可能使系统全部回复到原状而不留下变化。

可逆循环的实现,必须在整个循环中不出现任何不可逆因素,必须无摩擦(包括工质的粘性摩擦及机械摩擦),因为摩擦将造成机械能损失。热源与工质还必须是无温差传热,不同温度物体之间的传热所引起的损失实质上也是机械能的损失,因为这时在高温物体与低温物体之间,本来可以通过一台热力发动机使一部分热能转化为机械能,而当热量不可逆地从高温物体传入低温物体时,这一部分可能得到的机械能却没有得到,从而损失掉了。

可逆循环的概念只是一种理想上的假定,实际循环可以力求接近可逆循环,但是不可能完全实现可逆循环。

第三节 热力学第二定律的表述

自然界的多数现象都有吸热或放热效应,都涉及到热能与其他形式能量的转化,都存在热

现象的方向性问题。所以热力学第二定律的应用范围极为广泛,诸如热量传递、热功转换、化学反应、燃料燃烧、气体扩散、混合、分离、溶解、结晶、辐射、生物化学、生命现象、信息理论、低温物理等许多方面。针对不同的具体问题,或是从不同的角度,热力学第二定律有各种各样的表述方式,但其实质是统一的、等效的。现列举两种热力学第二定律的表述方式。

开尔文说法(1851 年):不可能制造出从单一热源吸热,使之全部变成有用功而不留下任何影响的热力发动机。

这是从热功转换的角度来表述热力学第二定律的。这一说法中,"不留下任何影响"这一总的条件包括,在发动机内部和发动机以外都不能留下任何变化,所以这样的发动机必须是循环发动机,因为循环发动机在完成一个循环以后,工质本身也回复到始点状态,不留下变化。上述说法中,"完全"两字是补充说明,因如果不是吸热量全部变成有用功,势必将留下其他变化。因为通常热力循环发动机必须向冷源排出一部分从热源吸收的热量,必然留下变化。

上述单一热源的机器并不违反热力学第一定律,因为在它的工作循环中,产生的机械功是由热能转变来的,能量仍是守恒的。若这种机器能实现,则可从大气、海水或土壤中吸取热量来转换为功,一经运转,便永远不停,人们称之为第二类永动机。但是,实践告诉人们此类机器不可能制成。因为它违反了上述开尔文关于热力学第二定律的表述。为此,热力学第二定律还可表述为"第二类永动机是不存在的"或者说"单热源热机是不存在的"。

克劳修斯说法(1850 年):热不可能自发地、不付代价地从低温物体传至高温物体而不引起其他变化。

这是从热量传递的角度来表述热力学第二定律的。这一说法表明热从低温物体传至高温物体是一个非自发过程,要使之实现,必须花费一定的"代价"或具备一定的"条件",例如制冷装置或热泵装置中,此代价就是消耗的功量或热量。反之,热从高温物体传至低温物体可以自发地进行,直到两物体达到热平衡为止。这一说法直接指出了传热过程的方向、条件及限度。

虽然上述两种表述中,第一种是说明热功转换现象,第二种是说明热量传递现象,但它们反映的是同一客观规律——自然过程的方向性,所以是一致的。只要违反了其中一种表述,必然违反另一种表述。如图 8-5 所示,假设热量 Q_2 能够从温度为 T_2 的低温热源自发地传给温度为 T_1 的高温热源。现有一个循环热机在该两热源间工作,若它放给低温热源的热量恰好等于 Q_2。整个系统在完成一个循环时,所产生的唯一效果是热机从单一热源(T_1)取得热量 Q_1-Q_2,并全部转变为对外输出的功 W。低温热源自动传热 Q_2 给高温热源,又从热机处接受 Q_2,故并未受任何影响。这就形成了第二类永动机。由此可见,违反了克劳修斯说法就必然违反开尔文说法。反之,承认了开尔文说法,克劳修斯说法也就必然成立。

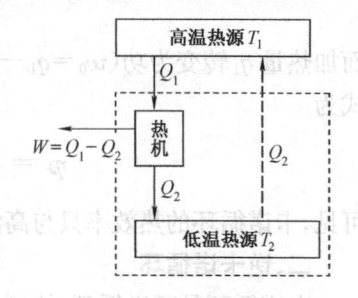

图 8-5 热力学第二定律两种叙述方式等效性证明

第四节 卡诺循环和卡诺定理

热力学第二定律指出,第二类永动机是不存在的,也就是说,任何热机都不可能将吸收的热量循环不息地全部转变为功。那么,在一定的高温热源和低温热源的条件下,循环的吸热量最多能转变为多少功?提高循环热功转换效率的基本途径是什么?卡诺循环和卡诺定理回答了这些问题。

一、卡诺循环及其热效率

为寻求热机热效率的最高极限,显然所取的循环必须是可逆的,否则,就不能反映热功转换能力的极限值。换言之,两个恒温热源和循环的可逆性应是研究的前提。

卡诺循环是由两个可逆定温过程和两个可逆绝热过程组成的可逆循环,如图 8-6 所示。设循环中工质质量为 1kg。

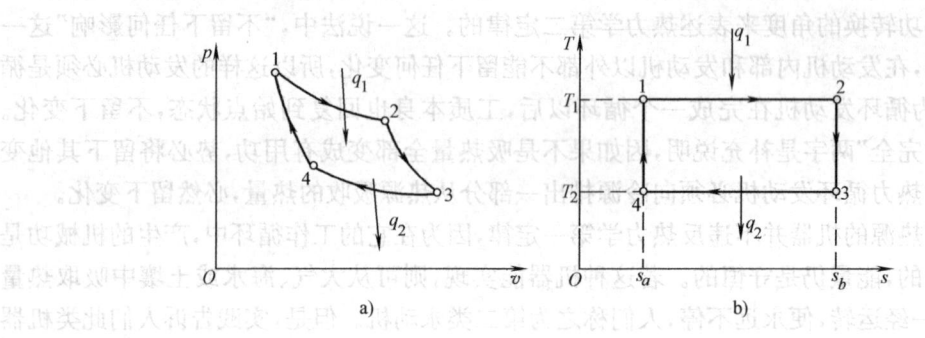

图 8-6 卡诺循环的 p-v、T-s 图上的表示

1-2 为可逆定温吸热过程,工质从高温热源(T_1)吸热 q_1。
2-3 为可逆绝热膨胀过程,工质温度从 T_1 下降到 T_2。
3-4 为可逆定温放热过程,工质向低温热源(T_2)放热 q_2。
4-1 为可逆绝热压缩过程,工质从温度 T_2 升高到 T_1。

热机的经济性以热效率来衡量。循环输出净功 w_0 为循环中工质吸热量 q_1 与放热量 q_2 之差,即 $w_0 = q_1 - q_2$。从图 8-6b 可见,在循环中工质从高温热源吸收的热量相当于面积 1-2-s_b-s_a-1,即

$$q_1 = T_1(s_b - s_a)$$

工质放给低温热源的热量相当于面积 4-3-s_b-s_a-4,即

$$q_2 = T_2(s_b - s_a)$$

而加热量 q_1 转变为功($w_0 = q_1 - q_2$)的热量相当于面积 1-2-3-4-1。因此,卡诺循环的热效率公式为

$$\eta_{tk} = 1 - \frac{q_2}{q_1} = 1 - \frac{T_2(s_b - s_a)}{T_1(s_b - s_a)} = 1 - \frac{T_2}{T_1} \tag{8-5}$$

可见,卡诺循环的热效率只与高温热源和低温热源的温度有关,与工质性质无关。

二、逆卡诺循环

卡诺循环是可逆循环,故可使循环沿相反的方向进行(见图 8-7)。此时循环是逆时针方向进行的,1-2 为可逆绝热膨胀过程;2-3 为可逆定温吸热过程,工质从低温热源吸收热量 q_2;3-4 为可逆绝热压缩过程;4-1 为可逆定温放热过程,工质向高温热源放出热量 q_1。

逆向循环在实际工程上的应用主要有两种,即制冷循环和热泵循环。逆卡诺循环也有卡诺制冷循环和卡诺热泵循环。如图 8-8 所示,制冷循环中工质从低温冷藏室(T_2)吸取热量排向大气(T_0),其目的是为了维持冷藏室的低温,如图中循环 1-2-3-4-1。热泵循环中工质从低温大气环境(T_0)中吸取热量送到高温暖房(T_1),其目的是维持暖房的高温,如图中循环 $1'$-$2'$-$3'$-$4'$-$1'$。

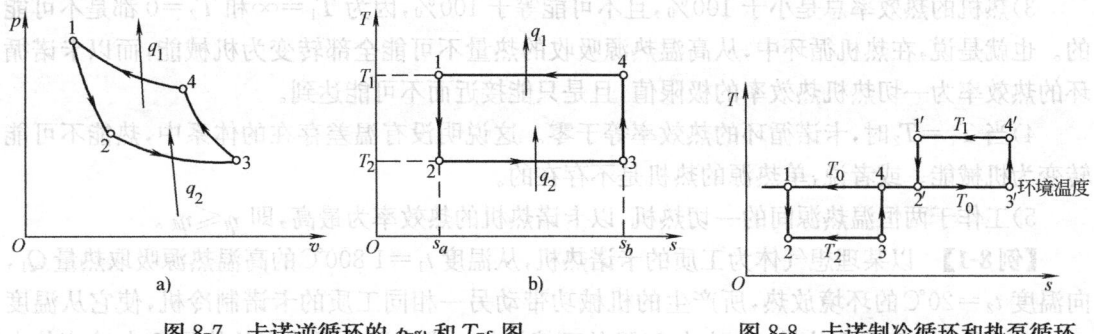

图 8-7　卡诺逆循环的 p-v 和 T-s 图　　　图 8-8　卡诺制冷循环和热泵循环

采用与分析正向卡诺循环热效率类似的方法，可以求得逆向卡诺循环的经济性指标。对于卡诺制冷循环，其制冷系数为

$$\varepsilon_k = \frac{q_2}{q_1 - q_2} = \frac{T_2}{T_1 - T_2} \tag{8-6}$$

热泵系数为

$$\varepsilon_{pk} = \frac{q_1}{q_1 - q_2} = \frac{T_1}{T_1 - T_2} \tag{8-7}$$

卡诺循环实际上是不可能实现的，原因是多方面的。首先，工质需作可逆变化，这势必要求系统恒与外界保持热平衡和力平衡而使其运动无限缓慢，因而不切实际。另外，无完全的绝热和完全传热的物质，而使工质能绝热变化和与热源在等温下交换热量。因此，卡诺循环为一个理想循环，属极限情况，是研究热机性能不可缺少的准绳，在热力学中具有极为重要的意义。

三、卡诺定理

法国工程师和物理学家卡诺，早在热力学第一定律和第二定律于 1850 年正式建立以前，在 1824 年就发表了著名的"卡诺定理"。但受"热质说"的影响，他的证明方法有错误。1850 年和 1851 年克劳修斯和开尔文先后在热力学第二定律的基础上，重新证明了"卡诺定理"。历史上，卡诺定理成为确立热力学第二定律的重要出发点，开尔文在 1848 年根据卡诺定理制定"热力学温标"，克劳修斯在 1850 年根据卡诺定理提出了"熵"。

卡诺定理包括两个部分。

定理一：在相同温度的高温热源和低温热源之间工作的一切可逆循环，其热效率都相等，与可逆循环的种类无关，与采用哪一种工质无关。

定理二：在温度同为 T_1 的热源和同为 T_2 的冷源间工作的一切不可逆循环，其热效率必小于可逆循环的热效率。

卡诺定理可根据热力学第二定律采用反证法进行证明，这里不再详细论述。

通过以上对卡诺循环和卡诺定理的讨论，可以得出关于热机热效率极值的可能性，以及从原则上指出提高热效率的方法的几点结论。

1）工作于两恒温热源之间的可逆热机，其热效率决定于高温热源及低温热源的温度，即 $\eta_{tk} = f(T_1, T_2)$，且与工质的性质无关。

2）η_{tk} 随 T_1 的增加和 T_2 的降低而增大。因而提高热效率的方向应该是提高加热温度和降低排热温度，即增大高、低温热源的温差。

3) 热机的热效率总是小于100%,且不可能等于100%,因为 $T_1=\infty$ 和 $T_2=0$ 都是不可能的。也就是说,在热机循环中,从高温热源吸收的热量不可能全部转变为机械能,而以卡诺循环的热效率为一切热机热效率的极限值,且是只能接近而不可能达到。

4) 当 $T_1=T_2$ 时,卡诺循环的热效率等于零。这说明没有温差存在的体系中,热能不可能转变为机械能。或者说,单热源的热机是不存在的。

5) 工作于两恒温热源间的一切热机,以卡诺热机的热效率为最高,即 $\eta_t \leqslant \eta_{tk}$。

【例 8-1】 以某理想气体为工质的卡诺热机,从温度 $t_1=1\,800℃$ 的高温热源吸取热量 Q_1,向温度 $t_2=20℃$ 的环境放热,所产生的机械功带动另一相同工质的卡诺制冷机,使它从温度 $t_3=-10℃$ 的冷库吸取热量 Q_2,也向 20℃ 的环境放热。求高温热源传出的热量 Q_1 与冷库传出热量 Q_2 的比值。如果冷库温度降为 $-30℃$,则 Q_1 与 Q_2 的比值为多少?

解:理想气体卡诺循环所做的功为

$$\eta_{tk}=\frac{W_0}{Q_1}=\frac{T_1-T_2}{T_1} \quad 或 \quad W_0=Q_1\frac{T_1-T_2}{T_1}$$

卡诺制冷循环所需的功为

$$\varepsilon_k=\frac{Q_2}{W_0}=\frac{T_3}{T_2-T_3} \quad 或 \quad W_0=Q_2\frac{T_2-T_3}{T_2}$$

故

$$Q_1\frac{T_1-T_2}{T_1}=Q_2\frac{T_2-T_3}{T_2}$$

冷库温度为 $-10℃$ 时,$\dfrac{Q_1}{Q_2}=\dfrac{T_2/T_3-1}{1-T_2/T_1}=\dfrac{293/263-1}{1-293/2\,073}=0.13$

冷库温度为 $-30℃$ 时,$\dfrac{Q_1}{Q_2}=\dfrac{T_2/T_3-1}{1-T_2/T_1}=\dfrac{293/243-1}{1-293/2\,073}=0.24$

计算结果讨论:环境温度一般可视为不变,从 $\varepsilon_k=1/(T_2/T_3-1)$ 可见,冷库温度 t_3 越低,制冷系数 ε_k 越小,从冷库提取相同数量的 Q_2,耗功 W_0 越多,亦即消耗高温热量 Q_1 越多。例 8-1 中,当 t_3 由 $-10℃$ 降低到 $-30℃$ 时,所需高温热源热量 Q_1 由 $0.13Q_2$ 增至 $0.24Q_2$,多耗能量 85%。因此,应避免冷库降到不必要的过低温度,以节省能量。

第五节 熵方程和熵增原理

一、熵方程

实际的热力过程都是不可逆的,都有一定的方向。热力学第二定律对热力过程进行方向的分析判断,主要是通过对熵的分析计算来实现的,这是熵的功用的一个重要方面。

如图 8-9 所示,在温度为 T 的环境中有单位质量的气体在气缸中作不可逆膨胀,从外界(温度为 T 的热源)吸收热量 δq,由热力学第一定律有

$$\delta q = du + \delta w \qquad (1)$$

若想象气体在气缸中实施另一可逆过程,它的初、终状态与原不可逆过程相同,此时从外界吸收热量 $\delta q'$,做功 $\delta w'$,则

$$\delta q' = du + \delta w' \qquad (2)$$

对于可逆过程,有

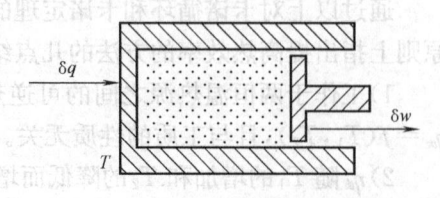

图 8-9 气体在气缸中作不可逆膨胀

$$\delta q' = T\mathrm{d}s \tag{3}$$

$$\delta w' = p\mathrm{d}v \tag{4}$$

由式(2)、式(3)有

$$T\mathrm{d}s = \mathrm{d}u + \delta w' \tag{5}$$

$\delta w'$ 与 δw 之差为不可逆过程中损失的功，用 δw_l 来表示，则

$$\delta w' = \delta w + \delta w_l \tag{6}$$

由式(1)、式(5)、式(6)可得

$$T\mathrm{d}s = \mathrm{d}u + \delta w + \delta w_l = \delta q + \delta w_l \tag{7}$$

因为两过程均是从同一初态过渡到同一终态，两者的熵变量是相等的。式(7)中的 $\mathrm{d}s$ 同时表示可逆或不可逆过程中熵的微小变化量。由式(7)有

$$\mathrm{d}s = \frac{\delta q}{T} + \frac{\delta w_l}{T} \tag{8-8}$$

此式说明：对于任意不可逆过程而言，引起熵变化的原因有两个方面，一是由于系统和外界交换了热量 δq；二是由于不可逆因素引起了功的耗散 δw_l。

由于系统与外界发生热量交换而引起的热力系统的熵的变化，称为温差传热引起的熵流 $\mathrm{d}s_f$；由于功的耗散导致的热力系统熵的变化，称为不可逆因素引起的熵产 $\mathrm{d}s_g$，即

$$\mathrm{d}s_f = \frac{\delta q}{T} \text{ 和 } \mathrm{d}s_g = \frac{\delta w_l}{T}$$

所以任意不可逆过程的总熵变为熵产与熵流之和，即

$$\mathrm{d}s = \mathrm{d}s_g + \mathrm{d}s_f$$

此即熵方程。当过程为可逆过程时，没有功的耗散，此时熵产为零，即可逆过程的熵变只有熵流，熵方程就退变为前述关于可逆过程熵的定义式 $\mathrm{d}s = \delta q/T$。

二、熵增原理及其应用

1. 熵增原理

由式(8-8)可得

$$\mathrm{d}s - \frac{\delta q}{T} = \frac{\delta w_l}{T}$$

由于任何实际过程都是不可逆的，都会引起功的损失，导致热力系统熵的增加，这是一切不可逆过程的一般属性，故实际过程的熵产 $\mathrm{d}s_g = \delta w_l/T$ 永远是大于零的，由此可得

$$\mathrm{d}s - \frac{\delta q}{T} > 0 \text{ 或 } \mathrm{d}s > \frac{\delta q}{T}$$

对于理想可逆过程，由熵的定义式有

$$\mathrm{d}s = \frac{\delta q}{T}$$

综合以上两式可得

$$\mathrm{d}s \geqslant \frac{\delta q}{T} \text{ 或 } \Delta s \geqslant \int_1^2 \frac{\delta q}{T} \tag{8-9}$$

式中等号适用于可逆过程，不等号适用于不可逆过程。它表示可逆过程中的熵变等于加入的热量与热力学温度 T 比值的积分；不可逆过程中的熵变大于加入的热量与热力学温度 T 比值的积分。此即为热力学第二定律的数学表达式。

将式(8-9)应用于孤立系统，由于孤立系统与外界无热量的交换，$\delta q = 0$，所以有

$$ds_i \geqslant 0 \tag{8-10}$$

式(8-10)所表示的规律就是孤立系统的熵增原理。它说明孤立系统的熵只会增加(发生不可逆变化时)或保持不变(发生理想可逆变化时),而不能减小。孤立系统的熵增原理也简称熵增原理。

孤立系统中可以包括热源、冷源和工质等物体,整个孤立系统熵的变化,应等于这些物体熵变量的代数和,下面举例说明上述结论。

(1) 热功转化过程 假定孤立系统中只有一个高温热源 T_1 和一个低温热源 T_2 以及工质等物体,则

$$\Delta S = \Delta S_{热源} + \Delta S_{工质} + \Delta S_{冷源}$$

若孤立系统内进行一个可逆循环(如卡诺循环),工质经历一个循环后回复原状,故 $\Delta S_{工质}=0$;热源放出热量 Q_1,故热源的熵减小,即 $\Delta S_{热源}=-Q_1/T_1$;冷源得到热量 Q_2,故冷源的熵增大,即 $\Delta S_{冷源}=-Q_2/T_2$。前述已证明对两个热源间工作的一切可逆循环有

$$\eta_{tk} = 1 - \frac{Q_2}{Q_1} = 1 - \frac{T_2}{T_1}$$

所以有 $Q_1/T_1 = Q_2/T_2$。上列各式中 Q_1 和 Q_2 都是绝对值,因此

$$\Delta S_i = -\frac{Q_1}{T_1} + 0 + \frac{Q_2}{T_2} = 0$$

若孤立系统内进行了不可逆循环,因 $\eta_{t(不可逆)} < \eta_{tk}$,所以

$$1 - \frac{Q_2}{Q_1} < 1 - \frac{T_2}{T_1}$$

则有 $Q_1/T_1 < Q_2/T_2$,所以,这时

$$\Delta S = -\frac{Q_1}{T_1} + 0 + \frac{Q_2}{T_2} > 0$$

即孤立系统中进行可逆循环时,系统的总熵不变;进行不可逆循环时,则系统总熵必增大。

(2) 温差传热过程 设孤立系统中有两个物体 A 和 B,其温度各为 T_A 和 T_B。若 $T_A = T_B$,则热量可从 A 物体传到 B,也可反过来从 B 传到 A,这时为可逆传热过程。设热量 dQ 由 A 传到 B,A 物体放出热量 dQ,其熵减小 $dS_A = -dQ/T_A$;B 物体得到热量 dQ,其熵增大 $dS_B = dQ/T_B$,这时

$$dS = dS_A + dS_B = -\frac{dQ}{T_A} + \frac{dQ}{T_B} = 0$$

假定两物体有一定的温差。设 $T_A > T_B$,热量由 A 物体传到 B 物体为不可逆传热过程。这时,因 $dQ/T_A < dQ/T_B$,所以

$$dS = dS_A + dS_B = -\frac{dQ}{T_A} + \frac{dQ}{T_B} > 0$$

即孤立系统中进行可逆传热时,系统的总熵不变;进行不可逆传热时,系统总熵必然变大。

2. 熵增原理的应用

根据孤立系统的熵增原理,凡是使孤立系统熵减小的过程是不可能发生的。在理想的可逆情况下,也只能实现孤立系统的熵保持不变的过程,而可逆过程实际上又是不可能实现的,所以实际的热力过程总是朝着使孤立系统熵增大的方向进行。当孤立系统的熵达到最大值时,即系统相应地达到平衡状态时,过程就不再进行了。因此,孤立系统熵增原理可用来判断

某些复杂的热力过程和化学反应能否实现,以及作为系统达到平衡时的判断,特别是在化学热力学方面对判断化学反应的方向有着重大意义。

若某一过程进行的结果会使孤立系统中各个物体的熵都同时减小,或虽有增有减但其总和使系统的熵减小,这样的过程是不可能发生的。要使其中部分物体的熵减小,孤立系统中必须同时进行使熵增大的过程,并且其熵的增大在数量上必须足以补偿前者引起的熵减小,而使孤立系统总熵增大,或至少保持不变。所谓补偿过程实质上是伴随着熵减小的非自发过程而一起进行的一个熵增大的自发过程。例如,制冷装置中热量从低温传向高温的过程是非自发过程,是使系统的熵减小的过程,它是不可能单独进行的,因而必须以消耗循环净功使其转化为热能的自发过程作为补偿过程,这个补偿过程是使熵增大的过程。又如,孤立系统中热能转化为机械能的过程也是非自发的,是使系统熵减小的过程,是不能单独进行的,必须同时伴随一些热量从高温热源传向低温热源的自发过程作为补偿条件。总之,不论是单独一个过程,或是同时进行的几个过程,总的结果必须使孤立系统的总熵增大(或不变)才能实现。

利用孤立系统的熵增原理可判断一台热机是否可能实现,是可逆的还是不可逆的,以及在一定条件下,热能可转化为机械能的最大限度,即能量转化的限度问题。其判断方法是:将组成热机的热源、冷源、工质等物体当成一个孤立系统,计算热机经过一个热力循环后该孤立系统的总熵增 ΔS_i。若 $\Delta S_i>0$,说明热机可以实现,而且是不可逆的;若 $\Delta S_i=0$,说明热机可以实现,而且是可逆的;若 $\Delta S_i<0$,说明热机不可能实现。另外,根据卡诺定理,当热机为可逆机时,其热效率最高,此时热能转化为机械能的限度最大。

【例 8-2】 要求某热机按循环工作,从热源($T_H=2\,000$K)得到热量 $Q_H=1\,000$J,并将热量排到冷源($T_L=300$K),做机械功 $W=900$J,试问该热机是否可能实现?该热机的最大热功转换效率能达到多少?

解:将热源、冷源、工质一起作为孤立系统对待,该孤立系统的总熵变为热源、冷源和工质熵变的总和。由于经过一个循环后,工质的状态回复原态,故工质的熵变为零。对冷、热源,由于传热过程中它们的温度保持不变,所以有

$$\Delta S_i = \Delta S_{热源} + \Delta S_{工质} + \Delta S_{冷源} = -\frac{Q_H}{T_H} + 0 + \frac{Q_L}{T_L}$$

$$= -\frac{Q_H}{T_H} + \frac{Q_H-W}{T_L} = -\frac{1\,000}{2\,000} + \frac{1\,000-900}{300} = -\frac{1}{6} < 0$$

因 $\Delta S_i<0$,所以该热机是不能可实现的。

当该热机为可逆热机时,其热效率最高,此时应有 $\Delta S_i=0$,即

$$\Delta S_i = \Delta S_{热源} + \Delta S_{工质} + \Delta S_{冷源} = -\frac{Q_H}{T_H} + 0 + \frac{Q_L}{T_L} = 0$$

由此可求得 $Q_L=150$J,$W_{max}=850$J,即该热机工作时,能输出的最大有用功为 850J,最大热功转换效率为 85%。

综合前述有关状态参数熵的论述,将其要点归纳如下:

1)熵是任何物质的状态参数,从一定的初态到一定的终态,熵变化与过程性质无关。
2)可逆过程中 $ds=\delta q/T$,不可逆过程中 $ds>\delta q/T$。
3)孤立系统的熵可以增大(发生不可逆变化时),理想上也可以保持不变(发生可逆变化时),但绝不能减小,这就是孤立系统的熵增原理。

4) 孤立系统熵增原理可以判断过程进行的方向,孤立系统中的热力过程总是朝着使系统熵增大的方向进行,当熵达到最大值时,即系统达到了平衡状态,过程就不再进行了。

5) 为使孤立系统中的非自发过程得以进行,必须伴随着一些熵增大的自发过程一起进行,并补偿到使系统的总熵增大。

6) 孤立系统的熵增大,表示系统内发生了不可逆变化,即系统内发生了机械能的损失。计算表明,因过程不可逆因素引起的做功能力的损失 I 是过程熵产与环境介质温度的乘积,即 $I=T_0 S_g$。

【案例分析与知识拓展】

案例 1:柴油机理想循环的基本热力过程

图 8-10 所示为柴油机理想循环。由图可知其理想循环依次由可逆绝热压缩、定容加热、定压加热、可逆绝热膨胀和定容放热五个基本热力过程组成。由于该循环兼有定容和定压加热过程,所以称为"混合加热循环",也称为"萨巴特循环"。柴油机的非常重要的三个特性参数为压缩比 $\varepsilon = v_1/v_2$(即压缩前与压缩后工质的比体积之比)、定容升压比 $\lambda = p_3/p_2$(即定容加热过程后与加热前的压力之比)和预胀比 $\rho = v_4/v_3$,(即定压加热过程后与加热前工质比体积之比)。

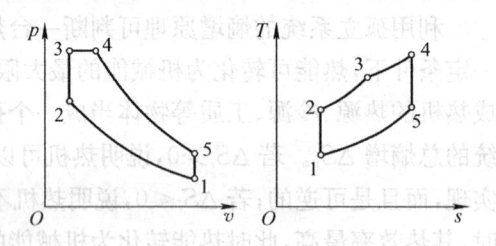

图 8-10 柴油机理想循环

根据循环热效率的定义,可将柴油机理想循环的热效率表示为

$$\eta_t = 1 - \frac{q_2}{q_1} = 1 - \frac{q_{2v}}{q_{1v} + q_{1p}}$$

式中,q_{1v} 为 2-3 过程中的定容加热量,$q_{1v} = c_v(T_3 - T_2)$;q_{1p} 为 3-4 过程中的定压加热量,$q_{1p} = c_p(T_4 - T_3)$;q_{2v} 为 5-1 过程中的定容放热量,$q_{2v} = c_v(T_5 - T_1)$。因而有

$$\eta_t = 1 - \frac{c_v(T_5 - T_1)}{c_v(T_3 - T_2) + c_p(T_4 - T_3)} = 1 - \frac{T_5 - T_1}{T_3 - T_2 - \kappa(T_4 - T_3)}$$

引入特性参数为基本变量可求得用循环特性参数表示的柴油机理想循环热效率的关系式。若循环初始温度 T_1 为已知,可用 ε、λ、ρ 和 T_1 表示出循环其他特性点的温度参数。

对可逆绝热过程 1-2,有

$$T_2 = T_1(v_1/v_2)^{\kappa-1} = T_1\varepsilon^{\kappa-1}$$

对定容过程 2-3,有

$$T_3 = T_2(p_3/p_2) = T_2\lambda = T_1\lambda\varepsilon^{\kappa-1}$$

对定压过程 3-4,有

$$T_4 = T_3(v_4/v_3) = T_3\rho = T_1\lambda\rho\varepsilon^{\kappa-1}$$

对可逆绝热过程 5-1,有

$$T_5 = T_4(v_4/v_5)^{\kappa-1} = T_4(v_3\rho/v_1)^{\kappa-1} = T_4(\rho/\varepsilon)^{\kappa-1} = T_1\lambda\rho^{\kappa}$$

将上述各特性点温度参数代入热效率表达式可得柴油机理想循环的热效率:

$$\eta_t = 1 - \frac{1}{\varepsilon^{\kappa-1}} \cdot \frac{\lambda\rho^{\kappa} - 1}{(\lambda - 1) + \kappa\lambda(\rho - 1)}$$

从上式可以看出，热效率 η_t 是柴油机三个特性参数 ε、λ、ρ 的函数，它们之间的具体变化关系为：

1) 在一定的 λ、ρ 条件下，热效率随压缩比的提高而增大；但当压缩比过大时，会使压缩终点的压力和爆压提高，引起柴油机机件受力过大，使机器过于笨重，而且柴油机的机件摩擦消耗的功也增大，以至于热效率无明显增加。所以，柴油机的压缩比主要按燃料可靠地起燃和正常燃烧来确定。现代柴油机的压缩比通常在 12~22 之间。

2) 在一定的 ε 下，提高定容升压比 λ 和降低预胀比 ρ，可使混合加热循环的热效率 η_t 增高。即在油供量不变的情况下，使燃料尽可能多地在定容下燃烧有利于柴油机热效率的提高。

案例 2：熵的本质

从微观的角度看，熵是系统内部微观粒子无序度大小的量度。所谓无序是相对有序讲的，空间中粒子分布越是不均匀，越是集中在某局部区域，即认为越有序；而粒子分布越均匀，则系统越无序。例如气体向真空作自由膨胀，这是系统从较有序走向无序，而且过程的熵增 $\Delta S = nR\ln V_2/V_1$，所以熵增加与无序度的增加在这里是一致的。若用微观状态参数 W 来表示宏观系统的无序度，则系统的熵 S 与 W 之间的关系可表示为波尔兹曼关系式：

$$S = k\ln W$$

式中，k 为波尔兹曼常数。

从宏观角度看，热能是物质内部微观粒子无规则热运动所具有的能量，属于无序能量。机械能是物体作宏观整体运动所具有的能量，属于有序能量。热能向机械能的转换实质上是无序能量形式向有序能量形式的转换。显然，无序的能量不可自发地转换为有序的能量，这是一个典型的不可逆过程，这种转换必须付出代价，即在转换过程不可避免地要产生能量损失。熵增原理表明，孤立系统中的实际不可逆热力过程总是朝着熵增大的方向进行。实践证明，能量损失的程度大小取决于过程的熵增和系统之外的环境条件，且存在 $I = T_0 S_g$ 的关系。这里的熵增实质上是无序的能量逆向转换为有序的能量这种不可逆性引起的熵产，可见熵增实质上代表了热力系统内部机械能损失的大小。

案例 3：㶲分析及其应用

任何热力系统，当其所处状态与外界环境不平衡时，系统将有过渡到与外界环境相平衡的趋势，即系统具有一定的做功能力。当该过渡过程为可逆过程时，它所具有的做功能力或所能转换的最大有用功称为㶲，用符号 E_x 表示。热力学第一定律和热力学第二定律表明，不同形式的能量可以相互转换，但不同形式能量的转换能力是不同的。机械能、电能能全部转变为功，具有无限转换能力，所以它们全部为㶲，其能量品质最高；热量、热力学能、焓等只能部分转换为有用功，具有有限的转换能力，即相对环境条件只有部分为㶲，其能量品质低于机械能和电能；大气环境中也有能量，但它们不能转换为有用功，不具有转换能力，其㶲为零，能量品质最低。可见能量不仅有数量大小，还有质量高低的区别，㶲参数能从能量的"量"和"质"两个方面对不同形式的能量进行统一比较和评价。

在热力学中，熵是系统混乱或无序的量度，是能量可用性的耗散；㶲则是系统有序度的量度，是推动事物发展的动力。在数量上，㶲和熵是相互对立的。这一点从计算稳定物流系统㶲量的斯托多拉关系式：$E_x = \Delta H - T_0 \Delta S$（这里的 ΔH 和 ΔS 是系统实际状态偏离环境状态的差值）可明显看出。在热力学中，㶲是系统的最大做功能力，且与使用它的环境相关，㶲的这一特性，使得对热力系统的㶲分析具有重要意义。热工设备中因温差传热、摩擦耗散、排气排渣等各种内部不可逆因素和外部因素均会造成损失,这种损失归根到底是做功能力的损失,因此,㶲分析成为衡量各种损失的统一尺度。以热力学第一定律为基础的能效率并不能全面反映热力系统的完善性,例如节流阀中,在节流前后,其能量的数量完全没有变化,能效率为100%,但节流前后的能量价值则不相等,因为节流过程中产生了做功能力的损失,即㶲损失。只有㶲分析中所用的㶲效率才能从能量的"量"和"质"两个方面综合反映热力系统的完善度。

与熵增原理相对应的理论是能量贬值原理,即在能量的自发传递与转换过程中,能量的数量保持不变,但能量的品质却只能降低,不能升高,极限条件下(可逆过程)保持不变。在孤立系统中使熵减小的过程不存在,也就意味着孤立系统中能量品质升高的过程不存在,即能量不可能自发地升值。能量㶲品质的降低是不可抗拒的自然规律,在更大范围上,质的降低是不可抗拒的自然规律。能流、物流或信息流的推动力是质的差异,高品质的能量和物体有自发向低品质方向发展的趋势。这正是为什么热量总是从高温传向低温,空气为什么会自发地充入真空容器,水为什么会向低处流,高处的石子为什么会向低处降落等自然现象产生的根本原因。所以说㶲是事物发展的推动力。

㶲分析法不仅在热力学领域得到广泛应用,在其他学科领域也具有普遍意义。在信息科学领域,㶲可以用来判断系统偏离平衡态的程度。若系统偏离平衡态越远,它的㶲量就越大,用来描述它所需的信息越多,系统所载信息量就越大。通过㶲分析可以更深刻地认识生物圈、生命系统、生命代谢过程,甚至人类社会的各种能流和物流过程。在生产系统中,一个产品从最初的原材料的生产到所需产品最终生产出来,整个生产链环的全过程的每一个环节都要消耗㶲,甚至可用㶲耗的概念分析计算整个生产过程所消耗的自然资源,㶲对于节约资源、降低成本有一定的指导意义。经济学领域中的资本的数量和品质的关系,人力资源管理中人才数量与素质的关系,管理学中被管理对象的序化等都为㶲及㶲分析方法广泛应用提供了平台。㶲概念的泛化与广泛㶲分析方法的建立已逐步上升到哲学理论,形成一些新的方法论,相应推动了㶲经济学、㶲管理学、信息㶲、资源㶲等学科分支或概念的形成和发展。

【本章小结】

一、过程方向性

热力学第二定律主要研究热力过程进行的方向、条件、深度等关于能量质的方面的问题,其中最根本的问题就是方向问题。补偿过程是一个伴随着非自发过程一起进行的自发过程,它是非自发过程得以进行的基本条件。

二、热力循环

热力系统经过一系列变化后又回到原来状态的全封闭过程称为热力循环。经过一个热力循环后系统各状态参数的变化量为零。热力循环按循环效果和进行方向的不同可分为正向循环和逆向循环。正向循环是将热能变成机械能的循环,其经济性指标用热效率表示;逆向循环是将机械能变成热能的循环,根据其工程应用目的的不同,其经济指标用制冷系数或热泵系数表示。

三、热力学第二定律的表述

热力学第二定律的开尔文说法和克劳修斯说法分别从热量转换和传递的角度说明了热过程的方向性,两种说法尽管在字面上有较大差异,但其本质是一样的,是等价的,它们都说明热过程方向性这一热力学第二定律的核心问题。

四、卡诺循环

卡诺循环由两个等温过程和两个等熵过程组成。卡诺正向（动力）循环的经济性指标是热效率，且 $\eta_{tk}=1-T_2/T_1$，其大小只与高低温热源的温度有关，与工质的性质无关，增大高、低热源的温差可提高循环热效率。由于 $T_2 \to 0$ 和 $T_1 \to \infty$ 都不可能，所以即使是最理想的卡诺循环的热效率也只能是小于100%；而 $T_2=T_1$ 时热效率为零，说明单热源热机是不可能存在的。

卡诺逆向循环在工程上可作为制冷循环和热泵循环进行利用，但其经济性指标是不同的。逆向卡诺制冷系数与逆向卡诺热泵系数之间的关系为 $\varepsilon_{tk}=\varepsilon_k+1$。

卡诺定理指出在相同温度范围内工作的一切热机，其热效率以卡诺热机的效率最高，它与循环的种类及工质的性质无关。

五、熵方程和熵增原理

不可逆过程的熵变由熵流和熵产两个部分组成。熵流是由于热力系统与外界之间存在温差传热而导致的熵增量；熵流按热交换的方向不同可大小、小于或等于零。熵产是由于不可逆因素引起功的耗散而导致的熵增量；可逆过程中熵产为零，不可逆过程中熵产永远大于零，不可逆性越大，则熵产越大，因此熵产可作为过程不可逆性程度的度量。

热力学第二定律的数学表达有各种不同的形式，但具有相同的本质。

(1) $\mathrm{d}S \geqslant \dfrac{\mathrm{d}Q}{T}$ 或 $\Delta S \geqslant \displaystyle\int_1^2 \dfrac{\mathrm{d}Q}{T}$（用于过程）

(2) $\Delta S_i \geqslant 0$（用于孤立系统）

上述各式中等号适用于可逆过程；不等号用于不可逆过程。自然界的一切过程除了需满足热力学第一定律，还需满足热力学第二定律，一些并不违反热力学第一定律的过程因违反热力学第二定律而不能进行，所以上述各式可作为过程的方向性判据。使孤立系统的熵减少的过程是不可能发生的，孤立系统中的热力过程总是朝着熵增大的方向进行，当系统的熵达到最大值时，系统也就达到了平衡。要使非自发过程得以进行，必须要有一个熵增大的自发过程作为补偿，且要补偿到使孤立系统的总熵增大。

【思考与练习题】

8-1 热力学第二定律可否表述为"功可以全部变成热，但热不能完全变成为功"？

8-2 何谓正向循环和逆向循环？它们的作用效果有何不同？

8-3 工质从同一初态经过绝热过程膨胀到同一体积，如果一个为可逆过程，另一个为不可逆过程，试用 p-v 和 T-s 图定性说明这两个不同途径的终点状态，并比较体积功及热力学能变化的大小。

8-4 以下说法有无错误或不完全的地方？

1) 熵增量可用来量度过程的不可逆性，所以熵增大的过程必为不可逆过程。

2) 使系统熵大的过程必为不可逆过程。

3) 不可逆过程的熵变 ΔS 无法计算。

4) 如果从同一始态到达同一终态有两条途径：一为可逆，一为不可逆，则不可逆途径的 ΔS 必大于可逆途径的 ΔS。

5) 工质经过一个不可逆循环后 $\Delta S>0$，而经过一个可逆循环后 $\Delta S=0$。

6) 不可逆过程的熵产一定大于零。

7)因为熵只增不减,所以熵减少的过程是不可能实现的。

8-5 某可逆卡诺机以空气为工质,工作于500℃的高温热源和32℃的低温热源之间。若加热过程开始时空气的压力为0.8MPa,过程中工质体积变为原来的两倍,求:1)加热过程的终态压力;2)循环中完成的比净功。

8-6 某制冷设备工作在温度为306K的热源和温度为238K的冷源之间,为了使冷库保持原238K,工质从温度为238K的冷源吸取热量1.23J/s,求:1)制冷设备的最大制冷系数为多少;2)加给制冷设备的最小功率为多少。

8-7 用可逆热机驱动可逆制冷机。热机从 $T_H=477K$ 的热源吸热而向 $T_0=305K$ 的热源放热;制冷机从 $T_L=244K$ 的冷藏库取热传至 T_0 热源,如图 8-11 所示。求制冷机从冷藏库 T_L 吸取的热量 Q_L 与热源 T_H 供给热机的热量 Q_H 之比。

8-8 某热机工作于 $T_H=2\,000K$ 的高温热源和 $T_L=300K$ 的低温热源之间,试判断在下列各种情况下热机是可逆的、不可逆的、还是不可能实现的。

1)$Q_H=1kJ, W=0.9kJ$。
2)$Q_H=2kJ, Q_L=0.3kJ$。
3)$W=1.5kJ, Q_L=0.5kJ$。

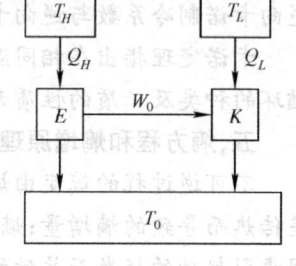

图 8-11 题 8-7 图

8-9 有 A 和 B 两个卡诺机串联工作,若 A 机从温度为 650℃ 的高温热源吸热,对温度为 T 的中间热源放热;B 机从温度为 T 的中间热源吸入 A 机放出的热量并向温度为 20℃ 的低温热源放热,求在下列情况下中间热源的温度 T 是多少。1)两热机的输出功相等;2)两热机热效率相同。

8-10 两个质量相等、质量热容相同(都为常数)的物体,A 物体的初温为 T_A,B 物体的初温为 T_B,且 $T_A > T_B$,现分别用它们作热源和冷源,使可逆机在其间工作,直到两物体温度相等为止。1)试求平衡时两物体的温度 T_m;2)求热机输出的最大总功量;3)如果两物体直接接触进行热交换,求温度相等时的平衡温度及两物体的总熵变。

8-11 某可逆热机同时与温度为 $T_1=420K$、$T_2=6\,300K$、$T_3=840K$ 的三个热源相联接,如图 8-12 所示。假定在一个循环中工质从 T_3 热源吸收热量 1 260kJ,对外做功 210kJ,求:1)热机与其他两个热源交换热量的大小和方向;2)每个热源熵的变化量;3)包括热源和热机在内的系统的总熵变化量。

8-12 有 A、B 两个可逆热机,它们的循环分别如图 8-13a 和 8-13b 所示。
1)试证明 $\eta_{tA}/\eta_{tB}=1+T_L/T_H$。
2)如果 $T_H=800K, T_L=300K$,求两可逆热机的热效率各为多少。

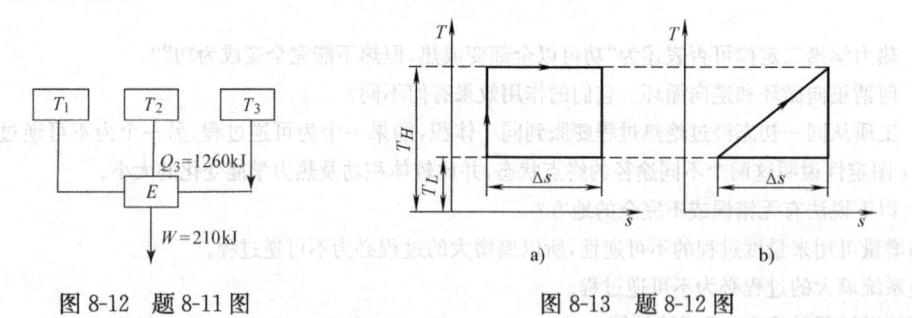

图 8-12 题 8-11 图

图 8-13 题 8-12 图

8-13 如图 8-14 所示,用热机 E 带动热泵 P 工作,热机在热源 T_1 和冷源 T_0 之间工作,热泵在冷源 T_0 和另一热源 T_2 之间工作,已知 $T_1=1\,000K, T_2=310K, T_0=250K$。如果热机从热源 T_1 吸收热量 $Q_1=1\,000J$,而热泵向另一热源 T_2 放出的热量 Q_H 供冬天取暖用。1)如果热机的效率为 $\eta_t=50\%$,热泵的热泵系数 $\varepsilon_p=4$,求 Q_H;2)如果热机和热泵均按可逆循环工作,求 Q_H;3)如果上述两次计算结果均为 $Q_H > Q_1$,表示冷源 T_0 中有一部分热量传入温度为 T_2 的热源,而又不消耗(除热机 E 所提供的之外)其他机械功,这是否违反热力学第二定律的克劳修斯说法?

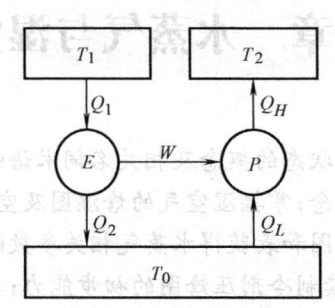

图 8-14 题 8-13 图

8-14 三个质量相等、质量热容相同且为定值的物体,A 物体的初温为 $T_{A1}=100\text{K}$,B 物体的初温 $T_{B1}=300\text{K}$,C 物体的初温 $T_{C1}=300\text{K}$。如果环境不供给功和热量,只借助热机和制冷机在它们之间工作,问其中任意物体所能达到的最高温度为多少?

第九章 水蒸气与湿空气

【知识目标】 掌握水蒸气饱和状态的概念及相关名词术语的含义;理解饱和与未饱和空气、相对湿度、含湿量、露点等基本概念;掌握湿空气的焓湿图及空气调节装置典型过程的特点。

【能力目标】 具有查阅水蒸气图和表获得水蒸气相关参数的能力;具备用干、湿球温度计测量空气相对湿度的能力;具有识读制冷剂压焓图的初步能力;具备空气调节装置工作过程及其热负荷计算的初步能力。

第一节 水蒸气的饱和状态

水蒸气是人类在热力发动机中应用最早的工质。虽然后来也应用了燃气和其他工质,但由于水蒸气具有分布广、价格低、易获取、热力参数适宜、无毒无臭及不污染环境等优点,至今仍是工业上广泛应用的主要工质。某些条件下,如空气中的水蒸气,由于分压力较低或温度较高,可按理想气体对待。但在大多数情况下,水蒸气距离液态不远,分子间引力和分子本身的体积不可忽略,而且在工作过程中有物质相态的变化,不能作为理想气体对待。因此,在工程计算中常借助水和水蒸气的图表来分析。这些图表是多年来采用理论分析与实践相结合的方法,得出水蒸气热力性质的复杂公式,由计算结果经实验验证编制而成的。随着计算机技术的广泛应用,现在可利用计算机来求取水蒸气的参数。

制冷空调设备中常用氨蒸气、氟利昂蒸气等作为工质,它们物理性质及物理状态变化规律与水蒸气类似,因此,弄清楚水蒸气的性质对认识和理解其他工质特性具有很重要的意义。

一、液体的汽化

由液态物质转变为气态物质的过程称为汽化。反之,由气态物质转变为液态物质的过程称为液化或凝结。液体的汽化有两种不同的方式:蒸发和沸腾。

在液体表面进行的比较缓慢的汽化过程称为蒸发。蒸发是液体表面动能较大的分子脱离液面变成蒸气分子的过程,蒸发在任何温度下均可发生。液体温度越高,液体表面面积越大,液面上空蒸气分子密度越小,则蒸发越快。

在液体表面和内部同时进行的剧烈的汽化过程称为沸腾。沸腾是在液体内部加热面上形成气泡的热量传递现象,只有在加热面温度高于液体饱和温度时才发生。沸腾时,工质内部形成大量气泡并由液态转换到气态,气泡上升到液面破裂而产生大量蒸汽。液体沸腾时的温度称为沸点。实验证明,定压沸腾时,虽然对液体加热,但其温度保持不变。

液体的沸点随液体所承受的压力大小而改变,它们之间成一一对应的关系。例如,0.1MPa 压力下,水的沸点为 99.63℃;当水的压力为 1MPa 时,其沸点为 179.92℃;当水的压力为 0.07MPa 时,其沸点为 89.96℃。

二、饱和温度和饱和压力

下面从分子运动论的观点,对蒸发现象的物理本质作必要的阐述,从而建立饱和温度和饱和压力的概念。

如图 9-1 所示，一定量液体放置于一个能承受相当压力的容器中，使液体的温度保持一个定值不变。因液体分子和气体分子一样，都处于紊乱的热运动中，有的分子动能较大，有的分子动能较小，其中总有一批分子动能大到足够克服液体的表面张力而飞向上部空间，此即为液体的蒸发现象。在蒸发汽化过程中，由于动能较大的液体分子逸出液面，液体内分子的平均动能减少，致使液体的温度降低，汽化速度减小。要维持液体蒸发的速度，就必须对液体加热。加热后使液体温度回升，则液体汽化速度又加快。可见液体汽化的速度取决于液体的温度。另一方面，由于液体分子不断逸出液面，蒸气空间蒸气分子数不断增加，致使蒸气的压力不断增加。蒸气空间中的蒸气分子也作无规则的热运动，其中必有部分蒸气分子在热运动过程中碰撞到液面，成为液体，此即蒸气的液化现象。当蒸气空间的蒸气分子数逐渐增多时，液面上蒸气的压力也将逐渐增大，返回液面的蒸气分子数也将随蒸气分子的密度(亦即蒸气的压力)增大而增多。可见液化的速度取决于蒸气空间的蒸气压力。经过一段时间后，这两种方向相反的过程就会达到动态平衡。此时，汽化的速度和液化的速度相等，两过程仍在不断进行，但总的结果使状态不再改变。这种液体与蒸气处于动态平衡的状态称为饱和状态。液面上的蒸气称为饱和蒸气，液体称为饱和液体。此时气、液两相的温度相同，称为饱和温度 t_s，蒸气的压力称为饱和压力 p_s。饱和温度一定时，饱和压力也一定；反之，饱和压力一定时，饱和温度也一定。若温度升高，则汽化速度加快，空间的蒸气密度也增加，液化的速度也增大。当蒸气压力增加到某一确定数值时，液体和蒸气又将重新建立新的动态平衡。此时，蒸气压力为对应于新的温度下的饱和压力。可见，物质的某一饱和温度必对应于某一饱和压力。如果空间的蒸气经阀门不断向外排出，同时继续对液体加热，且能维持一定的压力，则液体的温度不会升高，维持这一压力下的饱和温度。

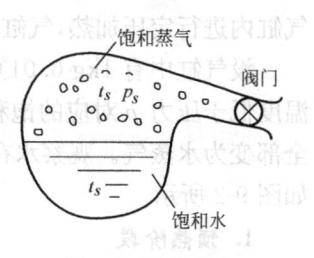

图 9-1 饱和状态

处于饱和状态的液体和蒸气分别称为饱和液体和饱和蒸气。饱和蒸气的特点为在一定容积中不能再含有更多的蒸气，此时的蒸气压力为对应该温度下的最大值。如果有更多的蒸气加入，将必有一部分蒸气凝结成液体，而不可能增加蒸气的压力。饱和蒸气的名称即由此而来。

工程上所使用的大量蒸气都是在锅炉中加热产生的。这种对液体的加热，不但使液体表面发生汽化，而且液体内部也产生气泡，形成液体强烈沸腾。在此过程中，液体内部气泡内的蒸气压力应等于或稍大于气泡外壁所受的压力，这样气泡才能升至液面而破裂，随之进入蒸气空间。因饱和蒸气压力决定于温度，故气泡的形成也只能发生在与给定压力相对应的饱和温度，即该压力下液体的沸点。

沸腾现象不仅在一定的压力下对液体加热可以得到，如果对一定温度的热水降压，也可使水内部产生大量的气泡，达到液体的沸腾。此时，汽化所需热量来源于液体本身的热力学能，因此，液体的温度亦要下降，但仍存在着饱和压力和饱和温度的对应关系。

第二节 水的定压加热汽化过程

一、水的定压加热汽化过程分析

工程上所用的水蒸气通常是由水在锅炉内定压沸腾产生的。为了方便说明，假设水是在气缸内进行定压加热,气缸活塞上加载不同的重物,可使水处于各种不同的压力下。

设气缸中有 1kg 0.01℃(水的三相点温度)的纯水,活塞上总压力 P 保持不变,此时水的温度低于压力 p 对应的饱和温度。烟气通过气缸壁对水加热,可以使水的温度不断升高直至全部变为水蒸气。观察水在定压情况下变为蒸汽的过程及状态参数的变化,可分为三个阶段,如图 9-2 所示。

1. 预热阶段

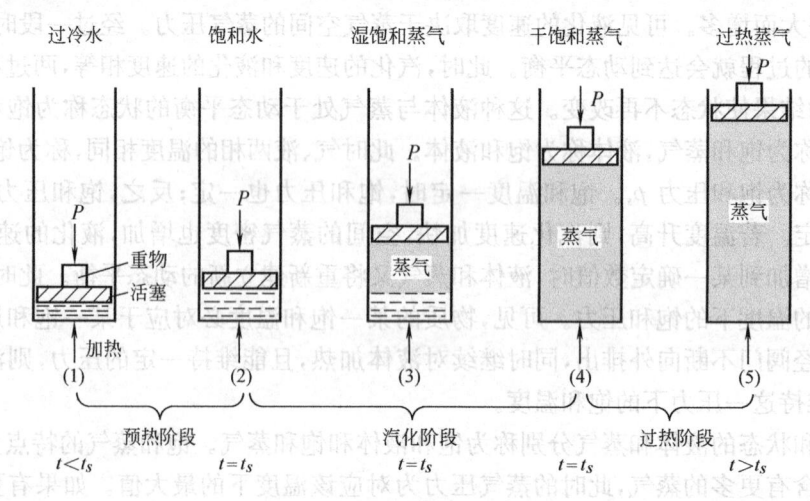

温度低于相应压力 p 下的饱和温度的水称为过冷水(或称未饱和水),如图 9-2 中(1)所示,其温度与相应压力 p 下的饱和温度的差值称为过冷度 Δt_w,即 $\Delta t_w = t_s - t$。过冷度反映了过冷水距离饱和状态的远近。对过冷水加热,水温逐渐升高,水的比体积 v 稍有增大,焓 h 增大,熵 s 增大。当水温达到压力 p 所对应的饱和温度 t_s 时,这时水将开始沸腾,称为饱和水,其参数分别为 p、t_s、v'、h'、s',如图 9-2 中(2)所示。水在定压下从未饱和状态加热至饱和状态的过程称为预热阶段,相当于锅炉中预热器内水的定压预热过程。

图 9-2 水的定压加热汽化过程

2. 汽化阶段

将预热到饱和温度 t_s 的水继续加热,水开始沸腾并逐渐变为蒸汽。这时饱和压力 p_s 不变,饱和温度 t_s 也不变。这种蒸汽和水的共存状态称为湿饱和蒸汽(简称湿蒸汽),如图 9-2 中(3)所示。随着加热过程的继续进行,水逐渐减少,蒸汽逐渐增多,直到水全部变成蒸汽,这时的蒸汽称为饱和蒸汽,其参数分别为 p、t_s、v''、h''、s'',如图 9-2 中(4)所示。由饱和水定压加热为饱和蒸汽的过程称为汽化阶段,这一阶段相当于锅炉蒸发器内水的吸热汽化过程。此定压过程中,温度 t_s 保持不变,比体积 v 随蒸汽的增多而由 v' 增大直至 v'',焓由 h' 增大至 h'',熵 s 由 s' 增大至 s''。其加入的热量用来转变为蒸汽分子的位能和体积增加对外做的膨胀功,但汽、液分子的平均动能不变,温度不变。汽化阶段加入的热量称为汽化潜热,单位质量物质的汽化潜热称为比潜热,用符号 γ 来表示,单位为 kJ/kg。

3. 过热阶段

对饱和蒸汽继续定压加热,将使蒸汽温度升高,比体积增大,这时的蒸汽称为过热蒸汽,如图 9-2 中(5)所示。其温度与饱和温度的差值称为过热度 D,即 $D = t - t_s$。过热度反映了过热蒸汽距离饱和状态的远近。将蒸汽在定压下从饱和状态加热到过热状态的过程称为过热阶段。显热随着蒸汽过热度的增加而增大，v、h、s 也继续增大。这一阶段相当于蒸汽在锅炉过热器中的定压加热过程。

上述三个阶段即构成了水蒸气的定压发生过程。调整活塞上的重物，改变压力 P，则 t_s 相应改变，从而引起 v'、h'、s'、v''、h''、s'' 等状态参数的值发生相应的变化。

二、水蒸气的 p-v 图和 T-s 图

上述过程中，水及水蒸气经历了未饱和水、饱和水、湿蒸汽、饱和蒸汽及过热蒸汽五种状态，为进一步分析水在定压下加热为蒸汽的全部过程，下面用 p-v 图和 T-s 图来表示上述过程中状态参数的变化。

设 1kg 的水从某一温度（如 0.01℃）开始，在 0.1MPa 的压力下加热至 99.63℃ 时，水开始沸腾。此沸腾温度即为饱和温度。在 p-v 图（见图 9-3）及 T-s 图（见图 9-4）上，这一过程以 1_0-$1'$ 线段表示。这时液体的比体积略有增大，$v' = 0.001\,043\,\text{m}^3/\text{kg}$，在 p-v 图上为一条水平线，而在 T-s 图上是斜着向上的对数曲线。再加热，蒸汽不断产生和膨胀，最后水全部变为蒸汽，这时温度仍为 99.63℃，比体积增大较快，$v'' = 1.694\,6\,\text{m}^3/\text{kg}$。这一阶段如图上 $1'$-$1''$ 线段所示。由于压力与温度都保持不变，所以在 p-v 图及 T-s 图上均为水平线。再继续加热，则蒸汽温度升高，比体积继续增大，成为过热蒸汽，如图上 $1''$-1 线段所示。这时因为压力 p 不变，在 p-v 图上仍为水平线，而在 T-s 图上因温度升高，为一条对数曲线。

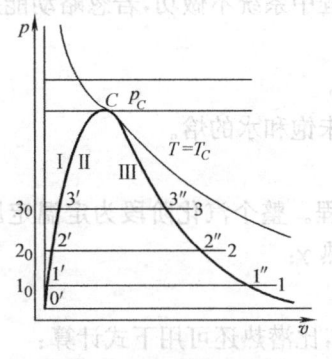

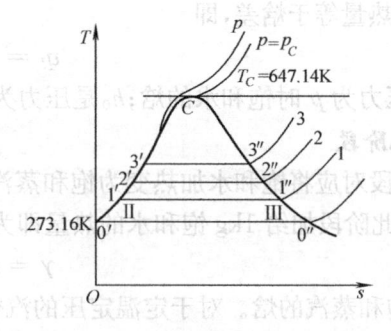

图 9-3　水蒸气 p-v 图　　　　图 9-4　水蒸气的 T-s 图

改变压力 P，相应有不同的饱和温度，可得类似上述的汽化过程，它们的状态如图 9-3 和图 9-4 中的 2_0-$2'$-$2''$-2、3_0-$3'$-$3''$-3 等各线段所示。由于水的压缩性极小，虽然压力增大，当温度保持一定时，其比体积变化不大。所以 p-v 图上，0.01℃ 的各种压力下水的状态点 1_0、2_0、3_0 等几乎均在同一垂直线上，饱和水状态点 $1'$、$2'$、$3'$ 等的比体积随饱和温度 t_s 的增大而逐渐增大；点 $1''$、$2''$、$3''$ 等为饱和蒸汽，其比体积随饱和温度 t_s 的增大而逐渐减小。水的 t_s 随压力的增大而升高，而 v' 与 v'' 之间的差值随着压力的增大而减小，即随着压力的升高，汽化过程缩短。$1'$-$1''$、$2'$-$2''$、$3'$-$3''$ 等之间的状态点均为湿蒸汽，点 1、2、3 等为过热蒸汽。当压力升高到 22.064MPa 时，$t_s = 373.99℃$、$v' = v'' = 0.003\,106\,\text{m}^3/\text{kg}$，如图中 C 点所示。此时，饱和水与饱和蒸汽已不再有分别，即在此压力下对水加热，温度达到 t_s 时，水立刻全部汽化，再加热即为过热蒸汽，此点称为水的临界点，其压力称为临界压力 p_C，温度称为临界温度 t_C，比体积称为临界比体积 v_C。当 $t > t_C$ 时，不论压力 p 多大，也不能使蒸汽液化。

连接不同压力下的饱和水状态点 $1'、2'、3'、\cdots$，得曲线 C-Ⅱ，称为饱和水线。连接饱和蒸汽状态点 $1''、2''、3''、\cdots$，得曲线 C-Ⅲ，称为饱和蒸汽线。两曲线汇合于临界点 C，并将 p-v 图及 T-s 图分成三个区域：饱和水线左侧为未饱和水（或过冷水）区，饱和蒸汽线右侧为过热蒸汽区，两曲线之间的部分是汽、水共存的湿蒸汽区。

由于水的压缩性很小，压缩后温度升高极微，比体积变化较小，所以在 p-v 图（见图 9-3）上饱和水线较饱和蒸汽线陡，而在 T-s 图（见图 9-4）上的定压线与饱和水线很接近，作图时这两线段基本重叠，不必分别表示。由于水受热膨胀的影响大于压缩的影响，故饱和水线向右方倾斜，温度和压力升高，v' 和 s' 都增大。蒸汽受热膨胀的影响小于压缩的影响，而 $p_s = f(t_s)$ 的函数关系中 p_s 增长较 t_s 增长得快，故饱和蒸汽线向左上方倾斜，表示 p_s 升高时，v'' 和 s'' 均减小。所以随着饱和压力 p_s 和饱和温度 t_s 的升高，汽化过程的 $v''-v'$ 逐渐减小，汽化潜热也逐渐减小，到临界点时为零，而预热阶段的加热量则逐渐增大。

总之，水的定压加热汽化过程在 p-v 图与 T-s 图上可归纳为八个字：一点、二线、三区、五态。一点指的是临界点；二线指的是饱和水线和饱和蒸汽线；三区指的是过冷水区、湿蒸汽区和过热蒸汽区；五态指的是过冷水、饱和水、湿蒸汽、饱和蒸汽和过热蒸汽五种状态。

三、水定压加热汽化过程的能量分析

1. 预热阶段

预热阶段对应将未饱和水加热至饱和水的过程。此阶段中每千克水的吸热量称为液体热，以 q_l 表示。根据稳定流动能量方程式，因加热过程中系统不做功，若忽略动能差及位能差，定压过程吸热量等于焓差，即

$$q_l = h' - h_0 \tag{9-1}$$

式中，h' 是压力为 p 时饱和水的焓；h_0 是压力为 p 时未饱和水的焓。

2. 汽化阶段

汽化阶段对应将饱和水加热变为饱和蒸汽的过程。整个汽化阶段为定温定压过程，过程中 t_s 不变。此阶段加给 1kg 饱和水的热量即为比潜热 γ：

$$\gamma = h'' - h' \tag{9-2}$$

式中，h'' 为饱和蒸汽的焓。对于定温定压的汽化过程，比潜热还可用下式计算：

$$\gamma = T_s(s'' - s') \tag{9-3}$$

3. 过热阶段

过热阶段对应将饱和蒸汽加热至温度为 t 的过热蒸汽的过程。此阶段的吸热量称为过热热，用 q_{su} 表示：

$$q_{su} = h - h'' \tag{9-4}$$

式中，h 是温度为 t 的过热蒸汽的焓。

若将 1kg 未饱和水在定压下加热至温度为 t 的过热蒸汽，所需的总热量为 q，则根据式(9-1)、式(9-2)、式(9-4)可得

$$q = q_l + \gamma + q_{su} = h - h_0 \tag{9-5}$$

通过以上分析计算可知，在水的定压加热汽化过程中，某一阶段或整个过程的加热量始终等于其初、终状态的焓差。在 T-s 图上，各阶段过程线下的面积即代表该过程的吸热量。

【例 9-1】 10kg 的水，其压力为 0.1MPa，此时的饱和温度 $t_s = 99.63℃$。当压力不变时，1) 若其温度变为 150℃，问此时水蒸气处于何种状态？2) 若测得 10kg 中含蒸汽 2.5kg，含水

7.5kg,问又处于何种状态,此时的温度为多少?

解:1)因 $t=150℃>t_s=99.63℃$,故该蒸汽处于过热蒸汽状态。过热度 $D=t-t_s=(150-99.64)℃=50.37℃$。

2)10kg 工质中既含有蒸汽又含有水,即处于汽、水共存状态,故为湿蒸汽状态,其温度必为饱和温度 $t_s=99.63℃$。

计算结果讨论: 要判断一定压力、温度下的水或水蒸气处于何种状态,应以该已知压力下的饱和温度为准。若已知温度低于饱和温度,则为未饱和水;若已知温度高于饱和温度则为过热蒸汽;若已知温度等于饱和温度,则可为饱和水、饱和蒸汽或湿蒸汽。

第三节 水蒸气的表和图

水蒸气的性质与理想气体截然不同,$p、v、T$ 的关系不再符合 $pv=RT$,热力学能与焓也不再是温度的单值函数。由于水蒸气热力性质的复杂性,至今尚未能用纯理论的方法解析出它的规律性,只能借助于实验的方法。虽然国际水蒸气会议国际公式化委员会已提出了详细的公式(工业用 1967 年 IFC 公式),且可用计算机进行较精确的计算,但实用上常常将上述公式所得数据绘成图以及列成各种物性表,使用极为简便。

一、水蒸气表及其状态的确定

由于工程计算中往往不需要确定水蒸气 $u、h、s$ 的绝对值,只需要确定它们的变化量。因此,可任意选择一个基准点。按国际水蒸气会议的规定,水蒸气热力性质表和图是以处于三相点的液相水为基准点编制的。水的三相点参数为 $p=611.2\text{Pa}, v=0.001\ 000\ 22\text{m}^3/\text{kg}, T=273.16\text{K}$。在此状态液相水的热力学能和熵被规定为零,而焓值为 $h'_{0.01}=u'_{0.01}+pv=0.006\ 11\text{kJ/kg}$,工程上视其为零。

(1)**饱和水与饱和蒸汽表** 为了使用方便,饱和水与饱和水蒸气表有两种编排形式,即以温度为变数排列和以压力为变数排列,见附录 A-1 和附录 A-2。前者的第一列为温度 t,第二列为相应温度下的饱和压力 p_s;后者的第一列为压力 p,第二列为相应压力下的饱和温度 t_s。表中其他项目在两种排列中均相同,依次为饱和水比体积 v'、饱和蒸汽比体积 v''、饱和水的比焓 h'、饱和蒸汽的比焓 h''、比潜热 γ、饱和水的比熵 s'、饱和蒸汽的比熵 s''。这些参数之间有一定的关系,即 $\gamma=h''-h'=T_s(s''-s')$。

通过饱和水和饱和蒸汽状态表,可确定饱和水和饱和蒸汽的温度、压力、比体积、焓、比熵。至于热力学能,在已知压力、比体积和比焓后,可由 $u'=h'-pv'$ 和 $u''=h''-pv''$ 求得,这样饱和水及饱和蒸汽的状态就可完全确定了。

(2)**未饱和水与过热蒸汽表** 未饱和水与过热蒸汽的参数并列在同一表中,见附录 A-3。表中,以温度为最左侧第一列,以压力为最上边第一行,由该两参数的交点可查得 $v、h$ 和 s 三个参数。另外,在每一个压力的格内注明了该压力下的饱和蒸汽及饱和水的参数。表中,凡属饱和参数以下的数据画有一条粗黑阶梯线,黑阶梯线以上为未饱和水的参数,黑阶梯线以下为过热蒸汽的参数。热力学能仍可按 $u=h-pv$ 计算而得。

(3)**湿蒸汽状态参数的确定** 在水和水蒸气的五种状态中,利用上述水和水蒸气的性质表可直接确定未饱和水、饱和水、饱和蒸汽和过热蒸汽的状态参数。下面介绍湿蒸汽状态参数的确定。

湿蒸汽的压力 p_s 和温度 t_s 具有单值函数关系 $p_s = f(t_s)$，所以两者只能作为一个独立参数。已知湿蒸汽的温度和压力两状态参数是不能确定其状态的。要确定湿蒸汽的状态，还需另一个独立参数，一般采用"干度 x"作为参数，也可用其他的饱和状态参数，如 h_x、s_x、v_x 中的任何一个。

干度是指一定质量湿蒸汽中所含饱和蒸汽的质量与总质量之比，可用下式表示：

$$x = \frac{饱和蒸汽质量}{湿蒸汽总质量}$$

干度是湿蒸汽特有的参数。在图 9-3 和图 9-4 中，饱和水线上的点 $x=0$；饱和蒸汽线上的点 $x=1$。对于任一湿蒸汽状态，则应有 $0<x<1$。$x<0$ 和 $x>1$ 都无意义。

在水蒸气 $p-v$ 图（见图 9-5）上，干度 x 的几何意义可表示成 $x = AB/AC$，即

$$x = \frac{v_x - v'}{v'' - v'}$$

或

$$v_x = (1-x)v' + xv'' \quad (9-6)$$

同理可得

$$s_x = (1-x)s' + xs'' \quad (9-7)$$

$$h_x = (1-x)h' + xh'' \quad (9-8)$$

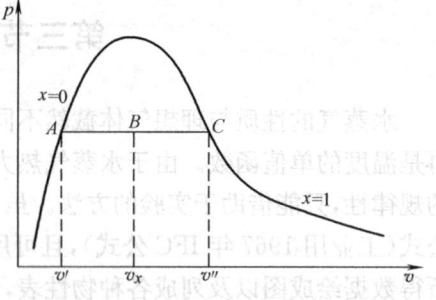

图 9-5 干度的几何意义

【**例 9-2**】 10kg 的水，其压力为 0.1MPa，此时的饱和温度 $t_s = 99.63℃$。当压力不变时，将其加热到比体积为 $1.3 \text{m}^3/\text{kg}$，则该工质处于何种状态？并求其熵值。

解：查饱和水与饱和蒸汽性质表（附录 A-2）可知 $v' = 0.001\,043\,4 \text{m}^3/\text{kg}$、$v'' = 1.694\,6 \text{m}^3/\text{kg}$，$s' = 1.302\,7 \text{kJ/(kg·K)}$，$s'' = 7.360\,8 \text{kJ/(kg·K)}$。因为比体积值 $v' < v = 1.3 < v''$，故工质处于湿蒸汽状态，其干度为

$$x = \frac{v_x - v'}{v'' - v'} = \frac{1.3 - 0.001\,043\,4}{1.694\,5 - 0.001\,043\,4} \approx \frac{v_x}{v''} = 0.767$$

该湿蒸汽中含饱和蒸汽的质量为 $m'' = xm = 0.767 \times 10\text{kg} = 7.67\text{kg}$；饱和水的质量为 $m' = (1-x)m = 2.33\text{kg}$。

湿蒸汽的熵为

$$s_x = s' + x(s'' - s') = 1.302\,7 \text{kJ/(kg·K)} + 0.767 \times (7.360\,8 - 1.302\,7)\text{kJ/(kg·K)}$$
$$= 5.949\,3 \text{kJ/(kg·K)}$$

二、水蒸气的 $h-s$ 图

由于水蒸气表是不连续的，在求表列间隔中的数据时，必须使用内插法。因此，根据分析计算和研究的实际需要，可以用状态参数坐标图绘制水蒸气的各种热力性质图。如前述 $p-v$ 图和 $T-s$ 图，这两种图在分析过程中是有其特点的。但在工程上常常需要计算功量和热量，这在 $p-v$ 图和 $T-s$ 图上就需要计算过程曲线下的面积，而面积的计算，特别是不规则曲线包围的面积的计算，极不方便。如能在一种图上以线段精确地表示热量及功量的数值，则对于热功计算可以提供极大的方便，而 $h-s$ 图就具有这种作用。因定压下的加热量（或放热量）等于焓差，即 $q_p = h_2 - h_1$，而绝热膨胀的焓降等于技术功，即 $w_t = h_2 - h_1$，故如在以焓为纵坐标、熵为横坐标的 $h-s$ 图上，精确地画出标有数据的定温、定压线等，则用它作热工方面的数值计算是非

常方便的。

h-s 图主要是依据饱和蒸汽及过热蒸汽表所列的数据绘制而成的。当前我国一般采用的 h-s 图,最高参数是 800℃、100MPa。图 9-6 所示为水蒸气的 h-s 图的构成。现将该图上各曲线情况介绍如下。

(1)饱和曲线 图 9-6 中 $x=1$ 的饱和蒸汽线和 $x=0$ 的饱和水线称为饱和曲线,它们相交于临界点 C。饱和曲线将 h-s 图分成了未饱和水、湿蒸汽和过热蒸汽三个区域。

(2)定压线群 定压线在 h-s 图上为一簇由左下方向右上方延伸呈发散状的线群,每一条定压线都代表一定的压力值。它的走向可由它的斜率来判断,在热力学第一定律解析式 $Tds=dh-vdp$ 中代入定压条件 $dp=0$ 可得 $(\partial h/\partial s)_p=T$。在湿蒸汽区,由于定压时温度 T 亦不变,故定压线在湿蒸汽区是斜率为常数的直线,在过热区定压线的斜率将随着温度的增加而增加,故定压线为一条向上翘的曲线。

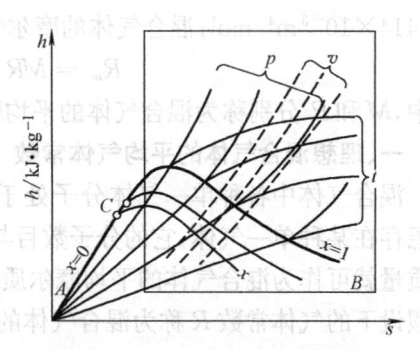

图 9-6 水蒸气的 h-s 图的构成

(3)定温线群 定温线的斜率可由热力学关系式 $Tds=dh-vdp$ 得到,此式可改写为

$$\left(\frac{\partial h}{\partial s}\right)_T = T + v\left(\frac{\partial p}{\partial s}\right)_T$$

在湿蒸汽区,$(\partial p/\partial s)_T=0$,所以 $(\partial h/\partial s)_T=T$。故湿蒸汽区内定温线是斜率为 T 的直线,且与该温度所对应的饱和压力 p_s 的定压线重合。在过热区,定温线的斜率小于定压线的斜率,所以,在过热蒸汽区定温线较定压线平坦。定温线越往右越平坦,即接近水平的定焓线。这说明温度一定时,压力越低时水蒸气的性质越接近理想气体。所以,工程上可将过热度较大的过热水蒸气近似当作理想气体对待。

(4)定干度线群 即 $x=$ 常数的曲线簇,包括 $x=0$ 的饱和水线和 $x=1$ 的干饱和蒸汽线。定干度线只在湿蒸汽区才有,它是各定压线上由 $x=0$ 至 $x=1$ 的各等分点的连线。每一条定干度线都表示一定的干度值。它们是由 C 点出发与 $x=0$ 和 $x=1$ 线延伸方向大致近似的一组曲线。

(5)定容线群 定容线与定压线延伸方向近似,只是定容线较定压线陡些。图 9-6 中以虚线表示定容线,但实际使用的 h-s 中上常以红线表示。

在实际工程应用中的水蒸气,多为干度较高的湿蒸汽,干度很少小于 0.5。因此,实用的 h-s 图上常绘出如图 9-6 中虚线框右上的部分,见附录 B。有关未饱和水和湿蒸汽区的部分参数,则应辅以水蒸气表。

第四节 理想混合气体的性质

热工设备中应用的气态工质,大都是由几种单一气体组成的混合气体,它们通常处于无化学反应的稳定状态。例如空气,它主要由 N_2 和 O_2 及少量的其他稀有气体组成。内燃机气缸中的燃气是石油燃料的燃烧产物。燃气的主要成分是 CO_2、H_2O、N_2、O_2 及少量的 CO、SO_2 等,其中各组成气体的含量因采用的燃油与空气比例不同而异。

混合物的成分是指混合物中各组成物含量的百分数。基于所使用的物量单位不同,混合气体的含量有三种表示方法，即质量分数、体积分数或摩尔分数。

混合气体的热力性质取决于各组成气体的性质及其含量。如果各组成气体都为理想气体，则混合物也具有理想气体的一切特性。混合气体仍遵循理想气体状态方程式 $pV=mRT$；混合气体的摩尔体积也与同温、同压下任意单一理想气体的摩尔体积相同，标准状态时也是 $22.414\times10^{-3} \mathrm{m}^3/\mathrm{mol}$；混合气体的摩尔气体常数也是恒量，即

$$R_m = MR = 8\,314.3 \mathrm{J/(kmol \cdot K)}$$

式中，M 和 R 分别称为混合气体的平均摩尔质量和平均气体常数。

一、理想混合气体的平均气体常数

混合气体中各种单一气体分子处于均匀混合状态，其中各种气体的摩尔质量各不相同。假想存在某种单一气体，它的分子数目与总质量恰好与实际混合气体相同，这种假想气体的摩尔质量就可作为混合气体的平均摩尔质量，它实质上是一种折合量，也称为折合摩尔质量。这种假设下的气体常数 R 称为混合气体的平均气体常数。

根据摩尔的定义，1mol 的任何物质都具有 6.02×10^{23} 个分子。若以 n 表示假想气体的摩尔数（即混合气体的摩尔数），以 n_i 表示其中第 i 种组成气体的摩尔数，根据假想气体的概念可知，假想气体的分子数目等于混合气体中各组成气体分子数目的总和，即 $n = \sum n_i$；假想气体的质量等于混合气体中各组成气体质量的总和，即 $nM = \sum n_i M_i$

或

$$M = \frac{\sum n_i M_i}{n} \tag{9-9}$$

式中，M_i 为第 i 种组成气体的摩尔质量，M 为混合气体的平均摩尔质量。相应地平均气体常数可由下式确定：

$$R = \frac{R_m}{M} = \frac{8\,314.3}{M} \mathrm{J/(kg \cdot K)}$$

二、混合气体的质量分数、分压力定律

根据质量守恒定律，混合气体的质量必等于各组成气体质量的总和，即

$$m = m_1 + m_2 + \cdots = \sum m_i$$

令比值 $m_i/m = x_i$，它代表第 i 种组分气体的质量占混合气体总质量的百分数，称为质量分数。上式除以 m，则得

$$\sum m_i/m = 1 \text{ 或 } \sum x_i = 1$$

即混合气体中各组成气体质量分数之和为 1。

下面介绍混合气体的一个重要定律——分压力定律。所谓分压力是指在与混合气体相同的温度下，各组成气体单独占有混合气体的体积 V 时对容器壁的压力，如图 9-7a、b、c 所示。

根据理想混合气体的性质，对各组分可写出

$$p_i V = m_i RT$$

式中，p_i 为第 i 种组成气体的分压力；m_i 为

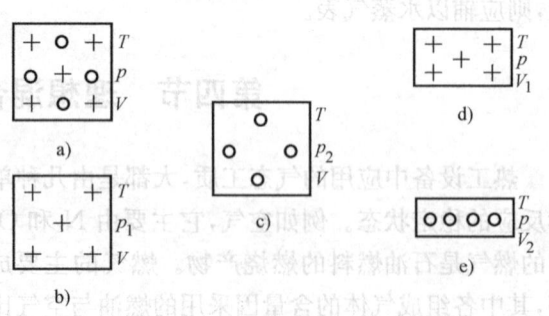

图 9-7 混合气体的分压力与分容积示意图

第 i 种组成气体的质量。将各组成气体状态方程式全部相加,可得

$$\sum (p_i V) = \sum (m_i RT)$$

因各组分占据相同的容积 V 和具有相同的温度 T,所以

$$V \sum p_i = RT \sum m_i = mRT = pV$$

于是得
$$p = \sum p_i \tag{9-10}$$

可见,混合气体的总压力 p 等于各组成气体分压力 p_i 之和,此即道尔顿分压定律。这一定律是根据理想混合气体的性质推导出来的,故只适用于理想混合气体。

三、分体积定律、体积分数和摩尔分数

所谓分体积是指各组成气体的温度和压力保持与混合气体的温度和压力相同的条件下,将各组成气体单独分离出来时,各组成气体所占有的体积,如图 9-7a、d、e 所示。

各组成气体的状态方程为

$$pV_i = n_i R_m T$$

式中,V_i 为第 i 种组成气体的分体积;n_i 为第 i 种组成气体的摩尔数。全部相加可得

$$p \sum V_i = R_m T \sum n_i = n R_m T = pV$$

于是得
$$V = \sum V_i \tag{9-11}$$

可见,各组分气体的分体积之和等于混合气体的总体积,此即混合气体的分体积定律。

令比值 $V_i/V = z_i$,它表示第 i 种组分的分体积占混合气体总体积的百分数,称为体积分数,因此

$$\sum V_i/V = 1 \text{ 或 } \sum z_i = 1$$

即混合气体中各组分气体的体积分数之和为 1。以相对体积表示混合气体的成分是普遍采用的一种方法,如烟气和燃气等的成分分析都以体积分数表示。

有些场合,如对燃烧反应进行计算时,以摩尔作为计量单位更为方便,这时可用摩尔分数来表示混合气体中各组分气体的含量。混合气体中某一组成气体的摩尔数与混合气体的总摩尔数之比 $n_i/n = y_i$ 称为摩尔分数。

由于 $V_i = n_i M_i v_i$,$V = M n v$,且在温度、压力相同时 $M_i v_i = M v$,所以

$$z_i = \frac{V_i}{V} = \frac{M_i n_i v_i}{M n v} = \frac{n_i}{n} = y_i$$

可见,体积分数和摩尔分数相等,因此两者可用同一符号 y_i。故混合气体成分的三种表示法实质上只有两种。

此外,对第 i 种组成气体写出以分压力表示的和以分体积表示的两种状态方程式 $p_i V = n_i R_m T$ 与 $pV_i = n_i R_m T$ 进行比较,可见 $p_i V = pV_i$,这样有

$$p_i/p = y_i \tag{9-12}$$

可见,分压力与总压力的比值恰好等于体积分数。在已知组成气体的体积分数和总压力的情况下,可利用上式求得各组成气体的分压力。

【例 9-3】 燃烧 1kg 重油产生烟气 20kg,其中 CO_2、O_2、H_2O 的质量分别为 3.16kg、1.15kg、1.24kg,其余为 N_2。烟气中的水蒸气可以作为理想气体计算。求:1)烟气的质量分数;2)平均气体常数;3)平均摩尔质量。

解: 1) 质量成分。已知 $m=20\text{kg}$,所以

$$m_{N_2} = m - (m_{CO_2} + m_{O_2} + m_{H_2O}) = 20\text{kg} - (3.16+1.15+1.24)\text{kg} = 14.45\text{kg}$$

$$x_{CO_2} = \frac{m_{CO_2}}{m} = \frac{3.16}{20} = 0.158$$

$$x_{O_2} = \frac{m_{O_2}}{m} = \frac{1.15}{20} = 0.0575$$

$$x_{H_2O} = \frac{m_{H_2O}}{m} = \frac{1.24}{20} = 0.0620$$

$$x_{N_2} = \frac{m_{N_2}}{m} = \frac{14.45}{20} = 0.7225$$

核算:$\sum x_i = 0.1580 + 0.0575 + 0.0620 + 0.7225 = 1.0000$

2) 平均气体常数。

$$R = \sum x_i R_i = \sum x_i \frac{R_m}{M_i}$$

$$= \left(0.1580 \times \frac{8314.3}{44} + 0.0575 \times \frac{8314.3}{32} + 0.0620 \times \frac{8314.3}{18} + 0.7225 \times \frac{8314.3}{28}\right)\text{J/(kg·K)}$$

$$= 287.97 \text{J/(kg·K)}$$

3) 平均摩尔质量。

$$M = \frac{R_m}{R} = \frac{8314.3}{287.97}\text{kg/kmol} = 28.87\text{kg/kmol}$$

第五节 湿空气的基本概念

一、干空气和湿空气

湿空气是指含有水蒸气的空气,而干空气是指完全不含有水蒸气的空气。自然界中,江河湖海的水会蒸发,所以通常空气中总含有水蒸气,但因其含量极小,且含量的变化也不大,故往往不予以特殊考虑。但在某些专门场合,当空气中水蒸气含量的多少有特殊作用时,就不能以干空气代替湿空气近似地进行分析计算了。如工程上的烘干装置、供暖通风、室内调温调湿、电站用的冷却水塔、精密仪表和电绝缘的防潮等。因此有必要对湿空气的性质进行专门研究。

湿空气是干空气与水蒸气的混合物。干空气可视为理想气体,而存在于大气中的水蒸气,由于其分压力通常是很小的,一般只有 $(30\sim 40)\times 10^2 \text{Pa}$,且大都处于过热度较大的过热蒸汽状态,分子间距离足够远,可以视为理想气体,其状态参数间的关系也可用理想气体的状态方程来描述。因此,适用于理想气体的一些规律及理想混合气体的计算公式也都适用于湿空气,如遵循分压定律。以 p_w 表示水蒸气的分压力,p_a 表示干空气的分压力,通常在烘干、暖通、空调等工程中都采用外界的大气作为工质,此时湿空气的总压力为 p 即大气压力 p_b,则有

$$p_b = p_w + p_a \tag{9-13}$$

但湿空气中含有的水蒸气在不同环境下的含量会随之发生变化以及发生冷凝,因此,湿空

气有一些特殊性质。

二、饱和空气和未饱和空气

空气中的水蒸气由于其含量不同,即水蒸气分压力 p_w 的不同以及所处温度的不同,水蒸气可处于过热蒸汽状态或饱和蒸汽状态。

设湿空气的温度为 t,则湿空气中水蒸气的温度也为 t,对应于温度 t 的水蒸气的饱和压力为 p_s。如果湿空气中水蒸气的分压力 p_w 小于此饱和压力 p_s,则湿空气中的水蒸气处于过热状态,如图 9-8 中 A 点所示。这种由干空气与过热水蒸气组成的湿空气称为未饱和空气。此时,湿空气中所含有的水蒸气数量未达到饱和,还可以继续增加,湿空气的密度($\rho_w=1/v_w$)也小于对应于温度 t 的饱和蒸汽的密度($\rho''=1/v''$),即 $\rho_w<\rho''$。

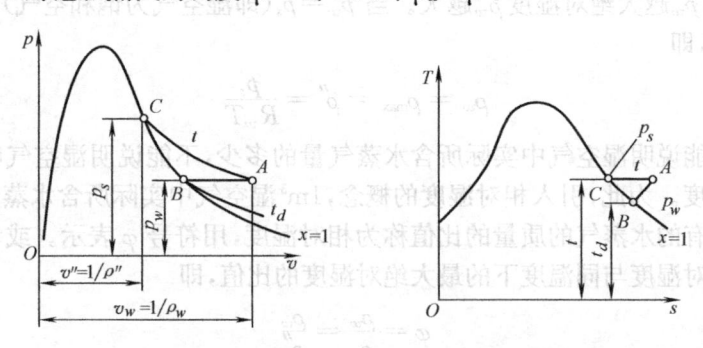

图 9-8 湿空气中水蒸气的状态变化

如果温度 t 不变,使湿空气中的水蒸气含量增加,即水蒸气的分压力 p_w 增加,则其状态将沿等温线向左上(p-v 图)或向左(T-s 图)移动,直到与 $x=1$ 的饱和蒸汽线相交于 C 点,即达到饱和状态。水蒸气的分压力 p_w 不能再继续增大,否则,水蒸气即将以水滴状态凝结而从湿空气中分离出来。这时水蒸气的分压力是对应于温度 t 下的极值,相当于温度 t 时水蒸气的饱和压力 p_s,其值可按温度 t 在饱和水蒸气表上查得。这种由干空气和饱和水蒸气组成的湿空气称为饱和空气,其 $\rho_w=\rho''$,$p_w=p_s$。

三、露点

若未饱和空气中水蒸气的含量不变,即水蒸气分压力 p_w 不变,而使湿空气的温度逐渐降低,其状态将沿等分压力线冷却向左(p-v 图)或向左下(T-s 图)移动,直到与 $x=1$ 的饱和蒸汽线相交于 B 点,也达到了饱和状态,如图 9-8 所示。如果再冷却,则水蒸气在 B 点对应的温度下开始凝结,生成水滴或结露。此开始结露的温度称为露点。可见,露点是对应于湿空气中水蒸气分压力的饱和温度,以符号 t_d 表示,即 $t_d=f(p_w)$。露点可用湿度计或露点仪测量,测出露点也就相当于测出了当时湿空气中水蒸气的分压力 p_w。

露点是湿空气的一个重要参数。在空气调节装置中,为了减少湿空气中水蒸气的含量,可设法使湿空气冷却到温度低于露点,空气中的水蒸气便以水滴形式析出。露点对锅炉的运行管理有较大的影响,锅炉尾部受热面(如空气预热器低温段)的堵灰和腐蚀,就是由于受热面的金属温度低于烟气中水蒸气和二氧化硫气体的露点之故,一旦出现结露,水蒸气和二氧化硫气体凝结后,就会在受热面上形成硫酸或亚硫酸,造成严重腐蚀。防止堵灰和腐蚀的主要原则是设法避免烟气中的水蒸气结露。在日常生活中也常遇见结露现象,例如夏季白天温度较高,水分蒸发,夜间温度下降,大气中的水蒸气定压冷却,当气温下降到露点时,就开始结露。

四、湿空气的湿度

1. 绝对湿度和相对湿度

湿度即指湿空气中所含水蒸气的份量。每 $1m^3$ 湿空气中所含水蒸气的质量称为湿空气的绝对湿度。显然其数值等于在湿空气的温度 t 和水蒸气分压力 p_w 下水蒸气的密度 ρ_w。对于未饱和空气,可根据 t 和 p_w 在过热水蒸气表上查得,此时 ρ_w 小于与 t 相对应的饱和水蒸气密度 ρ'';对于饱和空气,可根据 t 在饱和蒸汽表上查得,此时 $\rho_w = \rho''$。由理想气体状态方程可得

$$\rho_w = \frac{m_w}{V} = \frac{p_w}{R_w T} \tag{9-14}$$

式中,m_w 为 $1m^3$ 湿空气中水蒸气的质量(kg),R_w 为水蒸气的气体常数(J/kg·K)。显然,在空气温度 t 一定时,p_w 越大绝对湿度 ρ_w 越大。当 $p_w = p_s$(即湿空气为饱和空气)时具有该温度下的最大绝对湿度,即

$$\rho_w = \rho_{max} = \rho'' = \frac{p_s}{R_w T} \tag{9-15}$$

绝对湿度只能说明湿空气中实际所含水蒸气量的多少,不能说明湿空气吸收水分能力的大小及其潮湿程度。为此,引入相对湿度的概念,$1m^3$ 湿空气中实际所含水蒸气的质量与同温度下最大可能含有的水蒸气的质量的比值称为相对湿度,用符号 φ 表示。或者说相对湿度是湿空气的实际绝对湿度与同温度下的最大绝对湿度的比值,即

$$\varphi = \frac{\rho_w}{\rho_s} = \frac{\rho_w}{\rho''} \tag{9-16}$$

φ 介于 0 和 1 之间,φ 越小,就表示湿空气离饱和状态越远,尚有吸收更多水蒸气的能力,即空气越干燥;反之,φ 越大,湿空气吸收水蒸气的能力越弱,即空气越潮湿。当 $\varphi=0$ 时,则为干空气;$\varphi=1$ 时,则为饱和空气。所以,不论湿空气的温度如何,由 φ 的大小可直接看出湿空气的干燥程度。相对湿度也反映了湿空气中水蒸气接近饱和状态的程度,故又称饱和度。

因湿空气可当作理想混合气体对待,这样由式(9-14)和(9-15)可得

$$\varphi = \frac{\rho_w}{\rho_s} = \frac{p_w}{p_s} \tag{9-17}$$

式中,p_s 是温度为 t 时水蒸气可能达到的最大分压力。

2. 相对湿度的测量

相对湿度无法直接测量,工程应用中常用干、湿球温度计来测量,如图9-9所示,这是一种间接测量方法。两支同类型的温度计,其中之一在测温包上蒙一层浸在水中的湿纱布,称为湿球温度计。将干、湿球温度计置于通风处,使空气连续不断地流经温度计,干球温度计上的读数即为湿空气的温度 t,湿球温度计因与湿布直接接触,其读数应为水温。若空气为饱和湿空气(即 $\varphi=1$),则湿布上的水不会汽化,两支温度计上的读数将相同。若空气为未饱和空气(即 $\varphi<1$),则湿纱布上的水分就会汽化,汽化需要的热量,一部分由湿纱布水分本身降温放热提供,一部分则由水分温度下降后与空气间形成的温差,从周围空气吸热获得。湿纱布水分不断蒸发,湿球温度势必继续下降,使温差增加,温差的增加又促使空气传入的热量增多。当空气向湿纱布单位时间传递的热量等于单位时间内湿

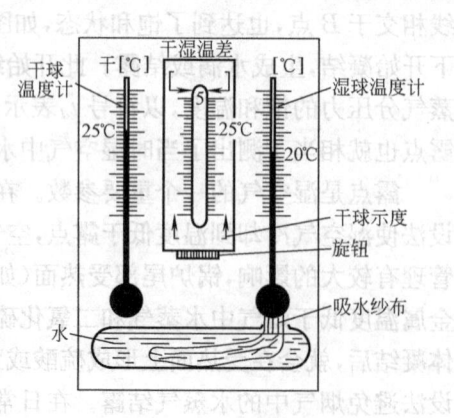

图 9-9 干、湿球温度计

纱布表面水分汽化所需热量时，湿纱布上的水温将保持不变，此时湿球温度计上的读数称为湿球温度，以符号 t_w 表示。温度为定值 t 的空气，所含水蒸气越少（亦即离饱和状态越远），其湿球温度也越低。因为空气流经湿布时汽化的水分较多，要求更大的温差以便从空气吸收更多的热量来满足汽化的需要。由此可见，t_w 与空气实际所含的水蒸气量有关。另外，空气的最大绝对湿度取决于空气的温度 t。因而 φ 和 t 及 t_w 之间应有一定的关系 $\varphi=f(t,t_w)$。根据这一关系，在测得了空气的 t 及 t_w 后，即可求得空气的相对湿度 φ。一般的干湿球温度计上都将 $\varphi=f(t,t_w)$ 列成表格，可根据 t 及 t_w 直接读出 φ，也可总结为以下公式：

$$\varphi=\frac{p_s-0.00065(t-t_s)p_b}{p_s}\times 100\% \quad (9\text{-}18)$$

式(9-18)是一个经验公式，式中的 0.000 65 这个系数为根据实验数据总结所得。图 9-10 给出了干、湿球温度与相对湿度的关系曲线，根据 t 和 t_w 可直接查得 φ 值。

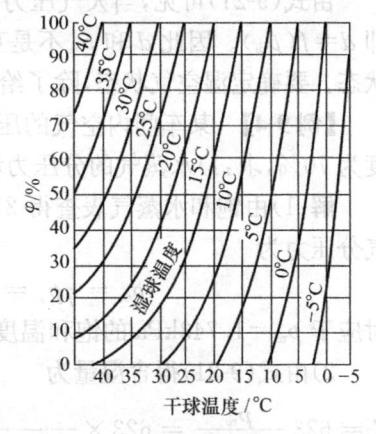

图 9-10　干、湿球温度与相对湿度间的关系曲线

3. 含湿量

在通风、空调及干燥工程中，湿空气需要吸收或释放水分，过程中干空气的质量保持不变，而所含的水蒸气量则在变化。为方便分析计算，用 1kg 干空气作为计算单位，一定体积的湿空气中水蒸气的质量 m_w 与干空气质量 m_a 之比值称为含湿量，以符号 d 表示，即

$$d=1\,000\frac{m_w}{m_a}=1\,000\frac{\rho_w}{\rho_a} \quad (9\text{-}19)$$

需特别指出，式(9-19)以"kg 干空气"为计算基准，它不同于 1kg 质量的湿空气，在 $(1+0.001d)$ kg 质量的湿空气中才含有 $0.001d$ kg 的水蒸气。由于以 1kg 干空气为基准，这个基准是不随湿空气的状态变化而改变的。所以只要根据含湿量 d 的变化，就可以确定实际过程中湿空气的干湿程度。

设有温度为 T 的湿空气 $V\,\mathrm{m}^3$，由于水蒸气和干空气处于混合状态，所以有共同的 V 和 T，它们的状态方程式为

$$p_w V=m_w R_w T \qquad m_w=\frac{p_w V}{R_w T}$$

$$p_a V=m_a R_a T \qquad m_a=\frac{p_a V}{R_a T}$$

所以

$$d=1\,000\times\frac{m_w}{m_a}=1\,000\times\frac{p_w}{p_a}\times\frac{R_a}{R_w}=1\,000\times\frac{M_w}{M_a}\times\frac{p_w}{p_a}$$

取水蒸气摩尔质量 $M_w=18.016\,\mathrm{g/mol}$ 和干空气摩尔质量 $M_a=28.97\,\mathrm{g/mol}$ 代入上式得到

$$d=623\frac{p_w}{p_a} \quad (9\text{-}20)$$

对大气而言，大气压力 $p_b=p_w+p_a$，故用 $p_a=p_b-p_w$ 代入上式得

$$d=623\frac{p_w}{p_b-p_w} \quad (9\text{-}21)$$

根据式(9-17)可知，$p_w=\varphi p_s$，所以

$$d = 623 \frac{\varphi p_s}{p_b - \varphi p_s} \tag{9-22}$$

由式(9-21)可见,当大气压力 p_b 一定时,湿空气的含湿量 d 只取决于水蒸气的分压力 p_w,即 $d = f(p_w)$。因此 d 和 p_w 不是互相独立的参数,不能同时作为两个状态参数来确定空气的状态。要确定湿空气状态,除了给定 p_w (或 d)外,还需知道另一个独立参数,例如温度 t。

【**例 9-4**】 某车间内空气的压力和温度分别为 $0.980\ 7 \times 10^5$ Pa 和 21℃,如果测得相对湿度为 70%,求:1)水蒸气的分压力和露点;2)含湿量。

解:1)由饱和水蒸气表查得 21℃时水蒸气的饱和压力为 $p_s = 0.024\ 896 \times 10^5$ Pa,故水蒸气分压力为

$$p_w = \varphi p_s = 0.7 \times 0.024\ 896 \times 10^5 \text{Pa} = 1.743 \text{kPa}$$

对应于 $p_w = 1.743$ kPa 的饱和温度为 15.2℃,此温度即为湿空气的露点。

2)由式(9-21)得含湿量为

$$d = 623 \frac{p_w}{p_b - p_w} = 623 \times \frac{0.017\ 43 \times 10^5}{(0.980\ 7 - 0.017\ 43) \times 10^5} \text{g/kg(干空气)} = 11.25 \text{g/kg(干空气)}$$

第六节 湿空气的参数与 h-d 图

一、湿空气的焓

湿空气的比焓是指含有 1kg 干空气的湿空气的焓值,用符号 h 表示。它也是以 1kg 干空气为计算基准的。根据含湿量的定义,当干空气质量为 1kg 时,水蒸气的质量应为 0.001$d$kg,所以湿空气的比焓应等于 1kg 干空气的焓与 0.001$d$kg 水蒸气的焓之和,即

$$h = h_a + 0.001 d h_w \tag{9-23}$$

式中,h_a 为 1kg 干空气的焓(kJ/kg);h_w 为 1kg 水蒸气的焓(kJ/kg);h 为湿空气的焓(kJ/kg(干空气))。

如果空气温度变化不大(100℃以下),可将干空气的质量定压热容当作定值,工程上常取 $c_p = 1.01$ kJ/(kg·K),且认为 0℃时干空气的焓为零,则干空气的比焓为 $h_a = c_p t = 1.01 t$ (kJ/kg(干空气))。水蒸气的比焓也有足够精确的经验公式:

$$h_w = (2\ 500 + 1.85t) \text{kJ/kg(干空气)}$$

式中,2 500 为水在 0℃时饱和水的焓值,1.85 为常温低压下水蒸气的平均质量定压热容。

将干空气和水蒸气的焓代入式(9-23)中,可得湿空气的比焓为

$$h = [1.01t + 0.001d(2\ 500 + 1.85t)] \text{kJ/kg(干空气)} \tag{9-24}$$

通常在通风空调等工程中,对空气的加热或冷却都是在定压条件下进行的,所以空气在过程中吸收或放出的热量均可用过程前后的焓差来计算。

二、湿空气的其他参数

有时需要确定湿空气的其他一些参数,例如湿空气的比体积 v、气体常数 R、平均摩尔质量 M 等参数。运用有关理想气体的混合气体计算方法就可以解决这些问题。湿空气可以看作由 1kg 干空气和 0.001$d$kg 水蒸气两种成分组成的理想混合气体。据此可求得它们各自的质量分数分别为

$$x_a = \frac{m_a}{m_a + m_w} = \frac{1}{1 + 0.001d}$$

$$x_w = \frac{m_w}{m_a + m_w} = \frac{0.001d}{1 + 0.001d}$$

混合气体的气体常数为

$$R = \sum x_i R_i$$

求得 R 后,再根据摩尔气体常数 $R_m = MR = 8\ 314.3\ \text{J/(kmol·K)}$ 的关系式计算平均摩尔量 M。R 确定后,湿空气的比体积 v 可由理想气体状态方程式求取。

三、湿空气的 h-d 图

在对湿空气进行加工处理时,往往需要计算湿空气的某些状态参数,并确定湿空气在空气调节装置中的状态变化过程。用公式来计算和分析比较复杂,而利用湿空气的 h-d 图则很方便。因此,h-d 图是研究湿空气状态变化不可缺少的工具。

图 9-11 所示的湿空气 h-d 图是以含 1kg 干空气的湿空气为基准,在 101 325Pa 的大气压

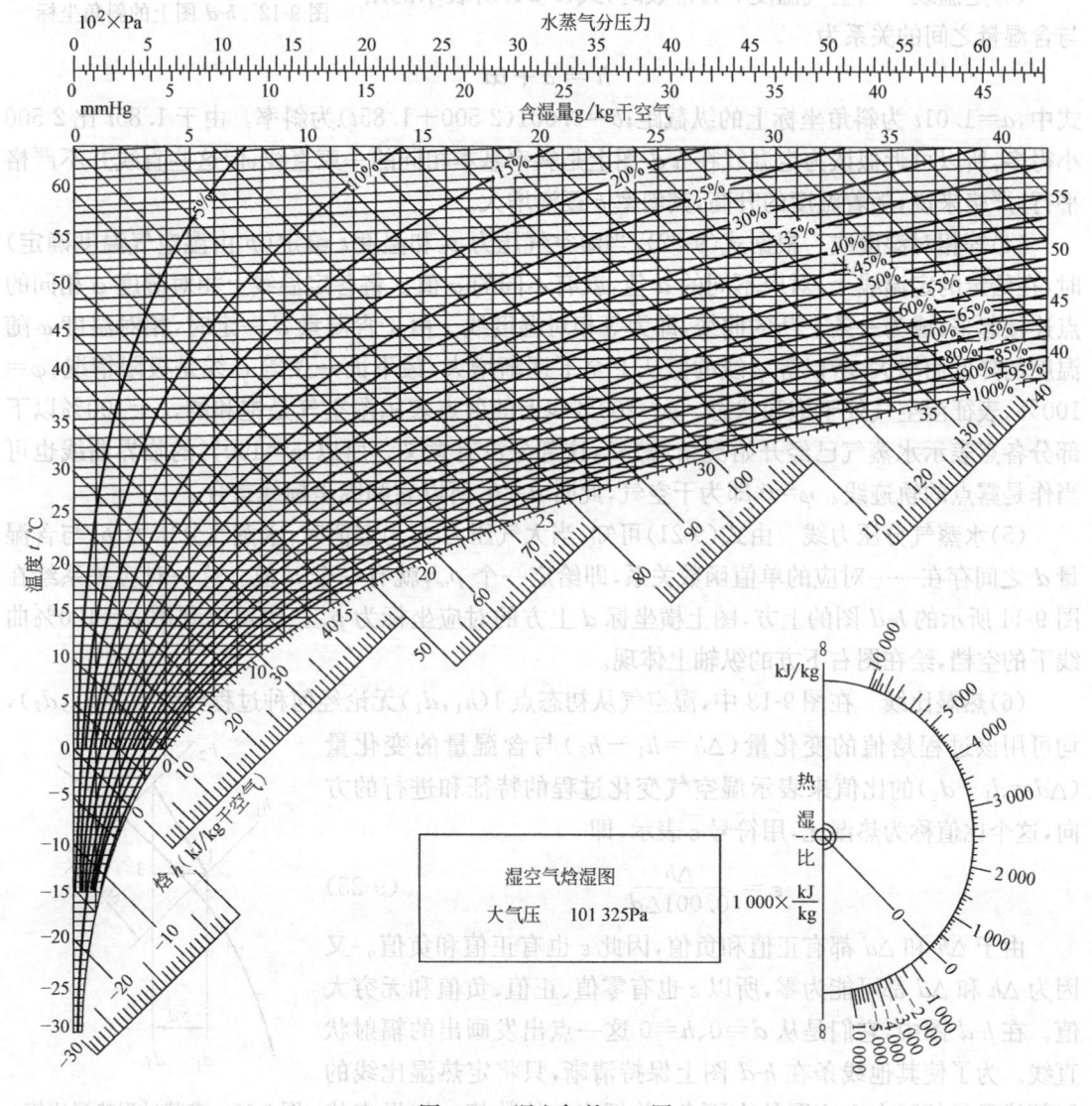

图 9-11 湿空气的 h-d 图

力下作出的,不过气压稍有变化时,该图也可应用。h-d 图的纵坐标为湿空气的焓 h,横坐标为湿空气的含湿量 d。为了图形清晰起见,纵坐标与横坐标的交角不是直角,而是 135°,但因通过坐标原点的水平线以下部分没有用,因此将斜坐标 d 上的刻度投影到水平轴上,如图 9-12 所示。h-d 图上绘有下列各曲线。

(1)定焓线 因为 h-d 图采用 135°的斜角坐标,所以定焓线是一束互相平行并与水平线成 45°角的直线,如图 9-12 所示。

(2)定含湿量线 定焓湿量线是一组与纵坐标轴平行的直线。

(3)定温线 当空气温度 t 为常数时,式(9-24)所表示的焓与含湿量之间的关系为

$$h = a + bd$$

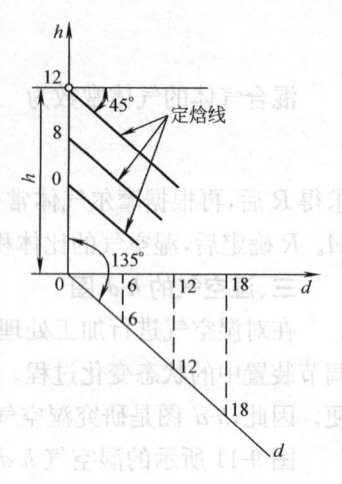

图 9-12 h-d 图上的斜角坐标

式中,$a=1.01t$ 为斜角坐标上的纵截距;$b=0.001(2\,500+1.85t)$ 为斜率。由于 $1.85t$ 比 $2\,500$ 小得多,所以可近似认为定温线在 h-d 图上是斜率基本相同的一束直线,但这些直线并不严格平行,严格来说,随着温度的升高,其斜率 b 逐渐增大。

(4)等相对湿度线 根据式(9-22),当湿空气压力 p_b 和温度 t 给定(p_s 由湿空气温度确定)时,在给定的定温线上,对应不同的 d 值,就有不同的 φ 值。将各定温线上相对湿度 φ 相同的点连接起来,成为一条上凸曲线,即为等相对湿度线。由于含湿量 d 一定时,相对温度 φ 随温度的降低而增大,所以等 φ 线的值从上至下逐渐增大,最下面一条等 φ 线是极限情况,$\varphi=100\%$,表征湿空气处于饱和状态。$\varphi=100\%$ 线上的各点表示湿空气是饱和的,$\varphi=100\%$ 以下部分各点表示水蒸气已经开始凝结,$\varphi>1$,这部分没有意义。所以 $\varphi=100\%$ 的临界曲线也可当作是露点的轨迹线。$\varphi=0$ 即为干空气,此时 $d=0$,所以它和纵坐标线重合。

(5)水蒸气分压力线 由式(9-21)可知,当大气压力 p_b 为定值时,水蒸气分压力 p_w 与含湿量 d 之间存在一一对应的单值函数关系,即给定一个 p_w,就有一个 d 值。这一对应关系绘在图 9-11 所示的 h-d 图的上方,图上横坐标 d 上方的对应坐标为 p_w。也可以利用 $\varphi=100\%$ 曲线下的空档,绘在图右下方的纵轴上体现。

(6)热湿比线 在图 9-13 中,湿空气从初态点 $1(h_1,d_1)$ 无论经何种过程到终点 $2(h_2,d_2)$,均可用该过程焓值的变化量($\Delta h = h_1 - h_2$)与含湿量的变化量($\Delta d = d_1 - d_2$)的比值来表示湿空气变化过程的特征和进行的方向,这个比值称为热湿比,用符号 ε 表示,即

$$\varepsilon = \frac{\Delta h}{0.001 \Delta d} \quad (9\text{-}25)$$

由于 Δh 和 Δd 都有正值和负值,因此 ε 也有正值和负值。又因为 Δh 和 Δd 都可能为零,所以 ε 也有零值、正值、负值和无穷大值。在 h-d 图中,它们是从 $d=0$、$h=0$ 这一点出发画出的辐射状直线。为了使其他线条在 h-d 图上保持清晰,只将定热湿比线的尾部线段另外画在 h-d 图的右下角,并标出 ε 的数值。如果查找

图 9-13 求某过程热湿比值

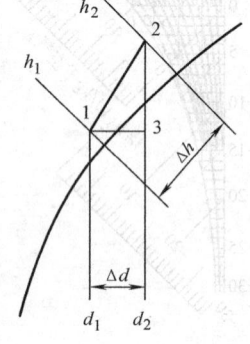

过程1-2的ε值,就将1-2平移到h-d图的右下角的热湿比图线上,与其重合的热湿比线即1-2过程的ε值。

此外,有的h-d图上还有等湿球温度线,它是一组斜率稍大于定焓线的近似直线。从湿球温度的形成来看,由于湿纱布上水分不断蒸发,紧贴湿球周围的空气就形成一个很薄的饱和空气层,它的温度很接近湿纱布上的水温,也就是说这一层饱和空气温度近似等于湿球温度t_w。空气传给水的热量又以液体热加汽化潜热的形式返回空气中去,空气的焓值基本不变,所以可以近似地认为湿球周围饱和空气层的形成过程是一个定焓加湿过程。因此,等湿球温度线可用定焓线代替。

【例 9-5】 已知湿空气的干球温度 $t=25℃$,湿球温度 $t_w=20℃$,试用h-d图求其相对温度 φ、焓 h 和含湿量 d。

解: 如图 9-14 所示,根据 $t_w=20℃$,找出 20℃ 的定温线与 $\varphi=100\%$ 的相对湿度线的交点 A,该点就是对应该湿空气的湿球表层饱和空气状态。再绘出经过 A 点的定焓线,该线与 $t=25℃$ 的定温线的交点 B 就是该湿空气的状态点,于是可查得

$\varphi=63\%$、$h=57.2\text{kJ/kg}$ 和 $d=12.7\text{g/kg}$(干空气)。

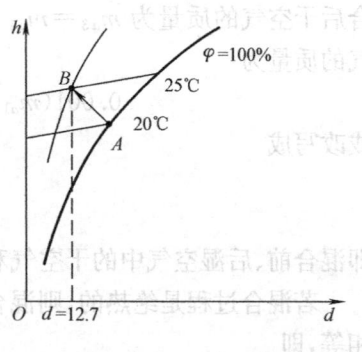

图 9-14 例题 9-5 图

第七节 湿空气的典型过程

一、空气调节装置的工作概况

空气调节装置的主要设备有过滤器、冷却器、加热器、加湿器和风机等,如图 9-15 所示。夏季,加热器和加湿器停止工作,由风机将一部分室内的空气(称为回风)和外界新鲜空气(称为新风)混合吸入。混合风由过滤器去除尘后,进入壁面温度低于露点的冷却器进行降温去湿,然后将经过降温去湿的空气通入各室,以维持室内空气处于适宜状态。冬季,冷却器停止工作,混合风进入加热器使温度升高,再向空气喷水或喷蒸汽,使其含湿量增加,然后将这种经过升温加湿处理的空气通入各室,以维持室内空气处于适宜状态。

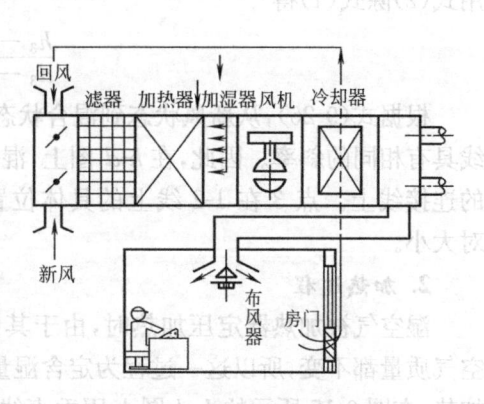

图 9-15 空气调节装置示意图

由此可见,空气调节装置对空气的加工处理,主要包括湿空气的混合、加热、冷却、加湿、除湿等典型过程。

二、湿空气的几种典型过程

1. 绝热混合过程

空气调节装置中将一部分室内的空气与外界新鲜空气混合后,由风机吸入并经空气调节设备处理后,再送入室内,这样要比只从外界吸入新风经济得多。例如,冬天室内的空气温度

比室外高,混合后,可使加热器消耗的蒸汽量减少;而在夏季,因为使用空气调节装置,室内空气温度低于外界空气温度,吸入部分回风和新鲜空气混合后,可减少制冷装置的热负荷,节约能量。

如图 9-16 所示,设已知新风的状态为点 $1(h_1,d_1)$,其干空气的质量为 m_{a1};回风的状态为点 $2(h_2,d_2)$,其干空气的质量为 m_{a2},在 h-d 图上求混合后的状态点 3。

不同状态空气的混合过程应满足质量守恒定律,即混合后干空气的质量为 $m_{a3}=m_{a1}+m_{a2}$,混合后空气中水蒸气的质量为

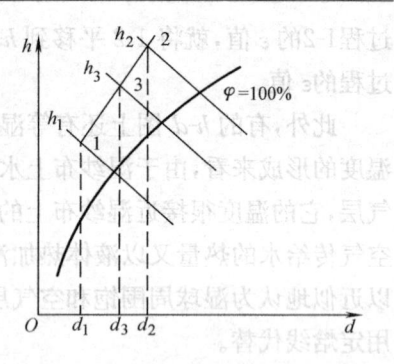

$$0.001(m_{a1}+m_{a2})d_3 = 0.001m_{a1}d_1+0.001m_{a2}d_2$$

图 9-16 确定混合后湿空气的状态

或改写成

$$d_3-d_1=\frac{m_{a2}}{m_{a1}}(d_2-d_3) \tag{1}$$

即混合前、后湿空气中的干空气和水蒸气分别满足质量守恒。

若混合过程是绝热的,则混合过程还应满足能量守恒定律,即混合前、后湿空气的总焓应相等,即

$$(m_{a1}+m_{a2})h_3 = m_{a1}h_1+m_{a2}h_2$$

或改写成

$$h_3-h_1=\frac{m_{a2}}{m_{a1}}(h_2-h_3) \tag{2}$$

用式(2)除式(1)得

$$\frac{h_3-h_1}{d_3-d_1}=\frac{h_2-h_3}{d_2-d_3} \tag{9-26}$$

根据式(9-26),从新风状态到混合状态的 1-3 过程线与从回风状态到混合状态的 2-3 过程线具有相同的斜率。因此,在 h-d 图上,混合状态 3 一定在新风状态点 1 与回风状态点 2 两点的连接线上。点 3 在 1-2 线上的具体位置取决于新风量与回风量的比值,即 m_{a1}/m_{a2} 的相对大小。

2. 加热过程

湿空气被加热器定压加热时,由于其中的水蒸气质量和干空气质量都不变,所以这一过程为定含湿量升温过程,又称为干加热,在图 9-17 所示的 h-d 图上用垂直线 1-2 表示。因为含湿量 d 不变,所以湿空气中水蒸气的分压力和露点都不变。此外,在等含湿量升温过程中,由于其中水蒸气的分压力不变,外界加给湿空气的热量全部用来增加其显热(表现为湿空气温度升高)。因此,等含湿量过程又是定潜热过程。$(1+0.001d)$ kg 湿空气在定含湿量过程 1-2 中加入的热量为 $q=h_2-h_1$。

3. 冷却过程

(1)干冷却过程 如图 9-18 所示,若空气被冷却后的终点

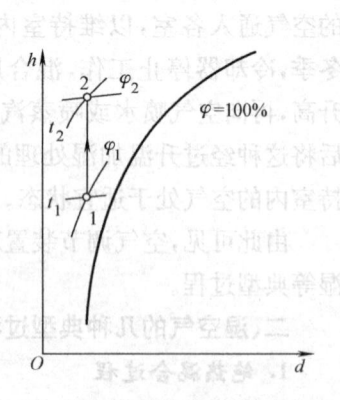

图 9-17 湿空气的加热过程

温度 t_2 高于其露点温度 t_d，则该冷却过程为等含湿量过程，或称为干冷却，如图中直线 1-2 所示。

(2) 冷却去湿过程　若冷却终点温度低于该湿空气的露点温度 t_d，则该冷却过程按 1-2-2'-3 进行，湿空气中有一部分水蒸气凝结成水而泄走，从而达到除湿的目的，这种冷却过程就不是等含湿量过程，而是一个焓、湿均减小的过程。

在冷却器中实际测出的空气出口状态并不是点 3，而是 1-3 直线上的某一点 4。这是因为，湿空气流经冷却器时只有一部分贴近冷却管壁面流动而被冷却到点 3 的状态，其余部分则不断地与点 3 状态的湿空气混合，所以点 4 必然在 1-3 直线上。冷却器的管距越小，纵向排数越多，趋于点 3 的湿空气数量越多，冷却器出口处的湿空气状态点 4 就越接近点 3。

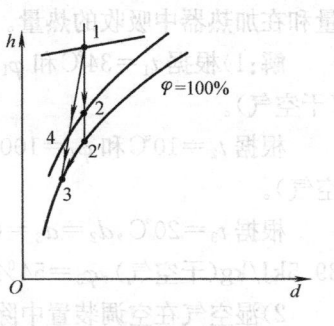

图 9-18　湿空气的冷却过程

4. 加湿过程

空气调节装置中的加湿过程可分为喷水加湿和喷蒸汽加湿两种。

(1) 喷水加湿过程　湿空气在空气调节装置中被喷水加湿时，喷入的水蒸发使湿空气的含湿量增加。若未加湿前湿空气的状态为 (h_1,d_1)，加湿后状态变为 (h_2,d_2)，以 1kg 干空气为计算基准，加入的水的质量为

$$m_w = 0.001(d_2 - d_1) \text{kg}$$

随加入的水带入湿空气的焓为

$$h_2 - h_1 = 0.001(d_2 - d_1)h_w$$

由于水的焓 h_w 在低压下比潜热小得多，且 $0.001(d_2-d_1)$ 也很小，所以其热湿比

$$\varepsilon = \frac{h_2 - h_1}{0.001(d_2 - d_1)} = h_w \approx 0$$

工程上常近似将喷水加湿过程按定焓过程处理，又称为绝热加湿过程，如图 9-19 中 1-2 过程所示。

(2) 喷蒸汽加湿过程　对湿空气喷蒸汽加湿时，喷入的蒸汽直接进入湿空气增加其焓值。若未加湿前湿空气的状态为 (h_1,d_1)，加湿后状态变为 (h_3,d_3)，仍以 1kg 干空气为计算基准，加入的水蒸气的质量为 $m_w=0.001(d_3-d_1)$kg。随加入的水蒸气带入湿空气的焓为

$$h_3 - h_1 = 0.001(d_3 - d_1)h_w$$

图 9-19　喷水和喷蒸汽加湿过程

这里 h_w 为喷入蒸汽的比焓，低压蒸汽的比焓可表示为

$$h_w = (2\,500 + 1.85t_v) \text{kJ/kg(干空气)}$$

式中，t_v 为喷入蒸汽的温度，若喷入蒸汽的温度 t_v 等于原湿空气的干球温度 t，则喷蒸汽加湿过程为定温过程；若 $t_v \neq t$，因在空调范围内，t_v 不太高，因而 $1.85t_v$ 与 2 500 相比影响很小，所以喷入蒸汽的温度对原空气的温度影响不大。因此，工程上一般都近似地将喷蒸汽加湿过程按定温过程处理，又称为定温加湿过程，如图 9-19 中 1-3 过程所示。

【例 9-6】　设大气压力为 0.1MPa，温度为 34℃，相对湿度为 80%。如果利用空调装置使湿空气冷却到 10℃，再加热到 20℃，且通过空调装置的干空气质量为 20kg。试确定：1) 终态空气的相对湿度；2) 湿空气在空调装置中除去的水分量 m_w；3) 湿空气在空调装置中放出的热

量和在加热器中吸收的热量。

解: 1)根据 $t_1=34℃$ 和 $\varphi_1=80\%$，查 h-d 图得: $d_1=0.0274\text{kg/kg}(干空气)$；$h_1=104\text{kJ/kg}(干空气)$。

根据 $t_2=10℃$ 和 $\varphi_2=100\%$，查 h-d 图得: $d_2=0.0076\text{kg/kg}(干空气)$；$h_1=29.6\text{kJ/kg}(干空气)$。

根据 $t_3=20℃$，$d_2=d_3=0.0076\text{kg/kg}(干空气)$ 的饱和湿空气状态，由 h-d 图可得 $h_3=39.5\text{kJ/kg}(干空气)$，$\varphi_3=54\%$。

2)湿空气在空调装置中除去的水分量
$$m_w = m_a(d_1-d_2) = 20\times(0.0274-0.0076)\text{kg} = 0.396\text{kg}$$

3)湿空气在空调装置中放出的热量为
$$Q_{12} = m_a(h_1-h_2) + m_w h_w = m_a(h_1-h_2) + m_w c_{pw} t_2$$
$$= [20\times(29.6-104)+0.396\times4.18\times10]\text{kJ} = -1471\text{kJ}$$

4)冷却去湿后的湿空气在加热器中吸收的热量为
$$Q_{23} = m_a(h_3-h_2) = 20\times(39.5-29.6)\text{kJ} = 198\text{kJ}$$

【案例分析与知识拓展】

案例1:露点测量方法

气体介质(空气、烟气等)的露点温度的高低，往往直接影响设备工作的安全性和性能稳定性。测量气体介质露点的方法有多种，依据不同的测量原理研制而成的露点测量仪也多种多样，这里简单介绍几种测量气体介质露点温度的原理。

(1)质量法　这是一种经典的测量方法。让待测样气流经某干燥剂，其所含水分被干燥剂吸收，精确称取干燥剂吸收的水分含量，与样气体积之比即为样气的湿度。该方法的优点是精度高，最大允许误差可达 0.1%；缺点是具体操作比较困难，尤其是必须得到足够量的吸水质量(一般不小于 0.6 克)，这对于低湿度气体尤其困难，必须加大样气流量，结果会导致测量时间和误差增大(测得的湿度不是瞬时值)。因而该方法只适合于测量露点在 $-32℃$ 以上的气体。

由以上分析可知，质量法的关键是怎样精确测量干燥剂吸收的水分质量，因为直接测量比较困难，由此衍生了电解法和振动频率法两种间接测量吸水量的方法。

(2)电解法　将干燥剂吸收的水分经电解池电解成氢气和氧气排出，电解电流的大小与水分含量成正比，通过检测该电流即可测得样气的湿度。该方法弥补了质量法的缺点，测量量程可达 $-80℃$ 以下，且精度较好，价格便宜；缺点是电解池气路需要在使用前干燥很长时间，且对气体的腐蚀性及清洁性要求较高。采用该方法的仪器较多，典型的是美国 Edgetech 公司的 I-C 型微水仪和杜邦公司的 M303 及国产的 USI 系列产品。

(3)振动频率法　将质量法中的干燥剂换成一种吸湿性的石英晶体，根据该晶体吸收水分质量不同时振动频率不同的特点，让样气和标准干燥气流经该晶体，因而产生不同的振动频率差 Δf_1 和 Δf_2，计算两频率之差即可得到样气的湿度。该方法具有电解法一样的优点，且使用前无需干燥。典型仪器是美国 AMETEK 公司的 560B。

(4)冷镜法　这也是一种经典的测量方法。让样气流经露点冷镜室的冷凝镜，通过等压制冷，使样气达到饱和结露状态（冷凝镜上有液滴析出），测量冷凝镜此时的温度即是样气的露点。该方法的主要优点是精度高，尤其在采用半导体制冷和光电检测技术后，不确定度甚至可达 0.1℃；缺点是响应速度较慢，尤其对露点 −60℃ 以下的气体，平衡时间甚至达几个小时，而且此方法对样气的清洁性和腐蚀性要求也较高，否则会影响光电检测效果或产生"伪结露"造成测量误差。该方法的典型仪器厂家是英国的 MICHELL 公司、美国的 General Eastern 公司及瑞士的 MBW 公司等。

(5) 阻容法　这是一种正在不断完善的湿度测量方法。利用一个高纯铝棒，表面氧化成一层超薄的氧化铝薄膜，其外镀一层多孔的网状金膜，金膜与铝棒之间形成电容，由于氧化铝薄膜的吸水特性导致电容值随样气水分的多少而改变，测量该电容值即可得到样气的湿度。该方法的主要优点是测量量程可更低，甚至达 −100℃，另一突出优点是响应速度非常快，从干到湿响应 1min 可达 90%，因而多用于现场和快速测量场合；缺点是精度较差，不确定度多为 ±2~3℃，老化和漂移严重，使用 3~6 个月必须校准。该方法的典型厂家为英国 ALPHA 湿度仪器公司，爱尔兰的 PANAMETRICS 公司及美国的 XENTAUR 公司。但随着各厂家的不断努力，该方法正在逐渐得到完善，例如通过改变材料和提高工艺使传感器稳定度大大提高，通过对传感器响应曲线的补偿做到了饱和、线性，解决了自动校准问题。代表产品为英国 MICHELL 的 EASYDEW 系列，采用陶瓷基底的氧化铝电容及 C2TX 微处理器。

案例 2：某空调系统工作过程简介

图 9-20 所示为某一次回风空调系统工作简图。此系统的优点是在夏、冬季可使用部分回风，春、秋过渡季节可充分利用室外空气的自然调节能力，减少人工冷热源的运行时间，有利于节能、降低运行费用。该系统主要用于空调房间面积较大、单位面积人员密度大、室内控制参数要求较严格的场所，如商场、体育馆、机场候机厅等。

该系统夏季空调过程在 h-d 图上的表示如图 9-21 所示。从图中可看出，空调设备先将室外新风(W)和部分室内回风(N)混合后的空气(C)经冷却去湿处理到机械露点(L)（机械露点是指表面式冷却盘管外表面平均温度），然后由风机提供动力，将其通过风管送入空调室内，吸收余热余湿后变为室内状态(N)，再从回风口排出室外，其中一部分通过回风管返回到空调设备重复处理使用。

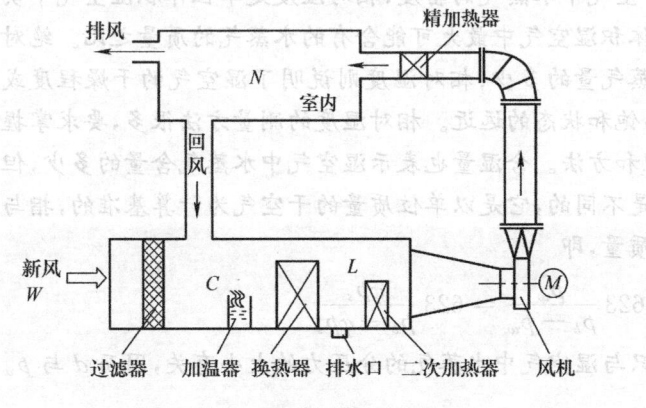

图 9-20　一次回风空调系统简图 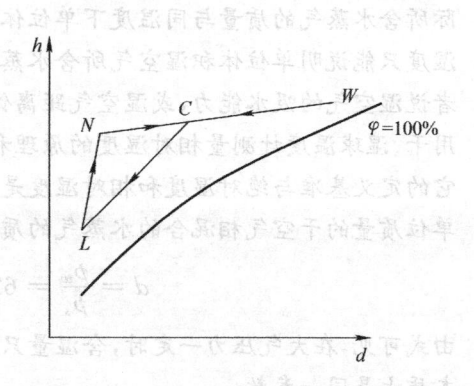　　　　图 9-21　一次回风空调系统夏季空调过程

【本章小结】

水蒸气是能量转换装置中使用十分广泛的一种工质,湿空气是空调工程的研究处理对象。本章分别介绍水蒸气和湿空气的相关知识,主要包括以下内容。

一、水蒸气

水蒸气是指刚刚脱离液态、离液态较近的水的汽化物。它是实际气体,不能利用理想的状态方程来确定其状态和进行有关计算,只能利用水蒸气的特定图或表来确定其状态。

水蒸气的饱和状态是指水的汽化过程中达到的一种动态平衡状态,饱和状态下的温度和压力分别称为饱和压力和饱和温度,饱和压力和饱和温度之间存在着一一对应的单值函数关系。

水在一定压力下加热汽化时要经历预热、汽化、过热三个阶段,温度由低到高增大时要经历过冷水、饱和水、湿蒸汽、饱和蒸汽、过热蒸汽五种状态。其中,饱和水、湿蒸汽、饱和蒸汽的温度相同,都等于汽化压力下的饱和温度。水在定压汽化过程中的加热量始终等于初、终状态的焓差。

为了确定水蒸气的状态及其状态参数,工程上制定了水蒸气的专用表和图。利用水蒸气的表和 h-s 图可确定过冷水、饱和水、饱和蒸汽、过热蒸汽的状态参数。对湿蒸汽而言,由于其压力和温度不是相互独立的状态参数,已知其温度和压力是不能唯一确定湿蒸汽状态的,所以引入了"干度"的概念。在得到一定压力下的饱和水和饱和蒸汽的参数后,利用干度值可计算确定湿蒸汽的状态。

二、湿空气

湿空气是干空气与水蒸气组成的理想混合气体。根据湿空气中水蒸气的存在状态的不同,将湿空气分为饱和空气(干空气+饱和蒸汽)和未饱和空气(干空气+过热蒸汽)两种。通过定温加湿或定压冷却的方式可将未饱和空气变成饱和空气。在定压冷却过程中,当温度降至空气中开始有露水析出时的温度称为露点,所以露点是对应于湿空气中水蒸气分压力的饱和温度,其大小只与水蒸气分压力的大小有关。

表示湿空气湿度大小的概念有三个,即绝对湿度、相对湿度和含湿量。绝对湿度是指单位体积的湿空气中所含水蒸气的质量,即空气中水蒸气的密度;相对湿度是单位体积湿空气中实际所含水蒸气的质量与同温度下单位体积湿空气中最大可能含有的水蒸气的质量之比。绝对湿度只能说明单位体积湿空气所含水蒸气量的多少;相对湿度则说明了湿空气的干燥程度或者说湿空气的吸水能力,或湿空气距离饱和状态的远近。相对湿度的测量方法很多,要求掌握用干、湿球温度计测量相对湿度的原理和方法。含湿量也表示湿空气中水蒸气含量的多少,但它的定义基准与绝对湿度和相对湿度是不同的,它是以单位质量的干空气为计算基准的,指与单位质量的干空气相混合的水蒸气的质量,即

$$d = \frac{p_w}{p_s} = 623\frac{p_w}{p_b - p_w} = 623\frac{\varphi p_s}{p_b - \varphi p_s}$$

由式可见,在大气压力一定时,含湿量只与湿空气中水蒸气的分压力的大小有关,因而 d 与 p_w 本质上是同一参数。

三、湿空气的 h-d 图

h-d 图是分析湿空气状态变化和空调装置工作过程的基本工具,主要包括等焓线(一束与水平线成 45°夹角的直线)、等含湿量线(纵垂线)、等温线(一组不平行的直线)、等 φ 线(一组上凸曲线)、热湿比线(表示状态变化过程进行的方向线段)和水蒸气分压力 p_w 线。

四、湿空气的典型工作过程

(1)混合过程 在已知新风和回风状态时,混合状态点一定在新风状态点和回风状态点的连接线上,其具体位置由新风和回风中干空气的质量比决定。

(2)加热和冷却过程 湿空气的加热过程是一个定湿升温过程。冷却过程有两种情况,当冷却终点温度在露点以上时为一个定湿降温过程;若冷却终温在露点温度以下,则为一个降温去湿过程。

(3)加湿过程 也有两种情况,喷水加湿过程一般近似当作定焓过程处理,而喷蒸汽加湿过程则近似当作定温过程处理。

【思考与练习题】

9-1 水在定压加热汽化过程中的汽化阶段温度不变,其热力学能是否变化?为什么?

9-2 水的汽化潜热随压力如何变化?饱和蒸汽的比焓随压力如何变化?

9-3 根据给定的水蒸气的 p 和 v,如何利用水蒸气表确定它是湿蒸汽还是过热蒸汽?

9-4 在 h-s 图的湿蒸汽区,已知压力,如何确定该湿蒸汽的温度?试画出 h-s 图进行定性说明。

9-5 如图 9-22 所示,已知压力 p 下的 h_1、h_2、x_1、x_2,试确定压力 p 下的比潜热 γ。

9-6 湿空气与湿蒸汽、饱和空气与饱和蒸汽有什么区别?

9-7 何谓绝对湿度?何谓相对湿度?两者的区别何在?

9-8 何谓湿空气的露点?解释降雾、结露和结霜的现象,并说明它们发生的条件。

9-9 用什么方法可使未饱和空气变成饱和空气?

9-10 已知湿空气的干球温度 t 和湿球温度 t_w,试画出 h-d 图定性说明如何确定该湿空气的相对湿度 φ。

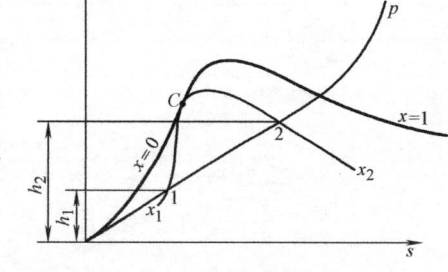

图 9-22 题 9-5 图

9-11 试在 h-d 图上表示状态点 $1(t_1, h_1)$ 的露点温度 t_d 和湿球温度 t_w。

9-12 对于未饱和空气,湿球温度、干球温度以及露点温度三者哪个大,哪个小?对于饱和空气,三者的大小关系又如何?

9-13 由 $3molCO_2$、$2molN_2$ 和 $4.5molO_2$ 组成的混合气体,混合前它们各自的分压力都是 0.6895MPa,混合物的温度 $t=37.8℃$,求混合后各自的分压力。

9-14 100kg、150℃的水蒸气,其中含饱和水 20kg。求蒸汽的体积、压力和焓。1)利用水蒸气表;2)利用 h-s 图。

9-15 利用水蒸气表计算:1)已知 $t_s=70℃$,求 p_s、h'、h'';2)已知 $p_s=0.5MPa$,求 t_s、h'、h'';3)已知 $t=180℃$,$p=0.5MPa$,判断蒸汽的状态。

9-16 设干、湿球温度计的读数分别为 $t=30℃$、$t_w=25℃$,大气压力 $p_b=0.1MPa$。试用 h-d 图确定空气的参数(包括 h、d、φ、p_w、ρ_w)。

9-17 已知湿空气经历分压力不变的过程 1-2-3,如图 9-23 所示。试比较状态 1、2 和 3 的相对湿度 φ 及

含湿量 d 的大小。

9-18 已知湿空气压力 $p_b=0.101\ 325$MPa，干球温度 $t=30℃$，相对湿度 $\varphi=40\%$，试求湿空气的含湿量和水蒸气的分压力（已知 $t=30℃$ 时，水蒸气的饱和压力为 4 232Pa）。

9-19 设大气压力为 0.1MPa，温度为 30℃，相对湿度为 60%，试求湿空气的露点温度、绝对湿度和含湿量。

9-20 已知湿空气开始时的状态是 $p_b=0.1$MPa，温度 $t=40℃$，相对湿度 $\varphi=70\%$，如果湿空气被定压冷却到 5℃，有多少水分被去除？

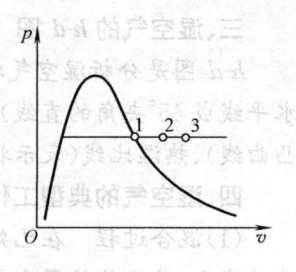

图 9-23 题 9-17 图

第十章 气体和蒸汽的流动

【知识目标】 熟悉气体稳定流动基本方程式的物理意义及其应用范围；掌握促使气流速度改变的条件及喷管、扩压管的选型分析方法；了解喷管流速和流量计算的基本方法及喷管的设计和校核计算方法；掌握气体绝热节流过程中工质状态的变化规律。

【能力目标】 具备喷管和扩压管的选型分析能力和简单喷管的流速和流量的分析与计算能力。

气体在作宏观运动时，除了因热运动而具有热力学能之外，还因整体的运动而具有动能和位能。本章专门讨论气体在流动过程中的能量传递和转化问题，其中主要是讨论气体在喷管和扩压管中的流动问题。喷管和扩压管是蒸汽轮机、燃气轮机、废气涡轮机、叶轮式鼓气机和通风机等设备的重要部件。

第一节　稳定流动基本方程

图 10-1 所示为气体流经管道时的情况，由流体力学的理论可知，因气体粘滞摩擦的影响，管壁处的流速要比管中心处的流速小，温度也可能因外界传热等原因而有不同。为使问题简单化，取一个截面上的平均值（如管流的平均流速）当作定值，认为同一截面上的值相等，各参数只沿管道长度方向或流动方向变化。这种只在一个方向上有变化的流动称为一元流动或一维流动。下面主要讨论在一元稳定流动条件下，气体流动必须遵循的基本规律。

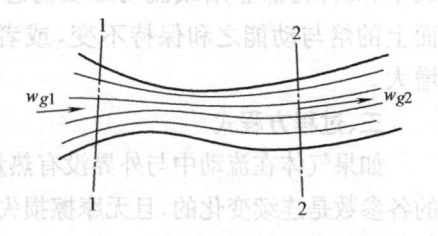

图 10-1　气体流经管道时的情况

一、连续性方程

连续性方程是基于质量守恒定律建立起来的。在稳定流动中，任一固定点上一切参数都不随时间的变化而变化，故在一定截面上的质量流量也不随时间的变化而变化。设在图 10-1 中截面 1-1 和截面 2-2 上的质量流量各为 M_1 和 M_2，若在此两截面间没有流体的分支和汇流，则两截面上的质量流量应相等，即 $M_1=M_2$，否则，在此两截面间流体的状态将随时间而变，不能维持稳定流动。

设截面 1-1 的过流断面积为 A_1，流体的流速为 w_{g1}，比体积为 v_1，则截面 1-1 上流体的质量流量为

$$M_1 = \frac{A_1 w_{g1}}{v_1}$$

同样，截面 2-2 上的各参数为 A_2、w_{g2}、v_2，则截面 2-2 上的质量流量为

$$M_2 = \frac{A_2 w_{g2}}{v_2}$$

因为 $M_1 = M_2$，故得

$$\frac{A_1 w_{g1}}{v_1} = \frac{A_2 w_{g2}}{v_2} = \frac{A w_g}{v} = 常数 \tag{10-1}$$

式(10-1)称为稳定流动的连续性方程式，它描述了流动参数(流速)、几何参数(截面面积)和状态参数(比体积)之间的关系。对于不可压缩流体，比体积 v 为定值，A 与 w_g 成反比。当流道截面缩小时，流速必定增大。但对于气体和蒸汽，v 是随 p、T 而变的参数，情况要复杂些。

二、能量方程式

第六章中曾根据能量守恒原理推导得出稳定流动的能量方程式

$$q = (h_2 - h_1) + \frac{1}{2}(w_{g2}^2 - w_{g1}^2) + g(z_2 - z_1) + w_i$$

当研究气体在管道内流动的问题时，动能差往往不能忽略，尤其是喷管和扩压管，动能变化较大。但是，因气体密度很小而高度变化($z_2 - z_1$)也不会很大，故位能差是可以忽略的。气体在流经管道时不对机器做功，故 $w_i = 0$。若管道不长而流速又较大，气体流过管道所需时间极短，与外界交换的热量极少，可近似地当成绝热流动过程，即 $q = 0$。所以将上式应用于管道内流动时，简化为

$$h_1 + \frac{1}{2}w_{g1}^2 = h_2 + \frac{1}{2}w_{g2}^2 = h + \frac{1}{2}w_g^2 = h_0 = 常数 \tag{10-2}$$

式中，h_0 称为滞止焓或流动工质的总焓。式(10-2)说明在稳定的绝热流动过程中，任一截面上的焓与动能之和保持不变，或者说总焓守恒。流速增大时，焓减小，流速降低时，焓增大。

三、过程方程式

如果气体在流动中与外界没有热量交换，过程就是绝热的。再假定工质在流经两截面时的各参数是连续变化的，且无摩擦损失，则可认为过程是可逆的。对于可逆绝热的定熵流动过程，应满足绝热过程的过程方程式，即

$$pv^{\kappa} = 常数 \tag{10-3}$$

此式原则上只适用于比热容为定值的理想气体，但也用于表示变比热容的理想气体绝热过程，此时 κ 是过程范围内的平均值。有时甚至用它来表示蒸汽的绝热过程，不过此时 κ 纯粹是经验数据。

对于微元流动过程，上述三个基本方程可表示为

$$\frac{dA}{A} + \frac{dw_g}{w_g} - \frac{dv}{v} = 0 \tag{10-4}$$

$$dh + \frac{1}{2}dw_g^2 = 0 \tag{10-5}$$

$$\frac{dp}{p} + \kappa \frac{dv}{v} = 0 \tag{10-6}$$

式(10-1)是从质量守恒定律导出的，普遍适用于稳定流动过程，与过程是否绝热、可逆、做功都没有关系；式(10-2)是从能量守恒原理导出的，适用于与外界没有热和功交换的稳定流动过程，与过程可逆与否均无关系；式(10-3)则仅适用于可逆绝热过程。

第二节 喷管与扩压管的选型分析

一、促使气流速度改变的条件

1. 声速

声速是一种微弱扰动在连续性介质中所引起的压力波(纵波)的传播速度。由于压力波传播速度很快,来不及与外界交换热量,且压力波在气体中扰动微弱,内摩擦作用小到可以忽略不计,因此压力波的传播过程可看成可逆绝热的等熵过程。在状态参数为 p、v 的流体中,声速的定义式为

$$a = \sqrt{-v^2 \left(\frac{\partial p}{\partial v}\right)_s} \tag{10-7}$$

式(10-7)表明,压缩性小的流体中的声速大于压缩性大的流体中的声速。

定熵过程中,压力和比体积的关系可由过程方程 $pv^\kappa=$ 常数或 $\mathrm{d}p/p+\kappa\mathrm{d}v/v=0$ 求得

$$\left(\frac{\partial p}{\partial v}\right)_s = -\frac{\kappa p}{v}$$

代入式(10-7)得

$$a = \sqrt{\kappa p v} \tag{10-8}$$

对于理想气体有 $pv=RT$,因此

$$a = \sqrt{\kappa p v} = \sqrt{\kappa RT} \tag{10-9}$$

由式(10-8)、式(10-9)可见,声速与流体的性质和状态有关。对于理想气体,声速正比于 $\sqrt{T}$,即当气流温度升高时声速也增大,而且对不同的理想气体(κ 和 R 值不同)声速也不同。对于实际气体,声速不仅与温度有关,还与压力有关。

由于声速与流体状态有关,所以一般情况下所说的声速应是流体在某一状态下的声速,称为当地声速。流体流动时,其状态参数在变化,当地声速也随之变化。

在研究流体流动时,常以声速作为流动速度的比较标准。流体的实际流速与当地声速的比值称为"马赫数 M_a"。当流动速度 w_g 小于当地声速 a 时(即 $M_a=w_g/a<1$)称为亚声速流动;当流动速度 w_g 大于当地声速 a 时(即 $M_a=w_g/a>1$)称为超声速流动。

2. 促使气流速度改变的力学条件

从力学的观点来说,要使气体产生流动必须有压差,即对气体要有推动力的作用,气体才能流动。其具体表现在 $\mathrm{d}w_g$ 和 $\mathrm{d}p$ 之间的关系,比较管内稳定流动能量方程式

$$q = (h_2 - h_1) + \frac{1}{2}(w_{g2}^2 - w_{g1}^2)$$

和热力学第一定律的第二解析式

$$q = (h_2 - h_1) - \int_1^2 v\mathrm{d}p$$

可得

$$\frac{1}{2}(w_{g2}^2 - w_{g1}^2) = -\int_1^2 v\mathrm{d}p \tag{10-10}$$

式(10-10)表明气流的动能增量是与技术功相当的。因气体在管道内流动时并不对机器做功,气体在膨胀中产生的机械能,即体积功 $\int_1^2 p\mathrm{d}v$ 和流进流出的推动功之差 $(p_1v_1-p_2v_2)$ 均未向机器设备传出,它们的代数和(即技术功)全部变成了气体的热力学能。

为进一步导出 dw_g 和 dp 之间的单值关系,将式(10-10)写成微分形式

$$\frac{1}{2}dw_g^2 = -vdp$$

即

$$w_g dw_g = -vdp \tag{10-11}$$

将式(10-11)两端各乘以 $1/w_g^2$,右端分子分母均乘以 κp,得

$$\frac{dw_g}{w_g} = -\frac{\kappa p v}{\kappa w_g^2} \cdot \frac{dp}{p} = -\frac{a^2}{\kappa w_g^2} \cdot \frac{dp}{p}$$

用马赫数 M_a 来表示,上式变为

$$kM_a^2 \frac{dw_g}{w_g} = -\frac{dp}{p} \tag{10-12}$$

从式(10-12)可见,dw_g 和 dp 的符号是始终相反的。这说明当气体沿管道流动中,如果流速是增加的,则压力必降低;如果压力升高,则流速必降低。上述结论是易于理解的。因压力降低时技术功是正的,故气体动能增加,流速增大;压力升高时技术功是负的,故气体动能减少,流速降低。

3. 促使气流速度改变的几何条件

沿气体流动方向存在压差只是具备了流动的动力。如果气体不经过一定形状的管道,使流动保持一定的流线,以保证气体状态连续变化,则气体的流动是不可逆的。因此,要求通道的截面必须符合 p、v 的变化规律,具体表现为流速变化 dw_g 和气流截面积变化 dA 之间的关系。

由稳定流动的连续性方程式(10-4)有

$$\frac{dA}{A} = \frac{dv}{v} - \frac{dw_g}{w_g}$$

再由过程方程式(10-6)得

$$\frac{dv}{v} = -\frac{1}{\kappa} \cdot \frac{dp}{p}$$

代入式(10-12)得

$$-\frac{1}{\kappa} \cdot \frac{dp}{p} = M_a^2 \frac{dw_g}{w_g}$$

联立上述三个式子可得

$$\frac{dA}{A} = (M_a^2 - 1)\frac{dw_g}{w_g} \tag{10-13}$$

式(10-13)指出了气流截面变化与流速变化之间的关系,称为气流速度改变的几何条件公式。从式(10-13)可见,当流速变化时,气流截面面积究竟是扩大还是缩小,不仅要看(M_a^2-1)的正负,亦即此时流动是超声速流动还是亚声速流动,还要看流速是增加的还是减少的。

二、喷管和扩压管的选型分析

喷管是使高压气体膨胀以获得高速气流的管道,扩压管是使高速气流的速度下降而使压力增加的管道。从能量转化的角度来说,喷管是将压能变成动能的管道,其目的是获得高速气流;而扩压管是将动能变成压能的管道,其目的是提高气体的压力。它们的共同特点是气流流经喷管和扩压管时,都与外界无热交换和功交换。为了完成它们各自的任务,喷管和扩压管应做成什么形状,即它们的截面变化规律如何,这是我们所要研究的问题。

喷管和扩压管选型的基本原则是使管道截面变化规律与气流截面变化规律相一致,以减少能量损失,使能量转换达到最理想的效果。

1. 喷管的选型分析

对于喷管来说，流速沿流动方向是不断增加的，即 $dw_g > 0$，这时式(10-13)中 dA 的正负与 (M_a^2-1) 的正负相同。

1) 当喷管进口速度为亚声速时，$M_a<1$，这时 (M_a^2-1) 为负值，可见气流截面面积是逐渐缩小的，即 $dA<0$，所以亚声速范围内的喷管应是收缩形的，如图 10-2a 所示。

2) 当喷管进口速度为超声速时，$M_a>1$，这时 (M_a^2-1) 为正值，可见气流截面面积是逐渐扩大的，即 $dA>0$，所以超声速范围内的喷管应是扩张形的，如图 10-2b 所示。

3) 如果要求气流从亚声速一直膨胀到超声速，则喷管应是缩扩形的。当气流速度小于当地声速时，喷管截面面积逐渐减小；当气流速度大于当地声速时，喷管截面面积逐渐增大，即亚声速段收缩，超声速段扩张。这种缩扩形喷管又称为拉伐尔喷管，如图 10-2c 所示。在缩扩喷管的最小截面处，即 $dA=0$ 处，由式(10-13)可得 $M_a=1$，即在缩扩喷管的最小截面处，流速恰好等于当地声速，这一截面称为临界截面。临界截面是亚声速和超声速的转换点，气流的状态通常称为临界状态。此时的各种参数都称为临界参数，如临界速度 w_{gc}、临界压力 p_c、临界比体积 v_c。此时，$M_a=1$，即 $w_{gc}=a$，故

$$w_{gc} = a = \sqrt{kp_c v_c} \tag{10-14}$$

2. 扩压管的选型分析

对于扩压管来说，流速沿流动方向是不断下降的，即 $dw_g<0$，这时式(10-13)中 dA 的正负与 (M_a^2-1) 的正负相反。

1) 当扩压管进口速度为亚声速时，$M_a<1$，这时 (M_a^2-1) 为负值，气流截面面积是逐渐扩大的，即 $dA>0$，所以亚声速范围内的扩压管是扩张形的，如图 10-3a 所示。

2) 当扩压管进口速度为超声速时，$M_a>1$，这时 (M_a^2-1) 为正值，气流截面面积是逐渐增大的，即 $dA<0$，所以超声速范围内的喷管应是收缩形的，如图 10-3b 所示。

3) 当要求进口流速从超声速一直膨胀到亚声速时，扩压管应是先收缩后扩张的缩扩形管道，如图 10-3c 所示。

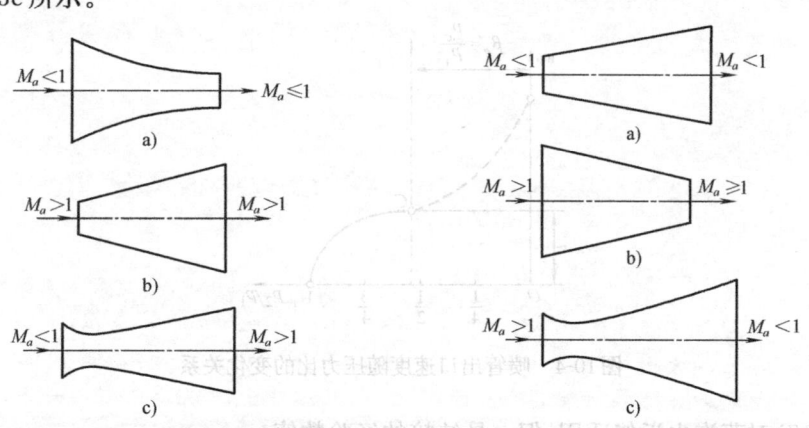

图 10-2 喷管截面形状

图 10-3 扩压管截面形状

第三节 喷管流速与流量计算

喷管的计算可分成两个方面。一是根据任务所给的已知流动条件进行设计计算，目的是选择

喷管的形状和确定其尺寸；二是对已有的喷管进行校核计算，此时喷管形状和尺寸已定，要确定在工况改变时的流量和出口速度。不论是设计计算还是校核计算，流速和流量的计算是必不可少的。现根据稳定流动的基本方程来确定它们的计算公式，并分析影响喷管流速和流量的主要因素。

一、流速计算公式

根据稳定绝热而又不做功的流动过程能量方程式(10-2)得

$$h_1 - h_2 = \frac{1}{2}w_{g1}^2 - \frac{1}{2}w_{g2}^2$$

式中，w_{g1}、w_{g2} 为喷管进、出口截面上的流速；h_1、h_2 为进、出口截面上的焓值。一般情况下，与 w_{g2} 相比，w_{g1} 的值很小，可忽略不计。于是

$$w_{g2} = \sqrt{2(h_1 - h_2)} \tag{10-15}$$

式(10-15)适用于一切工质，且不论流动是否可逆均适用。

对于蒸汽，初、终两状态的焓值可由初、终两状态的压力、温度在 $h\text{-}s$ 图上准确地确定。

对于理想气体，若取比热容为定值(或平均值)，并将 $\Delta h = c_p \Delta T$ 与 $c_p = \kappa R/(\kappa - 1)$ 代入式(10-15)，则得

$$w_{g2} = \sqrt{2c_p(T_1 - T_2)} = \sqrt{\frac{2\kappa R}{\kappa - 1}(T_1 - T_2)} = \sqrt{\frac{2\kappa}{\kappa - 1}p_1 v_1\left(1 - \frac{T_2}{T_1}\right)} \tag{10-16}$$

若是定熵流动，则

$$w_{g2} = \sqrt{\frac{2\kappa}{\kappa - 1}p_1 v_1 \left[1 - \left(\frac{p_2}{p_1}\right)^{\frac{\kappa-1}{\kappa}}\right]} \tag{10-17}$$

由式(10-17)可见，喷管出口速度决定于气体的性质、进口截面上的参数(气体的初态 p_1、v_1 和 T_1)与进、出口截面的压力比 p_2/p_1 或温度比 T_2/T_1。当气体初态一定，出口速度只随压力比 p_2/p_1 的变化而变化。当 p_2/p_1 逐渐减小时，出口速度 w_{g2} 逐渐增高。两者的变化关系如图 10-4 所示。

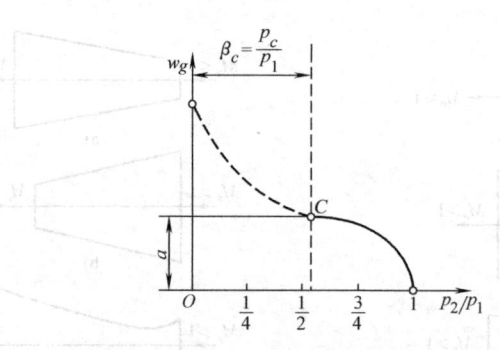

图 10-4 喷管出口速度随压力比的变化关系

式(10-17)对蒸汽也近似适用，但 κ 是纯粹的经验数值。

二、临界参数及临界压力比

对于缩扩形喷管，在最小截面处，气体的流速等于临界流速，将临界参数代入式(10-17)可得

$$w_{gc} = \sqrt{\frac{2k}{k-1}p_1 v_1 \left[1 - \left(\frac{p_c}{p_1}\right)^{\frac{\kappa-1}{\kappa}}\right]}$$

由于此处流速等于当地声速 $w_{gc}=a=\sqrt{kp_c v_c}$,则有

$$\frac{2k}{k-1}p_1 v_1\left[1-\left(\frac{p_c}{p_1}\right)^{\frac{\kappa-1}{\kappa}}\right]=\kappa p_c v_c$$

因为

$$v_c = v_1\left(\frac{p_1}{p_c}\right)^{1/\kappa}$$

代入上式得

$$\frac{2\kappa}{\kappa-1}p_1 v_1\left[1-\left(\frac{p_c}{p_1}\right)^{\frac{\kappa-1}{\kappa}}\right]=\kappa p_c v_1\left(\frac{p_c}{p_1}\right)^{\frac{\kappa-1}{\kappa}}$$

将临界压力与进口压力之比 p_c/p_1 用 β_c 表示,称为临界压力比,即

$$\beta_c = \frac{p_c}{p_1}=\left(\frac{2}{\kappa+1}\right)^{\kappa/(\kappa-1)} \tag{10-18}$$

由式(10-18)可见,临界压力比 β_c 只是等熵指数 κ 的函数,而与气体的状态参数无关。例如,对双原子的理想气体,$\kappa=1.4$,则 $\beta_c=0.528$;对于过热水蒸气,$\kappa=1.3$,则 $\beta_c=0.546$。当水蒸气参数较高时,这些经验数据已较准确。

在喷管(或扩压管)的设计和校核计算中,临界压力比 β_c 是一个非常重要的参数,可作为分析流动特性、判断管形的准则。

将式(10-18)代入式(10-17),得

$$w_{gc} = \sqrt{\frac{2\kappa}{\kappa+1}p_1 v_1} = \sqrt{\frac{2\kappa}{\kappa+1}RT_1}$$

可见临界速度只取决于气体的初态参数。图10-4中,曲线 $w_{g2}=f(p_2/p_1)$ 上的拐点 C 的速度即为临界速度 $w_{gc}=a$。

三、流量计算

根据连续性方程式 $M=Aw_g/v$,当喷管任意截面的 A、w_g 及 v 为已知时,即可求得流量 M;或者 M、w_g 及 v 已知时,可确定喷管截面积 A。对于渐缩喷管,通常取出口截面面积为 A_2,则

$$M = \frac{Aw_g}{v} = \frac{A_2 w_{g2}}{v_2}$$

将式(10-17)和 $v_2=v_1(p_2/p_1)^{1/\kappa}$ 代入上式得

$$M = A_2\sqrt{\frac{2\kappa}{\kappa-1}\frac{p_1}{v_1}\left[\left(\frac{p_2}{p_1}\right)^{\frac{2}{\kappa}}-\left(\frac{p_2}{p_1}\right)^{\frac{\kappa+1}{\kappa}}\right]} \tag{10-19}$$

式(10-19)表明,气体的流量取决于喷管出口截面面积 A_2、气体的初态参数 p_1、v_1 以及出口截面处的压力 p_2。当气体初态一定、种类一定时,$M=f(p_2/p_1)$,即流量只随 p_2/p_1 的变化而变化,其关系如图10-5所示。可见,当 p_2 逐渐下降时,流量逐渐增大(按图中 ac 曲线而变化)。p_2 下降到某一压力时,流量达到最大值,若 p_2 再降低,则流量将沿 cO 减小。后面将解释对于渐缩喷管,虚线部分实际上是不可能出现的。

为求得流量达到最大时的压力比,可将函数 $M=$

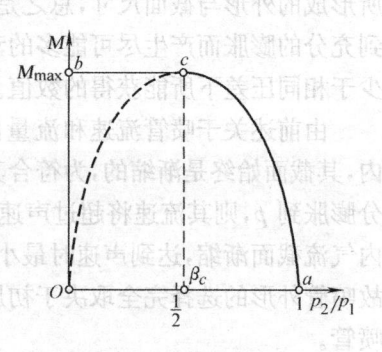

图10-5 流量与压力比的关系

$f(p_2/p_1)$ 对 p_2/p_1 求导数,并令其等于零。这样可求得当 $p_2/p_1=\beta_c$ 时(即当喷管出口截面处的压力 $p_2=p_c=\beta_c p_1$),流量达到最大。将此关系代入式(10-19)可求得最大流量为

$$M_{\max} = A_2 \sqrt{\frac{2\kappa}{\kappa-1} \frac{p_1}{v_1} \left(\frac{2}{\kappa+1}\right)^{\frac{2}{\kappa-1}}} \qquad (10\text{-}20)$$

实验表明,在渐缩喷管出口处的压力(称为背压)p 降到临界压力 p_c 以前(即 $p>p_c$ 时),流量按 ac 曲线变化;在背压 p 继续降到等于临界压力 p_c 时($p=p_c$),流量为最大值 $M_{\max}$;如果背压 p 继续降到低于临界压力 p_c 时($p<p_c$),实际流量一直保持最大值 $M_{\max}$ 而不再变化,故实际过程中流量按 acb 曲线变化。

实验结果与式(10-19)的分析之间的矛盾在哪里？现讨论如下。当流体的某一部分受到一个微弱扰动时,这个扰动产生的压力波将以声速传播到流体的其他部分。喷管出口处的气体压力(背压)的变化,也可认为是一个局部扰动,它以声速传向气体上游而影响喷管出口处的气体参数。所以,当喷管出口速度低于当地声速时,背压变化所产生的扰动波就以 $(a-w_g)$ 的速度向上游传播,使喷管出口处气体的参数随之改变。喷管出口速度达到声速后,背压变化产生的扰动不能再向上游传播(相对速度等于零),此时喷管出口处的压力 p_2 等于背压 p,且等于临界压力 p_c。这犹如逆水行舟,若船的航速等于水流速度则船就在原地不动,只有船的航速超过水速时,才能逆水行进。因此,如果背压 p 低于 p_c,则喷管出口处压力 p_2 不受背压的影响,而一直等于临界压力 p_c,所以流量也一直保持为最大流量。

根据以上讨论可知,流量的变化取决于渐缩喷管出口压力 p_2 是否等于背压 p_c,或者说取决于临界压力比 β_c。当背压 $p>p_c=\beta_c p_1$ 时,此时流量公式(10-19)中的出口压力 $p_2=p$;当背压 $p=p_c=\beta_c p_1$ 时,流量公式中的出口压力 p_2 仍等于背压 p,且等于临界压力 p_c,此时流量达到最大值;当背压 $p<p_c=\beta_c p_1$ 时,此时公式中的出口压力 p_2 仍等于临界压力 p_c,而不等于背压 p。图 10-5 中的虚线 cO 部分是由于 $p_2/p_1<\beta_c=p_c/p_1$ 时,式中 p_2 仍看作是背压 p 而得到的结果。如果式中 p_2 代以 p_c,则式(10-19)与图 10-5 的 cb 线依然一致。

缩扩喷管流量的计算仍可用式(10-19),式中 A_2 为最小截面面积,因为它限制了缩扩喷管的流量,而 p_2/p_1 相应为 p_c/p_1。扩压管中的流速及流量计算,原则上与喷管的计算方法相同。

四、喷管外形选择和尺寸计算

在给定的条件下进行喷管的设计,首先需要选择喷管的外形,即究竟取渐缩形还是缩扩形。在选定外形后,还要按给定的流量计算其截面尺寸。全部设计的总原则是尽量使它满足气流膨胀所需要的条件,故其实质在于使喷管的外形与截面尺寸完全符合气流在可逆膨胀中所形成的外形与截面尺寸,总之是使它符合气流变化的客观规律,只有这样,才能保证气流得到充分的膨胀而产生尽可能多的动能;否则,膨胀即受到限制,结果使所得到的动能(技术功)少于相同压差下所能获得的数值。

由前述关于喷管流速和流量的分析计算可知,若背压 $p>p_c$,则气流速度在亚声速范围内,其截面始终是渐缩的,为符合其截面变化要求,此时应采用渐缩喷管;若 $p<p_c$,且气流充分膨胀到 p,则其流速将超过声速,即气流速度包括亚声速和超声速两个范围。在亚声速范围内气流截面渐缩,达到声速时最小,进入超声速范围后又逐渐扩大,故此时应采用缩扩形喷管。故喷管外形的选择完全取决于初压 p_1 和背压 p。当 $p \geqslant p_c$ 时,用渐缩喷管;当 $p<p_c$ 时,用缩扩喷管。

要满足给定的流动要求,除正确选形外,还要有一定的截面尺寸来保证。在一定的流量

下，喷管进口截面的大小只影响进口速度 w_{g1}，与喷管内的流动规律无关。实际上，对进口截面并不计算，只要使它大于出口截面（渐缩喷管）或喉部截面（缩扩喷管），保证应有的管形就可以了。至于出口截面，则不论哪种形式的喷管都必须计算。如果是缩扩喷管，除了出口截面外，还要计算喉部截面，因为它决定了缩扩喷管的流量。介于进口、喉部以及出口间的其他截面，由于从给定的初态可逆绝热膨胀到一定的终压，其过程中各点的 p、v、w_g 都有确定的数值，各处的截面面积也就相应可确定。这些截面的大小稍有出入，会影响到流动的不可逆性的大小，但工业上常考虑加工方便，一般对中间截面不作严格的要求而取直线形。

渐缩喷管、缩扩喷管的出口截面 A_2 可由式(10-19)求得：

$$A_2 = M / \sqrt{\frac{2\kappa}{\kappa-1} \frac{p_1}{v_1} \left[\left(\frac{p_2}{p_1}\right)^{\frac{2}{\kappa}} - \left(\frac{p_2}{p_1}\right)^{\frac{\kappa+1}{\kappa}}\right]} \tag{10-21}$$

对缩扩喷管的喉部截面 $A_{\min}$，由于在喉部气体处于临界状态，速度为临界流速，而流量为最大流量，所以可根据(10-20)式求得

$$A_{\min} = M_{\max} / \sqrt{\frac{2\kappa}{\kappa-1} \frac{p_1}{v_1} \left(\frac{2}{\kappa+1}\right)^{\frac{2}{\kappa-1}}} \tag{10-22}$$

从能量转换的角度来看，喷管的长度不必考虑，只要有了应有的管形，就能起到增加速度的作用。不适当的长度主要是影响流动过程的不可逆损失。管道太长，气体与管壁间摩擦大；而管道太短，则截面扩张太快，会使气体与管壁分离，产生旋涡损失，都是不利的。根据经验，对于渐扩部分（见图10-6），最有利的长度为

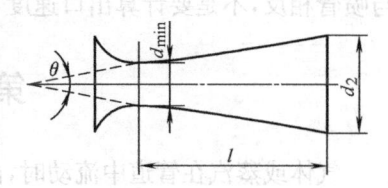

图10-6 渐放管锥顶角

$$l = \frac{d_2 - d_{\min}}{2 \operatorname{tg} \frac{\theta}{2}} \tag{10-23}$$

式中，θ 为渐扩部分的锥顶角，一般取为 $6°\sim 12°$。

【例10-1】 空气进入喷管时的温度为15℃，压力为156.8kPa，背压为98kPa。若空气的质量流量为0.6kg/s，初速略去不计，求喷管出口截面上空气的温度、比体积、流速和出口截面面积。

解：对空气取 $\kappa=1.4$，$\beta_c=0.528$，由于

$$\frac{p_2}{p_1} = \frac{98}{156.8} = 0.625 > \beta_c$$

故空气在喷管中能充分膨胀，出口速度小于声速，所以应选用渐缩喷管。

由可逆绝热流动过程的参数间关系有

$$v_2 = v_1 \left(\frac{p_1}{p_2}\right)^{1/\kappa} = \frac{RT_1}{p_1}\left(\frac{p_1}{p_2}\right)^{1/\kappa} = \frac{290 \times (273+15)}{156.8 \times 10^3}\left(\frac{156.8}{98}\right)^{\frac{1}{1.4}} \text{m}^3/\text{kg} = 0.745 \text{m}^3/\text{kg}$$

$$T_2 = T_1 \left(\frac{p_2}{p_1}\right)^{\frac{\kappa-1}{\kappa}} = 288 \times \left(\frac{98}{156.8}\right)^{\frac{1.4-1}{1.4}} \text{K} = 252\text{K}$$

由式(10-16)可得出口截面流速为

$$w_{g2} = 1.414 \sqrt{c_p(T_1-T_2)} = 1.414 \sqrt{1.005 \times 1\,000 \times (288-252)} \text{m/s} = 268.9 \text{m/s}$$

由式(10-1)可求得出口截面面积为

$$A_2 = \frac{Mv_2}{w_{g2}} = \frac{0.6 \times 0.745}{268.9} \mathrm{m}^2 = 16.66 \mathrm{cm}^2$$

计算结果讨论：喷管设计计算中选型极为重要，如果本题错误地选为缩扩形喷管，则气体不可能得到充分膨胀，其他量的计算全无意义。

【例 10-2】 压力 $p_1 = 100\mathrm{kPa}$，温度 $t_1 = 17℃$ 的空气流经扩压管后压力提高至 $p_2 = 150\mathrm{kPa}$，问空气进入扩压管时至少要有多大流速？此时进口马赫数为多少？

解：取空气的 $c_p = 1.004 \mathrm{kJ/(kg \cdot K)}$，气体常数 $R = 0.287 \mathrm{kJ/(kg \cdot K)}$

$$T_2 = T_1 \left(\frac{p_2}{p_1}\right)^{\frac{\kappa-1}{\kappa}} = 290 \times \left(\frac{150}{100}\right)^{\frac{1.4-1}{1.4}} \mathrm{K} = 325.7\mathrm{K}$$

则有

$$w_{g1} = \sqrt{2c_p(T_2 - T_1)} = \sqrt{2 \times 1.004 \times 10^3 \times (325.7 - 290)} \mathrm{m/s} = 267.6 \mathrm{m/s}$$

进口处声速为 $a = \sqrt{\kappa R T_1} = \sqrt{1.4 \times 0.287 \times 10^3 \times 290} \mathrm{m/s} = 341.4 \mathrm{m/s}$

所以

$$M_a = \frac{w_{g1}}{a} = \frac{267.6}{341.4} = 0.784 < 1$$

讨论：由于扩压管的目的是为了提高气流压力，而不是获得高速气流，因而扩压管的计算与喷管相反，不是要计算出口速度，而是要计算为使气体压力达到 p_2 所需的进口流速 w_{g1}。

第四节 绝热节流

气体或蒸汽在管道中流动时，由于遇到突然缩小的狭窄通道（如阀门、孔板等）而使流体压力显著下降的现象称为节流。如果流体在节流时，与外界没有热量交换，则称为绝热节流。热工设备中常遇到的节流现象基本上都可认为是绝热节流。

图 10-7 所示为气体流经孔板时绝热节流的情况。气流在管道中遇到流道截面突然缩小的孔板时，产生强烈的扰动，在突缩截面前、后产生涡流耗散效应，压力下降。当流经孔板一段距离后，在截面 2-2 处气流又恢复平衡。节流前、后压降的程度（即 $p_1 - p_2$ 的大小）取决于截面突然缩小的程度，截面收缩越厉害，压力降就越大。

节流过程中，气体与外界没有热量交换，也不对外做机械功。如果取图 10-7 中 1-1 和 2-2 截面间的流道作系统，则根据稳定流动能量方程式有

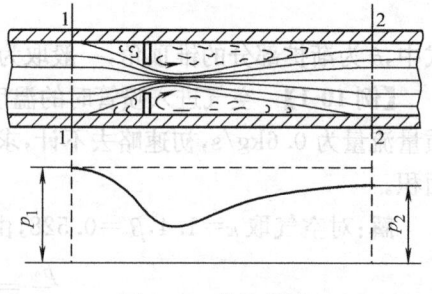

图 10-7 绝热节流

$$h_2 - h_1 + \frac{1}{2}(w_{g2}^2 - w_{g1}^2) = 0$$

由于截面 1-1 和截面 2-2 上的流速 w_{g1} 和 w_{g2} 一般相差不大，故式中动能差可忽略不计，于是得

$$h_2 = h_1 \tag{10-24}$$

式(10-24)表明，气体或蒸汽绝热节流前和节流后的焓相等，这是节流过程的基本特征。需要指出的是式(10-24)只说明气体或蒸汽经过绝热节流后其焓值没有变化，这个条件只有对于离缩口稍远的上、下游处才近似正确。事实上，气体在缩口处流速变化很大，焓值在截面 1-1、2-2 之间并不处处相等，所以绝热节流过程不能称为定焓过程。实际上，气体或蒸汽通过

节流缩口时总会产生涡流损失,因此节流过程实质上应是一个典型的不可逆绝热过程,其熵值一定增加。而且气体的粘滞性越大,通道收缩得越厉害,流速越大,则熵增也越大,节流过程的不可逆性越严重,压力降也越大。

对于理想气体,焓仅仅是温度的单值函数,因而焓不变时温度也不变,即 $T_2 = T_1$;对于实际气体,节流后温度可以降低、可以升高,也可以不变,与节流时气体所处的状态及压降的大小有关。

实际气体经绝热节流重新达到平衡后,其温度可能升高(称为绝热节流热效应),也可能降低(称为绝热节流冷效应);理想气体绝热节流前、后温度不变(称为绝热节流零效应)。气体和蒸汽经绝热节流后到底产生何种温度效应取决于气体的性质及节流前气体的状态和节流前、后压降的大小等因素。制冷剂经绝热节流后均产生冷效应,制冷设备中的热力膨胀阀正是利用制冷剂的节流冷效应来工作的。

对于水蒸气,在通常情况下,绝热节流后温度总有所下降。湿蒸汽节流后大多数情况下干度有所增加;而过热蒸汽节流后过热度增大。

水蒸气的绝热节流过程利用 h-s 图进行计算非常方便。如果已知节流前的状态 p_1、t_1 及节流后的压力 p_1',根据节流前、后焓值相等的特点,可在水蒸气的 h-s 图上确定节流后的各状态参数。图 10-8 所示是过热蒸汽的绝热节流过程。点 1 的参数是 p_1、t_1 及 h_1。在 h-s 图上过点 1 按定焓值画水平线与 p_1' 的定压线相交得点 $1'$,即可得各终态参数。由图可见 $t_1' < t_1$,但节流后蒸汽的过热度增大。由图 10-8 还可清楚地看出,水蒸气在节流前由点 1 经可逆绝热膨胀到某一压力 p_2 时,可利用的焓降为 $h_1 - h_2$,而经节流后的水蒸气,同样经可逆绝热膨胀至压力 p 时,可利用的焓降为 $h_1' - h_2'$,显然 $h_1 - h_2 > h_1' - h_2'$。可见,节流以后蒸汽可做的功减少了,所减少的部分用 Δh 表示,$\Delta h = h_1' - h_2'$ 称为节流损失。

可见,节流会引起蒸汽做功能力的损失,故在蒸汽流动过程中,应尽量避免或减少节流现象的发生。但节流也广泛应用在工程上,例如通过阀门开度的大小来调节流量,达到调节功率的目的;利用节流阀降低工质的压力;用节流原理测量工质的流量或蒸汽的干度等。

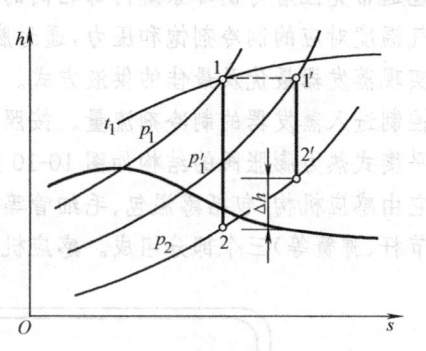

图 10-8 水蒸气绝热节流

【案例分析与知识拓展】

一、引射式压缩器

工业上常会遇到压力源提供的是高压气体,而需要使用的是中低压气体的情况。若直接采用节流来降低压力往往会有很大节流损失,这时可采用引射式压缩器,以较少的高压气体引射低压气体混合而得较多的中低压气体以供使用。引射式压缩器具有结构简单、没有运动部件,但效率偏低的特点。在制冷装置、凝气器的抽气设备、小型锅炉的给水设备等装备中均有应用。

图 10-9 所示为一引射式压缩器的结构简图。压力为 p_1 的高压流体经过喷管流入,在喷管中膨胀加速,动能增加,压力降低,喷管出口的高速流体使混合室内产生低压,当其压力降低到

被引射流体压力 p_2 之下时,将被引射流体引入混合室进行混合,以某一平均流速流向扩压管,降速而增压到 p_3 流出。

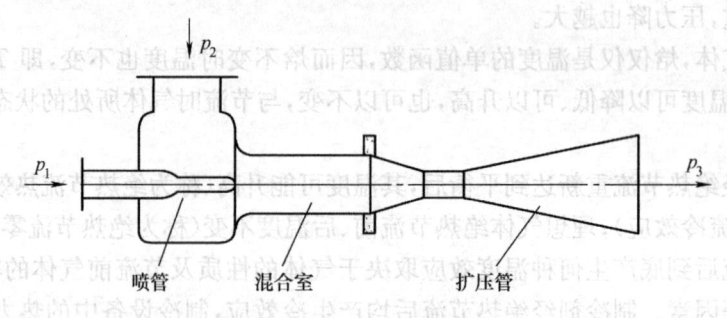

图 10-9 引射式压缩器简图

二、热力膨胀阀

热力膨胀阀是组成制冷装置的重要部件,是制冷系统的四个基本设备之一。它实现冷凝压力至蒸发压力的节流,制冷剂工质在其中产生节流冷效应,制冷剂从液态变成低温低压的气液混合物,同时控制制冷剂的流量。它的体积虽小,但作用巨大,其工作性能的好坏直接决定整个系统的工作质量。为了以最佳的方式给蒸发器供液,保证蒸发器出口制冷剂蒸汽的过热度稳定,感温包必须与压缩机的吸气管良好的接触,从而准确地感应压缩机的吸气温度。感温包通常充注着与制冷系统内部相同的制冷剂,从而实现感温包反馈回来的压力即是压缩机吸气温度对应的制冷剂饱和压力,通过膨胀阀确保了在运行环境发生变化时(比如热负荷变化),实现蒸发器最优及最佳的供液方式。热力膨胀阀通过控制蒸发器出口气态制冷剂的过热度来控制进入蒸发器的制冷剂流量。按照平衡方式的不同,膨胀阀分为外平衡式和内平衡式。内平衡式热力膨胀阀的结构如图 10-10 所示,图 10-10a 所示为原理图,图 10-10b 所示为外形图。它由感应机构(包括感温包、毛细管等)、执行机构(包括膜片、推杆、阀芯等)、调整机构(包括调节杆、弹簧等)三个部分组成。感应机构中充注制冷剂工质,感温包设置在蒸发器出口处。

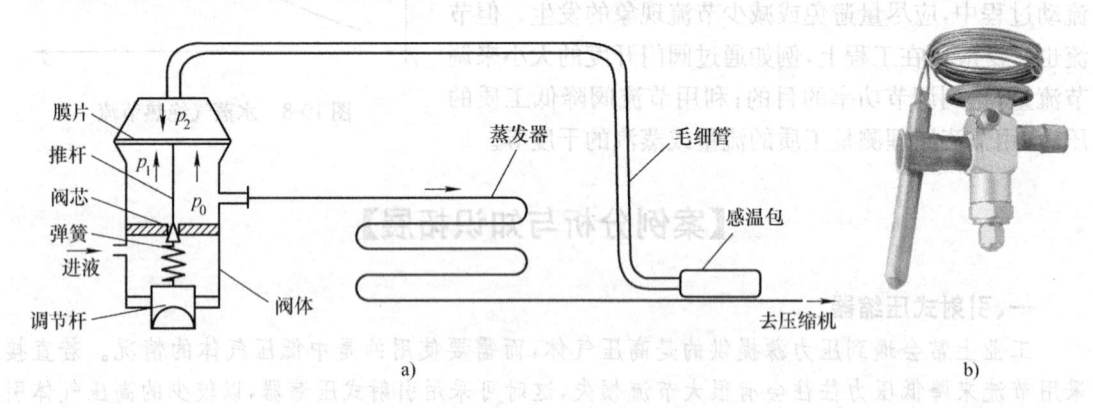

图 10-10 内平衡式热力膨胀阀

该热力膨胀阀的工作原理建立在力平衡的基础上。工作时,膜片上部受感温包内工质压力 p_2 的作用,下面受蒸发压力 p_0 和弹簧力 p_1 的作用,膜片在三个力(这里忽略了膜片的弹性力)作用下向上或向下鼓起,推动阀芯上下移动,使阀孔关小或开大,用以调节蒸发器的供液量。当进入蒸发器的液量小于蒸发器热负荷的需要时,则蒸发器出口处的蒸汽过热度增大,膜片上方的压力大于下方的压力,膜片向下鼓出,通过推杆压缩弹簧使阀芯下移,阀孔开大,则供液量增大。反之,当供液量大于蒸发器热负荷需要时,则出口处蒸汽过热度减小,感应机构中的压力降低,膜片上方的作用力小于下方的作用力,弹簧伸长,推杆上移使阀孔关小,对蒸发器的供液量也随便之减小。可见这种热力膨胀阀是根据蒸发器出口制冷剂蒸汽过热度的大小来调节供液量的,属于比例调节机构。

【本章小结】

一、稳定流动的基本方程

1)连续性方程是根据气体稳定流动时的质量守恒规律得出的。它反映了流动参数(流速)、几何参数(截面面积)和热力参数(比体积)之间的关系,适用于任何稳定流动过程。

2)能量方程说明稳定流动过程中气体的总焓(焓与动能之和)为常数,速度增大时,焓值减小。该方程适用于气体与外界无热和功交换的稳定流动过程。

3)运动方程说明了速度 dw_g 与压力 dp 的变化方向相反,压力增大,速度减小。另外,还有过程方程和状态方程。

二、喷管与扩压管的选型分析

(1)声速 是一种微弱扰动在连续介质中所产生的压力波的传播速度。对理想气体流动:$a=\sqrt{\kappa Pv}=\sqrt{\kappa RT}$,状态不同,声速不同。某一确定状态下的声速称为当地声速;流速与当地声速之比称为马赫数 M_a。$w_g<a$ 时,$M_a<1$——亚声速;$w_g>a$ 时,$M_a>1$——超声速;$w_g=a$ 时,$M_a=1$——临界流速

(2)气流速度改变的条件

力学条件,$w_g dw_g=-vdp$

几何条件,$\dfrac{dA}{A}=(M_a^2-1)\dfrac{dw_g}{w_g}$

(3)喷管、扩压管的选型 主要掌握利用几何条件公式分析喷管、扩压管外形的方法,在给定流速范围和管道作用时能选择合适的管道外形。

在亚声速范围内,喷管为渐缩形,扩压管为渐扩形。

在超声速范围内,喷管为渐扩形,扩压管为渐缩形。

当要求速度在亚声速和超声速两个范围连续变化时,喷管和扩压管都用缩扩形,但两者的速度变化方向是不同的。

三、喷管流速和流量分析

这部分内容计算公式较多,只要求掌握喷管流速和流量分布的基本规律。重点掌握临界压力比的意义及其应用。临界压力比是指流速为当地声速的管道截面上的压力与进口压力之比,其大小只与气体的性质有关,与气体状态及流动情况无关,对空气等双原子理想气体为0.528。利用临界压力比可判断气体的流动是亚声速还是超声速,也可利用其判断渐缩喷管中,当出口压力应下降到多少($\beta_c p_1$)时,流速能达到当地声速。

当 $p_2/p_1 \geqslant \beta_c$ 时,出口流速只能为亚声速,应选用渐缩喷管。

当 $p_2/p_1 < \beta_c$ 时,出口速度可达到超声速,应选用缩扩形喷管。

四、绝热节流

节流是指流体流过突然收缩的通道截面时,发生压力降低的过程。绝热节流是指流体与外界无热交换的节流过程。绝热节流前、后的焓相等,但并非等焓过程,而是一个不可逆绝热过程,只是初、终状态的焓相同。对于理想气体,节流前、后温度相等;对于实际气体,可能有 $T_2<T_1$(节流冷效应——制冷装置热力膨胀阀中的节流过程)、$T_2>T_1$(节流热效应)或 $T_1=T_2$(节流零效应)。最终产生何种效应,取决于流动状态与流体物理性质。

气体绝热节流前、后有关参数的变化情况为压力减小、比体积增大、焓不变、流速稍有下降、熵增大、温度变大或变小(理想气体时不变)。

【思考与练习题】

10-1 当气流进口速度分别为亚声速和超声速时,图 10-11 所示的四种形状的管道宜作喷管还是扩压管?为什么?

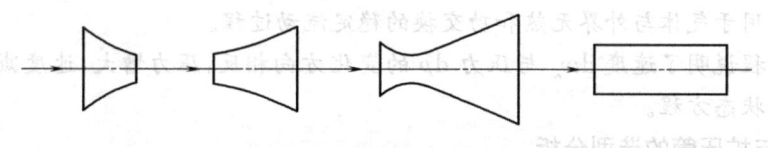

图 10-11 题 10-1 图

10-2 如图 10-12 所示,设 $p_1=1\text{MPa}$,背压 $p=0.1\text{MPa}$。图 a 所示为渐缩喷管,图 b 所示为缩扩喷管。假如沿截面 2'-2'切去一段,将产生哪些后果?出口截面上的压力、流速和流量将起什么变化?

10-3 气体以 $M=1\text{kg/s}$ 流经喷管作定熵流动(见图 10-13)。在 1-1 截面处测得气体的参数 $p_1=3.92\times10^5\text{Pa}$,$t_1=200\text{℃}$,$w_{g1}=20\text{m/s}$,在 2-2 截面处测得气体的压力为 $p_2=1.96\times10^5\text{Pa}$。求 2-2 截面处的截面积、进、出口截面处的当地声速,并说明喷管中气体的流动情况。设气体比热容为定值,且 $c_p=1\text{kJ/(kg·K)}$,$c_v=0.71\text{kJ/(kg·K)}$。

图 10-12 题 10-2 图 图 10-13 题 10-3 图

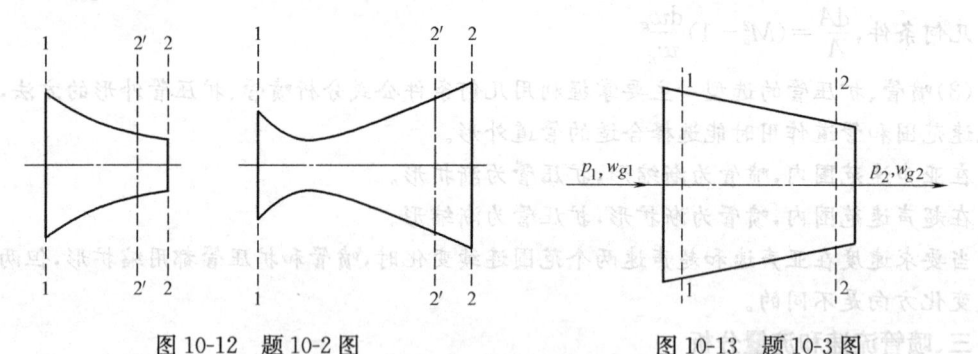

10-4 空气流经一出口截面积 $A_2=10\text{cm}^2$ 的渐缩喷管,喷管进口的空气参数为 $p_1=2.0\text{MPa}$,$t_1=80\text{℃}$,$w_{g1}=150\text{m/s}$,在出口背压 $p=0.8\text{MPa}$ 的情况下,取 $c_p=1.0045\text{kJ/(kg·K)}$,试求该喷管的出口截面速度和质量流量。

10-5 由不变气源来的压力 $p_1=1.6\times10^5\text{Pa}$,温度 $t_1=17\text{℃}$ 的空气流经一喷管进入压力保持在 $p=10^5\text{Pa}$ 的某装置中。试确定喷管的形式,计算该喷管出口截面上空气的流速。如果在运动中由于工况的改变使该装置的背压降到 $p'=0.5\times10^5\text{Pa}$。求此时该喷管出口截面上空气的流速。设空气 $R=0.287\text{kJ/(kg·K)}$,$\kappa=1.4$。

10-6 压力为 $p_1=100\text{kPa}$、温度为 $t_1=17\text{℃}$ 的空气流经扩压管后压力提高到 $p_2=180\text{kPa}$,问空气进入扩

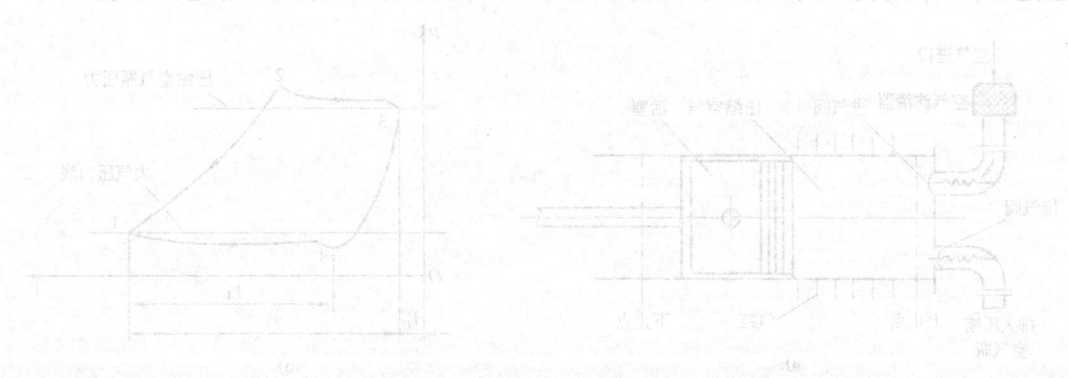

压管时至少要有多大的流速？此时进口马赫数为多少？

10-7 什么叫绝热节流？对于理想气体和水蒸气经绝热节流后其状态参数有何变化？

10-8 燃气流经燃气轮机中的渐缩喷管作绝热膨胀，质量流量为 0.6kg/s，燃气初态参数为 $t_1=600℃$，$p_1=0.6$MPa，燃气在喷管出口的压力 $p_2=0.4$MPa，喷管进口流速及摩擦损失不计，试求燃气在喷管出口处的流速和出口截面积。设燃气的热力性质与空气相同，取比热容为定值。

10-9 空气以初态 $p_1=2$MPa，$t_1=30℃$进入渐缩喷管，若出口截面积 $A_2=10$cm²，求空气经喷管射出时的流速、流量以及出口截面上的空气状态参数 v_2、t_2。设喷管背压为 1.5MPa。

第十一章 压气机的热力过程

【知识目标】 熟悉活塞式压气机气缸余隙容积对压气机功耗和产量的影响;掌握多级活塞式压气机的工作原理和主要优点;熟练掌握多级活塞式压气机中间压力的确定方法;了解叶轮机压气机的基本工作原理和特点。

【能力目标】 具备分析活塞式压气机不同压缩过程功耗的能力及多级活塞式压气机各特性参数和能量参数的分析计算能力。

产生压缩空气或其他压缩气体的机械统称为压气机。压气机与热机有原则上的区别,即压气机不是原动机,它是需要原动机带动才能工作的机器,是以消耗机械能为代价对气体实施压缩的机械。

根据工作原理及结构特征的不同,压气机可分为活塞式压气机、叶轮式压气机以及引射式压缩器。其中,叶轮式压气机按其出口表压力的高低不同分为通风机($p_g = 0.0002 \sim 0.015\text{MPa}$)、鼓风机($p_g = 0.015 \sim 0.04\text{MPa}$)和压缩机($p_g \geqslant 0.04\text{MPa}$)。叶轮式压气机根据其结构特征的不同可分为径流式(即离心式)和轴流式两种。本章主要讨论活塞式压气机的工作过程,对叶轮式压气机只进行简单的介绍。

第一节 单级活塞式压气机的工作过程

一、单级活塞式压气机工作原理

图 11-1a 所示为单级活塞式压气机简图,其主要组成部分为气缸、活塞、进气阀、排气阀、空气滤清器和空气瓶。若将气缸内气体的压力 p 随气缸工作容积 V 的变化关系画在 p-V 图上,这个 p-V 图称为压气机的示功图,如图 11-1b 所示。现将压气机的工作过程简述如下。

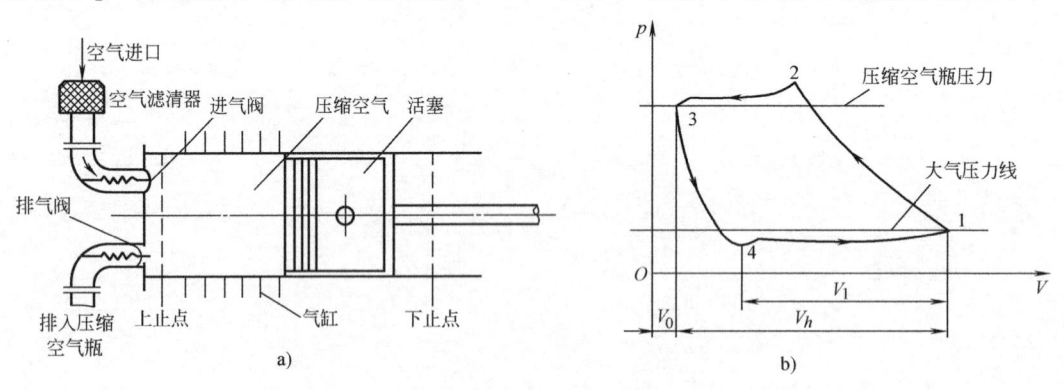

图 11-1 单级活塞式压气机简图和示功图

(1)压缩过程(图中曲线 1-2) 压缩机活塞位于下止点时,气缸中吸入 $m\text{kg}$ 的空气,其状态参数为 p_1(大气压力)、T_1、V_1,在示功图上用点 1 表示。当活塞从下止点向上止点运动时,空气被压缩,压力升高至 p_2、温度升至 T_2、体积降至 V_2。

(2)排气过程(图中曲线 2-3) 当气缸内空气压力 p_2 大于作用在排气阀上的空气瓶内的

气体压力和弹簧张力时,排气阀即被顶开(图中点 2),活塞继续向上止点运动,并将压缩空气排入空气瓶中。由于排气系统有流动阻力,排气压力必须高于空气瓶中的压力。

(3)余隙容积内残余高压气体的膨胀过程(图中曲线 3-4) 当活塞到达上止点时,为了保证活塞在运动中不会碰撞和敲击气缸盖,在活塞与气缸盖之间留有一个很小的剩余间隙,由这个余隙所形成的容积称为余隙容积,用符号 V_0 表示。残存在余隙容积内的空气压力为 p_3,由于 p_3 大于 p_1,活塞从上止点向下止点运动时不能立即从环境中吸入新鲜空气。只有残余高压气体在气缸中膨胀至压力低于大气压力时(图中点 4),进气阀才在大气压力与气缸内气体压力差的作用下克服弹簧张力而开启,吸气过程才能开始。

(4)吸气过程(图中曲线 4-1) 当吸气阀开启后,活塞继续向下止点运动,直到活塞达到下止点 1 为止。在整个进气过程中,因为进气系统有阻力损失,所以气缸内的压力始终小于大气压力。

以上四个过程由活塞往复运动一次来完成,它将状态为 p_1、T_1 的空气吸入,经过压缩变成压力为 p_3 的高压气体,最后排入空气瓶,它所消耗的机械功可用示功图上循环曲线所围成的面积 1-2-3-4-1 表示。

二、单级活塞式理想压气机的功耗分析

为研究方便,现略去活塞式压气机的进、排气阻力及进、排气弹簧的张力,且先不考虑余隙容积 V_0 的影响,则图 11-1b 简化为如图 11-2a 所示的单级活塞式压气机理想循环。图 11-2 中 4-1 为定压吸气过程,吸入气体的状态为大气状态;1-2 为压缩过程;2-3 为排气过程,且排气压力等于空气瓶内气体的压力。

压缩过程 1-2 有两种极限情况:一是过程进行得非常快,热量来不及通过气缸壁面向外传递,或传出的热量极少可以忽略不计,则过程视为绝热过程,如图 11-2a 中的过程线 1-2_s 所示,此时压缩后气体的温度升高,$T_2 = T_1(p_2/p_1)^{(\kappa-1)/\kappa}$;另一种情况为过程进行得十分缓慢,消耗压缩功所形成的热量及时经气缸壁传出,使气体的温度随时与外界相等,这种压缩是定温过程,如图 11-2a 中 1-2_T 所示,此时压缩终点的温度等于进气温度,即 $T_2 = T_1$。压气机中进行的实际压缩过程通常在此两者之间,即压缩中有热量传出,温度会升高,所以实际压缩过程是 n 介于 1 与 κ 之间的多变过程,如图 11-2a 中过程线 1-2_n 所示,此时 $T_2 = T_1(p_2/p_1)^{(n-1)/n}$,较绝热压缩后的终点温度低,而较等温压缩后的终点温度高。

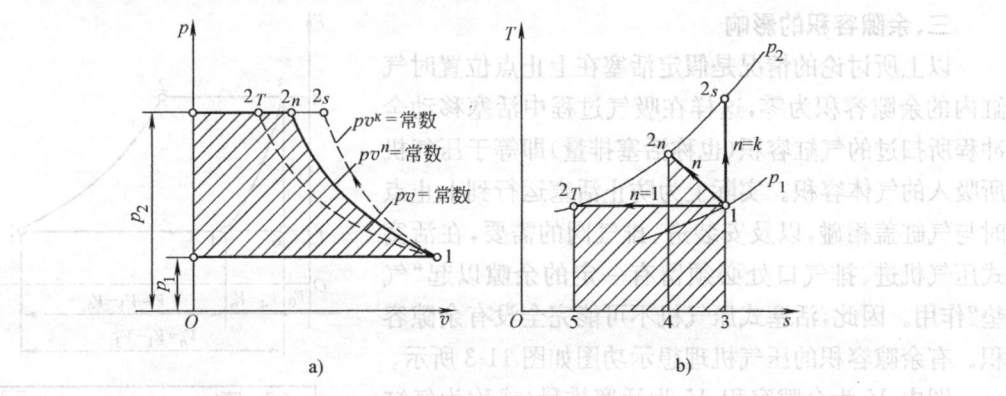

图 11-2 三种压缩过程示意图

为分析研究压气机压缩气体所需要的功,取压气机气缸和其中的工质为研究对象。这是一个开口热力系统,有气体的流进、流出,并且工质在气缸中被压缩。由前述分析可知,开口系

统对外界所作的技术功 W_t,等于状态变化过程中的体积功与进、排气时推动功的代数和,即

$$W_t = p_1V_1 + \int_1^2 pdV - p_2V_2 = -\int_1^2 Vdp \tag{11-1}$$

由于气体被压缩后压力是升高的,$dp>0$,而 V 为正值,可见这时技术功为负值,即压缩气体需要消耗外部机械功。通常将压缩气体消耗机械功的大小称为压气机所需的功,用符号 W_C 来表示,于是 $W_C = -W_t$。对 1kg 气体,可写成 $w_C = -w_t$。

压气机所需的功的多少因压缩过程性质的不同而异,它是压气机性能优劣的主要指标。下面对三种不同压缩过程分别计算压缩 1kg 气体时所需的功。

(1) 可逆定温压缩($1\text{-}2_T$)

$$w_{C,T} = p_1v_1\ln\frac{p_2}{p_1} = RT_1\ln\frac{p_2}{p_1} \tag{11-2}$$

(2) 可逆绝热压缩($1\text{-}2_s$)

$$w_{C,S} = \frac{\kappa}{\kappa-1}(p_1v_1 - p_2v_2) = \frac{\kappa RT_1}{\kappa-1}\left[\left(\frac{p_2}{p_1}\right)^{\frac{\kappa-1}{\kappa}} - 1\right] \tag{11-3}$$

(3) 可逆多变压缩($1\text{-}2_n$)

$$w_{C,n} = \frac{n}{n-1}(p_1v_1 - p_2v_2) = \frac{nRT_1}{n-1}\left[\left(\frac{p_2}{p_1}\right)^{\frac{n-1}{n}} - 1\right] \tag{11-4}$$

上述三种压缩过程,到底哪种压缩过程最有利呢?因为压缩过程所需的技术功在 $p\text{-}v$ 图上可表示成过程线左边的面积,从图 11-2 中的 $p\text{-}v$ 图及 $T\text{-}s$ 图可很容易得出

$$w_{C,S} > w_{C,n} > w_{C,T}$$
$$T_{2S} > T_{2n} > T_{2T}$$

将一定质量的气体从相同的初态压缩到相同的终态压力,绝热过程所耗的功最多,定温压缩最少,多变压缩介于两者之间,并随 n 的减小而减小。同时,绝热压缩后气体的温度升高较大,这一点是不利的,因气体温度过高时将影响气体缸壁上润滑油的润滑性能。因此,压气机的压缩过程以定温过程最为有利,所以改进压气机工作过程的主要方向就是减小压缩过程的多变指数 n,使其接近定温过程。对单级活塞式压气机采用水套冷却时,通常多变指数 $n=1.2\sim1.3$。在限定温升条件下,采用放热压缩可提高单级活塞式压气机的排气压力,从工程应用的角度来看,这是十分重要的。

三、余隙容积的影响

以上所讨论的情况是假定活塞在上止点位置时气缸内的余隙容积为零,这样在吸气过程中活塞移动全冲程所扫过的气缸容积(也称活塞排量)即等于压气机所吸入的气体容积。实际上为防止活塞运行到上止点时与气缸盖相碰,以及安装进、排气阀的需要,在活塞式压气机进、排气口处必须留有一定的余隙以起"气垫"作用。因此,活塞式压气机不可能完全没有余隙容积。有余隙容积的压气机理想示功图如图 11-3 所示。

图中,V_0 为余隙容积,V_h 为活塞排量(或称为气缸工作容积);1-2 为压缩过程,2-3 为排气过程,3-4 为余隙容积内残存高压气体的膨胀过程,4-1 为吸气过程。从图 11-3 可看出,排放压缩气体终了时,余隙容积 V_0

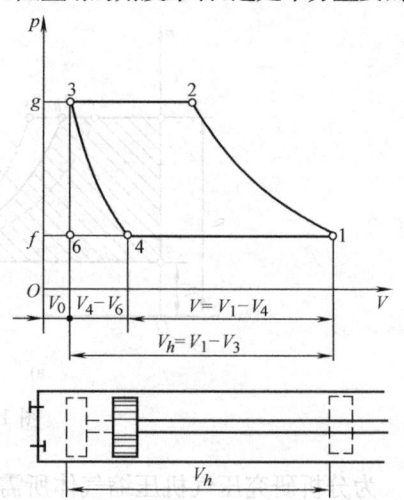

图 11-3 有余隙容积的压气机理想示功图

（或 V_3）内尚有未排出的高压气体。所以活塞回行时,排气阀不能马上打开,必须等到余隙容积内的残余气体膨胀到缸内气体压力低至吸气压力时,才能开始吸气。因此,压气机每转一周时,实际吸入的气体容积(称为有效吸气容积)为 $V=V_1-V_4$,比活塞排量 V_h 要小。

1. 余隙容积对活塞式压气机功耗的影响

每循环压气机所消耗的功用在图 11-3 上的面积可表示为：$W_C=$ 面积 1-2-3-4-1＝面积 1-2-g-f-1－面积 4-3-g-f-4。

假定 1-2 与 3-4 两过程的多变指数 n 相等,由式(11-4)可知

$$W_C = \frac{np_1V_1}{n-1}\left[\left(\frac{p_2}{p_1}\right)^{\frac{n-1}{n}}-1\right] - \frac{np_4V_4}{n-1}\left[\left(\frac{p_3}{p_4}\right)^{\frac{n-1}{n}}-1\right]$$

由于 $p_1=p_4$，$p_3=p_2$，所以

$$W_C = \frac{n}{n-1}p_1(V_1-V_4)\left[\left(\frac{p_2}{p_1}\right)^{\frac{n-1}{n}}-1\right] = \frac{n}{n-1}p_1V\left[\left(\frac{p_2}{p_1}\right)^{\frac{n-1}{n}}-1\right] \tag{11-5}$$

由式(11-5)可见,有余隙容积后进气容积虽然减小,但所需的功也相应减小。如果压缩等量的气体至同样的增压比($\beta=p_2/p_1$),理论上所消耗的功与无余隙容积时相同,即活塞式压气机余隙容积的存在对压缩单位质量气体的功耗无影响。

理论上,余隙容积对压气机压缩等量气体的功耗没有影响；但实际上因余隙容积的存在,使得压气机每转一圈所吸入的气体量减少。若用同样大小的压气机,在同样的风量(吸气量)的情况下,有余隙容积的压气机的转速要比没有余隙容积的压气机高,而机轴每转一圈的摩擦消耗大致相同,因此有余隙容积的压气机所消耗的有效功要多些。这就要求在设计或检修压气机时,要注意余隙容积不能过大。

2. 余隙容积对活塞式压气机产量的影响

有余隙容积的活塞式压气机的有效吸气容积与活塞排量之比称为容积效率,以 η_v 表示,即

$$\eta_v = \frac{\text{有效吸气容积}}{\text{活塞排量}} = \frac{V}{V_h}$$

容积效率 η_v 反映了活塞式压气机产量的高低。在相同的余隙容积下,如果增压比越大,则有效进气容积减小,即 η_v 减小,压气机产量越低；当增压比增大到某一极限值时,将完全不能进气。如图 11-4 所示,当由压力 p_1 压缩到 p_2 时,气缸的有效进气容积为 $V=V_1-V_4$；终态压力提高到 p_2' 时,有效进气容积为(V_1-V_4')；当终态压力提高到 p_2'' 时,在 V_0 内的残余高压气体经膨胀后已达到容积 V_1,完全不能再进气,有效吸气容积为零,此时 $\eta_v=0$,即压气机已无法生产压缩空气。

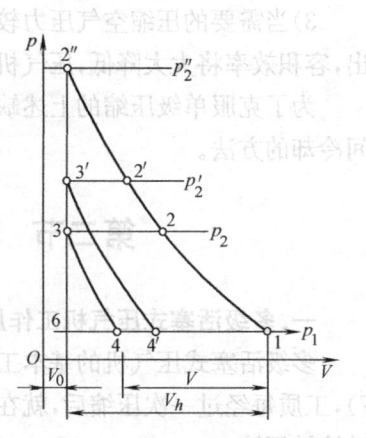

图 11-4 增压比对容积效率的影响

容积效率的数学表达式可改写为

$$\eta_v = \frac{V}{V_h} = \frac{V_1-V_4}{V_1-V_3} = \frac{(V_1-V_3)-(V_4-V_3)}{V_1-V_3} = 1-\frac{V_4-V_3}{V_1-V_3}$$

$$= 1-\frac{V_3}{V_1-V_3}\left(\frac{V_4}{V_3}-1\right)$$

式中，$V_3/(V_1-V_3)=V_0/V_h=\delta$ 称为余隙比，又因

$$\frac{V_4}{V_3} = \left(\frac{p_3}{p_4}\right)^{\frac{1}{n}} = \left(\frac{p_2}{p_1}\right)^{\frac{1}{n}} = \beta^{\frac{1}{n}}$$

故
$$\eta_v = 1 - \delta(\beta^{\frac{1}{n}} - 1) \tag{11-6}$$

由此可见，影响压气机容积效率的因素包括增压比 β、余隙比 δ（取决于压气机的结构尺寸）和压缩过程的性质（多变指数 n）。当余隙比 δ 和多变指数 n 为一定时，增压比 β 越大，则容积效率越小，压气机产量越低。当 β 增加至某一值时，容积效率为零。这时压气机处于既不吸气也不排气的状况，从图 11-4 中亦可看出，压缩气体将沿 1-2″线压缩到点 2″，又沿 2″-1 线膨胀回到始点 1。

综上所述，活塞式压气机余隙容积的存在，虽然对压缩等量气体所消耗的功无影响，但使容积效率降低。因此，在理论上若需压缩同样数量的气体，必须使用较大气缸的机器。这显然是不利的，而且这一有害影响将随增压比 β 的增大而扩大。故在设计制造活塞式压气机时，应使余隙容积尽量小，余隙比 δ 通常在 2%~6%，设计得好的大型活塞式压气机可达到 1% 左右或更小。

四、用单级活塞式压气机生产高压空气的缺陷

1）当需要压力较高的压缩空气时（此时增压比 β 较大），单级压缩有可能使压缩后的气体温度超过润滑油正常工作所允许的温度极限值（160~180℃），使气缸润滑油被分解，并使所形成的气体混合物发生自燃而爆炸，以致损坏压气机的阀门和管道。故要求 $T_2 = T_1 \beta^{\frac{n-1}{n}}$ 小于 160~180℃，工程上通常要求单级压缩的增压比 $\beta \leqslant 7$。

2）单级压缩只能采用缸套冷却（水冷或气冷）的方式来降低气体压缩后的温度，避免润滑油自燃及降低多变指数以减少功耗，通常要使多变指数降低到 1.2 以下。因此从节省功量的观点出发，这不是很理想的冷却方式。

3）当需要的压缩空气压力较高时，如采用单级压缩，则必须增大增压比 β，从式（11-6）可看出，容积效率将大大降低，压气机产量会大幅度下降。

为了克服单级压缩的上述缺点，满足生产上对高压气体的需要，可采用多级压缩且进行级间冷却的方法。

第二节 多级活塞式压气机的工作过程

一、多级活塞式压气机工作原理

多级活塞式压气机的基本工作原理是使气体逐级在不同的气缸中被压缩（每级增压比 $\beta \leqslant 7$），工质每经过一次压缩后，就在中间冷却器中被定压冷却到进气温度，然后进入下一级气缸继续被压缩。

图 11-5 所示为两级活塞式压气机的设备简图和工作过程图。其中，e-1 为低压缸的吸气过程；1-2 为低压缸中气体的压缩过程；2-f 为压缩后的气体排出低压缸的过程；f-2 为压缩气体进入冷却器的过程；2-2′ 为气体在冷却器中的定压冷却放热过程，在冷却充分的条件下可使 $T_1 = T_2'$；2′-f 为冷却后的气体排出冷却器的过程；f-2′ 为冷却后的气体进入高压缸的过程；2′-3 为高压缸中气体的压缩过程；3-g 为压缩气体排出高压缸，进入空气瓶的过程。这样分级压缩后所消耗的功等于两个气缸所消耗功的总和＝面积 e-1-2-f-e ＋面积 f-2′-3-g-f。与单级压缩时所需的功，即面积 e-1-3′-g-e 相比，采取分级压缩、中间冷却的方法可省图 11-5b 中阴影

部分那一块面积所表示的功。依此类推,分级越多,逐级采取中间冷却时,理论上可省更多的功。如果级数增至无穷多,则可使整个压缩过程趋近定温过程,如图11-6所示。实际上,分级不宜太多,否则机构复杂,机械摩擦损失和流动阻力等不可逆损失亦将随之增加,一般视增压比的大小,分为两级到四级。

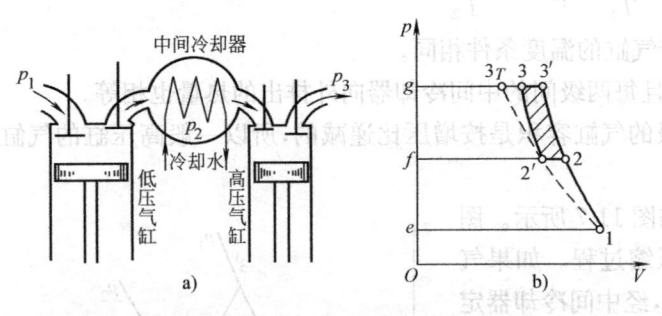

图 11-5　两级活塞式压气机的设备简图和工作过程图 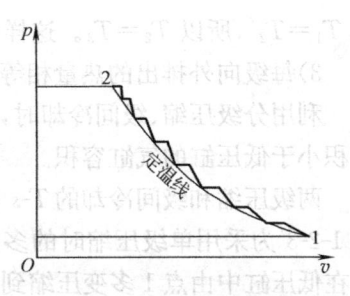　　图 11-6　压缩级数与定温线的关系

二、最佳中间压力的确定

分级压缩随着采用的中间压力不同,所节省的功也不同,最佳的中间压力应使整机所消耗的总功为最小。下面进一步讨论如何选定两级压缩时的最佳中间压力 p_2,再将计算结果推广至一般的情况。

两级压缩时,总功耗为第一级低压缸所需的功 W_{C1} 与第二级高压缸所需的功 W_{C2} 之和。若两级压缩过程的多变指数 n 相同,则

$$W_C = W_{C1} + W_{C2} = \frac{nRT_1}{n-1}\left[\left(\frac{p_2}{p_1}\right)^{\frac{n-1}{n}} - 1\right] + \frac{nRT'_2}{n-1}\left[\left(\frac{p_3}{p_1}\right)^{\frac{n-1}{n}} - 1\right] \tag{11-7}$$

如果中间冷却器能使气体得到充分冷却,那么气体的温度最低能达到 $T_1 = T'_2$。这样有

$$W_C = \frac{nRT_1}{n-1}\left[\left(\frac{p_2}{p_1}\right)^{\frac{n-1}{n}} + \left(\frac{p_3}{p_1}\right)^{\frac{n-1}{n}} - 2\right] \tag{11-8}$$

在工程应用上,式(11-8)中的进气压力 p_1 一般为大气压力,排气压力 p_3 一般是实际生产工艺所要求达到的压力。这样,在 p_1、p_3 一定的情况下,压气机的总功耗主要由中间压力 p_2 决定,即有 $W_C = f(p_2)$。根据高等数学中求极值的方法,为了使总功耗最小,可令 $\mathrm{d}W_C/\mathrm{d}p_2 = 0$,由此求得 W_C 为最小值的条件是

$$p_2 = \sqrt{p_1 \cdot p_3} \quad \text{或} \quad \frac{p_2}{p_1} = \frac{p_3}{p_2}$$

由此可见,取两级增压比相等时,压气机的总功耗为最小。如果分成 m 级压缩,各级压力设为 p_1、p_2、p_3、$\cdots$、p_m、p_{m+1},则压气机所消耗的总功量为最小时,各中间压力应满足

$$\frac{p_2}{p_1} = \frac{p_3}{p_2} = \cdots = \frac{p_m}{p_{m-1}} = \frac{p_{m+1}}{p_m}$$

即各级的增压比都相同,且 $\beta = \sqrt[m]{p_{m+1}/p_1}$。若每级中间冷却器都可将气体冷却到初始温度 T_1,则各级气缸所需的功相等,每一级都为

$$w_C = \frac{nRT_1}{n-1}(\beta^{\frac{n-1}{n}} - 1) \tag{11-9}$$

按每级增压比相等的原则确定中间压力的大小,不仅可使压气机总功耗最小,还可得到一

180 热工与流体力学基础

些其他有利结果。

1)每级气缸所需的功相等,这样有利于活塞式压气机曲轴的平衡。

2)每个气缸中气体压缩后所达到的最高温度相同,因为

$$\frac{T_2}{T_1} = \beta^{\frac{n-1}{n}} = \frac{T_3}{T_2'}$$

且 $T_1=T_2'$,所以 $T_2=T_3$。这样每个气缸的温度条件相同。

3)每级向外排出的热量相等,而且每两级间的中间冷却器向外排出的热量也相等。

利用分级压缩、级间冷却时,各级的气缸容积是按增压比递减的,所以一般高压缸的气缸容积小于低压缸的气缸容积。

两级压缩和级间冷却的 T-s 图如图 11-7 所示。图中 1-2-3′ 为采用单级压缩时的多变压缩过程。如果气体在低压缸中由点 1 多变压缩到点 2,经中间冷却器定压冷却到点 2′,2-2′ 为定压冷却放热过程,$T_1=T_2'$,所放出的热量为 T-s 图上过程线 2-2′ 下面的面积 2-2′-j-m-2;再进入高压缸多变压缩至点 3,所耗功为面积 n-1-2-2′-3-3_T-i-n。与不分级压缩时所消耗功(面积 n-1-3′-3_T-i-n)相比,可节省的功如图中面积 2-3′-3-2′-2 所示。同时,压缩气体的终态温度 T_3 也比不分级压缩时的温度 T_3' 低,这对压气机的可靠工作是有利的。

分级压缩对容积效率的提高也有利,因余隙容积的有害影响随增压比的增大而扩大,分级后,每级的增压比减小,故同样大小的余隙容积对容积效率的有害影响将缩小,即容积效率比不分级时大。

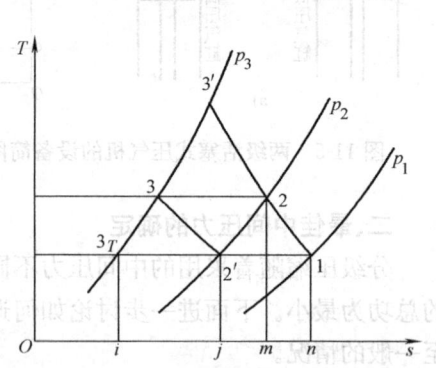

图 11-7 两级压缩和级间冷却压气机的 T-s 图

综上所述,多级压缩的主要优点是:节省压缩功,降低被压气体的终温,还可提高其容积效率,增加压缩气体生产量;此外,对压气机的结构、布置、运行管理等也极有利,故应用广泛。

【例 11-1】 一台三级压缩、中间冷却的活塞式压气机装置的 p-V 图如图 11-8 所示。已知低压气缸直径 $D=450\text{mm}$,活塞行程 $S=300\text{mm}$,余隙比 $\delta=0.05$。空气初态为 $p_1=0.1\text{MPa}$,$t_1=18℃$,经可逆多变压缩到 $p_2=1.5\text{MPa}$,设各级多变指数 $n=1.3$。假定中间冷却最充分。试求:1)各中间压力;2)低压气缸的有效进气容积;3)压气机排气温度和排气容积;4)压气机压缩单位质量气体所需的功;5)若采用单级活塞式压气机一次将等量的空气压缩到 $p_2=1.5\text{MPa}$($n=1.3$),则压缩单位质量气体所需的功和排气温度各为多少?

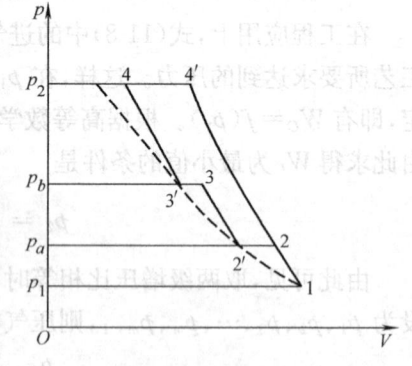

图 11-8 例 11-1 图

解:1)各中间压力。按压气机耗功量最小的原则,其各级的增压比应相等,即

$$\beta_1 = \beta_2 = \beta_3 = \sqrt[3]{p_2/p_1} = \sqrt[3]{15/1} = 2.466$$

即

$$\frac{p_a}{p_1} = \frac{p_b}{p_a} = \frac{p_2}{p_b} = 2.466$$

所以

$$p_a = 2.466 p_1 = 0.2466\text{MPa}$$

$$p_b = 2.466 p_a = 2.466^2 p_1 = 0.608\ 1\text{MPa}$$

2）低压缸的有效进气容积。低压缸的活塞排量为

$$V_h = \frac{\pi D^2}{4} S = \frac{\pi \times 0.45^2}{4} \times 0.3 \text{m}^3 = 0.047\ 7 \text{m}^3$$

低压缸的余隙容积为

$$V_0 = V_h \cdot C = 0.05 \times 0.047\ 7 \text{m}^3 = 0.002\ 39 \text{m}^3$$

这里的 V_0 即为低压缸中残余高压气体膨胀的始点容积。设低压气缸开始吸气时的容积为 V_x，根据多变过程的初始参数间的关系有

$$V_x = V_0 \left(\frac{p_a}{p_1}\right)^{1/n} = 0.002\ 39 \left(\frac{0.246\ 6}{0.1}\right)^{1/1.3} \text{m}^3 = 0.004\ 78 \text{m}^3$$

压气机低压缸总容积为

$$V_1 = V_h + V_0 = (0.047\ 7 + 0.002\ 39) \text{m}^3 = 0.049\ 09 \text{m}^3$$

所以低压缸的有效进气容积为

$$V = V_1 - V_x = (0.049\ 09 - 0.004\ 78) \text{m}^3 = 0.044\ 31 \text{m}^3$$

3）压气机排气温度 t_4 和排气容积 $V_4 - V_0$。按多变压缩过程 $3'$-4 参数间关系得

$$T_4 = T'_3 \left(\frac{p_2}{p_b}\right)^{\frac{n-1}{n}}$$

因为中间冷却充分，所以 $T'_3 = T_1 = 291\text{K}$，因此

$$T_4 = 291 \times (2.466)^{\frac{1.3-1}{1.3}} \text{K} = 358.5\text{K} \text{ 或 } t_4 = 85.5\text{℃}$$

按进、排气状态方程得

$$\frac{p_1 V}{T_1} = \frac{p_2 (V_4 - V_0)}{T_4}$$

$$V_4 - V_0 = \frac{p_1}{p_2} \frac{T_4}{T_1} V = \frac{1 \times 358.5}{15 \times 291} \times 0.044\ 31 \text{m}^3 = 0.003\ 64 \text{m}^3$$

4）压气机压缩单位质量气体所需的功。由于每级气缸所消耗的功量相等，对三级压缩，由式(11-9)得压缩单位质量气体的功耗为

$$w_C = 3 \frac{n}{n-1} R T_1 \left[\beta_1^{\frac{n-1}{n}} - 1\right] = \frac{3 \times 1.3}{1.3 - 1} \times 0.287 \times 291 \times \left[2.466^{\frac{1.3-1}{1.3}} - 1\right] \text{kJ/kg} = 251.4 \text{kJ/kg}$$

5）单级多变压缩时，单位质量气体所需的功及排气温度。由式(11-4)有

$$w'_C = \frac{n}{n-1} R T_1 \left[\left(\frac{p_2}{p_1}\right)^{\frac{n-1}{n}} - 1\right] = \frac{1.3}{1.3-1} \times 0.287 \times 291 (15^{\frac{1.3-1}{1.3}} - 1) \text{kJ/kg} = 314.2 \text{kJ/kg}$$

排气温度 $T_4 = T_1 (p_2/p_1)^{\frac{n-1}{n}} = 291 \times 15^{\frac{1.3-1}{1.3}} \text{K} = 543.6\text{K}$ 或 $t_4 = 270.6\text{℃}$

讨论：单级活塞式压气机不仅比多级压气机的功耗大得多（增加约 25%），而且排气温度达到 270℃，这是不允许的，可见采用单级压缩不宜生产高压空气。

第三节 叶轮式压气机的工作过程

活塞式压气机的缺点是单位时间内产气量小，其原因是转速不高、间歇性的吸气、排气以及有余隙容积的影响。叶轮式压气机克服了这些缺点，它的转速比活塞式压气机高，能连续不断地吸气和排气，没有余隙容积的影响，所以它的机体紧凑而且产气量大。其缺点是每级的增

压比小,如果要得到较高的压力,则需用很多的级数;其次,因气流速度高,各部分的摩擦损失较大,使机械效率较低,对设计和制造的技术水平要求高。近代的气体动力学理论和加工技术的进步,改进了各种叶轮式机械的效率,使叶轮式压气机效率提高到90%以上。

叶轮式压气机分径流式(或称离心式)与轴流式两种。径流式压气机适用于中、小生产量,转速高,但效率稍低。轴流式压气机则结构紧凑,便于安装更多的级数,通道长度可以缩短,且效率较高,适宜于大流量、效率要求高的场合。

一、轴流式压气机工作原理

图 11-9 所示为轴流式压气机结构简图。空气从进口流入压气机,经过收缩器时流速得到初步提高,进口导向叶片使气流流速改变为轴向,同时还起扩压管的作用,使压力有初步提高。转子由外力(通常为电动机或汽轮机、燃气轮机)带动,作高速旋转,固定在转子上的工作叶片(亦称动叶片)推动气流,使气体获得很高的流速。高速气流进入固装在机壳上的导向叶片(亦称静叶片)间的通道,使气流的动能降低而压力提高,每一对导向叶片间的通道相当于一个扩压管。气流经过每一级(由一排工作叶片和一排导向叶片构成)时连续进行类似的过程,使气体的压力逐渐提高,最后经扩压器从右下方出口排出。流经扩压器时,气流的余速亦有一部分得以利用而提高其压力。

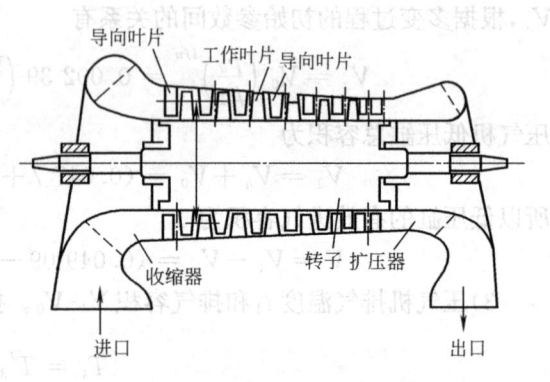

图 11-9 轴流式压气机结构简图

二、径流式压气机工作原理

图 11-10 所示为径流式压气机结构简图,压气机的叶轮被原动机带动作高速旋转,空气沿轴向进入叶轮的叶片之间,旋转着的叶片使空气在离心力的作用下沿径向加速后以很高的速度被甩出叶轮。具有较大动能的气流进入叶轮外圈所布置的有叶扩压器(由固定不动的叶片组成),速度下降,空气的动能转变为压能。然后,经过断面逐渐增大的涡壳(扩压管),空气的速度进一步降低,压力进一步提高,使气体从排气口压出。

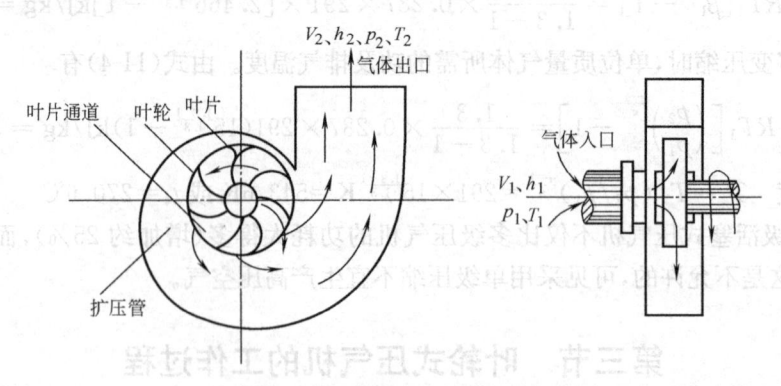

图 11-10 径流式压气机结构简图

叶轮式压气机的工作过程虽与活塞式压气机不同,但从热力学观点来分析气体的状态变化过程,则与活塞式无异,即都是气体接受了外界的机械能而被压缩的过程。不同的只是在活塞式压气机中,通过活塞的往复运动来压缩气体,将机械能直接转变成了气体的压能;而在叶轮式压气机中,能量的转换是分成两个阶段完成的,第一阶段是通过工作叶片的转动将机械能转换成气体的动能,第二阶段在扩压装置中将气体的动转换成压能。故对叶轮式压气机工作过程的热力学分析与活塞式应是一样的。

三、叶轮式压气机所消耗的功

如果忽略通过机壳向外的散热,叶轮式压气机的压缩过程可以看成是绝热的。气体的可逆绝热压缩如图 11-11 中 $1\text{-}2_s$ 所示。压气机所需要的功为

$$w_{C,s} = h_{2s} - h_1 = 面积\ j\text{-}2_T\text{-}2_s\text{-}m\text{-}j$$

实际的压缩过程有相当大的摩擦损失,是不可逆的绝热压缩过程,如图 11-11 中 $1\text{-}2'$ 所示,过程中气体的熵增大,终态为 $2'$。根据热力学第一定律,压气机实际所需要的功为 $w'_C = h'_2 - h_1 = 面积\ j\text{-}2_T\text{-}2'\text{-}n\text{-}j$。

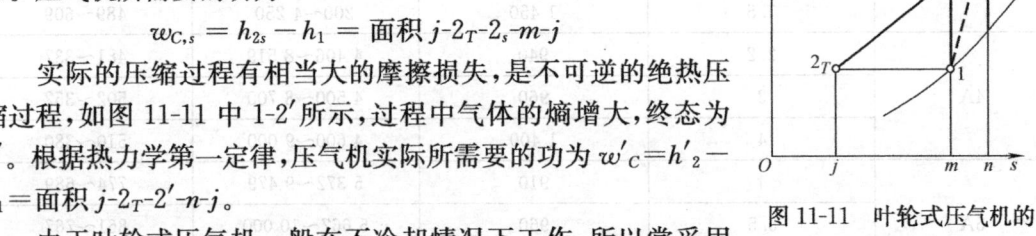

由于叶轮式压气机一般在不冷却情况下工作,所以常采用绝热效率来衡量其工作性能的优劣。压缩前气体的状态相同、压缩后气体的压力也相同的情况下,可逆绝热压缩时压气机所需的功 $w_{C,s}$ 和实际不可逆绝热压缩时所需的功 w'_C 之比称为压气机的绝热效率,以 η_C 表示:

$$\eta_C = \frac{w_{C,s}}{w'_C} = \frac{h_{2s} - h_1}{h'_2 - h_1} \tag{11-10}$$

若工质为理想气体,且质量热容为定值,则

$$\eta_C = \frac{T_{2s} - T_1}{T'_2 - T_1} \tag{11-11}$$

图 11-11 叶轮式压气机的压缩过程

实际压缩过程多消耗的功为 $w'_C - w_{C,s} = h'_2 - h_{2s} = 面积\ 2'\text{-}2_s\text{-}m\text{-}n\text{-}2'$。

【案例分析与知识拓展】

案例 1:某多级空气压缩机简介

图 11-12 是江苏泰州某机械制造厂生产的 HC—265A 型立式、水冷两级活塞式船用空气压缩机。该机采用齿轮泵进行压力润滑,电动机直联传动,可进行手动或电磁阀卸荷。其生产的压缩空气主要用于船舶柴油机的起动,也可经减压设备后驱动其他辅助负载。其主要性能参数见表 11-1。

表 11-1 HC—265A 型空气压缩机性能参数

容积流量/(m³/h)	额定压力/(MPa)	轴功率/(kW)	额定转速/(r/min)	冷却水量/(m³/h)
137	3.0	31	730	
170	3.0	38	870	1.0~1.4
190	3.0	41	960	

案例 2:某离心式通风机简介

图 11-13 所示是某通风设备厂为空调机组、净化工业等场合通风换气而设计开发的高效

节能、多翼式低噪声的 11-62A 型离心风机。该产品结构新颖紧凑、振动小、使用调节方便,广泛用于空调机组配套、大小宾馆、酒楼通风换热或抽油烟机,也可用作一般建筑物通风换气用;输送介质为空气或其他不燃的,对人体无害的气体,介质中不含粘性物质,气体温度不超过 80℃;尘埃及固体杂质含量要求≤150mg/m³。其主要技术参数见表 11-2。

表 11-2 11-62A 型系列风机主要技术参数

机号	功率/(kW)	转速/(r/min)	流量/(m³/h)	全压/(Pa)
3A	1.1	960	1 324~2 814	214~267
	1.5	1 450	200~4 250	489~609
4A	2.2	940	4 406~8 519	481~337
	3	960	4 500~8 700	502~352
	4	1 400	4 600~9 000	510~380
5A	4	910	5 372~9 479	774~689
	5.5	960	5 667~10 000	861~767
	7.5	1 400	6 000~12 000	870~800

图 11-12 某两级活塞式空气压缩机　　　　图 11-13 某离心风机

【本章小结】

一、单级活塞式理想压气机

压气机所消耗的功是技术功,在初、终状态压力一定的情况下,压气机的功耗主经取决于压缩过程的性质。其中以等温压缩最有利,因其功耗最小,压缩终点温度最低。实际的压缩过程不可能是等温过程,它可作为改进压气机压缩过程的方向和准绳。

二、余隙容积的影响

实际活塞式压气机余隙容积的存在对生产等量质量和同样增压比的气体的功耗无影响;但使压气机的产量下降。衡量压气机产量大小的指标是容积效率,即有效吸气容积与活塞排量之比。影响压气机容积效率(或产量大小)的主要因素是压缩过程的性质、增压比和压气机的余隙比(或压缩机的结构尺寸)。

三、单级活塞式压气机的缺陷

当用单级活塞式压气机生产高压空气时存在的问题包括:容积效率随着增压比的增大而下降,当增压比增大到一定程度时,容积效率为零;随着增压比的提高,压缩终点温度会快速增大,直接影响压气机润滑油的工作性能(一般要求单级增压比不得大于 7)。

四、多级压缩与级间冷却压气机

所谓多级压缩就是使同一份气体在不同的气缸中逐级被压缩,并保证每级的增压比不超过 7,同时,每两级之间采用中间定压冷却。多级压缩的中间压力按每级压缩的增压比相同的原则确定。这样不仅可以省功,而且有利于多级活塞式压缩机的功平衡(每级功耗相同)和热平衡(中间冷却器的热负荷相同)。

五、叶轮式压气机

叶轮式压气机与活塞式压气机的基本原理是相同的,它们都是将机械能变成气体压能的机械。两者的区别在于活塞式压缩机是通过对气体实施压缩,直接将机械能转变成气体的压能;而叶轮式压气机则是先利用叶轮的旋转将机械能变成气体运动的高速动能,再利用扩压装置将气体的动能转变为压能。

与活塞式压气机相比,叶轮式压气机的压气过程是连续的,且无余隙容积的影响,因而其产量较大,但其增压比较小,因此,叶轮式压气机在工程上主要作鼓风机或通风机使用。

【思考与练习题】

11-1　试从热力学角度分析为什么要对活塞式压气机进行冷却?

11-2　通常采用两级压气机来生产柴油机起动所需的压缩空气。压气机的气缸和中间冷却器均用冷却水冷却,若在起动压气机之前忘记开冷却水阀,试问将产生什么样的后果?

11-3　如果在检修活塞式压气机时由于不小心而使压气机的余隙容积发生了变化,如果比正常的小,会产生什么后果?如果比正常的大,又会产生什么后果(用示功图进行分析)?

11-4　活塞式压气机为什么要有余隙容积?它对活塞式压气机的工作性能有何影响?

11-5　理想气体从同一初态出发,经可逆或不可逆绝热压缩过程,设功耗相同,试问它们的终态温度和压力是否相同?

11-6　有一台活塞式空气压缩机,其余隙比为 0.05,进气压力为 0.1MPa,温度 17℃,若要求压缩终了的压力达到 1.6MPa,设压缩过程的多变指数为 1.25,试求压气机的容积效率。若采用两级压缩,按总功耗最小原则确定中间压力,此时容积效率又为多少?

11-7　某单缸活塞式压气机,用来制备压力为 0.8MPa 的压缩空气,已知气缸直径 $D=300$ mm,活塞行程 $S=200$ mm,余隙比为 0.05,机轴转速为 400r/min,压气机从大气中吸入空气,空气的初态 $p_1=0.1$ MPa、$t_1=20$ ℃,多变压缩过程指数 $n=1.25$,求压气机的容积效率,并计算压气机每分钟生产的压缩空气量(以 kg 表示)以及带动该压气机所需电动机的功率(压气机的外部机械摩擦损失忽略不计)。

11-8　一台两级活塞式压气机,每小时吸入 $p_1=0.1$ MPa,$t_1=17$ ℃的空气 108.5kg,经可逆多变压缩到 $p_2=$ 6MPa。设各级压缩过程多变指数均为 1.2,质量热容为定值,且 $c_p=1.004$ kJ/(kg·K),$c_v=0.717$ kJ/(kg·K)试求:1)最佳中间压力;2)各级气缸的排气温度;3)两级压缩所需的总功率;4)两级压缩时气体放出的总热量;5)气体在中间冷却器中放出的热量。

11-9　某活塞式压气机从大气环境吸入 $p_1=0.1$ MPa、$t_1=20$ ℃的空气,经多变压缩到 $p_2=28$ MPa。为使每级压缩终了空气的温度不大于 180℃,取气缸中多变压缩过程的多变指数 $n=1.3$,试确定压气机应有的最小级数。

11-10　空气初态为 $p_1=0.1$ MPa、$t_1=20$ ℃,经过三级活塞式压气机后,压力提高到 12.5MPa,假定各级增压比相同,各级压缩过程的多变指数 $n=1.3$。试求:1)生产 1kg 压缩空气理论上应消耗的功;2)各级气缸出口的温度;3)如果不用中间冷却器,压气机消耗的功及各级气缸的出口温度;4)若采用单级压缩,压气机消耗的功及气缸出口的温度。

11-11 一台两级活塞式压气机,吸入的空气状态为 $p_1=0.1\text{MPa}, t_1=17℃$,将空气压缩到 2.5MPa。压缩机的生产量为 500m³/h(标准状态下),两气缸中的压缩过程均按多变指数 $n=1.25$ 进行。以压气机所需要的总功量最小为条件,试求:1)空气在低压气缸中被压缩后所达到的压力 p_2;2)压气机中气体被压缩后的最高温度 t_2 和 t_3;3)设压气机转速为 250r/min,求每个气缸在每个进气冲程中吸入的空气体积 V_1 和 V_2;4)每级压气机中每小时所消耗的功 W_{C1} 和 W_{C2},以及压气所消耗的总功 W_C;5)空气在中间冷却器及两级气缸中每小时产出的热量。

11-12 轴流式压气机每分钟吸入 $p_1=0.1\text{MPa}, t_1=20℃$ 的空气 60kg,经绝热压缩到 $p_2=0.5\text{MPa}$,该压气机的绝热效率为 0.85,求出口处空气的温度及压气机所消耗的功率。

11-13 某轴流式压气机从大气环境中吸入 $p_1=0.1\text{MPa}, t_1=27℃$ 的空气,其体积流量为 516.6m³/min,绝热压缩到 $p_2=1\text{MPa}$。由于摩擦作用,使出口气体温度达到 350℃。求:1)该压气机的绝热效率;2)因摩擦引起的熵产;3)拖动压气机所需的功率。

第十二章 制冷与热泵循环

【知识目标】掌握蒸汽压缩制冷循环的基本组成、循环过程及影响其经济性的主要因素；了解制冷剂的相关特性；了解吸收式、蒸汽喷射式与吸附式制冷及热泵循环的基本原理和主要特点。

【能力目标】具备蒸汽压缩制冷循环的分析计算能力；具备识读和应用制冷剂压焓图的初步能力。

制冷循环是一种逆向循环，其目的是把低温物体的热量转移到高温物体中去。由热力学第二定律可知，热量从低温传至高温是一个非自发过程，必须要有一定量机械功转变为热量，或热量从高温传向低温的自发过程作为补偿条件才能发生。若循环的目的是从低温环境不断取走热量从而维持环境的低温，称之为制冷循环；若循环的目的是从低温环境取走热量不断释放给高温环境从而保证高温环境的温度，则称之为热泵循环。

根据制冷原理的不同，制冷循环可分为压缩制冷循环、蒸汽喷射制冷循环、吸收式制冷循环和吸附式制冷循环等。压缩制冷循环又分为空气压缩制冷循环和蒸汽压缩制冷循环。本章主要讨论蒸汽压缩制冷循环，也适当介绍其他制冷循环及热泵循环的基本知识。

第一节 蒸汽压缩制冷循环

由前述分析已知，逆向卡诺循环是制冷装置的最理想循环。若采用理想气体作工质，则由于其定温过程无法得到工程上有价值的实现，因此也就无法实现以理想气体为工质的逆向卡诺循环。但在饱和状态下，湿蒸汽的定压吸热过程和定压放热过程都是定温过程，如果采用湿蒸汽为工质，就可容易地实现定温吸热和定温放热，从而可以按逆向卡诺循环工作，以便在一定的冷库温度和环境温度下获得最高的制冷系数。此外，采用湿蒸汽为工质还有一个重要优点，由于工质在冷藏库中仍是靠工质的汽化吸热，而一般工质的汽化潜热都比较大，因此以湿蒸汽为工质可以得到相当大的单位质量工质的制冷量。在我国，用低沸点物质（大气压下的沸点低于0℃）作为工质（制冷剂），蒸汽压缩制冷方式得到了广泛的应用。

一、蒸汽压缩制冷逆卡诺循环

图 12-1 是在给定的环境温度 T_1 和冷库温度 T_2 之间的蒸汽压缩制冷逆卡诺循环的装置示意图和 T-s 图。

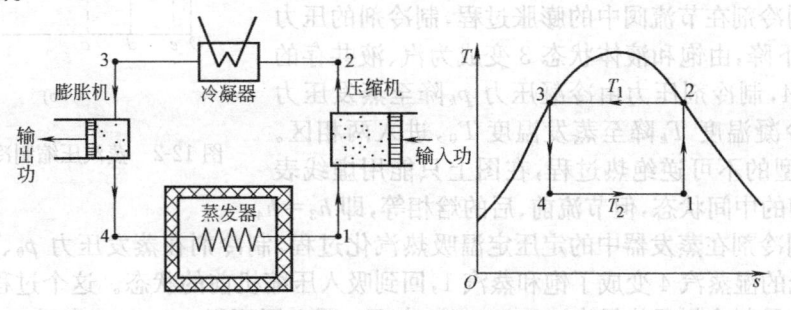

图 12-1 蒸汽压缩制冷逆卡诺循环

1-2 为制冷剂在压缩机内的可逆绝热压缩过程，单位质量制冷剂所消耗外界技术功为 $w_C = h_2 - h_1$。

2-3 为制冷剂在冷凝器中的定压定温冷凝放热过程，制冷剂由饱和蒸汽变为饱和液体，单位质量制冷剂放热量为 $q_1 = h_2 - h_3$。

3-4 为制冷剂在膨胀机中的可逆绝热膨胀过程，单位质量制冷剂对外作出的技术功为 $w_e = h_3 - h_4$。

4-1 为制冷剂在蒸发器中的定压定温吸热汽化过程，它是真正实现制冷的过程，单位质量制冷剂的吸热量为 $q_2 = h_1 - h_4$。

可见此逆卡诺循环的制冷系数为

$$\varepsilon_k = \frac{q_2}{w_C - w_e} = \frac{q_2}{w_0} = \frac{q_2}{q_1 - q_2} = \frac{T_2}{T_1 - T_2} \tag{12-1}$$

ε_k 是温度 T_1 与 T_2 间所有制冷循环中制冷系数的最大值。而以湿蒸汽为工质的逆卡诺循环，需要进行湿蒸汽的绝热压缩过程。当湿蒸汽吸入压缩机时，工质中的液体会立刻从压缩机气缸壁吸热汽化，使气缸内工质压力迅速下降，影响压缩机吸气，致使压缩机的吸气量减少而引起制冷装置的制冷量下降。同时，在压缩过程中未汽化的液体会产生"液击"现象，导致压缩机损坏。另外，湿蒸汽在绝热膨胀过程中，因工质中液体的含量很大，膨胀机的工作条件很差，故实际上此理想循环无法实现。

二、蒸汽压缩制冷的理论循环

实际的蒸汽压缩制冷的理论循环是以蒸汽逆卡诺循环为基础，对压缩过程及膨胀过程进行适当改进而形成的。其改进内容包括用膨胀节流阀代替膨胀机，以简化装置；使压缩机吸入的工质为饱和蒸汽（或稍有过热度的过热蒸汽），即用"干压"代替"湿压"，避免压缩机发生"液击"现象。改进后的循环装置示意图以及其 T-s 图如图 12-2 所示。这个装置主要由压缩机、冷凝器、膨胀节流阀和蒸发器四大部件组成，循环过程如下。

1-2 为制冷剂在压缩机内的可逆绝热压缩过程，制冷剂由饱和蒸汽状态 1 被压缩到过热蒸汽状态 2，压力由蒸发压力 p_0 升高到冷凝压力 p_k，消耗的外界技术功为 $w_C = h_2 - h_1$。

2-3 为制冷剂在冷凝器中的定压冷凝放热过程，制冷剂压力维持 p_k 不变，制冷剂先由过热蒸汽状态 2 冷却到饱和蒸汽状态 $2''$，温度由 T_2 降至冷凝温度 T_k，再由饱和蒸汽状态 $2''$ 在定温定压下冷凝为饱和液体状态 3，单位质量制冷剂放热量为 $q_1 = h_2 - h_3$，在 T-s 图上用面积 2-3-d-a-2 来表示。

3-4 为制冷剂在节流阀中的膨胀过程，制冷剂的压力和温度急剧下降，由饱和液体状态 3 变成为汽、液共存的湿蒸汽状态 4，制冷剂压力由冷凝压力 p_k 降至蒸发压力 p_0，温度由冷凝温度 T_k 降至蒸发温度 T_0，进入两相区。这是一个典型的不可逆绝热过程，在图上只能用虚线表示，并无确切的中间状态，但节流前、后的焓相等，即 $h_3 = h_4$。

4-1 为制冷剂在蒸发器中的定压定温吸热汽化过程，制冷剂在蒸发压力 p_0、蒸发温度 T_0 下，由干度低的湿蒸汽 4 变成了饱和蒸汽 1，回到吸入压缩机前的状态。这个过程中产生制冷效果，单位质量制冷剂吸热量为 $q_2 = h_1 - h_4$，在 T-s 图上用面积 4-1-a-c-4 表示。

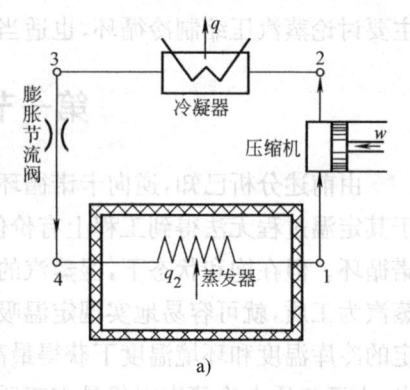

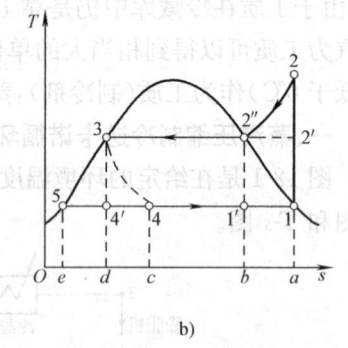

图 12-2 蒸汽压缩制冷理论循环

这种在 T-s 图上用 1-2-3-4-1 表示的循环,由于没考虑到压缩机、冷凝器和蒸发器中实际过程的不可逆性,所以称为蒸汽压缩制冷理论循环。

循环中,单位质量制冷剂从冷库中吸收的热量(称为制冷量)为

$$q_2 = h_1 - h_4 = h_1 - h_3 \tag{12-2}$$

式中,$h_3(=h_4)$ 为冷凝压力下饱和液体的焓,可从制冷剂饱和蒸汽表上查得。

单位质量制冷剂向外界放出的热量为

$$q_1 = h_2 - h_3 \tag{12-3}$$

循环所耗的净功(即压缩过程的功耗)为

$$w_0 = h_2 - h_1 \tag{12-4}$$

该蒸汽压缩制冷循环的制冷系数为

$$\varepsilon = \frac{q_2}{w_0} = \frac{h_1 - h_4}{h_2 - h_1} \tag{12-5}$$

三、制冷剂及其 p-h 图

在蒸汽压缩制冷循环过程中,制冷剂经历了汽化、压缩、冷凝及节流等过程,制冷剂状态不断发生变化。用制冷剂热力状态图可清晰地表示制冷剂状态及其变化过程,计算、分析及比较制冷循环性能。用 T-s 图来分析蒸汽压缩制冷循环时,有关耗功和制冷量、冷凝放热都用相应的面积来表示。用面积来表示较为形象,但用来进行计算时很不方便。下面介绍制冷剂的 p-h 图,在该图上,蒸汽压缩制冷循环的有关功量和热量都可用横坐标上相应的线段长度来表示,计算循环的热力特性非常方便,因而在制冷工程上各种制冷剂的 p-h 图得到了广泛的应用。

图 12-3 所示为制冷剂 p-h 图的结构示意图。它以绝对压力 p 为纵坐标(为清楚表示低压区的热力参数和保证数据查取精度,纵坐标一般取对数坐标,即 $\lg p$),以焓值 h 为横坐标。如图 12-3 所示,制冷剂 p-h 图的组成,可简单归纳为十个字:一点、二线、三区、五态、六线。

(1)一点 指的是临界点 C。

(2)二线 指的是临界点 C 左侧的饱和液体线($x=0$)和右侧的饱和蒸汽线($x=1$),两条线相交于临界点 C。

(3)三区 指的是饱和液体线左侧的过冷液体区、饱和蒸汽线右侧的过热蒸汽区以及两条线之间的湿蒸汽区,该区内气液共存,$0<x<1$。

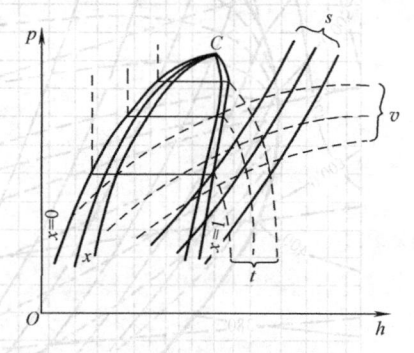

图 12-3 制冷剂 p-h 图的结构示意图

(4)五态 指的是制冷剂的五种状态:过冷液体、饱和液体、湿蒸汽、饱和蒸汽和过热蒸汽。

(5)六线 指的是六类等参数线簇,即

1)定压线簇:一组水平线。

2)定焓线簇:一组垂直线。

3)定温线簇:在过冷液体区是一组近似垂直线;在湿蒸汽区是一组水平线,且与相应的定压线重合;在过热蒸汽区是一组斜向下的曲线。

4)定比体积线簇:在湿蒸汽区是一组向右上方倾斜的曲线;在过热蒸汽区向右上倾斜的幅度更大。

5)定熵线簇:一组向上方倾斜的曲线,其斜率比定比体积线的斜率大。

6)定干度线簇:只在湿蒸汽区绘出,是一组自临界点向下发散的曲线,从左自右从 $x=0$ 逐渐增大到 $x=1$。

图 12-4 和图 12-5 分别给出 NH_3 和 HFC134a 的 p-h 图。

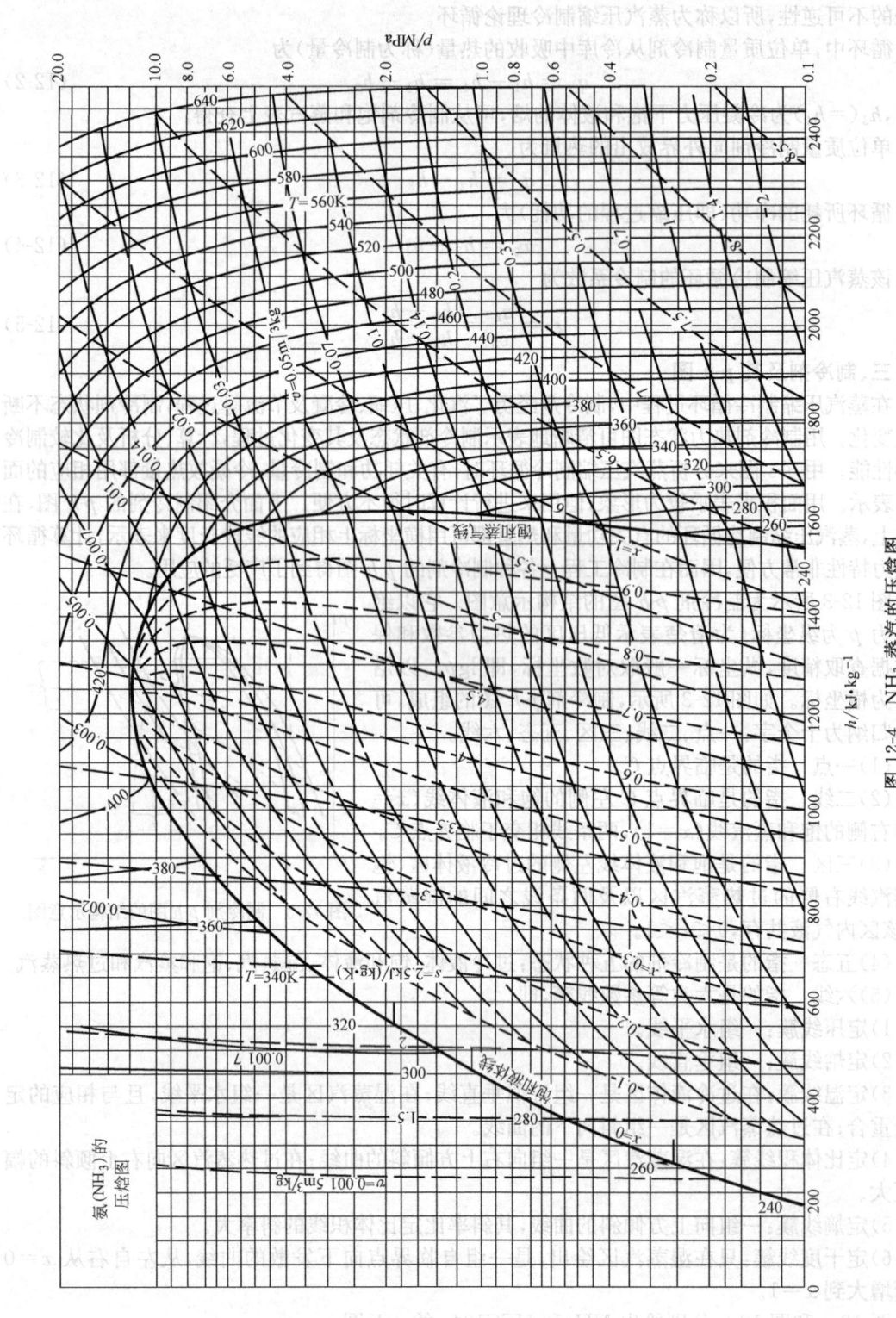

图 12-4 NH₃ 蒸汽的压焓图

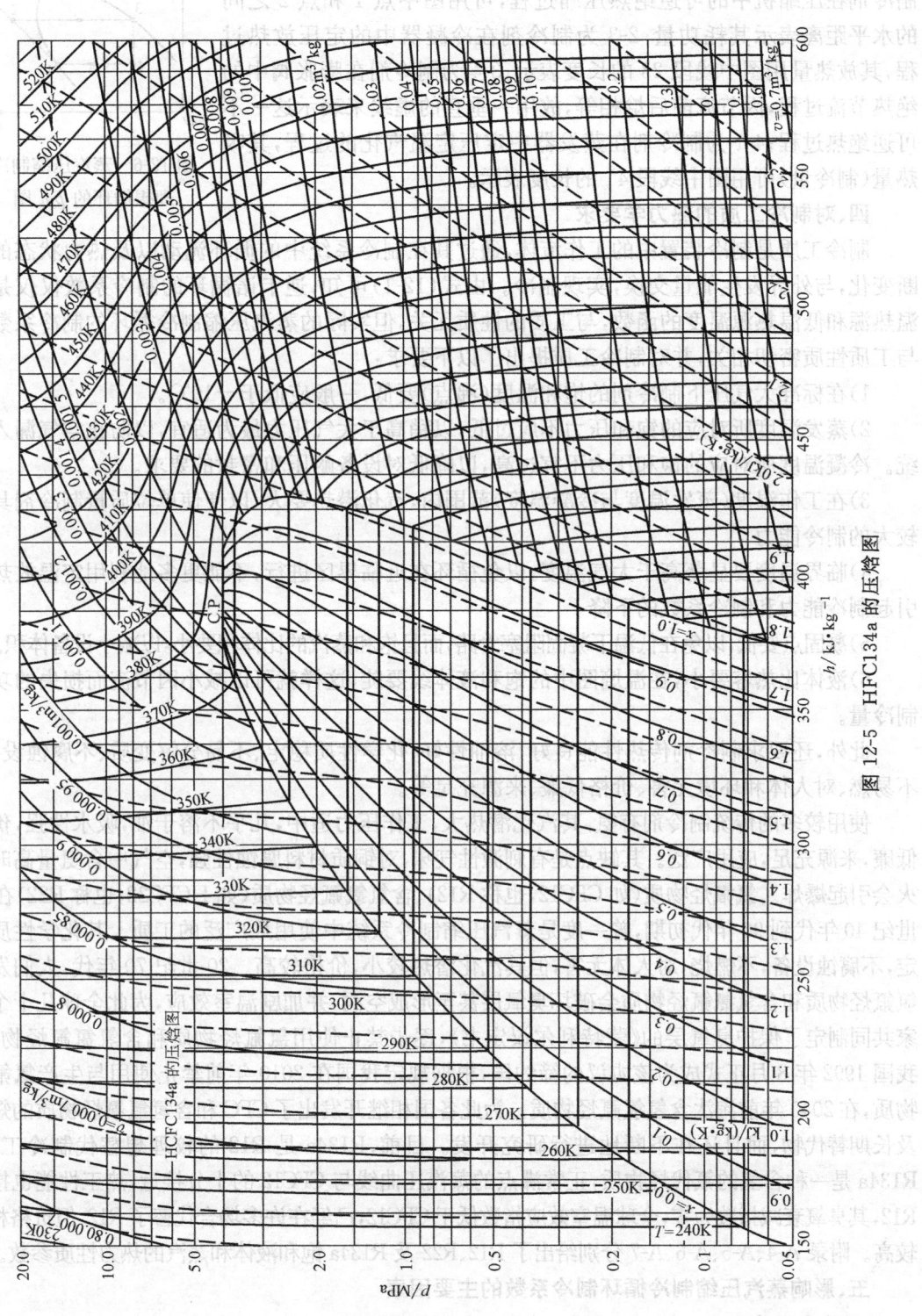

图 12-5 HFC134a 的压焓图

图12-6所示为蒸汽压缩制冷理想循环的 p-h 图。图中,1-2 为制冷剂在压缩机中的可逆绝热压缩过程,可用图中点 1 和点 2 之间的水平距离表示其耗功量;2-3 为制冷剂在冷凝器中的定压放热过程,其放热量用图中线段 23 的长度表示;3-4 为制冷剂在膨胀阀中的绝热节流过程,因节流前后焓相等,故用一垂直的虚线来表示这一不可逆绝热过程;4-1 为制冷剂在蒸发器中定压定温汽化的过程,其吸热量(制冷量)可用图中线段 41 的长度表示。

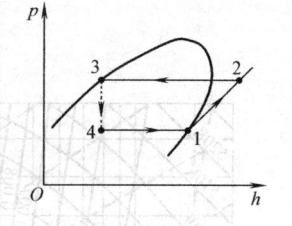

图12-6 蒸汽压缩制冷理想循环的 p-h 图

四、对制冷工质的热力学要求

制冷工质是制冷装置中的工作流体,通过其在制冷系统中的循环流动以及热力状态的不断变化,与外界发生能量交换,实现制冷。由式(12-1)可知,逆卡诺循环的制冷系数仅仅是高温热源和低温热源温度的函数,与工质的性质无关,但实际的蒸汽压缩制冷循环的制冷系数却与工质性质密切相关,并对制冷工质提出了以下要求:

1)在标准大气压下制冷剂的饱和温度(沸点)要低,一般应低于-10℃。

2)蒸发温度所对应的饱和压力不应过低,以稍高于大气压力最为适宜,以防止空气漏入系统。冷凝温度所对应的饱和压力不宜过高,以降低对设备耐压和密封的要求。

3)在工作温度(蒸发温度与冷凝温度)范围内,汽化潜热要大,以便使单位质量制冷剂具有较大的制冷能力。

4)临界温度要显著高于大气温度,以免循环在近临界区进行,不能更多地利用定温放热而引起制冷能力和制冷系数的下降。

5)凝固点要低,以免在低温下凝固阻塞管路,而且饱和蒸汽的比体积要小,以减小设备体积。

6)液体比热容要小,在温熵图中的饱和液体线要陡,这样就可以减小因节流而损失的功和制冷量。

此外,还要求制冷剂传热性能良好、溶油性好、化学性质稳定、不易分解变质、不腐蚀设备、不易燃、对人体和环境无害、价格低廉、来源充足等。

使用较多的传统制冷剂有氨,其汽化潜热大,工作压力适中,几乎不溶于油,吸水性强,价格低廉,来源充足,应用广泛。其缺点是有刺激性气味,对铜质材料腐蚀性强,空气中含氨量高时遇火会引起爆炸。氯氟烃物质(如 CFC12,也称 R12)、含氢氯氟烃物质(如 HCFC22,也称 R22)在 20 世纪 40 年代到 90 年代初期,曾一度是蒸汽压缩制冷系统中使用最广泛的工质。其化学性质稳定,不腐蚀设备,不燃烧,对人体无害,但其汽化潜热较小,价格较高。20 世纪 70 年代,人们发现氯氟烃物质和含氢氯氟烃物质会破坏臭氧层甚至形成空洞,并加剧温室效应,为此全球几十个国家共同制定了保护臭氧层的《蒙特利尔议定书》,逐步禁止使用氯氟烃物质和含氢氯氟烃物质。我国 1992 年 8 月正式成为该协议的缔约国,根据规定我国在 2010 年前禁止使用与生产氯氟烃物质,在 2040 年前淘汰含氢氯氟烃物质。为此各国相继开发出了 CFC 和含氢氯氟烃物质的短期及长期替代物,而且还在不断地进行研究开发。目前,R134a 是 R12 的较理想替代制冷工质。R134a 是一种含氢的氟代烃物质,正常沸点的蒸汽压曲线与 CFC12 的十分接近,热工性能也接近 R12,其臭氧衰减指数为零,全球温室效应指数低于 CFC12,已经在许多场合代替了 R12,但价格相对较高。附录 A-4、A-5、A-6、A-7 分别给出了 R12、R22 及 R134a 饱和液体和蒸汽的热力性质参数。

五、影响蒸汽压缩制冷循环制冷系数的主要因素

1. 蒸发温度

如图 12-7 所示,原循环为 1-2-3-4-1,当冷凝压力不变,将蒸发温度由 T_4 提高到 T_4' 时,构成

新的循环 $1'$-2-3-$4'$-$1'$。原循环的制冷系数为 $\varepsilon = (h_1 - h_4)/(h_2 - h_1)$，新循环的制冷系数为 $\varepsilon' = (h'_1 - h'_4)/(h_2 - h'_1)$。由图 12-7 可见，$(h'_1 - h'_4) > (h_1 - h_4)$，$(h_2 - h'_1) < (h_2 - h_1)$，显然 $\varepsilon' > \varepsilon$。然而蒸发温度主要取决于制冷对象的要求，不能随意变动，但在允许的情况下，取较高的蒸发温度有利于提高循环的制冷系数。一般蒸发温度应比制冷对象要求的温度低 5~7℃，以保证传热需要。

2. 冷凝温度

如图 12-8 所示，原循环为 1-2-3-4-1，当蒸发温度不变，降低冷凝温度时，则循环变为 1-$2'$-$3'$-$4'$-1。原循环的制冷系数为 $\varepsilon = (h_1 - h_4)/(h_2 - h_1)$，新循环的制冷系数为 $\varepsilon' = (h_1 - h'_4)/(h'_2 - h_1)$。由图 12-8 可见，$(h_1 - h'_4) > (h_1 - h_4)$，$(h'_2 - h_1) < (h_2 - h_1)$，显然 $\varepsilon' > \varepsilon$。冷凝温度主要取决于冷却介质（大气或冷却水）的温度，不能随意变动，但在允许选择冷却介质的温度时，例如，冰箱、冰柜从提高制冷系数出发，应放置在房间温度较低的地方。一般冷凝温度要高于冷却介质 5~7℃，以保证必要的传热温差。

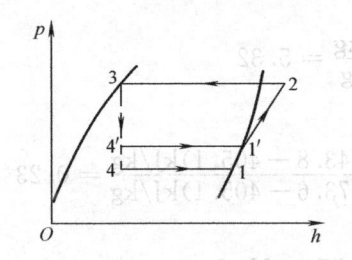

图 12-7 蒸发温度对制冷系数的影响 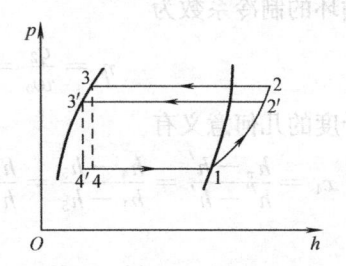　　图 12-8 冷凝温度对制冷系数的影响

3. 过冷度

如图 12-9 所示，原循环 1-2-3-4-1 中进入膨胀节流阀的工质状态为饱和液体，若进入膨胀阀的制冷剂液体为过冷液体，而其他条件不变，则循环变为 1-2-$3'$-$4'$-1。由图 12-9 可见，在这两个循环中，压缩机的功耗相等，均为 $(h_2 - h_1)$；而新循环的单位质量制冷剂的制冷量比原循环增加了 $(h_4 - h'_4)$。因此，新循环比原循环的制冷系数大，而且过冷度越大，制冷系数增加越多。制冷剂液体离开冷凝器的温度取决于冷却介质的温度，过冷度一般较小。多数制冷装置专设一个回热器，使从冷凝器出来的制冷剂液体通过回热器进一步冷却，以增大过冷度。回热器的冷却介质通常为离开蒸发器的低温低压蒸汽，这是一种在实用上比较切实可行的增大制冷系数的方法，如图 12-10 所示。一般比较简单的处理方法是将冷凝器出口至节流阀进口的管段与蒸发器出口至压缩机进口的管段包扎在一起，使两者间发生热交换，用低温低压的制冷剂来增大过冷度。

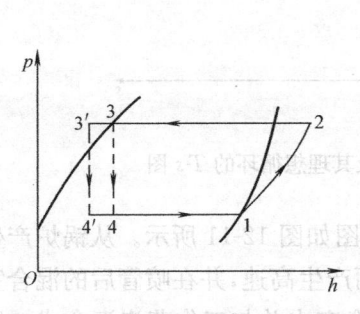

图 12-9 过冷度对制冷系数的影响 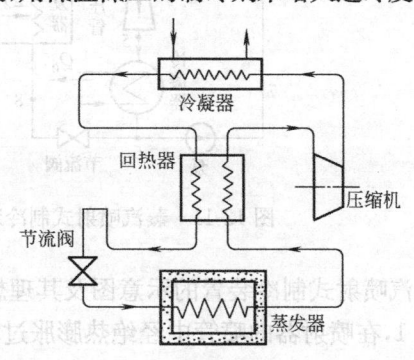　　图 12-10 带回热器的蒸汽压缩制冷循环

【例 12-1】 某制冷循环,工质在压缩机进口为饱和蒸汽状态($h_1 = 573.6 \text{kJ/kg}$),同压力下饱和液体的焓值 $h_5 = 405.1 \text{kJ/kg}$。若工质在压缩机出口处的焓 $h_2 = 598 \text{kJ/kg}$,在节流阀进口处 $h_3 = 443.8 \text{kJ/kg}$,求:1)单位质量工质的制冷量;2)单位质量工质在冷凝器中的放热量;3)单位质量工质的功耗;4)该循环的制冷系数;5)节流阀出口处工质的干度。

解: 1)制冷过程为工质从湿蒸汽吸热汽化为饱和蒸汽的过程,由于绝热节流前、后的焓相等,即 $h_3 = h_4$,由式(12-2)可得单位质量工质的制冷量为

$$q_2 = h_1 - h_4 = h_1 - h_3 = (573.6 - 443.8)\text{kJ/kg} = 129.8 \text{kJ/kg}$$

2)由式(12-3)得单位质量工质的放热量为

$$q_1 = h_2 - h_3 = (598 - 443.8)\text{kJ/kg} = 154.2 \text{kJ/kg}$$

3)由式(12-4)得单位质量工质的功耗为

$$w_0 = h_2 - h_1 = (598 - 573.6)\text{kJ/kg} = 24.4 \text{kJ/kg}$$

4)该循环的制冷系数为

$$\eta_t = \frac{q_2}{w_0} = \frac{129.8 \text{kJ/kg}}{24.4 \text{kJ/kg}} = 5.32$$

5)由干度的几何意义有

$$x_4 = \frac{h_x - h'}{h'' - h'} = \frac{h_4 - h_5}{h_1 - h_5} = \frac{h_3 - h_5}{h_1 - h_5} = \frac{(443.8 - 405.1)\text{kJ/kg}}{(573.6 - 405.1)\text{kJ/kg}} = 0.23$$

第二节 其他制冷循环简介

一、蒸汽喷射式制冷循环

蒸汽喷射式制冷装置又称为气流引射压汽式制冷装置。它不消耗外功,而以消耗温度较高的热能为代价来实现制冷。蒸汽喷射式制冷装置的主要构件有锅炉、喷射器、冷凝器、节流阀、蒸发器及水泵,如图 12-11 所示。它用简单紧凑的喷射器取代了复杂昂贵的压缩机实现压缩,喷射器由喷管、混合室和扩压管组成。

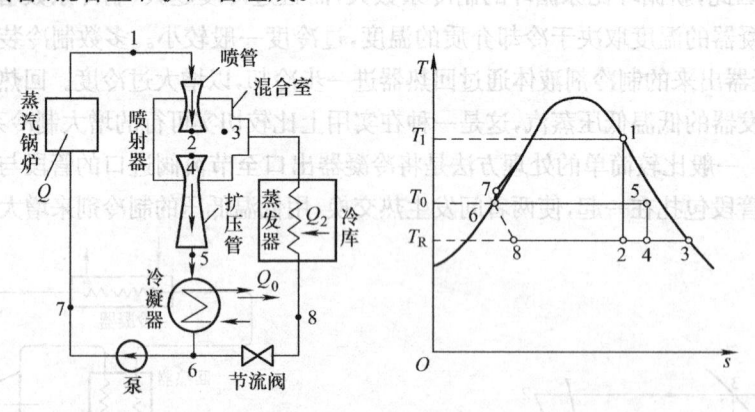

图 12-11 蒸汽喷射式制冷装置的示意图及其理想循环的 T-s 图

蒸汽喷射式制冷装置的示意图及其理想循环的 T-s 图如图 12-11 所示。从锅炉产生的高压蒸汽 1,在喷射器的喷管中经绝热膨胀过程到状态 2 而产生高速,并在喷管后的混合室中形成低压,从冷藏库的蒸发器来的低温水蒸气 3 被吸入混合室中并与工作蒸汽汇合成一股气流

4，然后经扩压管,使气流速度降低而压力增高至状态 5,又经冷凝器定压放热凝结成饱和水状态 6。这时,一部分水经调压阀绝热节流降温降压成低温湿蒸汽 8,直接送至冷藏库的蒸发器中吸热制冷;另一部分水经水泵加压后送到锅炉加热产生水蒸气。

上述装置的工作循环可以分作两个循环来分析。一个是制冷工质的逆向循环 8-3-4-5-6-8,它包括五个过程:水蒸气在冷藏库蒸发器内的吸热汽化过程 8-3;混合室中的混合放热过程 3-4;扩压管中的增压过程 4-5;冷凝器中的放热过程 5-6 和蒸汽经调压阀的绝热节流降温过程 6-8。另一个是工作蒸汽的正向循环 1-2-4-5-6-7-1,它由六个过程组成:蒸汽在锅炉中的定压加热汽化过程 7-1;蒸汽在喷管中绝热膨胀产生高速的过程 1-2;蒸汽在混合室中的混合吸热过程 2-4;扩压管中的增压过程 4-5;冷凝器中的定压放热过程 5-6;水泵中的加压过程 6-7。在正向循环中,工作蒸汽在锅炉中吸收的热量除在冷凝器中放掉的部分外,另一部分热量以高速气流驱动制冷工质时传递给制冷工质,而当制冷工质在扩压管中降速而增加压力时,这部分汽流的动能就成为制冷工质的焓。从此过程可知,制冷循环中制冷工质的压缩升压仍然是依靠外界机械能来实现的,只是这部分机械能来自于与制冷循环同时进行的正向循环。

蒸汽喷射式制冷循环中,是以向锅炉输入一定数量的热能为代价来实现制冷的,因此采用所得到的制冷量与供热量的比值来表示制冷循环工作的有效程度,称为能量利用系数,用 ξ 表示,即 $\xi=Q_2/Q_w$,这里 Q_2 为制冷装置的制冷量,Q_w 为工作蒸汽从锅炉中吸收的热量。

由于水在低温下的饱和压力很低,在 10℃时的饱和压力 p_s 就已低到 1.23kPa。因此,在这种制冷装置中,势必有一部分管路要维持高度的真空。也正是因为这个特点,这种制冷装置的压缩过程才必须采用喷射式的,如果采用活塞式压缩机,在吸气具有高度真空的情况下就很难保证气密,而且此时蒸汽的比体积很大,用一般结构的活塞式压缩机来吸取这么大体积的水蒸气,实际上是不可能的。

蒸汽喷射制冷循环结构简单,加工方便,无运动部件,可靠性高,不消耗机械能,喷射器容许通过很大的体积流量,可以利用低压水蒸气作为制冷剂。但是蒸汽混合过程的不可逆损失很大,热能利用系数较低,而且蒸汽和冷却水的消耗量较大,制冷对象要求制冷的温度越低,其经济性也越差。这种制冷装置只能制取 2~20℃ 的低温水,以 10~20℃ 比较适当,不宜低于 5℃。总之,蒸汽喷射制冷只适用于水源充沛,并有一定压力的余汽可资利用的场合,适用于空气调节和车间降温,而不能用作制冰和冷冻。

在化工、钢铁、火电厂等大型企业中都具有大量低压蒸汽,可以用来作为蒸汽喷射式制冷装置中的工作蒸汽(能源)。这样就可以使大型动力装置中难以利用的"废热"得到综合利用,达到节能降耗的目的。

二、吸收式制冷循环

吸收式制冷装置是利用溶质在溶液中的溶解度随温度而变化的特性来实现制冷的,同样是以耗费热能为代价的。其工作介质是吸收剂(溶剂)和制冷剂(溶质),两者组成的二元溶液,称为工质对。吸收剂一般为高沸点(相对制冷剂)的液体,对制冷剂蒸气有较强的吸收能力。低沸点的制冷剂蒸汽要求汽化潜热大,粘度小,容易被吸收剂吸收。目前,使用较多的工质对有溴化锂(吸收剂)-水(制冷剂)、氨(制冷剂)-水(吸收剂)。前者制冷温度高于零度,多用于空调系统中制取冷冻水,后者可得到零度以下的制冷温度,用于冷冻冷藏。

如图 12-12 所示,吸收式制冷系统主要由发生器、冷凝器、节流装置、蒸发器、吸收器及溶液泵等组成。工作时,制冷剂在蒸发器内汽化吸热从而产生制冷效应。蒸发后的低压制冷剂蒸气进入吸收器,被浓吸收剂吸收后变为稀溶液,此过程释放的热量被冷却介质带走。稀溶液经溶液泵升压后进入发生器,在发生器中消耗热能而释放出高压制冷剂蒸气,变为浓溶液,重新恢复吸收能力,再通过节流装置返回吸收器内继续吸收制冷剂蒸气。释放的高压制冷剂蒸气在冷凝器内冷却液化后经过节流降压,汽化后再次被吸收剂吸收。如此周而复始,形成连续制冷过程。

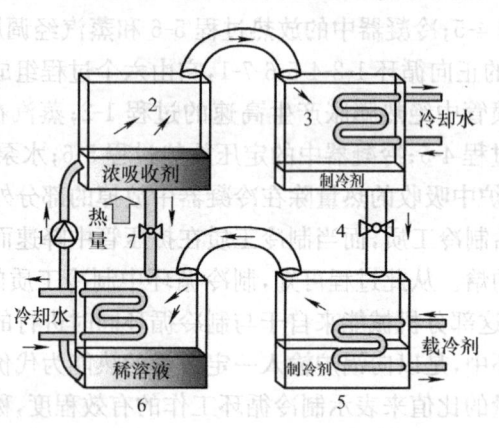

图 12-12 吸收式制冷循环图

1—溶液泵 2—发生器 3—冷凝器 4—制冷剂节流装置 5—蒸发器 6—吸收器 7—吸收剂节流装置

可见,吸收式制冷系统包括两个循环过程,一个是制冷剂循环回路,依次经过部件 1-2-3-4-5-6-1;另一个是吸收剂循环回路,依次经过部件 1-2-7-6-1。吸收器、溶液泵、发生器是公共部件,吸收剂节流装置与其配合使制冷剂蒸气压缩升压,替代了压缩机的作用。这种压缩蒸汽的方法的优点在于:在一般蒸汽压缩制冷装置中,压缩机需消耗相当数量的机械功,而吸收式制冷装置中,用泵来提高溶液的压力,其所消耗的机械功与压缩机相比小到可以忽略不计;用发生器中消耗热来代替压缩机消耗的功,此热量在吸收器中被冷却水带走。

吸收式制冷循环的经济性仍用能量利用系数来表示,即 $\xi=Q_2/Q_w$,这里 Q_2 为制冷装置的制冷量,Q_w 为向发生器内加入的热量。

吸收式制冷循环的热能利用系数较小(在 0.3~0.7 之间),但因其构造简单、造价较廉、运作部件少、噪声低、安全可靠,尤其是可以利用低品位的热能,通常广泛应用于综合利用废热(蒸汽或烟气)的场所及空调和小型冰箱中。

三、吸附式制冷循环

吸附式制冷是一种利用多孔固体表面吸附现象的制冷系统。吸附式制冷与吸收式制冷原理类似,依靠工质对相互作用,利用制冷剂的相变(即蒸发和冷凝)交替进行制冷。与吸收式制冷利用液体吸收剂吸收制冷剂蒸汽不同的是,吸附式制冷是一种利用多孔固体表面吸附制冷剂蒸汽的制冷系统。当吸附剂吸附制冷剂蒸汽达到饱和状态后需要脱附从而恢复吸附能力。

吸附式制冷系统如图 12-13 所示,主要由吸附剂容器、冷凝器、蒸发器(储液器)和单向阀组成。它们之间用管道相互连接,构成一个密闭的装置。吸附剂容器由已烧结成

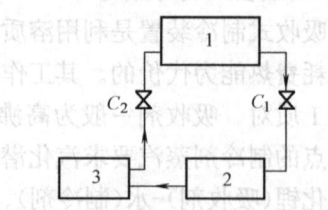

图 12-13 吸附式制冷系统原理图
1—吸附剂容器 2—冷凝器 3—蒸发器
C_1、C_2—单向阀

型的吸附剂或固体并带有微孔结构的颗粒状吸附剂填充构成。装置排除不凝性气体后,灌注制冷剂液体。

吸附式制冷系统工作分为脱附过程和吸附过程。脱附过程如下：C_1阀开启，C_2阀关闭，吸附剂容器内充装吸附剂，吸附剂被加热，温度升高，吸附于其上的制冷剂蒸汽压力升高脱离吸附剂表面，高压制冷剂蒸汽通过冷凝器降温凝结，放出的热量由冷却介质带走，冷凝液进入蒸发器。即为制冷剂由吸附器向蒸发器转移的过程。随着脱附过程的进行，吸附剂中制冷剂蒸气脱附量逐渐减少，直至加热温度下的平衡状态，吸附剂的吸附能力上升直至恢复到最大吸附能力。吸附过程如下：C_1阀关闭，C_2阀开启，吸附剂容器充装吸附剂，冷却降低吸附剂的温度，增强其吸附能力，同时降低了吸附材料内的制冷剂蒸汽压力，造成蒸发器内的液体制冷剂在低温下不断地汽化，吸收热量，产生制冷效果。这是制冷剂由蒸发器向吸附器转移的过程。随着吸附过程的进行，吸附剂吸收制冷剂蒸汽能力逐渐减小直至趋于零，吸附了大量制冷剂的吸附剂为下一次加热脱附提供了条件。这样脱附—吸附循环进行就形成了吸附式制冷的间歇式制冷过程。

在吸附式制冷中，由吸附剂和吸附质（制冷剂）构成的吸附工质对的性能直接影响制冷循环的能量利用系数与装置大小。工质对种类很多，有物理吸附和化学吸附之分。吸附剂要求吸附、脱附能力强，价格低廉，不污染环境；制冷剂要求汽化潜热大，蒸发温度适宜，不污染环境。常见的吸附工质对有沸石-水、硅胶-水、活性炭-甲醇、金属氢化物-氢、氯化锶-氨和氯化钙-氨等。有一种利用太阳能的沸石-水吸附式制冷系统，如图12-14所示，将沸石密封在平板式太阳能集热器中，白天利用太阳照射加热沸石，而在夜间，沸石被冷却到接近环境温度，这样完成吸附-脱附间歇式制冷循环。

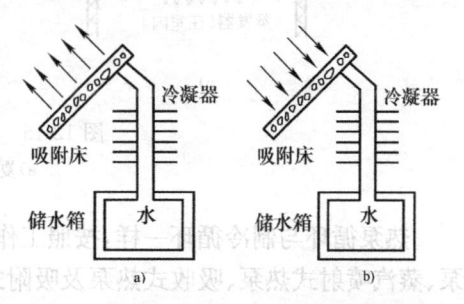

图12-14 太阳能沸石-水吸附式制冷系统
a）夜间吸附 b）白天脱附

吸附式制冷循环系统利用热源驱动，可利用余热、地热以及太阳能作为热源；具有不耗电、无运动部件、系统简单、没有噪声、无污染、寿命长、安全可靠、投资回收期短等优点。但吸附式制冷循环属于间歇性的，制冷效率不高，它的热力状态不断发生变化，难以实现自动运行，吸附、脱附过程均发生在同一容器内，其传热传质特性对吸附式制冷循环的间歇周期、过程进行的彻底性和制冷效果有决定性影响。

第三节 热泵循环

热泵是靠消耗机械功而将低温热源的热量传输到高温热源的装置，如图12-15所示。自然环境下的大气、海水中都具有热能，因为它们的温度低于人们需要的温度，往往不能直接加以利用。自然界和工程上也有大量低品位（温度较低）的热能被废弃。然而这种热能经过热泵，只需消耗较少的机械能，就能使其品位提高，供人们使用。

热泵和制冷装置的工作原理相同，只是根据使用的目的不同而有不同的称呼。例如，冷暖两用空调装置，在冬天将热量从低温大气传递到温度比较高的室内以维持室内的高温（取暖），则为热泵。夏天，用它来冷却室内空气，将室内低温处的热量传递到室外的高温环境，则是制冷装置。这样,同一个装置在不同的季节兼有热泵和制冷两个用途。在实际装置中,只要在压缩机进、出口管路上安装一个转换阀以控制制冷剂的流向即可,如图 12-15 所示。在夏季时,如图 12-15a 所示,从压缩机出来的高温高压制冷剂经转换阀,流入置于室外的冷凝器盘管中,冷凝后的制冷剂流过膨胀阀并在室内的蒸发器中吸热蒸发,以达到冷却室内空气的目的。在冬季时,如图 12-15b 所示,由压缩机出来的高温高压制冷剂蒸汽经转换阀直接通入置于室内的冷凝器盘管中,冷凝放热,加热室内的空气,冷凝后的制冷剂则通过膨胀阀被引入置于室外的蒸发器中蒸发,然后重新返回压缩机中,完成一个热泵循环。

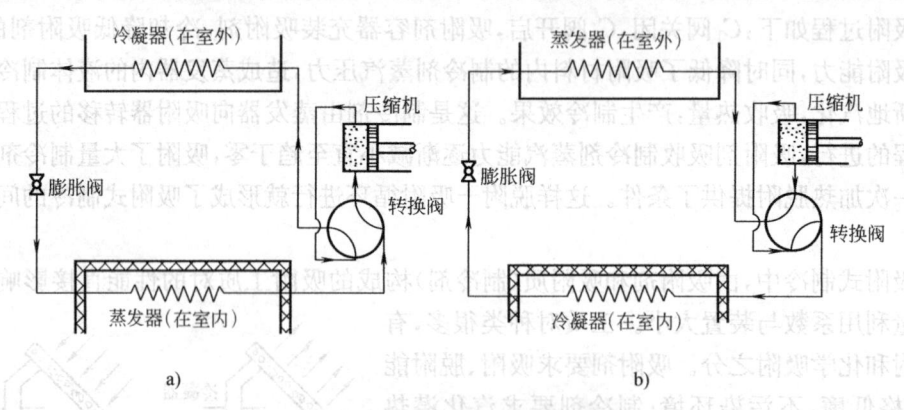

图 12-15 空调器的夏季和冬季工况
a) 夏季工况 b) 冬季工况

热泵循环与制冷循环一样,按照工作原理的不同,可分为气体压缩式热泵、蒸汽压缩式热泵、蒸汽喷射式热泵、吸收式热泵及吸附式热泵等类型。另外,按照低温热源形式的不同,热泵可分为空气源热泵、水源热泵(水源可以是地表水、地下水、生活与工业废水、中水等)、土壤源热泵以及太阳能热泵。

热泵循环的经济性用热泵获得的收益(制热量)与付出的代价(所耗能量)之比体现,称之为性能系数,用 COP 表示。对于压缩式热泵,性能系数 COP 为制冷剂通过冷凝器的供热量 Q_1 与在压缩机中消耗的功 W_0 之比,称为热泵系数 ε_p(或供热系数),即

$$\varepsilon_p = \frac{Q_1}{W_0} = \frac{Q_2 + W_0}{W_0} = \varepsilon + 1 \tag{12-6}$$

由于热泵传给高温物体的热量包括由消耗的机械功变成的热量,所以,热泵利用过程中获得的热量始终大于消耗的能量,热泵供热系数总是大于 1 的,比工作在相同条件下的制冷系数要大。直接用电炉取暖所消耗的能量要比用电动机带动热泵采暖消耗的能量大得多,例如,某热泵的供热系数为 4,则表示消耗 1kW 电能的热泵可提供取暖用热 4kW。因此热泵是一个比较合理的供热装置,是合理利用能源的途径之一。但是,利用热泵需消耗相当高的设备费用,近年来热泵的研究工作致力于降低设备费用和采用低品位的热能。

【案例分析与知识拓展】

一、单压缩双蒸发器制冷循环

家用冰箱等小型制冷装置往往需要用一台制冷压缩机同时保持肉库(-15℃左右)和菜库

(5℃左右)的低温。图 12-16 所示是一个具有一台压缩机和高、低压两个蒸发器的制冷系统。其相应的 T-s 图和 p-h 图如图 12-17 所示。

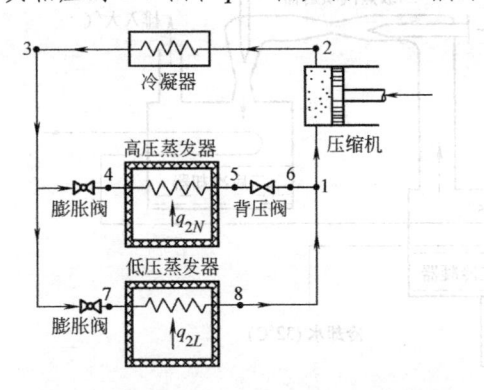

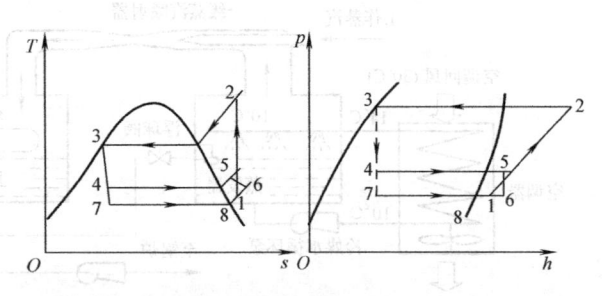

图 12-16　单级压缩双蒸发器制冷装置简图

图 12-17　单级压缩双蒸发器制冷循环 T-s 图和 p-h 图

菜库中的蒸发器是高压蒸发器，肉库中的蒸发器是低压蒸发器。每个蒸发器前各有一个膨胀节流阀，以便制冷剂节流降压降温并自动控制制冷剂的流量。低压蒸发器的蒸发压力由压缩机的吸入压力来控制。高压蒸发器的蒸发压力由蒸发器后面的背压阀来控制，使之具有较高的蒸发温度，通过背压阀减压后的制冷剂蒸汽与低压蒸发器出来的制冷剂蒸汽定压混合后被压气机吸入。装置的其余部分与前述单级压缩制冷装置相同。

T-s 图和 p-h 图中，1-2 为压缩机中的可逆绝热压缩过程；2-3 为冷凝器中的定压冷凝过程；3-4 为高压膨胀节流阀中的不可逆绝热节流过程；3-7 为低压膨胀节流阀中的不可逆绝热节流过程；4-5 为高压蒸发器的吸热汽化过程；7-8 为低压蒸发器中的吸热汽化过程；5-6 为背压阀的节流降压过程；8-6 为高、低蒸发器出来的制冷剂蒸汽的定压混合过程，混合后的状态点为 1，再由压气吸入进行下一循环。

二、蒸汽喷射式制冷装置应用实例

某大型油轮利用主柴油机废气锅炉产生的蒸汽，再利用蒸汽驱动喷射式制冷装置进行船舶舱室空调，其装置原理如图 12-18 所示。工作时，第一级蒸汽喷射器(亦称真空泵)不断抽出蒸发器内的水蒸气和漏入的空气，以维持蒸发器稳定的真空度(绝对压力为 1 226Pa)。冷媒水循环泵泵出温度为 10℃的冷媒水进入空调器吸热，温度升高至 14℃后进入蒸发器喷淋出来，由于其温度大大超过其压力对应的饱和温度，便迅速汽化吸热，使蒸发器温度降低并产生 10℃的冷媒水，再由冷媒水循环泵泵至空调器中冷却空气，使 30℃的空调舱室回风降至 24℃，再进入舱室调节室温。另一方面，被一级喷射器抽出的蒸汽被送入主冷凝器，由 30℃左右的冷却水冷却并凝结为水，这些冷凝水可用于补充废气锅炉和蒸发器所消耗的水。同时由于蒸汽喷射器排出压力最多只能比吸入压力升高不大于 8 倍，故主冷凝器的压力只能升高到 0.01MPa 左右，而不能将未凝结的蒸汽和不凝结的空气排到大气中去，这就很难维持蒸发器所需的真空度，所以系统中还需设置二级喷射器(使排出压力升至 0.08MPa 左右)和三级喷射器(使排出压力升至大于大气压力)，这样水蒸气基本上可完全凝结为水，而且一些不凝结的气体也可排至大气中去，从而可稳定装置的工作状态。

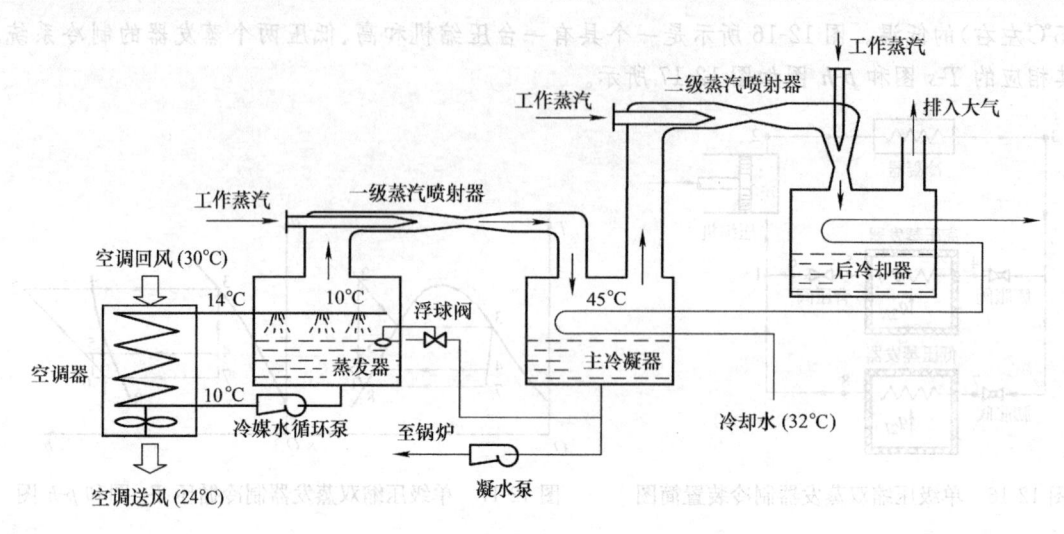

图 12-18　某船蒸汽喷射式制冷装置原理图

【本章小结】

制冷及热泵循环与动力循环相反，是一种逆向循环。它用于将热能从温度较低的物体转移到温度较高的物体。本章介绍了蒸汽压缩式制冷系统的构成及其理论循环过程，并较为详细地介绍了制冷剂的压焓图，为今后学习制冷原理打下基础。同时，简单介绍了制冷剂的相关要求，以及蒸汽喷射式制冷、吸收式制冷和吸附式制冷系统的工作原理及特点。另外，热泵系统在我国近年来发展较快，故简单介绍了其相关内容。

一、蒸汽压缩制冷循环

在制冷剂的湿蒸汽区，理论上可实现逆卡诺制冷循环，但由于存在着压缩机的湿压（液击）现象，故实际制冷循环不是按逆卡诺制冷循环工作的。实际制冷循环中对蒸汽压缩卡诺制冷循环装置进行了改进，这样一是可避免液击，使制冷压缩机吸入的是饱和蒸汽或稍有过热度的过热蒸汽；二是将膨胀机改为简单的节流装置，形成了蒸汽压缩制冷理论循环。

二、制冷剂

制冷剂 $p\text{-}h$ 图的结构可简述为一点、二线、三区、五态、六线。蒸汽压缩制冷是利用低沸点制冷剂的汽化潜热来实现制冷的，能达到较高的制冷量和较低的蒸发温度。对制冷剂的主要要求是汽化潜热要大，汽化温度要低。制冷工质的性质对制冷系数有较大影响，工质的选用要满足热力学要求和环境要求。

三、影响制冷系数的因素

制冷系数随蒸发温度的提高和冷凝温度的下降而增大，但蒸发温度的提高和冷凝温度的下降都会受到一定的限制。实际可行的办法是通过增大制冷剂在冷凝器出口处的过冷度来提高制冷系数。故实际工程中，常将冷凝器出口至节流阀进口的管段与蒸发器出口到压缩机进口的管段包裹在一起，利用蒸发器出来的低温低压制冷剂蒸汽使冷凝器出来的制冷剂进一步产生过冷，这样一方面可增大制冷系数，另一方面保证进入压缩机的是稍有过热度的过热蒸汽，防止出现湿压现象。

四、其他制冷方式与热泵

蒸汽喷射制冷以消耗温度较高的热能为代价来实现制冷。它用由喷管、混合室和扩压管组成的喷射器取代了压缩机实现压缩。

吸收式制冷利用溶质在溶液中的溶解度随温度而变化的特性来实现制冷,也是以耗费热能为代价的。其工作介质是由吸收剂和制冷剂组成的二元溶液。

吸附式制冷利用多孔性固体表面吸附制冷剂蒸汽实现制冷。吸附式制冷装置是由吸附器、冷凝器、蒸发器和阀门组成的密闭装置,依靠吸附剂和吸附质(制冷剂)构成的吸附工质对工作。

热泵装置与制冷装置的工作原理相同,只是工作目的不同,前者为了供热,后者为了制冷。热泵循环的经济性用热泵系数来体现,比制冷系数大。热泵供热是一种较合理利用能源的途径。

【思考与练习题】

12-1 蒸汽压缩制冷循环在理论上是否可以实现逆向卡诺循环?实际工程上为何不采用逆向卡诺制冷循环?

12-2 在商业上常用"冷吨"表示制冷量的大小,1"冷吨"表示 1t 温度为 0℃ 的水在 24h 内冷冻成 0℃ 冰所需要的制冷量。请证明 1 冷吨=3.86kJ/s。已知在 1 标准大气压下冰的融化热为 333.4kJ/kg。

12-3 对逆向卡诺循环而言,冷、热源温差越大,制冷系数越大还是越小?为什么?

12-4 制冷压缩机用电动机带动,试问电能转换到哪里去了?能否不消耗电能而使制冷装置连续制冷?为什么?

12-5 使用制冷机可产生低温,利用所产生的低温物体作冷源可以扩大热动力装置循环所能利用的温差,从而提高整个热动力循环的热效率,这么做是否有利?为什么?

12-6 为维持 22℃ 的室内温度,某卡诺热泵需向温室提供 300kW 的热量。热量取自室外 0℃ 的空气,试计算:1)供热系数;2)循环耗功量;3)吸热量。

12-7 以 R22 为工质的制冷循环,工质在压缩机进口为饱和蒸汽状态($h_1=397.5$kJ/kg),同压力下饱和液体的焓值 $h_5=168.3$kJ/kg。若工质在压缩机出口处的焓值 $h_2=433$kJ/kg,在绝热节流阀进口处的焓值 $h_3=224.1$kJ/kg,求:1)单位质量工质的制冷量;2)单位质量工质在冷凝器中的放热量;3)单位质量工质的功耗;4)该循环的制冷系数;5)节流阀出口处工质的干度。

12-8 一台热机带动一台热泵,热机和热泵排出的热量均用于加热暖气散热器的热水。若热机的热效率为 50%,热泵的供热系数为 10,则输给散热器热水的热量是输给热机热量的多少倍?

12-9 某冷暖两用空调机使用的工质为 R134a,其压缩机进口为蒸发温度下的饱和蒸汽,出口工质为压力为 2.2MPa、温度为 105℃ 的过热蒸气,冷凝器出口为饱和液体,蒸发温度为 -10℃。当夏季室外温度为 35℃ 时给房间制冷,当冬季室外温度为 0℃ 时向房间供暖,均要求室温能维持在 20℃。若室内、外温度每相差 1℃ 时,通过墙壁等的传热量为 1 100kJ/h。求:1)将该循环示意图画在 p-h 图上;2)制冷系数;3)室外温度为 35℃ 时,制冷所需的制冷剂流量;4)供热系数;5)室外温度为 0℃ 时,供暖所需的制冷剂流量。

第三篇　传　热　学

传热学是一门研究由温差引起的热量传递规律的科学。热力学第二定律指出：凡是有温差存在的地方，就有热能自发地从高温物体向低温物体传递。传递过程中的热能通常称为热量。自然界和各种生产技术领域到处存在温差，因此热量的传递就成为自然界和生产技术领域中一种极普遍的物理现象。

在能源、宇航、动力工程、制冷、建筑、冶金、机械制造、化工等部门中都有大量的传热问题。制冷空调和集中供热行业基本上和能源工业一样，属于传热学科"唱主角"的一个领域。增大制冷剂的沸腾、凝结表面传热系数，研究有关的强化传热技术和强化元件的制造工艺始终是提高制冷机组性能的关键。从20世纪80年代初引进国外的先进技术和产品开始，现在国内不少厂家已经掌握了多种用于各类制冷机组上的强化沸腾或冷凝传热表面和元件的制造工艺，例如多孔表面沸腾管、单面或双面强化冷凝管，以及波纹板式紧凑型蒸发器、冷凝器等。特别值得指出，随着对大气层和生态环境有害的氯氟烃类制冷剂的停产停用，对新制冷工质(尤其是混合工质)的传热性能的研究显得相对薄弱。集中供热以其高效率、可靠性和清洁无污染赢得了越来越大的市场，供热管网的隔热保温材料和技术、高效换热设备、防腐措施、流动减阻和独立热计量等问题变得日益突出。它们均与传热现象有很密切的关系。

传热过程可以分为稳态传热过程和非稳态传热过程两大类。物体各点温度不会因传热而随时间变化的传热过程称为稳态传热过程，简称稳态传热；反之，则称为非稳态传热。本课程主要研究稳态传热规律及其工程应用。

根据热量传递的物理本质不同，热量传递可以分为三种基本方式，即导热、对流和辐射。工程实际传热过程往往是以上三种基本传热方式综合作用的结果。本课程着重定性地介绍这三种传热形式的机理，分析每一种传热过程的本质，并适当地介绍这三种传热形式的计算方法及计算公式。

第十三章　稳　态　导　热

【知识目标】掌握温度场、温度梯度、导热热阻、导热系数等基本概念；理解傅里叶定律的表述及含义；熟悉平壁、圆筒壁导热的温度分布规律。

【能力目标】具备将工程中或生活中某一研究对象简化为某种传热方式的抽象能力；能应用相关概念和公式对平壁、圆筒壁稳态导热过程进行分析和计算。

第一节　导热的基本概念

同一物体温度不同的各部分之间或相互接触的温度不同的多个物体之间，因温差而引起的热量传递过程称为导热(又称为热传导)。例如装在室内的暖气散热片,当温度较高的热水在散热器内流过时,将热量传递给散热片,而散热片将所得的热量又传递给外部温度较低的空气,热量自暖气散热器内壁传递到外壁以及翅片的过程就属于导热过程。

导热是物质的属性,导热现象既可以发生在固体内部,也可发生在静止的液体和气体之中,但微观机理有所不同。在气体中,导热是气体分子不规则热运动时相互碰撞的结果,气体的温度越高,其分子的运动动能越大,能量较高的分子与能量较低的分子相互碰撞就使热量由高温处传向低温处;对于固体,导电体的导热主要靠自由电子的运动来完成,而非导电固体则通过原子、分子在其平衡位置附近的振动来传导热量;至于液体中的导热机理,还存在着不同观点,可以认为介于气体和固体之间。

一般只有在固态物质内部才会发生单纯的导热现象,因为在加热或冷却过程中,对于固体来说,体积虽然有变化但不会因此诱发不同分子微团的相对运动;而流体(气体和液体)在吸热或放热时,其体积变化将引起密度的变化,进而会引起分子微团的宏观相对运动,所产生的对流换热现象并不是严格意义上的"纯导热"。在工程应用中,一般把发生在换热器管壁、散热肋片、管道保温层、墙壁等固态材料中的热量传递均看作导热过程处理。

为进一步了解导热过程,必须掌握以下基本概念。

一、温度场

温差是热量传递的驱动力,每一种传热方式都与物体的温度密切相关,所以研究物体内各点温度的状况是非常重要的。为描述物体内各点温度的分布状况,引入温度场、等温面以及等温线和温度梯度等概念。

在某一瞬间导热物体内各点的温度分布状况称为温度场。一般情况下,温度场是时间和空间坐标的函数,可表示为

$$t = f(x, y, z, \tau) \tag{13-1}$$

式中,t为温度,x、y、z为某一点的空间坐标,τ为时间。

根据物体内部温度场是否随时间变化,温度场可分为稳态温度场和非稳态温度场。稳态温度场是指物体各点温度不随时间的变化而变化的温度场,可表示为

$$t = f(x, y, z) \tag{13-2}$$

非稳态温度场是指物体内各点温度随时间变化的温度场,可表示成式(13-1)。热力设备在工况稳定、持续运转状态下,其内部的温度场都是稳态温度场。热力设备在起动、加速和停车过程中,其内部的温度场即为非稳态温度场。

如果物体内部的温度在x、y、z三个方向都有变化,则称为三维温度场。对于二维和一维温度场,稳态时表示为$t = f(x, y)$和$t = f(x)$,非稳态时则为$t = f(x, y, \tau)$和$t = f(x, \tau)$。

实际工程中,在不影响计算精度的情况下,许多导热过程均可以简化为一维稳态导热,以使计算变得更加简便。例如,对于常见的长圆柱和大平壁内温度场的研究,忽略长圆柱轴向温度和平壁平面方向上温度的微小差异,认为只有在长圆柱的径向和大平壁的厚度方向温度有变化,它们都是一维温度场。

发生于稳态温度场中的导热为稳态导热。稳态导热时,物体内各点的温度不随时间而变,其导热热流量为常数。而发生在非稳态温度场的导热称为非稳态导热。

二、等温面和等温线

为了直观地描绘出物体内部的温度分布情况,常用等温面或等温线来描述导热体内的温

度分布规律。在温度场中,将同一时刻温度相等的各点连接起来构成的面,称为等温面。它可能是平面,也可能是曲面。等温面与任一个平面(非等温面)的交线称为等温线。图 13-1a 表示某一瞬时内燃机活塞头内部的温度分布。按照等温面和等温线的定义可知它们具有以下性质。

1) 因为物体内的任一点不可能同时具有两个不同的温度,所以不同温度的等温面或等温线不会彼此相交。

2) 等温线或等温面上温度差为零,没有热量的传递。热量的传递沿着最短的途径进行,即沿着等温面或等温线的法线方向进行,等温面或等温线切线方向无热量传递。

3) 在物体内部,等温面或等温线可以是完全封闭的曲面或曲线,或者终止于物体的边缘,但不可以在物体内部中断。

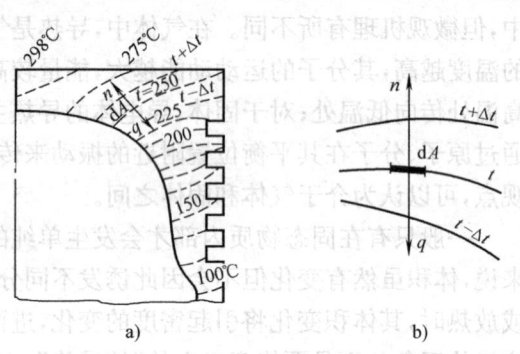

图 13-1 温度场、等温线和温度梯度示意图

三、温度梯度

在等温面或等温线的法线方向上单位长度的温度变化率,或者说沿等温面法线方向上的温度增量与法向距离比值的极限,称为温度梯度。温度梯度反映了温度场在空间变化的剧烈程度。

图 13-1b 所示的温度梯度示意图中,温度为 t 的等温面上某点处的微元面积为 dA,两等温面之间的温度差为 Δt,法线方向的距离为 Δn,则该点的温度梯度为

$$\mathrm{grad}\, t = \lim_{\Delta n \to 0}\left(\frac{\Delta t}{\Delta n}\right) = \frac{\partial t}{\partial n} \tag{13-3}$$

对于一维稳态温度场来说,由于 $t=f(x)$,其温度梯度为 dt/dx。

温度梯度是矢量,其方向总是指向温度增加的方向,而热传递的方向是由高温向低温,所以热流方向与温度梯度方向相反,或者说热流方向与温度降度($-\mathrm{grad}\, t$)方向一致,如图 13-1b 所示。

第二节 导热的基本定律

一、傅里叶定律

法国数学家物理学家傅里叶在对导热过程进行大量实验研究的基础上,于 1822 年提出了反映各向同性连续介质导热规律的傅里叶定律,即单位时间内通过物体的导热热流量 Q 与等温面法线方向上的温度梯度和垂直于导热方向的导热面积 A 成正比,用公式表示为

$$Q = -\lambda A \frac{\partial t}{\partial n} \tag{13-4}$$

式中,Q 为单位时间内通过物体的导热量,称为导热热流量,单位为 W;λ 为导热体材料的导热系数,单位为 W/(m·℃),它反映材料导热性能的好坏;A 为垂直于导热方向的导热面积,单位为 m^2;$\partial t/\partial n$ 为温度梯度,单位为℃/m;负号表示热流方向与温度梯度的方向相反。

对于单位导热面积而言

$$q = \frac{Q}{A} = -\lambda \frac{\partial t}{\partial n} \tag{13-5}$$

式中,q 为单位时间单位导热面积上的导热量,称为热流密度(W/m^2)。对一维稳态导热,傅里叶定律的数学表示式为

$$q = -\lambda \frac{dt}{dx} \tag{13-6}$$

二、导热系数及其影响因素

导热系数 λ 是表征物质导热能力大小的物性参数。由式(13-5)可知

$$\lambda = -\frac{q}{\partial t/\partial n}$$

可见,物体的导热系数代表单位温度降度时的导热热流密度,即单位时间内,单位导热面积上,当物体内温度降度为 1℃/m 时的导热量。表 13-1 给出了一些典型材料在常温下的 λ 值,从此表可以看出物质的导热系数在数值上具有以下特点。

1)对于同一物质来说,固体的导热系数最大,气体的导热系数最小。例如表 13-1 中,同样是在 0℃,冰的导热系数为 2.22W/(m·℃),水的导热系数为 0.551W/(m·℃),水蒸气的导热系数为 0.018 3W/(m·℃)。

2)一般金属的导热系数大于非金属的导热系数。这是因为金属的导热机理与非金属不同。金属的导热主要依靠自由电子的运动和分子或晶格(晶体)的振动,并且自由电子起主导作用;而非金属的导热主要依靠分子或晶格的振动。

3)纯金属的导热系数大于它的合金。例如表 13-1 中纯铜、纯铝和纯铁的导热系数均大于黄铜、铝合金和碳钢,其他金属也如此。这主要是因为合金中的杂质(或其他金属)破坏了晶格的结构,并且阻碍了自由电子的运动。

4)导电性能好的金属,其导热性能也好。例如表 13-1 中的银,是最好的导电体,也是最好的导热体。这是由于金属的导热和导电都主要依靠自由电子的运动。

5)对于同一种物质而言,晶体的导热系数要大于非晶体的导热系数。例如表 13-1 中的石英晶体和石英玻璃。

6)对于各向异性物体,导热系数的数值与方向有关。例如,松木(顺木纹)的导热系数大于松木(垂直木纹)的导热系数。这是由于一般木材顺纹方向的质地密实,而垂直于木纹方向的质地较为疏松的缘故。

表 13-1 几种典型材料在常温下的 λ 值

金属(固体)		非金属(固体)	
名称	$\lambda/W·(m·℃)^{-1}$	名称	$\lambda/W·(m·℃)^{-1}$
纯银	427	石英晶体(0℃,平行于轴)	19.4
纯铜	398	石英玻璃(0℃)	1.13
黄铜($\omega_{Cu}=70\%,\omega_{Zn}=30\%$)	109	大理石	2.7
纯铝	236	玻璃	0.65～0.71
铝合金($\omega_{Al}=87\%,\omega_{Si}=13\%$)	162	松木(垂直木纹)	0.15
纯铁	81.1	松木(顺木纹)	0.35
碳钢($\omega_c\approx0.5\%$)	49.8	冰(0℃)	2.22

(续)

液体		气体(大气压力)	
名称	$\lambda/\text{W}\cdot(\text{m}\cdot\text{℃})^{-1}$	名称	$\lambda/\text{W}\cdot(\text{m}\cdot\text{℃})^{-1}$
水(0℃)	0.551	空气	0.025 7
滑油	0.146	氮气	0.025 6
柴油	0.128	氢气	0.177
重油	0.119	水蒸气(0℃)	0.183
R12	0.0727	R12 蒸气	0.010

从表 13-1 还可看出，不同物质的 λ 值差异很大，同一物质物理状态与物质结构不同时的 λ 值也不相同。可见，导热系数的影响因素较多，主要取决于物质的种类、内部结构与物理状态。此外，温度、密度、湿度等因素对导热系数也有较大的影响。

导热系数还与材料的孔隙率有关。工程上常用的绝热材料，例如玻璃棉、石棉、泡沫珍珠岩制品、泡沫聚氨基甲酸酯多为带有气隙的多孔性材料。材料中的孔隙率越高、闭孔率越大、孔径越小、孔中气体的导热系数越小，材料的导热系数就越小。用氟利昂作发泡剂的聚氨基甲酸酯的 λ 比空气的 λ 还低，因而它是现代冷藏船、伙食冷库及家用冰箱的优良保温材料。大多数热绝缘材料的气隙及小孔是对外开口的，因此很容易吸湿、吸潮，一旦原有的气隙或气孔吸入水分，其导热系数将急剧增大。这一方面是由于水的 λ 值大于空气，更重要的因素是水分传质方向与热传递方向相同，当水由高温向低温进行传质时，热量也从高温传向低温处。例如，湿砖的 $\lambda=1.05\text{W}/(\text{m}\cdot\text{℃})$，干砖的 $\lambda=0.349\text{W}/(\text{m}\cdot\text{℃})$，水的 $\lambda=0.58\text{W}/(\text{m}\cdot\text{℃})$，可见湿砖的 λ 值比干砖和水都大的多。

第三节 平壁和圆筒壁的稳态导热

一、平壁的稳态导热

所谓平壁，是指长度和宽度的尺寸远大于其厚度(10倍以上)的物体，例如房间的墙壁、锅炉炉墙、冷库的外壁等。由于房间内的温度基本一致，室外的环境温度也是一定的，所以墙壁两侧在高度和宽度两个方向的温度变化就会很小，导热在室内、外温差作用下仅沿墙壁厚度方向进行，可近似地作为一维稳态导热处理。

1. 单层平壁

如图 13-2 所示的单层平壁，设平壁厚度为 δ，导热系数为 λ，两表面分别维持均匀稳定的温度 t_1 和 t_2，且 $t_1>t_2$。在离左侧壁 x 处，取一厚度为 $\text{d}x$ 的薄层平壁，该薄层温度差为 $\text{d}t$。根据傅里叶定律，通过该薄层的单位面积热流密度为

$$q=-\lambda\frac{\text{d}t}{\text{d}x} \quad (13\text{-}7)$$

分离变量后得

$$\text{d}t=-\frac{q}{\lambda}\text{d}x$$

在平壁稳态导热中，q 为常数，λ 取一定温度范围内的平均导热系数，也是常数。所以上式积分后可得

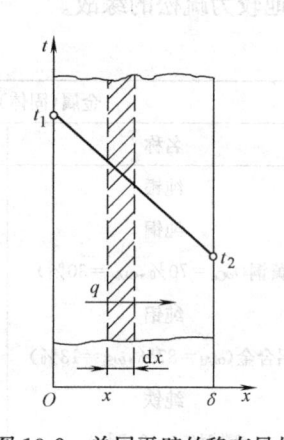

图 13-2 单层平壁的稳态导热

$$t = -\frac{q}{\lambda}x + C \tag{13-8}$$

式中，C 为积分常数，可由边界条件决定。将 $x=0$ 时 $t=t_1$ 和 $x=\delta$ 时 $t=t_2$ 代入式(13-8)，可得 $C=t_1$，从而可以确定平壁内温度的分布为

$$t = t_1 - \frac{t_1 - t_2}{\delta}x \tag{13-9}$$

由于 δ、t_1、t_2 都是定值，所以可知平壁内的温度沿壁厚方向是按直线规律分布的，如图13-2所示。

将式(13-9)带入傅里叶定律式(13-7)，可得单层平壁单位面积上的热流密度为

$$q = \lambda\frac{t_1 - t_2}{\delta} = \frac{\lambda}{\delta}\Delta t \tag{13-10}$$

热量传递是自然界中的一种能量转移过程，与自然界中的其他物质或能量转移过程（如电量的转移、动量的转移、质量的转移）有类似之处。导热与导电过程的类比见表13-2。各种物质或能量转移过程的共同规律性可归纳为

$$\text{过程中的转移量} = \frac{\text{过程的动力}}{\text{过程的阻力}}$$

在电学中，这种规律性就是众所周知的欧姆定律，即 $I=\Delta U/R$。在导热中，与之相对应的表达式可从式(13-10)的下列形式中得出

$$q = \frac{\Delta t}{\delta/\lambda} \tag{13-11}$$

式中，热流密度 q 为导热过程中热量的迁移量，温差 Δt 为转移过程的动力，而分母 δ/λ 为转移过程的阻力。热转移过程的阻力称为热阻，用符号 r_t 表示。它与电转移过程中的阻力 R 相当。对整个导热面积 A 来说，$r_t = \delta/\lambda A$。

热阻概念的建立对复杂热转移过程的分析带来很大的便利。比如，可借用比较熟悉的串、并联电路的计算公式来计算复杂传热过程的总热阻。

表 13-2　导热与导电过程的类比

项目	导电过程	导热过程
过程的动力	电位差 ΔU	温差 Δt
过程的阻力	电阻 R	热阻 R_t
过程的转移量	电流 I	热流量 Q

2. 多层平壁

多层平壁是指由几种不同材料所组成的复合平壁。由多层不同材料组成的平壁在工程上经常遇到，例如锅炉的炉墙是由耐火砖层、保温砖层和表面涂层三种材料叠合而成的多层平壁；冷库的围护结构是由建筑材料、隔热保温层和防潮层等组成的多层平壁；房屋的外墙是以砖为主体，内有白灰层、外抹水泥砂浆构成的多层平壁。

以图 13-3 所示的三种不同材料组成的三层平壁为例，各层厚度分别为 δ_1、δ_2、δ_3，导热系数相应为 λ_1、λ_2、λ_3，两侧壁面的温度分别为 t_1 和 t_4，且 $t_1 > t_4$。假定层与层紧贴在一起，不计层间的接触热阻，并认为接触面上各点的温度相等，则其温度变化为三段直线所组成的折线。当系统处于稳态时，导过各层的热流密度必相等。由单层平壁热流密度计算式(13-10)得各层平

壁热流密度为

$$\left.\begin{array}{l} q_1 = \lambda_1 \dfrac{t_1-t_2}{\delta_1} \\ q_2 = \lambda_2 \dfrac{t_2-t_3}{\delta_2} \\ q_3 = \lambda_3 \dfrac{t_3-t_4}{\delta_3} \end{array}\right\} \quad (13\text{-}12)$$

由于是稳态工况,则有 $q_1=q_2=q_3=q$,解方程组(13-12)可得导热热流密度为

$$q = \dfrac{t_1-t_4}{\dfrac{\delta_1}{\lambda_1}+\dfrac{\delta_2}{\lambda_2}+\dfrac{\delta_3}{\lambda_3}} \quad (13\text{-}13)$$

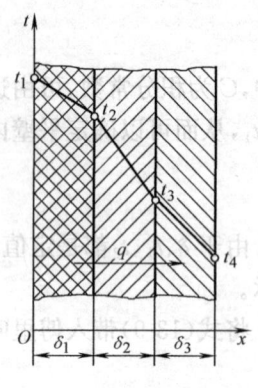

图 13-3 三层平壁的稳态导热

对导热面积为 A 的整个平壁,导热热流量为

$$Q = \dfrac{t_1-t_4}{\dfrac{\delta_1}{\lambda_1 A}+\dfrac{\delta_2}{\lambda_2 A}+\dfrac{\delta_3}{\lambda_3 A}} = \dfrac{\Delta t}{R_t} \quad (13\text{-}14)$$

式中, $\Delta t = t_1 - t_4$,为多层平壁的总温差; $R_t = \delta_1/\lambda_1 A + \delta_2/\lambda_2 A + \delta_3/\lambda_3 A$,为多层平壁的导热总热阻,等于各层热阻之和。类比串联电路的欧姆定律可知,多层平壁导热总热阻可采用类似串联电路求总电阻的方法求得,即总热阻等于各层热阻串联之和。对单位导热面积的导热热阻,则有 $r = \sum\limits_{i=1}^{n} \delta_i/\lambda_i$,可表示成图 13-4 所示的热阻网络图。

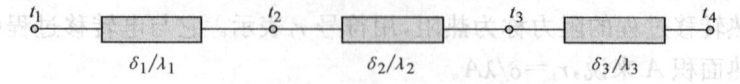

图 13-4 多层平壁的导热热阻网络图

依次类推, n 层平壁的热流密度计算公式为

$$q = \dfrac{t_1-t_{n+1}}{\sum\limits_{i=1}^{n} \dfrac{\delta_i}{\lambda_i}} \quad (13\text{-}15)$$

求得热流密度后,层间界面上的未知温度 t_2、t_3 可利用式(13-12)求得:

$$t_2 = t_1 - q \dfrac{\delta_1}{\lambda_1}$$

$$t_3 = t_1 - q\left(\dfrac{\delta_1}{\lambda_1}+\dfrac{\delta_2}{\lambda_2}\right)$$

一般地,对 n 层平壁,第 m 层与第 $m+1$ 层间的界面温度为

$$t_{m+1} = t_1 - q\sum\limits_{i=1}^{m} \dfrac{\delta_i}{\lambda_i} \quad (13\text{-}16)$$

【例 13-1】 某锅炉炉墙由厚 460mm、导热系数为 1.85W/(m·℃)的硅砖,厚 230mm、导热系数为 0.45W/(m·℃)的轻质粘土砖和厚 5mm、导热系数为 40W/(m·℃)的钢板从里到外构成。已知墙内表面温度为 1 600℃、外表面温度为 80℃。试问:1)通过炉墙的热流密度为多少?2)轻质粘土砖安全使用范围小于 1 300℃,现在使用是否安全?3)如果将硅砖和轻质粘

土砖调换一下,热流密度是否有变化？硅砖和轻质粘土砖是否能调换使用？

解: 1) 按式(13-13)计算热流密度:

$$q = \frac{t_1 - t_4}{\frac{\delta_1}{\lambda_1} + \frac{\delta_2}{\lambda_2} + \frac{\delta_3}{\lambda_3}} = \frac{1\,600 - 80}{\frac{0.46}{1.85} + \frac{0.23}{0.45} + \frac{0.005}{40}}\text{W/m}^2 = 2\,000\text{W/m}^2$$

2) 轻质粘土砖层的最高温度为

$$t_2 = t_1 - q\frac{\delta_1}{\lambda_1} = (1\,600 - 2\,000 \times \frac{0.46}{1.85})℃ = 1\,102.7℃ < 1300℃$$

故在安全范围内。

3) 调换使用虽然串联热阻不变,热流密度不变,但轻质粘土砖放在硅砖前接触的是烟气,壁面温度达1 600℃,这已超过轻质粘土砖最高允许使用温度。轻质粘土砖会软化甚至融化,根本不起保温作用,故不能随意调换。

二、圆筒壁的稳态导热

工程中的许多导热体都是圆筒形的,例如热力管道、制冷剂管路、锅炉和换热器中的换热管等。由于这些管路的长度远远大于管壁的厚度,在导热计算中,可以忽略沿轴向的温度变化,而仅仅考虑沿径向发生的温度变化。管壁内、外的温度可看做是均匀的,即温度场是轴对称的,所以圆筒壁的导热仍然可以看做是一维稳定导热。

圆筒壁与平壁导热的相同之处在于沿热传导方向上的不同等温面间的热流量 Q 是相等的;不同之处在于圆筒壁的导热面积随半径的增大而增大,因而沿半径方向传递的热流密度随半径的增大而减小,为了便于利用傅里叶定律推导出其导热量计算公式,圆筒壁的导热问题计算的是整个管壁的热流量 Q 或单位管长的热流量 q_l,而不是热流密度 q。

1. 单层圆筒壁

图13-5所示单层圆筒壁的内半径为 r_1、外半径为 r_2,材料导热系数 λ 为常数,圆筒内、外表面各维持一定的温度 t_1 和 t_2,且 $t_1 > t_2$。

从壁内离圆筒中心 r 处,割出厚度为 dr 的一层圆筒壁,如图13-5中的虚线所示。在此 dr 厚的圆筒壁内,导热温差为 dt,温度梯度则为 dt/dr,它的导热面积 $A = 2\pi rl$。由傅里叶定律可得通过圆筒壁的导热量为

$$Q = -\lambda A \frac{dt}{dr} = -\lambda \frac{dt}{dr} 2\pi rl$$

分离变量后得

$$dt = -\frac{Q}{2\pi\lambda l}\frac{dr}{r}$$

上式中只有 r 是变量,其余都是常数,两端积分可得圆筒壁导热温度场表达式:

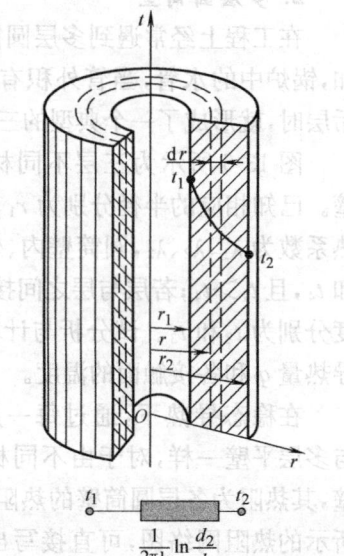

$$t = -\frac{Q}{2\pi\lambda l}\ln r + C \qquad (13-17)$$

图13-5 单层圆筒壁的稳态导热

式中的积分常数 C 可由圆筒壁的边界条件确定。当 $r = r_1$ 时,$t = t_1$;$r = r_2$ 时,$t = t_2$,则

$$t_1 = -\frac{Q}{2\pi\lambda l}\ln r_1 + C$$

$$t_2 = -\frac{Q}{2\pi\lambda l}\ln r_2 + C \tag{13-18}$$

将上两式代入式(13-17),可以确定圆筒壁内温度的分布为

$$t = t_1 + (t_2 - t_1)\frac{\ln(r/r_1)}{\ln(r_2/r_1)} \tag{13-19}$$

由式(13-19)可知,圆筒壁内的温度分布是一条对数曲线,如图 13-5 所示。

将(13-18)中的两式相减并以圆筒直径比代替半径比,经整理后可得到

$$Q = \frac{t_1 - t_2}{\frac{1}{2\pi\lambda l}\ln\frac{r_2}{r_1}} = \frac{t_1 - t_2}{\frac{1}{2\pi\lambda l}\ln\frac{d_2}{d_1}} \tag{13-20}$$

式(13-20)是圆筒壁导热计算公式。式中,d_1、d_2 分别为圆筒壁的内径和外径。当 $t_2 > t_1$ 时,式(13-20)计算出的导热量为负值,说明热量是从外表面传到内表面的。

根据圆筒壁的导热特点,工程计算中一般不以单位面积为基准计算导热量,而以单位长度为基准来计算它的导热量。这样,单位时间通过每米长圆筒壁的导热量 q_l 为

$$q_l = \frac{Q}{l} = \frac{t_1 - t_2}{\frac{1}{2\pi\lambda}\ln\frac{d_2}{d_1}} = \frac{t_1 - t_2}{R_l} \tag{13-21}$$

式中,R_l 为每米长圆筒壁的导热热阻,即

$$R_l = \frac{1}{2\pi\lambda}\ln\frac{d_2}{d_1} \tag{13-22}$$

可见,圆筒壁的导热量仍然与内、外壁面的温差成正比,与其热阻成反比。

2. 多层圆筒壁

在工程上经常遇到多层圆筒壁的导热问题。例如,锅炉中的水管,当管外积有烟灰层,管内积有水垢层时,就形成了一个典型的三层圆筒壁。

图 13-6 所示为三层不同材料组成的多层圆筒壁。已知相应的半径分别为 r_1、r_2、r_3 和 r_4;各层的导热系数为 λ_1、λ_2、λ_3,圆筒壁内、外表面的温度各为 t_1 和 t_4,且 $t_1 > t_4$;若层与层之间接触良好,接触面的温度分别为 t_2 和 t_3。试分析与计算通过多层圆筒壁的导热量 q_l 和各接触面的温度。

在稳态导热下,通过每一层的热流量 q_l 相等。与多层平壁一样,对于由不同材料组成的多层圆筒壁,其热阻为各层圆筒壁的热阻之和。根据图 13-6b 所示的热阻网络图,可直接写出三层圆筒壁导热量的计算公式:

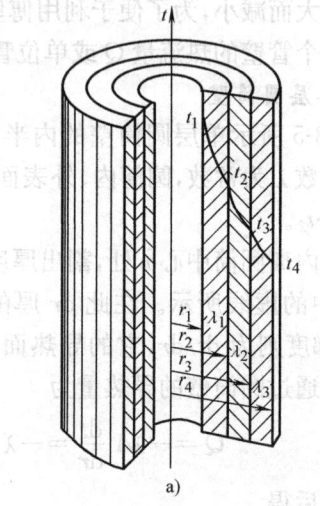

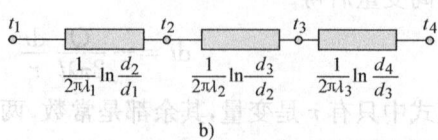

图 13-6 多层圆筒壁的稳态导热

$$q_l = \frac{t_1 - t_4}{R_{l1} + R_{l2} + R_{l3}} = \frac{t_1 - t_4}{\frac{1}{2\pi\lambda_1}\ln\frac{d_2}{d_1} + \frac{1}{2\pi\lambda_2}\ln\frac{d_3}{d_2} + \frac{1}{2\pi\lambda_3}\ln\frac{d_4}{d_3}} \tag{13-23}$$

一般地,对于 n 层圆筒壁有

$$q_l = \frac{t_1 - t_{n+1}}{\sum_{i=1}^{n} \frac{1}{2\pi\lambda_i} \ln \frac{d_{i+1}}{d_i}} \quad (13\text{-}24)$$

对于多层圆筒壁各接触面上的温度，可按下式求得：

$$t_{i+1} = t_1 - q_l(R_{l1} + R_{l2} + \cdots + R_{li}) \quad (13\text{-}25)$$

3. 圆筒壁稳态导热的简化计算

圆筒壁的导热计算公式中出现了对数项，计算时不太方便，工程上常做简化处理。在实际工程中，当 $d_2/d_1 < 2$ 时，可以将圆筒壁的导热计算用平壁导热计算公式来代替，简化处理后误差一般不大于 4%，这在一般工程计算中是允许的。因此，$d_2/d_1 < 2$ 是判断能否将圆筒壁导热按平壁方法计算的标准。对于单层圆筒壁，单位长度圆筒壁的热流量简化计算公式为

$$q_l = \frac{Q}{l} = \frac{t_1 - t_2}{\frac{\delta}{\pi d_m \lambda}} \quad (13\text{-}26)$$

式中，$d_m = (d_1 + d_2)/2$，为圆筒壁平均直径，单位为 m；$\delta = (d_2 - d_1)/2$，为圆筒壁的厚度，单位为 m；l 为圆筒壁长度，单位为 m；$\frac{\delta}{\pi d_m \lambda}$ 为圆筒壁简化计算时，每米长度上的导热热阻，单位为 ℃·m/W。

对于多层圆筒壁，当各层直径之比小于 2 时，亦可按简化方法计算。根据热阻叠加原理，每米长度多层圆筒壁的导热量为

$$q_l = \frac{t_1 - t_{n+1}}{\sum_{i=1}^{n} \frac{\delta_i}{\pi d_{mi} \lambda_i}}$$

【例 13-2】 已知供暖蒸汽钢管的内径为 140mm，外径为 150mm，导热系数 $\lambda_1 = 50\text{W}/(\text{m}\cdot\text{℃})$；钢管的外表面包着两层隔热层，其厚度分别为 $\delta_2 = 30\text{mm}$，$\delta_3 = 50\text{mm}$，导热系数分别为 $\lambda_2 = 0.17\text{W}/(\text{m}\cdot\text{℃})$，$\lambda_3 = 0.09\text{W}/(\text{m}\cdot\text{℃})$；钢管内表面温度 $t_1 = 300\text{℃}$，隔热层外表面温度为 $t_4 = 50\text{℃}$。求 1) 单位管长热损失；2) 各层间温度。

解： 据 d_1 和 d_2 计算 d_3 和 d_4 可得

$$d_3 = d_2 + 2\delta_2 = (0.15 + 2 \times 0.03)\text{m} = 0.21\text{m}$$

$$d_4 = d_3 + 2\delta_3 = (0.21 + 2 \times 0.05)\text{m} = 0.31\text{m}$$

1) 根据公式 (13-23) 计算蒸汽管道单位长度热损失为

$$q_l = \frac{t_1 - t_4}{\frac{1}{2\pi\lambda_1}\ln\frac{d_2}{d_1} + \frac{1}{2\pi\lambda_2}\ln\frac{d_3}{d_2} + \frac{1}{2\pi\lambda_3}\ln\frac{d_4}{d_3}}$$

$$= \frac{2 \times 3.14(300 - 50)}{\frac{1}{50}\ln\frac{0.15}{0.14} + \frac{1}{0.17}\ln\frac{0.21}{0.15} + \frac{1}{0.09}\ln\frac{0.31}{0.21}}\text{W/m} = 265\text{W/m}$$

2) 各层间温度为：

$$t_2 = t_1 - \frac{q_l}{2\pi\lambda_1}\ln\frac{d_2}{d_1} = \left(300 - \frac{265}{2\times\pi\times 50}\times\ln\frac{0.15}{0.14}\right)\text{℃} = 299.94\text{℃}$$

$$t_3 = t_1 - \frac{q_l}{2\pi}\left(\frac{1}{\lambda_1}\ln\frac{d_2}{d_1} + \frac{1}{\lambda_2}\ln\frac{d_3}{d_2}\right) = \left[300 - \frac{265}{2\pi}\left(\frac{1}{50}\times\ln\frac{0.15}{0.14} + \frac{1}{0.17}\ln\frac{0.21}{0.15}\right)\right]\text{℃} = 232\text{℃}$$

【案例分析与知识拓展】

案例 1：增强或削弱导热热阻的途径

冷库墙壁由钢板、玻璃纤维、木材三层不同材料叠合而成，已知各层的厚度分别为 $\delta_1 = 18\text{mm}$、$\delta_2 = 100\text{mm}$、$\delta_3 = 50\text{mm}$，各层的导热系数为 $\lambda_1 = 45\text{W}/(\text{m} \cdot \text{℃})$，$\lambda_2 = 0.035\text{W}/(\text{m} \cdot \text{℃})$，$\lambda_3 = 0.4\text{W}/(\text{m} \cdot \text{℃})$。

根据单层平壁导热阻计算公式可得冷库壁钢板层、玻璃纤维层和木材层单位导热面积的导热热阻分别为 $0.4 \times 10^{-3} \text{m}^2 \cdot \text{℃}/\text{W}$、$2857 \times 10^{-3} \text{m}^2 \cdot \text{℃}/\text{W}$ 和 $125 \times 10^{-3} \text{m}^2 \cdot \text{℃}/\text{W}$。三层热阻中，玻璃纤维层的热阻占总热阻的 95.8%，而钢板层的热阻在总热阻中所占比例可忽略不计。

由此可知，增大导热热阻可从减少导热系数、使用隔热材料着手，且导热系数越小，隔热层越厚，热阻越大。电冰箱为削弱其壁面的导热，采用氟利昂气体作发泡剂的聚氨基甲酸酯；深冷工艺中使用的液氮储存器，常将其隔热材料的孔隙抽成真空。

为了削弱导热热阻，则需要使用导热系数大的材料以及减薄壁厚。为此，小型高速柴油机的活塞采用导热性好的铝合金制造；而对热负荷和机械负荷都相当高的大功率中、低速柴油机的活塞头部和缸盖底部壁面，在设计中应采用"薄壁强背"结构。现代大型低速强载柴油机燃烧室壁面中，如缸盖底部壁面、缸套上部圆柱壁面还采用钻孔冷却，这都是从薄壁强背和加强冷却两方面减小壁面温差，降低受热面温度的有效措施。

案例 2：接触热阻

在多层壁的分析中，我们假定层与层之间的接触是十分良好的，因而在交界面上两壁面的温度相等。但实际上由于固体表面不是理想平整的，两固体接触的界面上易出现点接触，或者是部分的，不是完全平整的面接触，如图 13-7 所示。这会给导热过程带来额外的热阻，这种热阻称为接触热阻。特别是当界面上互不接触的空隙内充满导热系数远小固体壁面导热系数的气体时，接触热阻的影响更为突出。在接触界面上出现温差 ($t_{2A} - t_{2B}$) 是存在接触热阻的表现，因为两层固体壁面理想接触时，界面上不存在温差，即在界面上两层固体壁面具有相同的温度。按热阻的定义，界面接触热阻 R_C 可表示为

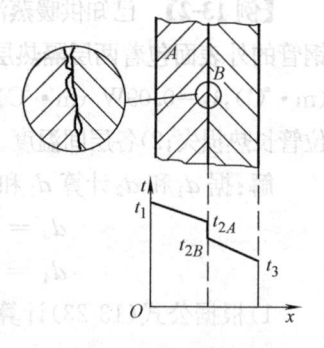

图 13-7 接触热阻

$$R_C = \frac{t_{2A} - t_{2B}}{Q} = \frac{\Delta t_C}{Q}$$

式中，Δt_C 为界面上的温差；Q 为热流量。从上式可看出，热流量不变的情况下，接触热阻 R_C 较大，必然在界面上产生较大的温差。值得注意的是，即使接触热阻不是很大，若热流量很大，界面上的温差仍不容忽视。

由于固体表面存在粗糙度，使两固体表面的接触不是完全平整的面接触，因而表面粗糙度是产生并影响接触热阻的主要因素。此外，接触热阻还与接触面上的挤压压力及两固体表面的材料硬度匹配的情形（即材料对的硬度）等因素有关。很明显，接触热阻随表面粗糙度的加

大而升高。对于粗糙度一定的表面,增加接触面上的挤压压力可使弹塑性材料的点接触变形,从而使固体表面间的接触面积增大,接触热阻减小。在同样的挤压压力下,两表面的接触情形又因材料对的硬度而异。在相同条件下,一个硬的表面与一个软的表面相接触,比两个硬的表面相接触的接触热阻要小。例如,在接触表面之间衬以导热系数大而硬度低的银箔或铜箔,对降低接触热阻有明显的效果。另外,接触热阻的大小还与空隙中介质的性质有关。例如,在接触面上涂上很薄的一层特殊热涂铜(亦称导热姆,它是一种二苯和二苯氧化物的混合物),使其填充空隙,以代替空气,可减小接触热阻约75%。

【本章小结】

本章主要介绍了与导热有关的基本概念、基本定律及平壁和圆筒壁的稳态导热计算。通过本章学习,应重点掌握以下内容。

一、导热的基本概念

(1)温度场　指某一瞬间物体内各点的温度分布规律,它是时间和空间位置的函数。与时间无关的温度场称为稳态温度场。根据温度场的空间维数的不同,温度场可分为一维、二维和三维温度场。一维稳态温度场表达式为 $t=f(x)$。发生在稳态温度场中的导热过程(热流量 Q=常数)称为稳态导热。

为了近似表示复杂导热物体内部的温度场,工程上常用等温面或等温线图来描述。所谓等温面是指温度场中温度相同的点所组成的面;等温线是指不同温度的等温面与同一平面(非等温面)的交线。

(2)温度梯度　是沿等温面(线)法线方向上的温度变化率。它是一个矢量,正方向指向温度升高的方向。对于一维稳态温度场,温度梯度为 dt/dx。

二、导热的基本定律

傅里叶定律指出纯导热物体内,导热热流量与垂直于导热方向的面积成正比,与等温面法线方向上的温度梯度成正比,方向与温度降低方向相同。

热流密度指的是单位导热面积上的导热量。对一维稳态导热 $q=-\lambda\dfrac{dt}{dx}$。

三、导热系数

(1)导热系数 λ　表征物质导热能力大小的物性参数,单位为 $W/(m \cdot K)$,即单位温度降度时的导热热流密度。

(2)影响 λ 的因素　不同物质的导热系数不同,一般 $\lambda_{导电固体} > \lambda_{非导体} > \lambda_{液} > \lambda_{气}$。温度的对材料导热系数影响较大,一般气体和非金属固体的 λ 随温度的升高而提高;液体和金属的 λ 随温度的升高而减小。工程上常用的绝热材料(或称保温材料)多为多孔性材料,要注意防潮,受潮后,λ 会显著增大。

四、平壁和圆筒壁的稳态导热计算

要求掌握平壁和圆筒壁稳态导热壁内的温度分布规律、导热量计算公式。理解热阻分析法在传热学领域的重要意义。它们的相关计算公式汇总列于表 13-3 和表 13-4。

表 13-3　单层平壁和单层圆筒壁稳态导热计算公式汇总表

导热问题	温度场表达式	热流量计算式	热阻表达式
单层平壁	$t = t_1 - \dfrac{t_1 - t_2}{\delta} x$	$q = \lambda \dfrac{t_1 - t_2}{\delta}$	$R_t = \dfrac{\delta}{\lambda A}$
单层圆筒壁	$t = t_1 + (t_2 - t_1)\dfrac{\ln(r/r_1)}{\ln(r_2/r_1)}$	$Q = \dfrac{t_1 - t_2}{\dfrac{1}{2\pi\lambda l}\ln\dfrac{d_2}{d_1}}$	$R_l = \dfrac{1}{2\pi\lambda}\ln\dfrac{d_2}{d_1}$

表 13-4　多层平壁和多层圆筒壁稳态导热计算公式汇总表

导热问题	层间界面温度表达式	热流量计算式	热阻表达式
多层平壁	$t_{m+1} = t_1 - q\sum\limits_{i=1}^{n}\dfrac{\delta_i}{\lambda_i}$	$q = \dfrac{t_1 - t_{n+1}}{\sum\limits_{i=1}^{n}\dfrac{\delta_i}{\lambda_i}}$	$r = \sum\limits_{i=1}^{n}\dfrac{\delta_i}{\lambda_i}$
多层圆筒壁	$t_{i+1} = t_1 - q_l(R_{t1} + R_{t2} + \cdots + R_{ti})$	$q_l = \dfrac{t_1 - t_{n+1}}{\sum\limits_{i=1}^{n}\dfrac{1}{2\pi\lambda_i}\ln\dfrac{d_{i+1}}{d_i}}$	$R_l = \sum\limits_{i=1}^{n}\dfrac{1}{2\pi\lambda_i}\ln\dfrac{d_{i+1}}{d_i}$

【思考与练习题】

13-1　为什么我国北方一些地区的玻璃采用双层结构？

13-2　为什么导电性能好的金属导热性能也好？

13-3　湿砖的导热系数为何比干砖和水的导热系数大？

13-4　试用传热学观点说明冰箱为什么要定期除霜。

13-5　两个处于常温下、温度相同而导热系数 λ 不同的物体，用手触及它们时感觉有何不同？为什么？

13-6　在多层平壁的稳态导热中，已经测得 t_1、t_2、t_3 和 t_4 依次为 650℃、500℃、200℃ 和 100℃，试问哪一层壁的热阻最大？哪一层壁的热阻最小？为什么？

13-7　用平底锅烧开水，与水接触的锅底温度为 111℃，热流密度为 42 400W/m²。使用一段时间后，锅底结了一层平均厚度 3mm 的水垢。假设此时与水相接触的水垢的表面温度及热流密度分别等于原来的值，试计算水垢与金属锅底接触面上的温度。设水垢的导热系数为 1W/(m·℃)。

13-8　如图 13-8 所示，一个炉壁由三层材料组成。第一层是耐火砖，导热系数 $\lambda_1 = 1.7$W/(m·℃)，允许的最高使用温度为 1 450℃；第二层是绝热砖，导热系数为 $\lambda_2 = 0.35$W/(m·℃)，允许的最高使用温度为 1 100℃；第三层是铁板，厚度 $\delta_3 = 6$mm，导热系数 $\lambda_3 = 40.7$W/(m·℃)。炉壁内表面温度 $t_1 = 1 350$℃，外表面温度 $t_2 = 220$℃，热稳定状态下，通过炉壁的热流密度 $q = 4 652$W/m²。试问各层壁厚应该为多少才能使炉壁的总厚度最小？

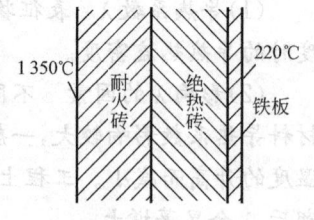

图 13-8　题 13-8 图

13-9　用比较法测量材料导热系数的装置如图 13-9 所示。标准试件 $\delta_1 = 16.1$mm，导热系数 $\lambda_1 = 0.15$W/(m·℃)，待测试件为厚度 $\delta_2 = 15.6$mm 的玻璃板。试验达稳定时，测得各壁面温度 $t_1 = 44.7$℃，$t_2 = 22.7$℃，$t_3 = 18.2$℃。求玻璃板的导热系数 λ_2。

13-10　欲测厚度为 δ，导热系数为 λ 的某气缸壁的内壁温度 t_3，因条件限制不能将热电偶安装在内壁上。采用图 13-10 所示的办法，将热电偶布置在 1、2 两点，分别测得 t_1 和 t_2。试推算出 t_3（提示：因气缸壁的厚度相对于气缸直径来说比较小，可作平壁处理）。

图 13-9 题 13-9 图

图 13-10 题 13-10 图

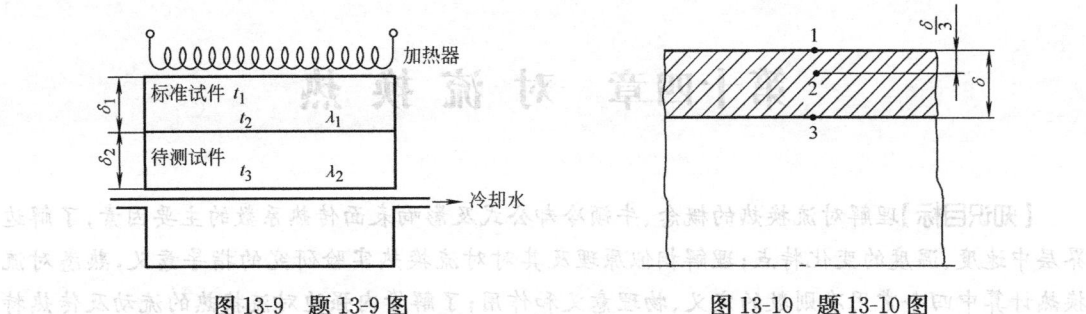

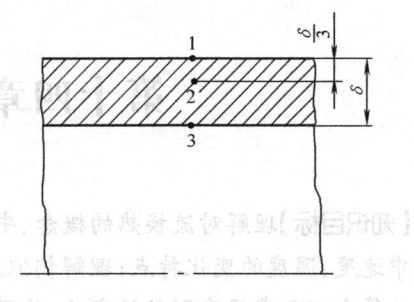

13-11 炉壁依次由耐火砖、绝热材料和铁板组成。耐火砖的导热系数 $\lambda_1=1.047\text{W}/(\text{m}\cdot\text{℃})$，厚度 $\delta_1=50\text{mm}$；绝热材料的导热系数 $\lambda_2=0.116\text{W}/(\text{m}\cdot\text{℃})$；铁板的导热系数 $\lambda_3=40.7\text{W}/(\text{m}\cdot\text{℃})$，厚度 $\delta_3=5\text{mm}$。假设热流密度 $q=465\text{W}/\text{m}^2$，耐火砖内表面温度为 600℃，铁板外表面温度 40℃，试求绝热材料的厚度以及各层接触面的温度。

13-12 圆筒壁的导热热阻与哪些因素有关？在什么情况下可按平壁的热阻公式计算？

13-13 蒸汽管道的外直径 $d_1=30\text{mm}$，准备包两层厚度都是 15mm 的不同材料的热绝缘层。a 种材料的导热系数 $\lambda_a=0.04\text{W}/(\text{m}\cdot\text{℃})$，b 种材料导热系数 $\lambda_b=0.1\text{W}/(\text{m}\cdot\text{℃})$。若温差一定，试问从减少热损失的观点看下列两种方案：1) a 在里层，b 在外层；2) b 在里层，a 在外层，哪一种好？为什么？

13-14 蒸汽管道的内、外直径分别为 86mm 和 100mm，内表面温度为 150℃。现采用玻璃棉保温，若要求保温层外表面温度不超过 40℃，且蒸汽管道允许的热损失不超过 $q_l=50\text{W}/\text{m}$，试求玻璃棉保温层的厚度至少应为多少？

13-15 内直径为 300mm，厚度为 8mm 的钢管，表面依次包上一层厚度为 25mm 的保温材料和一层厚度为 3mm 的帆布。钢的导热系数为 $46.5\text{W}/(\text{m}\cdot\text{℃})$，保温材料的导热系数为 $0.116\text{W}/(\text{m}\cdot\text{℃})$，帆布的导热系数为 $0.093\text{W}/(\text{m}\cdot\text{℃})$，试求这种情况下的导热热阻比裸管时增加多少倍？

13-16 热力管道的内、外直径分别为 140mm 和 156mm，管壁导热系数为 $58\text{W}/(\text{m}\cdot\text{℃})$。管外包着两层热绝缘层：第一层的厚度为 20mm，导热系数为 $0.037\text{W}/(\text{m}\cdot\text{℃})$；第二层的厚度为 40mm，导热系数为 $0.14\text{W}/(\text{m}\cdot\text{℃})$。管内表面温度和热绝缘层外表面温度分别维持为 300℃ 和 50℃。试求单位管长的热损失和各层接触面上的温度。

13-17 外径 50mm 的钢管，外包一层 8mm 厚的石棉保温层，其导热系数为 $0.12\text{W}/(\text{m}\cdot\text{℃})$；然后，在其外包一层同样厚度的玻璃棉，其导热系数为 $0.45\text{W}/(\text{m}\cdot\text{℃})$。已知钢管外侧壁温为 300℃，玻璃棉外侧表面温度 40℃。试求：1) 每米管长的热损失；2) 石棉层与玻璃棉层间的壁面温度；3) 在两侧温度不变的情况下，把里层（石棉）与外层（玻璃棉）位置调换一下，热损失如何变化？从中得出什么结论？

第十四章 对流换热

【知识目标】 理解对流换热的概念、牛顿冷却公式及影响表面传热系数的主要因素；了解边界层中速度、温度的变化特点；理解相似原理及其对对流换热实验研究的指导意义，熟悉对流换热计算中四个常用准则数的定义、物理意义和作用；了解管内强迫对流换热的流动及传热特点，能根据不同的流态选用合适的准则方程式正确计算管内对流换热问题；了解流体横掠单管的边界层分离现象及相应的换热特点；了解流体横绕管束时的流动和换热特点；熟悉自然对流换热、凝结换热和沸腾换热的原理及基本规律。

【能力目标】 具备将实际工程中遇到的对流换热问题转化成与之最接近的对流换热模型的能力，能根据相关理论和计算公式对工程上常见对流换热问题进行分析和计算。

第一节 对流换热及其影响因素分析

一、对流换热和牛顿冷却公式

1. 对流换热的概念

热对流是指由于流体的宏观运动而引起的流体各部分之间发生相对位移，冷、热流体相互掺混所导致的热量传递过程。热对流仅能发生在流体中，而且由于流体分子同时在进行着不规则的热运动，因而热对流必然伴随有热传导现象。工程上主要研究的是流体流经固体壁面时流体与固体壁面之间的热量传递过程，称之为对流换热。在对流换热过程中，不仅有离壁面较远处流体的对流作用，同时还有紧贴壁面薄层流体的导热作用。因此，对流换热实际上是一种由热对流和热传导共同作用的复合换热形式。

在日常生活和实际工程中，对流换热是普遍存在的热量传递方式之一。例如，夏天天气炎热时使用电风扇和空调进行纳凉，就是冷、热空气与固体表面进行对流换热的实际过程，使用电风扇来加速空气流动增加人体表面的散热，属于强制对流换热；空调送出的冷空气通过对流降低室内空气的温度，达到使人体表面散热的目的，属于自然对流换热。又如，冬天在室内使用暖气管道和散热片取暖，热水在管内流动，通过管道与室内进行热量交换，提高室内温度，从而达到取暖的目的。

2. 牛顿冷却公式

对流换热的基本计算公式至今仍采用 1701 年牛顿提出的公式，称为牛顿冷却公式，即

$$Q = \alpha A(t_w - t_f) \tag{14-1}$$

式中，Q 为对流换热的热流量，单位为 W；t_f 为流体温度，单位为 ℃；t_w 为固体壁面温度，单位为 ℃；A 为换热表面积，单位为 m^2；α 为表面传热系数，单位为 $W/(m^2 \cdot ℃)$。

写成热流密度的形式则为

$$q = \alpha(t_w - t_f) \tag{14-2}$$

表面传热系数 α 的物理意义为 $1m^2$ 的壁面上,当壁面与流体之间的温差为 $1℃$ 时,单位时间内单位面积上的对流换热量。α 的大小反映了对流换热过程的强弱程度。

上两式可改写为

$$Q = \frac{t_f - t_w}{1/\alpha A} \text{ 或 } q = \frac{t_f - t_w}{1/\alpha}$$

式中,$1/\alpha A$ 称为换热面积为 A 的对流换热热阻,其单位为 $℃/W$;$1/\alpha$ 称为单位换热面积热阻,其单位为 $m^2 \cdot ℃/W$。可见,对流换热热阻与表面传热系数成反比。利用热阻的概念来分析对流换热过程的强弱是传热学中的一种基本方法。

从式(14-2)可见,q 与表面传热系数 α 成正比,与流体和固体表面的温差 $(t_f - t_w)$ 成正比。对流换热过程中的热量转移,既有流体的流动作用,也有流体分子间的导热作用,对流换热现象的强弱程度与这两种作用密切相关,所有影响这两种作用的因素都会影响对流换热过程的强弱,而表面传热系数则反映了各种因素的综合影响。下面先将与对流换热有密切关系的边界层的概念作一简单介绍。

二、边界层的概念

1. 速度边界层

根据牛顿内摩擦定律,当粘性流体流过固体壁面时,由于粘滞摩擦力的影响,会引起壁面附近流体流动速度的重新分布。图 14-1 所示为流体以速度 w_g 流过平板时的速度分布曲线。在厚度为 δ 的流体薄层内,$y = 0$ 处,由于流体具有粘性,致使 $w_x = 0$;而在 $y = \delta$ 处,$w_x = w_g$,w_g 是未受壁面粘滞力影响的地方的主流速度。显然在 $y > \delta$ 的地方,流速保持主流速度 w_g 不变。壁面附近速度有剧烈变化的流体薄层,称为速度边界层。通常将从速度为零的壁面到速度达到主流速度 w_g 的 99% 的距离定义为速度边界层的厚度 δ。

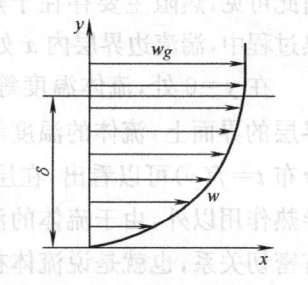

图 14-1 边界层中的速度分布

图 14-2 所示为速度边界层在平板上的形成与发展的情况。在平板的前缘流体以主流速度 w_g 流进,此时边界层厚度为 0,随着沿 x 方向流进平板距离的增加,边界层将逐渐增厚,在某一距离 x_c 以前,流动状态保持层流(称为层流边界层)。其截面上的流速分布近似一抛物线,流体层与层之间动量和热量的传递几乎完全依靠分子的扩散运动,即导热。当 x 增大到 x_c 时,层流边界层厚度增大到某一极限值,而使边界层失去层流的特征,转变为趋向湍流的过渡状态。这是因为 δ 越厚,速度梯度就越小,粘滞摩擦力下降。当流层中的粘滞力阻止不了流体主流中的任何微小扰动时,则层流的特征即逐渐不明显,呈现出横向脉动和旋涡的过渡状态。随着 x 的增加,将过渡到湍流边界层。此时,边界层内的流线不能保持有次序地层状流动,而是在主流路径的周围作不规则的脉动,形成具有旋涡的混乱运动,故称为湍流边界层。由图 14-2 可见,湍流边界层是由层流底层和湍流支层所组成的。在湍流边界层中,除紧贴壁面的极薄层流底层外,截面上流速分布曲线比较平坦,流体在层流底层中的流动依然属于层流,其中进行的热传递也依然属于导热。所以,层流底层虽然很薄,但是,它对热传递的影响却很大。由此可以推断,湍流的强烈程度与换热强度有关。

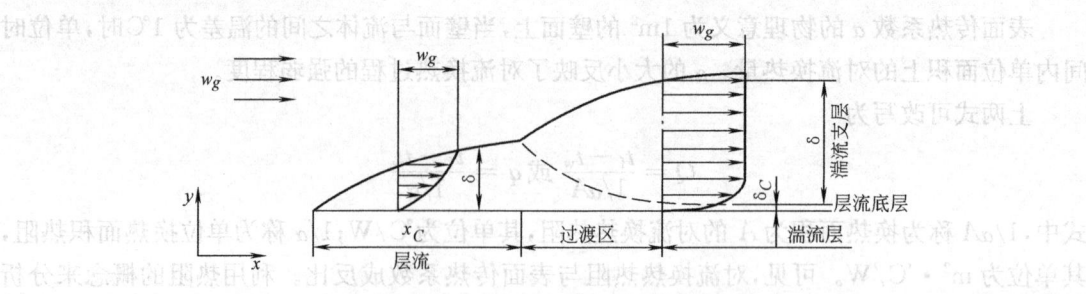

图 14-2　流过平板时边界层的形成和发展

2. 热边界层

　　流体流动的速度边界层概念可推广用于对流换热过程，得到热边界层的概念。流体沿平壁流动时，主流温度为 t_f 的流体与壁温为 t_w 的平壁之间进行对流换热（$t_f >t_w$）。壁面附近有一薄层流体具有明显的温度梯度，通常称这一薄层为热边界层或温度边界层，其厚度用 δ_t 表示。由此可见，热阻主要存在于热边界层内。图 14-3 为该换热过程中，湍流边界层内 x 处的热边界层示意图。

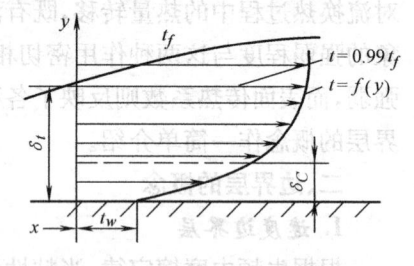

图 14-3　热边界层示意图

　　在 $y=0$ 处，流体温度等于壁温 t_w。在 $y=\delta_t$ 的热边界层的界面上，流体的温度等于 $0.99t_f$，可以认为已接近主流温度 t_f。由湍流边界层的温度分布 $t=f(y)$ 可以看出：在层流底层厚度 δ_c 内具有较大的温度梯度；在湍流支层内除流体的导热作用以外，由于流体的涡旋运动使流体的温度梯度变小。可见热边界层与速度边界层有密切关系，也就是说流体在壁面法线方向 y 上的温度分布 $t=f(y)$ 与其速度分布 $w_g=f(y)$ 有关，但并不完全相同。因此，速度边界层的厚度 δ 与热边界层的厚度 δ_t 有关，一般来说并不相等。理论与实验证明，对图 14-3 所示沿 x 方向的非定温流动，任一截面上的温度分布除与流体的性质有关外，主要还取决于流体的流动情况；也即流场中流体的温度分布受速度分布的影响。

三、影响表面传热系数的因素

　　对流换热过程的热量传递是靠两种作用完成的，一是对流，流体质点不断运动和混合，将热量由一处带到另一处，此为对流传递作用；同时，由于流体与壁面以及流体各处存在温差，热量也必然会以导热的方式传递，而且温度梯度越大的地方，导热作用越明显。显然，一切支配这两种作用的因素和规律，诸如流动状态、流体种类和物性、壁面形状及其几何参数等都会影响换热过程，可见对流换热过程是一个比较复杂的物理现象。表面传热系数 α 从量上综合反映了对流换热的强度。以下就几方面的影响因素作进一步的叙述。

1. 流体流动产生的原因

　　根据流体流动产生的原因的不同，流体的流动可分为受迫流动和自由流动两类。流体的受迫流动是由机械力（如泵或风机）的作用所引起的，所以又称为强迫流动。它可以是没有对流换热的等温流动，也可以是有对流换热的非等温流动，其流动速度决定于外力所产生的压差、流体的性质和流道的阻力等。流体的自由流动往往是由于固体表面对流体局部加热或冷却引起的，例如利用暖气散热片取暖和各种热工设备的外壳对外散热等。此时，受热的那部分流体因密度减小而上升,附近密度较大的冷流体就流过来补充,流动的原因是流体的密度差产生的所谓浮升力,所以自由流动又称为自然对流。自由流动的速度除取决于流动受热或冷却的强度外,还与流体性质、空间大小和形状等有关,与换热壁面的位置有关。受迫流动与自由流动具有不同的换热规律,由于机械力推动下的流体流速可以大大超过自然对流的流速,所以表面传热系数的值也会比自然对流时高。例如,夏天开电风扇,人会感到凉爽,这是因为风扇引起的强迫对流增大了空气与人体表面的换热系数。实际上,在有对流换热的情况下,流体受迫流动的同时,也会有自然对流存在;不过,受迫流动的速度越大,自然对流的影响就越小,甚至可忽略不计。

2. 流体的流动状态

流体的流动状态是指流体流动的形态和结构。由流体力学理论可知,流体的流动状态有层流和湍流之分。流体流过固体壁面时,层流边界层与湍流边界层具有不同的换热特征和换热强度,因此研究对流换热过程时,区分流体的流动状态极为重要。在层流边界层中,除了由于分子可能从某一流层运动到相邻的另一流层中去而传递动量以外,主要是依靠流层间的导热来传递热量的。在湍流边界层中,由于湍流支层中还同时存在流体横向脉动的对流方式,使流体沿壁面法线方向产生热对流作用而增强热传递,因此只有层流底层中是以导热方式来传递热量的。在对流换热过程中,如果保持其他条件相同,则流速高时的湍流与流速低时的层流相比,湍流的表面传热系数 α 要比层流的表面传热系数 α 大好几倍。但流体的受迫流动要依靠泵或风机等消耗机械功来获得,流速越高或流体粘度越大,需要克服的流动阻力越大。所以,工程上对高粘性油类的加热或冷却,大多采用层流或接近于层流时的换热过程,即使是低粘性的空气,由于密度小,管道口径小于 10mm 时,为了不使流速过高,也常采用雷诺数较低的湍流,并不片面利用速度越高表面传热系数越大的特性。

3. 流体有无相变发生

相变是指参与换热的液体因受热而发生气化现象,或参与换热的气体(如水蒸气)因冷却放热而凝结的情况。这两种情况下的换热分别称为沸腾换热和凝结换热,或统称为相变换热。流体有相变的对流换热过程,具有一些新的特点,它与无相变的对流换热过程有很大的差别。流体发生相变时,流体温度基本保持相应压力下的饱和温度不变。这时流体与壁面间的换热量等于流体吸收或放出的潜热,而气液两相的流动情况也不同于单相流动。所以有相变时与无相变时换热条件是不一样的。一般地说,对于同一流体,有相变时比无相变时的换热程度要大得多。这是因为相态改变时物质的潜热参与了换热过程,同时气泡或凝结水滴的运动也破坏了层流或层流底层的运动性质,大大增强了流动的扰动性,使壁面法线方向出现了强烈的热对流作用。

4. 流体的物理性质

流体的物理性质对换热过程的影响较大。例如,在温差和速度完全相同的水和空气中,物体被加热或冷却的快慢相差很大。这主要是因为水和空气的导热系数 λ 相差悬殊,以致在边界层中的导热热阻不同,影响了表面传热系数 α。但不能因此就简单地认为 α 与 λ 成正比,因为包含 λ 的流体的导温系数 $a(a=\dfrac{\lambda}{\rho c_p})$ 会影响流体在边界层的温度分布,a 越大,紧贴壁面的流体温度梯度会减少,减少的程度视流速的大小而定。流体体积热容 ρc_p 越高,a 越小,热边界层中的温度梯度越大,换热越强。流体的粘度越大,则使 a 减小,这是因为壁面对流体流动的滞止作用将由于流体的粘性而更深入地传播到流体内部，使层流底层加厚，因而减小了温度梯度。与此同时，因为流体的密度 ρ 是决定自然对流强度的因素之一，势必对换热的强弱也要产生影响。例如，水的密度要比同温度下的空气大 1 000 倍左右，尽管水的粘度比较高，在同样的流道中，流速相仿时，水的表面传热系数要比空气高许多倍。同样，熔化金属（亦称液态金属）由于导热系数特别高，表面传热系数又比水高得多；不过，金属容易氧化而导致 α 减小。此外，流体的动力粘度 μ 和密度 ρ 通过雷诺数 Re 反映流体的流动情况，进而影响表面传热系数 α。所有物性量的值实际上都会随温度的变化而发生改变，所以，表面传热系数的大小还与流体温度 t_f、壁面温度 t_w 以及热流的方向有关。

5. 换热面的几何因素

几何因素包括换热面的形状、大小以及换热面在流体中的相对位置。换热面的形状和大小以及相对于流体流动方向的不同位置，对于流体在壁面上所形成的边界层有很大影响，从而影响对流换热的强度。例如，受迫流动的流体在管内作层流流动时，边界层厚度最大可发展到等于半径，如图 14-4a 所示。根据判别流态的雷诺数 $Re=\rho w_g d/\mu$，管径 d 也与流动属于层流或湍流有关。图 14-4b 中，流体横向绕过圆柱体，尾部产生旋涡现象，流动情况与管内流动就完全不同。上述各因素都会影响对流换热规律。

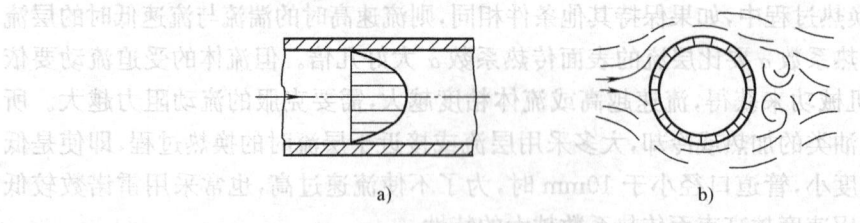

图 14-4 换热面几何形状的影响

换热面与流体流动的相对位置，如对于自由流动换热，换热面横放、竖放、斜放、向上或向下等也影响对流换热。图 14-5 所示为热壁面在冷空气之下和在冷空气之上两种不同位置的自由流动换热现象。前者气流旺盛，后者气流受到壁面的限制，流动得不到充分展开，换热强度较弱。

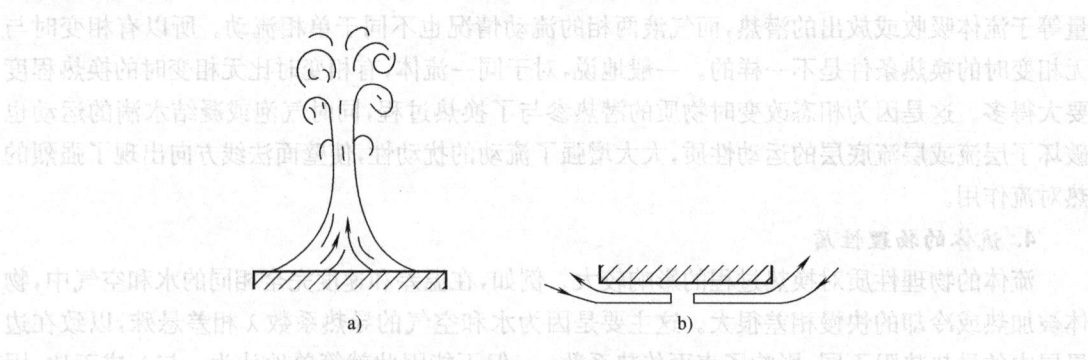

图 14-5 换热面相对位置的影响

四、对流换热微分方程式

如图 14-6 所示，当粘性流体流过壁面时，根据前述对边界层的分析可知，在层流区或层流底层区，壁面与流体之间的热量传递只能以导热的方式进行。如果以 q_x 表示沿壁面 x 处的导

热热流密度值,则由傅里叶导热定律,q_x可表示为

$$q_x = -\lambda \left(\frac{\partial t}{\partial y}\right)_{w,x}$$

式中,λ为流体的导热系数;$(\partial t/\partial y)_{w,x}$为$x$贴壁处,沿壁面法向的流体温度梯度,它由壁面上的流体温度场确定。

导热热流密度q_x应等于同一地点(x处)单位壁面积与流体之间的对流换热量,即

$$q_x = -\lambda \left(\frac{\partial t}{\partial y}\right)_{w,x} = \alpha_x (t_w - t_f)_x$$

因此

$$\alpha_x = -\frac{\lambda}{(t_w - t_f)_x} \left(\frac{\partial t}{\partial y}\right)_{w,x} \tag{14-3}$$

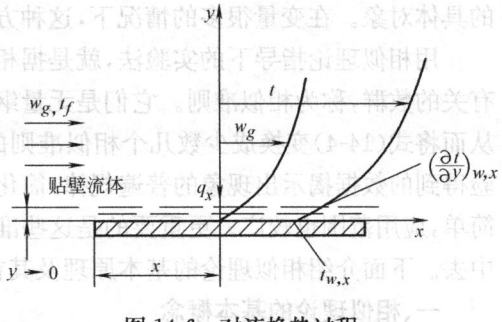

图 14-6 对流换热过程

该式称为对流换热微分方程。其中,α_x为壁面上x处的表面传热系数,称为局部表面传热系数。壁面的表面传热系数应是壁面上各处局部表面传热系数的平均值。式(14-3)将局部表面传热系数与流体的温度场联系起来,可见,表面传热系数的大小取决于流体的导热能力和温度分布,特别是贴壁处的流体温度梯度。对于后者,理论分析和实验证明,它与流体的运动情况、边界层的分布状况密切相关。

第二节 求解表面传热系数的方法

由上述分析可知,影响表面传热系数的因素很多。牛顿最早研究对流换热现象时,只是抓住了影响对流换热强度的两个主要因素,即换热面积和换热温差,而将一切其他的影响因素全部归纳于表面传热系数之中,故表面传热系数α应是所有这些影响因素的复杂函数,即

$$\alpha = f(\mu, \lambda, a, \rho, w_g, \Delta t, l, \Phi, \cdots) \tag{14-4}$$

式中,w_g为流速;Δt为温差;l为壁面的几何尺寸;Φ为壁面形状因子。

由于表面传热系数α是许多影响因素的复杂函数,如何求出式(14-4)的具体表达式,目前,通常采用数学解析法和相似理论指导下的实验法。

数学解析法首先根据现象所服从的基本规律,分析现象的微元过程,建立它的微分方程组,例如根据对流换热的基本规律所建立的边界层动量微分方程和能量微分方程等,再加上对流换热微分方程式和其他一些单值性条件用数学方法求解。这种方法有理论概括的意义,但是对于十分复杂的现象,则往往由于列不出微分方程或者列出来无法求解,使数学解析法在实际应用中不得不采用相应的简化假定,所得到的结果具有较大的局限性,而且计算过程复杂,未必能满足工程实用计算的要求。数学解析法必须由实验结果来检验,根据实验结果,可对数学解析法的结果进行修正,使之与实际相符。

直接实验法是对实际现象直接进行实验测定的方法,最早确定α的方法是按照牛顿公式测得某对流换热过程中的Q、A以及t_f、t_w,从而计算出α值,再根据在某一实验范围内获得的一系列α值,将其整理成纯经验公式供工程技术设计时应用。但如果要求分析α与其影响因素的关系,就必须在实验中变动一个量而固定其他量,从而逐个找出每个量对表面传热系数的影响。在变量较少或采取某些简化措施后,直接实验法是实用的,但实验结果只能适用于实验

的具体对象。在变量很多的情况下,这种方法困难较大,以致实际上办不到。

用相似理论指导下的实验法,就是据相似理论的原理,将式(14-4)中诸多变量组合成一些有关的数群,称为相似准则。它们是无量纲数(即无因次数)。每一个准则反映一方面的影响,从而将式(14-4)变换成少数几个相似准则的函数式(即准则方程式),这样就可能用从个别实验得到的数据揭示出现象的普遍规律,简化了实验求解的工作。此法在数学处理方面也比较简单,应用范围也较广。更重要的是这些准则方程式可以应用到与实验现象同类的相似现象中去。下面介绍相似理论的基本原理及其在求解对流换热现象中的应用。

一、相似理论的基本概念

1. 几何相似

"相似"的概念首先出现在几何学中。几何学中,所有互为相似的三角形,都可由其中一个三角形按一定比例全方位地放大或缩小得到。根据这一特征,如果图14-7中的两个三角形是相似的,则各对应边之间必有如下关系

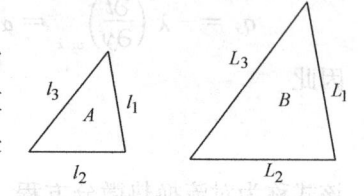

$$\frac{l_1}{L_1} = \frac{l_2}{L_2} = \frac{l_3}{L_3} = C_l \quad (14-5)$$

图14-7 两个相似的三角形

式中,比例系数 C_l 称为长度相似倍数。

式(14-5)反映了图形相似的性质。可见,几何相似实质上就是几何图形的放大或缩小。由式(14-5),取同一图形的两邻边之比,又可得 A、B 两三角形中

$$\frac{l_2}{l_1} = \frac{L_2}{L_1} = L_A$$

$$\frac{l_3}{l_1} = \frac{L_3}{L_1} = L_B \quad (14-6)$$

式(14-6)的意义是进一步表述了三角形相似的一条重要性质,即当三角形相似时,不仅具有式(14-5)的性质,而且它们的 L_A、L_B 数值必定分别相等。这一结论可推广得到凡是具备两邻边之比相等(即数值 L_A 和 L_B 各为定值)的三角形必相似。这时,由式(14-5)所表述的相似性质也就全部具备了,即对应边成比例。所以说(14-6)式揭示了三角形相似的充分和必要条件。可见,L_A 和 L_B 具有判断两个三角形是否相似的作用,这种数称为相似准则,它们是无量纲的。

2. 物理现象相似

物理现象相似的概念是从几何相似的概念衍生出来的。物理现象的特征由表征该现象的物理量决定。所谓物理现象相似,则指同类物理现象中,如果某些现象所有物理特征可以通过其中一个现象的特征全盘放大或缩小而得到,则这些现象是彼此相似的。换句话说,如果同类物理现象中的同名物理量在所有对应瞬间、对应地点的数值成比例,则称物理现象相似。

所谓同类物理现象,是指那些具有相同特点和规律的物理过程,它们用形式相同、内容也相同的方程式来描述。例如对流换热现象分成管内受迫流动换热,管外横向受迫流动换热,自由流动换热等类别。其中每一种类别,不仅现象的性质相同,而且能够用同样的形式和同样内容的方程式来分析描写。如果两现象不是同类的,影响因素各异,自然就不能建立相似联系。

例如,当流体在管内流动时,同一截面上不同半径处的速度是不同的。在每一种具体条件下,截面上的速度分布都有各自的特点。如果有两种流体分别在两个管内流动,如果在某一时刻,在截面上所有对应点上,流速的方向相同,大小成一定比例,那么这两管内流动的速度分布就是相似的。具体地说,对图 14-8 所示的两个速度分布,点 $1'$ 与点 $1''$、点 $2'$ 与点 $2''$、点 $3'$ 与点 $3''$,它们分别在对应截面的 $1/4$、$1/2$、$3/4$ 的半径处,彼此为对应点,满足几何相似,即

$$\frac{r'_1}{r''_1} = \frac{r'_2}{r''_2} = \frac{r'_3}{r''_3} = \cdots = \frac{l'}{l''} = \frac{d'}{d''} = C_l$$

且这些对应点上的速度满足:

$$\frac{w'_{g1}}{w''_{g1}} = \frac{w'_{g2}}{w''_{g2}} = \frac{w'_{g}}{w''_{g}} = \cdots = C_w$$

则这两个速度分布就是相似的。C_w 是速度相似倍数,选取不同的 C_w 之值就可得出许多彼此相似的速度分布。

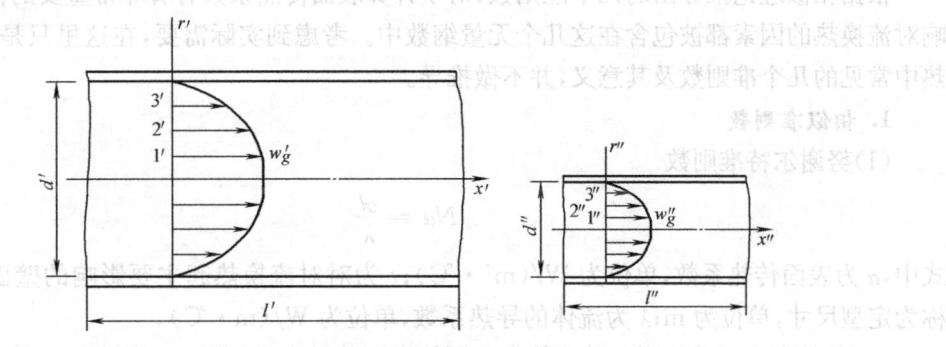

图 14-8 两个相似的速度分布

对于两个几何相似的系统,如果在对应的地点上温度的大小成一定比例,那么,这两个系统的温度分布就是相似的。类似地,可以定义密度分布相似、粘性分布相似等。

二、相似理论的基本定律

相似三定律回答了有关现象相似的本质性问题,即相似的性质、相似准则间的关系以及判定相似的条件。这里只做论述,不作证明。

相似第一定律:"彼此相似的现象,同名相似准则必定相等"。该定律一方面阐明了现象相似的固有共性之一,即相似的必要条件是同名相似准则对应相等。另一方面可以根据这一定律决定在做相似实验时应测量哪些物理量,即应测量描述该现象的各个无量纲准则中包含的所有物理量。

相似第二定律:"描述物理现象的微分方程式(组),具有准则函数形式的解,而且彼此相似的现象,其准则函数式相同"。据此就能通过与实际相似的模型实验得到实际问题的解,并将模型实验结果推广应用于与之相似的一切实际问题中。另外,该定律还说明准则函数形式的解是必然存在的,那么实验过程中所测得的各物理量的数据可以整理成准则函数的形式。相似第二定律解决了相似实验时实验数据的整理方法问题。

相似第三定律:"凡同类现象,单值性条件相似,同名已定准则相等,则现象彼此相似"。该定律阐明了现象相似的充分必要条件。它在安排模型实验时,为保证实验设备中的现象与实际设备中的现象相似,必须使模型中的现象与原型的现象单值条件相似,而且同名已定准则在

数值上相等。所谓单值性条件,指的是包含在已定准则中的各物理量。对于对流换热问题,单值性条件包括:

1)几何条件。换热壁面的几何形状和尺寸、壁面粗糙度、管子的进口形状以及流体与壁面的相对位置等。

2)物理条件。流体种类和物理性质等。

3)边界条件。换热壁面边界上的温度或热流密度等。

4)时间条件。稳态问题不需此条件,非稳态问题中需指明物理量怎样随时间变化。

综上所述,相似理论的三条定律完满解决了用相似模型进行实验研究以求解物理现象规律时遇到的三个问题:一是实验时应测量各相似准则中所包含的全部物理量;二是实验结果应整理成相似准则函数式的形式;三是实验结果可以推广应用到同类相似现象中去。

三、对流换热准则数

根据相似理论推导出的几个准则数,对于计算表面传热系数有着非常重要的作用,诸多影响对流换热的因素都被包含在这几个无量纲数中。考虑到实际需要,在这里只是介绍对流换热中常见的几个准则数及其意义,并不做推导。

1. 相似准则数

(1)努谢尔特准则数

$$Nu = \frac{\alpha l}{\lambda} \tag{14-7}$$

式中,α 为表面传热系数,单位为 $W/(m^2 \cdot ℃)$;l 为对对流换热起主要影响的壁面几何尺寸,称为定型尺寸,单位为 m;λ 为流体的导热系数,单位为 $W/(m \cdot ℃)$。

Nu 数的大小反映了同一种流体在不同情况下的对流换热强度。因此,Nu 是说明对流换热强弱程度的相似准则数。Nu 数中包括了表面传热系数 α,因而在对流换热过程的分析计算中,Nu 通常是需要求解的待定准则;在求得 Nu 值后,可通过式(14-7)来求表面传热系数 α,再进而利用牛顿冷却公式来求换热量等其他参数。

(2)雷诺准则数

$$Re = \frac{w_g l}{v} \tag{14-8}$$

式中,w_g 为流体的流速,单位为 m/s;v 为运动粘度,单位为 m^2/s;l 为定型尺寸,单位为 m。

Re 数的大小反映了流体流动时的惯性力与粘滞力的相对大小。Re 数大,说明惯性力的作用大,流态往往呈现湍流;Re 数小,说明粘滞力的作用大,流态往往是层流。因此,Re 数反映了流体流动状态对表面传热系数的影响。

(3)普朗特准则数

$$Pr = \frac{v}{a} = \frac{\mu c_p}{\lambda} \tag{14-9}$$

式中,μ 为动力粘度,单位为 $Pa \cdot s$;c_p 为质量定压热容,单位为 $kJ/(kg \cdot ℃)$;a 为流体导温系数,单位为 m^2/s,且

$$a = \frac{\lambda}{\rho c_p}$$

Pr 数完全由流体的有关物性参数组成,故又称为物性准则。它反映了流体的动量扩散能力与热量扩散能力的相对大小。Pr 反映了流体物理性质对表面传热系数的影响。

(4) 格拉晓夫准则数

$$Gr = \frac{g\beta \Delta t l^3}{v^2} \tag{14-10}$$

式中，g 为重力加速度，单位为 m/s²；β 为流体的体积膨胀系数，单位为 1/K；Δt 为流体与壁面间的温度差，单位为℃；v 为流动的运动粘度，单位为 m²/s。

Gr 数的大小反映了流体所受的浮升力与粘滞力的相对大小。Gr 数增大，表明浮升力作用相对增大，自由对流增强。因此，Gr 数反映了自由对流对表面传热系数的影响。

2. 相似准则数之间的关系

由相似第二定律可知，包括对流换热系数 α 的准则 Nu 与其他几个准则之间存在某种函数关系。以无相变对流换热为例，用上面导出的相似准则可将式(14-4)表示为下列准则方程式

$$Nu = f(Re, Gr, Pr) \tag{14-11}$$

1) 若只考虑受迫对流换热，可从式(14-11)中去掉 Gr，则受迫对流换热准则方程式可简化为

$$Nu = f(Re, Pr) \tag{14-12}$$

2) 空气的 Pr 可作为常数处理，故空气受迫对流换热时式(14-12)可简化为

$$Nu = f(Re) \tag{14-13}$$

【例 14-1】 试根据相似理论推导努谢尔特准则数。

解：假定有甲、乙两对流换热现象相似，它们的对流换热微分方程式分别为

甲现象： $\quad\alpha' \Delta t' = -\lambda' \dfrac{dt'}{dx'} \tag{1}$

乙现象： $\quad\alpha'' \Delta t'' = -\lambda'' \dfrac{dt''}{dx''} \tag{2}$

因甲、乙两现象彼此相似，如前所述，它们各物理量场分别相似，即

$$\frac{\alpha''}{\alpha'} = C_\alpha; \frac{t''}{t'} = C_t; \frac{x''}{x'} = C_l; \frac{\lambda''}{\lambda'} = C_\lambda \tag{3}$$

由式(3)可得

$$\left.\begin{array}{l} \alpha'' = C_\alpha \alpha' \\ t'' = C_t t' \\ x'' = C_l x' \\ \lambda'' = C_\lambda \lambda' \end{array}\right\} \tag{4}$$

将式(4)代入式(2)，经整理后可得到

$$\frac{C_\alpha C_t}{C_\lambda} \alpha' \Delta t' = -\lambda' \frac{dt'}{dx'} \tag{5}$$

将式(5)与式(1)比较，显然应有

$$\frac{C_\alpha C_t}{C_\lambda} = 1 \tag{6}$$

此式说明了两对流换热现象相似时，各物理量场的相似倍数之间存在的制约关系。再将式(4)代入式(6)可得

$$\frac{\alpha' x'}{\lambda'} = \frac{\alpha'' x''}{\lambda''}$$

因为习惯上将系统的几何量 x 用换热表面的定型尺寸 l 表示,所以上式改写为

$$\frac{\alpha' l'}{\lambda'} = \frac{\alpha'' l''}{\lambda''} = \frac{\alpha l}{\lambda} = Nu$$

四、实验数据的整理

实验数据的整理是一项工作量大,繁杂而又必须细致从事的工作,它涉及实验数据的计算、分析、处理等问题。目前国内已经广泛使用电子计算机来整理数据。现就几个有关问题简述如下。

1. 定性温度的选择

应用相似准则时,在确定准则中的物性参数(λ、μ、ρ 等)时所选用的温度称为定性温度。在对流换热过程中,温度场中各点的温度值不尽相同,选取不同的定性温度会得出不同的准则方程式。定性温度的选用通常有以下三种方法:

1)选用流体的平均温度 $t_f = (t'_f + t''_f)/2$(这里 t'_f 和 t''_f 分别为流体的进、出口温度)。
2)选用壁面温度 t_w。
3)选用热边界层平均温度 $t_m = (t_w + t_f)/2$。

使用准则方程式时,定性温度的确定方法应与实验数据整理时采用的方法一致。本书下标来表示所选取的定性温度,下标"f"表示流体平均温度;下标"w"表示壁面温度;下标"m"表示热边界层平均温度。

2. 定型尺寸的选择

包含在准则中的换热表面的几何尺寸称为定型尺寸。定型尺寸的取法直接影响到相似准则的数值,不同定型尺寸的相似准则具有不同的物理意义。通常选取对换热过程起主要影响的固体表面尺寸,例如管内流动换热取管内径,对于非圆形截面管则采用当量直径;流体沿垂直壁面自由流动换热时取高度;流体横掠圆管时取管外径等。

3. 确定准则方程式的方法

在对流换热问题中,一般以已定准则的幂函数形式来整理实验数据,对受迫对流换热问题通常将函数式 $Nu = f(Re, Pr)$ 写成

$$Nu = c Re^m Pr^n \tag{14-14}$$

式中,c、m、n 等常数均需通过实验确定。

这种函数式的形式有一个突出的优点,即它在纵、横坐标都是对数的双对数坐标图上会得到一条直线。对式(14-14)取对数可得到直线方程的形式

$$\lg Nu = \lg c + m \lg Re + n \lg Pr \tag{14-15}$$

为求得常数 c、m、n,可先假设 Re 和 Pr 两个准则数中有一个不变。例如假定普朗特数 Pr 不变,改变雷诺数 Re,通过实验数据描出以 $\lg Nu$ 和 $\lg Re$ 为纵、横坐标的直线,如图 14-9 所示。m 值应是双对数坐标图上直线的斜率,即直线与坐标轴夹角 φ 的正切。$\lg c$ 则是当 $\lg Re = 0$ 时直线在纵坐标上的截距。同理,通过在雷诺数 Re 不变时,改变 Pr 的大小,描出 $\lg Nu$ 和 $\lg Pr$ 的双对

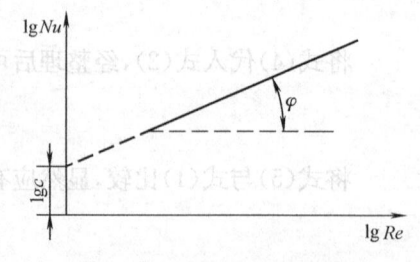

图 14-9 $Nu = cRe^m$ 双对数坐标

数坐标图,即可求得 n 值。

第三节　圆管受迫对流换热

工程上涉及最多的是流体在管内、管外流动时的换热问题。例如水管锅炉换热管内的水及管外的高温烟气与管内、外壁面之间的换热;冷凝器中管内的制冷剂和管外的冷却介质与管内、外壁面间的换热等。

一、管内受迫对流换热分析与计算

1. 影响管内受迫对流换热的主要因素

(1) 入口段效应的影响　流体在管内流动换热时,和顺向流过平板换热一样,热阻主要发生在热边界层内。热边界层和速度边界层有密切关系,所以,必须了解流体在管内流动的情况。

根据流体力学的基本理论,流体在管内流动时的速度边界层的发展如图 14-10 所示。流体流进管口后,因粘滞摩擦力而使管壁处的流速降低,形成边界层并逐渐加厚,但由于管的各断面流量不变,故管中心处的流速将随边界层流速的降低而增大。经过一段距离 ΔL 后,管壁两侧的边界层在管中心汇合,边界层停止发展,它的厚度就等于管的内半径,即 $\delta = R$。至此,管流断面速度分布达到定型,即流态达到定型。从入口到流速达到定型的管段称为入口段,以 ΔL 表示。在入口段之后的充分发展段,轴向速度分布维持不变。

经过入口段后,管内流动状态是层流还是湍流,由 Re 数来判断。当 $Re<2\ 320$ 时,流态为层流;当 $Re>10^4$ 时为旺盛湍流;当 $2\ 320<Re<10^4$ 时为过渡流。对于层流 $\Delta L=0.028\ 8DRe$;对于湍流 $\Delta L \approx 40D$。

图 14-10 还定性地标绘了管内局部表面传热系数 α_x 随 x 的变化。在进口处,边界层最薄,α_x 具有最高值,随后逐渐降低。在层流情况下,α_x 趋于不变的距离较长,如图 14-10a 所示。在湍流情况下,当边界层转为湍流后,α_x 将回升并迅速趋于不变值,如图 14-10b 所示。此现象称为入口段效应。

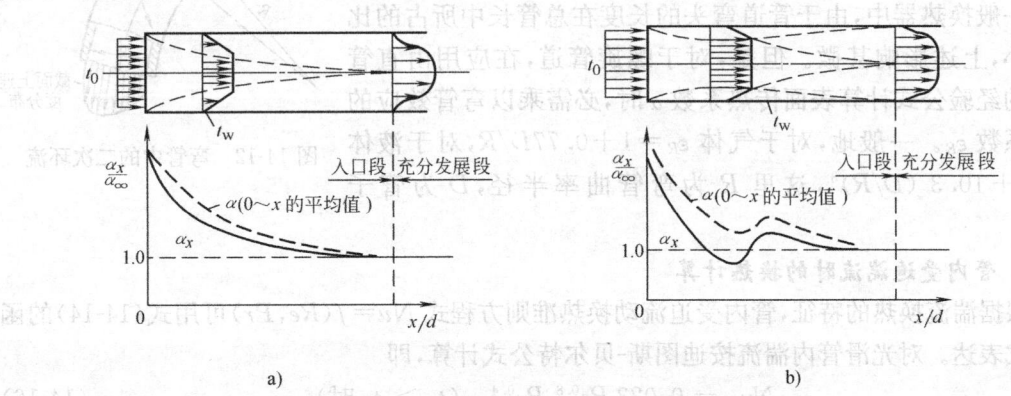

图 14-10　管内流动局部表面传热系数的变化

热边界层有与速度边界层相似的发展情况,它沿管流方向不断增厚,达到某截面而充满管道。层流时,具有入口段效应的入口段长度 ΔL 可超过 $50D$,甚至更大。如果来流速度相当于湍流的速度值时,则与入口相距 10D 后,入口效应也可能消失。通常,用于换热计算的经验公式是由 $L/D>50$ 的长管试验的数据综合而得的。这些公式用于 $L/D<50$ 的短管时,考虑到入口效应的影响,必须乘以管长修正系数 ε_l。

(2) 不均匀物性场的影响　在换热条件下,管中心部分和管壁部分流体的温度是不同的,因而流体物性发生变化(特别是粘度的差异)将导致有温差时的速度场不同于等温流动时的速度场。设图 14-11 中速度分布曲线 1 是定温流动的情况,若管内流动的是液体,因液体粘度是随温度升高而降低的,当它被冷却时壁面附近的液体粘度高于管中心,粘滞摩擦力增大,速度降低,这时速度分布将如图中曲线 2 所示。如果液体被加热,则速度场将如图中曲线 3 所示。显然,曲线 3 在壁面上的速度梯度大于曲线 1,速度分布通过温度分布影响换热强度。因此,从边界层状况对换热的影响来看,在流体温度 t_f 相同的条件下,加热液体的表面传热系数应高于冷却液体的表面传热系数。对于气体,它的粘度随温度的升高而增大,所以,由于热流方向不同引起的粘度变化对换热的影响恰好与液体相反。

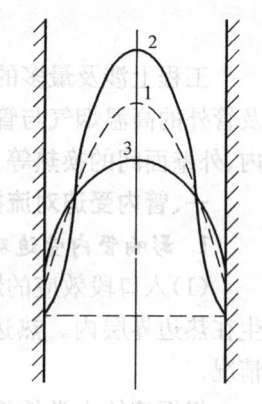

图 14-11　热流方向对管流速度场的影响

一般求解表面传热系数 α 的经验公式中,流体物性按定性温度确定,这等于将流体物性视为定值。为了补偿由于热流方向不同而引起的不均匀物性场对表面传热系数的影响,常在准则关联式中引进 $\left(\dfrac{\mu_f}{\mu_w}\right)^n$ 或 $\left(\dfrac{Pr_f}{Pr_w}\right)^n$ 等温度修正系数,μ_f 和 Pr_f 分别为按流体平均温度计算的流体动力粘度和普朗特数;μ_w 和 Pr_w 分别为按壁面温度计算的流体动力粘度和普朗特数。

(3) 管道弯曲的影响　螺旋管、螺旋板式换热设备中,流体通道呈螺旋形。图 14-12 表示弯曲管道中流体的流动,流体流过弯曲段时,由于离心力的作用,沿截面会产生二次环流而加强流体的扰动和混合,减薄了边界层的层流底层,使换热增强。一般换热器中,由于管道弯头的长度在总管长中所占的比例微小,上述影响甚微。但是,对于螺旋管道,在应用由直管所得的经验公式计算表面传热系数 α 时,必需乘以弯管效应的修正系数 ε_R。一般地,对于气体 $\varepsilon_R=1+0.77D/R$,对于液体 $\varepsilon_R=1+10.3\,(D/R)^3$,这里 R 为弯管曲率半径,D 为管子直径。

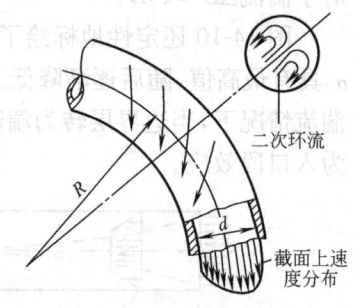

图 14-12　弯管中的二次环流

2. 管内受迫湍流时的换热计算

根据湍流换热的特征,管内受迫流动换热准则方程式 $Nu=f(Re,Pr)$ 可用式(14-14)的函数形式表达。对光滑管内湍流按迪图斯-贝尔特公式计算,即

$$Nu_f = 0.023\,Re^{0.8}\,Pr^{0.4} \quad (t_w>t_f \text{ 时}) \tag{14-16}$$

$$Nu_f = 0.023\,Re^{0.8}\,Pr^{0.3} \quad (t_w<t_f \text{ 时}) \tag{14-17}$$

式(14-16)、式(14-17)中,准则数的下标 f 表示以流体的平均温度 $t_f=(t'_f+t''_f)/2$ 为定性温度。所取 n 值不同是考虑到流体被加热或冷却时,层流底层中流体粘度受温度的影响不同。

式(14-16)和式(14-17)适用于 $L/D>60$ 的长管,且 $Re=10^4\sim12\times10^4$、$Pr=0.7\sim120$ 的情况;定型尺寸取管子内径 d。对于非圆形管采用当量直径 d_e。

对温差较大和粘度较高的流体,为修正热流方向导致的不均匀物性场的影响,引用比值 $(\mu_f/\mu_w)^{0.14}$ 作为修正项,将上述两个加热和冷却的换热计算统一成一个准则方程式:

$$Nu_f = 0.023\,Re^{0.8}\,Pr^{\frac{1}{3}}\left(\frac{\mu_f}{\mu_w}\right)^{0.14} \tag{14-18}$$

式中,μ_w 为壁温 t_w 下的流体动力粘度。当液体被加热时,热流方向修正项 $(\mu_f/\mu_w)^{0.14}>1$;当液体被冷却时,$(\mu_f/\mu_w)^{0.14}<1$。对于气体则情形相反。

对于空气,可取 $Pr=0.7$,式(14-18)可简化为近似公式:

$$Nu = 0.019\,Re^{0.8} \tag{14-19}$$

用式(14-16)、式(14-17)、式(14-18)和式(14-19)计算短管和螺旋管时,应以管长修正系数 ε_l 和弯管效应修正系数 ε_R 加以修正。ε_l 的值可由表14-1根据 L/d 和 Re 查出。

表 14-1　湍流换热时入口段效应修正系数 ε_l

Re \ L/d	1	2	5	10	15	20	30	40	50
1×10^4	1.65	1.50	1.34	1.28	1.17	1.13	1.07	1.03	1
2×10^4	1.51	1.40	1.27	1.23	1.13	1.10	1.05	1.02	1
5×10^4	1.34	1.27	1.18	1.13	1.10	1.08	1.04	1.02	1
1×10^5	1.28	1.22	1.15	1.10	1.08	1.06	1.03	1.02	1
1×10^6	1.14	1.11	1.08	1.05	1.04	1.03	1.02	1.01	1

将式(14-16)展开,可反映出各项因素对表面传热系数的影响:

$$\alpha = f(w_g^{0.8},\lambda^{0.6},c_p^{0.4},\rho^{0.8},\mu^{-0.4},d^{-0.2}) \tag{14-20}$$

由式(14-20)可见,流速 w_g 和密度 ρ 将以 0.8 次幂影响表面传热系数,是各项中影响最大的。提高流速将显著增加表面传热系数,例如水在管内流动换热,在其他条件相同时,流速由 1m/s 提高到 1.5m/s,速度增大 50%,表面传热系数将增长 40% 左右。因此,对换热设备,必须很好地注意它的流速问题。

3. 管内受迫层流时的换热计算

在流体与管壁发生对流换热时,如果管内径和温差较小,将会出现严格的层流。层流边界层与湍流边界层相比要厚得多,层流的热边界层厚度 δ_t 最后会发展到等于管道的内半径 R。因此,层流换热热阻比湍流大,表面传热系数 α 就远比湍流时要小。通常工业设备都不设计在层流范围内工作,除非对于粘性很大的流体,如油类。层流换热时,考虑到自由流动对速度场的影响,准则方程式应具有下列函数形式:

$$Nu = CRe^m Pr^n Gr^p$$

实际应用时可用下列计算式

$$Nu_f = 0.15\,Re_f^{0.33}\,Pr_f^{0.43}\,Gr_f^{0.1}\left(\frac{Pr_f}{Pr_w}\right)^{0.25} \tag{14-21}$$

式中,Pr_w 是以壁温 t_w 作为定性温度时的 Pr 数。其他参数的定性温度及定型尺寸均与式

(14-16)相同。对于短管,修正系数 ε_l 可从表 14-2 查取。

表 14-2 层流换热时入口段修正系数 ε_l

L/d	1	2	5	10	15	20	30	40	50
ε_l	1.90	1.70	1.44	1.28	1.18	1.13	1.05	1.02	1

赛特尔和塔特对壁温恒定的管内层流换热进行试验,考虑到层流入口效应波及管段较长,引用了几何参数准则 d/L。同时,对于流体粘度随温度改变的影响,以因子 $\left(\dfrac{\mu_f}{\mu_w}\right)^{0.14}$ 作校正,整理出经验公式:

$$Nu_f = 1.86 \left(Re_f Pr_f \dfrac{d}{L}\right)^{\frac{1}{3}} \left(\dfrac{\mu_f}{\mu_w}\right)^{0.14} \tag{14-22}$$

式中,除 μ_w 以壁温 t_w 为定性温度外,其他物性均以流体平均温度 t_f 为定性温度,定型尺寸取内径 d。由该式得出的表面传热系数 α 为整个管长 L 的平均值。式(14-22)不能用于很长的管子,因 $L \to \infty$ 时,$Nu_f \to 0$。式(14-22)的适用范围为 $Re_f Pr_f d/L > 10$;$Re_f = 13 \sim 2\,030$。

还应注意,式(14-22)没有估计自由流动的影响,而在流速低、管径粗或温差大的情况下,是很难维持纯粹的层流运动的,这时自由流动的影响不能忽略。

4. 管内过渡状态时的换热计算

流动过渡状态是指层流向湍流的过渡区,此时自由流动的影响将由不可忽视到完全可以略去不计,它既不是层流也不完全具有旺盛湍流的特征,因此前述层流和湍流的换热准则方程均不适用。在过渡区中,由于流动中出现了湍流旋涡,过渡区的表面传热系数将随 Re 数的增大而增加,而且随着湍流传递作用的增长,在整个过渡区换热规律是多变的。在工业换热设备设计时,应设法避开这一区域,以免设计计算建立在不确定的基础上。若实际使用中的换热设备,由于某种原因处于过渡流状态运行时,建议采用下列计算公式:

对于气体,$0.6 < Pr < 1.5, 0.5 < T_f/T_w < 1.5; 2\,320 < Re < 10^4$

$$Nu_f = 0.021\,4(Re_f^{0.8} - 100) Pr_f^{0.4} \left[1 + \left(\dfrac{d}{L}\right)^{\frac{2}{3}}\right] \left(\dfrac{T_f}{T_w}\right)^{0.45} \tag{14-23}$$

对于液体,$1.5 < Pr < 500, 0.05 < Pr_f/Pr_w < 20; 2\,320 < Re < 10^4$

$$Nu_f = 0.012(Re_f^{0.87} - 280) Pr_f^{0.4} \left[1 + \left(\dfrac{d}{L}\right)^{\frac{2}{3}}\right] \left(\dfrac{T_f}{T_w}\right)^{0.11} \tag{14-24}$$

【例 14-2】 水在内径为 20mm 的直管内流动,流速为 2m/s,圆管长 5m,水的进口温度为 25.4℃,出口温度为 34.6℃。求管内表面传热系数。

解: 取水的定性温度为

$$t_f = (t'_f + t''_f)/2 = (25.4 + 34.6)/2 ℃ = 30 ℃$$

据此温度从附录 A-9 中查得水的物性参数为:$\lambda = 0.618 \text{W}/(\text{m} \cdot ℃), Pr_f = 5.42, v = 0.805 \times 10^{-6} \text{m}^2/\text{s}$。这样可求得水在管内流动的 Re 数为

$$Re = \dfrac{w_g d}{v} = \dfrac{2 \times 0.02}{0.805 \times 10^{-6}} = 4.97 \times 10^4 > 10^4$$

所以流态为旺盛湍流。Re 数和 Pr 数都符合式(14-16)的允许范围，故有

$$Nu = 0.023 Re^{0.8} Pr^{0.4} = 0.023 \times (4.97 \times 10^4)^{0.8} \times (5.42)^{0.4} = 258.5$$

表面传热系数为

$$\alpha = \frac{Nu\lambda}{d} = \frac{258.5 \times 0.618}{0.02} \text{W/(m}^2 \cdot \text{℃)} = 7988 \text{W/(m}^2 \cdot \text{℃)}$$

二、流体横向外绕单管时的换热分析与计算

流体横向外绕圆管流动时，除了具有边界层的特征外，还要发生绕流脱体而产生回流和旋涡，下面定性说明绕流脱体现象。流体外绕圆管时，沿程压力发生变化，大约在管的前半部压力递降，而在后半部压力又回升。考察压力升高条件下($dp/dx>0$)边界层的流动特征，在边界层内流体靠本身的动量克服压力增长而向前流动，速度分布趋于平缓。近壁的流体层由于动量不大，在克服上升的压力时显得越来越困难，最终会出现壁面处速度梯度变为零的局面。随后产生与流动方向相反的回流，如图 14-13 所示。这一转折点称为绕流脱体的起点(或称分离点)。从此点起边界层内缘脱离壁面，如图 14-13b 中虚线所示，故称脱体。脱体起点位置取决于 Re 数。$Re<10$ 时不出现脱体；$10<Re \leqslant 1.5 \times 10^5$ 时边界层为层流，脱体发生在 $\varphi=80°\sim85°$ 处；而 $Re \geqslant 1.5 \times 10^5$ 时，边界层在脱体前已转变为湍流，脱体的发生推后到 $\varphi \approx 140°$ 处。

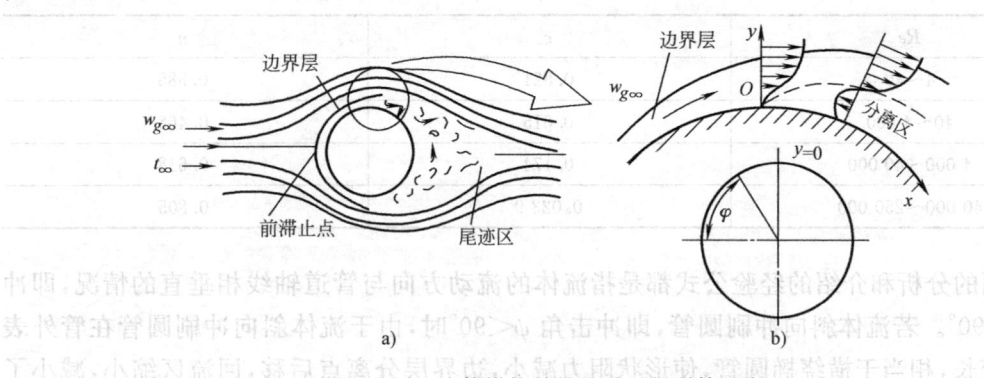

图 14-13 流体横绕单管流动时的脱体现象

边界层的成长和脱体决定了流体横绕圆管的换热特征。图 14-14 所示是恒定热流壁面局部努谢尔特数 Nu 随角度 φ 的变化。这些曲线在 $\varphi=0°\sim80°$ 左右的递降，是由于边界层不断增厚的缘故。低 Re 数时，回升点反映了绕流脱体的起点，这是由于脱体区的扰动强化了换热。高 Re 数时，第一次回升是由于转变成湍流的原因，第二次回升约在 $\varphi=140°$，则是由于脱体的缘故。

虽然局部表面传热系数变化比较复杂，但从平均表面传热系数的角度看(见图 14-15)，渐变的规律性很明显。为计算方便，对空气推荐采用以下分段幂次关联式计算 Nu_f。

$$Nu_f = c Pr^{1/3} Re^n \tag{14-25}$$

式中，c 和 n 的分段取值见表 14-3；定性温度取流体平均温度；定型尺寸用管外径；Re 数中的 w_g 为来流的速度 $w_{g\infty}$。温度范围为 $t_\infty=15.5\sim982℃$，$t_w=21\sim1046℃$。上式亦适用于烟气。在方程右边乘以因子 $1.1Pr_m^{1/3}$ 后，也可用于液体横绕单管时的换热计算。

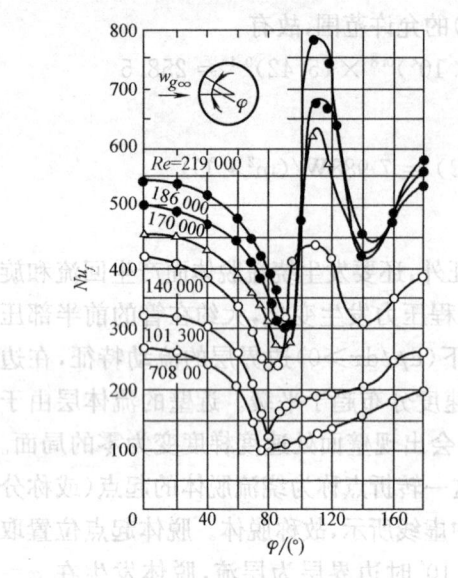

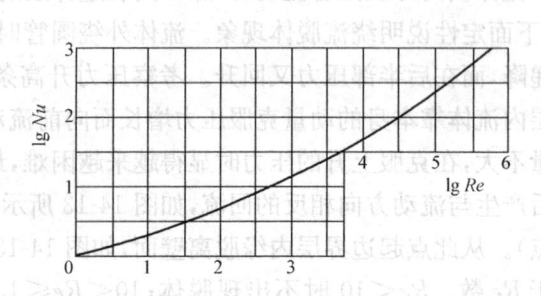

图 14-14　横绕圆管局部换热系数的变化　　图14-15　空气横绕圆管换热局部表面传热系数的变化

表 14-3　横掠单管换热时式(14-25)中 c 和 n 的分段取值

Re	c	n
4～40	0.821	0.385
40～4 000	0.615	0.466
4 000～40 000	0.174	0.618
40 000～250 000	0.023 9	0.805

上面的分析和介绍的经验公式都是指流体的流动方向与管道轴线相垂直的情况，即冲击角 $\psi=90°$。若流体斜向冲刷圆管，即冲击角 $\psi<90°$ 时，由于流体斜向冲刷圆管在管外表面流程变长，相当于横绕椭圆管，使形状阻力减小，边界层分离点后移，回流区缩小，减小了回流的强化传热作用。整个圆管的平均表面传热系数 α 比来流以相同的速度横绕（$\psi=90°$）单管的要小。此时的平均表面传热系数 α 的计算需将按横掠单管所得的结果乘以一个冲击角修正系数 ε_ψ，其值可由表 14-4 查得。从表中可以看出，ψ 角越小，ε_ψ 也越小，这和前述的分析是一致的。

表 14-4　流体斜向冲刷单管对流换热的 ε_ψ

ψ	15°	30°	45°	60°	70°	80°	90°
ε_ψ	0.41	0.70	0.83	0.94	0.97	0.99	1.00

三、流体横向外绕管束时的换热分析与计算

在热工设备中，流体横向外绕管束的换热现象极为普遍。冷却介质从冷凝器的管束外流过的换热，锅炉中的烟气从过热器和省煤器等管束外流过的换热等都属于这种换热方式。在对各种换热器进行设计计算和性能分析时，经常要估算流体横绕管束的表面传热系数。

1. 流体横绕管束时的流动和换热情况

影响流体与管束壁面间表面传热系数的主要因素是流速和管束本身所引起的湍流度。因此,管束几何条件(即管径、节距、排数和排列方式等)与表面传热系数有密切关系。流体横向外绕管束时的换热,由于管子与管子之间的相互影响,流动与换热又出现一些不同上述流体横向外绕单管时的特点。

换热设备中管束的排列方式很多,但以图 14-16 所示的顺排和叉排两种最为普遍。叉排时,流体在管间交替收缩和扩张的弯曲通道中流动;而顺排时,则流道相对比较平直,并且当流速和纵向管间距 s_2 较小时,易在管的尾部形成滞流区。因此,一般地说,叉排时流体扰动较强烈,换热比顺排强。对这两种排列方式的第一排管子来说,其换热情况与横向外绕单管相似,但后面的各排管子就不同了。顺排自第二排起和叉排自第三排起,流动受到前面几排管子尾部涡流的干扰,因此管束中流动状态比较复杂。在低 Re 数下($Re<10^3$),前排管子的尾部只能出现一些不强的大旋涡,由于粘滞力的作用及克服尾部压力的增长,涡旋会很快消失,对下一排管前部边界层的影响很小,故管表面边界层层流占优势,可视为层流工况;随着 Re 数的增加,在管子间的湍流旋涡加强,当 $Re=5\times10^2\sim2\times10^5$ 时,大约管的前半周表面处于湍流旋涡影响下的层流边界层,后半周则是涡旋流,流动状态可视为混合工况;只有 $Re>2\times10^5$ 后,管子表面湍流边界层才占优势。对叉排管来说,各排管子的换热情况与横向外绕单管比较接近。但对顺排来说,后排管子的前部处于前排管子的旋涡之中。这样在 Re 数不大时,这些管子前半部的换热强度就要比叉排的差,因而在同样的 Re 数下,顺排管子束的表面传热系数不如叉排。但到高 Re 数时,顺排的表面传热系数却会超过叉排的表面传热系数。

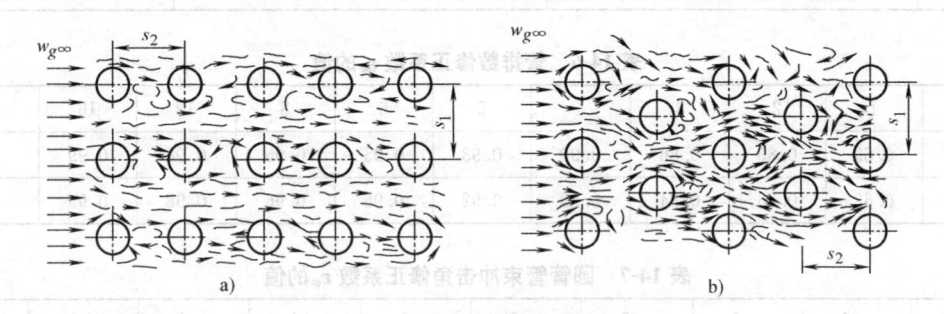

图 14-16 流体横绕管束的流动情况
a)顺排 b)叉排

流体流过管束时,在管排的一段范围内由于上排管对下排管的影响,以致使流动的扰动性不断增强,这对表面传热系数的提高具有促进作用。一般第一、第二排受入口影响较大,第三排以后由于流动扰动性渐趋平稳,各排表面传热系数也渐趋于一致。但第一、第二排管的平均表面传热系数均小于第三排及以后各排的数值。

2. 流体横绕管束时的换热计算

综上所述,流体受迫横向外绕圆管束的对流换热,与 Re 数、Pr 数、管外径 D、管子排列方式、管间距和管排数 n 等诸多因素有关,可表示成下列函数关系:

$$Nu = f(Re, Pr, \frac{s_1}{D}, \frac{s_2}{D}, \varepsilon_n) \tag{14-26}$$

或写成幂函数形式

$$Nu = cRe^m Pr^n \left(\frac{Pr_f}{Pr_w}\right)^{0.25} \left(\frac{s_1}{s_2}\right)^p \varepsilon_n \tag{14-27}$$

式中，s_1/s_2 为相对管间距；ε_n 为考虑管排数影响的修正系数。表 14-5 所列换热准则式是排数大于 20 时的平均表面传热系数计算公式。若排数低于 20，应采用表 14-6 所列的修正系数进行校正，它适用于 $Re > 10^3$ 的情况。表 14-5 中各式的定性温度用流体在管束中的平均温度；定型尺寸为管外径；Re 数中的流速应取整个管束中最窄截面处的流速。

对于壳管式换热器内冷却水与管束的换热，由于折流挡板的作用，流体有时与管束呈平行流动，有时又近似垂直于管束流动。当流向与管轴夹角 ψ 小于 90°时，对表面换热系数的计算应乘以冲击角修正系数 ε_ψ，ε_ψ 的值可查表 14-7。

表 14-5　流体强迫横向流过管束的热量计算式

排列方式	适用范围		液体计算式	气体计算式（$Pr=0.7$）
顺排	$Re=10^3 \sim 2\times 10^5, \frac{s_1}{s_2}<0.7$		$Nu=0.27Re^{0.63}Pr^{0.36}\left(\frac{Pr}{Pr_w}\right)^{0.25}$	$Nu=0.24Re^{0.63}$
	$Re=2\times 10^5 \sim 2\times 10^6$		$Nu=0.021Re^{0.84}Pr^{0.36}\left(\frac{Pr}{Pr_w}\right)^{0.25}$	$Nu=0.018Re^{0.84}$
叉排	$Re=10^3 \sim 2\times 10^5$	$\frac{s_1}{s_2} \leqslant 2$	$Nu=0.35Re^{0.6}Pr^{0.36}\left(\frac{Pr}{Pr_w}\right)^{0.25}\left(\frac{s_1}{s_2}\right)^{0.2}$	$Nu=0.31Re^{0.6}\left(\frac{s_1}{s_2}\right)^{0.2}$
		$\frac{s_1}{s_2} > 2$	$Nu=0.40Re^{0.6}Pr^{0.36}\left(\frac{Pr}{Pr_w}\right)^{0.25}$	$Nu=0.35Re^{0.6}$
	$Re=2\times 10^5 \sim 2\times 10^6$		$Nu=0.022Re^{0.84}Pr^{0.36}\left(\frac{Pr}{Pr_w}\right)^{0.25}$	$Nu=0.019Re^{0.84}$

表 14-6　管排数修正系数 ε_n 的值

排数	1	2	3	4	5	6	8	12	16	20
顺排	0.69	0.80	0.86	0.90	0.93	0.95	0.96	0.98	0.99	1
叉排	0.62	0.76	0.84	0.88	0.92	0.95	0.96	0.98	0.99	1

表 14-7　圆管管束冲击角修正系数 ε_ψ 的值

ψ	90°	80°	70°	60°	50°	40°	30°	20°	10°
ε_ψ	1	1	0.98	0.94	0.88	0.78	0.67	0.52	0.42

【例 14-3】 某空调风冷冷凝器为 12 排顺排管束。已知管外径 $d=40\text{mm}$；$s_1/d=2$；$s_2/d=3$；空气的平均温度 $t_f=20℃$；空气通过最窄截面的平均流速为 10m/s；冲击角为 50°。求其表面传热系数。

解： 由附录 A-8 中查得空气在 20℃时的物性参数为 $\lambda=2.59\times 10^{-2}\text{W/(m·K)}$，$v=15.06\times 10^{-6}\text{m}^2/\text{s}$。可计算得空气的流动的 Re 数：

$$Re = \frac{w_g d}{v} = \frac{10\times 0.04}{15.06\times 10^{-6}} = 2.67\times 10^4$$

根据 Re 数、顺排结构及 $s_1/s_2=2/3<0.7$ 三个条件从表 14-5 中选择合适的计算公式：

$$Nu = 0.24Re^{0.63} = 0.24\times (2.67\times 10^4)^{0.63} = 147.54$$

由此得 20 排换热管的表面传热系数为

$$\alpha = \frac{Nu\lambda}{d} = \frac{147.54 \times 0.025\,9}{0.04} \text{W/(m}^2 \cdot \text{K)} = 95.53 \text{W/(m}^2 \cdot \text{K)}$$

根据表 14-6 知顺排 12 排管的修正系数为 $\varepsilon_n = 0.98$，根据表 14-7 知冲击角为 50°时的冲击角修正系数 $\varepsilon_\psi = 0.88$，实际表面传热系数应为 20 排管的换热系数与管排修正系数 ε_n 和冲击角修正系数 ε_ψ 的乘积，即

$$\alpha' = \alpha \varepsilon_n \varepsilon_\varphi = 95.53 \times 0.98 \times 0.88 \text{W/(m}^2 \cdot \text{K)} = 82.4 \text{W/(m}^2 \cdot \text{K)}$$

第四节　自然对流换热

自然对流换热因流体所处的空间大小分两类：一类是流体处在很大的空间中，例如室内暖气散热片的散热、建筑物墙壁外表面的散热、锅炉炉墙的散热等，因流体所处空间很大，流体自然流动换热时，边界层的发展不因空间限制而受到干扰，故称为无限空间自然对流换热；另一类是流体所处空间有限，如双层玻璃窗中的空气间隔层、锅炉炉墙中的空气夹层等，称为有限空间自然对流换热。

一、无限空间中自然对流换热的状态分析

无限空间自然对流也有层流和湍流之分。以冷流体沿高温竖壁自然对流为例，如图 14-17 所示，当流体受浮升力作用沿壁面上升时，边界层开始为层流；如果壁面有足够高度，达到某一位置后，流态转变为湍流。由层流到湍流的转变点取决于壁面温度与流体温度之差及流体的性质，由 Gr 和 Pr 之积来确定。

在层流边界层中，随着厚度的增加，局部表面传热系数 α_x 将逐渐降低。当边界层由层流向湍流转变时，α_x 趋于增大。研究表明，在常壁温或常热流边界条件下，当达到旺盛湍流时，α_x 将保持不变，与壁面高度无关，如图 14-17b 中的 α_x 曲线所示。

空气流沿横管、球体及其他一些椭圆形物体作自由流动时，如图 14-18 所示。对于小管径管子，由于流体流过管外壁的路程较短，上升的空气流达到热表面以上一定的高度后仍保持层流状态，如图 14-18a 所示，当气流再升高时才变为湍流；对于大管径的管子，热空气流在管子的上边线处就开始转变为湍流，如图 14-18b 所示。

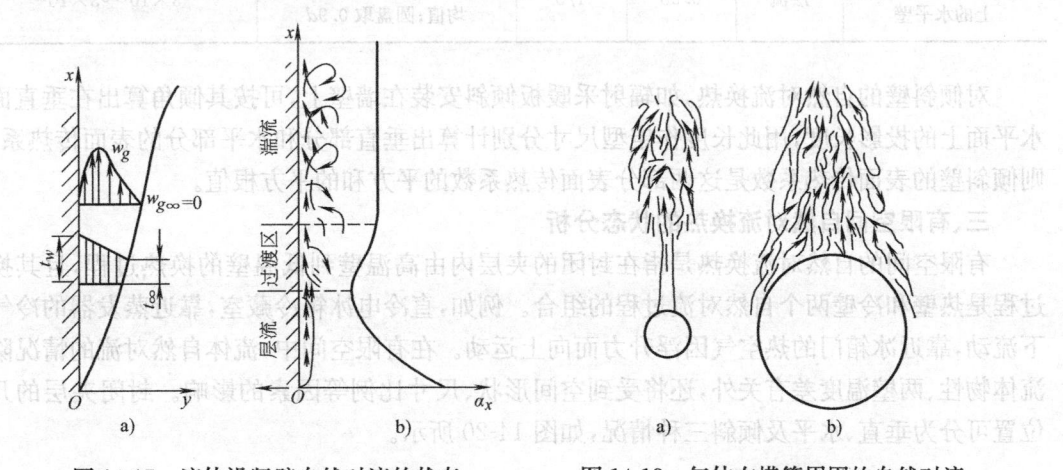

图 14-17　流体沿竖壁自然对流的状态

图 14-18　气体在横管周围的自然对流

对于水平放置的平板，流体的自由流动状态随板宽度、热表面朝向的不同而不同。图 14-19a 所示为热表面朝上、尺寸较小的水平平板上受热流体上升的情况，只有一股气流上升，且集中到板中间。图 14-19b 所示的平板表面很大，且热面朝上，在板面上受热流体既有局部上升又有局部下降。对于热表面朝下的平板，流体的运动情况如图 14-19c 所示，在平板表面下仅仅有一薄层流体在流动，再下面的流体则保持静止。

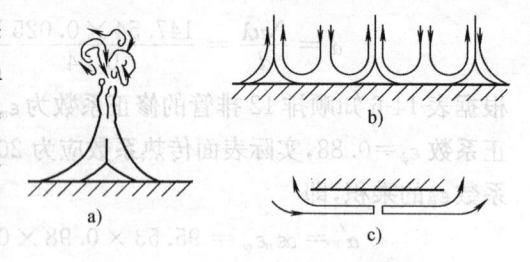

图 14-19 靠近热横流板的自然对流

二、无限空间的自然对流换热计算

经实验研究得出无限空间自然对流换热的准则方程式为

$$Nu = c(GrPr)^n \tag{14-28}$$

式中，c 和 n 是由实验确定的常数，其值的选择可按换热表面的形状及 $GrPr$ 的数值范围由表 14-8 查得。计算时，将壁温 t_w 当作定值，定性温度为边界层平均温度；定型尺寸见表 14-8。

表 14-8 无限空间自然对流换热准则方程式中的 c 和 n 值

表面形状及位置	流态	c	n	定型尺寸 L	适用范围 $GrPr$
垂直平壁及垂直圆柱(管)	层流	0.59	1/4	高度 h	$10^4 \sim 10^9$
	湍流	0.10	1/3		$10^9 \sim 10^{13}$
水平圆柱(管)	层流	0.53	1/4	圆柱外径 d	$10^4 \sim 10^9$
	湍流	0.13	1/3		$10^9 \sim 10^{12}$
热面朝上或冷面朝下的水平壁	层流	0.54	1/4	矩形取两个边长的平均值；圆盘取 $0.9d$	$10^5 \sim 2\times 10^7$
	湍流	0.15	1/3		$2\times 10^7 \sim 3\times 10^{10}$
热面朝下或冷面朝上的水平壁	层流	0.58	1/5	矩形取两个边长的平均值；圆盘取 $0.9d$	$3\times 10^5 \sim 3\times 10^{10}$

对倾斜壁的自然对流换热，如辐射采暖板倾斜安装在墙壁上，可按其倾角算出在垂直面和水平面上的投影长度，用此长度作定型尺寸分别计算出垂直部分和水平部分的表面传热系数，则倾斜壁的表面传热系数是这两部分表面传热系数的平方和的平方根值。

三、有限空间自然对流换热的状态分析

有限空间的自然对流换热是指在封闭的夹层内由高温壁到低温壁的换热过程，且其换热过程是热壁和冷壁两个自然对流过程的组合。例如，直冷电冰箱冷藏室，靠近蒸发器的冷气向下流动，靠近冰箱门的热空气因浮升力而向上运动。在有限空间中，流体自然对流的情况除与流体物性、两壁温度差有关外，还将受到空间形状、尺寸比例等因素的影响。封闭夹层的几何位置可分为垂直、水平及倾斜三种情况，如图 14-20 所示。

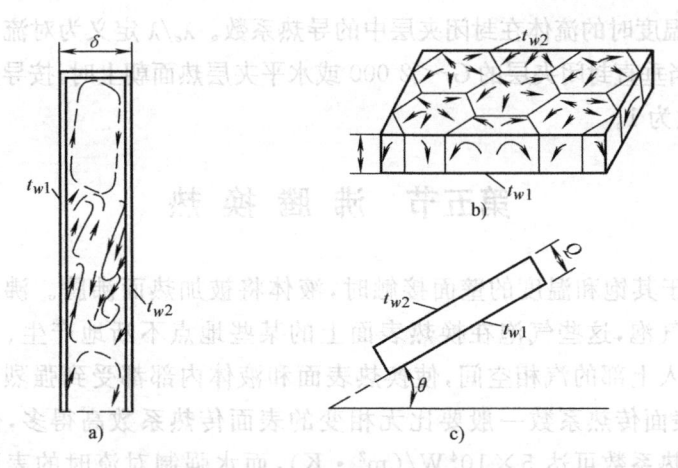

图 14-20 有限空间的自然对流换热

四、有限空间的自然对流换热计算

1. 有限空间的自然对流换热准则方程式

封闭夹层有限空间自然对流换热准则方程式用下列形式表示：

$$Nu = c\,(GrPr)^m \left(\frac{\delta}{H}\right)^n \tag{14-29}$$

式中，δ 为夹层厚度，单位为 m；H 为垂直夹层高度，单位为 m；c、m、n 为常数，由有限空间自然对流换热计算方程式表查取。需要说明的是，式中，Gr 和 Pr 的定型尺寸均为夹层厚度 δ，定性温度为冷热壁面的算术平均温度。

2. 有限空间自然对流换热的当量表面传热系数

有限空间的换热是冷、热两壁自然对流换热的综合结果，通常用一个当量表面传热系数 α_e 来表示换热的强弱，将流过夹层的热量表示为

$$q = \alpha_e (t_{w1} - t_{w2}) \tag{14-30}$$

式中，t_{w1} 为热壁面的温度，单位为℃；t_{w2} 为冷壁面的温度，单位为℃；α_e 为当量表面传热系数，单位为 W/(m²·℃)。

可将式(14-30)改写为

$$q = \frac{\alpha_e \delta}{\lambda} \frac{\lambda}{\delta}(t_{w1} - t_{w2})$$

引入努谢尔特准则数后，上式可表示成

$$q = Nu\,\frac{\lambda}{\delta}(t_{w1} - t_{w2}) \tag{14-31}$$

若将封闭夹层的换热强弱用当量导热系数 λ_e 表达，则夹层的换热可按平壁导热计算公式计算，即

$$q = \frac{\lambda_e}{\delta}(t_{w1} - t_{w2}) = \frac{\lambda_e}{\lambda}\frac{\lambda}{\delta}(t_{w1} - t_{w2}) \tag{14-32}$$

比较式(14-31)和(14-32)可得

$$Nu = \lambda_e/\lambda \tag{14-33}$$

式中，λ 表示定性温度时的流体在封闭夹层中的导热系数。λ_e/λ 定义为对流系数,用来说明对流现象的特性。当垂直封闭夹层的 $Gr<2\,000$ 或水平夹层热面朝上时,按导热过程处理,此时 $\lambda_e=\lambda$,即对流系数为 1。

第五节 沸腾换热

当液体与高于其饱和温度的壁面接触时,液体将被加热而沸腾。沸腾的特征是液体内部不断地产生气泡,这些气泡在换热表面上的某些地点不断地产生、长大、脱离壁面,并穿过液体层进入上部的汽相空间,使换热表面和液体内部都受到强烈扰动。对同一种流体而言,沸腾表面传热系数一般要比无相变的表面传热系数高得多,例如在常压下水沸腾时的表面传热系数可达 $5\times10^4\,\text{W}/(\text{m}^2\cdot\text{K})$,而水强制对流时的表面传热系数最高值才为 $10^4\,\text{W}/(\text{m}^2\cdot\text{K})$。因此,沸腾换热属于高强度换热,气泡的产生和运动是沸腾换热的主要特点。

沸腾按发生的场合不同可分为大容器沸腾和管内沸腾两种。如图 14-21 所示,有一盛水的大容器,热量从底部加热面传入使水受热,温度升高。当温度升高到一定数值时,就会在加热面上的局部地方开始产生气泡。如果气泡能自由上升,并在上升过程中不受液体流动的影响,液体的运动只是由自然对流和气泡的扰动引起,这种沸腾现象就称为大容器沸腾。大容器沸腾时,液体内一方面存在着由温度差引起的自然对流,另一方面又存在着因气泡运动所导致的液体运动。管内沸腾是液体在一定压差作用下,以一定的流速流经加热管时所发生的沸腾现象,又称为强制对流沸腾。管内沸腾时,液体的流速对沸腾过程产生影响,而且在加热面上所产生的气泡不是自由上浮的,而是被迫与液体一起流动的,出现了复杂的气液两相流动。

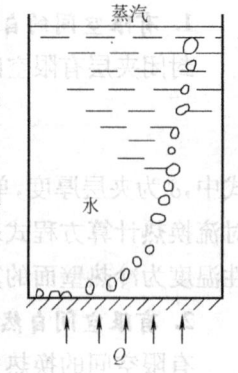

图 14-21 大容器沸腾

无论是大容器沸腾还是管内沸腾,都有过冷沸腾和饱和沸腾之分。当液体主体温度低于相应压力下的饱和温度,而加热面温度又高于饱和温度时,将产生过冷沸腾。此时,在加热面上产生的气泡将在液体主体中重新凝结,热量的传递是通过这种汽化-凝结的过程实现的。当液体主体的温度达到其相应压力下的饱和温度时,离开加热面的气泡不再重新凝结,这种沸腾称为饱和沸腾。饱和沸腾时,液体的饱和温度为 t_s,固体表面温度 $t_w>t_s$,定义 $\Delta t=t_w-t_s$ 为表面过热度。

一、大容器沸腾换热

1. 大容器饱和沸腾曲线

液体沸腾换热的强度与固体表面的过热度密切相关。将大容器饱和沸腾时对流换热的热流密度 q 与加热表面过热度 Δt 的关系画在一张坐标图上形成的曲线称为大容器饱和沸腾曲线。图 14-22 所示为 1atm 压力下水的大容器饱和沸腾曲线。在该曲线上,沸腾换热的热流密度 q 与壁面过热度 Δt 呈现出复杂的关系。根据 Δt 增长过程中沸腾换热的不同换热机理,将该曲线分为四个区段。

(1) **自然对流区** 在图 14-22 中 0℃≤Δt<4℃的区域，即 A 点以前的区域。虽然 t_w 高于水的饱和温度，但壁面过热度 Δt 较小，不足以驱动水沸腾，即使在加热表面上产生了个别气泡，也不会脱离表面上浮。水的运动和传热基本上遵循自然对流的规律，可按自然对流换热处理。

(2) **核态沸腾区** 在图 14-22 中 4℃≤Δt<30℃的区域，即 A、D 点之间的区域。当 t_w 达到 A 点所对应的温度时，加热面上的少数点开始产生稳定的蒸汽泡，因而 A 点又称为核态沸腾起始点，简称起沸点。AB 段所对应的 t_w 只能在加热面上的一些相互远离的地点产生气泡，这些地点产生的气泡不会相互融合，因此 AB 段称为孤立气泡区。在孤立气泡区，对流换热量主要靠加热面直接向流体传递，而气泡蒸发所带走的热量较小。

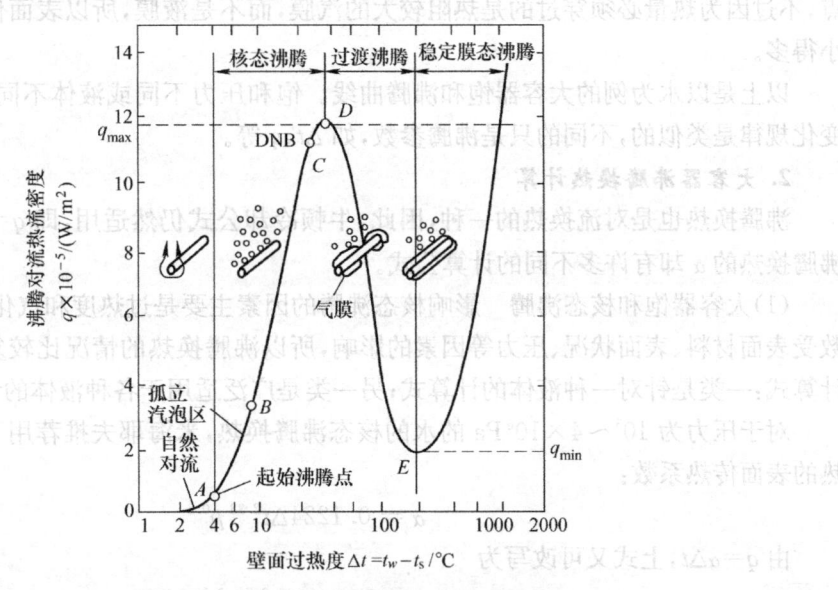

图 14-22　1atm 压力下水的大容器饱和沸腾曲线

在 BD 段，随着 t_w 的上升，加热面上产生气泡的地点越来越多，气泡在脱离加热面前会相互合并，形成大的气泡，并会在浮力作用下上浮脱离表面。越往 D 点靠近，合并的气泡越大，形成气块或气柱，意味着有许多气泡由于相互靠近而融合，因而 BD 段也称为气块区。这时大量的气块脱离加热面带走汽化潜热，因而气块的蒸发是主要的传热方式。同时，气块的快速脱离表面加剧了液体对加热面的冲刷作用，换热强度很大。工程上一般都使沸腾处于这一区域中。

由于 AD 区域液体沸腾总是以加热面上的一些地点(称为汽化核心)为核心进行的，因此称为核态沸腾。核态沸腾区的终点为图 14-22 中热流密度的峰值点 q_{max}，称为临界热流密度。一旦外界加热的热负荷超过 q_{max}，工况将会沿过 q_{max} 点的虚线跳至膜态沸腾线，Δt 将猛升至 1 000℃以上，可能导致设备的烧毁，所以 q_{max} 亦称为烧毁点。在图 14-22 中的烧毁点附近，有个比 q_{max} 的热流密度略小，表现为 q 上升缓慢的核态沸腾的转折点 DNB，可以用它作为监视接近烧毁点的警戒。因此 DNB 在工程上又称为监视点。对于蒸发器等壁温可控的设备，这种监视是重要的。

(3) 过渡沸腾区 在图 14-22 中 30℃≤Δt<120℃ 的区域,即 D、E 点之间的区域。从峰值点进一步提高 Δt,传热规律出现异乎寻常的变化。热流密度 q 不仅不随 Δt 的升高而提高,反而越来越低。这是因为气泡汇聚覆盖在加热面上形成汽膜,使得蒸汽排出过程恶化。这种情况持续到最低热流密度 q_{min} 为止。这段沸腾过程称为过渡沸腾,是很不稳定的换热过程。

(4) 膜态沸腾区 在图 14-22 中 Δt>120℃ 的区域,即 E 点右侧区域。E 点所对应的热流密度为最小 q_{min},从该点传热规律再次发生转折。E 点在传热学中被称为雷登弗罗斯特点。从 E 点起加热面已被稳定的汽膜所覆盖,加热面上产生的蒸汽有规则地排离膜层,带走热量。q 随 Δt 的升高而增大,此段称为稳定膜态沸腾区。稳定膜态沸腾在物理上与膜状凝结有共同点,不过因为热量必须穿过的是热阻较大的汽膜,而不是液膜,所以表面传热系数比膜状凝结小得多。

以上是以水为例的大容器饱和沸腾曲线。饱和压力不同或液体不同时,各种沸腾曲线的变化规律是类似的,不同的只是沸腾参数,如 Δt、q 等。

2. 大容器沸腾换热计算

沸腾换热也是对流换热的一种,因此,牛顿冷却公式仍然适用,即 $q=\alpha(t_w-t_f)=\alpha\Delta t$,但沸腾换热的 α 却有许多不同的计算公式。

(1) 大容器饱和核态沸腾 影响核态沸腾的因素主要是过热度和汽化核心数,而汽化核心数受表面材料、表面状况、压力等因素的影响,所以沸腾换热的情况比较复杂。目前存在两类计算式:一类是针对一种液体的计算式;另一类是广泛适用于各种液体的计算式。

对于压力为 $10^5 \sim 4\times 10^6$ Pa 的水的核态沸腾换热,米海耶夫推荐用下式计算核态沸腾换热的表面传热系数:

$$\alpha = 0.1224\Delta t^{2.33} p^{0.5} \tag{14-34}$$

由 $q=\alpha\Delta t$,上式又可改写为

$$\alpha = 0.5335 q^{0.7} p^{0.15} \tag{14-35}$$

式(14-34)和式(14-35)中,p 为沸腾绝对压力,单位为 Pa;q 为热流密度,单位为 W/m²;Δt 为加热表面过热度,单位为℃。

基于核态沸腾换热主要是气泡强烈扰动的对流换热的设想,罗森诺通过大量实验得出了适用于各种液体的如下实验关联式:

$$\frac{c_{pl}\Delta t}{\gamma Pr_l^s} = C_{wl}\left[\frac{q}{\mu_l\gamma}\sqrt{\frac{\sigma}{g(\rho_l-\rho_v)}}\right]^{0.33} \tag{14-36}$$

也可以改写为

$$q = \mu_l\gamma\left[\frac{g(\rho_l-\rho_v)}{\sigma}\right]^{\frac{1}{2}}\left[\frac{c_{pl}\Delta t}{C_{wl}\gamma Pr_l^s}\right]^3 \tag{14-37}$$

式(14-36)和(14-37)中,c_{pl} 为饱和液体的质量定压热容,单位为 J/(kg·K);Δt 为加热表面过热度,单位为℃;γ 为汽化潜热,单位为 J/kg;Pr_l 为饱和液体的普朗特数;s 为经验指数,对于水 $s=1$,对于其他液体 $s=1.7$;C_{wl} 为取决于加热面与液体组合情况的经验常数,C_{wl} 由实验确定,一些加热面-液体组合的 C_{wl} 值见表 14-9;q 为沸腾换热热流密度,单位为 W/m²;μ_l 为饱和液体的动力粘度,单位为 Pa·s;σ 为液体-蒸汽界面的表面张力,单位为 N/m;g 为重力加速度,单位为 m/s²;ρ_l、ρ_v 分别为饱和液体和饱和蒸汽的密度,单位为 kg/m³。

表 14-9 一些加热面-液体组合的 C_{wl} 值

加热面—液体组合	C_{wl}	加热面—液体组合	C_{wl}
水—抛光的铜	0.013	水—化学腐蚀的不锈钢	0.013
水—粗糙表面的铜	0.006 8	水—研磨并抛光的不锈钢	0.006 0
水—黄铜	0.006 0	乙醇—铬	0.002 7
水—铂	0.013	苯—铬	0.010
水—机械抛光的不锈钢	0.013		

(2) 大容器沸腾的临界热流密度　临界热流密度是大容器饱和沸腾的一个重要参数。实际的沸腾换热设备要求沸腾换热负荷既十分接近 q_{max}，又有足够的安全性。对于大容器沸腾的临界热流密度 q_{max} 的计算，推荐采用以下的经验公式：

$$q_{max} = \frac{\pi}{24}\gamma\sqrt{\rho_v}\left[g\sigma(\rho_l - \rho_v)\right]^{1/4} \tag{14-38}$$

(3) 大容器膜态沸腾　在低温和制冷领域，膜态沸腾是低温液体沸腾的常见方式。当饱和液体在水平管外作膜态沸腾时，表面传热系数可按下式计算：

$$\alpha = 0.62\left[\frac{g\gamma\rho_v(\rho_l - \rho_v)\lambda_v^3}{\mu_v d(t_w - t_s)}\right]^{1/4} \tag{14-39}$$

式中，除了 γ 和 ρ_l 的值由饱和温度 t_s 决定外，其余物性均以平均温度 $t_m = (t_w + t_s)/2$ 为定性温度，定型尺寸为管子外径 d，如果加热表面为球面，则上式中的系数 0.62 改为 0.67。

二、管内沸腾换热

1. 竖直管内沸腾换热

图 14-23 所示为竖直管内液体的沸腾换热情况。若进入管内液体的温度低于饱和温度，流体与管壁之间的换热是液体的对流换热。之后液体在壁面附近被加热到饱和温度 t_s，但此时管内中心温度尚低于 t_s，仅管壁有气泡产生，属于过冷沸腾。

随后液体在整个截面上达到饱和温度，进入饱和核态沸腾。这时流动状态先是泡状流，渐变成块状流，进入泡态沸腾。随着液体进一步被加热和气泡的继续增多，在管中心形成气体芯，液体被压成环状，紧贴管壁呈薄膜流动，出现环状流。此时的汽化过程主要发生在汽液交界面上，热量主要以对流方式通过液膜，属于液膜的对流沸腾。继而液体薄膜受热进一步汽化，中间气相的流速继续增加。由于汽液界面的摩擦，汽流能将液面吹离壁面，并携带于蒸汽流中，这样液膜变成了小液珠分散在气流中，似雾状，故称为雾状流。此时与管壁接触的是蒸汽，因此表面传热系数骤然下降，管壁温度升高。若雾状的小液珠再进一步汽化，就发展成单一的气相了，从而进入单相蒸汽流的对流换热过程。

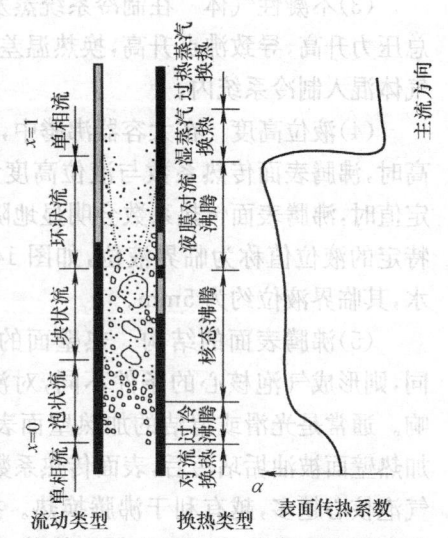

图 14-23　竖直管内液体的沸腾换热情况

2. 水平管内沸腾换热

对于发生在水平管内的沸腾换热，流速较高时，管内的情形与竖直管基本相似；在流速较低时,受重力的影响,蒸汽和液体分别集中在管的上、下两半部分,如图14-24所示。进入环状流后,管道上半部容易过热而烧坏。

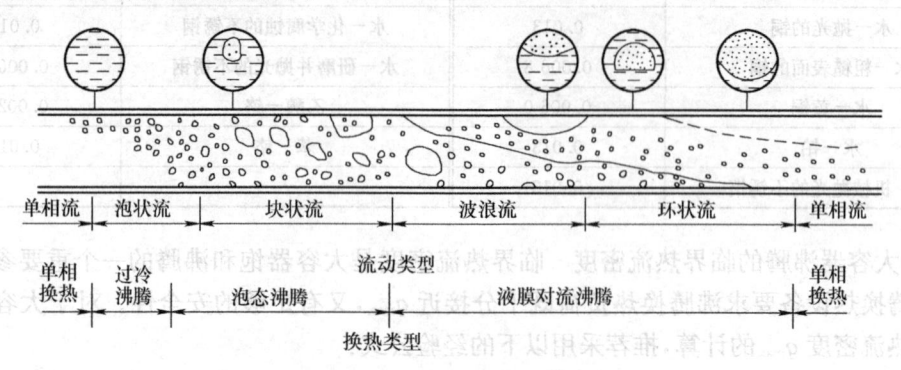

图 14-24 水平管内沸腾示意图

三、影响沸腾换热的因素

(1)**液体表面压力** 液体表面压力的大小决定了液体的沸点(饱和温度)的高低。在饱和状态下,压力越低,沸点就越低,换热温差就越大,越有利于沸腾换热。

(2)**液体的性质** 液体沸腾时,其内部的扰动程度,汽、液两相的导热能力以及形成气泡的脱离都与液体的导热系数、密度、粘度和表面张力有关,所以这些因素都对沸腾换热有重要的影响。一般情况下,表面传热系数随着液体的导热系数和密度的增加而增大,随液体的粘度和表面张力的增大而减小。

(3)**不凝性气体** 在制冷系统蒸发器管路内,不凝性气体(如空气)的存在会使蒸发器内的总压力升高,导致沸点升高,换热温差降低,严重影响蒸发器的吸热制冷。因此应严禁不凝性气体混入制冷系统内。

(4)**液位高度** 在大容器沸腾中,当传热表面上的液位足够高时,沸腾表面传热系数与液位高度无关。但当液位降低到一定值时,沸腾表面传热系数会明显地随液位的降低而升高,这一特定的液位值称为临界液位,如图14-25所示。对于常压下的水,其临界液位约为5mm。

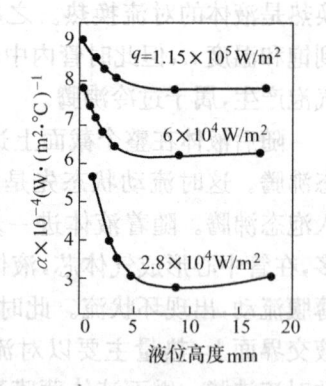

(5)**沸腾表面的结构** 热壁面的材料不同、表面粗糙度不同,则形成气泡核心的条件不同,对沸腾换热将产生显著的影响。通常是光滑或清洁的加热壁面表面传热系数的值较高,当加热壁面被油垢玷污后,表面传热系数急剧下降。壁面越粗糙,气泡核心越多,越有利于沸腾换热。换热器表面上的微小凹坑最容易变成汽化核心。为加强换热,可采用烧结、钎焊、火焰喷涂、电离沉积等物理或化学的方法,在换热器表面上形成一层多孔或多沟槽结构,也可采用机械加工的方法在换热器表面形成沟槽结构,或在沸腾管路上设置散热肋片。如图14-26所示,W-TX管管壁加工出很多细小的凹槽,GEWA-T管加工出细密的螺纹,而多孔管表面形成了多孔结构,通过这些措施,既可以增加汽化核心,也可以增加表面换热面积,而前者的作用是主要的。

图 14-25 1atm饱和蒸汽压下水的大容器饱和沸腾表面传热系数与液位高度的关系

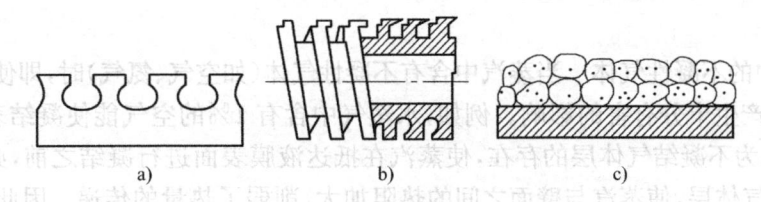

图 14-26 强化沸腾换热的表面结构
a) W-TX 管 b) GEWA-T 管 c) 多孔管

第六节 凝结换热

工质在饱和温度下释放热量由气态转变为液态的过程称为凝结(冷凝)。蒸汽与低于相应压力下饱和温度的冷壁面接触时,就会放出汽化潜热,凝结成液体附着在壁面上。制冷系统中冷凝器内制冷剂蒸气与管壁之间的换热、发电厂中凝汽器内水蒸气与管壁之间的换热等都是凝结换热。

根据凝结液润湿壁面的性能不同,蒸汽凝结分为膜状凝结和珠状凝结两种。如果凝结液能够很好地润湿壁面,就会在壁面上形成连续的液体膜,这种凝结形式称为膜状凝结,如图 14-27a 所示。随着凝结过程的进行,液体层在壁面上逐渐增厚,达到一定厚度以后,凝结液将沿着壁面流下或坠落,但在壁面上覆盖的液膜始终存在。在膜状凝结中,纯蒸汽凝结时气相内不存在温度差,所以没有热阻。而蒸汽凝结所放出的热量,必须以导热的方式通过液膜才能到达壁面;又由于液体的导热系数不大,所以液膜几乎集中了凝结换热的全部热阻。因此,液膜越厚,其热阻越大,表面传热系数就越小。膜状凝结的表面传热系数主要取决于凝结液的性质和液膜的厚度。如果凝结液不能很好地润湿壁面,则因表面张力的作用将凝结液在壁面上集聚为许多小液珠,并随机地沿壁面落下,这种凝结称为珠状凝结,如图 14-27b 所示。随着凝结过程的进行,液珠逐渐增大,待液珠增大到一定程度后,则从壁面上落下,使得壁面重新露出,可供再次生成液珠。由于珠状凝结时没有液膜的附加热阻,而是直接在传热面上凝结,故其表面传热系数远比膜状凝结时的大,有时大到几倍甚至几十倍。

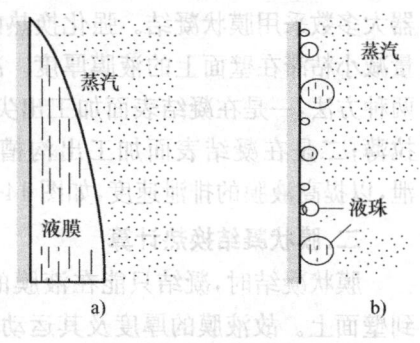

图 14-27 膜状凝结与珠状凝结示意图
a) 膜状凝结 b) 珠状凝结

实际工程中所采用的冷凝器,大多数为膜状凝结,即使采取了产生珠状凝结的措施,也往往因为传热面上结垢或其他原因,难以持久地保持珠状凝结。所以,工业冷凝器的设计均以膜状凝结换热为计算依据。

一、影响凝结换热的因素

(1) 蒸汽压力 蒸汽所受压力的大小决定了气体冷凝温度(饱和温度)的高低。在饱和状态下,压力越大,冷凝温度就越高,与壁面换热温差就越大,越有利于凝结换热。

(2) 蒸汽的流速和流向 如果蒸汽流动方向与液膜流动方向一致可加速液膜流动,使之变薄,表面传热系数增大。当流动方向与液膜的流动方向相反时,会增加液膜厚度,表面传热系数减小。但如果蒸汽流速较高时,会把液膜吹离表面,不论流向如何,都会使表面传热系数增大。

(3) **蒸汽中的不凝性气体**　当蒸汽中含有不凝性气体(如空气、氮气)时，即使含量极微，也会对凝结换热产生十分有害的影响。例如，水蒸气中含有 1% 的空气能使凝结表面传热系数降低 60%。因为不凝结气体层的存在，使蒸汽在抵达液膜表面进行凝结之前，必须以扩散方式穿过不凝结气体层，使蒸汽与壁面之间的热阻加大，削弱了热量的传递。因此，排除不凝性气体是保证制冷系统冷凝器正常运行的关键。

(4) **冷凝壁面情况的影响**　若冷凝壁面粗糙、有锈层或有油膜时，将增加液膜流动的阻力，从而使液膜加厚，增大热阻、降低表面传热系数。因此，要注意保持冷凝壁面的光滑和清洁，注重冷凝器的排油操作。

(5) **冷却面的排列方式**　对于单管，管子横放比竖放的凝结表面传热系数大。对于管束，冷凝液体从上面流到下面，处于下面管排的液膜比上面管排的厚一些，凝结表面传热系数要小一些。因此，将管子的排列旋转一定角度，会减薄下面管子液膜的厚度，增强换热。

(6) **凝结表面的几何形状**　工程实际中的冷凝器大多数采用膜状凝结。强化换热的基本原则是尽量减小粘滞在壁面上的液膜厚度。减小液膜厚度有两种方法，一是在凝结表面加工出尖锋，使凝结液膜拉薄；二是在凝结表面加工出沟槽，使液膜分段排泄，以提高液膜的排泄速度，如图 14-28 所示。

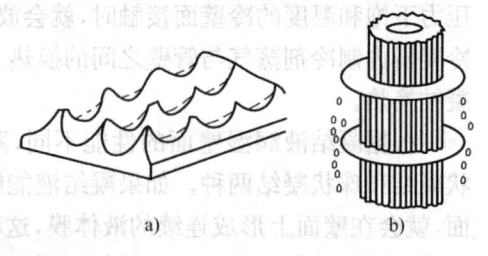

图 14-28　强化换热表面

二、膜状凝结换热计算

膜状凝结时，凝结只能在液膜的表面进行，潜热则以导热和对流的方式穿过液膜层传到壁面上。故液膜的厚度及其运动状态(层流或湍流)对表面传热系数的影响较大，而厚度和流态除与凝结液的粘度、密度等物性有关外，还与壁的高度以及蒸汽和壁面间的温度差有关。

竖壁上膜状凝结的液膜也有层流和湍流两种流态。如图 14-29a 所示，上段液膜较薄，流动属于层流。下段因液膜增厚，流速增大，层流逐步经历过渡区而转变为湍流。图 14-29b 表示出了局部表面传热系数 α_x 的变化规律。液膜属于层流还是湍流仍可由临界雷诺数 Re_c 来判别。下面只讨论层流膜状凝结，并给出计算平均表面传热系数的公式。

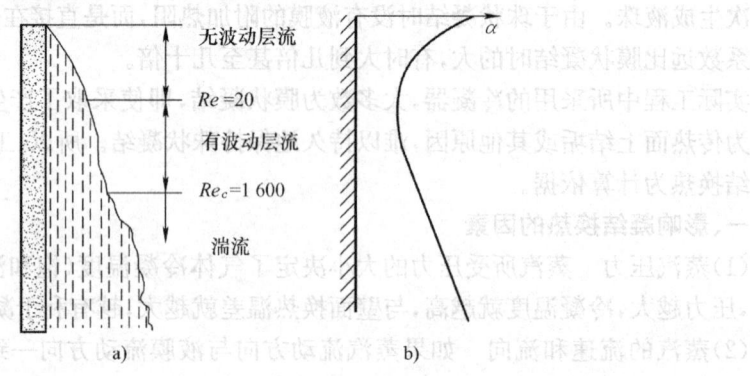

图 14-29　液膜流动情况及局部表面传热系数

努谢尔特于1916年根据连续液膜的层流运动和导热机理,从理论上最先导得层流膜状凝结放热计算式。竖壁层流膜状凝结平均表面传热系数为

$$\alpha = 0.943 \left[\frac{\rho^2 g \lambda^3 r}{\mu H(t_s - t_w)}\right]^{\frac{1}{4}} \quad (14\text{-}40)$$

式(14-40)称为努谢尔特理论计算式。式中,γ是温度为t_s的饱和蒸汽所对应的凝结潜热,单位为J/kg;H为竖壁的高度,单位为m;其余物性参数均按膜层平均温度$t_m = (t_w + t_s)/2$作为定性温度。

将竖壁层流膜状凝结换热的实验数据与式(14-40)计算的理论值进行比较,发现理论值偏低。这是因为凝结液向下流动时,由于加速度等原因使膜层发生波动,波动的出现使液膜的有效厚度减薄,表面传热系数增大。因此,实用上往往将式(14-40)中的系数提高20%,作为竖壁的凝结换热计算公式,即

$$\alpha = 1.13 \left[\frac{\rho^2 g \lambda^3 r}{\mu H(t_s - t_w)}\right]^{\frac{1}{4}} \quad (14\text{-}41)$$

对于横管外壁的凝结放热,由于管子的直径通常都比较小,液膜多是处于层流状态。努谢尔特在分析倾斜壁表面传热系数的基础上导出水平单管上的膜状凝结表面传热系数公式:

$$\alpha = 0.725 \left[\frac{\rho^2 g \lambda^3 r}{\mu d(t_s - t_w)}\right]^{\frac{1}{4}} \quad (14\text{-}42)$$

式中,d为管外径,单位为m;其余参数取法同式(14-40)。

【案例分析与知识拓展】

案例1:某电热锅炉加热器长度及壁温计算

某电热锅炉要求每小时生产140℃的饱和蒸汽75kg。采用外径为12mm的不锈钢管作为安置电热元件的外套。设计中取浸入水中的电热元件表面热流密度为$7.75 \times 10^4 \text{W/m}^2$。试确定需浸入水中的电热元件的总长度以及不锈钢管的平均表面温度。设进入锅炉的给水温度为20℃。

假设:1)按表14-9所示的机械抛光的不锈钢表面来计算;2)电加热功率全部用来加热水;3)水从20℃加热到140℃的过程的质量热容按80℃时的质量热容计算;4)加热管在水中加热引起的沸腾属于大容器沸腾,但是因工艺上的原因加热管可能需要分层布置,这时上面的加热面将受到位于下面的加热面所产生气泡的影响,这里略去这种影响不计。

140℃时饱和水的物性参数为

$\rho_l = 926.2 \text{kg/m}^3$,$\rho_v = 1.965 \text{kg/m}^3$,$c_{pl} = 4.287 \text{kJ/(kg·K)}$,$\mu_l = 201.1 \times 10^{-6} \text{kg/(m·s)}$,$Pr_l = 1.26$,$\gamma = 2144.6 \text{kJ/kg}$,$\sigma = 507.2 \times 10^{-4} \text{N/m}$

80℃时水的质量定压热容为$c_{pw} = 4175 \text{kJ/(kg·K)}$。将75kg温度为20℃的水加热成为140℃的饱和蒸汽需要的热流量为

$$Q = \frac{75\text{kg} \times [4.175\text{kJ/(kg·K)} \times (140-20)\text{K} + 2144.6\text{kJ/kg}]}{3600\text{s}} = \frac{1.985 \times 10^8 \text{J}}{3600\text{s}} = 5.513 \times 10^4 \text{W}$$

按设计的热流密度所需的加热面积为

$$A = \frac{Q}{q} = \frac{5.513 \times 10^4 \text{W}}{7.75 \times 10^4 \text{W/m}^2} = 0.711 \text{m}^2$$

所需浸入水的加热管的长度为

$$L = \frac{A}{\pi d} = \frac{0.711\text{m}^2}{3.14 \times 0.012\text{m}} = 18.7\text{m}$$

这样长的加热管必须分成几个弯头来布置，而弯头的多少取决于锅炉的长度。应用式(14-37)来计算加热面的平均壁温。该式写成温差的形式为

$$\Delta t = \frac{C_{wl} r\, Pr_l^s}{c_{pl}} \left[\frac{q}{\mu_l r} \sqrt{\frac{\sigma}{g(\rho_l - \rho_v)}} \right]^{0.33}$$

按表14-9所示的机械抛光的不锈钢表面来计算，则$C_{wl}=0.13$，将各物性参数代入上式可得$\Delta t=6.17\text{℃}$。不锈钢管表面的平均温度为

$$t_w = t_s + \Delta t = 140\text{℃} + 6.17\text{℃} = 146.17\text{℃}$$

讨论：加热管长需18.7m，受到锅炉长度的限制以及工艺上的需要，18.7m长度要分层布置。这时上面的加热面将受到位于下面的加热面所产生的气泡的影响。这里略去这种影响不计。由于6℃左右的加热温差使沸腾换热刚处于核态沸腾的开始阶段，气泡不会很密集，这样的简化处理是可以接受的。

案例2：热管技术

一般情况下，由于汽化潜热和凝结潜热的存在，有相变的换热要比无相变的换热强度大。热管技术就是利用流体的汽化吸热和凝结放热，实现高强度传热的。热管又称为"热超导体"，它通过在全封闭真空管内工质的气、液相变来传递热量，具有极高的导热性，比纯铜导热能力高上百倍。

典型的热管由管壳、吸液芯和端盖组成，如图14-30所示。将管内抽到负压后充以适量的工作液体，使紧贴管内壁的吸液芯毛细多孔材料中充满液体后加以密封。管的一端为蒸发段（加热段），另一端为冷凝段（冷却段），根据需要可以在两段中间布置绝热段。当热管的一端受热时，毛细芯中的液体蒸发汽化，蒸汽在微小的压差下流向另一端放出热量凝结成液体，液体再沿多孔材料靠毛细力的作用流回蒸发段。如此循环不已，热量由热管的高温端传至低温端。

对于工业上大量使用的热管式换热器，通常采用结构简单、依靠重力驱动凝结液回流的重力热管，其结构如图14-31所示。既然凝结液是靠重力由冷凝段流回蒸发段，工作时必须使加热段在下，放热段在上。热管的工作原理决定了热管具有下述主要特点。

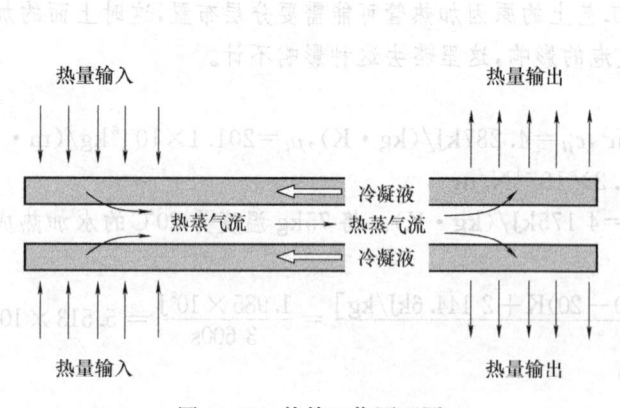

图14-30　热管工作原理图

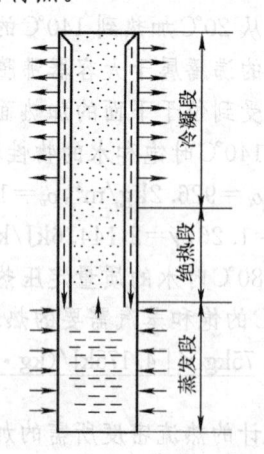

图14-31　重力热管示意图

1) 热阻小、温差小、传热能力强。热管的换热热阻主要包括冷、热流体与热管外壁面的对流换热热阻、管壳的导热热阻、管内工质沸腾换热与凝结换热的热阻。

因为热管内部工质沸腾与凝结换热的表面传热系数很大，一般在 5 000W/(m²·℃)以上，所以热阻很小。由于沸腾和凝结同处于一个热管空腔内，加热段与冷凝段的温差（即工质的饱和温度之差）是由工质蒸汽的流动阻力导致的两端压力差所引起的。在热管不太长的情况下，蒸汽的流动阻力很小，因此热管两端的温差很小，对应的热阻也很小，一般情况下可以忽略不计。因此，温差小、热阻小是热管重要的传热特性。由于实现了小温差传热，大大减少了传递热量的不可逆损失。计算表明，一根内、外径分别为 21mm、25mm，加热段、冷凝段长度都为 1m 的钢-水重力热管的热阻（管外对流换热热阻除外）是直径相同、长度为 2m 的纯铜棒导热热阻的 1/1 500，即这种热管的传热能力是纯铜棒的 1 500 倍。

2) 适应温度范围广、工作温度可调。通过选择不同的热管工质和相容的管壳材料，可以使热管在 −200～2 000℃ 温度范围内工作。对于同一种热管，还可以通过调整管内压力达到调整工质饱和温度（即工作温度）的目的。表 14-10 列举了一些常用的热管工质和相容的管壳材料以及它们适用的温度范围。

表 14-10 常用的热管工质和相容的管壳材料及适用的温度范围

工质	相容管壳材料	适用的温度范围/℃
甲醇	铜、镍、不锈钢	−45～120
水	铜、镍、碳钢（表面处理）	5～230
钾	镍、不锈钢	400～800
钠	镍、不锈钢	500～900
锂	铌+5%锆	900～1 500

3) 热流密度可调。热管蒸发段和冷凝段的热流密度可以通过改变蒸发段和冷凝段的长度或管外换热面积进行调节。

由于热管具有上述特性，因此在现代工业和航天、电子等高科技领域获得了广泛的应用。

【本章小结】

本章介绍了对流换热理论中的一些基本概念和影响对流换热的主要因素、求解表面传热系数的方法及工程中几种常见的对流换热问题的机理与影响因素，列出了大量的求解各种对流换热问题的准则方程式。

一、对流换热的机理

对流换热是指流体相对于固体壁面运动时，因温差而引起的换热过程。由于流动流体粘滞性的影响，在紧贴壁面的流体薄层内会形成速度边界层，不论是在层流区还是湍流边界层的层流底层区，热量都只能以导热的方式进行传递，因而，对流换热实质上应是导热与对流两种换热方式综合作用的结果。

二、影响对流换热的因素

(1) 流体流动的动力　分为受迫对流和自然对流，一般受迫对流的表面传热系数大于自然对流的表面传热系数。

(2)流体流动的状态　流体的流态分为层流和湍流(或过渡流),一般湍流表面传热系数大于层流的表面传热系数。

(3)流体的热物理性质　导热系数λ、质量定压热容c_p、动力粘度μ、密度ρ等。

(4)流体有无相变　流体在换热过程中发生凝结或沸腾时,其换热强度会远远大于无相变时的换热。

(5)换热面的几何因素　包括换热表面的形状、大小和相对于流动方向的位置。

三、对流换热的分析计算方法

由于影响表面传热系数的因素很多,很难用数学解析法求解。一般采用相似理论指导下的实验法求解,将方程整理成准则方程的形式。相似理论的核心内容是相似三定律。对不同的对流换热过程,其定性温度是不同的,一般取对换热影响最大或易于精确测量的温度作定性温度;定型尺寸是确定对流换热准则数所用的几何尺寸,一般取对换热过程影响最显著的尺寸。对流换热计算中常用的几个相似准则数的计算公式及物理意义见表14-11。

表14-11　常用的相似准则数

名称	符号	定义	意义
努谢尔特数	Nu	$Nu=\dfrac{\alpha l}{\lambda}$	Nu数的大小反映了同一种流体在不同情况下的对流换热强度
雷诺数	Re	$Re=\dfrac{w_g l}{v}$	Re数的大小反映了流体流动时的惯性力与粘滞力的相对大小
普朗特数	Pr	$Pr=\dfrac{v}{a}=\dfrac{\mu c_p}{\lambda}$	Pr数反映了流体的动量扩散能力与热量扩散能力的相对大小
格拉晓夫数	Gr	$Gr=\dfrac{g\beta\Delta t l^3}{v^2}$	Gr数的大小反映了流体所受的浮升力与粘滞力的相对大小

四、圆管强迫对流换热计算

这部分内容只要求掌握工程最常见圆管内、外的强迫对流换热计算,要求知道影响管内受迫对流换热的主要因素(入口段、不均匀物性场、弯管二次环流、自然对流等),理解在求表面传热系数时是如何考虑这些因素的影响的。对表面传热系数的计算,要求在给出特定条件下的准则方程时会运用方程。对管外对流换热,要了解绕流脱体的概念及对换热过程的影响。

五、相变换热

对凝结和沸腾时的对流换热过程,只要求掌握两种换热方式的特点(与一般无相变换热相比)及影响相变换热的主要因素,对具体计算过程不作要求。

六、对流换换现象的求解思路

工程中几种常见的对流换热问题通常包括管内受迫对流换热、流体外绕单管及管束换热、大空间及有限空间自然对流换热、大容器和管内沸腾换热以及凝结换热等。现将一般对流换热求解的步骤概括如下:

1)先由已知条件计算Re,再根据Re值判断流体的流态。

2)根据流态(层流、湍流或过渡流)和适宜范围选用相应的实用计算式,并注意定型尺寸和定性温度的确定。

3)由已知条件计算或选取有关修正系数。

4)由实用计算式计算Nu。

5)由Nu值求得表面传热系数α。

【思考与练习题】

14-1 为什么自然对流的 α 要比受迫对流的低？夏天开风扇时人们感到凉快，是空气的温度降低了吗？

14-2 冬天气温为5℃时，你的左手置于5℃的空气中，右手置于5℃的水中，为何右手远比左手感到冷？

14-3 湍流边界层中为何又有层流底层？湍流边界层中的温度场与层流边界层的温度场有何区别？

14-4 相似三定律分别解决了相似实验中的哪些问题？

14-5 流体形成自然对流时一定会有密度差，若有密度差存在，流体中是否一定会产生自然对流？

14-6 把热水倒入一玻璃杯后，立即用手抚摸玻璃杯的外表时还不感到杯子烫手，但如果用筷子快速搅拌热水，那么很快就会觉得杯子烫手了。试解释这一现象。

14-7 牛顿冷却公式 $q=\alpha\Delta t$ 是建立在 q 与 Δt 成正比的基础上的。当换热过程的 α 本身就是 Δt 的函数时，q 与 Δt 还保持正比关系吗？哪一种对流现象的 α 随 Δt 的变化很大，哪一种现象的 α 与 Δt 无关？

14-8 热电厂中有一水平放置的蒸汽管道，保温层外径 $d=400$mm，壁温 $t_w=50$℃，周围空气的温度 $t_\infty=20$℃。试计算蒸汽管道外壁面的对流散热损失。

14-9 室温为10℃的房间有一个直径为10cm的烟筒，其竖直部分高1.5m，水平部分长15m。求烟囱的平均壁温为1 100℃时，烟筒的对流换热量。

14-10 在2atm压力下，平均温度为200℃的空气以10m/s的速度流过一直径为2.54cm的加热管，管壁热流密度保持恒定，且管壁的温度始终比空气温度高20℃。试计算单位长度管子的换热量。

14-11 在1atm压力下，35℃的空气以50m/s的速度横掠过直径为5.0cm的圆柱，圆柱表面温度保持150℃不变。试计算单位长度圆柱上的换热量。

14-12 已知某锅炉叉排管束6排，管子外径 $d=38$mm，管束前的燃气温度 $t_1=700$℃，管束后的燃气温度 $t_2=500$℃，燃气在管间的最大流速 $w_g=15$m/s，$s_1=s_2$。求燃气对管束的平均表面传热系数值。

14-13 试述珠状凝结和膜状凝结的形成机理及换热特点。

14-14 为什么蒸汽动力装置冷凝器内的真空度与抽气装置的工作情况有关？当冷凝器内积聚的空气过多时，真空度有什么变化？制冷装置的冷凝器内积有空气会有什么害处？

第十五章 辐射换热

【知识目标】 理解热辐射的物理本质和特点；掌握黑体、白体、透明体和灰体的概念，热辐射的四个基本定律；理解有效辐射、空间热阻、表面热阻的概念；了解角系数的概念及其基本特性；掌握封闭空腔灰体表面间的辐射热阻网络图，正确理解遮热板的基本原理。

【能力目标】 能熟练计算两个或三个灰体表面组成的封闭空腔的辐射换热量，具备简单辐射换热现象的分析计算能力。

第一节 热辐射的基本概念

导热和对流换热是不同温度的物体直接接触依靠组成物质的微观粒子的热运动或物体宏观运动来传递热量的现象。而两物体之间的辐射换热则不需要直接接触，无论相隔多远都能发生，因为这种能量传递的过程是由载运能量的电磁波的发射和吸收所引起的。导热和对流所传递的热量约与温差的一次方成正比，而辐射换热所传递的热量约与温度的四次方之差成正比。因此，热辐射传递能量的规律与导热、对流换热有很大的区别，研究方法也有其自身的特点。

冬天，人们站在阳光下会感到温暖；夏天，站在阳光下会感到酷热。太阳和地球之间相隔着广阔的空间，那么太阳的热能是怎样传到地球上来的呢？在锅炉房里，当打开炉门观看炉膛里的火焰时，会感到有一股热流迎面扑来，这股热流并不是空气通过对流作用传递来的，因为在极短的时间内房间内空气温度并没有明显的变化，那么火焰的热能是以怎样的方式传向人体的呢？如果关上炉门，炉膛向外传递的热流就大大减少，这又是什么原因呢？这些现象都是因为热辐射引起的。

一、热辐射的本质和特点

当物质微观粒子运动状态发生改变时，如电子从高能位轨道向低能位轨道迁移时就会向外发射能量，这是物质的一种固有属性。物质内部分子和原子总是处于不停的运动中，分子的热运动和原子的振动引起了电子运动轨道的变化，于是引起周围电场的变化，电磁感应使电场的每一变化又引起磁场的变化，这种电磁场的交替变化就形成了电磁波并向外发射。物体向外发射电磁波的过程称为辐射，电磁波运载的能量称为辐射能。由于热的原因使物体向外发射辐射能的过程称为热辐射。

热辐射的电磁波是由物体内部微观粒子在运动状态改变时所激发出来的，它仅仅取决于温度。只要设法维持物体的温度不变，其发射辐射能的数量也不变。当物体的温度升高或降低时，辐射能也相应地增加或减少。此外，任何物体在向外发射辐射能的同时，也在不断地吸收周围其他物体发射的辐射能，并将吸收的辐射能重新换成热能。所谓辐射换热是指物体之间相互辐射和吸收过程的总效果。例如，在两个温度不等的物体之间进行的辐射换热，温度较高的物体辐射多于吸收，而温度较低的物体则辐射少于吸收，总的结果是高温物体向低温物体转移了热量。若两换热物体温度相等，此时它们辐射和吸收的能量恰好相等，物体间辐射换热量等于零,这种情况称为热动平衡。

虽然各种辐射发生的原因不同,但它们之间并无本质的差别。它们都以电磁波的方式传递能量,且各种电磁波都以光速在空间进行传播。电磁波的速率、波长和频率存在下列关系:

$$C = f\lambda \tag{15-1}$$

式中,C 为电磁波的传播速率,单位为 m/s,在真空中 $C=3\times10^8$ m/s,在大气中传播速率略低于此值;f 为电磁波的频率,单位为 1/s;λ 为电磁波的波长,单位为 m,其常用单位为 μm(微米)。

电磁波的性质取决于波长或频率,在热辐射的分析中,通常用波长来描述电磁波。电磁波的波长有很宽的变化范围,例如,宇宙射线的波长极短($\lambda<10^{-6}$ μm),而某些无线电波的波长则很长(可以千米计)。实用上常将它们按波长分成若干区段,每个区段给予一个专门的名称。图 15-1 给出了电磁波按波长划分区段的大致情况,以及每个区段的相应名称。

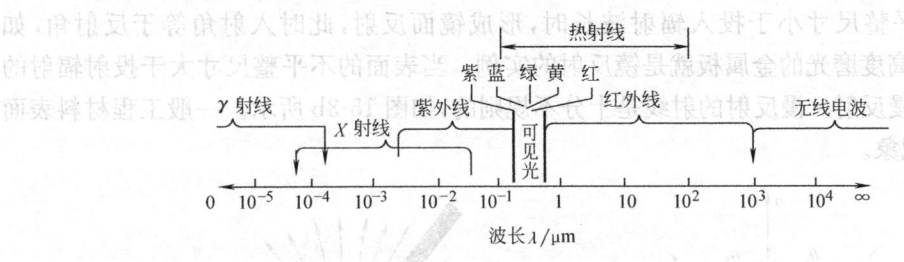

图 15-1 电磁波谱

从理论上讲,物体热辐射的电磁波波长可以包括整个波谱,即波长从零到无穷大。然而,在工业上经常遇到的温度范围内,即 2 000K 以下,热辐射效应最为显著、有实际意义的热辐射波长位于波谱的 0.1～100μm 之间(此范围内的射线称为热射线),而且大部分能量位于红外线区段的 0.76～20μm 范围内。在可见光区段(即波长为 0.38～0.76μm 的区段),热辐射能量的比重不大。太阳是温度约为 5 800K 的热源,其温度比一般工业上遇到的温度高出许多。太阳辐射的主要能量集中在 0.3～3μm 的波长范围,其中可见光区段占有很大的比例。一个被加热的物体,有一个取决于它的温度的特征颜色。显然,当热辐射波的波长大于 0.76μm 时,人们的眼睛将看不见它们。

红外线又有远红外线和近红外线之分,大体上以 25μm 为界限,波长在 25μm 以下的红外线称为近红外线,25μm 以上的红外线称为远红外线。但因两者的物理作用并无本质的差别,这种区分的界限并没有统一的规定。

二、物体对投入辐射的反应

热辐射的能量投射到物体表面上时,与可见光一样也有吸收、反射和透射现象发生,如图 15-2 所示。假设外界投射到物体表面上的总能量为 Q,其中一部分 Q_α 在进入表面后被物体吸收,另一部分 Q_ρ 被物体反射,其余部分 Q_τ 则穿透物体。于是,按能量守恒定律:

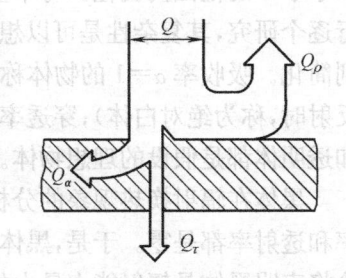

$$Q = Q_\alpha + Q_\rho + Q_\tau$$

或者

$$\frac{Q_\alpha}{Q} + \frac{Q_\rho}{Q} + \frac{Q_\tau}{Q} = 1$$

图 15-2 物体对投射辐射的反应

其中各个能量百分数 Q_α/Q、Q_ρ/Q、Q_τ/Q 分别称为该物体对投射辐射的吸收率、反射率和透射率,并依次用符号 α、ρ 和 τ 表示。于是,上式可写成

$$\alpha + \rho + \tau = 1 \tag{15-2}$$

实际上,当辐射能进入固体、液体表面后,在一个很短的距离内就被吸收完了,且被转换成热能使物体温度升高。对于金属导体而言,热辐射进入表面内的这一距离只有 $1\mu m$ 的数量级,对于大多数的非导电材料来说,这一距离也小于 $1mm$。实用工程材料的厚度一般都大于这个数值,因此,可以认为固体和液体不允许热辐射透过,即穿透率 $\tau=0$,于是式(15-2)简化为 $\alpha+\rho=1$。这说明固体和液体表面对投射辐射的反应具有表面特性。

辐射能投射到物体表面后的反射现象与可见光一样,有镜面反射和漫反射的区分,它取决于表面不平整尺寸的大小,即表面粗糙度。这里所指表面粗糙度是相对于热辐射的波长而言的。当表面不平整尺寸小于投入辐射波长时,形成镜面反射,此时入射角等于反射角,如图 15-3a所示。高度磨光的金属板就是镜反射的实例。当表面的不平整尺寸大于投射辐射的波长时,则形成漫反射。漫反射的射线是十分不规则的,如图 15-3b 所示。一般工程材料表面都形成漫反射现象。

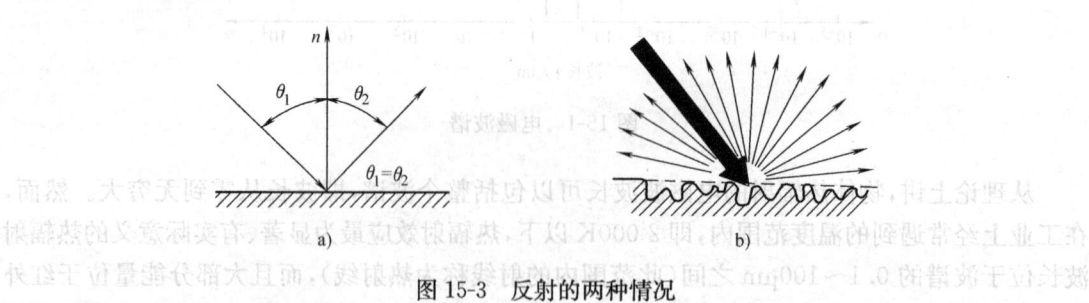

图 15-3 反射的两种情况

辐射能投射到气体上时,其情形不同于固体和液体。气体对辐射能几乎没有反射能力,可认为反射率 $\rho=0$,这时式(15-2)简化成 $\alpha+\tau=1$。显然,吸收性大的气体,其穿透性就差。

由此可知道,固体和液体对外界的辐射特性,以及它们对投入辐射所呈现的吸收和反射特性,都具有在物体表面上进行的特点,而不涉及到物体的内部。因此,物体表面状况对这些特性的影响是至关重要的。而气体的辐射和吸收在整个气体容积中进行,表面状况则是无关紧要的。

自然界所有物体(固体、液体和气体)的吸收率 α、反射率 ρ 和穿透率 τ 的数值都在大于零和小于 1 的范围内变化。每个量的数值又因具体条件不同而千差万别,将这些问题孤立地进行逐个研究,其复杂性是可以想象到的。为方便起见,从理想物体着手进行研究,可使问题得到简化。吸收率 $\alpha=1$ 的物体称为绝对黑体(简称黑体);反射率 $\rho=1$ 的物体称为白体(当为漫反射时,称为绝对白体);穿透率 $\tau=1$ 的物体称为绝对透明体(简称透明体)。显然,黑体、白体和透明体都是假设的理想物体。

黑体在辐射换热现象的分析与计算中有其特殊的重要性。根据黑体的定义,黑体的反射率和透射率都是零。于是,黑体的吸收率、反射率和透射率都是已知的特定数据。下一节的讨论将表明黑体是辐射能力最大的物体。在研究黑体辐射的基础上,将实际物体和黑体辐射相比较,从中找出其与黑体辐射的偏离,然后引入必要的修正,这样就可以将黑体辐射特性和换热规律引申到实际物体中去。

黑体的吸收率 $\alpha=1$，这就意味着黑体能够全部吸收各种波长的辐射能。尽管在自然界并不存在绝对黑体，但用人工方法可以制造出十分接近于黑体的模型。可以利用在表面上开一个小孔的空腔制成黑体，如图15-4所示。空腔壁面应保持均匀的温度，当辐射能经小孔射进空腔时，在空腔内要经历多次吸收和反射，而每经过一次吸收，辐射能就按照内壁吸收率的份额被减弱一次，最终离开小孔的能量就非常小，可以认为完全被空腔内部吸收。就辐射特性而论，小孔好像一个黑体表面一样。值得指出的是，小孔面积与空腔内壁总面积之比越小，就越接近于黑体。若这两个面积之比小于0.6%，内壁吸收率为0.6时，计算结果表明，小孔的吸收率可大于0.996。上面所建立的黑体模型，在黑体辐射的实验研究以及实际物体与黑体辐射特性比较等方面都非常有用。

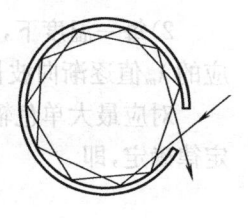

图15-4 黑体模型

对常温下的热射线来说，物体表面颜色对吸收率的影响不大，物体的吸收率主要取决于物体表面的粗糙度，热射线投射到凹凸不平的表面上会因多次反射和吸收而使吸收率增大。但对太阳辐射，由于其辐射能量大部分集中在可见光区段，物体表面颜色的深浅成为决定物体表面对可见光吸收率的主要因素，这正是夏天在太阳下人们穿着浅色衣服比穿着深色衣服感觉凉快的原因。

三、辐射力和单色辐射力

辐射力 E 是指单位时间内，物体单位表面积向半球空间所辐射的全波长($\lambda=0\sim\infty$)的总能量，单位为 W/m^2。黑体的辐射力以 E_b 表示。

单色辐射力 E_λ 是指单位时间内，物体单位表面积向周围半球空间所辐射的某一波长的能量。物体辐射能量按波长的分布是不均匀的，设在波长 $\lambda\sim\lambda+d\lambda$ 这一段波范围内，辐射的能量为 dE，则下式给出了单色辐射力 E_λ 的定义：

$$E_\lambda = \frac{dE}{d\lambda} \tag{15-3}$$

单色辐射力的单位为 W/m^3。黑体的单色辐射力以 $E_{b\lambda}$ 表示。

第二节 热辐射的基本定律

一、普朗克定律

普朗克定律揭示了黑体的辐射能在不同温度下按波长的分布规律，即 $E_{b\lambda}$ 与波长 λ、温度 T 之间的关系。它的表达式为

$$E_{b\lambda} = \frac{C_1\lambda^{-5}}{e^{C_2/\lambda T}-1} \tag{15-4}$$

式中，λ 为波长，单位为 μm；T 为辐射表面的热力学温度，单位为 K；常数 $C_1=3.742\times10^{-16}W\cdot m^2$；$C_2=1.4388\times10^2 m\cdot K$。

将式(15-4)所表示的黑体辐射能在不同温度下按波长分布的规律描绘在图15-5上，可得出以下结论。

1) 在一定温度下，黑体辐射力在不同波长下差别很大。当 $\lambda=0$ 时，$E_{b\lambda}=0$；此后 $E_{b\lambda}$ 随着 λ 的增加而增加，直至单色辐射力 $E_{b\lambda}$ 达到最大值$(E_{b\lambda})_{max}$，此时所对应的波长用 λ_m 表示。而后，$E_{b\lambda}$ 又随 λ 的增加而减少，最后趋于零。

2) 每一温度下，$E_{b\lambda}=f(\lambda,T)$ 曲线均有一个最大值，而且随着黑体温度的升高而升高，对应的 λ_m 值逐渐向波长较短的方向移动。

对应最大单色辐射力 $(E_{b\lambda})_{max}$ 的波长 λ_m 与黑体热力学对温度 T 之间的关系，由维恩位移定律确定，即

$$\lambda_m \cdot T = 2\,897.6\,\mu m \cdot K \approx 2.9 mm \cdot K \tag{15-5}$$

从图 15-5 可以看出，只有当物体的热力学温度达到 1 200K 时，其辐射能中才具有波长 $\lambda=0.6\sim0.7\mu m$ 的能为肉眼所见到的可见光射线。随着温度的升高，可见光射线增加，当温度接近太阳温度 5 800K 时，$E_{b\lambda}$ 的峰值才位于可见光范围。黑体温度在 2 500℃ 以下，辐射能量大部分都分布在 $0.76\mu m<\lambda<10\mu m$ 的范围内，而可见光部分的辐射能与辐射总能量相比是相当小的，可以忽略。

自然界中并不存在绝对黑体。液体和一切固体材料都是吸收率 $\alpha<1$ 的物体。在热辐射的研究中，将吸收率 $\alpha<1$ 并且吸收率不随波长改变的物体称为灰体。经验表明，对于绝大多数固体和液体，在热射线范围内都可近似当成灰体对待。灰体概念的引入将大大简化热辐射的计算。

物体的单色辐射力与同温度下黑体的单色辐射力 $E_{b\lambda}$ 之比用 ε_λ 表示，即

图 15-5　普朗克分布规律

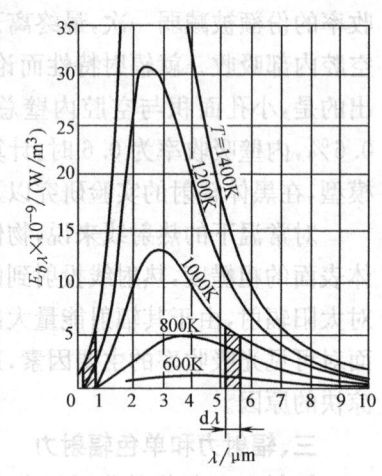

$$\varepsilon_\lambda = E_\lambda/E_{b\lambda} \tag{15-6}$$

ε_λ 称物体的单色黑度，其值在 0 与 1 之间。对于灰体，其单色黑度 ε_λ 是不随波长而改变的常数，因此，不同温度下灰体的单色辐射力 E_λ 与波长的函数关系曲线 $E_\lambda=f(\lambda,T)$ 的形状将与黑体相似，如图 15-6 所示。

灰体的黑度 ε 被定义为灰体的辐射力 E 与同温度下黑体的辐射力 E_b 之比，即

$$\varepsilon = \frac{E}{E_b} \tag{15-7}$$

黑度表征了物体热辐射接近黑体热辐射的程度，它是分析计算热辐射的一个重要参数。对于灰体，其黑度一般是表面温度的函数，但在温度变化不大的范围内，可近似认为黑度是与温度无关的值。

由式(15-6)可见，在相同的温度下，黑体的辐射力为最大。当工程上需要增强辐射换热时（如辐射采暖板），应设法提高物体表面的黑度；在需要隔绝辐射热时（如保温瓶胆），应采用黑度小而反射率高的材料。

图 15-6　不同辐射表面单色辐射力的比较

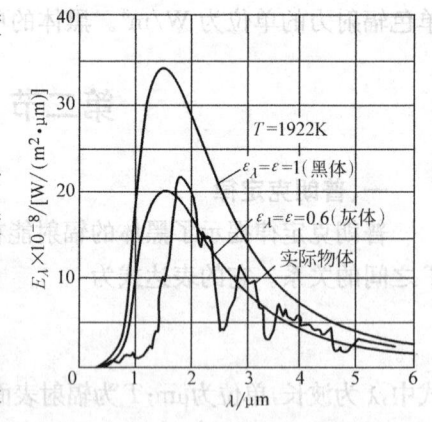

【例 15-1】 试分别计算温度为 2 000K 和 5 800K 的黑体的最大单色辐射力所对应的波长 λ_m。

解：直接采用式(15-5)计算：

$$T=2\,000K \text{ 时}, \lambda_m = \frac{2.9 \times 10^{-3}}{2\,000}m = 1.45\mu m$$

$$T = 5\ 800\text{K 时}, \lambda_m = \frac{2.9 \times 10^{-3}}{5800}\text{m} = 0.50\mu\text{m}$$

此例说明,在工业上的一般高温范围内(2 000K),黑体辐射的最大单色辐射力的波长位于红外线区段,而温度等于太阳表面温度(约 5 800K)的黑体辐射的最大单色辐射力的波长位于可见光区段。

二、斯忒藩-玻耳兹曼定律

在计算辐射换热时,通常最关心的是黑体辐射力 E_b 与温度 T 的关系。图 15-5 中曲线 $E_{b\lambda} = f(\lambda, T)$ 与横坐标所包围的面积即为该温度下黑体的辐射力 E_b。故将式(15-4)的 $E_{b\lambda}$ 按波长进行积分:

$$E_b = \int_0^\infty E_{b\lambda} d\lambda = \int_0^\infty \frac{C_1 \lambda^{-5}}{e^{C_2/\lambda T} - 1} d\lambda$$

得出黑体的辐射力

$$E_b = \sigma_b T^4 \tag{15-8}$$

式中,$\sigma_b = 5.67 \times 10^{-8}\text{W}/(\text{m}^2 \cdot \text{K}^4)$,称为黑体辐射常数(或斯忒藩-玻耳兹曼常数)。

为便于工程计算,式(15-8)常写成下列形式

$$E_b = C_b \left(\frac{T}{100}\right)^4 \tag{15-9}$$

其中,C_b 称为黑体辐射系数,其值应为 $5.67\text{W}/(\text{m}^2 \cdot \text{K}^4)$。

式(15-8)和式(15-9)是斯忒藩-玻耳兹曼定律的数学表达式,它说明黑体的辐射力与它的热力学温度的四次方成正比,故斯忒藩-玻耳兹曼定律又称为四次方定律。这一定律对灰体也是适用的,即灰体的辐射力

$$E = \varepsilon E_b = \varepsilon C_b \left(\frac{T}{100}\right)^4 = C \left(\frac{T}{100}\right)^4 \tag{15-10}$$

这里 $C = \varepsilon C_b$ 称为灰体辐射系数,由物体的性质、表面状况及温度确定。

由于辐射力与热力学温度的四次方成正比,所以,当温差增大时,辐射换热量将以更大的速率增加,这就不难理解在锅炉炉膛内设置水冷壁的作用。炉膛火焰温度高达 1 000℃ 以上,利用水冷壁构成辐射受热面吸收火焰的辐射能,可大大增强传热,既保护了炉墙,也节约了金属。

【例 15-2】 试计算温度处于 1 400℃ 的碳化硅涂料表面($\varepsilon = 0.92$)的辐射力。

解:直接按式(15-10)计算:

$$E = \varepsilon C_0 \left(\frac{T}{100}\right)^4 = 0.92 \times 5.67 \times \left(\frac{273 + 1\ 400}{100}\right)^4 \text{kW}/\text{m}^2 = 409 \text{kW}/\text{m}^2$$

三、基尔霍夫定律

基尔霍夫定律说明了同一物体辐射力 E 和吸收率 α 之间的关系。如图 15-7 所示,设有两个相互平行且彼此靠得很近的表面,以保证每一表面辐射出去的能量,可以认为完全落在另一表面上。表面 1 是黑体,表面 2 是灰体,这两个表面的温度、辐射力、吸收率分别为 T_b、E_b、$\alpha_b(\alpha_b=1)$ 和 T、E、α。单位时间内,单位表面积上,表面 2 辐射的能量投射至黑体 1 上,被黑体全部吸收;同时黑体表面 1 辐射的能量投射到灰体表面时,只有一部分(αE_b)被吸收,余下部分($1-\alpha$)E_b 被反射回黑体,由黑体吸收。因此,表面 2 的辐射换热收支差额,即辐射换热量 q 为

如果 $T=T_b$，即两表面处于热辐射的动态平衡状态，辐射换热量为零，即

$$q = \alpha E_b - E = 0$$

由此得到 $E=\alpha E_b$ 或

$$\frac{E}{\alpha} = E_b \quad (15-11)$$

由于灰体表面 2 是任意的，因此式(15-11)对任何灰体都成立，则有

$$\frac{E_1}{\alpha_1} = \frac{E_2}{\alpha_2} = \cdots = E_b = f(T) \quad (15-12)$$

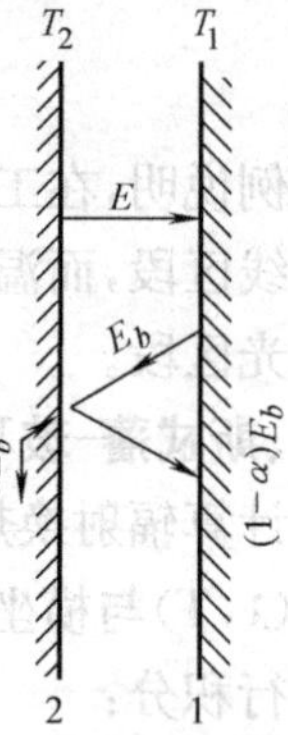

图 15-7 基尔霍夫定律的推导

式(15-12)即为基尔霍夫定律的数学表达式。它表明任何灰体的辐射力与其吸收率的比值恒等于同温度下黑体的辐射力，这个比值与物体的性质无关，仅取决于物体的温度。但是应注意，基尔霍夫定律仅仅对于温度处于平衡的物体热辐射才是正确的。从基尔霍夫定律可以得出如下结论：

1）物体的辐射力越大，其吸收率也越大，即善于发射的物体也善于吸收。
2）因为所有实际物体的吸收率永远小于 1，所以同温度下黑体的辐射能力最大。
3）在温度相等的热平衡条件下，物体的黑度在数值上恒等于它的吸收率。将式(15-7)和式(15-11)相比较，可见

$$\varepsilon = \alpha \quad (15-13)$$

同理，基尔霍夫定律也适用于单色辐射，可得出物体单色辐射力 E_λ 与同温度下黑体单色辐射力 $E_{b\lambda}$ 之比等于物体的单色吸收率 α_λ，即

$$\frac{E_\lambda}{E_{b\lambda}} = \alpha_\lambda = \varepsilon_\lambda \quad (15-14)$$

单色吸收率 α_λ 表示投射到物体表面的波长从 λ 至 $\lambda+d\lambda$ 的辐射能量被吸收的份额。根据灰体的定义，灰体 α_λ 是不随波长 λ 的变化而变化的常数，但自然界绝大多数物体的 α_λ 是随波长 λ 的变化而变化的，一般吸收率还与物体的表面温度有关，由于 α_λ 随 λ 变化，则实际物体的吸收率 α 不仅决定于影响黑度的许多因素，而且还与投入辐射的能量分布有关，即与投入辐射的物体的温度及投入辐射的物体的物性有关。实际物体吸收率的这种特性使辐射换热计算大为复杂，将实际物体近似当作灰体来处理，可使计算得到简化，故从有关手册中查取材料吸收率 α 和黑度 ε 时，应注意它是对全部辐射波长在一定温度范围内测出的平均值。如果将它用于局部波长范围，或超出测定温度范围都会导致较大的误差。

太阳能的利用中，因太阳表面温度高达 5 800K 左右，所以其辐射能几乎全部集中在 0.3~3μm 的波长范围内。其中可见光区(0.38~0.76μm)和红外线区(0.76~3μm)大约各占一半，在研制和选择太阳能吸收器表面材料时，要求这种材料对 0.3~3μm 波长的辐射能吸收率尽可能接近1，而对较长波长的辐射能则有较高的反射率，即要求在 $\lambda>3\mu m$ 范围内材料本身辐射能力很小。这就意味着吸收器表面能从太阳吸收更多的能量，而本身的辐射损失很小。这种表面称为选择性黑表面。例如，镍黑镀层对太阳辐射的吸收率可达到 0.9 左右，而在使用温度下的总辐射力很低，黑度约为 0.1 左右；在铝板上镀以二氧化铜也有类

似的效果。

四、兰贝特定律

在研究物体之间的辐射换热问题时,需要确定一个物体向空间所辐射出去的总能量中有多少能投射到另一物体上。例如,人们成半圆形站在火炉旁边,当打开炉门时,站在炉门正前方的人所得到的辐射热量要比其他人多一些,这说明在距离相等的条件下,与炉门平面成法线方向的人体所得到辐射能量最多。兰贝特定律阐明了物体表面的辐射能在空间各个方向的分布规律。

图 15-8 所示为内表面涂以黑烟灰的半球形薄壁空穴,其平壁中央开有一个面积为 df 的小孔。空穴内壁向中心孔的辐射力皆为 E_n。为了找出自小孔 df 向不同方向发出辐射能量的分布规律,现在观察与小孔法线方向 n 成 φ 角的方向上,经小孔 df 发射出去的一小束射线,这束射线由内壁上的微元表面 dA 射出,其辐射能量为

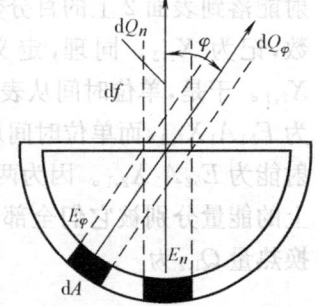

$$dQ_\varphi = E_n dA$$

空穴内壁面积 dA 上的射线全部通过 df,而 dQ_φ 与法线 n 的夹角为 φ,由直角三角形的边角关系可知 $dA = df\cos\varphi$,于是可得到

图 15-8 兰贝特定律的推导

$$dQ_\varphi = E_n df \cos\varphi$$

若将 dQ_φ 看作是 df 小孔面积上发出的辐射热,则辐射力 E_φ 可用下式求得:

$$E_\varphi = \frac{dQ_\varphi}{df} = E_n \cos\varphi \tag{15-15}$$

式(15-15)就是兰贝特定律的数学表达式。它表明在某一微小面积 df 上发射出的一小束射线的能量,在垂直于 df 的法线方向上最大,且随着夹角 φ 的增大呈余弦定律关系减弱。这也就是呈半圆形围观火炉的人们,以正对炉门者感到最热,而离垂直炉门法线方向的夹角 φ 越大者受热越少的原因。兰贝特定律也说明,两物体进行辐射换热时的换热量与其相对位置有关。

第三节 物体间的辐射换热计算

为了使辐射换热的计算简化,假设
1)进行辐射换热的物体表面之间的介质或真空不参与辐射能的发射和吸收。
2)参与辐射换热的物体表面都是漫反射灰体或黑体表面。
3)参与辐射换热的物体表面具有均匀的辐射特性,表面温度均匀。也就是说辐射换热的物体表面的发射率、温度等参数在表面各处都相等。
4)辐射换热是稳态的,即所有与辐射换热有关的物理量都不随时间的变化而变化。
实际上,能严格满足上述条件的情况很少,但工程上为了计算方便,常近似地认为满足上述条件,因此计算结果会有一定的误差。

一、角系数和有效辐射

为了导出两物体间的辐射换热计算公式,首先集中研究两物体中某一物体对辐射能的收

支情况,这就要用到有效辐射和角系数的概念。

1. 角系数

考察图 15-9 所示的两个黑体表面之间的辐射换热。假定两个换热表面的面积分别为 A_1 和 A_2,分别维持 T_1 和 T_2 的恒温,表面之间的介质对热辐射是透明的。每个表面所辐射出的能量都只有一部分可以到达另一个表面,其余部分则落到体系以外的空间。表面 1 发出的辐射能落到表面 2 上的百分数称为表面 1 对表面 2 的角系数,记为 $X_{1,2}$。同理,定义表面 2 对表面 1 的角系数 $X_{2,1}$。于是,单位时间从表面 1 发出到达表面 2 的辐射能为 $E_{b1}A_1X_{1,2}$,而单位时间从表面 2 发出到达表面 1 的辐射能为 $E_{b2}A_2X_{2,1}$。因为两个表面都是黑体,所以落到其上的能量分别被它们全部吸收,于是两个表面之间的净换热量 $Q_{1,2}$ 为

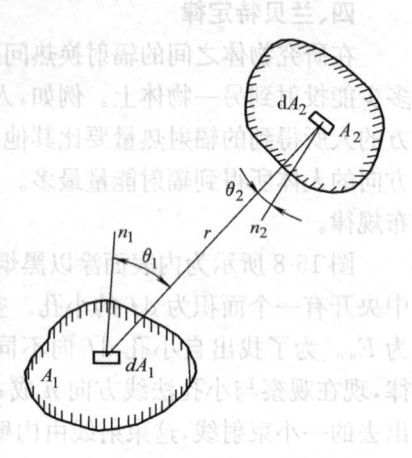

图 15-9　两个黑体表面间的辐射换热

$$Q_{1,2} = E_{b1}A_1X_{1,2} - E_{b2}A_2X_{2,1}$$

当两换热表面达到热平衡,即 $T_1=T_2$ 时,净换热量 $Q_{1,2}=0$,且 $E_{b1}=E_{b2}$,由上式可得

$$A_1X_{1,2} = A_2X_{2,1} \tag{15-16}$$

式(15-16)表示了两个表面在辐射换热时角系数的相对性。尽管这个关系是在热平衡条件下得出的,但因角系数纯属几何因子,它只取决于换热表面的几何特性(形状、尺寸及物体的相对位置),而与物体的物性和温度等条件无关,所以对于非黑体表面及不处于热平衡条件下的情况,式(15-16)同样适用。于是可得两个黑体表面间辐射换热量的计算式为

$$Q_{1,2} = A_1X_{1,2}(E_{b1} - E_{b2}) = A_2X_{2,1}(E_{b1} - E_{b2}) \tag{15-17}$$

也可将式(15-17)改写成以下形式:

$$Q_{1,2} = \frac{E_{b1} - E_{b2}}{\dfrac{1}{A_1X_{1,2}}}$$

将此式与电学中的欧姆定律进行类比。$Q_{1,2}$ 相当于电路中的传输量(电流),$E_{b1}-E_{b2}$ 对应于电路两端的电位差,而 $1/(A_1X_{1,2})$ 是辐射换热的热阻,对应于电路的电阻。这个热阻仅仅取决于空间参量,与换热表面的辐射特性无关,所以称为辐射空间热阻。图 15-10 所示是两黑体表面间辐射换热的热阻网络图。显然,辐射换热热阻表

图 15-10　两黑体表面间的辐射换热热阻

示成这种网络后,应用电路分析原理可直接得到计算式(15-17)。此原理还可推广到多个表面辐射换热的情况。

角系数的确定可基于以下两个特性来进行。

(1)角系数的相对性　从式(15-17)出发,推广到任意两个表面 i 和 j,即

$$A_iX_{i,j} = A_jX_{j,i} \tag{15-18}$$

该式说明任意两个表面的一对角系数 $X_{i,j}$ 和 $X_{j,i}$ 不是独立的,它们要受到式(15-18)的制约。

(2) **角系数的完整性** 对于几个表面组成的封闭系统(见图 15-11),根据能量守恒原理,从任何一个表面发射出的辐射能一定全部落到其他表面上。因此,任何一个表面对其余各表面的角系数之间存在下列关系(以表面 1 为例):

$$X_{1,1} + X_{1,2} + \cdots + X_{1,n} = \sum_{i=1}^{n} X_{1,i} = 1 \tag{15-19}$$

式(15-19)表达的关系称为角系数的完整性。表面 1 为凸表面时,$X_{1,1}=0$。若表面 1 为图中虚线所示的凹表面,则表面 1 对自己的角系数 $X_{1,1} \neq 0$。

下面结合图 15-12 所示的几何系统实例阐述角系数的代数分析法。假定图示三个凸表面组成的空腔在垂直纸面方向是很长的,可认为它是封闭系统(也就是说系统两端开口处逸出的辐射能可略去不计)。设三个表面的面积分别为 A_1、A_2 和 A_3,根据角系数的相对性和完整性可以写出

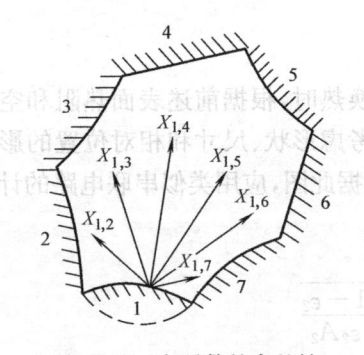

$$\begin{cases} X_{1,2} + X_{1,3} = 1 \\ X_{2,1} + X_{2,3} = 1 \\ X_{3,2} + X_{3,1} = 1 \\ A_1 X_{1,2} = A_2 X_{2,1} \\ A_2 X_{2,3} = A_3 X_{3,2} \\ A_1 X_{1,3} = A_3 X_{3,1} \end{cases}$$

图 15-11 角系数的完整性

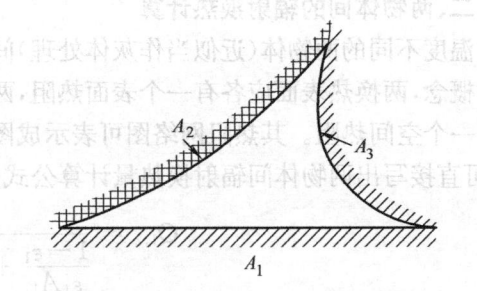

图 15-12 三个非凹表面组成的封闭辐射系统

这是一个六元一次方程组,据此可求得 6 个未知的角系数。如 $X_{1,2}$ 为

$$X_{1,2} = \frac{A_1 + A_2 - A_3}{2A_1} \tag{15-20}$$

2. 有效辐射

灰体表面只能吸收一部分投入辐射,其余部分则全部反射出去。由于这个缘故,灰体间的辐射换热比黑体间辐射换热要复杂,它存在着灰体表面间的多次反射和吸收现象。引用有效辐射的概念可使分析和计算得到简化。

如图 15-13 所示,表面 1 的辐射力为 E_1,称为表面 1 的本身辐射,它的数量完全取决于表面 1 的温度和物理性质。从其他物体辐射到表面 1 上的外来辐射能量用 G_1 来表示,称为投入辐射。G_1 中的一部分,即 $\alpha_1 G_1$ 的辐射能被表面 1 所吸收,称为吸收辐射;G_1 中

图 15-13 有效辐射的概念

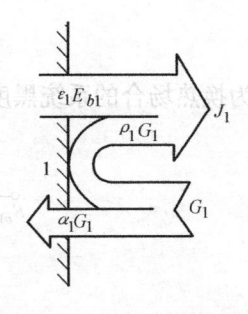

的另一部分,即$(1-\alpha_1)G_1$的辐射能则被反射出去,称为反射辐射。物体的本身辐射和反射辐射的总和,称为物体的有效辐射,即由表面 1 向外辐射的能量总和,用 J_1 表示：

$$J_1 = E_1 + (1-\alpha_1)G_1 = \varepsilon_1 E_{b1} + (1-\alpha_1)G_1$$

通常,人们所感触到的或者用仪器测量出来的物体辐射都是有效辐射。

从表面 1 外部来观察,其能量支出 J_1 与投入辐射 G_1 之差额即为表面 1 与外界交换的辐射换热量(净换热量),即有

$$Q_1 = A_1(J_1 - G_1)$$

将上述两式联立,消去 G_1,并注意到对于漫反射灰体表面有 $\varepsilon_1 = \alpha_1$,可得

$$Q_1 = \frac{\varepsilon_1}{1-\varepsilon_1} A_1(E_{b1} - J_1) = \frac{E_{b1} - J_1}{(1-\varepsilon_1)/(\varepsilon_1 A_1)} \tag{15-21}$$

式(15-21)的电阻模拟如图 15-14 所示。图中,在黑体辐射力 E_{b1} 与有效辐射 J_1 两个电位节点间,模拟网络的电阻为 $(1-\varepsilon_1)/(\varepsilon_1 A_1)$。在辐射换热中,这个量被称为表面热阻。表面热阻可理解为由于实际物体表面都不是黑体,以致外来投射辐射不能全部被吸收,或者说它的辐射力不如相同温度下的黑体那么大。当将实际物体辐射换热当成黑体来计算时,相当于在黑体组成的辐射换热表面增加了一个表面热阻。因此可认为表面热阻反映了实际物体表面接近黑体表面的程度,对黑体表面,显然表面热阻为零。

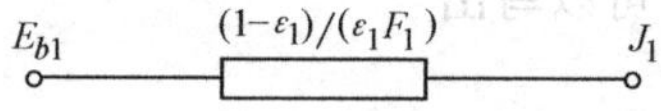

图 15-14　表面热阻

二、两物体间的辐射换热计算

温度不同的两物体(近似当作灰体处理)间进行辐射换热时,根据前述表面热阻和空间热阻的概念,两换热表面应各有一个表面热阻,两表面之间考虑形状、尺寸和相对位置的影响应还有一个空间热阻。其热阻网络图可表示成图 15-15。根据此图,应用类似串联电路的计算方法,可直接写出两物体间辐射换热量计算公式为

$$Q_{1,2} = \frac{E_{b1} - E_{b2}}{\dfrac{1-\varepsilon_1}{\varepsilon_1 A_1} + \dfrac{1}{A_1 X_{1,2}} + \dfrac{1-\varepsilon_2}{\varepsilon_2 A_2}}$$

若用 A_1 作为计算面积,上式可改写成

$$Q_{1,2} = \frac{A_1(E_{b1} - E_{b2})}{\left(\dfrac{1}{\varepsilon_1} - 1\right) + \dfrac{1}{X_{1,2}} + \dfrac{A_1}{A_2}\left(\dfrac{1}{\varepsilon_2} - 1\right)} = \varepsilon_s A_1(E_{b1} - E_{b2}) \tag{15-22}$$

其中

$$\varepsilon_s = \frac{1}{\left(\dfrac{1}{\varepsilon_1} - 1\right) + \dfrac{1}{X_{1,2}} + \dfrac{A_1}{A_2}\left(\dfrac{1}{\varepsilon_2} - 1\right)}$$

称为换热场合的系统黑度。

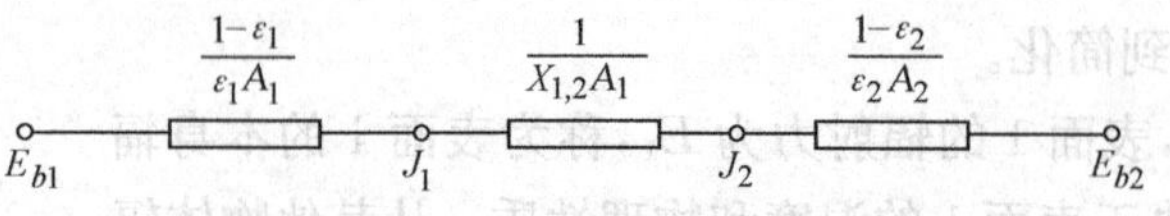

图 15-15　两个灰体间的辐射换热网络

图 15-16 所示为具有重要实用价值的仅有两个灰体参与换热的系统。图 15-16a 是空腔与其内包物体间的辐射换热系统。物体 1 和 2 的表面温度、黑度及面积分别为 T_1、ε_1、A_1 和 T_2、ε_2、A_2。设表面 1 为凸面。由于它完全被表面 2 包围，因此角系数 $X_{1,2}=1$，有效辐射 J_1 可全部到达表面 2。此时，表面 1 和 2 间的辐射换热量的计算式由式(15-22)简化为

$$Q_{1,2} = \frac{A_1(E_{b1} - E_{b2})}{\frac{1}{\varepsilon_1} + \frac{A_1}{A_2}\left(\frac{1}{\varepsilon_2} - 1\right)} \quad (15\text{-}23)$$

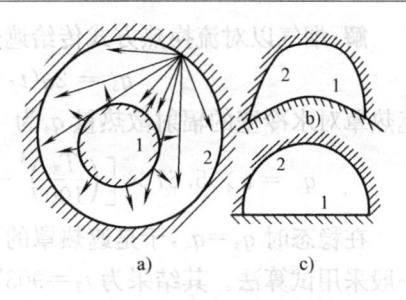

图 15-16 两个物体组成的辐射换热

式(15-23)同样也适用于图 15-16b 和 c 所示的情况。在下述特殊情况下，式(15-23)还可以简化。

1) 表面积 A_2 和 A_1 相差很小，即 $A_1/A_2 \to 1$ 的辐射换热系统。实用上有重要意义的相距很近的两无限大平行平板间的辐射换热就属于此种特例。这时，辐射换热量 $Q_{1,2}$ 可按下式计算：

$$Q_{1,2} = \frac{A_1(E_{b1} - E_{b2})}{\frac{1}{\varepsilon_1} + \frac{1}{\varepsilon_2} - 1} = \frac{5.67 A_1\left[\left(\frac{T_1}{100}\right)^4 - \left(\frac{T_2}{100}\right)^4\right]}{\frac{1}{\varepsilon_1} + \frac{1}{\varepsilon_2} - 1} \quad (15\text{-}24)$$

2) 表面积 A_2 比 A_1 大得多，即 $A_1/A_2 \to 0$ 的辐射换热系统是又一个重要的特例。大房间内的小物体(如高温管道等)的辐射散热，以及气体容器内(或管道内)热电偶测温的辐射误差等实际问题的计算都属于这种情况。这时，式(15-23)简化为

$$Q_{1,2} = \varepsilon_1 A_1(E_{b1} - E_{b2}) = 5.67 \varepsilon_1 A_1\left[\left(\frac{T_1}{100}\right)^4 - \left(\frac{T_2}{100}\right)^4\right] \quad (15\text{-}25)$$

这个特例中，系统黑度 $\varepsilon_s = \varepsilon_1$。在这种情况下进行辐射换热计算时，不需要知道包壳物体 2 的面积 A_2 及黑度 ε_2。

【例 15-3】 一根直径 $d=50\text{mm}$，长度 $l=8\text{m}$ 的钢管，被置于横断面为 $0.2 \times 0.2 \text{m}^2$ 的砖槽通道内。若钢管表面温度和黑度分别为 $t_1=250℃$、$\varepsilon_1=0.79$，砖槽表面温度和黑度分别为 $t_2=27℃$、$\varepsilon_2=0.93$，试计算该钢管的辐射热损失。

解：可直接利用式(15-23)计算：

$$Q_{1,2} = \frac{5.67 A_1\left[\left(\frac{T_1}{100}\right)^4 - \left(\frac{T_2}{100}\right)^4\right]}{\frac{1}{\varepsilon_1} + \frac{A_1}{A_2}\left(\frac{1}{\varepsilon_2} - 1\right)}$$

$$= \frac{3.14 \times 0.05 \times 8 \times 5.67 \times \left[\left(\frac{523}{100}\right)^4 - \left(\frac{300}{100}\right)^4\right]}{\frac{1}{0.79} + \frac{3.14 \times 0.05 \times 8}{4 \times 0.2 \times 8} \times \left(\frac{1}{0.93} - 1\right)} \text{kW} = 3.712\text{kW}$$

【例 15-4】 用单层遮热罩抽气式热电偶测锅炉炉膛烟气温度时，已知水冷壁面温度 $t_w=600℃$，热电偶和遮热罩的表面黑度都是 0.3。由于抽气的原因，烟气对热电偶和遮热罩的表面传热系数增加到 $\alpha=116\text{W}/(\text{m}^2 \cdot ℃)$。当烟气的真实温度 $t_f=1\,000℃$ 时，热电偶的指示温度为多少？

解：烟气以对流换热方式传给遮热罩内、外两个表面的热流密度 q_3 为

$$q_3 = 2\alpha(t_f - t_w) = 2 \times 116 \times (1\,000 - t_3) \tag{1}$$

遮热罩对水冷壁的辐射散热量 q_4 为

$$q_4 = \varepsilon \times 5.67 \times \left[\left(\frac{T_3}{100}\right)^4 - \left(\frac{T_w}{100}\right)^4\right] = 0.3 \times 5.67 \times \left[\left(\frac{T_3}{100}\right)^4 - \left(\frac{873}{100}\right)^4\right] \tag{2}$$

在稳态时 $q_3 = q_4$，于是遮热罩的平衡温度 t_3 可从式(1)和(2)中求出。此时，方程式的求解一般采用试算法。其结果为 $t_3 = 903\,℃$。

烟气与热电偶间对流换热的热流密度 q_1 为

$$q_1 = \alpha(t_f - t_1) = 116 \times (1\,000 - t_1) \tag{3}$$

热电偶对遮热罩的辐射散热量 q_2 为

$$q_2 = \varepsilon \times 5.67 \times \left[\left(\frac{T_1}{100}\right)^4 - \left(\frac{T_2}{100}\right)^4\right] = 0.3 \times 5.67 \times \left[\left(\frac{T_1}{100}\right)^4 - \left(\frac{1\,176}{100}\right)^4\right] \tag{4}$$

在热平衡时，$q_1 = q_2$，于是可由式(3)和(4)求出热电偶的平衡温度 t_1，即热电偶的指示温度。通过试算法可求得 $t_1 = 951.2\,℃$。这时的测温绝对误差为 $48.8\,℃$，相对误差 4.88%。与裸露热电偶相比，测温精度大为提高。为了进一步降低测温误差，还可采用多层遮热罩抽气式热电偶。

第四节 遮热板原理

当某些工程应用中要求减少辐射换热时，在换热表面之间插入薄板是一种有效的方式。这种起遮盖辐射热作用的薄板称为遮热板。在锻压、热处理、铸造、炼钢等高温车间，由于高温炉或炽热工件使工人受到大量的辐射热，影响身体健康；在有大量辐射热的场合，用温度计测量气体温度时，常因辐射热而带来误差等，在这些情况下采用遮热板可以有效减少辐射。又如某些低温液化气体保温瓶，常在瓶胆夹层放置一层至数层高反射率的遮热屏以尽量削弱热辐射，达到良好的保温效果。下面利用辐射理论对遮热板进行讨论，以说明遮热板的隔热原理。

想象有一块很薄的金属板插入温度不同的两个平行平壁之间，如图 15-17 所示。由于板很薄，它的导热热阻可以忽略不计。设遮热板两个表面的吸收率为 α_3，平壁和遮热板都按灰体处理，并且 $\alpha_1 = \alpha_2 = \alpha_3 = \varepsilon$。

图 15-17 遮热板原理

根据式(15-24)可写出

$$q_{1,3} = \varepsilon_s(E_{b1} - E_{b3})$$
$$q_{3,2} = \varepsilon_s(E_{b3} - E_{b2}) \tag{15-26}$$

式中 $q_{1,3}$ 和 $q_{3,2}$ 分别为表面 1 对遮热板 3 和遮热板 3 对表面 2 的辐射换热热流密度。表面 1、3 与表面 3、2 两个系统的系统黑度相同，都是

$$\varepsilon_s = \frac{1}{\frac{1}{\varepsilon} + \frac{1}{\varepsilon} - 1} = \frac{\varepsilon}{2 - \varepsilon}$$

在热稳态条件下，$q_{1,3} = q_{3,2} = q_{1,2}$。将式(15-26)中的两式相加得

$$q_{1,2} = \frac{1}{2}\varepsilon_s(E_{b1} - E_{b2}) \tag{15-27}$$

由此可见，在加入一块遮热板后，使两壁之间的辐射换热量减少到原来无遮热板时的1/2，起到了遮热的作用。

按前述讨论，放入 n 块遮热板，仍假设平壁及遮热板的吸收率 α（或黑度 ε）均相等，可以推算出辐射换热量减少到原来无遮热板的 $1/(n+1)$。这表明遮热板层数起多，遮热效果越好。以上是按相同吸收率 α（或黑度 ε）分析得出的结论。实际上，由于选用高反射率的材料，α_3 要远小于 α_1、α_2，遮热效果比上述分析结果还要显著得多。例如，选用镀镍表面（$\alpha=0.05$）的辐射热阻要比已被氧化金属片（$\alpha=0.8$）的辐射热阻大 26 倍。因此为了获得较好的遮热效果，遮热板应尽量选择反射率较高的材料，如铝箔等。通常在一些高温管道外表面包以多层铝箔制成的遮热板，以减少辐射热损失。在一些要求不影响人的视线的地方，则可选用能透过可见光、能强烈吸收其他热射线的材料，形成一种透明的隔热屏障，起到遮热的作用。在某些地方也可利用水雾或水幕形成流动式屏障来隔热，由于水的吸收率较高，而且在流动，故一面吸收辐射热，一面又将所吸收的辐射热及时带走，因此能起到良好的隔热作用。

遮热板之所以能减少辐射换热，这是因为对受射体系来说，遮热板成了发射体，而 $T_3 < T_1$，发射物体与受射物体间的温度降落，原来是一次降落的，有了遮热板就分为多次降落，每次的温度降落减小，这样传给受热体的热量也就减少了。

应用遮热板是削弱辐射换热的有效措施，在工程上被广泛采用。如炼钢工人的遮热面罩，航天器的多层真空舱壁以及低温技术中的多层隔热容器等。由于在辐射换热的同时，往往还存在导热和对流换热，所以在工程中为了增加隔热和保温的效果，通常将多层遮热板中间抽真空，将导热和对流换热减少到最低限度，这种隔热保温技术在航天、低温工程中应用广泛。

【案例分析与知识拓展】

案例1：辐射换热的强化

在一些特定的热量传递场合，辐射换热的强化具有非常重要的作用。例如太阳能的利用、卫星的温度控制等。通常可以通过以下几种途径实现辐射换热的强化。

1. 表面改性处理

（1）表面粗糙化　这是提高表面发射率的有效方法，实质上是使表面形成缝隙或凹坑，使其对辐射的吸收能力增强。

（2）表面氧化　金属材料表面的氧化膜对发射率的影响很大，特别是当氧化膜的厚度超过 $0.2\mu m$ 时，发射率增加很快。这一特性可使高温下易氧化金属表面的发射率显著增加。

（3）表面涂料　有许多涂料都能有效地提高表面发射率，如碳化硅系列涂料、三氧化二铁系列涂料、稀土系列涂料等。目前在工程上的研究重点是进一步提高涂料的发射率、增强涂料与基材的结合强度、涂料的防老化等。

2. 添加固体颗粒

在气流中适当添加悬浮在气体中的微小固体颗粒，不仅可使气体扰动增强，强化气体与固体表面的对流换热，而且能增强气体和固体表面间的辐射换热。

这种增强气体辐射换热能力的措施对有辐射能力的烟气和无辐射能力的空气都有效果，其强化辐射换热的效果主要取决于固体颗粒在气体中的含量、颗粒尺寸及其表面辐射特征、气体流态和流道的形状等。这种传热方式在循环流化床、流化床反应器、流化干燥等设备中非常重要。

3. 使用光谱选择性涂料

某些涂料具有对短波强烈的吸收性能而对长波具有微小的发射性能，这种涂料称为光谱选择性涂料。将这种涂料涂在真空太阳能热水器的真空管的表面，可以使设备表面尽可能多地吸收太阳能，而本身发射出去的辐射能又较少，从而大大提高了太阳能的利用率。这种涂料在太阳能利用领域已得到广泛应用。

案例2：太阳辐射

太阳是一个巨大的热辐射体，太阳与地球之间的平均距离为 $1.5×10^{11}$ m，虽然太阳发出的能量大约只有二十二亿分之一到达地球，但平均每秒钟照射到地球上的能量远远大于全球能源的总消费量。因此太阳能的合理利用将是解决世界能源危机的有效途径之一。

太阳能是一种无污染的洁净能源，它的利用越来越受到人们的重视。国际上太阳能利用的蓬勃发展是在20世纪70年代石油危机发生后，目前已有完善的太阳能研究体系，并形成了一门新兴的技术和产业。我国幅员辽阔，太阳能资源丰富，全国有三分之二的地区全年的日照在2 200h以上，全年平均可以得到的太阳辐射能量约为 $5.86×10^6 kJ/m^2$。

以色列科学家Tabor在1954年提出的光谱选择性吸收原理是太阳能热利用方面的一个重要突破，为进一步提高太阳能利用设备的集热效率指出了方向。到了20世纪70年代末，基于对有限空间自然对流换热的集热器和真空管型、聚光型集热器的一系列传热研究，太阳能集热器的基础理论已比较成熟。从应用上说，太阳能热水器在世界上已商品化，利用光-电直接转换的太阳能电池是太阳能利用中最有前途的技术之一。在美国运行的太阳能热电站总装机容量已超过40万千瓦。这些都标志着太阳能集热、储热和热动力循环理论和技术已达到一定的高度。太阳能还广泛应用于供热、干燥、海水淡化和低温制冷工程等工业生产中。

太阳是个炽热的气团，它的内部不断地进行核聚变反应，由此产生的巨大能量均以热辐射的方式向宇宙空间发射出去。到达地球大气层外缘的能量(即太阳的入射能)具有如图15-18中位置较高的实线所示的光谱特性，它近似于温度为5 762K的黑体辐射。99%的能量集中在 $\lambda=0.3\sim 3\mu m$ 的短波区域，其最大能量位于 $0.48\mu m$ 的波长处。大气条件、季节的变化以及阳光投射到地面上的角度对其辐射强度有很大的影响。在日地平均距离处，据测定，大气层外缘与太阳射线相垂直的单位面积所接受到的太阳辐射能为 $(1\ 370\pm 6)W/m^2$，此值称为太阳常数，它与地理位置及一天中的时间无关。

太阳辐射在穿过大气层时要受到大气层的两种

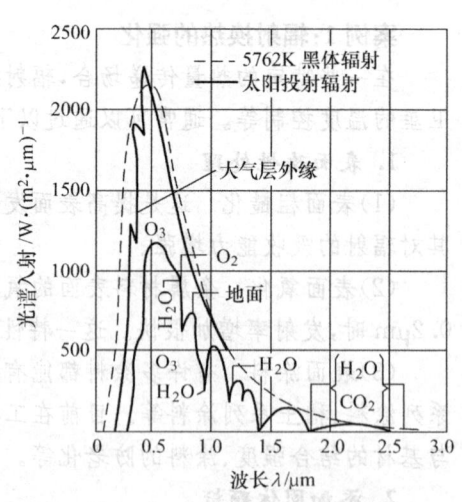

图15-18 太阳辐射中的光谱分布

削弱作用。第一种是包含在大气层中具有部分吸收能力的气体的吸收,这些气体如 O_3、H_2O、CO_2、各种 CFC 气体等。图 15-18 中标明有上述气体名称的位置就是该气体能吸收的光谱范围。O_3 对紫外线的削弱特别明显,在可见光范围内主要是 O_3 与 O_2 的吸收,在红外线的范围则主要是 H_2O 与 CO_2 的吸收。图中纵坐标最低的实线就是考虑了气体吸收后到达地球表面的太阳能的光谱分布。第二种减弱作用称为散射,也就是太阳对投入辐射的重新辐射。

【本章小结】

本章主要介绍了热辐射理论中的一些基本概念和几个重要定律,角系数的性质以及遮热板的原理。辐射换热中表面热阻、空间热阻及辐射换热热阻网络图是求解表面辐射换热问题的基础。

一、热辐射的本质及特性

热辐射是物体内的微观粒子因温度的影响在运动状态改变时所激发出来的电磁波,它仅仅取决于物体的温度。热辐射是自然界一切物体的固有属性(自然界的一切物体只要温度大于 0K,都具有发射和吸收辐射能的本领),同时热辐射还具有光谱特性(不同温度的物体辐射出来的电磁波的波长是不一样的)和方向特性(兰贝特余弦定律)。

二、辐射换热的基本概念

(1)辐射力和单色辐射力 辐射力是指物体单位时间内单位表面积向周围半球空间所辐射的全波长的总能量。单色辐射力是指物体单位时间内单位表面积向半球空间辐射的某一波长的能量。

(2)黑体和灰体 物体表面对投入辐射的反应有反射、透射和吸收三种,为简化辐射换热的计算,工程上提出了黑体、白体和透明体三种理想体的概念。所谓黑体是指吸收率 $\alpha=1$,即全部吸收投入辐射能的物体。

一般物体对不同波长的辐射能具有不同的吸收能力,即 $\alpha=f(\lambda)$。为简化计算,工程上将吸收率与波长无关的物体称为灰体。在常用工业温度范围内,大多数工程材料表面都可近似当成是灰体表面处理。

(3)角系数、空间热阻和表面热阻 所谓角系数是指参与辐射换热的两表面,由于形状、尺寸和空间相对位置的影响,使一个表面的辐射能落到另一个表面的百分数。对于几个表面组成封闭辐射空间的情况,可利用角系数相对性和完整性来求得角系数值;对于其他复杂的情况,可通过手册查取。

两个表面进行辐射换热时,由于一个表面辐射的能量不能全部落到另一个表面上,引起辐射换热量减少,与此相当的热阻称为空间热阻,其大小主要与换热表面的形状、尺寸及相对位置有关。

将实际物体都当作灰体处理时,为简化计算通常以黑体为计算基准,而实际灰体的换热量并没有黑体那么大,故实际换热量应减少,与此相当的热阻称为空间热阻,其大小主要取决于换热表面的性质。

三、热辐射的基本定律

热辐射的基本定律包括普朗克定律、斯忒藩-玻耳兹曼定律、基尔霍夫定律和兰贝特定律,它们分别说明了热辐射在某一方面的基本规律,现小结见表 15-1。

表 15-1 热辐射的几个重要定律

定律名称	研究对象	表达式
普朗克定律	揭示了绝对黑体的单色辐射力 $E_{b\lambda}$ 随波长和温度变化的函数关系	$E_{b\lambda}=\dfrac{C_1\lambda^{-5}}{e^{C_2/\lambda T}-1}$
斯忒藩-玻耳兹曼定律	说明了黑体的辐射力与热力学温度的关系	$E_b=C_b\left(\dfrac{T}{100}\right)^4$
基尔霍夫定律	确定了同一物体辐射力 E 和吸收率 α 之间的关系	$\dfrac{E_1}{\alpha_1}=\dfrac{E_2}{\alpha_2}=\cdots=E_b=f(T)$
兰贝特定律	阐明了物体表面的辐射能在空间各个方向的分布规律	$E_\varphi=\dfrac{\mathrm{d}Q_\varphi}{\mathrm{d}f}=E_n\cos\varphi$

四、物体之间的辐射换热计算

物体之间的辐射换热计算采用热阻网络法,其关键在于求取辐射热阻(表面热阻+空间热阻)和物体间的辐射角系数。当两物体间的相对位置不一样时,辐射换热量的计算公式是不同的。利用热阻网络法计算时,可写成如下通式:

$$Q=\frac{\text{表面1的黑体辐射力}-\text{表面2的黑体辐射力}}{\text{表面1的表面热阻}+\text{空间热阻}+\text{表面2的表面热阻}}=\frac{E_{b1}-E_{b2}}{\dfrac{1-\varepsilon_1}{\varepsilon_1 A_1}+\dfrac{1}{A_1 X_{12}}+\dfrac{1-\varepsilon_2}{\varepsilon_2 A_2}}$$

重点掌握两种特殊情况:一是两物体组成封闭空间的情况,此时 $X_{1,2}=1$;二是两相距很近的无限大平行平板的辐射换热,此时 $X_{1,2}=1,A_1=A_2$。

由于辐射换热是通过电磁波来传递的,故只要用任何不透过热射线的薄板都能有效地削弱辐射能的热传递,这种能减少辐射换热量的薄板称为遮热板。实际工程中,为了有效地削弱辐射换热量,常用高反射率的金属薄板作为遮热板。

【思考与练习题】

15-1 白天向房间窗户望过去,为什么窗户变成一个黑框子,望不见房间里面的东西?

15-2 试解释用玻璃和透明塑料布做成的温室的保温机理。

15-3 试说明采用粗糙表面可以增强辐射换热强度的原理。

15-4 物体 1 置于密闭空腔 2 内,其两表面黑度皆为 1。表面 1 的温度为 815℃,它发出的辐射能全部落在温度保持为 260℃ 的表面 2 上。两物体辐射面积 A_2 与 A_1 之比为 20,试计算两表面间的辐射换热量。

15-5 一黑体置于室温为 27℃ 的房间中,试求热平衡条件下,黑体表面的辐射力。若把黑体加热到 627℃,其辐射力为多少?

15-6 柴油机的排烟管为同心套管,其内管的外壁温度 $t_1=327℃$,其外管的内壁温度 $t_2=67℃$,试确定两壁之间的辐射换热量。两壁面的黑度为 $\varepsilon_1=\varepsilon_2=0.8$,设 $A_2=A_1$。

15-7 两无限大平板的表面温度分别为 T_1 和 T_2,黑度分别为 ε_1 和 ε_2。其间的遮热板黑度为 ε_3。试画出稳态时三板之间辐射换热的热阻网络图,并说明遮热板可减少辐射换热量的道理。

15-8 设有两温度不同的相距很近的无限大平行平壁,其黑度 $\varepsilon_1=\varepsilon_2=0.8$,若在两平壁中间插入一黑度为 $\varepsilon=0.05$ 的遮热薄板,则其辐射换热量将减少到原来无遮热板时的多少?

15-9 用裸露的热电偶测定圆管中气流的温度,热电偶的指示值为 $t_1=170℃$。已知管壁温度 $t_w=90℃$,气流对热接点的表面传热系数为 $\alpha=50\text{W}/(\text{m}^2\cdot℃)$,接点表面黑度 $\varepsilon=0.6$。试确定气流的真实温度及测温误差。

15-10 某平板表面接受到的太阳辐射为 1 262W/m²，该表面对太阳辐射的吸收率 $\alpha=0.9$，自身辐射黑度为 $\varepsilon=0.5$，平板的另一侧绝热。平板的向阳面对环境的散热相当于对 −50℃ 的表面进行辐射换热，试确定稳态工况下平板表面的温度。

15-11 某外径为 100mm 的钢管横穿过室温为 27℃ 的大房间，管外壁温为 100℃，表面黑度为 0.85。试确定单位管长上的热损失。

15-12 两同心圆筒壁的温度分别为 −196℃ 和 30℃，直径分别为 10cm 和 15cm，表面黑度均为 0.8。试计算单位长度套筒壁间的辐射换热量。为减少辐射换热，在其间同心地插入一隔热罩，直径为 12.5cm，隔热罩内、外两表面的黑度均为 0.05，试画出此时辐射换热的热阻网络图，并计算套筒壁间的辐射换热量。

第十六章 传热过程与换热器

【知识目标】 理解复合换热与传热过程的概念;掌握传热过程的热阻分析法,能熟练进行平壁和圆筒壁的稳态传热计算;了解肋片强化传热和调节壁面温度的原理;了解工程中常见的换热器类型;掌握换热污垢的主要类型及形成机理,制冷设备中常用的污垢防止和清除方法;了解常用热绝缘材料及其选用,临界热绝缘直径及其应用;理解强化传热的原理和途径。

【能力目标】 能对间壁式换热器进行传热分析,并能进行热力计算;能综合运用所学知识分析解决一般性强化和削弱传热方面的工程实际问题。

第一节 传热过程的分析和计算方法

一、复合换热

在同一换热环节中,若同时存在两种以上的基本传热方式,则称此换热环节的换热为复合换热。例如,冬季室内采暖壁面与附近室内空气及周围物体间的换热,除对流换热外,还同时存在辐射换热,故为复合换热。

对于复合换热,如果已知的边界条件为各换热面的温度,则换热过程的热流量可按下列原则计算:①在稳态下,各基本过程互不影响,独立进行;②复合换热的总效果,等于各基本换热过程单独作用效果的总和,即复合换热过程的总热流量,可以分别按导热、辐射换热和对流换热计算,然后叠加。常见的由对流换热和辐射换热组合而成的复合换热,总换热量可按下式计算:

$$Q = Q_c + Q_r \tag{16-1}$$

式中,Q_c 为对流换热量,且 $Q_c = \alpha_c A(t_w - t_f)$,其中表面传热系数 α_c 可根据具体情况选用相关公式计算;Q_r 为辐射换热量,可按下式计算:

$$Q_r = \varepsilon_s C_0 A \left[\left(\frac{T_w}{100}\right)^4 - \left(\frac{T_f}{100}\right)^4 \right] \tag{16-2}$$

其中 ε_s 为系统黑度,可根据不同的辐射换热系统选用相应的计算公式。

为了方便工程计算,将式(16-2)改写为

$$Q_r = \alpha_r A(t_w - t_f)$$

式中

$$\alpha_r = \frac{\varepsilon_s C_0 \left[\left(\frac{T_w}{100}\right)^4 - \left(\frac{T_f}{100}\right)^4 \right]}{T_w - T_f}$$

这里,α_r 为辐射换热系数,单位是 $W/(m^2 \cdot ℃)$。

将 Q_c 和 Q_r 的表达式代入(16-1),得复合换热过程的总热流量为

$$Q = (\alpha_c + \alpha_r)A(t_w - t_f) = \alpha A(t_w - t_f) \tag{16-3}$$

式中,$\alpha = \alpha_c + \alpha_r$ 为复合换热系数或总换热系数。α 可通过表面传热系数 α_c 和辐射换热系数 α_r

精确计算出来。为简化工程计算，常采用下列各式近似计算表面传热系数 α。

室内(无风，热力管道及设备，壁温 $t_w = 0 \sim 150℃$)：

$$\alpha = 9.77 + 0.07(t_w - t_0) \tag{16-4}$$

式中，t_0 为室外环境温度，一般取室温。

室外：

$$\alpha = 11.6 + 7\sqrt{w_g} \tag{16-5}$$

式中，w_g 为横管或设备的风速，单位为 m/s。

由以上过程可见，计算复合换热过程换热量的基本思路是将辐射换热量折算成对流换热量，再换对流换热量的方法计算总换热量。

值得注意的是，对于复合换热过程，在一般情况下，如果抓住起主导作用的因素，则可以使计算简化。例如，在锅炉炉膛中，高温火焰与水冷壁之间的换热，由于火焰温度高达 1 000℃ 以上，辐射换热量很大，因烟气速度低，对流换热量相对很小，所以一般忽略其对流换热量，按辐射换热来计算火焰与水冷壁之间的换热。又如冷凝器中工质与壁面之间的换热，由于表面传热系数较大，如水蒸气凝结换热系数 α 在 4 500~18 000 W/(m²·℃)范围内，而蒸汽与壁面之间因温差小等原因，辐射换热量小，可忽略不计，可将工质凝结时的凝结换热量当作工质与壁面之间的总换热量。

二、平壁和圆筒壁的稳态传热过程分析与计算

热工领域内经常遇到的是高温流体通过固体壁面将热量传给低温流体，这种过程称为传热过程。例如，冷凝器中的冷却水通过管壁从低压水蒸气吸收热量；暖气设备内水蒸气通过器壁散热到周围空气等都是传热过程。传热过程往往由串联着的三个换热环节组成。这三个串联环节是：热流体到壁面的复合换热；通过壁面内部的导热；壁面到冷流体的复合换热。

串联的总热阻等于各组成环节热阻叠加的原则是分析传热过程的关键。三个串联环节热阻之和等于传热过程的总热阻。下面以平壁和圆筒壁为例，对传热过程进行分析和计算。

1. 通过平壁的稳态传热

假定有一单层平壁，壁面材料的导热系数为 λ，厚度为 δ。在平壁的一侧有温度为 t_{f1} 的热流体，在另一侧有温度为 t_{f2} 的冷流体，两边壁面温度都不知道，以 t_{w1} 和 t_{w2} 代表(见图16-1)。流体温度和壁面的温度只沿厚度方向(x 方向)发生变化。已知热流体一侧的总换热系数为 α_1，而冷流体一侧的总换热系数为 α_2，过程处于热稳定状态。

对于平壁问题，各个环节的热阻都可以用 $\Delta t/q$ 来表示，三个串联环节的热阻分别为

$$\frac{t_{f1} - t_{w1}}{q} = \frac{1}{\alpha_1}$$

$$\frac{t_{w1} - t_{w2}}{q} = \frac{\delta}{\lambda}$$

$$\frac{t_{w2} - t_{f2}}{q} = \frac{1}{\alpha_2}$$

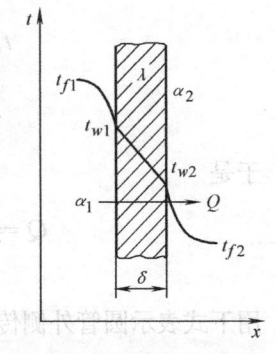

图 16-1 通过平壁的传热

三个环节的热阻叠加就等于总的传热热阻 r_k：

$$\frac{t_{f1}-t_{f2}}{q} = \frac{1}{\alpha_1} + \frac{\delta}{\lambda} + \frac{1}{\alpha_2}$$

即
$$r_k = r_{a1} + r_\lambda + r_{a2}$$

由此可得通过平壁所传递的热量（热流密度）为

$$q = \frac{t_{f1}-t_{f2}}{\dfrac{1}{\alpha_1}+\dfrac{\delta}{\lambda}+\dfrac{1}{\alpha_2}} = k(t_{f1}-t_{f2}) \tag{16-6}$$

式(16-6)称为传热方程式，式中 k 称为传热系数，单位为 W/(m²·℃)。由式(16-6)可知传热系数为

$$k = \frac{1}{\dfrac{1}{\alpha_1}+\dfrac{\delta}{\lambda}+\dfrac{1}{\alpha_2}} = \frac{1}{r_k} \tag{16-7}$$

热阻是传热学的一个基本概念，热阻分析法在解决各种传热问题时应用广泛。例如，对于多个环节串联组成的传热过程，分析其热阻的组成，弄清各个环节的热阻在总热阻中所占的比例，能有效地抓住过程的主要矛盾。当需要强化传热时就能抓住要害，收到事半功倍之效。

由式(16-6)算出热流密度 q 后，壁面温度 t_{w1} 和 t_{w2} 就可确定了，如

$$t_{w1} = t_{f1} - \frac{q}{\alpha_1} \tag{16-8}$$

2. 通过圆筒壁的稳态传热

圆筒内侧和外侧的表面积是不相等的，因而对内侧和外侧的传热系数在数值上是不相等的。图 16-2 中的管形换热面长 l，内径和外径分别为 d_i 和 d_o，壁面材料的导热系数为 λ，管子内、外侧流体的总换热系数分别为 α_i 和 α_o，温度分别为 t_i 和 t_o，设管内壁与管外壁的温度分别为 t_{wi} 和 t_{wo}。先写出各个传热过程的算式：

$$t_i - t_{wi} = \frac{Q}{\alpha_i \pi d_i l}$$

$$t_{wi} - t_{wo} = \frac{Q}{2\pi\lambda l}\ln\frac{d_o}{d_i}$$

$$t_{wo} - t_o = \frac{Q}{\alpha_o \pi d_o l}$$

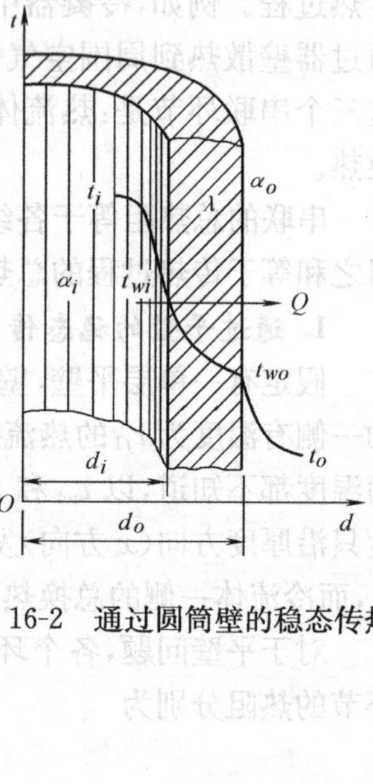

于是

$$Q = \frac{\pi l(t_i - t_o)}{\dfrac{1}{\alpha_i d_i} + \dfrac{1}{2\lambda}\ln\dfrac{d_o}{d_i} + \dfrac{1}{\alpha_o d_o}} \tag{16-9}$$

图 16-2 通过圆筒壁的稳态传热

用下式表示圆管外侧传热：

$$Q = kA_o(t_i - t_o) = k\pi d_o l(t_i - t_o) \tag{16-10}$$

比较式(16-9)和式(16-10)，得到对圆管外侧而言的传热系数：

$$k_o = \frac{1}{\dfrac{1}{\alpha_i}\dfrac{d_o}{d_i} + \dfrac{d_o}{2\lambda}\ln\dfrac{d_o}{d_i} + \dfrac{1}{\alpha_o}} \tag{16-11}$$

同样，如果以圆管内侧表面 $A_i = \pi d_i l$ 为基准，则对应于圆管内侧的传热系数为

$$k_i = \cfrac{1}{\cfrac{1}{\alpha_i} + \cfrac{d_i}{2\lambda}\ln\cfrac{d_o}{d_i} + \cfrac{1}{\alpha_o}\cfrac{d_i}{d_o}} \tag{16-12}$$

与平壁的传热系数不同,对圆管的传热系数必须注明是对哪个壁面而言的。在计算时,习惯上都以管子的外表面积为准。从热阻的角度来看,式(16-11)可以改写成

$$\frac{1}{kA_o} = \frac{1}{\alpha_i A_i} + \frac{1}{2\pi\lambda l}\ln\frac{d_o}{d_i} + \frac{1}{\alpha_o A_o} \tag{16-13}$$

等式左边是对管外壁而言的传热总热阻,右边三项则对应于管内、管壁和管外这三个传热环节的分热阻。可见串联热阻叠加原则仍然是适用的。但是必须注意,由于管子内、外表面积不一样,不能引用单位面积热阻的概念,而必须引用总面积热阻的概念。

有时管子内、外侧有水垢、铁锈、煤灰、油垢等污垢后,或者外侧包有保温层时,在式(16-9)、式(16-11)、式(16-12)中应增加相应的热阻项。

【**例 16-1**】 锅炉炉墙由三层组成,内层是厚度 $\delta_1 = 0.23\text{m}$、$\lambda_1 = 1.2\text{W}/(\text{m}\cdot\text{℃})$ 的耐火砖层;外层是 $\delta_3 = 0.24\text{m}$、$\lambda_3 = 0.6\text{W}/(\text{m}\cdot\text{℃})$ 的红砖层;两层之间填以厚度 $\delta_2 = 0.05\text{m}$、$\lambda_2 = 0.095\text{W}/(\text{m}\cdot\text{℃})$ 的石棉作为隔热层。炉墙内侧烟气温度 $t_{f1} = 511\text{℃}$,烟气侧表面传热系数 $\alpha_1 = 35\text{W}/(\text{m}^2\cdot\text{℃})$;锅炉房内空气温度 $t_{f2} = 22\text{℃}$,空气侧表面传热系数 $\alpha_2 = 15\text{W}/(\text{m}^2\cdot\text{℃})$。试求通过该炉墙的热损失和炉墙内、外表面的温度。

解:计算传热系数:

$$k = \cfrac{1}{\cfrac{1}{\alpha_1} + \sum_{i=1}^{n}\cfrac{\delta_1}{\lambda_i} + \cfrac{1}{\alpha_2}} = \cfrac{1}{\cfrac{1}{35} + \cfrac{0.23}{1.2} + \cfrac{0.05}{0.095} + \cfrac{0.24}{0.6} + \cfrac{1}{15}}\text{W}/(\text{m}^2\cdot\text{℃}) = 0.824\text{W}/(\text{m}^2\cdot\text{℃})$$

热流密度

$$q = Q/A = k(t_{f1} - t_{f2}) = 0.824(511 - 22)\text{W}/\text{m}^2 = 403\text{W}/\text{m}^2$$

炉墙内、外表面的温度

$$t_{w1} = t_{f1} - q/\alpha_1 = (511 - 403/35)\text{℃} = 499.5\text{℃}$$

$$t_{w2} = t_{f2} + q/\alpha_2 = (22 + 403/15)\text{℃} = 49\text{℃}$$

【**例 16-2**】 压缩空气在中间冷却器的管外横掠流过,$\alpha_o = 90\text{W}/(\text{m}^2\cdot\text{℃})$。冷却水在管内流过,$\alpha_i = 6\,000\text{W}/(\text{m}^2\cdot\text{℃})$。冷却管是外径为 16mm、厚度为 1.5mm 的黄铜管,导热系数 $\lambda = 111\text{W}/(\text{m}\cdot\text{℃})$。求:1)传热系数;2)如果管外表面传热系数增加一倍,传热系数有何变化;3)如果管内表面传热系数增加一倍,传热系数有何变化?

解:1)由式(16-11)求相对管外表面的传热系数为

$$k = \cfrac{1}{\cfrac{1}{6\,000}\times\cfrac{16}{13} + \cfrac{0.016}{2\times 111}\ln\cfrac{16}{13} + \cfrac{1}{90}}\text{W}/(\text{m}^2\cdot\text{℃}) = 88.5\text{W}/(\text{m}^2\cdot\text{℃})$$

可见,导热热阻项在总热阻中所占份额很少,可略去不计。

2)略去导热热阻,当管外表面传热系数增大一倍时,传热系数为

$$k = \cfrac{1}{\cfrac{1}{6\,000}\times\cfrac{16}{13} + \cfrac{1}{180}}\text{W}/(\text{m}^2\cdot\text{℃}) = 174\text{W}/(\text{m}^2\cdot\text{℃})$$

传热系数增加了 96%。

3) 当管内表面传热系数增加一倍时,传热系数为

$$k = \frac{1}{\frac{1}{12\,000} \times \frac{16}{13} + \frac{1}{90}} \text{W/(m}^2 \cdot ℃) = 89.2 \text{W/(m}^2 \cdot ℃)$$

传热系数的增加不到1%。

以上计算说明,空气冷却器的主要传热热阻是管外空气侧的换热热阻,增强管外空气表面传热系数是提高其传热系数的有效途径。

第二节 通过肋壁的传热

一、概述

工程上经常采用肋片(又称翅片)来强化传热和调节壁面的温度。例如,暖气散热片、空调散热器壁上的肋片都起强化传热的作用;低温省煤器管外肋片起调节壁面温度的作用。肋片是指在原来与流体接触的表面上加一些特殊形状的金属,有针状(针锥状、针柱状)、片状(矩形片、梯形片和三角形片)、圆环形的大套片等。图16-3所示为常见肋片的形状。肋片可以由管子直接整体轧制,也可将金属薄片缠绕、嵌套在管子上,然后经焊接、浸镀或胀接等方式制成。在加工制造过程中,在肋片与换热面表面接触处应尽量不留空隙以减少接触热阻。

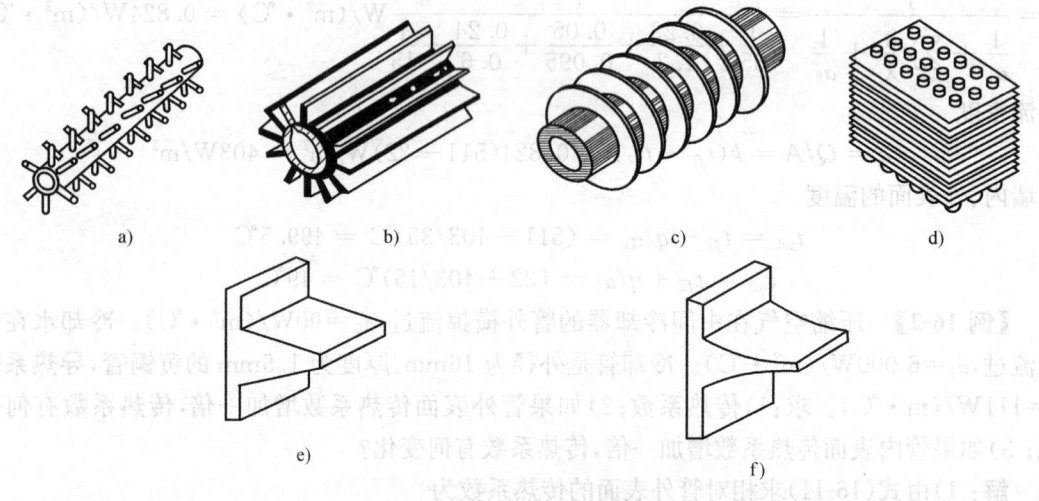

图16-3 常见肋片的形状
a) 针肋 b) 矩形直肋 c) 环肋 d) 大套片 e) 梯形肋 f) 双曲面肋

研究肋片传热,首先应了解肋片的一些基本尺寸和术语。如图16-4所示的矩形截面直肋中,肋高 h 指肋片垂直于本体方向的尺寸;肋宽 b 指肋片与本体接触方向的尺寸;肋厚 δ 指肋片垂直于肋高和肋宽方向的尺寸;截面积 A 指肋片垂直于肋高截面的面积。肋基指肋片与本体接触处,此处面积称为肋基面积 A_0;肋端是指肋片高度的末端处,此处面积称为肋端面积 A_h。凡肋基处的参数都以下标"0"表示,肋端处参数都以下标"h"表示。过余温度是指肋片内任一点温度 t 与周围流体温度 t_f 的差,即 $\theta = t - t_f$。肋基过余温度 $\theta_0 = t_0 - t_f$;肋端过余温度 $\theta_h = t_h - t_f$。

设周围流体温度 t_f 小于肋基温度 t_0，肋片上温度分布为 $t_0 > t > t_f$。热量经肋基处传出后，一部分向前传导，一部分经四周表面与流体对流传热。如图 16-4b 所示，沿着热流方向肋片温度逐渐下降，向前导热热量及向四周流体传热量都同时减小，至肋端面处，最后剩余的热量经端面以对流换热的方式传给流体。总之，从肋基导出的所有热量经肋片传递作用全部传给四周的流体。

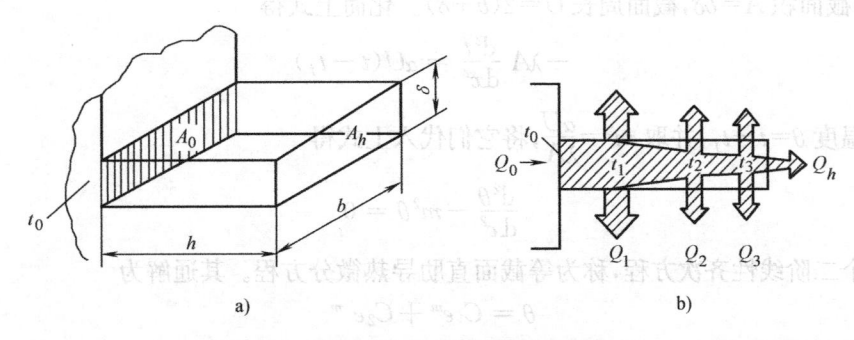

图 16-4　肋片基本尺寸和热量传递示意图
a)基本尺寸　b)热流量分布

肋片能起强化传热和调节壁温作用是因为肋片一般均用导热性能较好（λ 较大）的材料制成，从肋基处能导出更多的热量，并能迅速传至肋片每个地方。另一方面，加肋后与流体接触的表面积比无肋时与流体接触的表面积增加很多，传热更充分，对流换热热阻大大减小。

二、等截面直肋的稳态导热

从等截面矩形直肋中取出一小段来分析，如图 16-5 所示。设肋片材料导热系数 λ 为定值。由于一般肋片很薄，$\delta \ll h$，肋片横截面内沿厚度方向温度变化很小，可忽略不计，认为肋片中温度只沿肋高 h 方向有变化，属于一维温度场。其高、宽、厚分别为 h、b、δ，如图 16-5a 所示。肋基处的温度为 t_0，周围流体温度为 t_f，且 $t_0 > t_f$。肋片周围表面与流体的表面传热系数为 α，肋端表面与流体的表面传热系数为 α_h。

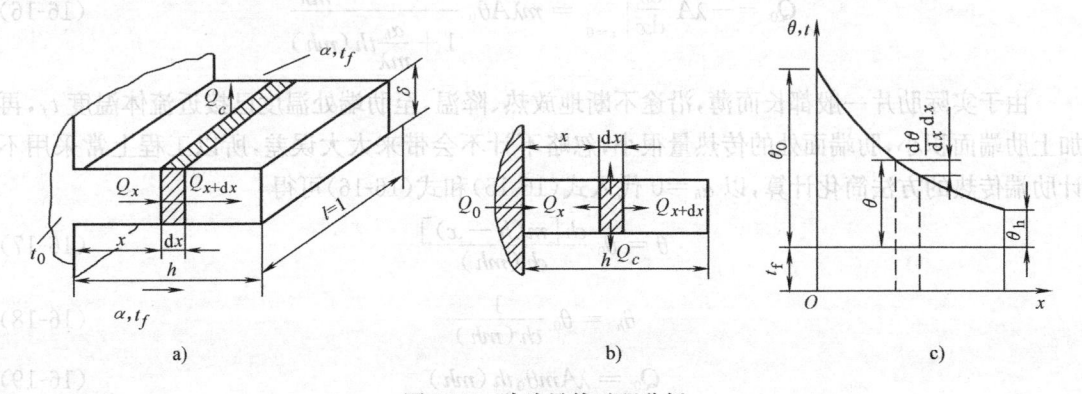

图 16-5　肋片导热过程分析

在距肋基 x 处取长度为 dx 的微元段，令其左侧面导入的热量为 Q_x，右侧面导出的热量为 Q_{x+dx}，四周表面的对流换热量为 Q_c，如图 16-5b 所示。稳态时微元段的能量平衡式为

$$Q_x - Q_{x+dx} = Q_c$$

根据傅里叶定律和牛顿冷却公式,上式进一步表达为

$$-\lambda A \frac{dt}{dx} + \lambda A \frac{d\left(t + \frac{dt}{dx}dx\right)}{dx} = \alpha(t - t_f)Udx$$

式中,肋片截面积 $A = b\delta$,截面周长 $U = 2(b+\delta)$。化简上式得

$$-\lambda A \frac{d^2 t}{dx^2} = \alpha U(t - t_f)$$

引入过余温度 $\theta = t - t_f$,并取 $m^2 = \frac{\alpha U}{\lambda A}$,将它们代入上式得

$$\frac{d^2 \theta}{dx^2} - m^2 \theta = 0 \tag{16-14}$$

此式是一个二阶线性齐次方程,称为等截面直肋导热微分方程。其通解为

$$\theta = C_1 e^m + C_2 e^{-m}$$

边界条件为

$$x = 0, \theta = t_0 - t_f = \theta_0$$

$$x = h, -\lambda \left(\frac{d\theta}{dx}\right)_{x=h} = \alpha_h \theta_h$$

根据边界条件和通解得等截面肋片温度分布函数为

$$\theta = \theta_0 \frac{ch[m(h-x)] + \frac{\alpha_h}{m\lambda} sh[m(h-x)]}{ch(mh) + \frac{\alpha_h}{m\lambda} sh(mh)} \tag{16-15}$$

式(16-15)说明等截面直肋温度分布函数是双曲函数,如图 16-5c 所示。将式(16-15)代入肋基处的傅里叶导热计算式,得到从肋基处导出的热量(也就是经肋片传给四周流体的总传热量)为

$$Q_0 = -\lambda A \left.\frac{d\theta}{dx}\right|_{x=0} = m\lambda A \theta_0 \frac{th(mh) + \frac{\alpha_h}{m\lambda}}{1 + \frac{\alpha_h}{m\lambda} th(mh)} \tag{16-16}$$

由于实际肋片一般都长而薄,沿途不断地放热、降温,至肋端处温度已接近流体温度 t_f,再加上肋端面积小,肋端面处的传热量很小,忽略不计不会带来太大误差,所以工程上常采用不计肋端传热的方法简化计算,以 $\alpha_h = 0$ 代入式(16-15)和式(16-16)可得

$$\theta = \theta_0 \frac{ch[m(h-x)]}{ch(mh)} \tag{16-17}$$

$$\theta_h = \theta_0 \frac{1}{ch(mh)} \tag{16-18}$$

$$Q_0 = \lambda A m \theta_0 th(mh) \tag{16-19}$$

若仍要将肋端表面传热量考虑进去,只需在简化计算式(16-19)的基础上,稍加修正即可。用修正高度 $h' = h + \Delta h$ 代替式(16-19)中的 h,修正量 Δh 的计算原则是:将肋端传热面积等量折合成肋高加长 Δh 后新增加的那块侧表面的传热面积,对于等截面矩形直肋 $\Delta h = \delta/2$,等截面圆柱形肋柱 $\Delta h = D/4$,D 为肋柱直径。这样式(16-15)~式(16-19)就可适用于一切等截面

肋片，截面形状可以是矩形、圆柱形。

三、肋片效率

前述分析了等截面直肋的稳态导热情况，对变截面肋片其理论分析要复杂得多。下面仅介绍用肋片效率来求肋片传热量的方法。

肋片效率是指肋片实际换热量 Q 与假设肋片整个表面都处于肋基温度时的换热量 Q_0 之比，用符号 η_f 表示，即

$$\eta_f = \frac{Q}{Q_0} = \frac{实际传热量}{整个肋表面处于肋基温度时的传热量} \tag{16-20}$$

式中，Q_0 是整个肋表面都处于肋基温度下的传热量，这只是假设当肋片材料 $\lambda \to 0$ 时的理想条件下的传热量。根据牛顿冷却公式 $Q_0 = \alpha A_f(t_0 - t_f)$，$A_f$ 是指肋片与流体接触的表面积（注意与前面肋片横截面积 A 的区别）。对于已知形状、尺寸的肋片，A_f 很容易算出，Q_0 也容易算出，肋片效率 η_f 通常根据肋片形状和有关参数直接查对应的效率曲线得知。本书列出了矩形直肋和三角形肋片的肋片效率曲线（见图 16-6）和环形肋片的肋片效率曲线（见图 16-7）。根据式(16-20)，肋片实际传热量可按下式计算：

$$Q = \eta_f Q_0 = \alpha \eta_f A_f (t_0 - t_f) \tag{16-21}$$

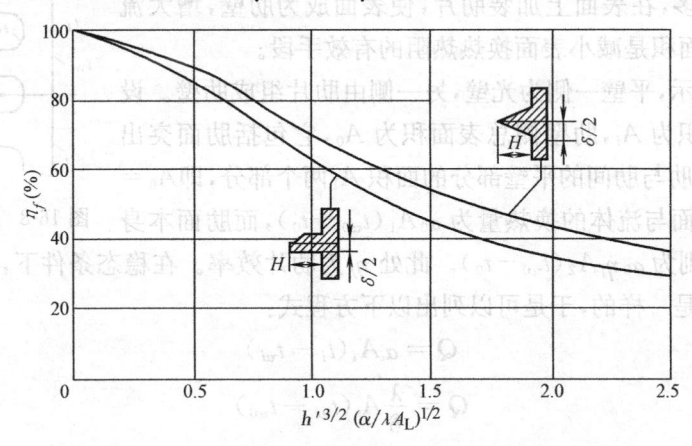

图 16-6 矩形直肋和三角形肋片的肋片效率曲线

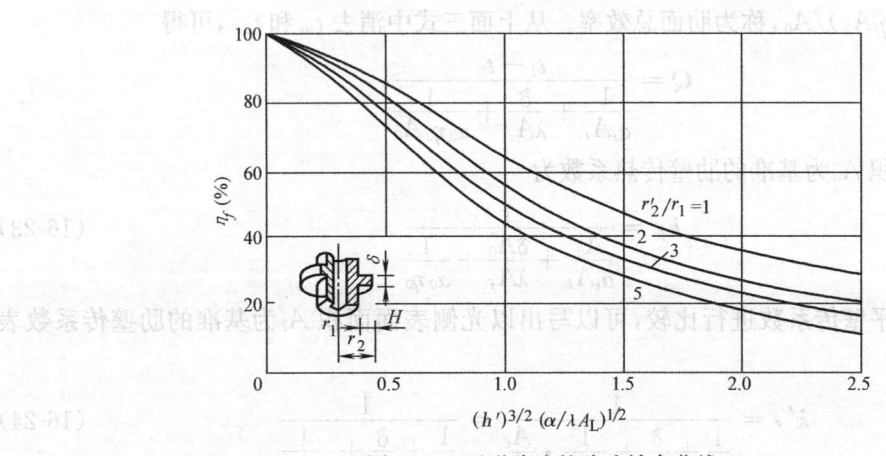

图 16-7 环形肋片的肋片效率曲线

对等截面矩形直肋，因 $A_f = Uh'$，$m = \sqrt{\alpha U / \lambda A}$，$Q$ 以式(16-19)计算，肋片效率为

$$\eta_f = \frac{\lambda Fm\theta_0 th(mh')}{\alpha Uh'\theta_0} = \frac{th(mh')}{mh'} \tag{16-22}$$

式(16-22)表明，等截面直肋的肋片效率除查图外，还可按上式计算。肋片效率 η_f 是 (mh') 的函数，经分析它实质上是 $h'^{3/2}(\alpha/\lambda A_L)^{1/2}$ 的函数。所以肋片效率曲线以自变量 $h'^{3/2}(\alpha/\lambda A_L)^{1/2}$ 作为横坐标，A_L 是形状特征面积，它直接反映出肋片形状特征是矩形、三角形、梯形等。例如，矩形 $A_L =$ 厚×高，三角形 $A_L = ($厚×高$)/2$。

值得注意的是，肋片效率的高低并不能反映肋片增强传热量的多少。肋片效率很高时，增加的传热量反而较小；肋片效率较低时，增加的传热量反而不是很小。

四、通过肋壁的传热

在传热过程中，如果一种流体和固体表面间的传热系数（如 α_2）相对另一种流体的表面传热系数（α_1）较小，而且该表面传热系数（α_2）所对应的热阻在传热过程总热阻中是最大的，则此时降低这一最大热阻可明显提高传热过程的传热强度。降低表面对流换热热阻的方法有许多，在表面上加装肋片，使表面成为肋壁，增大流体与壁面的换热面积是减小表面换热热阻的有效手段。

如图 16-8 所示，平壁一侧为光壁，另一侧由肋片组成肋壁。设无肋一侧的表面积为 A_i，肋壁侧总表面积为 A_0，它包括肋面突出部分的面积 A_2 及肋与肋间的平壁部分的面积 A_1 两个部分，即 $A_0 = A_1 + A_2$。肋间壁面与流体的换热量为 $\alpha_0 A_1 (t_{w0} - t_0)$，而肋面本身与流体的换热量则为 $\alpha_0 \eta_f A_2 (t_{w0} - t_0)$。此处 η_f 为肋片效率。在稳态条件下，通过传热过程各环节的热流量 Q 是一样的，于是可以列出以下方程式：

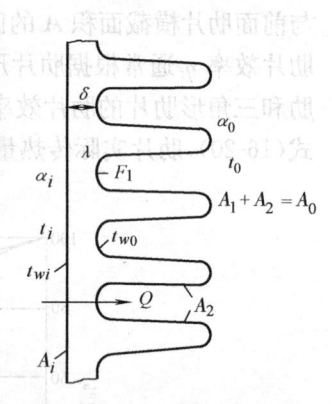

图 16-8 通过肋壁的传热

$$Q = \alpha_i A_i (t_i - t_{wi})$$

$$Q = \frac{\lambda}{\delta} A_i (t_{wi} - t_{w0})$$

$$Q = \alpha_0 A_1 (t_{w0} - t_0) + \alpha_0 \eta_f A_2 (t_{w0} - t_0) = \alpha_0 \eta_0 A_0 (t_{w0} - t_0)$$

式中，$\eta_0 = (A_1 + \eta_f A_2)/A_0$，称为肋面总效率。从上面三式中消去 t_{wi} 和 t_{w0}，可得

$$Q = \frac{t_i - t_0}{\dfrac{1}{\alpha_i A_i} + \dfrac{\delta}{\lambda A_i} + \dfrac{1}{\alpha_0 \eta_0 A_0}}$$

于是以肋侧表面积 A_0 为基准的肋壁传热系数为

$$k_f = \frac{1}{\dfrac{A_0}{\alpha_i A_i} + \dfrac{\delta A_0}{\lambda A_i} + \dfrac{1}{\alpha_0 \eta_0}} \tag{16-23}$$

为了与未加肋的平壁传系数进行比较，可以写出以光侧表面面积 A_i 为基准的肋壁传系数表达式：

$$k'_f = \frac{1}{\dfrac{1}{\alpha_i} + \dfrac{\delta}{\lambda} + \dfrac{1}{\alpha_0 \eta_0} \cdot \dfrac{A_i}{A_0}} = \frac{1}{\dfrac{1}{\alpha_i} + \dfrac{\delta}{\lambda} + \dfrac{1}{\alpha_0 \eta_0 \beta}} \tag{16-24}$$

式中，$\beta = A_0/A_i$，称为肋化系数，即加肋后的总表面积与未加肋时的表面积之比。β 往往远大

于 1,而且总可以使 $\eta\beta$ 远大于 1,使外侧表面传热系数从 α_0 提高到 $\alpha_0\eta\beta$,即减小了外侧壁面的换热热阻,故使传热量 Q 增大。

五、肋片调节壁面温度的原理

肋片能调节壁面温度是由于壁面加了肋片后增加了与流体的接触面积,减小了传热热阻,改变了加肋前各环节热阻之间的比例关系和温度差,从而起到调节壁面温度的作用。下面以平板加肋前、后的分析为例加以说明。

图 16-9 所示的平板左侧为高温流体,右侧为低温流体。两侧面温度和表面传热系数分别为 t_{f1}、α_1 和 t_{f2}、α_2,平板材料的导热系数为 λ,厚度为 δ,面积为 A。

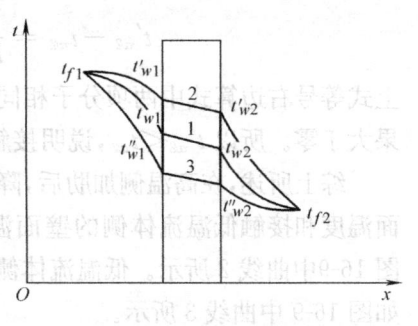

图 16-9 肋片调节壁温原理分析

不加肋时,高温侧对流热阻 $R_{a1}=\dfrac{1}{\alpha_1 A}$,平壁导热热阻 $R_\lambda=\dfrac{\delta}{\lambda A}$,低温侧对流换热热阻 $R_{a2}=\dfrac{1}{\alpha_2 A}$,温度分布如图 16-9 中曲线 1 所示,各环节热阻对应的温度降度为

$$t_{f1}-t_{w1}=\frac{t_{f1}-t_{f2}}{R_{a1}+R_\lambda+R_{a2}}R_{a1}=\frac{R_{a1}}{R_{a1}+R_\lambda+R_{a2}}\Delta t \tag{1}$$

$$t_{w1}-t_{w2}=\frac{R_\lambda}{R_{a1}+R_\lambda+R_{a2}}\Delta t \tag{2}$$

$$t_{w2}-t_{f2}=\frac{R_{a2}}{R_{a1}+R_\lambda+R_{a2}}\Delta t \tag{3}$$

在接触高温流体侧的壁面上加肋片后,面积由 A 增至 (A_1+A_2),且 $A_2\gg A_1$,这时的高温侧对流换热热阻 R'_{a1} 必小于原来的对流换热热阻 R_{a1},即 $R'_{a1}=\dfrac{1}{\alpha_1(A_1+A_2)}<R_{a1}$。这时的各环节温度降为

$$t_{f1}-t'_{w1}=\frac{R'_{a1}}{R'_{a1}+R_\lambda+R_{a2}}\Delta t \tag{4}$$

$$t'_{w1}-t'_{w2}=\frac{R_\lambda}{R'_{a1}+R_\lambda+R_{a2}}\Delta t \tag{5}$$

$$t'_{w2}-t_{f2}=\frac{R_{a2}}{R'_{a1}+R_\lambda+R_{a2}}\Delta t \tag{6}$$

比较式(4)和(1),得

$$(t_{f1}-t'_{w1})-(t_{f1}-t_{w1})=\frac{R'_{a1}}{R'_{a1}+R_\lambda+R_{a2}}\Delta t-\frac{R_{a1}}{R_{a1}+R_\lambda+R_{a2}}\Delta t$$

整理得

$$t_{w1}-t'_{w1}=\frac{(R'_{a1}-R_{a1})(R_\lambda+R_{a2})\Delta t}{(R'_{a1}+R_\lambda+R_{a2})(R_{a1}+R_\lambda+R_{a1})}$$

由于 $R'_{a1}<R_{a1}$,上式结果小于零,所以 $t_{w1}<t'_{w1}$,表明接触高温流体侧的壁面温度升高了。

比较式(6)和式(3),得

$$(t'_{w2} - t_{f2}) - (t_{w2} - t_{f2}) = \frac{R_{a2}}{R'_{a1} + R_\lambda + R_{a2}}\Delta t - \frac{R_{a2}}{R_{a1} + R_\lambda + R_{a2}}\Delta t$$

整理得

$$t'_{w2} - t_{w2} = \frac{R_{a2}}{R'_{a1} + R_\lambda + R_{a2}}\Delta t - \frac{R_{a2}}{R_{a1} + R_\lambda + R_{a2}}\Delta t$$

上式等号右边算式中两项分子相同,分母不同,前项分母小于后项(因为 $R'_{a1} < R_{a1}$),故上式结果大于零。所以 $t'_{w2} < t_{w2}$,说明接触低温流体的壁面温度也升高了。

综上所述,在高温侧加肋后,降低了高温侧的对流换热热阻,结果使接触高温流体侧的壁面温度和接触低温流体侧的壁面温度同时升高了,整个壁面温度提高了。它的温度分布如图16-9中曲线2所示。低温流体侧加肋后,壁面温度会降低,分析过程与前面相同,温度分布如图16-9中曲线3所示。

六、使用肋片时的注意事项

加肋片有强化传热和调节壁温的作用,根据使用目的的不同,其使用注意事项也有所区别。

1. 用于强化传热时肋片的安装注意事项

1)必须判断所加肋片是否一定有利于强化传热。因为使用肋片减小对流换热热阻的同时增加了导热热阻,至于总热阻是增还是减,需作进一步的判断。例如,在传热条件较好的钢制换热器表面套上塑料、陶瓷之类的材料制成的肋片,肯定不能增加传热。以图16-4所示的肋片说明为例,设肋基处没有加肋时的换热量为 $Q_{无肋片}$,加肋后的换热量为 $Q_{加肋后}$,若

$$\frac{Q_{加肋后}}{Q_{无肋时}} > 1 \tag{16-25}$$

说明加肋有利于增强传热。工程上从实际出发,认为此比值应取4~5倍为好。设式(16-16)中的 $\alpha_h = \alpha$,并代入式(16-25),经简化可得矩形直肋强化传热的条件是

$$\frac{\delta/2}{1/\alpha} \leqslant 0.25 \tag{16-26}$$

2)肋片应装在表面传热系数较小的流体侧,这样增强传热的效果将最明显。

3)肋片安装方向应使流体沿着其表面流过,不能使流体运动方向与它垂直正交(见图16-10)。垂直时,流动阻力大而且使肋片另一侧的表面传热作用下降。

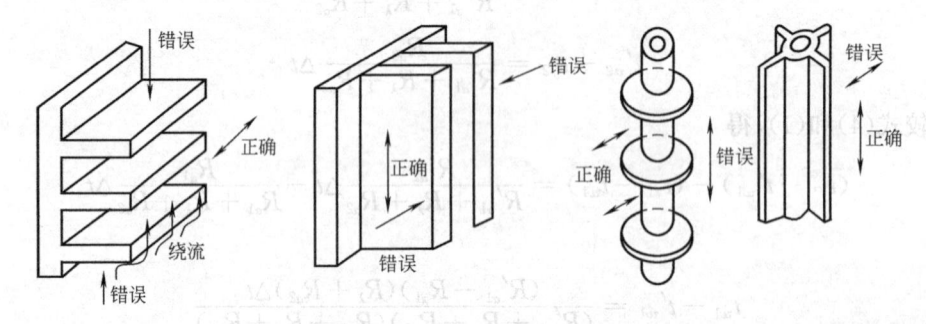

图16-10 肋片正确安装方向

4) 肋片形状应当尽量采用变截面肋片。在等肋基厚度、等肋高的情况下,三角形肋片增强传热效果最好,梯形肋次之,最差的是等截面矩形肋。因为热量在向前传递的过程中,温度越来越低,所传递的热量也越来越小(见图 16-4b)所需截面积也应跟着减小才合理。这样既节省材料、减小质量又能保证单位传热面积达到最大热流密度。在忽略肋端传热量的肋片等高情况下,三角形肋表面最大,梯形次之,矩形肋最小(见图 16-11)。表面积越大,增加的传热量就越多。三角形肋被广泛应用就是这个道理。当肋片形状确定以后,采用短而厚型的肋片,还是采用细而长型的肋片,最佳尺寸组合等问题请见有关参考文献。

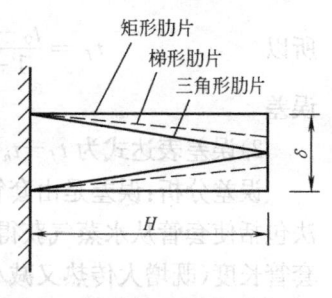

图 16-11 等肋基厚度、等高度各类肋片表面积比较

2. 用于调节壁面温度时肋片的安装注意事项

1) 根据调节的目的来选择肋片装在哪一侧。调高壁温,只能在接触高温流体侧壁面上加肋片;反之,调低壁温应在低温流体侧加肋片,与该侧流体表面传热系数 α 的大小无关。

2) 肋片安装方向不能与流体流动方向正交。

【**例 16-3**】 用图 16-12a 所示的带套管的温度计测量管道内水蒸气的温度。温度计的感温包与套管顶部直接接触,为防止接触热阻,感温包四周浸有不易挥发的硅油或金属屑。已知温度计的指示温度为 250℃,水蒸气管道的壁温为 140℃,套管壁厚为 2.5mm,外径为 15mm,长为 80mm,套管材料导热系数为 40W/(m·℃),水蒸气和套管外表面的表面传热系数为 100W/(m·℃),求:1) 水蒸气的实际温度和测温误差;2) 分析减少误差的方法。

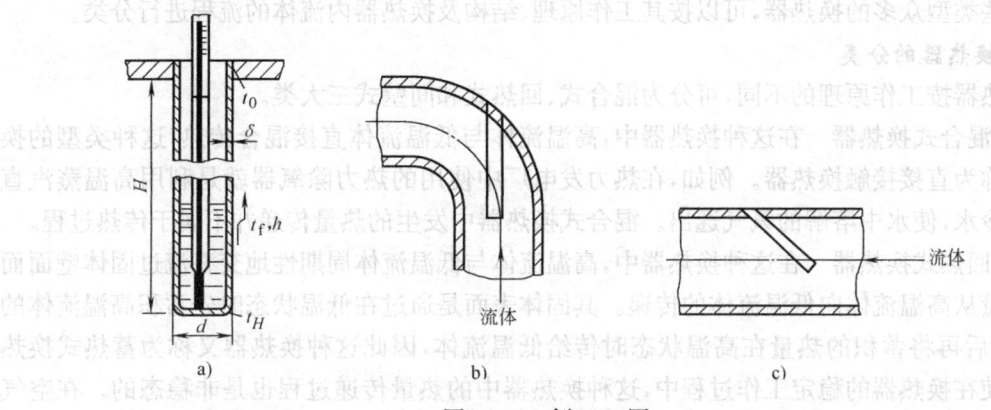

图 16-12 例 16-3 图

解:1) 测温套管传热分析。由于水蒸气的温度 $t_f > t > t_0$ (管壁温度),水蒸气与套管对流换热,热量又沿内部环状面积向低温的管壁导热,与前面所述 $t_0 > t > t_f$ 的肋片传热过程方向相反,肋片的有关计算式完全适用于套管。

$$A = \pi(d_0^2 - d_i^2)/4 = \pi(0.015^2 - 0.01^2)/4 \, \text{m}^2 = 9.813 \times 10^{-5} \, \text{m}^2$$

$$m = \sqrt{\frac{\alpha U}{\lambda A}} = \sqrt{\frac{100\pi \times 0.015}{40 \times 9.813 \times 10^{-5}}} \, \text{m}^{-1} = 34.64 \, \text{m}^{-1}$$

$$ch(mh) = ch(34.64 \times 0.08) = 8.011$$

因
$$\theta_h = \theta_0/ch(mh)$$
$$t_f - t_h = (t_f - t_0)/(ch(mh))$$

所以 $$t_f = \frac{t_0 - t_h ch(mh)}{1 - ch(mh)} = \frac{140 - 250 \times 8.011}{1 - 8.011}℃ = 265.7℃$$

误差 $$t_f - t_h = (265.7 - 250)℃ = 15.7℃$$

2)误差表达式为 $t_f - t_h = (t_f - t_0)/ch(mh)$

误差分析：误差是由套管导热造成的，套管导热是套管向根部导热产生的。减小误差的方法包括使套管从水蒸气获得更多的热量和采取减小套管导热能力的措施。具体包括：①增加套管长度（既增大传热又减小导热）。工程上常按图 16-12b 或 c 的方式安装测温套管，以增加长度；②增加水蒸气流速，增大传热；③用 λ 小的材料作套管以减小导热量；④用薄壁套管以减小导热量；⑤对套管根部保温，以提高管壁温度减小导热量。

以上 5 点措施从误差计算式 $t_f - t_h = (t_f - t_0)/ch(mh)$ 一样可以分析得到。当增大 m 和 h 时，$ch(mh)$ 值增大，误差 $t_f - t_h$ 就减小。$m = \sqrt{\alpha U/\lambda A} \approx \sqrt{\alpha/\lambda \delta}$，要增大 m，只要增大 α，减小 δ 和 λ。提高 t_0（保温）也可以减少误差。工程上为了提高流体温度的测量精度，采用从测温点局部强抽流体方式提高局部的对流换热，或用陶瓷做测温套管内芯的方法来减小误差。

第三节 换 热 器

一、换热器的主要形式

使热量从高温流体传递给低温流体，以满足生产工艺要求的换热设备称为换热器。实际工程应用中，由于应用场合、工艺要求和换热器设计方案的不同，出现了形式多样的换热器。对于这些类型众多的换热器，可以按其工作原理、结构及换热器内流体的流程进行分类。

1. 换热器的分类

换热器按工作原理的不同，可分为混合式、回热式和间壁式三大类。

(1)混合式换热器　在这种换热器中，高温流体与低温流体直接混合传热，这种类型的换热器又称为直接接触换热器。例如，在热力发电厂中使用的热力除氧器就是利用高温蒸汽直接加热冷水，使水中溶解的氧气逸出。混合式换热器中发生的热量传递并不属于传热过程。

(2)回热式换热器　在这种换热器中，高温流体与低温流体周期性地交替流过固体壁面而实现热量从高温流体向低温流体的传递。其固体表面是通过在低温状态时先蓄积高温流体的热量，然后再将蓄积的热量在高温状态时传给低温流体，因此这种换热器又称为蓄热式换热器。即使在换热器的稳定工作过程中，这种换热器中的热量传递过程也是非稳态的。在空气分离装置、炼铁高炉及炼钢平炉中，常用这种换热器来预冷或预热空气。

(3)间壁式换热器　工程上很多情况只要求高温流体将热量传递给低温流体，而不允许两种流体相互混合，间壁式换热器是能严格满足这一要求的换热器。所谓间壁式换热器是指采用固体壁面将高温流体和低温流体分隔开，并实现热量通过固体壁面从高温流体向低温流体传递的过程。制冷装置中的冷凝器、蒸发器等都属于间壁式换热器。在间壁式换热器中，热量传递属于传热过程。由于间壁式换热器在工程使用中占据绝对主要地位，且其热量传递方式属于传热过程，本书只介绍有关间壁式换热器的计算。

2. 间壁式换热器的主要类型

间壁式换热器按固体壁面形式的不同，可分为管式和板式两大类。常用的管式换热器主要有套管式、壳管式、肋片管式等；常用的板式换热器主要有平行板式、螺旋板式、板翅式等。

(1) 套管式换热器　如图 16-13 所示，这种换热器由直径不同的同心圆管组成，一种流体在管内流动，另一种流体在两管形成的环形通道中流动。这是一种结构最简单的换热器。按照两种流体相对流动方向的不同，这种换热器还可进一步分类。如图 16-13a 所示，两种流体流动方向一致，称为顺流式套管换热器。图 16-13b、c 中，两种流体流动方向相反，称为逆流式套管换热器。

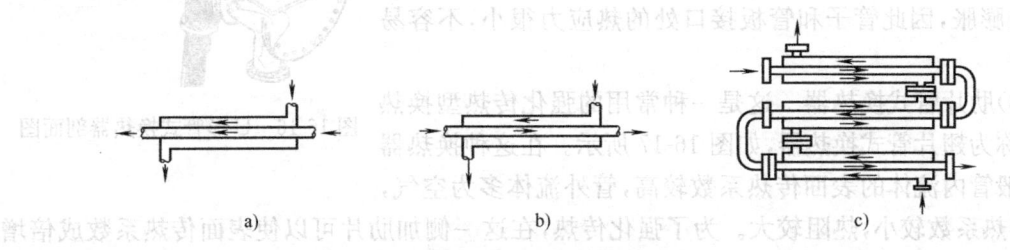

图 16-13　套管式换热器

套管换热器由于传热面积不宜做得太大，因而只能应用于一些特殊的场合，例如所要求的传热量不大、流体流量较小或流体压力很高。为了增强传热，内管采用在其外侧具有轴向平肋的特别管子，以提高换热器的传热量。

(2) 壳管式换热器　它由管束和外壳两部分组成，其主要结构和部件名称及两种流体的流动情况如图 16-14 所示。这种换热器又称为管壳式换热器或列管式换热器。

壳管式换热器由于能处理的流体流量大、传热量大、结构简单、运行可靠，因此在实际工程中得到广泛的应用，如制冷装置中的冷凝器、蒸发器等。

在管束的管子内流动的流体称为管侧流体，如图 16-14 中的冷流体。管侧流体从换热器的一端流到另一端称为一个管程。由于图 16-14 所示壳管式换热器左侧封头隔板的作用，管侧流体为两个管程的流动。在管子外侧与外壳内表面所形成空间内流动的流体称为壳侧流体，如图 16-14 中的热流体。同样，壳侧流体从换热器的一端流动到另一端称为一个壳程。图 16-14 中的换热器又称为 1-2 型壳管式换热器。1 表示壳侧流体为一个壳程的流动；2 表示管侧流体为两个管程的流动。类似地，图 16-15 所示的换热器称为 2-4 型壳管式换热器，这种换热器可看作由两个 1-2 型壳管换热器串联组成。

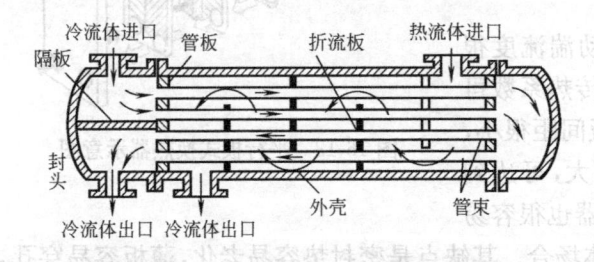

图 16-14　1-2 型壳管式换热器示意图

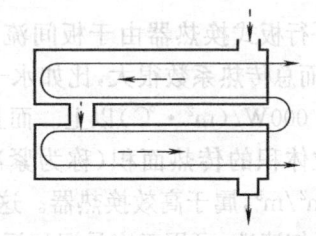

图 16-15　2-4 型壳管式换热器示意图

在同样的壳程流动速度下，壳侧流体横向冲刷管束外部的传热效果要比简单的顺着管束纵向冲刷好得多，因此，在换热器内加装了一定数量的折流板以改变壳侧流体的流向，增强传热效果。折流板同时还可增加换热器的强度，减少管束的振动。加装折流板的缺点是增加了壳侧流体的流动阻力。

图 16-16 所示的 1-2 型壳管式换热器与图 16-14 所示的换热器的不同之处在于该换热器少了一个右端的管板。这种换热器又称为 U 形管式换热器,因为管束中每一根管都是 U 形管,其开口分别位于左侧隔板的上下两侧,从而形成两个管程的流动。这种换热器的优点是 U 形管一端受热后可自由膨胀,因此管子和管板接口处的热应力很小,不容易泄漏。

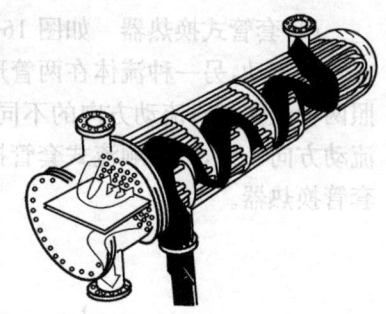

图 16-16 U 形管式换热器剖面图

(3) 肋片管式换热器　这是一种常用的强化传热型换热器,又称为翅片管式换热器,如图 16-17 所示。在这种换热器中,一般管内流体的表面传热系数较高,管外流体多为空气,表面传热系数较小,热阻较大。为了强化传热,在这一侧加肋片可以使表面传热系数成倍增加。因此,肋片管式换热器主要用在两换热流体的表面传热系数相差悬殊的情况,如车用冷却水散热器。肋片管式换热器需特别注意的问题是应保证外壁与肋基紧密接触,保证不存在接触热阻,否则肋片强化传热的作用会急剧下降。

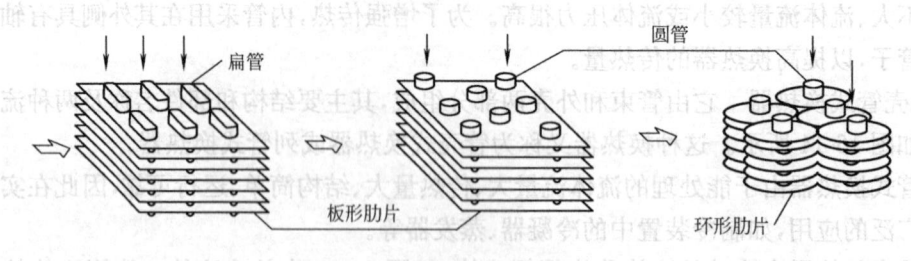

图 16-17　几种肋片管式换热器

(4) 平行板式换热器　如图 16-18 所示,平行板式换热器由许多几何结构相同的平行薄板相互叠压而成。两相邻薄板用密封垫隔开,形成两种流体间隔流动的通道。为强化传热并增加钢板的刚度,常在薄板上压制出各种花纹,如图 16-18 中的薄板为人字形波纹板。

平行板式换热器由于板间流体的流动湍流度很大,因而总传热系数很大,比如水-水单相传热系数可达到 6 000W/(m^2·℃)以上。而且由于板间距很小,其单位体积的传热面积(称为紧凑度)很大,可达到 5 000m^2/m^3,属于高效换热器。这种换热器也很容易

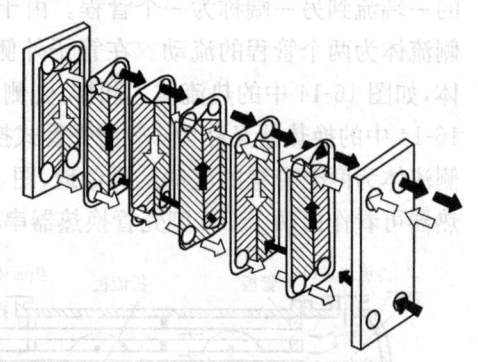

图 16-18　平行板式换热器示意图

进行拆卸清洗,可用于容易沉积污垢的流体场合。其缺点是密封垫容易老化,薄板容易穿孔,这些都会引起两种流体的混合,使换热器不能工作。

(5) 板翅式换热器　如图 16-19 所示,这种换热器由许多薄平板和板间的二次表面(翅片)组成。翅片既起到强化传热的作用,又能固定板间距并增加平板强度。

这种换热器的总传热系数也很高,如用于气-气传热时,以平板面积为基准的传热系数可达到 350W/(m^2·℃),它的紧凑度也很高,可达 4 000~5 000m^2/m^3,因而这种换热器也属于

高效换热器。

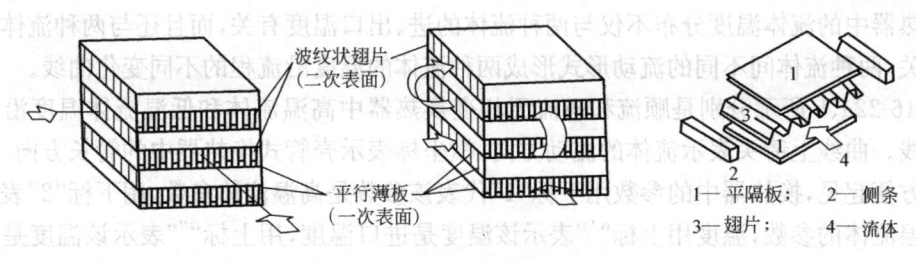

图 16-19 板翅式换热器结构图

(6)螺旋板式换热器　如图 16-20 所示,螺旋板式换热器由两块卷制成螺旋状的金属板相互套接而成,在螺旋形中心用一块矩形金属板将两个流道隔开。流体 1 从换热器中心的半圆接口进入,从螺旋板侧边开口流出;流体 2 从螺旋板侧边另一开口流入,从中心的另一半圆接口流出。

螺旋板式换热器的传热效果很好,紧凑度较高,但制造、加工困难,密封也较困难,承压能力较低。

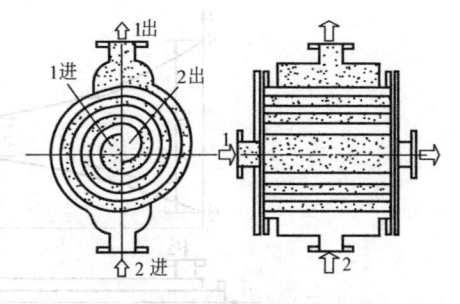

图 16-20 螺旋板式换热器示意图

3. 间壁式换热器中的流动形式

除了在套管式换热器中介绍的两种流体间的顺流流动和逆流流动方式外,在间壁式换热器中还会出现许多两种流体间的不同流动方式。比如对于 1-2 型或 U 形管式换热器,壳侧流体和管侧流体间既有顺流也有逆流,甚至出现包括流向相互垂直的交叉流;在板翅式换热器中,两种流体的流向一般采用相互垂直的交叉流动。所有这些流动都可统称为复杂流。顺流、逆流及各种复杂流如图 16-21 所示。

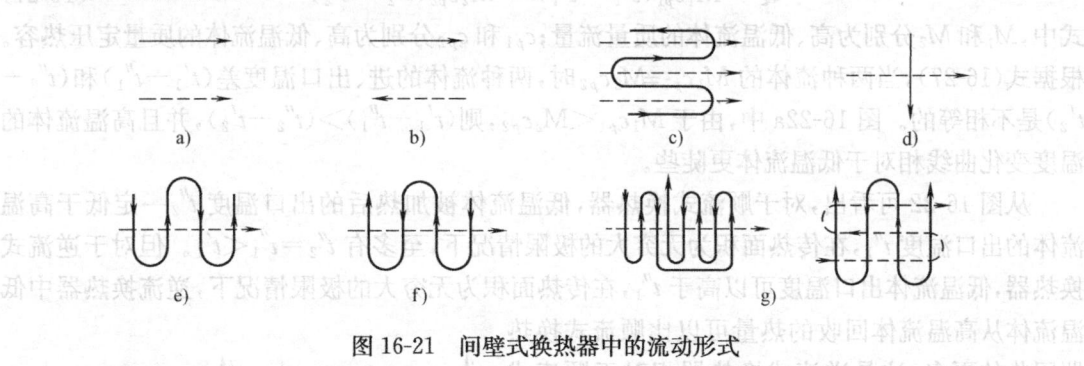

图 16-21 间壁式换热器中的流动形式
a)顺流　b)逆流　c)平行混合流　d)一次交叉流　e)顺流式交叉流　f)逆流式交叉流　g)混合式交叉流

二、换热器的平均传热温差

换热器中高温流体向低温流体的传热量仍用传热方程式 $Q=kA\Delta t$ 进行计算。其中,k 为高温流体向低温流体传热的总传热系数。对于壳管式换热器,A 即为管束总的外表面积。由于在换热器中两种流体的温度都是沿流程不断变化的,因此传热温差 Δt 采用平均传热温差。

1. 换热器内流体的温度分布特点

换热器中的流体温度分布不仅与两种流体的进、出口温度有关,而且还与两种流体的流动形式有关,两种流体间不同的流动形式形成两种流体的温度沿流程的不同变化曲线。

图 16-22a、b 所示分别是顺流和逆流无相变换热器中高温流体和低温流体温度沿流程变化的曲线。曲线上箭头表示流体的流动方向,横坐标表示壳管式换热器中的管长方向。

为方便起见,换热器中的参数用下标"1"代表该参数是高温流体参数,用下标"2"表示该参数是低温流体的参数,温度用上标"′"表示该温度是进口温度,用上标"″"表示该温度是出口温度。例如,t'_2 表示低温流体的进口温度,其余类推。

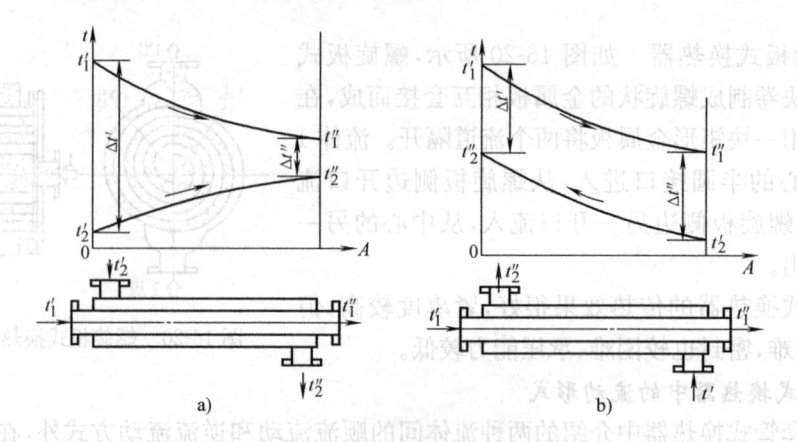

图 16-22 流体无相变时温度沿流程的变化曲线式

在换热器的传热过程中,当忽略换热器向环境的散热损失时,高温流体放出的热量应等于低温流体所得到的热量,它们同时也等于传热过程的传热量,因而有下面的能量平衡方程式:

$$Q = M_1 c_{p1}(t'_1 - t''_1) = M_2 c_{p2}(t''_2 - t'_2) \tag{16-27}$$

式中,M_1 和 M_2 分别为高、低温流体的质量流量;c_{p1} 和 c_{p2} 分别为高、低温流体的质量定压热容。根据式(16-27),当两种流体的 $M_1 c_{p1} \neq M_2 c_{p2}$ 时,两种流体的进、出口温度差 $(t'_1 - t''_1)$ 和 $(t''_2 - t'_2)$ 是不相等的。图 16-22a 中,由于 $M_1 c_{p1} < M_2 c_{p2}$,则 $(t'_1 - t''_1) > (t''_2 - t'_2)$,并且高温流体的温度变化曲线相对于低温流体更陡些。

从图 16-22 可看出,对于顺流式换热器,低温流体被加热后的出口温度 t''_2 一定低于高温流体的出口温度 t''_1,在传热面积为无穷大的极限情况下,至多有 $t''_2 = t''_1 < t'_1$。但对于逆流式换热器,低温流体出口温度可以高于 t''_1,在传热面积为无穷大的极限情况下,逆流换热器中低温流体从高温流体回收的热量可以比顺流式换热器回收的更多,这是逆流式换热器相对于顺流式换热器的一个优点。

图 16-23a、b 所示是换热器中一种流体发生相变时两种流体的温度沿流程的变化曲线。图 16-23a 表示高温饱和蒸汽 1 被低温流体 2 冷却发生凝结相变,这时流体 1 温度不变;图 16-23b 表示低温饱和液体 2 被高温流体 1 加热而发生汽化,这时流体 2 温度不变。

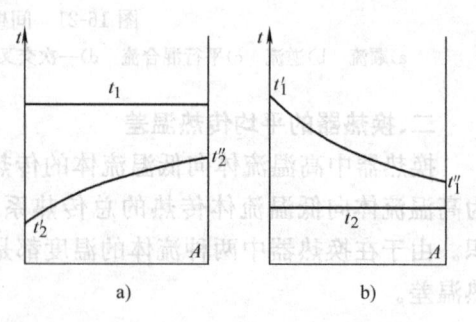

图 16-23 流体有相变时温度沿流程的变化曲线

当流体发生相变时,可以认为它的质量定压热容 c_p 为无穷大,在传热量为有限值的情况下,由式(16-27)得其进、出口温度必然相等。

2. 简单顺流和逆流换热器的平均传热温差

在推导换热器传热平均温差时假定:①高、低温流体的质量流量 M_1 和 M_2 及质量定压热容 c_{p1} 和 c_{p2} 在整个换热面上都是常数;②传热系数在整个换热面上不变;③换热器无散热损失;④换热面沿流动方向的导热量可以忽略不计;⑤在换热器中,任一种流体都不能既有相变又有单相介质换热。

现在来研究通过如图 16-24 中微元换热面 dA 一段的传热。在 dA 两侧,高、低温流体温度分别为 t_1 及 t_2,温差为 Δt,即 $\Delta t = t_1 - t_2$。通过微元面积 dA 的热流量为 $dQ = k dA \Delta t$,热流体放出这份热流量后温度下降了 dt_1。于是 $dQ = -M_1 c_{p1} dt_1$。同理,对低温流体则有 $dQ = M_2 c_{p2} dt_2$。对式 $\Delta t = t_1 - t_2$ 求微分,可推得

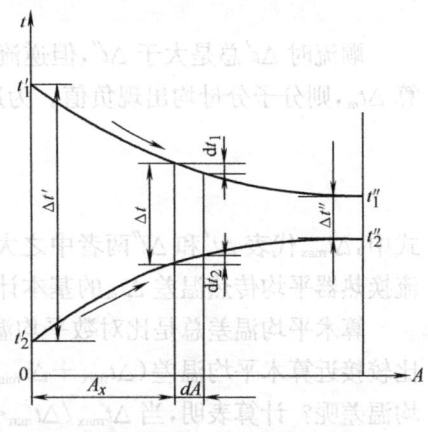

图 16-24 顺流时平均温差的推导

$$d(\Delta t) = dt_1 - dt_2 = -\left(\frac{1}{M_1 c_{p1}} - \frac{1}{M_2 c_{p2}}\right) dQ = -\mu dQ \tag{16-28}$$

式中,μ 是为简化表达而引入的。再引入传热方程式可得

$$d(\Delta t) = -\mu k \Delta t dA$$

分离变量得

$$\frac{d(\Delta t)}{\Delta t} = -\mu k dA$$

积分得

$$\int_{\Delta t'}^{\Delta t_x} \frac{d(\Delta t)}{\Delta t} = -\mu k \int_0^{A_x} dA$$

式中,$\Delta t'$ 和 Δt_x 分别表示 $A=0$ 和 $A=A_x$ 处的温差。积分结果可化为

$$\ln \frac{\Delta t_x}{\Delta t'} = -\mu k A_x \quad 或 \quad \Delta t_x = \Delta t' e^{-\mu k A_x} \tag{16-29}$$

由此可见,温差沿换热面按指数曲线规律变化。整个换热面的平均传热温差可由上式导得:

$$Q = kA \Delta t_m = \int_0^A k \Delta t_x dA$$

$$\Delta t_m = \frac{1}{A} \int_0^A \Delta t' e^{-\mu k F_x} dA = -\frac{\Delta t'}{\mu k A}(e^{-\mu k A} - 1)$$

$A = A_x$ 时,$\Delta t_x = \Delta t''$。根据式(16-29)得

$$\ln \frac{\Delta t''}{\Delta t'} = -\mu k A \quad 或 \quad \Delta t''/\Delta t' = e^{-\mu k A} \tag{16-30}$$

于是可得到

$$\Delta t_m = \frac{\Delta t'}{\ln \frac{\Delta t''}{\Delta t'}}\left(\frac{\Delta t''}{\Delta t'} - 1\right) = \frac{\Delta t' - \Delta t''}{\ln \frac{\Delta t'}{\Delta t''}} \tag{16-31}$$

由于计算式中出现了对数,故称为对数平均温差。

对简单逆流换热器的 Δt_m 可采用类似的方法进行推导,所得结果与式(16-31)相同。由于逆流时,$dQ = -M_2 c_{p2} dt_2$,故 μ 的形式为

$$\mu = \frac{1}{M_1 c_{p1}} - \frac{1}{M_2 c_{p2}}$$

顺流时 $\Delta t'$ 总是大于 $\Delta t''$,但逆流时有可能出现 $\Delta t' < \Delta t''$ 的情况。此时如仍按式(16-31)计算 Δt_m,则分子分母均出现负值。为避免这一点,可不论顺流、逆流,统一用以下式计算:

$$\Delta t_m = \frac{\Delta t_{\max} - \Delta t_{\min}}{\ln \dfrac{\Delta t_{\max}}{\Delta t_{\min}}} \tag{16-32}$$

式中,$\Delta t_{\max}$ 代表 $\Delta t'$ 和 $\Delta t''$ 两者中之大者,而 $\Delta t_{\min}$ 代表两者中之小者。式(16-32)为确定顺、逆流换热器平均传热温差 Δt_m 的基本计算式。

算术平均温差总是比对数平均温差大一些。如果 $\Delta t_{\max}$ 与 $\Delta t_{\min}$ 相差不大,对数平均温差就比较接近算术平均温差 $(\Delta t_{\max} + \Delta t_{\min})/2$。在什么条件下允许用算术平均温差来代替对数平均温差呢?计算表明,当 $\Delta t_{\max}/\Delta t_{\min} < 1.7$ 时,用算术平均温差代替对数平均温差产生的误差不超过 $+2.3\%$,所以现行锅炉热力计算规定:$\Delta t_{\max}/\Delta t_{\min} < 1.7$ 时采用算术平均温差。如果将允许误差放宽到 $+4\%$,则只要 $\Delta t_{\max}/\Delta t_{\min} < 2$ 就可采用算术平均温差。

很多换热器中两种流体的流动方向并不是简单的顺流或逆流流动,复杂流换热器的平均温差理论上也可用以上方法推导而得,但计算过程要复杂得多。在工程计算中,常用采下式计算复杂流换热器的平均传热温差 Δt_m:

$$\Delta t_m = \psi \Delta t_{cm} \tag{16-33}$$

式中,Δt_{cm} 是将复杂流换热器中两种流体的 4 个温度假设按逆流布置所得到的对数平均温差。ψ 称为逆流修正系数,它的大小反映了复杂流的传热性能接近逆流传热特性的程度。实际的复杂流换热器要求 $\psi > 0.9$,至少不小于 0.8,否则传热性能太差,应进行改型设计。

几种复杂流换热器的 ψ 值已按复杂流换热器 Δt_m 的理论推导结果整理成图 16-25~图 16-28 的曲线,以供实际使用中查取。对于各种形式复杂流换热器,都用以下两个无量纲辅助参数来查取 ψ 值:

$$P = \frac{t''_2 - t'_2}{t'_1 - t'_2}, \quad R = \frac{t'_1 - t''_1}{t''_2 - t'_2}$$

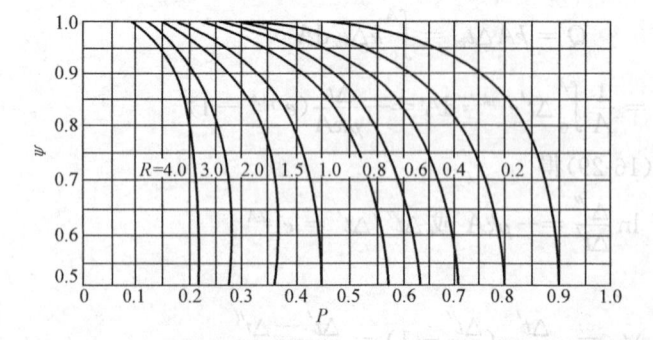

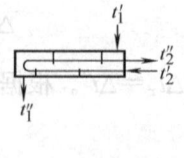

图 16-25 壳侧 1 程,管侧 4、8、12、…程时的逆流修正系数

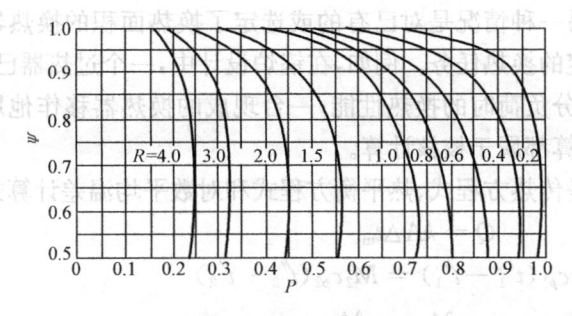

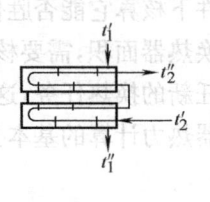

图 16-26 壳侧 2 程,管侧 4、8、12、…程时的逆流修正系数

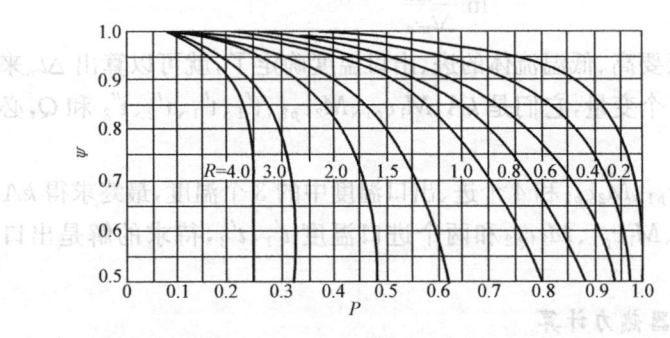

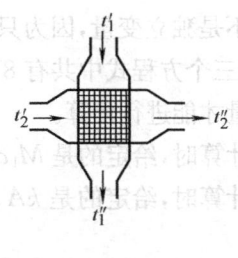

图 16-27 一次交叉流、两种流体都不混合时的的逆流修正系数

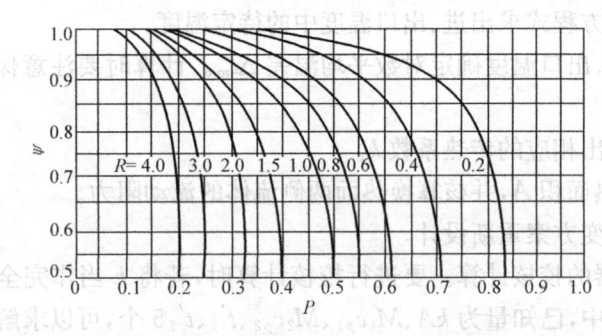

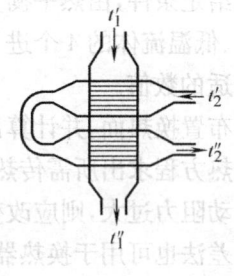

图 16-28 两次交叉流,管侧流体不混合,壳侧流体混合,顺流布置时的逆流修正系数

使用图 16-25~图 16-28 查取 ψ 值时,应注意以下问题。

1)对于多流程的壳管式换热器(见图 16-25、图 16-26),各流程的传热面积应相等。

2)对于交叉流换热器(见图 16-27、图 16-28),所谓一种流体混合是指该种流体在与流动垂直的方向上无流道限制,可以发生横向混合,如图 16-28 中的壳侧流体。而不混合则相反,如图 16-28 中的管侧流体、图 16-27 中的两种流体都不混合。

3)在图的下半部,尤其是当 R 值比较大时,曲线几乎呈垂直状态,给 ψ 的准确查取造成困难,这时可用 PR 代替 P,$1/R$ 代替 R 来查图,这称为换热器的互易性规则。

4)当有一侧流体发生相变时,由 P、R 的定义可知其中必有一个为零;再根据图 16-25~图 16-28 的特点,此时 $\psi=1$。

三、换热器的热力计算

1. 设计计算和校核计算

换热器的热力计算分为两种情况,一种情况是设计一个新的换热器,以确定换热器所需换热面积,这类计算称为设计计算;另一种情况是对已有的或选定了换热面积的换热器,在非设计工况条件下核算它能否胜任规定的换热任务。例如,在锅炉设计中,一个过热器已按额定负荷选定了换热器面积,需要核算部分负荷时的换热性能;一台现成的换热器移作他用时,要核算能否胜任新的换热任务,这些计算都属于校核计算。

换热器热力计算的基本公式是传热方程式、热平衡方程式和对数平均温差计算式,即

$$Q = kA\Delta t_m$$

$$Q = M_1 c_{p1}(t'_1 - t''_1) = M_2 c_{p2}(t''_2 - t'_2)$$

$$\Delta t_m = \frac{\Delta t_{max} - \Delta t_{min}}{\ln \frac{\Delta t_{max}}{\Delta t_{min}}}$$

其中,Δt_m 不是独立变量,因为只要高、低温流体的进、出口温度确定了,就可以算出 Δt_m 来。因此,在上述三个方程式中共有 8 个变量,它们是 kA、$M_1 c_{p1}$、$M_2 c_{p2}$、t'_1、t''_1、t'_2、t''_2 和 Q,必须给定 5 个变量才能进行计算。

设计计算时,给定的是 $M_1 c_{p1}$、$M_2 c_{p2}$ 和 4 个进、出口温度中的 3 个温度,最终求得 kA。

校核计算时,给定的是 kA、$M_1 c_{p1}$、$M_2 c_{p2}$ 和两个进口温度 t'_1、t'_2,待求的解是出口温度 t''_1、t''_2。

2. 用平均温差法进行换热器热力计算

平均温差法常用于设计计算,其具体步骤如下:

1)根据给定条件,由热平衡方程式求出进、出口温度中的待定温度。

2)由高、低温流体的 4 个进、出口温度确定对数平均温差 Δt_m。计算时要注意保持修正系数 ψ 具有合适的数值。

3)初步布置换热面,并计算出相应的传热系数 k。

4)由传热方程求出所需传热面积 A,并核算换热面两侧流体的流动阻力。

5)如流动阻力过大,则应改变方案重新设计。

平均温差法也可用于换热器的校核计算。要进行校核计算时,若将 k 当作完全给定的量对待,则方程组中包含的 8 个量中,已知量为 kA、$M_1 c_{p1}$、$M_2 c_{p2}$、t'_1、t'_2 5 个,可以求解剩余的未知量。然而 k 值随着解得的 t''_1、t''_2 值的不同会稍有变化,因此实际计算往往采用逐次逼近法。不过,因为 k 值变化不大,几次试算即能满足要求。其具体步骤如下:

1)先假设一个流体的出口温度,按热平衡方程求出另一个流体的出口温度。

2)根据 4 个进、出口温度求得平均温差 Δt_m。

3)根据换热器的结构,算出相应工作条件下的传热系数 k 值。

4)已知 kA 和 Δt_m,按传热方程式求出 Q 值。因为流体的出口温度是假设的,因此求出的 Q 值也未必是真实的数值。

5)根据 4 个进、出口温度,用热平衡方程式求得另一个 Q 值。同理,这个 Q 值也是假设的。

6)比较步骤 4)和 5)所求得的两个 Q 值。一般来说,两者总是不同的。这说明步骤 1)中假设的温度值不符合实际。再重新假设一个流体的出口温度,重复上述步骤 1)到 6),直到由步骤 4)和 5)求得的两个 Q 值彼此相等为止。至于两者接近到什么程度才可以,则由所要求的计算精度而定(一般认为两者之差小于 5% 即可)。

【例 16-4】 某壳管式换热器,热水在壳侧流过,进口温度为 93.3℃,流量 $M_1=60\ 840\text{kg/h}$。冷水进、出口温度分别为 37.8℃ 和 54.4℃,冷水在内径为 19mm 的管中流过,流速 $w_{g2}=0.366\text{m/s}$,流量 $M_2=136\ 080\text{kg/h}$,总传热系数 $k=1\ 420\text{W}/(\text{m}^2\cdot\text{℃})$。由于空间尺寸的限制,换热器的长度不能超过 2.44m。求流程数、每流程管子根数以及管子长度。

解: 本题属于设计计算,可利用平均传热温差法计算。先假定为单流程,然后再进行校核计算,看其是否符合给定条件。

热水出口温度由热平衡方程式计算:

$$(t'_1-t''_1)=\frac{M_2 c_{p2}(t''_2-t'_2)}{M_1 c_{p1}}=\frac{136\ 080\times 4.19(54.4-37.8)}{68\ 040\times 4.19}\text{℃}=33.3\text{℃}$$

$$t''_1=(93.3-33.3)\text{℃}=60\text{℃}$$

对于逆流式换热器,其平均传热温差为

$$\Delta t_m=\frac{\Delta t_{\max}-\Delta t_{\min}}{\ln\frac{\Delta t_{\max}}{\Delta t_{\min}}}=\frac{(93.3-54.4)-(60-37.8)}{\ln\frac{93.3-54.4}{60-37.8}}\text{℃}=29.8\text{℃}$$

计算换热面 A_1

$$Q=kA_1\Delta t_m$$

式中 $Q=G_2 c_{p2}(t''_2-t'_2)=136\ 080\times 4.19\times(54.4-37.8)\text{W}=263\ 000\text{W}$

$$A_1=\frac{Q}{k\Delta t_m}=\frac{263\ 000}{1\ 420\times 29.8}\text{m}^2=6.22\text{m}^2$$

利用冷水在管内的平均流速和流量,可以计算其总流通面积 f,由 $M_2=\rho_2 f w_{g2}$(ρ_2 为水的密度)有

$$f=\frac{G_2}{\rho_2 w_{g2}}=\frac{136\ 080}{1\ 000\times 0.366\times 3\ 600}\text{m}^2=0.010\ 3\text{m}^2$$

这个面积应等于管子总数 n 与每根管子过流断面积的乘积,即

$$f=n\frac{\pi d^2}{4}$$

$$n=\frac{4f}{\pi d^2}=\frac{4\times 0.010\ 3\times 10^6}{\pi\times 19^2}=36.3$$

取 $n=38$ 根。每根管子每米长度的表面积为

$$\pi d=\frac{19\pi}{1\ 000}=0.059\ 7\text{m}^2/\text{m}$$

换热管的管长应满足 $A_1=n\pi dl=6.22$,这样有

$$l=\frac{6.22}{n\pi d}=2.74\text{m}$$

依题意允许长度为 2.44m,而现求出 $l=2.74$m,所以必须用双流程换热器才行。当增加流程数时,由于修正系数 ψ 值的改变会使平均传热温差减小,因此,应相应加大总换热面积。下面再按双流程计算。

按题意画出流程示意图如图 16-29 所示,求出其 P 和 R 值:

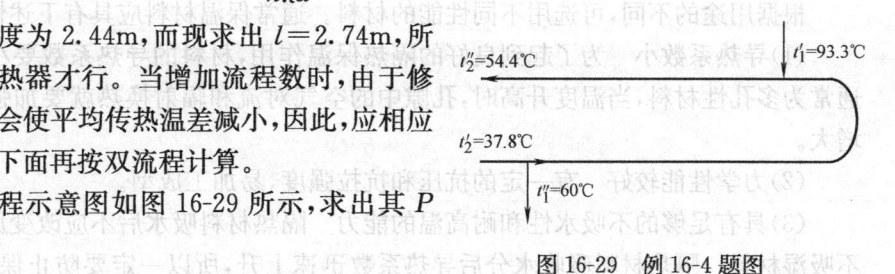

图 16-29 例 16-4 题图

$$P = \frac{t''_2 - t'_1}{t'_1 - t'_2} = \frac{54.4 - 60}{93.39 - 37.8} = 0.298$$

$$R = \frac{t'_1 - t''_1}{t'_2 - t'_2} = \frac{93.3 - 60}{54.4 - 37.8} = 2.0$$

由 P、R 查图 16-26 得 $\psi = 0.88$，所以总换热面积为

$$A = \frac{Q}{k\Delta t_m \psi} = \frac{26\,300}{1\,420 \times 29.8 \times 0.88} \mathrm{m}^2 = 7.06 \mathrm{m}^2$$

由于流速的要求，每个流程的管子仍为 38 根，对于双流程系统，由总面积和管子长度之间的关系有

$$l = \frac{A}{2\pi n \cdot d} = \frac{7.06}{2 \times 38 \times 0.059\,7} = 1.56$$

$l = 1.56$m 符合题意要求。最终可确定所设计的换热器结构参数，即流程数为 2、每管程的管子数为 38 根、每根管子长度为 1.56m。

第四节 热 绝 缘

为了削弱某些设备与外界的换热量，通常采用隔热保温措施。例如，锅炉和蒸汽管道上包扎热绝缘层，食品冷库、冷藏舱以及输送低温介质的管道包上隔热的绝缘分层等，都是为了增加传热热阻。热绝缘层一般指为了减少设备与外界热交换量而添加的辅助层。

一、应用热绝缘层的目的

应用热绝缘层的目的概括起来可归纳为以下几点。

(1) 节约燃料　包扎热绝缘层能减少设备的散热损失，减少热力设备的燃料消耗。

(2) 满足工程技术条件的需要　例如，制冷工程中的冷库外表面包以热绝缘层，可以避免浪费制冷量。

(3) 改善劳动条件　例如，锅炉和蒸汽管道的外表面通常均包扎热绝缘层以降低舱室温度和防止人员烫伤。劳动保护法规定，热力设备的绝缘层外表温度不得超过 50℃。

二、对热绝缘材料的要求及选用

一般来说，通常将导热系数小于 0.20W/(m·℃) 的材料称为隔热材料或保温材料。这种材料的种类很多，有天然的，如石棉、云母和软木等；有人工合成的，如石棉绳、矿渣棉等。按使用场合的不同可分为以下几类：

(1) 高温隔热材料　石棉、硅石和硅藻土制品等。

(2) 常温和低温隔热材料　软木、玻璃纤维、超细玻璃棉和珍珠岩等。

(3) 低温条件下防潮要求较高的隔热材料　泡沫树脂和泡沫塑料等。

根据用途的不同，可选用不同性能的材料。通常保温材料应具有下述性能：

(1) 导热系数小　为了起到良好的隔热保温作用，材料的导热系数要小。为此，隔热材料通常为多孔性材料，当温度升高时，孔隙中的空气对流和辐射换热就要加强，从而使导热系数增大。

(2) 力学性能较好　有一定的抗压和抗拉强度，易加工成型。

(3) 具有足够的不吸水性和耐高温的能力　隔热材料吸水后不应改变原有形状，最好采用不吸湿材料。隔热材料吸收水分后导热系数迅速上升，所以一定要防止保温层受潮。由于水

分迁移方向与传热方向相同,防水层必须设置在保温材料的外侧。

理想的隔热材料,除需具有导热系数小、易成型、耐振、不变形、不吸水、不受潮等性能外,还应满足相对密度小、不自燃、耐火、无怪味、防蛀以及价低易购等要求。

三、临界热绝缘直径

在热工设备隔热保温技术中,对平壁和圆管的隔热保温是有区别的。在平壁上加设热绝缘层后一定会增大热阻、削弱壁面传热能力,且隔热性能与隔热层厚度成正比。但在圆管外加隔热层后则不一定能起到隔热保温作用。这是由于在圆管的传热过程中,传热热阻和隔热材料层厚度的函数关系不是单调地渐增。当圆管外包扎一层绝缘层时,其传热过程的总热阻可表示为

$$R_k = \frac{1}{\alpha_i \pi d_1 l} + \frac{1}{2\pi\lambda l}\ln\frac{d_2}{d_1} + \frac{1}{2\pi\lambda_s l}\ln\frac{d_x}{d_2} + \frac{1}{\alpha_0 \pi d_x l}$$

式中,d_1、d_2分别为圆管的内、外直径;λ为管壁材料的导热系数;d_x为隔热层外径;λ_s为隔热材料的导热系数。针对某一具体的管道,R_k中的前两项数值是一定的,而后两项则与绝缘层外径d_x有关。当加厚热绝缘层时,R_k中的第三项随d_x的增大而增大;而最后一项却随d_x的增大而减小。图16-30a表示出了总热阻R_k及后两项热阻随热绝缘层外径d_x的变化曲线。由图可见,总热阻R_k随d_x先逐渐减小,后逐渐增大,具有一个极小值。与这一变化相对应的传热量q_l随d_x的变化先是逐渐增大,然后逐渐减小,具有极大值,如图16-30b所示。对应于总热阻R_k为极小值时的隔热层外径称为临界热绝缘直径,用d_σ表示。由

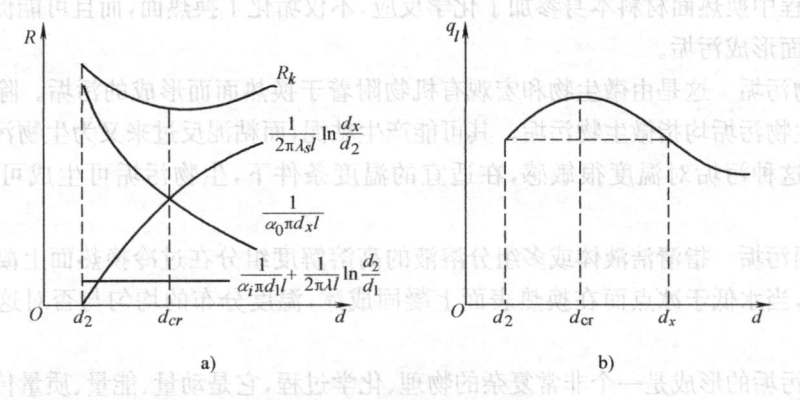

$$\frac{dR_k}{dd_x} = \frac{1}{\pi d_x}\left(\frac{1}{2\lambda_s} - \frac{1}{\alpha_0 d_x}\right) = 0$$

可得

$$d_\sigma = \frac{2\lambda_s}{\alpha_0} \tag{16-34}$$

图16-30 临界热绝缘直径

在热力管道外敷设隔热材料时,如果管道外径d_2小于临界热绝缘直径d_σ,管道的传热量q_l反而比没有隔热层时更大,直到隔热层外径d_x大于临界热绝缘直径d_σ时,才有增强热阻、减小传热量的作用。由此可得出结论:只有管道外径d_2大于临界热绝缘直径d_σ时,覆盖隔热层后才能始终起到增强热阻、减小传热量的作用。由式(16-34)可见,d_σ只与隔热材料的导热系数λ_s及周围介质的表面传热系数α_0有关,而与原管道本身的尺寸无关。所以,当λ_s和α_0一定时,d_σ的大小就确定了。通常隔热材料的λ_s很小,以致d_σ一般都很小,而常用的工程热力管道的外径往往都大于临界热绝缘直径。

第五节 换热污垢及其处理方法

换热器是石油、化工、制冷、冶金、动力、核能、航天等行业中最常见的换热设备。换热器的高效可靠运行直接影响这些行业的经济效益。在工业生产中，由于换热器污垢的影响，会使其传热效率降低，严重的还会引起传热面腐蚀、穿孔、泄漏，设备安全可靠性下降，造成巨大的经济损失。

一、换热器污垢的主要类型及形成机理分析

换热污垢按其形成机理的不同可分为微粒污垢、析晶污垢、化学反应污垢、腐蚀污垢、生物污垢、凝固污垢等。

(1) 微粒污垢　指悬浮于流体中的固体微粒在换热表面上积聚形成的污垢。这种污垢也包括较大固态微粒在水平换热面上因重力作用形成的所谓"沉淀污垢"和以其他机制形成的附着在倾斜换热面上的胶体颗粒沉积物。

(2) 析晶污垢　指在流动条件下呈过饱和的溶液中溶解的无机盐淀析在换热面上的结晶体。当流体是冷却水或蒸发设备中的液体时，这种污垢又称为水垢或锈垢。例如冷却水侧的碳酸钙、硫酸钙、硅酸镁等无机盐在换热面上结晶、附着而形成的污垢。

(3) 化学反应污垢　指液体中各组分之间发生化学反应而形成的沉积在换热面上的物质。此时换热面材料不参加反应，但可作为化学反应的一种催化剂。例如石油加工过程中，碳氢化合物的聚合和裂解反应，若含有少量杂质，则可能发生链反应，导致表面沉积物的形成。

(4) 腐蚀污垢　具有腐蚀性的流体或者流体中含有腐蚀性的杂质对换热表面材料产生腐蚀产物积聚所形成的污垢。其腐蚀程度取决于流体中的成分、温度及被处理流体的 pH 值。污垢形成过程中换热面材料本身参加了化学反应，不仅垢化了换热面，而且可能促使其他污物附着于换热面形成污垢。

(5) 生物污垢　这是由微生物和宏观有机物附着于换热面而形成的污垢。除海水冷却装置外，一般生物污垢均指微生物污垢。其可能产生粘泥，而粘泥反过来又为生物污垢的繁殖提供了条件。这种污垢对温度很敏感，在适宜的温度条件下，生物污垢可生成可观厚度的污垢层。

(6) 凝固污垢　指清洁液体或多组分溶液的高溶解度组分在过冷换热面上凝固而形成的污垢。例如，当水低于冰点而在换热表面上凝固成冰，温度分布的均匀与否对这种污垢影响很大。

换热器污垢的形成是一个非常复杂的物理、化学过程，它是动量、能量、质量传递以及生物活动的综合效应。影响污垢沉积的因素非常多，如流体的性质、壁温、流体与壁面的温度梯度、壁面材料、表面粗糙度、流体的流速、湍流强度、流体与壁面的剪切力、污秽物质粒子的形状、状态、浓度、粒径分布等诸多因素，这给污垢的理论研究带来了非常大的难度，虽然许多学者进行了这方面的研究，但是到目前为止，污垢形成的机理仍不是十分清楚。一般污垢的形成要经历起始（也叫诱导期）、输运、附着、剥蚀、老化五个阶段。污垢形成的这五个阶段中只要有一个环节遭受破坏，污垢就难以形成。

二、常用的污垢防止和清除方法

防止结垢的技术措施应从防止结垢形成、防止结垢后物质之间的粘结与沉积、从换热表面上除去沉积物三个方面来考虑。常用的防垢措施包括以下几个方面。

1. 设计阶段应采取的措施

在换热器的设计阶段，考虑潜在污垢时的设计，应考虑以下6个方面。

1) 使换热器容易清洗和维修(如板式换热器)。
2) 换热设备安装后，清洗污垢时不需拆卸设备，即能在工作现场进行清洗。
3) 使换热器内流体的死区和低流速区尽可能少。
4) 换热器内流速分布应尽量均匀，避免较大的速度梯度，确保温度分布均匀(如折流板区)。
5) 在保证合理的压力降和不造成腐蚀的前提下，提高流速有助于减少污垢。
6) 应考虑换热表面温度对污垢形成的影响。

2. 运行阶段污垢的控制

(1) 维持设计条件　由于在设计换热器时采用了过余的换热面积，在运行时，为满足工艺需要，需调节流速和温度，从而与设计条件不同，应通过旁路系统尽量维持设计条件(流速和温度)以延长运行时间，推迟污垢的发生过程。

(2) 运行参数控制　在换热器运行时，进口物料条件可能变化，因此要定期测试流体中结垢物质的含量、颗粒大小和液体的pH值。

(3) 维修措施良好　换热设备维修过程中产生的焊点、划痕等可能加速污垢的形成，流速分布不均可能加速腐蚀，流体泄漏到冷却水中，可为微生物提供营养。对空气冷却器周围空气中灰尘缺少排除措施，能加速颗粒沉积和换热器的化学反应污垢的形成。用不洁净的水进行水压试验，可能引起腐蚀污垢的加速形成。

(4) 使用添加剂　针对不同类型污垢的形成机理，可用不同的添加剂来减少或消除污垢的形成。如生物灭杀剂和抑制剂、结晶改良剂、分散剂、絮凝剂、缓蚀剂、化学反应抑制剂和适用于燃烧系统中防止结垢的添加剂等。

(5) 减少流体中结垢物质的浓度　结垢层厚度随着流体中结垢物质浓度的增加而增强，对于颗粒污垢可通过过滤、凝聚与沉淀来去除；对于结疤类物质，可通过离子交换或化学处理来去除；紫外线、超声、磁场、电场和辐射处理紫外线对杀死细菌非常有效，超强超声波可有效抑制生物污垢的产生。

3. 机械或化学清洗技术

机械清洗指通过对壁面进行喷射产生冲击力去除污垢，或靠外界强加的剪切力来剥落污垢的方法。机械清洗的方法可分为两类，一类是强力清洗法，如喷丸清洗、高压水射流清洗、喷汽清洗、强力清管器等；另一类是软机械清洗，如钢丝刷和海绵球清洗等。相对化学清洗而言，机械清洗可省去化学清洗所需的药剂费用，避免清洗废液的排放或处理问题；钢材损耗小，不易引起被清洗设备的腐蚀；可清除化学清洗法不能去除的碳化污垢和硬质垢等优点；但也具有必须解体设备、清洗时间长、费用较高等缺点。

化学清洗是用药剂使污垢溶解、剥离而被清洗的方法。按清洗方式的不同，化学清洗可分为循环法、浸渍法、浪涌法、喷淋法和泡沫法等。按使用的清洗剂不同，化学清洗还可分为碱洗(氢氧化钠、碳酸钠、磷酸氢二钠和硅酸钠等溶液)、酸洗(盐酸、硫酸、硝酸、氨基磺酸、氟化氢铵等)、氨洗和专用溶剂清洗等。化学清洗法具有可以现场不拆解设备的情况下进行，不对机械造成表面损伤，能对换热表面进行防锈和钝化处理等优点；但也存在清洗废液的处理问题，易造成换热面腐蚀,难以去除碳化污垢等缺点。

4. 机械在线除垢技术

在线清洗是指换热设备在运行过程中的清洗,它具有减少清洗停工时间、节省清洗费用、延长设备运转周期、提高传热效率、降低能耗等优点。在线清洗技术有在线机械清洗和在线化学清洗两种。这里主要介绍几种在线机械清洗技术。

(1) 旋转螺旋线法　旋转螺旋线法指在壳管式换热设备的每根换热管内设置一个转动螺旋线来刮扫内壁污垢的方法。由于螺旋线同时具有横向随机振动和轴向游动,使其在防垢除垢的同时还可以强化管内液体的对流换热强度,能达到自洁、高效的双重目的。

自动螺旋线强化传热和防垢技术的结构如图 16-31 所示。它由一根螺旋线(采用经热处理的沉淀硬化不锈钢)和轴向固定用的入口支撑(采用填充的耐磨工程塑料)组成。管程液体在管内的流动受到螺旋线的阻碍和导向而产生螺旋流动,由于螺旋线与管内孔不同心,这种偏心的螺旋环流和螺旋线的旋涡脱离共同作用,使螺旋线发生随机振动,又因螺旋环流的液体给螺旋线的反作用力的切向分量,形成与螺旋环流反向的工作力矩,驱动螺旋线连续地旋转。此外,工作时螺旋线还有一定的轴向游动,游动的幅度在流量波动时更大。由于螺旋线的连续转动、横向随机振动和轴向游动,使换热管内壁面上的污垢得到刮扫和撞击,加上螺旋环流与法向振搅的共同作用,达到在线、连续、自动防垢除垢的目的,并使管内对流换热过程中的边界层得到有效扰动而产生比清洗无垢时更好的传热强化作用。

(2) 旋转纽带法　纽带除垢设备的基本结构如图 16-32 所示,在每根换热管内安装了一根纽带,纽带的长度大致与换热管等长,纽带上面还可开设许多小孔。纽带与管内壁之间有较大的径向间隙,可以自由转动。在轴向采用管口轴承和钩头轴将其定位。换热管的进液端装有轴向固定架,轴向固定架的中部有一个或多个进液孔,以便使管程流体顺畅地进入换热管内,进液孔的总面积大于或等于换热管的横截面积。轴向固定架的头部有一个与换热管同中心线的轴孔,轴孔内装有一个销轴,销轴的尾部与纽带连接。运行时,管程流体通过轴向固定架中部的进液孔流入换热管内,纽带在管内液体带动下自动旋转擦刮管内壁面,达到连续、自动地清洗管内污垢的目的。同时,多孔纽带本身对液体有导流作用,形成基本流向为螺旋流动的复杂流动,加上纽带旋转刮擦对边界层的直接扰动作用,同时实现传热强化。

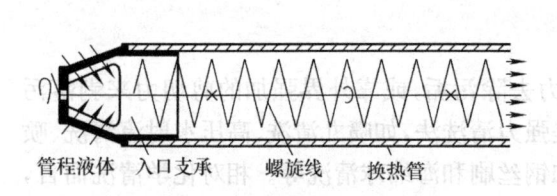

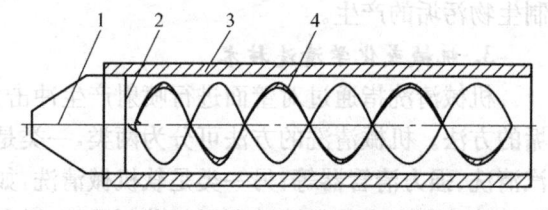

图 16-31　自动螺旋线除垢工作原理

图 16-32　纽带除垢的结构原理示意图
1—钩头轴　2—管口轴承　3—换热管　4—纽带

(3) 海绵胶球自动清洗法　其系统结构如图 16-33 所示,由胶球、集球室、收球网、二次滤网等组成。清洗时将胶球投入集球室,起动胶球泵,胶球在比循环水压力略高的压力水流推动下,进入换热管进行清洗。由于胶球输送管的出口朝下,所以胶球在循环水中分散均匀,使各换热管的进球率相差不大。胶球把换热管内壁抹擦一遍,流出换热管的管口时,靠自身的弹力作用使它恢复原状,并随水流到达收球网,被胶球泵入口的负压吸入泵内,反复清洗。

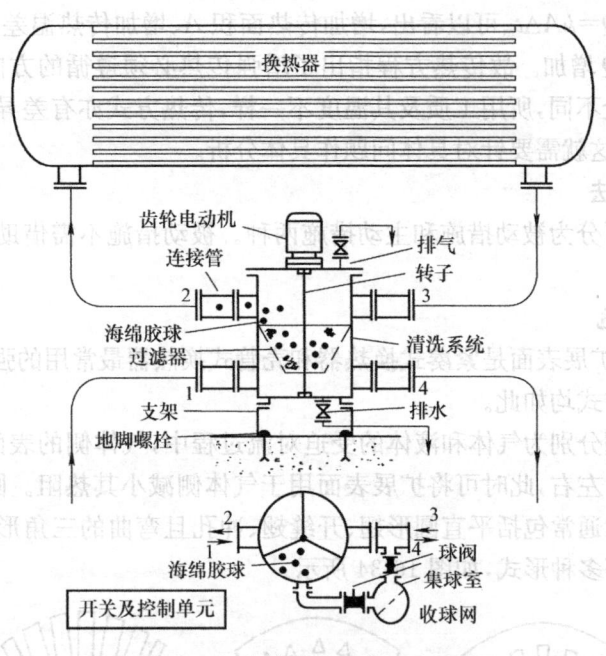

图 16-33　在线海绵胶球清洗系统

胶球随循环水进入换热器管内,胶球比管子直径稍大,通过管子的每只胶球轻微地压迫管壁,在运动中擦除沉积物、有机物、淤泥等污垢。海绵胶球还会扰动管壁附近的滞留水层,使传热性能提高。胶球表面要有特别的表面粗糙度,以便缓和地清洗管壁而不磨蚀管子表面。若要除去大量污垢,可用特别的涂有碳化硅的摩擦球清洗。胶球在浸水后的密度应该接近水的密度,若胶球密度过小,会使胶球停留在换热管道和封头顶部,影响回收。

海绵胶球清洗的不足之处是操作一般靠人工,即使有程控也都是人为设定清洗周期。清洗时,胶球进入管内是随机的,在管内污垢严重的地方,胶球易于堵塞,收球率较低。

三、污垢系数

换热器的换热表面结垢后,会使传热热阻增大、传热系数减小、换热器性能下降。由于污垢层厚度及其导热系数难于确定,通常采用它所表现出来的热阻值来作计算。这个热阻称为污垢系数 R_f(又称污垢热阻):

$$R_f = \frac{1}{k} - \frac{1}{k_0}$$

式中,k_0 为洁净换热器的传热系数,k 为有污垢的换热器的传热系数。实际设计计算必须考虑在有一定污垢后换热器仍能胜任工作,所以必须用 k 值而不是 k_0 值进行计算。

第六节　传热强化技术

一、传热强化原理

所谓传热强化技术,指的是根据影响传热的因素,为增加换热设备单位面积上的传热量而采取的技术方法。增强传热是挖掘换热设备潜力、缩小设备体积、减小设备质量的有效途径。它比单纯依靠扩大换热设备面积或增加设备台数以增加传热量,具有更重要的意义。

由传热方程式 $Q=kA\Delta t_m$ 可以看出,增加传热面积 A、增加传热温差 Δt_m 或增加传热系数 k,都可以使传热量 Q 增加。故传热方程指出了增强传热必须遵循的方向。但是由于各类换热设备的用途与构造不同,所用工质及其温度不一样,传热方式亦有差异,解决增强传热问题的方法就有所区别,这就需要针对具体问题作具体分析。

二、传热强化方法

传热强化措施可分为被动措施和主动措施两种。被动措施不需借助外功,而主动措施则需利用外功。

1. 被动强化措施

(1)扩展表面 扩展表面是紧凑式换热器和壳管式换热器最常用的强化措施,无论是液体换热还是气体换热方式均如此。

在换热壁面两侧分别为气体和液体的受迫对流过程中,气体侧的表面传热系数一般是液体侧的 1/50 到 1/10 左右,此时可将扩展表面用于气体侧减小其热阻。圆形管翅式换热器中使用的强化表面形状通常包括平直圆形翅、开缝翅、冲孔且弯曲的三角形凸出物、分离扇形翅和钢丝圈扩展表面等多种形式,如图 16-34 所示。

图 16-34 强化环形翅片的表面几何形状
a)平直圆形翅 b)开缝翅 c)冲孔且弯曲的三角形凸出物 d)分离扇形翅 e)钢丝圈扩展表面

所有这些形状均通过小直径金属丝线或板条使边界层形成涡流区,增强涡流区传热元件间的热耗散,从而达到强化换热效果。这些强化措施均包含以下两个基本要素,一是特殊通道形状,如波纹形通道,由于在通道中形成的二次流和边界层分离,致使流体相互渗混;二是边界层的重复生长和破坏,如横向错位的(即错置式)条形翅片、百叶形翅片、针翅和穿孔翅片。

传热介质为液体的扩展表面也大量用于管内流和管外流中。由于液体的表面传热系数大于气体,对于气体,在翅片效率相同的条件下,液体中的翅片尺寸比气体中的翅片所需尺寸要短。

制冷系统中,制冷剂蒸发管的强化措施趋于采用内微翅管,原因基于两点,一是内微翅管结构可以大幅度增强换热,而伴随的流阻增大较小;二是额外的材料增加远远小于其他类型的内翅管。典型的微翅管的截面图如图 16-35 所示。内微翅管为纯铜管,常用外径为 9.525mm(3/8in),内有 60~70 个螺旋翅,翅高 0.1~0.19mm,螺旋角为 15°~25°。其他类型的内翅结构很少超过 30 个螺旋翅,翅高也超过微翅管的若干倍,与光滑管相比,基于当量光管面积,采用微翅管的表面传热系数可提高 30%~80%,其提高幅度取决于蒸汽干度和翅的断面结构。

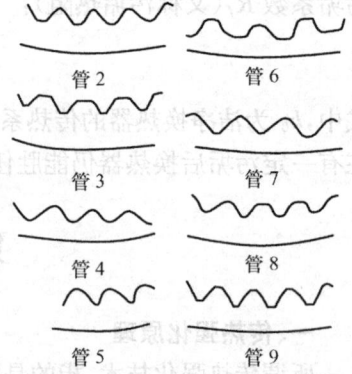

图 16-35 用于制冷蒸发器和冷凝器中微翅管的翅片剖面图

低翅管的外径通常为 19.2～25.4mm，翅高为 1.6 或 3.2mm，标准的翅片密度一般为 433～748 片/m，低翅管最理想的应用对象是壳管式换热器。在壳管式换热器中，低翅管与光滑管允许互换。如果管外侧换热系数低过内侧的 1/3，采用外低翅管表面作为强化措施就比较经济。对于压缩气体，如果是中间冷却器和后冷却器，低翅管也是比较有效的，尤其适用于管道中制冷剂和碳氢化合物的冷凝和蒸发。

(2) 表面处理 表面处理包括表面粗糙度细小尺度的改变、连续的或非连续的表面涂层，例如疏水涂层和多孔涂层（见图 16-36）。这样的表面对相变换热的强化效果非常有效，而对单相对流换热效果不明显，因为其表面粗糙的高度不足以影响单相换热的增强。

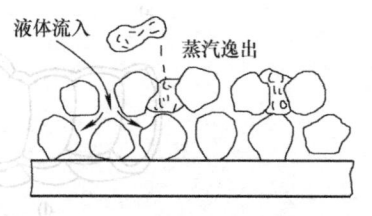

图 16-36 强化传热表面处理

(3) 粗糙表面 粗糙表面指将管子或通道的表面制成具有一定规律性的重复肋一样的粗糙凸出微元体，其边缘垂直于流线方向。粗糙表面的主要作用是增强流体的湍流度而不是增大换热表面积。粗糙表面既适用于任何常规换热表面，也适用于各种扩展表面，包括平板、圆管。

(4) 管内插入物和流体置换型的强化元件 管内插入物有利于提高换热，同时也可增大流动摩擦阻力，即它可以破坏流动边界层的发展，增强流动湍流强度。插入元件的形状主要有在流动方向上产生螺旋型流动的元件，如螺旋条和扭曲带。可产生流体置换的插入元件使整个流动产生周期性混合，这类元件一般包括流线形、碟形、静态混合器、网状或刷子状以及线圈形插入元件。线圈形插入元件是一种较廉价的元件，且能有效地提高换热器管内换热能力。对于需经常清洁的场合，它能方便更换翻新，具有整体式强化结构不可比的优点。对于插入元件，影响强化效果的参数主要有凸出高度、凸出元件的特征距离或间距、螺旋角度和凸出形状。管内插入物（如扭带）能产生旋转流，通常不用于油冷却器，油冷却器中一般采用盘管或螺旋弹簧，螺旋弹簧一般不产生旋转流。

(5) 旋转流场设备 这种设备可强迫管内流体产生旋转流动或二次流，此类设备包括入口涡旋发生器、扭带内插物、具有螺旋形线圈的轴向芯体内插物等。这种强化表面具有增加流体通道的长度和产生二次流的作用，还能增加翅片效率。

扭带插入物已得到广泛的研究，如图 16-37 所示，包括机械旋转扭带，管入口处的短距离的扭带及沿管长间歇布置的扭带，间歇布置的"旋桨型"插入物靠流体流动带动旋转。

同时对管内、管外的表面都进行强化的方法称为管子的双面强化措施。这种强化措施一般用于蒸发器管与冷凝器管。双面强化管的典型结构有管内螺纹粗糙肋面，管外整

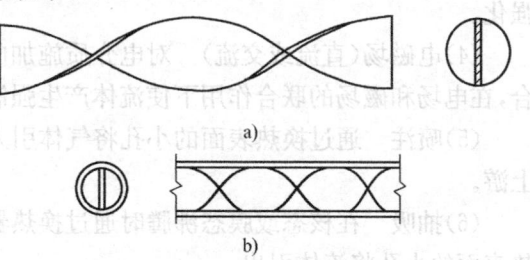

图 16-37 扭带内插物
a) 内插物 b) 扭带内插物在光管内的安装

体翅片；管内表面整体内翅片，管外多孔附着表面；管内扭曲类的插入物，管外用整体翅片；管内、外轧槽粗糙表面和轧槽管等多种形式。图 16-38 所示为双面强化管的 5 种基本方法。

(6) 表面张力设备 在换热设备上布置相对较厚的吸液芯材料或沟槽表面，引导液体沸腾与蒸发过程中的流动。

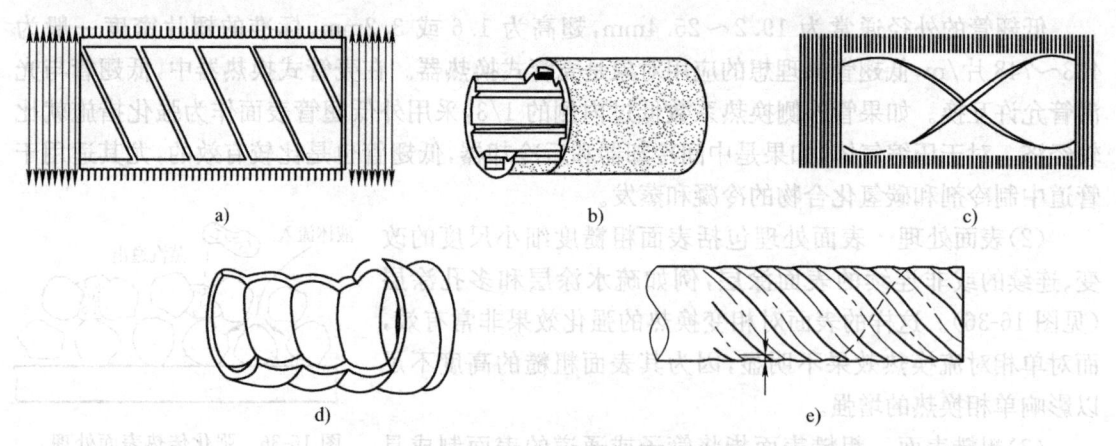

图 16-38 双面强化管的 5 种基本方法

a) 内表面成螺旋肋状粗糙，外表面整体套翅　b) 内表面加整体翅，外表面涂多孔沸腾膜
c) 内表面插入扭带，外表面加整体翅片　d) 内外表面呈轧槽粗糙面
e) 轧槽管，即滚压出圆筒柱槽带和焊缝状

(7) 添加物　液体添加物是在沸腾过程中加入液滴，单相流中加入固体颗粒及沸腾液中加入气泡。气体添加物是在气体中添加液滴或固体颗粒，它们或者成稀疏相（气-固悬浮）或者成稠密相（流化床）。

2. 主动强化措施

主动强化技术主要有以下几种方法。

(1) 机械方法　采用机械方法搅动流体使传热面旋转或表面刮动。表面刮动广泛用于化工工业过程中的粘稠液体。

(2) 表面振动　用低或高的频率来振动表面，一般用于提高单相流的传热。这种方法可用于单相流动、沸腾或冷凝。

(3) 流体振动　流体振动是最实用的振动强化形式之一，在实际应用中占有较大的比例。振动频率范围从 1Hz 脉动到超声波，可用的领域已从单相流推广到沸腾和冷凝过程的换热强化。

(4) 电磁场（直流或交流）　对电介质施加电磁力，使换热表面附近产生较大的流体主体混合，在电场和磁场的联合作用下使流体产生强制对流。

(5) 喷注　通过换热表面的小孔将气体引入流动的液体中，或喷注相同的流体到换热区的上游。

(6) 抽吸　在核态或膜态沸腾时通过换热器表面的小孔将蒸汽吸走，或在单相流中通过换热表面的小孔将流体引出。

主动技术至今未发现其商业价值。因为强化设备投资与操作费用大，机理复杂，并伴随振动与噪声。

3. 空调与制冷工业中的强化传热设备

管内制冷剂蒸发和冷凝的强化换热设备包括螺旋线插入物等粗糙表面、内螺纹线及轧槽管、扩展表面（如微翅管）和旋流装置（如扭带插入物）等，典型例子如图 16-39 所示。

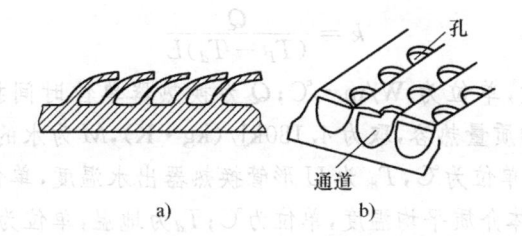

图 16-39　制冷剂蒸发和冷凝过程中的管内强化技术
a) 扩展式表面　b) 表面多孔旋转流动面

【案例分析与知识拓展】

案例 1：地源热泵中地下换热器的设计

地源热泵是一项高效节能、环保并能实现可持续发展的新技术，它既不会污染地下水，又不会引起地面沉降。目前，地源热泵在国内空调行业引起了人们广泛的关注。地源热泵技术的关键是地下换热器的设计。地源热泵地下换热器有多种形式，如水平埋管、竖直埋管等。采用竖直埋管更具有节约用地面积、换热性能好等优点，且可安装在建筑物基础、道路、绿地、广场等下面而不影响上部的使用功能，甚至可在建筑物桩基中设置埋管，充分利用可利用的土地面积。最常用的竖直埋管换热器通常由垂直埋入地下的 U 形管连接构成。

(1) 竖直埋管深度设计　竖直埋管可深可浅，需根据当地地质条件而定，埋管深度通常为 20~200m，深度的确定应综合考虑占地面积、钻孔设备、钻孔成本和工程规模。

(2) 选择埋管材料　埋管材料最好采用塑料管。与金属管相比，塑料管具有耐腐蚀、易加工、传热性能可满足换热要求、价格便宜等优点。可供选用的管材有高密度聚乙烯管（PE 管）、铝塑管等。竖直埋管的管径也可有不同选择，如 DN20、DN25 和 DN32 等。

(3) 竖直埋管换热器钻孔孔径及回填材料设计　竖直埋管换热器的形成是从地面向下钻孔达到预计深度，将制作好的 U 形管放入孔中，然后在孔中回填不同材料。在接近地表层处用水平集水管、分水管将所有 U 形管并联构成地下换热器。根据地质结构的不同，钻孔孔径可以是 $\Phi 100$、$\Phi 150$、$\Phi 200$ 或 $\Phi 300$ 等。回填材料可以选用浇铸混凝土、回填砂石散料或回填土壤等。材料选择要兼顾工程造价、传热性能、施工方便等因素。从实际测试比较，浇铸混凝土换热性能最好，但造价高、施工难度大，但可结合建筑物桩基一起施工。回填砂石或碎石换热效果比较好，而且施工容易、造价低，可广泛采用。

(4) 竖直埋管换热器中循环水温度的设定　设计时，首先应设定换热器埋管中循环水的最高温度和最低温度，因为这个设定与整个空调系统有关。例如，夏季温度设定较低，对热泵压缩机制冷工况有利，机组耗能少，但埋管换热器换热面积要加大，即钻孔数要增加，埋管长度要加长；反之，温度设定较高，钻孔数和埋管长度均可减少，可节省投资，但热泵机组的制冷系数值下降，能耗增加。设定值应通过经济技术比较，选择最佳状态点。

(5) 换热面积与综合传热系数的计算　竖直埋管换热器可以假设为"线热源"模型，引入综合传热系数进行计算。将以某一流经埋管换热器内的流体介质与大地初始温度每相差 1℃，通过单位长度换热管，单位时间所传递的热量定义为综合传热系数 k，则

$$k = \frac{Q}{(T_P - T_d)L}$$

式中,k 为综合传热系数,单位为 W/m·℃;Q 为换热器单位时间换热量,单位为 W,$Q=CM(T_进-T_出)$,C 为水的质量热容,取为 4.180kJ/(kg·K),M 为水的质量流量(kg/s);$T_进$ 为 U 形管换热器进水温度,单位为℃,$T_出$ 为 U 形管换热器出水温度,单位为℃;L 为换热管有效长度,单位为 m;T_P 为流体介质平均温度,单位为℃;T_d 为地温,单位为℃。

案例2:板式换热器在制冷工程中的应用

制冷剂在制冷板式换热器中蒸发时,很容易实现完全蒸发达到无液态程度,因此在大多数情况下,制冷系统无需设置气液分离器,并且极易实现单元化,安装简单方便,维修和运输成本较低。与传统的壳管式换热器相比,制冷用板式换热器具有十分明显的发展优势。自20世纪70年代开始在制冷装置中得到应用以来,已经日益受到人们的重视,特别是许多发达国家(如欧洲国家、美国、日本、澳大利亚等)都非常重视制冷用板式换热器的研究和应用。日本在20世纪80年代初开始研究制冷用板式换热器,并在制冷装置中使用,收到了良好的经济效益。世界上一些著名的制冷公司如约克、开利、川恩、日立、前川等也相继在制冷装置中采用板式换热器,这种钎焊型板式换热器由于采用纯钢作焊接剂,主要应用在氟利昂制冷系统,不能在对铜有腐蚀作用的氨制冷系统中使用。进入20世纪90年代后,制冷用板式换热器又得到进一步的发展,一种能够应用于氨制冷系统的板式换热器由瑞典斯特尔公司研制成功。这种新型的组合式板式换热器(WPHE)结合了板框式(PHE)和钎焊式(CBE)的特点,在氨侧采用焊接密封,在制冷剂侧仍采用垫片密封。与氟利昂制冷系统相比,采用这种板式换热器的氨制冷系统不仅在机组材料、体积质量上有明显的优势,而且性能系数也要高10%~20%。目前,这种系统已经形成了8个产品,冷量达到1 000kW。氨用板式换热器的开发成功,不仅拓宽了板式换热器在制冷技术中的应用范围,而且对保护大气臭氧层、保护环境都有重要意义,同时也必将促进制冷技术的进一步发展。我国自20世纪60年代初开始生产板式换热器。到1994年,以节能型产品定点的板式换热器生产厂家即达15家,并且一些厂家还进行了板式蒸发器及其传热特性的研究工作。然而,这些厂家也仅限于生产板框式换热器(PHE)。在我国,制冷用板式换热器的应用尚处于起步阶段,许多制冷厂家(如上海冷气机厂、天津开利、北京万众、上海新晃等)都在自己的产品中采用了制冷用板式换热器。可以预计,随着对制冷用板式换热器的了解和认识,板式换热器以其高效传热、结构紧凑、节能节材并具环保功能等特点,必将越来越广泛地应用于制冷装置中。

【本章小结】

本章介绍了传热过程的分析和计算方法、肋壁的传热、换热器、换热污垢的产生及处理方法、热绝缘、传热强化技术等内容,重点讲解传热过程的热阻分析方法、平壁和圆筒壁的稳态传热计算、肋片强化传热和调节壁面温度的原理;重点介绍了常见的换热器类型、间壁式换热器的传热分析和热力计算,换热污垢的主要类型及形成机理,常用的污垢防止和清除方法,常用热绝缘材料及其选用,临界热绝缘直径及其应用,增强传热的原理和手段。

一、复合换热的概念及处理方法

复合换热是指对流与辐射两种换热综合作用的过程,实际的对流换热都含有辐射换热。

工程上为简化计算，通常将辐射换热量折算成对流换热量，按对流换热的基本计算公式进行计算，将表面传热系数看成总换热系数。实际传热学手册查到的表面传热系数都应是总换热系数，即已考虑了辐射换热对对流换热过程的影响。

二、平壁和圆筒壁的稳态传热

平壁和圆筒壁的传热过程都可利用热阻分析法得出其计算公式，即传热量等于传热总温差除以传热过程各环节的总热阻。两者都可以传热方程的形式表示为 $Q=kA\Delta t$。k 称为传热系数，它等于单位传热面积总热阻的倒数。

三、肋壁传热

换热壁面加肋片后，不仅可增大传热面积，而且能有效减少传热热阻，增大传热系数，所以是一种强化传热的有效途径。肋片一般加在表面传热系数较小的一侧，因表面传热系数越小，则换热热阻越大，加肋片后，对提高传热系数的效果越明显。

四、换热器的热力计算

换热器热力计算包括设计计算和校核计算，所涉及到的基本方程是热平衡方程和传热方程。在换热过程中冷、热流体的温度差是变化的，对不同类型的换热器，Δt_m 的计算是不一样的，要求掌握壳管式换热器顺、逆流换热平均温差的计算。当 $\Delta t_{max}/\Delta t_{min}<2$ 时，可近似用算术平均温差来代替对数平均温差，误差不大于 4%。必须注意的是顺、逆流换热器的最大、最小温差是不一样的。

五、热绝缘

热绝缘的目的主要是减少散热损失，要求热绝缘材料必须有较小的导热系数、一定的机械强度和不吸水性。对平壁而言，加了热绝缘层后，其阻碍热传递的能力一定增强，散热量一定减小；对圆筒壁加热绝缘层后，阻碍热传递的能力则不一定增强。工程要求所选热绝缘材料必须使管的外径大于临界热绝缘直径，只有这样才能既节省材料又能保证加绝缘层后有保温作用。关于为什么出现临界热绝缘直径的问题，要求作透彻的理解。

六、强化传热

工程上有许多地方要求传热强度尽可能大，增强传热可从传热方程 $Q=kA\Delta t_m$ 着手考虑，包括增大传热面积(采用肋片、波纹管、波浪板等)、增大温差(采用逆流换热器)和增大传热系数(改进表面结构、增大流速、增加扰动、改变流体物性等)。

七、换热器污垢及处理方法

换热器在运行过程中不可避免地会产生污垢而使传热效率降低。根据形成换热污垢的机理的不同，换热表面污垢可分为微粒污垢、析晶污垢、化学反应污垢、腐蚀污垢、生物污垢、凝固污垢等多种。工程上换热器的防垢和除垢措施有很多种，可分为化学清洗、机械清洗和在线清洗三大类。

【思考与练习题】

16-1 两块大平壁平行放置，最左边是流体 1，两平板中间是流体 2，最右边是流体 3，且 $t_{f1}>t_{f2}>t_{f3}$。这一综合传热过程包含几个热阻？画出热阻网络图并写出总传热系数(从流体 1 到流体 3)的表达式。

16-2 压缩空气在中间冷却器的管外横绕流过，$\alpha_2=90W/(m^2 \cdot K)$。冷却水在管内流过，$\alpha_1=6\,000W/(m^2 \cdot K)$。冷却管是外径为 16mm、厚 1.5mm 的黄铜管，其导热系数为 $111W/(m \cdot K)$，求：1)传热系

数;2)如果管外的表面传热系数增加一倍,传热系数有何变化? 3)如果管内的表面传热系数增加一倍,传热系数如何变化?

16-3 某蒸汽管道的内径为 60mm、外径为 66mm,管壁导热系数为 50W/(m·℃),管内流过 140℃的蒸汽,管外依次覆盖 10mm 厚的 $\lambda_1=0.11$W/(m·℃)的石棉保温层和 15mm 厚的 $\lambda_2=0.03$W/(m·℃)的玻璃纤维保温层。已知蒸汽侧的表面传热系数为 8 600W/(m²·℃),周围空气温度为 20℃,没有保温层时空气侧的表面传热系数为 15W/(m²·℃),有保温层时空气侧的表面传热系数为 7W/(m²·℃)。试求散热损失减少的百分数和各层温度。

16-4 导热系数、导温系数、表面传热系数、传热系数有何区别?

16-5 换热器加肋片的目的是什么?肋片应加在哪一边?何谓肋化系数和肋片效率?试分析它们对传热系数的影响。

16-6 在圆管外敷设保温层与在圆管外侧设置肋片从热阻分析的角度有什么异同?在什么情况下加保温层会强化其传热而肋片反而会削弱其传热?

16-7 在一台 1-2 型壳管式冷却器中,管内冷水从 16℃升高到 35℃,管外空气从 119℃下降到 45℃,空气流量为 19.6kg/min,换热器传热系数为 84W/(m²·℃),试计算所需的传热面积。

16-8 一台新的换热器的流动方式为顺流。热流体初温为 360℃,终温为 300℃,Gc_p 为 2 500W/℃;冷流体初温为 30℃,终温为 200℃;传热系数为 800W/(m²·℃),换热面积为 0.97m²。此换热器运行一年后,发现冷流体只能加热到 120℃,且热流体终温大于 300℃,试问此换热器性能恶化的原因是什么?污垢热阻是多少?

16-9 用一个壳侧为单程的壳管式换热器来冷凝 1.013×10^5Pa 的饱和水蒸气,要求每小时内凝结 18kg 蒸汽。进入换热器的冷却水的温度为 25℃,离开时为 60℃。设传热系数 $k=1$ 800W/(m²·℃),问所需的传热面积是多少?

16-10 在一台逆流式的水一水换热器中,热水进口温度为 87.5℃,流量为 9 000kg/h;冷水进口温度为 32℃,流量为 13 500kg/h,传热系数 $k=1$ 740W/(m²·℃),传热面积为 3.75m²。试确定热水的出口温度。

16-11 提高表面传热系数的主要途径有哪些?通过增加换热面粗糙度来强化传热的基本原理是什么?

16-12 何谓临界热绝缘直径?临界热绝缘直径对管道保温材料的选用有何指导意义?

16-13 设管道绝缘层表面的表面传热系数为 14W/(m²·℃),试求下列两种保温管道的临界热绝缘直径 d_σ;1)敷设导热系数为 0.058W/(m·℃)的矿渣棉;2)敷设导热系数为 0.302W/(m·℃)的水泥。

16-14 温度为 25℃的室内,放置表面温度为 200℃、外径为 0.05m 的管道,如果以 $\lambda=0.1$W/(m·℃)的蛭石作管道外的保温层,而保温层外表面与空气间的表面传热系数为 14W/(m²·℃)。试问保温层需要多厚才能使其表面温度不超过 50℃。

附　录

附录 A

附录 A-1　饱和水与饱和蒸汽性质表（按温度排序）

温度	饱和压力	比容		焓		汽化潜热	熵	
		饱和水	饱和蒸汽	饱和水	饱和蒸汽		饱和水	饱和蒸汽
$t/℃$	p/MPa	$v'/\text{m}^3\cdot\text{kg}^{-1}$	$v''/\text{m}^3\cdot\text{kg}^{-1}$	$h'/\text{kJ}\cdot\text{kg}^{-1}$	$h''/\text{kJ}\cdot\text{kg}^{-1}$	$r/\text{kJ}\cdot\text{kg}^{-1}$	$s'/\text{kJ}\cdot(\text{kg}\cdot\text{k})^{-1}$	$s''/\text{kJ}\cdot(\text{kg}\cdot\text{k})^{-1}$
0	0.000 611 2	0.001 000 22	206.154	−0.05	2 500.51	2 500.6	−0.000 2	9.154 4
0.01	0.000 611 7	0.001 000 21	206.012	0.00	2 500.53	2 500.5	0.000 0	9.154 1
1	0.000 657 1	0.001 000 18	192.464	4.18	2 502.35	2 498.2	0.015 3	9.127 8
2	0.000 705 9	0.001 000 13	179.787	8.39	2 504.19	2 495.8	0.030 6	9.101 4
4	0.000 813 5	0.001 000 08	157.151	16.82	2 507.87	2 491.1	0.061 1	9.049 3
6	0.000 935 2	0.001 000 10	137.670	25.22	2 511.55	2 486.3	0.091 3	8.998 2
8	0.001 072 1	0.001 000 19	120.868	33.62	2 515.23	2 481.6	0.121 3	8.948 0
10	0.001 229 7	0.001 000 34	106.341	42.00	2 518.90	2 476.9	0.151 0	8.898 8
12	0.001 402 5	0.001 000 54	93.756	50.38	2 522.57	2 472.2	0.180 5	8.850 4
14	0.001 598 5	0.001 000 80	82.828	58.76	2 526.24	2 467.5	0.209 8	8.820 9
16	0.001 818 3	0.001 001 10	73.320	67.13	2 529.90	2 462.8	0.238 8	8.756 2
18	0.002 064 0	0.001 001 45	65.029	75.50	2 533.55	2 458.1	0.267 7	8.710 3
20	0.002 338 5	0.001 001 85	57.786	83.86	2 537.20	2 453.3	0.296 3	8.665 2
22	0.002 644 4	0.001 002 29	51.445	92.23	2 540.84	2 448.6	0.324 7	8.621 0
24	0.002 984 6	0.001 002 76	45.884	100.59	2 544.47	2 443.9	0.353 0	8.577 4
26	0.003 362 5	0.001 003 28	40.997	108.95	2 548.10	2 439.2	0.381 0	8.534 7
28	0.003 781 4	0.001 003 83	36.694	117.32	2 551.73	2 434.4	0.408 9	8.492 7
30	0.004 245 1	0.001 004 42	32.899	125.86	2 555.35	2 429.7	0.436 6	8.451 4
35	0.005 626 3	0.001 006 05	25.222	146.59	2 564.38	2 417.8	0.505 0	8.351 1
40	0.007 381 1	0.001 007 89	19.529	167.50	2 573.36	2 405.9	0.572 3	8.255 1
45	0.009 589 7	0.001 009 93	15.263 6	188.42	2 582.30	2 393.9	0.638 6	8.163 0
50	0.012 344 6	0.001 012 16	12.036 5	209.33	2 591.19	2 381.9	0.703 8	8.074 5
55	0.015 752	0.001 014 55	9.572 3	230.24	2 600.02	2 369.8	0.768 0	7.989 6
60	0.019 933	0.001 017 13	7.674 0	251.15	2 608.79	2 357.0	0.831 2	7.908 0
65	0.025 024	0.001 019 86	6.199 2	272.08	2 617.48	2 345.4	0.893 5	7.829 5
70	0.031 178	0.001 022 76	5.044 3	293.01	2 626.10	2 333.1	0.955 0	7.754 0
75	0.038 565	0.001 025 28	4.133 0	313.96	2 634.63	2 320.7	1.015 6	7.681 2
80	0.047 376	0.001 029 03	3.408 6	334.93	2 643.06	2 308.1	1.075 3	7.611 2
85	0.057 818	0.001 032 40	2.828 8	355.92	2 651.40	2 295.5	1.134 3	7.543 6
90	0.070 121	0.001 035 93	2.361 6	376.94	2 659.63	2 282.7	1.192 6	7.478 3
95	0.084 533	0.001 039 61	1.982 7	397.98	2 667.73	2 269.7	1.250 1	7.415 4
100	0.101 325	0.001 043 44	1.673 6	419.06	2 675.71	2 256.6	1.306 9	7.354 5
110	0.143 243	0.001 051 56	1.210 6	461.33	2 691.26	2 229.9	1.418 6	7.238 6
120	0.198 483	0.001 060 31	0.892 19	503.76	2 706.18	2 202.4	1.527 7	7.129 7
130	0.270 018	0.001 069 68	0.668 73	546.38	2 720.39	2 174.0	1.634 6	7.027 2
140	0.361 190	0.001 079 72	0.509 00	589.21	2 733.81	2 144.6	1.739 3	6.930 2
150	0.475 71	0.001 090 46	0.392 86	632.28	2 746.35	2 114.1	1.842 0	6.838 1
160	0.617 66	0.001 101 93	0.307 09	675.62	2 757.92	2 082.3	1.942 9	6.750 2
170	0.791 47	0.001 114 20	0.242 83	719.25	2 768.42	2 049.2	2.042 0	6.666 1
180	1.001 93	0.001 127 32	0.194 03	763.22	2 777.74	2 014.5	2.139 6	6.585 2
190	1.254 17	0.001 141 36	0.156 50	807.56	2 785.80	1 978.2	2.235 8	6.507 1
200	1.553 66	0.001 156 41	0.127 32	852.34	2 792.47	1 940.1	2.330 7	6.431 2
210	1.906 17	0.001 172 58	0.104 38	897.62	2 797.65	1 900.0	2.424 5	6.357 1
220	2.317 83	0.001 190 00	0.086 157	943.46	2 801.20	1 857.7	2.517 5	6.284 6
230	2.795 05	0.001 208 82	0.071 553	989.95	2 803.00	1 813.0	2.609 6	6.213 0
240	3.344 59	0.001 229 22	0.059 743	1 037.2	2 802.88	1 765.7	2.701 3	6.142 2
250	3.973 51	0.001 251 45	0.050 112	1 085.3	2 800.66	1 715.4	2.792 6	6.071 6
260	4.689 23	0.001 275 79	0.042 195	1 134.3	2 796.14	1 661.8	2.883 7	6.000 7
270	5.499 56	0.001 302 62	0.035 637	1 184.5	2 789.05	1 604.5	2.975 1	5.929 2
280	6.412 73	0.001 332 42	0.030 165	1 236.0	2 779.08	1 543.1	3.066 8	5.856 4
290	7.437 46	0.001 365 82	0.025 565	1 289.1	2 765.81	1 476.7	3.159 4	5.781 5
300	8.583 08	0.001 403 69	0.021 669	1 344.0	2 748.71	1 404.7	3.253 3	5.704 2
310	9.859 7	0.001 447 28	0.018 343	1 401.2	2 727.01	1 325.9	3.349 0	5.622 6
320	11.278	0.001 498 44	0.015 479	1 461.2	2 699.72	1 238.5	3.447 5	5.535 6
330	12.851	0.001 560 08	0.012 978	1 524.9	2 665.30	1 140.4	3.550 0	5.440 8
340	14.593	0.001 637 28	0.010 790	1 593.7	2 621.32	1 027.6	3.658 6	5.334 5
350	16.521	0.001 740 08	0.008 812	1 670.3	2 563.39	893.0	3.777 3	5.210 4
360	18.657	0.001 894 23	0.006 958	1 761.1	2 481.48	720.6	3.915 5	5.053 6
370	21.033	0.002 214 80	0.004 982	1 891.7	2 338.79	447.1	4.112 5	4.807 6
374.12	22.064	0.003 106	0.003 106	2 085.9	2 085.90	0.000	4.409 2	4.409 2

附录 A-2 饱和水与饱和蒸汽性质表（按压力排序）

压力	饱和温度	比容		焓		汽化潜热	熵	
		饱和水	饱和蒸汽	饱和水	饱和蒸汽		饱和水	饱和蒸汽
p/MPa	t/℃	v'/m³·kg⁻¹	v''/m³·kg⁻¹	h'/kJ·kg⁻¹	h''/kJ·kg⁻¹	r/kJ·kg⁻¹	s'/kJ·(kg·k)⁻¹	s''/kJ·(kg·k)⁻¹
0.001 0	6.949	0.001 000 1	129.208	29.33	2 513.8	2 484.5	0.106 0	8.975 6
0.002 0	17.540	0.001 001 2	67.006	73.45	2 533.2	2 459.8	0.260 6	8.723 6
0.003 0	24.114	0.001 002 7	45.668	101.00	2 545.2	2 444.2	0.354 3	8.577 6
0.004 0	28.953	0.001 004 0	34.803	212.41	2 554.1	2 432.7	0.422 4	8.474 7
0.005 0	32.879	0.001 005 2	28.196	137.77	2 561.2	2 423.4	0.476 3	8.395 2
0.006 0	36.166	0.001 006 4	23.742	151.50	2 567.1	2 415.6	0.520 9	8.330 5
0.007 0	38.997	0.001 007 4	20.532	163.38	2 572.2	2 408.8	0.559 1	8.276 0
0.008 0	41.508	0.001 008 4	18.106	173.87	2 576.7	2 402.8	0.592 6	8.228 9
0.009 0	43.790	0.001 009 4	16.206	183.28	2 580.8	2 397.5	0.622 4	8.187 5
0.010 0	45.799	0.001 010 2	14.676	191.84	2 584.4	2 392.6	0.649 3	8.150 5
0.015	53.971	0.001 014 0	10.025	225.98	2 598.9	2 372.9	0.754 9	8.008 9
0.020	60.065	0.001 017 2	7.651 5	251.46	2 609.6	2 358.1	0.832 1	7.909 2
0.025	64.973	0.001 019 9	6.206 0	271.99	2 618.1	2 346.1	0.893 2	7.832 1
0.030	69.104	0.001 022 3	5.230 8	289.31	2 625.3	2 336.0	0.944 1	7.769 5
0.040	75.872	0.001 026 5	3.994 9	317.65	2 636.8	2 319.2	1.026 1	7.671 0
0.050	81.339	0.001 030 1	3.241 5	340.57	2 646.0	2 305.4	1.091 2	7.595 1
0.060	85.950	0.001 033 3	2.732 9	359.93	2 653.6	2 293.7	1.145 4	7.533 2
0.070	89.956	0.001 036 1	2.365 8	376.77	2 660.2	2 283.4	1.192 1	7.481 1
0.080	93.511	0.001 038 7	2.087 9	391.72	2 666.0	2 274.1	1.233 0	7.436 0
0.090	96.712	0.001 041 2	1.870 1	405.21	2 671.1	2 265.9	1.269 6	7.396 3
0.100	99.634	0.001 043 4	1.694 6	417.51	2 675.7	2 258.2	1.302 7	7.360 8
0.12	104.810	0.001 047 6	1.428 9	439.36	2 683.8	2 244.4	1.360 9	7.299 6
0.14	109.32	0.001 051 3	1.237 0	458.42	2 690.8	2 232.4	1.410 9	7.248 0
0.16	113.33	0.001 054 7	1.091 7	475.38	2 696.8	2 221.4	1.455 0	7.203 2
0.18	116.94	0.001 057 9	0.977 75	490.70	2 702.1	2 211.4	1.494 4	7.163 8
0.20	120.24	0.001 060 8	0.885 92	504.7	2 706.9	2 202.2	1.530 1	7.128 6
0.25	127.44	0.001 067 5	0.718 81	535.4	2 717.2	2 181.8	1.607 2	7.054 0
0.30	133.56	0.001 073 5	0.605 86	561.4	2 725.5	2 164.1	1.671 7	6.993 0
0.35	138.89	0.001 078 9	0.524 25	584.3	2 732.5	2 148.2	1.727 3	6.941 4
0.40	143.64	0.001 083 9	0.462 42	604.7	2 738.5	2 133.8	1.776 4	6.896 6
0.45	147.94	0.001 088 5	0.413 92	623.2	2 743.8	2 120.6	1.820 4	6.857 0
0.50	151.87	0.001 092 8	0.374 81	640.1	2 748.5	2 108.4	1.860 4	6.821 5
0.60	158.86	0.001 100 9	0.315 56	670.4	2 756.4	2 086.0	1.930 8	6.759 8
0.70	164.98	0.001 108 2	0.272 74	697.1	2 762.9	2 065.8	1.991 8	6.707 4
0.80	170.44	0.001 115 0	0.240 30	720.9	2 768.4	2 047.5	2.045 7	6.661 8
0.90	175.39	0.001 121 3	0.214 84	742.6	2 773.0	2 030.4	2.094 1	6.621 2
1.0	179.92	0.001 127 4	0.194 30	762.6	2 777.0	2 014.4	2.138 2	6.584 7
1.1	184.10	0.001 133 1	0.177 39	781.1	2 780.4	1 999.3	2.178 6	6.551 5
1.2	187.99	0.001 138 6	0.163 20	798.4	2 783.4	1 985.0	2.216 0	6.521 0
1.3	191.64	0.001 143 8	0.151 12	814.7	2 786.0	1 971.3	2.250 9	6.492 7
1.4	195.08	0.001 148 9	0.140 72	830.1	2 788.4	1 958.3	2.283 6	6.466 5
1.5	198.33	0.001 153 8	0.131 65	844.7	2 790.4	1 945.7	2.314 4	6.441 8
1.6	201.41	0.001 158 6	0.123 68	858.6	2 792.2	1 933.6	2.343 6	6.418 7
1.7	204.34	0.001 163 3	0.116 61	871.8	2 793.8	1 922.0	2.371 2	6.396 7
1.8	207.15	0.001 167 9	0.110 31	884.6	2 795.1	1 910.5	2.397 6	6.375 9
1.9	109.84	0.001 172 3	0.104 64	896.8	2 796.4	1 899.6	2.422 7	6.356 1
2.0	212.42	0.001 176 7	0.099 53	908.6	2 797.4	1 888.8	2.446 8	6.337 3
2.5	223.99	0.001 197 3	0.079 95	961.9	2 802.1	1 840.2	2.554 3	6.255 9
3.0	233.89	0.001 216 6	0.066 62	1 008.2	2 803.2	1 794.9	2.645 4	6.185 4
3.5	242.60	0.001 234 8	0.057 05	1 049.6	2 801.5	1 752.9	2.725 0	6.123 8
4.0	250.39	0.001 252 4	0.049 73	1 087.2	2 800.5	1 713.4	2.796 2	6.068 8
4.5	257.48	0.001 269 4	0.044 05	1 121.8	2 797.5	1 675.7	2.860 7	6.018 7
5.0	263.98	0.001 286 2	0.039 44	1 154.2	2 793.6	1 639.5	2.920 1	5.974 2
6.0	275.63	0.001 319 0	0.032 44	1 213.8	2 783.8	1 570.5	3.026 6	5.888 5
7.0	285.87	0.001 351 5	0.027 37	1 266.5	2 771.7	1 504.5	3.121 0	5.812 9
8.0	295.05	0.001 384 3	0.023 25	1 316.5	2 757.7	1 441.2	3.206 6	5.743 0
9.0	303.85	0.001 417 7	0.020 49	1 363.1	2 741.9	1 378.9	3.285 4	5.677 1
10.0	310.37	0.001 452 2	0.018 03	1 407.2	2 724.5	1 317.2	3.359 1	5.613 9
12.0	324.72	0.001 526 0	0.014 26	1 490.7	2 684.5	1 193.8	3.495 2	5.492 0
14.0	336.71	0.001 609 7	0.011 49	1 570.4	2 637.1	1 066.2	3.622 2	5.371 1
16.0	347.40	0.001 709 9	0.009 311	1 649.4	2 586.2	930.8	3.745 1	5.245 0
18.0	357.03	0.001 840 2	0.007 503	1 732.0	2 509.4	777.4	3.871 5	5.105 1
20.0	365.79	0.002 038 0	0.005 870	1 827.0	2 413.1	585.9	4.015 3	4.932 2
22.0	373.75	0.002 704	0.003 680	2 013.2	2 084.0	71.0	4.296 9	4.406 6
22.064	373.99	0.003 106	0.003 106	2 085.9	2 085.9	0.00	4.409 2	4.409 2

附录 A-3 未饱和水和过热蒸汽性质表

p	0.001MPa			0.005MPa			0.01MPa			0.04MPa		
饱和参数	t_s=6.949 v''=129.185 h''=2 513.3 s''=8.973 5			t_s=32.90 v''=28.191 h''=2 560.6 s''=8.393 0			t_s=45.80 v''=14.673 h''=2 583.7 s''=8.148 1			t_s=75.87 v''=3.993 9 h''=2 636.1 s''=7.668 8		
t/℃	v/m³·kg⁻¹	h/kJ·kg⁻¹	s/kJ·(kg·k)⁻¹	v/m³·kg⁻¹	h/kJ·kg⁻¹	s/kJ·(kg·k)⁻¹	v/m³·kg⁻¹	h/kJ·kg⁻¹	s/kJ·(kg·k)⁻¹	v/m³·kg⁻¹	h/kJ·kg⁻¹	s/kJ·(kg·k)⁻¹
0	0.001 000 2	−0.05	−0.000 2	0.001 000 2	−0.05	−0.000 2	0.001 000 2	−0.04	−0.000 2	0.001 000 2	−0.04	−0.000 2
10	130.60	2 519.0	8.993 8	0.001 000 3	42.0	0.151 0	0.001 000 3	42.0	0.151 0	0.001 000 2	42.0	0.151 0
20	135.23	2 537.7	9.058 8	0.001 001 8	83.9	0.296 3	0.001 001 8	83.9	0.296 3	0.001 001 7	83.9	0.296 3
30	139.85	2 556.8	9.123 0	0.001 004 7	125.7	0.436 5	0.001 004 3	125.7	0.436 5	0.001 004 3	125.7	0.436 5
40	144.47	2 575.2	9.182 3	28.86	2 574.6	8.438 5	0.001 007 9	167.5	0.572 3	0.001 007 8	167.4	0.572 1
50	149.09	2 593.9	9.241 2	29.78	2 593.4	8.497 7	14.87	2 592.3	8.175 2	0.001 012 1	209.3	0.703 5
60	153.71	2 612.7	9.298 4	30.71	2 612.3	8.555 2	15.34	2 611.3	8.233 1	0.001 017 1	251.1	0.831 0
70	158.33	2 631.8	9.355 2	31.64	2 631.1	8.611 0	15.80	2 630.3	8.289 2	0.001 022 8	293.0	0.954 8
80	162.95	2 650.3	9.408 0	32.57	2 650.0	8.665 2	16.27	2 649.3	8.343 7	4.044	2 644.9	7.694 0
90	167.57	2 669.4	9.461 9	33.49	2 668.9	8.718 0	16.73	2 668.3	8.396 8	4.162	2 664.4	7.748 5
100	172.19	2 688.0	9.512 0	34.42	2 687.9	8.769 5	17.20	2 687.2	8.448 4	4.280	2 683.8	7.801 3
120	181.42	2 725.9	9.610 9	36.27	2 725.9	8.868 7	18.12	2 725.4	8.547 9	4.515	2 722.6	7.902 5
140	190.66	2 764.0	9.706 6	38.12	2 764.0	8.963 3	19.05	2 763.6	8.642 7	4.749	2 761.3	7.998 6
160	199.89	2 802.6	9.795 9	39.97	2 802.3	9.053 9	19.98	2 802.0	8.733 4	4.983	2 800.1	8.090 3
180	209.12	2 840.7	9.882 7	41.81	2 840.8	9.140 8	20.90	2 840.6	8.820 1	5.216	2 838.9	8.178 0
200	218.35	2 879.4	9.966 2	43.66	2 879.5	9.224 4	21.82	2 879.3	8.904 1	5.448	2 877.9	8.262 1
220	227.58	2 918.6	10.048 0	45.51	2 918.5	9.304 9	22.75	2 918.3	8.984 8	5.680	2 917.1	8.343 2
240	236.82	2 957.7	10.125 7	47.36	2 957.6	9.382 8	23.67	2 957.4	9.062 6	5.912	2 956.4	8.421 3
260	246.05	2 997.1	10.201 0	49.20	2 997.0	9.458 0	24.60	2 996.8	9.137 9	6.144	2 995.9	8.496 9
280	255.28	3 036.7	10.273 9	51.05	3 036.6	9.531 0	25.52	3 036.5	9.210 9	6.375	3 035.6	8.570 0
300	264.51	3 076.2	10.343 4	52.90	3 076.4	9.601 7	26.44	3 076.3	9.281 7	6.606	3 075.6	8.640 9
400	310.66	3 278.9	10.669 2	62.13	3 279.4	9.928 3	31.06	3 279.4	9.608 1	7.763	3 278.9	8.967 5
500	356.81	3 487.5	10.958	71.36	3 489.0	10.218	35.68	3 488.9	9.898 2	8.918	3 488.6	9.258 1
600	402.96	3 703.4	11.221	80.59	3 703.4	10.481	40.29	3 703.4	10.161	10.07	3 705.0	9.521 2

(续)

p	0.08MPa $t_s=93.51$ $h''=2\,665.3$			0.1MPa $t_s=99.63$ $h''=2\,675.1$			0.5MPa $t_s=151.86$ $h''=2\,748.6$			1MPa $t_s=179.92$ $h''=2\,777.7$		
饱和参数	$v''=2.0876$ $s''=7.4339$			$v''=1.6943$ $s''=7.3589$			$v''=0.37490$ $s''=6.8214$			$v''=0.1944$ $s''=6.5859$		
$t/℃$	$v/\mathrm{m^3 \cdot kg^{-1}}$	$h/\mathrm{kJ \cdot kg^{-1}}$	$s/\mathrm{kJ \cdot (kg \cdot k)^{-1}}$	$v/\mathrm{m^3 \cdot kg^{-1}}$	$h/\mathrm{kJ \cdot kg^{-1}}$	$s/\mathrm{kJ \cdot (kg \cdot k)^{-1}}$	$v/\mathrm{m^3 \cdot kg^{-1}}$	$h/\mathrm{kJ \cdot kg^{-1}}$	$s/\mathrm{kJ \cdot (kg \cdot k)^{-1}}$	$v/\mathrm{m^3 \cdot kg^{-1}}$	$h/\mathrm{kJ \cdot kg^{-1}}$	$s/\mathrm{kJ \cdot (kg \cdot k)^{-1}}$
0	0.001 000 2	0.0	−0.000 2	0.001 000 2	0.0	−0.000 2	0.001 000 0	0.46	−0.000 1	0.000 999 7	0.97	−0.000 1
10	0.001 000 2	42.0	0.151 0	0.001 000 3	42.1	0.151 0	0.001 000 1	42.5	0.150 9	0.000 999 8	43.0	0.150 9
20	0.001 001 7	83.9	0.296 3	0.001 001 8	83.9	0.296 3	0.001 001 6	84.3	0.296 2	0.001 001 4	84.8	0.296 1
30	0.001 004 3	125.7	0.436 5	0.001 004 3	125.7	0.436 5	0.001 004 1	125.7	0.436 4	0.001 003 9	126.6	0.436 2
40	0.001 007 8	167.4	0.572 1	0.001 007 8	167.4	0.572 1	0.001 007 7	167.9	0.572 1	0.001 007 4	168.4	0.571 9
50	0.001 012 1	209.3	0.703 5	0.001 012 1	209.3	0.703 5	0.001 011 9	209.7	0.703 5	0.001 011 7	210.2	0.703 3
60	0.001 017 1	251.1	0.831 0	0.001 017 1	251.2	0.831 1	0.001 016 9	251.5	0.831 0	0.001 016 7	251.9	0.830 7
70	0.001 022 8	293.0	0.954 8	0.001 022 8	293.0	0.954 8	0.001 029 2	293.4	0.954 5	0.001 022 4	293.8	0.945 2
80	0.001 029 2	334.9	1.075 2	0.001 029 0	335.0	1.075 3	0.001 029 9	335.3	1.075 0	0.001 028 6	335.7	1.074 7
90	0.001 036 1	376.9	1.192 5	0.001 036 1	377.0	1.192 5	0.001 035 9	377.3	1.192 2	0.001 035 7	377.7	1.191 8
100	2.127	2 679.0	7.471 2	1.696	2 675.9	7.360 9	0.001 043 5	419.4	1.306 6	0.001 043 0	419.7	1.306 2
120	2.247	2 718.8	7.575 0	1.793	2 716.3	7.466 5	0.001 060 5	503.9	1.527 3	0.001 059 9	504.3	1.527 0
140	2.366	2 758.2	7.672 9	1.889	2 756.6	7.566 9	0.001 080 0	589.2	1.738 8	0.001 079 3	589.6	1.738 6
160	2.484	2 797.5	7.765 8	1.984	2 796.2	7.660 5	0.383 6	2 767.4	6.865 3	0.001 101 7	675.8	1.942 4
180	2.601	2 836.8	7.854 4	2.078	2 835.7	7.749 6	0.404 6	2 812.1	6.966 4	0.194 4	2 777.9	6.586 4
200	2.718	2 876.1	7.939 3	2.172	2 874.8	7.833 4	0.424 9	2 854.9	7.058 5	0.205 9	2 827.5	6.694 0
220	2.835	2 915.5	8.020 8	2.266	2 914.7	7.916 6	0.444 9	2 897.9	7.148 1	0.216 9	2 874.9	6.792 1
240	2.952	2 955.0	8.099 4	2.359	2 954.3	7.995 4	0.464 6	2 939.9	7.231 4	0.227 5	2 920.5	6.882 6
260	3.068	2 994.7	8.175 3	2.453	2 994.1	8.071 4	0.484 1	2 981.4	7.310 9	0.237 8	2 964.8	6.967 4
280	3.184	3 034.6	8.284 6	2.546	3 034.0	8.144 9	0.503 4	3 022.8	7.387 1	0.248 0	3 008.3	7.047 5
300	3.300	3 074.6	8.319 8	2.639	3 073.8	8.214 8	0.522 6	3 063.6	7.458 8	0.258 0	3 050.4	7.121 6
400	3.879	3 278.3	8.647 2	3.103	3 277.3	8.542 2	0.617 3	3 271.1	7.792 4	0.306 6	3 263.1	7.463 8
500	4.457	3 488.2	8.937 8	3.565	3 486.5	8.831 7	0.710 9	3 482.2	8.084 8	0.354 1	3 476.8	7.759 7
600	5.035	3 704.7	9.201 1	4.028	3 702.7	9.094 6	0.804 1	3 699.6	8.349 1	0.401 0	3 695.7	8.025 9

(续)

p	2MPa			3MPa			4MPa			5MPa		
饱和参数	$t_s=212.42$ $v''_s=0.09960$ $h''=2798.7$ $s''_s=6.3395$			$t_s=233.89$ $v''_s=0.06670$ $h''=2803.2$ $s''_s=6.1854$			$t_s=250.39$ $v''_s=0.04980$ $h''=2800.5$ $s''_s=6.0688$			$t_s=263.98$ $v''_s=0.03940$ $h''=2793.6$ $s''_s=5.9724$		
$t/°C$	$v/\mathrm{m^3 \cdot kg^{-1}}$	$h/\mathrm{kJ \cdot kg^{-1}}$	$s/\mathrm{kJ \cdot (kg \cdot k)^{-1}}$	$v/\mathrm{m^3 \cdot kg^{-1}}$	$h/\mathrm{kJ \cdot kg^{-1}}$	$s/\mathrm{kJ \cdot (kg \cdot k)^{-1}}$	$v/\mathrm{m^3 \cdot kg^{-1}}$	$h/\mathrm{kJ \cdot kg^{-1}}$	$s/\mathrm{kJ \cdot (kg \cdot k)^{-1}}$	$v/\mathrm{m^3 \cdot kg^{-1}}$	$h/\mathrm{kJ \cdot kg^{-1}}$	$s/\mathrm{kJ \cdot (kg \cdot k)^{-1}}$
0	0.0009992	1.99	0.0000	0.0009987	3.0	0.0003	0.0009982	4.0	0.0001	0.0009977	5.0	0.00002
10	0.0009994	43.9	0.1508	0.0009989	44.9	0.1507	0.0009984	45.9	0.1507	0.0009979	46.9	0.1506
20	0.0110009	85.7	0.2959	0.0110005	86.7	0.2957	0.0010000	87.6	0.2955	0.0009996	88.6	0.2952
30	0.0010034	127.5	0.4359	0.0010030	128.4	0.4356	0.0010025	129.3	0.4353	0.0010021	130.2	0.4350
40	0.0010070	169.2	0.5715	0.0010066	170.1	0.5711	0.0010061	171.0	0.5708	0.0010057	171.9	0.5704
50	0.0010113	211.0	0.7028	0.0010108	211.8	0.7024	0.0010104	212.8	0.7019	0.0010099	213.6	0.7015
60	0.0010162	252.7	0.8302	0.0010158	253.6	0.8296	0.0010153	254.5	0.8291	0.0010149	255.3	0.8286
70	0.0010219	294.6	0.9536	0.0010217	295.4	0.9530	0.0010210	296.2	0.9524	0.0010205	297.0	0.9518
80	0.0010281	336.5	1.0740	0.0010276	337.3	1.0733	0.0010272	338.1	1.0727	0.0010267	338.8	1.0721
90	0.0010352	378.4	1.1911	0.0010347	379.3	1.1904	0.0010342	378.0	1.1879	0.0010337	378.7	1.1890
100	0.0010425	420.5	1.3054	0.0010422	421.2	1.3047	0.0010415	422.0	1.3039	0.0010410	422.7	1.3031
120	0.0010593	505.0	1.5261	0.0010587	505.7	1.5252	0.0010582	506.4	1.5243	0.0010576	507.1	1.5234
140	0.0010787	590.3	1.7376	0.0010781	590.9	1.7366	0.0010774	591.5	1.7355	0.0010768	592.2	1.7345
160	0.0011009	676.4	1.9412	0.0011002	677.0	1.9400	0.0010995	677.6	1.9389	0.0010988	678.2	1.9377
180	0.0011265	763.7	2.1382	0.0011256	764.2	2.1369	0.0011248	764.7	2.1355	0.0011240	765.2	2.1342
200	0.0011560	852.5	2.3300	0.0011549	853.9	2.3284	0.0011540	853.3	2.3269	0.0011529	853.8	2.3253
220	0.1021	2820.4	6.3842	0.0011891	943.9	2.5166	0.0011878	944.2	2.5147	0.0011866	944.4	2.5129
240	0.1084	2876.3	6.4953	0.06818	2823.0	6.2245	0.05174	1037.7	2.7007	0.0012264	1037.8	2.6985
260	0.1144	2927.9	6.5941	0.07286	2885.5	6.3440	0.05547	2835.6	6.1355	0.0012750	1135.0	2.8842
280	0.1202	2876.9	6.6842	0.07714	2941.8	6.4477	0.05882	2903.2	6.2581	0.04224	2857.0	6.0889
300	0.1255	3022.6	6.7648	0.08112	2992.4	6.5731	0.07340	2959.5	6.3595	0.04530	2923.3	6.2064
400	0.1515	3246.8	7.1258	0.09933	3230.1	6.9199	0.07340	3212.7	6.7677	0.05780	3194.9	6.6488
500	0.1756	3465.9	7.4293	0.1162	3454.9	7.2314	0.08642	2443.6	7.0877	0.06855	3432.2	6.9735
600	0.1996	3687.8	7.6991	0.1324	3679.9	7.5051	0.09884	3671.9	7.3653	0.07867	3663.9	7.2553

(续)

p	6MPa			7MPa			8MPa			9MPa		
饱和参数	t_s=275.62 h''=2 783.8	v''=0.032 40	s''=5.888 5	t_s=258.87 h''=2 771.7	v''=0.027 40	s''=5.812 9	t_s=295.05 h''=2 757.7	v''=0.023 52	s''=5.743 0	t_s=303.38 h''=2 741.9	v''=0.020 50	s''=5.677 1
t/℃	v/m³·kg⁻¹	h/kJ·kg⁻¹	s/kJ·(kg·k)⁻¹	v/m³·kg	h/kJ·kg	s/kJ·(kg·k)	v/m³·kg	h/kJ·kg	s/kJ·(kg·k)	v/m³·kg	h/kJ·kg	s/kJ·(kg·k)
0	0.000 997 2	6.1	0.000 2	0.000 996 7	7.1	0.000 3	0.000 996 2	8.1	0.000 3	0.000 995 7	9.1	0.000 4
10	0.000 997 5	47.8	0.150 5	0.000 997 0	48.8	0.150 4	0.000 996 5	49.8	0.150 2	0.000 996 1	50.7	0.150 1
20	0.000 099 1	89.5	0.295 0	0.000 998 6	90.4	0.294 8	0.000 998 2	91.4	0.294 6	0.000 997 7	92.3	0.294 4
30	0.001 001 6	131.1	0.434 7	0.001 001 2	132.0	0.434 4	0.001 000 8	132.9	0.434 0	0.001 000 3	133.8	0.433 7
40	0.001 005 1	172.7	0.569 8	0.001 007 1	173.6	0.569 4	0.001 004 4	174.6	0.569 2	0.001 003 9	175.5	0.568 8
50	0.001 009 5	214.5	0.701 0	0.001 009 1	215.3	0.700 5	0.001 008 6	216.1	0.700 1	0.001 008 2	217.1	0.699 6
60	0.001 014 4	256.2	0.828 0	0.001 014 0	257.0	0.827 5	0.001 013 6	257.8	0.827 0	0.001 013 1	258.7	0.826 5
70	0.001 020 1	297.8	0.951 2	0.001 019 6	298.7	0.950 6	0.001 019 2	299.5	0.950 1	0.001 018 7	300.3	0.949 4
80	0.001 026 2	339.7	1.071 4	0.001 025 8	340.5	1.070 5	0.001 025 3	341.3	1.070 1	0.001 024 8	342.1	1.069 5
90	0.001 033 2	381.5	1.188 2	0.001 032 7	382.3	1.187 5	0.001 032 2	383.1	1.186 8	0.001 031 7	383.8	1.186 1
100	0.001 040 4	423.5	1.302 3	0.001 039 9	424.2	1.301 6	0.001 039 5	425.0	1.300 8	0.001 039 0	425.8	1.300 0
120	0.001 057 1	507.8	1.522 5	0.001 056 5	508.5	1.521 6	0.001 056 0	509.3	1.520 7	0.001 055 4	509.9	1.519 9
140	0.001 076 2	592.9	1.733 5	0.001 075 6	593.5	1.732 5	0.001 075 0	594.2	1.731 4	0.001 074 4	594.9	1.730 4
160	0.001 098 3	678.6	1.936 1	0.001 097 4	679.4	1.935 3	0.001 096 7	679.9	1.934 2	0.001 096 0	680.5	1.933 0
180	0.001 123 1	765.8	2.132 5	0.001 122 3	766.3	2.131 5	0.001 121 5	766.8	2.130 2	0.001 120 7	767.3	2.128 8
200	0.001 151 9	854.2	2.323 7	0.001 151 0	854.6	2.322 2	0.001 150 0	855.0	2.320 7	0.001 149 0	855.4	2.319 1
220	0.001 185 3	944.7	2.511 1	0.001 184 1	945.0	2.509 3	0.001 182 9	945.3	2.507 5	0.001 181 7	945.6	2.505 7
240	0.001 224 9	1 037.9	2.696 3	0.001 223 3	1 038.0	2.694 1	0.001 221 8	1 038.2	2.692 0	0.001 220 2	1 038.3	2.689 9
260	0.001 272 9	1 134.8	2.881 5	0.001 270 8	1 134.7	2.878 9	0.001 268 7	1 134.6	2.876 2	0.001 266 7	1 134.4	2.873 7
280	0.033 17	95.925 3		0.001 330 7	1 236.7	3.066 7	0.001 327 7	1 236.2	3.063 3	0.001 324 9	1 235.6	3.060 0
300	0.036 15	2 804.0	6.065 6	0.029 46	2 837.5	5.929 1	0.024 25	2 784.5	5.789 9	0.001 401 8	1 343.5	3.251 4
400	0.047 38	2 883.1	6.539 5	0.039 92	3 157.3	6.440 5	0.034 30	3 137.5	6.362 2	0.029 92	3 117.1	6.284 2
500	0.056 63	3 176.4	6.878 1	0.048 11	3 408.9	6.795 4	0.041 72	3 397.0	6.722 1	0.036 73	3 385.0	6.656 0
600	0.065 23	3 420.6	7.164 0	0.055 62	3 647.5	7.085 7	0.048 40	3 639.2	7.016 0	0.042 79	3 630.8	6.955 2
		3 655.7										

（续）

p	10MPa			12MPa			14MPa			16MPa		
饱和参数	$t_s=311.04$ $h''=2\,724.5$	$v''=0.018\,00$ $s''=5.613\,9$		$t_s=324.64$ $h''=2\,684.8$	$v''=0.014\,25$ $s''=5.483\,0$		$t_s=336.63$ $h''=2\,638.3$	$v''=0.011\,49$ $s''=5.373\,7$		$t_s=347.32$ $h''=2\,582.7$	$v''=0.009\,930$ $s''=5.249\,6$	
$t/℃$	$v/\text{m}^3\cdot\text{kg}^{-1}$	$h/\text{kJ}\cdot\text{kg}^{-1}$	$s/\text{kJ}\cdot(\text{kg}\cdot\text{k})^{-1}$	$v/\text{m}^3\cdot\text{kg}^{-1}$	$h/\text{kJ}\cdot\text{kg}^{-1}$	$s/\text{kJ}\cdot(\text{kg}\cdot\text{k})^{-1}$	$v/\text{m}^3\cdot\text{kg}^{-1}$	$h/\text{kJ}\cdot\text{kg}^{-1}$	$s/\text{kJ}\cdot(\text{kg}\cdot\text{k})^{-1}$	$v/\text{m}^3\cdot\text{kg}^{-1}$	$h/\text{kJ}\cdot\text{kg}^{-1}$	$s/\text{kJ}\cdot(\text{kg}\cdot\text{k})^{-1}$
0	0.000 995 2	10.1	0.000 4	0.000 994 3	12.1	0.000 6	0.000 993 3	14.1	0.000 7	0.000 992 4	16.1	0.000 8
10	0.000 995 6	51.7	0.150 0	0.000 994 7	53.6	0.149 8	0.000 993 8	55.6	0.149 6	0.000 992 8	57.5	0.149 4
20	0.000 997 3	93.2	0.294 2	0.000 996 4	95.1	0.293 7	0.000 995 5	97.0	0.293 3	0.000 994 6	98.8	0.292 8
30	0.000 999 9	134.7	0.433 4	0.000 999 1	136.6	0.432 8	0.000 998 2	138.4	0.432 2	0.000 997 3	140.2	0.431 5
40	0.001 003 5	176.3	0.568 4	0.001 002 6	178.1	0.567 4	0.001 001 7	179.8	0.566 6	0.001 000 8	181.6	0.565 9
50	0.001 007 8	217.9	0.699 2	0.001 006 8	219.6	0.697 9	0.001 006 0	221.3	0.697 0	0.001 005 1	223.0	0.696 1
60	0.001 012 7	259.5	0.825 7	0.001 011 8	261.1	0.824 6	0.001 010 9	262.8	0.823 6	0.001 010 0	264.5	0.822 5
70	0.001 018 2	301.1	0.948 9	0.001 017 4	302.7	0.947 7	0.001 016 4	304.4	0.946 5	0.001 015 6	306.0	0.945 3
80	0.001 024 4	342.9	1.068 8	0.001 023 5	344.4	1.067 4	0.001 022 6	346.0	1.066 1	0.001 021 7	347.6	1.064 8
90	0.001 031 2	384.6	1.185 4	0.001 030 3	386.2	1.184 0	0.001 029 3	387.7	1.182 6	0.001 028 4	389.3	1.181 2
100	0.001 038 5	426.5	1.299 3	0.001 037 6	428.0	1.297 7	0.001 036 6	429.5	1.296 1	0.001 035 6	431.0	1.294 6
120	0.001 054 9	510.7	1.519 0	0.001 054 0	512.0	1.517 0	0.001 052 9	513.5	1.515 3	0.001 051 8	514.5	1.513 6
140	0.001 073 8	595.5	1.729 4	0.001 072 7	596.7	1.727 1	0.001 071 5	598.0	1.725 1	0.001 070 3	599.4	1.723 1
160	0.001 095 3	681.2	1.931 9	0.001 094 0	682.2	1.929 2	0.001 092 6	683.4	1.926 9	0.001 091 2	684.6	1.924 7
180	0.001 119 9	767.9	2.127 5	0.001 118 3	768.8	2.124 6	0.001 116 7	769.9	2.122 0	0.001 115 1	771.0	2.119 5
200	0.001 148 1	855.9	2.317 6	0.001 146 1	856.8	2.314 6	0.001 144 2	857.7	2.311 7	0.001 142 3	858.6	2.308 7
220	0.001 180 5	946.0	2.504 0	0.001 178 2	946.6	2.500 5	0.001 175 9	947.2	2.497 0	0.001 173 6	947.9	2.493 6
240	0.001 218 8	1 038.4	2.687 8	0.001 215 8	1 038.8	2.683 7	0.001 212 9	1 039.1	2.679 6	0.001 210 1	1 039.5	2.675 6
260	0.001 264 5	1 134.3	2.871 1	0.001 260 9	1 134.2	2.866 2	0.001 257 2	1 134.1	2.861 2	0.001 253 5	1 134.0	2.856 3
280	0.000 132 21	1 235.2	3.056 7	0.001 316 7	1 234.3	3.050 3	0.001 311 5	1 233.5	3.044 1	0.001 306 5	1 232.8	3.038 1
300	0.001 397 5	1 342.3	3.246 9	0.001 389 5	1 341.5	3.240 7	0.001 381 6	1 339.5	3.232 4	0.001 374 2	1 337.7	3.224 5
400	0.026 40	3 095.8	6.210 9	0.021 08	3 053.3	6.078 7	0.017 26	3 004.0	6.367 0	0.014 27	2 949.7	5.821 5
500	0.032 75	3 372.8	6.595 4	0.026 79	3 349.0	6.489 3	0.022 51	3 323.0	6.725 4	0.019 29	3 296.3	6.303 8
600	0.038 30	3 622.5	6.899 2	0.031 61	3 607.0	6.803 4	0.026 81	3 589.8	7.020 1	0.023 21	3 572.4	6.640 1

(续)

p	18MPa			20MPa			25MPa			30MPa		
饱和参数	$t_s=356.96$ $h''=2\,514.4$	$v''=0.007\,534$	$s''=5.113\,5$	$t_s=365.79$ $h''=2\,413.1$	$v''=0.005\,870$	$s''=4.932\,2$						
$t/℃$	$v/\text{m}^3\cdot\text{kg}^{-1}$	$h/\text{kJ}\cdot\text{kg}^{-1}$	$s/\text{kJ}\cdot(\text{kg}\cdot\text{k})^{-1}$	$v/\text{m}^3\cdot\text{kg}^{-1}$	$h/\text{kJ}\cdot\text{kg}^{-1}$	$s/\text{kJ}\cdot(\text{kg}\cdot\text{k})^{-1}$	$v/\text{m}^3\cdot\text{kg}^{-1}$	$h/\text{kJ}\cdot\text{kg}^{-1}$	$s/\text{kJ}\cdot(\text{kg}\cdot\text{k})^{-1}$	$v/\text{m}^3\cdot\text{kg}^{-1}$	$h/\text{kJ}\cdot\text{kg}^{-1}$	$s/\text{kJ}\cdot(\text{kg}\cdot\text{k})^{-1}$
0	0.000 991 4	18.1	0.000 8	0.000 990 4	20.1	0.000 6	0.000 988 1	25.1	0.000 9	0.000 985 7	30.0	0.000 5
10	0.000 991 9	59.4	0.149 1	0.000 991 1	61.3	0.148 8	0.000 988 8	66.1	0.148 2	0.000 986 7	70.8	0.147 4
20	0.000 993 7	100.7	0.292 4	0.000 992 9	102.5	0.291 9	0.000 990 7	107.1	0.290 7	0.000 988 6	111.7	0.289 5
30	0.000 996 5	142.0	0.430 9	0.000 995 6	143.8	0.430 3	0.000 993 5	148.2	0.428 7	0.000 991 5	152.7	0.427 1
40	0.001 000 0	183.3	0.565 1	0.000 999 2	185.1	0.564 5	0.000 997 1	189.4	0.562 3	0.000 995 1	193.8	0.560 6
50	0.001 004 3	224.7	0.695 2	0.001 003 5	226.5	0.694 6	0.001 001 3	230.7	0.692 0	0.000 999 3	235.0	0.690 0
60	0.001 009 2	266.1	0.821 5	0.001 008 4	267.9	0.820 7	0.001 006 2	272.0	0.817 8	0.001 004 2	276.3	0.815 6
70	0.001 014 7	307.6	0.944 2	0.001 013 8	309.3	0.943 0	0.001 011 6	313.3	0.940 1	0.001 009 5	317.4	0.937 3
80	0.001 020 8	349.2	1.063 6	0.001 019 9	350.8	1.062 4	0.001 017 7	354.8	1.059 1	0.001 015 5	358.7	1.056 2
90	0.001 027 4	390.8	1.179 8	0.001 026 5	392.4	1.178 4	0.001 024 2	396.2	1.175 0	0.001 021 9	400.1	1.171 6
100	0.001 034 6	432.5	1.293 1	0.001 033 6	434.0	1.291 7	0.001 031 3	437.8	1.287 9	0.001 029 0	441.6	1.284 4
120	0.001 050 7	516.3	1.511 8	0.001 049 6	517.8	1.510 3	0.001 047 0	521.3	1.505 9	0.001 044 5	524.9	1.501 9
140	0.001 069 1	600.7	1.721 2	0.001 067 9	602.1	1.719 5	0.001 065 0	605.4	1.714 4	0.001 062 2	608.8	1.710 0
160	0.001 089 9	685.9	1.922 5	0.001 088 6	687.2	1.920 6	0.001 085 3	690.2	1.914 8	0.001 082 2	693.4	1.909 8
180	0.001 113 6	772.0	2.117 0	0.001 112 1	773.2	2.114 7	0.001 108 3	775.9	2.108 3	0.001 104 8	778.7	2.102 4
200	0.001 140 5	859.5	2.305 8	0.001 138 9	860.4	2.302 9	0.001 134 3	862.8	2.296 0	0.001 130 3	865.2	2.289 0
220	0.001 171 4	948.6	2.490 3	0.001 169 3	949.3	2.487 0	0.001 164 0	951.2	2.478 9	0.001 159 0	953.1	2.471 1
240	0.001 207 4	1 039.9	2.671 7	0.001 204 7	1 040.3	2.667 8	0.001 198 3	1 041.5	2.658 4	0.001 192 2	1 042.8	2.649 3
260	0.001 250 0	1 134.0	2.851 6	0.001 246 6	1 134.1	2.847 0	0.001 238 4	1 134.3	2.835 9	0.001 230 7	1 134.8	2.825 2
280	0.000 130 17	1 232.1	3.032 3	0.001 297 1	1 231.6	3.026 6	0.001 286 3	1 230.5	3.013 0	0.001 276 2	1 229.2	3.000 2
300	0.001 367 2	1 336.1	3.216 8	0.001 360 5	1 334.6	3.207 2	0.001 345 3	1 331.5	3.192 2	0.001 331 7	1 327.9	3.174 2
400	0.011 91	2 889.0	5.692 6	0.009 946	2 816.8	5.552 0	0.006 009	2 583.2	5.147 2	0.002 793	2 159.1	4.472 1
500	0.016 78	3 268.7	6.221 5	0.014 76	3 239.2	6.141 5	0.011 13	3 165.0	5.963 9	0.008 678	3 083.3	5.793 4
600	0.020 41	3 554.8	6.570 1	0.018 16	3 536.3	6.503 5	0.014 13	3 491.2	6.361 6	0.011 43	3 442.9	6.232 1

附录 A-4　R12 饱和液体及蒸汽的热力性质表

温度/℃	压力/kPa	比焓/kJ·kg⁻¹		比熵/kJ(kg·K)⁻¹		比容/L·kg⁻¹	
t	p	h'	h''	s'	s''	v'	v''
−60	22.62	146.463	324.236	0.779 77	1.613 73	0.636 89	637.911
−55	29.98	150.808	326.567	0.799 90	1.605 52	0.642 26	491.000
−50	39.16	155.169	328.897	0.819 64	1.598 10	0.647 82	383.105
−45	50.44	159.549	331.223	0.839 01	1.591 42	0.653 55	302.683
−40	64.17	163.948	333.541	0.858 05	1.585 39	0.659 49	241.910
−35	80.71	168.369	335.849	0.867 76	1.579 96	0.665 63	195.398
−30	100.41	172.810	338.143	0.895 16	1.575 07	0.672 00	159.375
−28	109.27	174.593	339.057	0.902 44	1.573 26	0.674 61	147.275
−26	118.72	176.380	339.968	0.909 67	1.571 52	0.677 26	136.284
−24	128.80	178.171	340.876	0.916 86	1.569 85	0.679 96	126.282
−22	139.53	179.965	341.780	0.944 00	1.568 25	0.682 69	117.167
−20	150.93	181.764	342.682	0.931 10	1.566 72	0.685 47	108.847
−18	163.04	183.567	343.580	0.938 16	1.565 26	0.688 29	101.242
−16	175.89	185.374	344.474	0.945 18	1.563 85	0.691 15	94.278 8
−14	189.50	187.185	345.365	0.952 16	1.562 56	0.694 07	87.895 1
−12	203.90	189.001	346.252	0.959 10	1.561 29	0.697 03	82.034 4
−10	219.12	190.822	347.134	0.966 01	1.559 97	0.700 04	76.646 4
−9	227.04	191.734	347.574	0.969 45	1.559 38	0.701 57	74.115 5
−8	235.19	192.674	348.012	0.972 87	1.558 97	0.703 10	71.686 4
−7	243.55	193.562	348.450	0.976 29	1.558 22	0.704 65	69.354 3
−6	252.14	194.477	348.886	0.979 71	1.557 65	0.706 22	67.114 6
−5	260.56	195.395	349.321	0.983 11	1.557 10	0.707 80	64.962 9
−4	270.01	196.313	349.755	0.986 50	1.556 57	0.709 39	62.895 2
−3	279.30	197.233	350.187	0.989 89	1.556 04	0.710 99	60.907 5
−2	288.82	198.154	350.619	0.993 27	1.555 52	0.712 61	58.996 3
−1	298.59	199.076	351.049	0.996 64	1.555 02	0.714 25	57.157 9
0	308.61	200.000	351.477	1.000 00	1.554 52	0.715 90	55.389 2
1	318.88	200.925	351.902	1.003 35	1.554 04	0.717 56	53.686 9
2	329.40	201.852	352.331	1.006 70	1.553 56	0.719 24	52.048 1
3	340.19	202.780	352.755	1.010 04	1.553 10	0.720 94	50.470 0
4	351.24	203.710	353.179	1.013 37	1.552 64	0.722 65	48.949 9
5	363.55	204.642	353.600	1.016 70	1.552 20	0.724 38	47.485 3
6	374.14	205.575	354.020	1.020 01	1.551 76	0.726 12	46.073 7
7	386.01	206.509	354.439	1.023 33	1.551 33	0.727 88	44.712 9
8	398.15	207.445	354.856	1.026 63	1.550 91	0.729 66	43.400 6
9	410.58	208.383	355.272	1.029 93	1.550 50	0.731 46	42.134 9
10	423.30	209.323	355.686	1.033 22	1.550 10	0.733 26	40.913 7
11	436.31	210.264	356.098	1.036 50	1.549 70	0.735 10	39.735 2
12	449.62	211.207	356.509	1.039 78	1.549 31	0.736 95	38.579 5
13	463.23	212.152	356.918	1.043 05	1.548 93	0.738 82	37.499 1
14	477.14	213.099	357.325	1.046 32	1.548 56	0.740 71	36.438 2
15	491.37	214.048	357.703	1.049 58	1.548 19	0.742 62	35.413 3
16	505.91	214.998	358.134	1.052 84	1.547 83	0.744 55	34.423 0
17	520.76	215.951	358.535	1.056 09	1.547 48	0.746 49	33.465 8
18	535.94	216.906	358.935	1.059 33	1.547 13	0.748 46	32.540 5
19	551.45	217.863	359.333	1.062 58	1.546 79	0.750 45	31.645 7
20	567.29	218.821	359.729	1.065 81	1.546 45	0.752 46	30.780 2

(续)

温度/°C	压力/kPa	比焓/kJ·kg⁻¹		比熵/kJ(kg·K)⁻¹		比容/L·kg⁻¹	
t	p	h'	h''	s'	s''	v'	v''
21	583.47	219.783	360.122	1.069 04	1.546 12	0.754 49	29.942 9
22	599.98	220.746	360.514	1.072 27	1.545 79	0.756 55	29.132 7
23	616.84	221.712	360.904	1.075 49	1.545 47	0.758 63	28.348 5
24	634.05	222.680	361.291	1.078 71	1.545 15	0.760 73	27.589 4
25	651.62	223.650	361.676	1.081 93	1.544 84	0.762 86	26.854 2
26	669.54	224.623	362.059	1.085 14	1.544 35	0.765 01	26.142 2
27	687.82	225.598	362.439	1.088 35	1.544 23	0.767 18	25.452 4
28	706.47	226.570	362.817	1.091 55	1.543 93	0.769 38	24.784 0
29	725.50	227.557	363.193	1.094 75	1.543 63	0.771 61	24.136 2
30	744.90	228.540	363.566	1.097 95	1.543 34	0.773 86	23.508 2
31	764.68	229.526	363.937	1.101 15	1.543 05	0.776 14	22.899 3
32	784.85	230.515	364.305	1.104 34	1.542 76	0.778 45	22.308 8
33	805.41	231.506	264.670	1.107 53	1.542 47	0.780 79	21.735 9
34	826.36	232.501	365.033	1.110 72	1.542 19	0.783 16	21.180 2
35	847.72	233.498	365.392	1.113 91	1.541 91	0.785 56	20.640 8
36	869.48	234.499	365.749	1.117 10	1.545 163	0.787 99	20.117 3
37	981.04	235.503	266.103	1.120 28	1.541 35	0.790 45	19.609 1
38	914.23	236.510	366.454	1.123 47	1.541 07	0.792 94	19.115 6
39	937.23	237.521	366.802	1.126 65	1.540 79	0.795 46	18.636 2
40	960.65	238.535	367.146	1.129 84	1.540 51	0.798 02	18.170 6
41	984.51	239.552	367.487	1.133 02	1.540 24	0.800 62	17.718 2
42	1008.0	240.574	367.825	1.136 20	1.539 96	0.803 25	17.278 5
43	1033.5	241.598	368.160	1.142 57	1.539 68	0.805 92	16.851 1
44	1058.7	242.627	368.491	1.145 75	1.539 41	0.808 63	16.435 6
45	1084.3	243.659	368.818	1.148 94	1.539 13	0.811 37	16.031 6
46	1110.4	244.696	369.141	1.152 13	1.538 85	0.814 16	15.638 6
47	1136.9	245.736	369.461	1.155 32	1.538 56	0.816 98	15.256 3
48	1163.9	246.781	369.777	1.158 91	1.538 28	0.819 85	14.884 4
49	1191.4	247.830	370.088	1.158 51	1.537 99	0.822 77	14.522 4
50	1210.3	248.884	370.396	1.161 70	1.537 70	0.825 73	14.170 1
52	1276.6	251.004	370.997	1.168 10	1.537 12	0.831 79	13.493 1
54	1335.9	253.144	371.581	1.174 51	1.536 51	0.838 04	12.850 9
56	1397.2	255.304	372.145	1.180 93	1.535 89	0.844 51	12.241 2
58	1460.5	257.486	372.688	1.187 38	1.535 24	0.851 21	11.662 0
60	1525.9	259.690	373.210	1.193 84	1.534 57	0.858 14	11.111 3
62	1593.5	261.918	373.707	1.200 34	1.533 87	0.865 34	10.587 2
64	1663.2	264.172	374.180	1.206 86	1.533 13	0.872 82	10.088 1
66	1735.1	266.452	374.625	1.213 42	1.532 35	0.880 59	9.612 3
68	1809.3	268.762	375.042	1.220 01	1.531 53	0.888 70	9.158 44
70	1885.8	271.102	375.427	1.226 65	1.530 66	0.897 16	8.725 02
75	2087.5	277.100	376.234	1.243 47	1.528 21	0.920 09	7.722 58
80	2304.6	283.341	376.444	1.260 69	1.525 26	0.946 12	6.821 43
85	2538.0	289.978	376.985	1.278 45	1.521 64	0.976 21	6.004 94
90	2788.5	296.788	376.748	1.296 91	1.517 08	1.011 90	5.257 59
95	3056.9	304.181	375.887	1.316 37	1.511 13	1.055 81	4.563 41
100	3344.1	312.261	374.070	1.337 32	1.502 96	1.113 11	3.902 80

附录 A-5　R22 饱和液体及蒸汽的热力性质表

温度/℃	压力/kPa	比焓/kJ·kg^{-1}		比熵/kJ(kg·K)$^{-1}$		比容/L·kg^{-1}	
t	p	h'	h''	s'	s''	v'	v''
−60	37.48	134.763	379.114	0.732 54	1.878 86	0.682 08	537.152
−55	49.47	139.830	381.529	0.755 99	1.863 98	0.688 56	414.827
−50	64.39	144.959	383.921	0.779 19	1.850 00	0.695 26	324.557
−45	82.71	150.153	386.282	0.802 16	1.837 08	0.702 19	256.990
−40	104.95	155.414	388.609	0.824 90	1.825 04	0.709 36	205.745
−35	131.68	160.742	390.896	0.847 43	1.813 80	0.716 80	166.400
−30	163.48	166.140	393.138	0.869 76	1.803 29	0.724 52	135.844
−28	177.76	168.318	394.021	0.878 64	1.799 27	0.727 69	125.563
−26	192.99	170.507	394.896	0.887 43	1.795 35	0.730 92	116.214
−24	209.22	172.708	395.762	0.896 30	1.791 52	0.734 20	107.701
−22	226.48	174.919	396.619	0.905 09	1.787 79	0.737 53	99.936 2
−20	244.83	177.142	397.467	0.913 86	1.784 15	0.740 91	92.843 2
−18	264.29	179.376	398.305	0.922 59	1.780 59	0.744 36	86.354 6
−16	284.93	181.622	399.133	0.931 29	1.777 11	0.747 86	80.410 3
−14	306.780	183.878	399.951	0.939 97	1.773 71	0.751 43	74.957 2
−12	329.89	186.147	400.759	0.948 62	1.770 39	0.755 06	69.947 8
−10	354.30	188.426	401.555	0.957 25	1.767 13	0.758 76	65.339 9
−9	367.01	189.571	401.949	0.961 55	1.765 53	0.760 63	63.174 6
−8	380.06	190.718	402.341	0.965 85	1.763 94	0.762 53	61.095 8
−7	393.47	191.868	402.729	0.970 14	1.762 37	0.764 44	59.099 6
−6	407.23	193.021	403.114	0.974 42	1.760 82	0.766 36	57.182 0
−5	421.35	194.176	403.496	0.978 70	1.759 28	0.768 31	55.339 4
−4	435.84	195.335	403.876	0.982 97	1.757 75	0.770 28	53.568 2
−3	450.70	196.497	404.252	0.987 24	1.756 24	0.772 26	51.865 3
−2	465.94	197.662	404.626	0.991 50	1.754 75	0.774 27	50.227 4
−1	481.57	198.8286	404.994	0.995 75	1.753 26	0.776 29	48.651 7
0	497.59	200.000	405.361	1.000 0	1.752 79	0.778 34	47.135 4
1	514.01	201.174	405.724	1.004 24	1.750 34	0.780 41	45.675 7
2	530.83	201.852	406.084	1.008 48	1.748 89	0.782 49	44.270 2
3	548.06	202.351	406.440	1.012 71	1.747 46	0.784 60	42.916 6
4	565.71	203.713	406.739	1.016 94	1.746 04	0.786 73	41.612 4
5	583.78	205.899	407.143	1.021 16	1.744 63	0.788 89	40.355 6
6	602.28	207.089	407.489	1.025 37	1.743 24	0.791 07	39.144 1
7	621.22	208.281	407.831	1.029 58	1.741 85	0.793 27	37.975 9
8	640.59	209.477	408.169	1.033 79	1.740 47	0.795 49	36.849 3
9	660.42	210.675	408.504	1.037 99	1.739 11	0.797 75	35.762 4
10	680.70	211.877	408.835	1.042 18	1.737 75	0.800 02	34.713 6
11	701.44	213.083	409.162	1.046 37	1.736 40	0.802 32	33.701 3
12	722.65	214.296	409.485	1.050 56	1.735 06	0.804 65	32.723 9
13	744.33	215.503	409.804	1.054 74	1.733 73	0.807 01	31.780 1
14	766.50	216.719	410.119	1.058 92	1.732 41	0.809 39	30.868 3
15	789.15	217.937	410.430	1.063 09	1.731 09	0.811 80	29.987 4
16	812.15	219.160	410.736	1.067 26	1.729 78	0.814 24	29.136 1
17	835.93	220.386	411.038	1.071 42	1.728 48	0.816 71	28.313 1
18	860.08	221.615	411.336	1.075 59	1.727 19	0.819 22	27.517 3
19	884.75	222.848	411.629	1.079 74	1.725 90	0.821 75	26.747 7

(续)

温度/℃	压力/kPa	比焓/kJ·kg⁻¹		比熵/kJ(kg·K)⁻¹		比容/L·kg⁻¹	
t	p	h'	h''	s'	s''	v'	v''
20	909.93	224.084	411.918	1.083 90	1.724 62	0.824 31	26.003 2
21	935.64	225.324	412.202	1.088 05	1.723 34	0.826 91	25.282 9
22	961.89	226.568	412.481	1.092 20	1.722 06	0.829 54	24.585 7
23	988.67	227.816	412.755	1.096 34	1.720 80	0.832 21	23.910 7
24	1 016.0	229.068	413.025	1.100 48	1.719 53	0.834 91	23.257 2
25	1 043.9	230.324	413.289	1.104 62	1.718 27	0.837 65	22.624 2
26	1 072.3	231.583	413.548	1.108 76	1.717 01	0.840 43	22.011 1
27	1 101.4	232.847	413.802	1.112 90	1.715 76	0.843 24	21.416 9
28	1 130.9	234.115	414.050	1.117 03	1.714 50	0.846 10	20.841 1
29	1 161.1	235.387	414.293	1.121 16	1.713 25	0.848 99	20.282 9
30	1 191.9	236.664	414.530	1.125 30	1.712 00	0.851 93	19.741 7
31	1 223.2	237.944	414.762	1.129 43	1.710 75	0.854 91	19.216 8
32	1 255.2	239.230	414.987	1.133 55	1.709 50	0.857 93	18.707 6
33	1 287.8	240.520	415.207	1.137 68	1.708 26	0.861 01	18.213 5
34	1 321.0	241.814	415.402	1.141 81	1.707 01	0.864 12	17.734 1
35	1354.8	243.114	415.627	1.145 94	1.705 76	0.867 29	17.268 6
36	1389.0	244.418	415.828	1.150 07	1.704 50	0.870 51	16.816 8
37	1424.3	245.727	416.021	1.154 20	1.703 25	0.873 78	16.377 9
38	1460.1	247.041	416.208	1.158 33	1.701 99	0.877 10	15.591 7
39	1496.5	248.361	416.388	1.162 46	1.700 73	0.880 48	15.537 5
40	1533.5	249.686	416.561	1.166 55	1.699 46	0.883 92	15.135 1
41	1571.2	251.016	416.726	1.170 73	1.688 19	0.887 41	14.743 9
42	1609.6	252.352	416.883	1.174 86	1.696 92	0.890 97	14.363 6
43	1648.7	253.694	417.033	1.179 00	1.695 64	0.894 59	13.993 8
44	1688.5	255.042	417.174	1.183 10	1.694 35	0.898 28	13.634 1
45	1729.0	256.396	417.308	1.187 30	1.693 05	0.902 03	13.284 1
46	1770.2	257.756	417.432	1.191 45	1.691 74	0.905 86	12.943 6
47	1812.1	259.123	417.548	1.195 60	1.690 43	0.909 76	12.612 2
48	1854.8	260.497	417.655	1.199 77	1.689 11	0.913 74	12.289 5
49	1898.2	261.877	417.752	1.203 93	1.688 77	0.917 79	11.975 3
50	1942.3	263.264	417.838	1.208 11	1.686 43	0.921 93	11.669 3
52	2032.8	266.062	417.983	1.216 48	1.683 70	0.930 47	11.080 6
54	2126.5	268.891	418.083	1.224 89	1.680 91	0.939 39	10.521 4
56	2223.2	271.754	418.137	1.233 33	1.678 05	0.948 72	9.989 52
58	2323.2	274.654	418.141	1.241 83	1.675 11	0.958 50	9.483 19
60	2426.6	277.593	418.089	1.250 38	1.672 08	0.968 78	9.000 62
62	2533.3	280.577	417.978	1.258 99	1.668 95	0.979 60	8.540 16
64	2643.5	283.607	417.802	1.267 68	1.665 76	0.991 04	8.100 23
66	2757.3	286.690	417.553	1.276 47	1.662 31	1.003 17	7.679 34
68	2874.7	289.832	417.226	1.285 35	1.658 70	1.016 08	7.276 05
70	2995.9	293.038	416.809	1.294 36	1.655 04	1.029 87	6.888 99
75	3316.1	301.399	415.299	1.317 58	1.644 72	1.069 16	5.983 34
80	3662.3	310.424	412.898	1.342 33	1.632 39	1.118 10	5.148 62
85	4036.8	320.505	409.101	1.369 36	1.616 73	1.783 28	4.358 15
90	4442.5	332.616	402.653	1.401 55	1.594 40	1.682 30	3.564 40
95	4883.5	351.767	386.708	1.452 22	1.547 12	1.520 64	3.551 33

附录 A-6 R134a 饱和液体及蒸汽的热力性质表

温度 t/℃	压力 p/kPa	密度 ρ/kg·m^{-3} 液体	气体	比焓 h/kJ·kg^{-1} 液体	气体	比熵 s/kJ(kg·K)$^{-1}$ 液体	气体	定容质量热容 c_v/kJ(kg·K)$^{-1}$ 液体	气体	定压质量热容 c_p/kJ(kg·K)$^{-1}$ 液体	气体	表面张力 σ/N·m^{-1}
−40	52	1 414	2.8	0.0	223.3	0	0.958	0.667	0.646	1.129	0.742	0.017 7
−35	66	1 399	3.5	5.7	226.4	0.024	0.951	0.696	0.659	1.154	0.758	0.016 9
−30	85	1 385	4.4	11.5	229.6	0.048	0.945	0.722	0.672	1.178	0.774	0.016 1
−25	107	1 370	5.5	17.5	232.7	0.073	0.940	0.746	0.685	1.202	0.791	0.015 4
−20	133	1 355	6.8	23.6	235.8	0.097	0.935	0.767	0.698	1.227	0.809	0.014 6
−15	164	1 340	8.3	29.8	238.8	0.121	0.931	0.786	0.712	1.250	0.828	0.013 9
−10	201	1 324	10.0	36.1	241.8	0.145	0.927	0.803	0.726	1.274	0.847	0.013 2
−5	243	1 308	12.1	42.5	244.8	0.169	0.924	0.817	0.740	1.297	0.868	0.012 4
0	293	1 292	14.4	49.1	247.8	0.193	0.921	0.830	0.755	1.320	0.889	0.011 7
5	350	1 276	17.1	55.8	250.7	0.217	0.918	0.840	0.770	1.343	0.912	0.011 0
10	415	1 259	20.2	62.6	253.5	0.241	0.916	0.849	0.785	1.365	0.936	0.010 3
15	489	1 242	23.7	69.4	256.3	0.265	0.914	0.857	0.800	1.388	0.962	0.009 6
20	572	1 224	27.8	76.5	259.0	0.289	0.912	0.863	0.815	1.411	0.990	0.008 9
25	666	1 206	32.3	83.6	261.6	0.313	0.910	0.868	0.831	1.435	1.020	0.008 3
30	771	1 187	37.5	90.8	264.2	0.337	0.908	0.872	0.847	1.460	1.053	0.007 6
35	887	1 167	43.3	98.2	266.6	0.360	0.907	0.875	0.863	1.486	1.089	0.006 9
40	1 017	1 147	50.0	105.7	268.8	0.384	0.905	0.878	0.879	1.514	1.130	0.006 3
45	1 160	1 126	57.5	113.3	271.0	0.408	0.904	0.881	0.896	1.546	1.177	0.005 6
50	1 318	1 103	66.1	121.0	272.9	0.432	0.902	0.883	0.914	1.581	1.231	0.005 0
55	1 491	1 080	75.9	129.0	274.7	0.456	0.900	0.886	0.932	1.621	1.295	0.004 4
60	1 681	1 055	87.2	137.1	276.1	0.479	0.897	0.890	0.950	1.667	1.374	0.003 8
65	1 888	1 028	100.2	145.3	277.3	0.504	0.894	0.895	0.970	1.724	1.473	0.003 2
70	2 115	999	115.5	153.9	278.1	0.528	0.890	0.901	0.991	1.794	1.601	0.002 7
75	2 361	967	133.6	162.6	278.4	0.553	0.885	0.910	1.014	1.884	1.776	0.002 2
80	2 630	932	155.4	171.8	278.0	0.578	0.879	0.922	1.039	2.011	2.027	0.001 6
85	2 923	893	182.4	181.3	276.8	0.604	0.870	0.937	1.060	2.204	2.408	0.001 2
90	3 242	847	216.9	191.6	274.5	0.631	0.860	0.958	1.097	3.554	3.056	0.000 7
95	2 590	790	264.5	203.1	270.4	0.662	0.844	0.988	1.131	3.424	4.483	0.000 3
100	2 971	689	353.1	219.3	260.2	0.704	0.814	1.044	1.168	10.793	14.807	0.000 0

附录 A-7 R134a 过热蒸汽性质表

温度 t/℃	密度 ρ/kg·m^{-3}	比焓 h/kJ·kg^{-1}	比熵 s/kJ(kg·K)$^{-1}$	质量定容热容 c_v/kJ(kg·K)$^{-1}$	质量定压热容 c_p/kJ(kg·K)$^{-1}$
−26.1	1 373.16	16.2	0.067	0.741	1.197
−26.1	5.26	232.0	0.941	0.682	0.787
−25.0	5.23	232.9	0.944	0.684	0.788
−20.0	5.11	236.8	0.960	0.691	0.794
−15.0	5.00	240.8	0.976	0.699	0.799
−10.0	4.89	244.8	0.991	0.706	0.805
−5.0	4.79	248.8	1.006	0.714	0.811
0.0	4.69	252.9	1.021	0.722	0.818
5.0	4.59	257.0	1.036	0.730	0.825
10.0	4.50	261.2	1.051	0.738	0.831

温度 t/℃	密度 ρ/ kg·m^{-3}	比焓 h/ kJ·kg^{-1}	比熵 s/ kJ(kg·K)$^{-1}$	质量定容热容 c_v/ kJ(kg·K)$^{-1}$	质量定压热容 c_p/ kJ(kg·K)$^{-1}$
15.0	4.42	265.3	1.066	0.746	0.838
20.0	4.34	269.6	1.080	0.754	0.846
25.0	4.26	273.8	1.095	0.762	0.853
30.0	4.18	278.1	1.109	0.770	0.860
35.0	4.11	282.4	1.123	0.778	0.867
40.0	4.04	286.8	1.137	0.786	0.875
45.0	3.97	291.1	1.151	0.793	0.882
50.0	3.91	295.6	1.165	0.801	0.890
55.0	3.84	300.0	1.178	0.809	0.897
60.0	3.78	304.6	1.192	0.817	0.905
65.0	3.73	309.1	1.206	0.825	0.912
70.0	3.67	313.7	1.219	0.833	0.920
75.0	3.57	318.3	1.232	0.841	0.927
80.0	3.56	322.9	1.246	0.849	0.935

附录 A-8　干空气的热物理性质表($p=1.013\times10^5$ Pa)

t/℃	ρ/ kg·m^{-3}	c_p/ kJ·(kg·℃)$^{-1}$	$\lambda\times10^{-2}$/ W·(m·℃)$^{-1}$	$a\times10^{-6}$/ m^2·s^{-1}	$\mu\times10^{-6}$/ N·s·m^{-2}	$v\times10^{-6}$/ m^2·s^{-1}	Pr
−50	1.584	1.013	2.04	12.7	14.6	9.23	0.728
−40	1.515	1.013	2.12	13.8	15.2	10.04	0.728
−30	1.453	1.013	2.20	14.9	15.7	10.80	0.723
−20	1.395	1.009	2.28	16.2	16.2	11.61	0.716
−10	1.342	1.009	2.36	17.4	16.7	12.43	0.712
0	1.293	1.005	2.44	18.8	17.2	13.28	0.707
10	1.247	1.005	2.51	20.0	17.6	14.16	0.705
20	1.205	1.005	2.59	21.4	18.1	15.06	0.703
30	1.165	1.005	2.67	22.9	18.6	16.00	0.701
40	1.128	1.005	2.76	24.3	19.1	1.96	0.699
50	1.093	1.005	2.83	25.7	19.6	17.95	0.698
60	1.060	1.005	2.90	27.2	20.1	18.97	0.696
70	1.029	1.009	2.96	28.6	20.6	20.02	0.694
80	1.000	1.009	3.05	30.2	21.1	21.09	0.692
90	0.972	1.009	3.13	31.9	21.5	22.10	0.690
100	0.946	1.009	3.21	33.6	21.9	23.13	0.688
120	0.898	1.009	3.34	26.8	22.8	25.45	0.686
140	0.854	1.013	3.49	40.3	23.7	27.80	0.684
160	0.815	1.017	3.664	43.9	24.5	30.09	0.682
180	0.779	1.022	3.78	47.5	25.3	32.49	0.681
200	0.746	1.026	3.93	51.4	26.0	34.85	0.680
250	0.674	1.038	4.27	61.0	27.4	40.61	0.677
300	0.615	1.047	4.60	71.6	29.7	48.33	0.674
250	0.566	1.059	4.91	81.9	31.4	55.46	0.676
400	0.524	1.068	5.21	93.1	33.0	63.09	0.678
500	0.456	1.093	5.74	115.3	36.2	79.38	0.687

附录 A-9 饱和水的热物理性质表

$t/$°C	$p \times 10^{-5}/$Pa	$\rho/$kg·m^{-3}	$h'/$kJ·kg^{-1}	$c_p/$kJ·(kg·°C)$^{-1}$	$\lambda \times 10^{-2}/$W·(m·°C)$^{-1}$	$a \times 10^{-6}/$m^2·s^{-1}	$\mu \times 10^{-6}/$N·s·m^{-2}	$\nu \times 10^{-6}/$m^2·s^{-1}	$\beta \times 10^{-4}/$K^{-1}	$\sigma \times 10^4/$N·m^{-1}	Pr
0	1.013	999.9	0	4.212	55.1	13.1	1 738	1.789	−0.81	756.4	13.67
10	1.013	999.7	42.04	4.191	57.4	13.7	1 306	1.306	0.87	741.6	9.52
20	1.013	998.2	83.91	4.183	59.9	14.3	1 004	1.006	2.09	726.9	7.02
30	1.013	995.7	125.7	4.174	61.8	14.9	801.5	0.805	3.05	712.2	5.42
40	1.013	992.2	167.5	4.174	63.5	15.3	653.3	0.695	3.86	696.5	4.31
50	1.013	988.1	209.3	4.174	64.8	15.7	549.4	0.556	4.57	676.9	3.54
60	1.013	983.1	251.1	4.179	65.9	16.0	469.9	0.478	5.22	662.2	2.99
70	1.013	977.8	293.0	4.187	66.8	16.3	406.1	0.415	5.83	643.5	2.55
80	1.013	971.8	355.0	4.195	67.4	16.6	355.1	0.365	6.40	625.9	2.21
90	1.013	965.3	377.0	4.208	68.0	16.8	314.9	0.326	6.96	607.2	1.95
100	1.013	958.4	419.1	4.220	68.3	16.9	282.5	0.295	7.50	588.6	1.75
110	1.43	951.0	461.4	4.233	68.5	17.0	259.0	0.272	8.04	569.0	1.60
120	1.98	943.1	503.7	4.250	68.6	17.1	237.4	0.252	8.58	548.4	1.47
130	2.70	934.8	546.4	4.266	68.6	17.2	217.8	0.233	9.12	528.8	1.36
140	3.61	926.1	589.1	4.287	68.5	17.2	201.1	0.217	9.68	507.2	1.26
150	4.76	917.0	632.2	4.313	68.4	17.3	186.4	0.203	10.26	486.6	1.17
160	6.18	907.0	675.4	4.346	68.3	17.3	173.6	0.191	10.87	466.0	1.10
170	7.92	897.3	719.3	4.380	67.9	17.3	162.8	0.181	11.52	443.4	1.05
180	10.03	886.9	763.3	4.417	67.4	17.2	153.0	0.173	12.21	422.8	1.00
190	12.55	876.0	807.9	4.459	67.0	17.1	144.2	0.165	12.96	400.2	0.96
200	15.55	863.0	852.8	4.505	66.3	17.0	136.4	0.158	13.77	376.7	0.93
210	19.08	852.3	897.7	4.555	65.5	16.9	130.5	0.153	14.67	354.1	0.91
220	23.20	840.3	943.7	4.614	64.5	16.6	124.6	0.148	15.67	331.6	0.89
230	27.98	827.3	990.2	4.681	63.7	16.4	119.7	0.145	16.80	310.0	0.88
240	33.48	813.6	1 037.5	4.756	62.8	16.2	114.8	0.141	18.08	258.5	0.87
250	39.78	799.0	1 085.7	4.844	61.8	15.9	109.9	0.137	19.55	261.9	0.86
260	46.94	784.0	1 135.7	4.949	60.5	15.6	105.9	0.135	21.27	237.4	0.87
270	55.05	767.9	1 185.7	5.070	59.4	15.1	102.0	0.133	23.31	214.8	0.88
280	64.19	750.7	1 236.8	5.230	57.4	14.6	98.1	0.131	25.79	191.3	0.90
290	74.45	732.3	1 290.0	5.485	55.8	13.9	94.2	0.129	28.84	168.7	0.93
300	85.92	712.5	1 344.9	5.736	54.0	13.2	91.2	0.128	32.73	144.2	0.97
310	98.70	691.1	1 402.2	6.071	52.3	12.5	88.3	0.128	37.85	120.7	1.03
320	112.90	667.1	1 462.1	6.574	50.6	11.5	85.3	0.128	44.91	98.10	1.11
330	128.65	640.2	1 526.2	7.244	48.4	10.4	81.4	0.127	55.31	76.71	1.22
340	146.08	610.1	1 594.8	8.165	45.7	9.17	77.5	0.127	72.10	56.70	1.39
350	165.37	374.4	1 671.4	9.504	43.0	7.88	72.6	0.126	103.7	38.16	1.60
360	186.74	528.0	1 761.5	13.984	39.5	5.36	66.7	0.126	182.7	20.21	2.35
370	210.53	450.5	1 892.5	40.321	33.7	1.86	56.9	0.126	676.7	4.709	6.79

附录 A-10　饱和水蒸气的热物理性质表

$t/℃$	$p \times 10^{-5}/$ Pa	$\rho''/$ kg·m^{-3}	$h''/$kJ· kg^{-1}	$r/$kJ· kg^{-1}	$c_p/$kJ· (kg·℃)$^{-1}$	$\lambda \times 10^{-2}/$W· (m·℃)$^{-1}$	$a \times 10^{-6}/$ m^2·s^{-1}	$\mu \times 10^{-6}/$ N·s·m^{-2}	$\nu \times 10^{-6}/$ m^2·s^{-1}	Pr
0	0.006 11	0.004 847	2 015.6	2 501.6	1.854 3	1.83	7 313.0	8.022	1 655.0	0.815
10	0.012 27	0.009 396	2 520.0	2 477.7	1.859 4	1.88	3 881.3	8.424	896.54	0.831
20	0.023 38	0.017 29	2 538.0	2 454.3	1.866 1	1.94	2 167.2	8.840	509.90	0.847
30	0.042 41	0.030 37	2 556.6	2 430.9	1.874 4	2.00	1 265.1	9.218	303.53	0.863
40	0.073 75	0.051 16	2 574.5	2 407.0	1.885 3	2.06	768.45	9.620	188.04	0.883
50	0.123 35	0.083 02	2 592.0	2 382.7	1.897 9	2.12	483.59	10.022	120.72	0.896
60	0.199 20	0.130 2	2 609.6	2 358.4	1.915 5	2.19	315.55	10.424	80.07	0.913
70	0.311 6	0.198 2	2 626.8	2 334.1	1.936 4	2.25	210.57	10.817	54.57	0.930
80	0.473 6	0.293 3	2 643.5	2 309.0	1.961 5	2.33	145.53	11.219	38.25	0.947
90	0.701 1	0.423 5	2 660.3	2 283.1	1.992 1	2.40	102.22	11.621	27.44	0.966
100	1.013 0	0.597 7	2 676.2	2 257.1	2.028 1	2.48	73.57	12.023	20.12	0.984
110	1.432 7	0.826 5	2 691.3	2 229.9	2.070 4	2.56	53.83	12.425	15.03	1.00
120	1.985 4	1.122	2 705.9	2 202.3	2.119 8	2.65	40.15	12.798	11.41	1.02
130	2.701 3	1.497	2 719.7	2 173.8	2.176 3	2.76	30.46	13.170	8.80	1.04
140	3.614	1.967	2 733.1	2 144.1	2.240 8	2.85	23.28	13.543	6.89	1.06
150	4.760	2.548	2 745.3	2 113.1	2.314 5	2.97	18.10	13.896	5.45	1.08
160	6.181	3.260	2 756.6	2 081.3	2.397 4	3.08	14.20	14.249	4.37	1.11
170	7.920	4.123	2 767.1	2 047.8	2.491 1	3.21	11.25	14.612	3.54	1.13
180	10.027	5.160	2 776.3	2 013.0	2.595 8	3.36	9.03	14.965	2.90	1.15
190	12.551	6.397	2 784.2	1 976.6	2.712 6	3.51	7.29	15.298	2.39	1.18
200	15.549	7.864	2 790.9	1 938.5	2.842 8	3.68	5.92	15.651	1.99	1.21
210	19.077	9.593	2 796.4	1 898.3	2.987 7	3.87	4.86	15.995	1.67	1.24
220	23.198	11.62	2 799.7	1 856.4	3.149 7	4.07	4.00	16.338	1.41	1.26
230	27.976	14.00	2 801.8	1 811.6	3.331 0	4.30	3.32	16.701	1.19	1.29
240	33.478	16.76	2 802.2	1 764.7	3.536 6	4.54	2.76	17.073	1.02	1.33
250	39.776	19.99	2 800.6	1 714.4	3.772 3	4.84	2.31	17.446	0.873	1.36
260	46.943	23.73	2 796.4	1 661.3	4.047 0	5.18	1.94	17.848	0.752	1.40
270	55.058	28.10	2 789.7	1 604.8	4.373 5	5.55	1.63	18.280	0.651	1.44
280	64.202	33.19	2 780.5	1 543.7	4.767 5	6.00	1.37	18.750	0.565	1.49
290	74.461	39.16	2 767.5	1 477.5	5.252 8	6.55	1.15	19.270	0.492	1.54
300	85.927	46.19	2 751.1	1 405.9	5.863 2	7.22	0.96	19.839	0.430	1.61
310	98.700	54.54	2 730.2	1 327.6	6.650 3	8.06	0.80	20.691	0.380	1.71
320	112.89	64.60	2 703.8	1 241.0	7.721 7	8.65	0.62	21.691	0.336	1.94
330	128.63	76.99	2 670.3	1 143.8	9.361 3	9.61	0.48	23.093	0.300	2.24
340	146.05	92.76	2 626.0	1 030.8	12.210 8	10.70	0.34	24.692	0.266	2.82
350	165.35	113.6	2 567.8	895.6	17.150 4	11.90	0.22	26.594	0.234	3.83
360	186.75	144.1	2 485.3	721.4	25.116 2	13.70	0.14	29.193	0.203	5.34
370	210.54	201.1	2 342.9	452.6	76.915 7	16.60	0.04	33.989	0.169	15.7
374.15	221.20	315.5	2 107.2	0	—	23.79	0.0	44.992	0.143	—

附录 A-11 几种饱和液体的热物理性质表

	$t/$°C	$p \times 10^{-5}/$Pa	$\rho/$kg·m^{-3}	$r/$kJ·k^{-1}	$c_p/$kJ·(kg·°C)$^{-1}$	$\lambda/$W·(m·°C)$^{-1}$	$a \times 10^{-7}/$m^2·s^{-1}	$v \times 10^{-6}/$m^2·s^{-1}	$\beta \times 10^{-4}/$K^{-1}	Pr
氟里昂 —12 (CF$_2$Cl)	−40	0.642 4	1 517	170.9	0.883 4	0.100 0	0.747	0.28	19.76	3.79
	−30	1.004 7	1 487	167.3	0.896 0	0.095 3	0.717	0.254	20.86	3.55
	−20	1.506 9	1 456	163.5	0.908 5	0.091 0	0.686	0.236	21.90	3.44
	−10	2.191 1	142	159.4	0.921 1	0.086 0	0.656	0.220	20.00	3.36
	0	3.085 8	1 394	154.9	0.933 7	0.081 4	0.625	0.211	23.75	3.38
	30	7.434 7	1 293	138.6	0.983 9	0.067 4	0.531	0.194	27.20	3.66
	60	15.182 2	1 167	116.9	1.117 9	0.053 5	0.411	0.184	37.70	4.49
氟里昂 —22 (CHF$_2$Cl)	−70	0.204 8	1 489	250.6	0.950 4	0.124 4	0.878	0.434	15.69	3.94
	−60	0.374 6	1 465	245.1	0.983 6	0.119 8	0.833	0.323	16.91	3.88
	−50	0.647 3	1 439	239.5	1.017 4	0.116 3	0.794	0.275	19.50	3.46
	−40	1.055 2	1 411	233.8	1.045 7	0.111 6	0.753	0.249	19.84	3.31
	−30	1.646 6	1 382	227.6	1.080 2	0.108 1	0.722	0.232	20.82	3.20
	−20	2.461 6	1 350	220.9	1.113 7	0.103 5	0.689	0.218	23.74	3.17
	−10	3.559 9	1 318	214.4	1.147 2	0.100 0	0.661	0.210	24.52	3.18
	0	5.001 6	1 285	207.0	1.180 2	0.095 5	0.628	0.204	29.72	3.25
	10	6.855 1	1 249	198.3	1.214 2	0.090 7	0.608	0.199	29.53	3.32
	20	9.169 5	1 213	188.4	1.247 7	0.087 2	0.578	0.197	30.51	3.41
	30	12.023 3	1 176	177.3	1.277 0	0.082 6	0.550	0.196	33.70	3.55
	40	15.485 2	1 132	164.8	1.310 5	0.079 1	0.531	0.196	39.95	3.67
	50	19.643 4	1 084	155.3	1.344 0	0.074 4	0.511	0.196	45.50	3.78
	60		1 032	141.9	1.373 3	0.070 9	0.50	0.202	54.60	3.92
	70		969	125.5	1.406 0	0.073 3	0.492	0.208	68.83	4.11
	80		895	104.7	1.440 3	0.062 8	0.486	0.219	95.71	4.41
R152a	−50	0.280 8	1 063.3	351.69	1.560			0.382 2	16.25	
	−40	0.479 8	1 043.5	343.54	1.590			0.337 4	17.18	
	−30	0.779 9	1 023.3	335.01	1.617			0.300 7	18.30	
	−20	1.214	1 002.5	326.06	1.645	0.127 2	0.771	0.270 3	19.64	3.506
	−10	1.821	981.1	316.63	1.674	0.121 3	0.739	0.244 9	21.23	3.314
	0	2.642	958.9	306.66	1.707	0.115 5	0.706	0.223 5	23.17	3.166
	10	3.726	935.9	296.04	1.743	0.109 7	0.673	0.205 2	25.50	1.049
	20	5.124	911.7	284.67	1.785	0.103 9	0.638	0.289 3	28.38	2.967
	30	6.890	886.3	272.77	1.834	0.098 2	0.604	0.175 6	31.94	2.907
	40	9.085	859.4	259.15	1.891	0.092 6	0.570	0.163 5	36.41	2.868
	50	11.770	830.6	244.58	1.963	0.087 2	0.535	0.152 8	42.21	2.856
R134a	−50	0.299 0	1 443.1	231.62	1.229	0.116 5	0.657	0.411 8	18.81	6.268
	−40	0.516 4	1 414.8	225.59	1.243	0.111 9	0.636	0.355 0	19.77	5.582
	−30	0.847 4	1 385.9	219.35	1.260	0.107 3	0.614	0.310 6	20.94	5.059
	−20	1.329 9	1 356.2	212.84	1.282	0.102 6	0.590	0.275 1	22.37	4.663
	−10	2.007 3	1 325.6	205.97	1.306	0.098 0	0.566	0.246 2	24.14	4.350
	0	2.928 2	1 293.7	198.68	1.335	0.093 4	0.541	0.222 2	26.33	4.107
	10	4.145 5	1 260.2	190.87	1.367	0.088 8	0.515	0.201 8	29.05	3.918
	20	5.716 0	1 224.9	182.44	1.404	0.084 4	0.490	0.184 3	32.52	3.761
	30	7.700 6	1 187.2	173.29	1.447	0.079 6	0.463	0.169 1	36.98	3.652
	40	10.164	1 146.2	163.23	1.500	0.075 0	0.436	0.155 4	42.86	3.564
	50	13.176	1 102.0	152.04	1.569	0.070 4	0.407	0.143 1	50.93	3.516

参 考 文 献

[1] 蒋祖星.热能动力基础[M].北京:机械工业出版社,2006.
[2] 刘惠枝.工程流体力学[M].大连:大连海事大学出版社,1995.
[3] 孙文策.工程流体力学[M].大连:大连理工大学出版社,1995.
[4] 罗惕乾.流体力学[M].2版.北京:机械工业出版社,2003.
[5] 张兆顺.流体力学[M].北京:清华大学出版社,2001.
[6] 陈礼,吴勇华.流体力学与热工基础[M].北京:清华大学出版社,2002.
[7] 俞嘉虎.流体力学[M].北京:人民交通出版社,2002.
[8] 朱明善,刘颖,林兆庄,等.工程热力学[M].北京:清华大学出版社,1999.
[9] 岳丹婷.工程热力学与传热学[M].大连:大连海事大学出版社,2002.
[10] 童均耕,卢万成.热工基础[M].上海:上海交通大学出版社,2001.
[11] 黄敏.热工与流体力学基础[M].北京:机械工业出版社,2003.
[12] 沈维道,蒋智敏,童钧耕.工程热力学[M].3版.高等教育出版社,2004.
[13] 童钧耕.工程热力学学习辅导与习题解答[M].北京:高等教育出版社,2004.
[14] 刘春泽.热工学基础[M].北京:机械工业出版社,2004.
[15] 刘学来,宋永军,金洪文.热工学理论基础[M].北京:中国电力出版社,2004.
[16] 姚仲鹏,王瑞君,张习军.传热学[M].北京:北京理工大学出版社,1995.
[17] 张奕.传热学[M].南京:东南大学出版,2004.
[18] 杨世铭,陶文铨.传热学[M].3版.北京:高等教育出版社,1998.
[19] 张少峰,刘燕.换热设备防垢除垢技术[M].北京:化学工业出版社,2003.
[20] 崔海亭,彭培英.强化传热新技术及其应用[M].北京:化学工业出版社,2006.
[21] 白扩杜.流体力学 泵与风机[M].北京:机械工业出版社,2005.
[22] 景朝晖.热工理论及应用[M].北京:中国电力出版社,2004.